Objective-C
应用开发
全程实录

李梓萌 编著

人民邮电出版社

北京

图书在版编目（CIP）数据

Objective-C应用开发全程实录 / 李梓萌编著. --北京：人民邮电出版社，2017.1
ISBN 978-7-115-43720-4

Ⅰ. ①O… Ⅱ. ①李… Ⅲ. ①C语言－程序设计 Ⅳ. ①TP312.8

中国版本图书馆CIP数据核字(2016)第308734号

内 容 提 要

本书共 32 章，循序渐进地讲解了 Objective-C 开发 iOS 应用程序的基本知识。本书从搭建开发环境讲起，依次讲解了 Objective-C 的基础，如常量、变量和数据类型，运算符和表达式，选择结构，循环结构；Objective-C 的高级知识，如类、对象和方法，继承、多态、动态类型和异常处理；Objective-C 的实战技术，如 Foundation 框架类详解，日期、时间、复制和谓词，文件操作，Xcode Interface Builder 界面开发，使用 Xcode 编写 MVC 程序，基础控件，Web 视图控件，可滚动视图控件和翻页控件，提醒、操作表和表视图、活动指示器、进度条和检索条，UIView 和视图控制器，图形、图像、图层和动画，多媒体应用，定位处理，触摸、手势识别和 Force Touch，Touch ID，游戏开发等。本书内容全面，几乎涵盖了 Objective-C 语言的核心语法知识和开发 iOS 应用程序所需要的主要技术，全书内容言简意赅，讲解方法通俗易懂，特别适合于初学者学习。

本书适合 Objective-C 初学者、Objective-C 开发人员、iOS 初学者、iOS 程序员、iPhone 开发人员、iPad 开发人员学习，也可以作为相关培训学校和大专院校相关专业的教学用书。

◆ 编　著　李梓萌
　　责任编辑　张　涛
　　责任印制　焦志炜

◆ 人民邮电出版社出版发行　北京市丰台区成寿寺路 11 号
邮编 100164　电子邮件 315@ptpress.com.cn
网址 http://www.ptpress.com.cn
固安县铭成印刷有限公司印刷

◆ 开本：787×1092　1/16
印张：40.75　　　　　　2017 年 1 月第 1 版
字数：1 203 千字　　　　2024 年 7 月河北第 2 次印刷

定价：99.00 元（附光盘）

读者服务热线：(010)81055410　印装质量热线：(010)81055316
反盗版热线：(010)81055315
广告经营许可证：京东市监广登字20170147号

前　言

在编程语言使用率排行榜中，有一种语言从众多编程语言中脱颖而出，成为最近几年中耀眼的新星，这就是本书的主角——Objective-C。在过去的几年中，其市场占有率直线上升，成为了仅次于Java、C和C++之后的一个热门编程语言。本书将带领大家一起来学习用Objective-C进行开发的技术。

本书特色

本书内容丰富，实例全面，我们的目标是通过一本图书，提供多本图书的价值。在内容的编写上，本书具有以下特色。

（1）基于新的iOS

北京时间2015年6月9日，苹果公司在WWDC 2015开发者大会上正式发布了新的iOS操作系统。本书详细讲解了使用Objective-C语言开发iOS应用程序的基本知识，展示了Objective-C语言在iOS应用程序中的作用。

（2）突出iOS的新特性

本书自始至终突出了iOS系统的新特性，重点剖析了iOS升级和变化方面的内容，例如苹果手表的升级和针对iPad产品的升级。本书不但讲解了这些新特性的基本知识，而且用具体实例进行了演示。

❑ 详细介绍了新特性Apple Pay。
❑ 分屏操作。
❑ 增强HomeKit功能。

（3）讲解苹果公司力推的新应用技术

本书内容新颖全面，讲解了从iOS开始具有或发展起来的新技术，这些新技术是苹果公司力推的。例如HomeKit、HealthKit、WatchOS 2和Touch ID，这些内容是市面上同类书籍所没有涉及的。

（4）结构合理

从读者的实际需要出发，科学安排知识结构，内容由浅入深，叙述清楚。全书详细地讲解了使用Objective-C语言开发iOS应用程序的知识点。

（5）易学易用

读者可以按照本书编排的章节顺序进行学习，也可以根据自己的需求对某一章节进行有针对性地学习。书中提供的丰富实例可以帮助读者学以致用。

（6）实例多（301个典型实例+1个综合实例），实用性强

本书彻底摒弃枯燥的理论和简单的操作，注重实用性和可操作性。本书一共介绍了301个典型实例和1个综合性实例，通过实例的实现过程，详细讲解了Objective-C语言各个知识点的具体使用方法。

（7）内容全面

无论是搭建开发环境、Objective-C语言的基本语法、面向对象的介绍，还是iOS的控件接口、网络、多媒体和动画及游戏应用开发，以及健康、家居、苹果手表等知识的讲解，都是当今热门应用。

（8）视频全面讲解，提供PPT教学资源

为了帮助初学者更加高效地看懂并掌握本书内容，本书提供了内容全面的配套视频。视频中不但

讲解了本书的重要知识点，而且详细讲解并演示了书中的每一个实例。另外，为了方便广大教师的教学工作，特意提供了精美的 PPT 教学课件（从网站下载：www.toppr.net）。

读者对象

- Objective-C 学习者。
- Objective-C 开发人员。
- 初学 iOS 编程的自学者。
- 大中专院校的老师和学生。
- 进行毕业设计的学生。
- iOS 编程爱好者。
- 相关培训机构的老师和学员。
- 从事 iOS 开发的程序员。

售后服务

为了更好地为读者服务，为大家提供一个完善的学习和交流平台。本书提供了读者交流 QQ 群（28316661），大家可以在里面学习交流，另外还提供了问题答疑和源程序、PPT 详件下载地址 www.toppr.net。

本书在编写过程中，得到了人民邮电出版社工作人员的大力支持，正是基于各位编辑的求实、耐心和高效，才使得本书在这么短的时间内出版。另外，也十分感谢我的家人，在我写作的时候给予的大力支持。由于本人水平有限，纰漏和不尽如人意之处在所难免，诚请读者提出意见或建议，以便修订并使之更臻完善，编辑联系和投稿邮箱为 zhangtao@ptpress.com.cn。

编　者

目　　录

第一篇　基础知识

第1章　认识"进步"最快的Objective-C语言 ... 2
- 1.1 最耀眼的新星 ... 2
  - 1.1.1 一份统计数据 ... 2
  - 1.1.2 Objective-C 的走红过程 ... 3
  - 1.1.3 究竟何为 Objective-C ... 3
  - 1.1.4 苹果公司选择 Objective-C 的原因 ... 3
- 1.2 Objective-C 的优点和缺点 ... 4
- 1.3 搭建 Objective-C 开发环境 ... 5
  - 1.3.1 Xcode 介绍 ... 5
  - 1.3.2 下载 Xcode7 ... 6
  - 1.3.3 安装 Xcode 7 ... 6
  - 1.3.4 创建 iOS 9 项目并启动模拟器 ... 8
  - 1.3.5 打开现有的 iOS 9 项目 ... 9
- 1.4 第一段 Objective-C 程序 ... 11
  - 1.4.1 使用 Xcode 编辑代码 ... 11
  - 1.4.2 注释 ... 14
  - 1.4.3 #import 指令 ... 15
  - 1.4.4 主函数 ... 16
- 1.5 Xcode 集成开发环境介绍 ... 17
  - 1.5.1 基本面板 ... 17
  - 1.5.2 Xcode 7 的基本操作 ... 22
  - 1.5.3 使用 Xcode 7 帮助系统 ... 29

第二篇　核心语法

第2章　常量、变量和数据类型 ... 32
- 2.1 标识符和关键字 ... 32
- 2.2 数据类型和常量 ... 33
  - 2.2.1 整数类型 ... 33
  - 2.2.2 float 类型和 double 类型 ... 35
  - 2.2.3 char 类型 ... 36
  - 2.2.4 字符常量 ... 37
  - 2.2.5 id 类型 ... 39
  - 2.2.6 限定词 ... 40
  - 2.2.7 基本数据类型小结 ... 41
  - 2.2.8 NSLog 函数 ... 42
- 2.3 变量 ... 43

2.3.1　定义变量 ... 43
　　2.3.2　统一定义变量 ... 45
2.4　字符串 ... 46

第3章　运算符和表达式 ... 47
3.1　运算符的种类 ... 47
3.2　算术表达式 ... 47
　　3.2.1　初步了解运算符的优先级 ... 47
　　3.2.2　整数运算和一元负号运算符 ... 49
　　3.2.3　模运算符 ... 50
　　3.2.4　整型值和浮点值的相互转换 ... 51
　　3.2.5　类型转换运算符 ... 51
　　3.2.6　常量表达式 ... 52
3.3　条件运算符 ... 53
3.4　sizeof运算符 ... 54
3.5　关系运算符 ... 54
3.6　强制类型转换运算符 ... 55
3.7　赋值运算符 ... 56
　　3.7.1　基本赋值运算符 ... 57
　　3.7.2　高级赋值运算符 ... 57
　　3.7.3　通过计算器类演示运算符的用法 ... 57
3.8　位运算符 ... 59
　　3.8.1　按位与运算符 ... 59
　　3.8.2　按位或运算符 ... 59
　　3.8.3　按位异或运算符 ... 60
　　3.8.4　求反运算符 ... 60
　　3.8.5　向左移位运算符 ... 61
　　3.8.6　向右移位运算符 ... 61
　　3.8.7　头文件 ... 62
3.9　逻辑运算符 ... 62
3.10　逗号运算符 ... 63
3.11　运算符小结 ... 64

第4章　选择结构 ... 66
4.1　顺序结构和选择结构 ... 66
4.2　if语句 ... 66
　　4.2.1　单分支结构 ... 67
　　4.2.2　双分支结构 ... 69
　　4.2.3　复合条件测试 ... 70
　　4.2.4　if语句的嵌套 ... 72
　　4.2.5　else if结构 ... 74
4.3　switch语句 ... 79
　　4.3.1　switch语句基础 ... 79
　　4.3.2　任何两种情况的值都不能相同 ... 80
　　4.3.3　switch语句小结 ... 81

第5章　循环结构 ... 82
5.1　语句 ... 82
5.2　流程控制介绍 ... 82
5.3　for循环语句 ... 83

    5.3.1　for 循环基础 ·· 83
    5.3.2　for 语句的执行步骤 ·· 86
    5.3.3　让 for 循环执行适当的次数 ·· 88
    5.3.4　for 循环嵌套 ··· 89
    5.3.5　for 循环的其他用法 ·· 90
  5.4　while 语句 ·· 91
    5.4.1　基本 while 语句 ··· 91
    5.4.2　算法在编程中的意义 ··· 93
    5.4.3　while 语句的陷阱 ··· 94
    5.4.4　do-while 语句 ·· 95
  5.5　break 语句 ·· 96
  5.6　continue 语句 ·· 97
  5.7　goto 语句 ·· 98
  5.8　空语句 ··· 99
  5.9　return 语句 ·· 100
  5.10　Boolean 变量 ·· 100

第三篇　面向对象

第6章　面向对象——类、对象和方法 ··· 104
  6.1　面向对象介绍 ·· 104
  6.2　对象建模技术 ·· 105
    6.2.1　功能模型 ··· 105
    6.2.2　对象模型 ··· 105
    6.2.3　动态模型 ··· 106
  6.3　类的基础知识 ·· 106
    6.3.1　类和实例 ··· 106
    6.3.2　方法 ·· 106
    6.3.3　实例和方法 ··· 107
    6.3.4　认识 Objective-C 中的类 ·· 107
  6.4　使用@interface 定义类 ··· 108
    6.4.1　设置科学的类名 ··· 109
    6.4.2　实例变量 ··· 110
  6.5　使用@implementation 声明成员 ·· 111
  6.6　program 具体实现部分 ·· 112
  6.7　类的使用 ··· 113
    6.7.1　类的初始化 ··· 114
    6.7.2　使用类实例 ··· 115
    6.7.3　使用类的好处 ·· 116
  6.8　类的高级应用 ·· 117
    6.8.1　访问实例变量并封装数据 ··· 118
    6.8.2　尽量分离接口和实现文件 ··· 119
  6.9　隐藏和封装 ··· 122
    6.9.1　什么是封装 ··· 122
    6.9.2　访问控制符 ··· 123
    6.9.3　合成存取器方法 ··· 125
    6.9.4　使用点运算符访问属性 ·· 125
  6.10　多参方法 ··· 126
    6.10.1　不带参数名的方法 ·· 128

```
        6.10.2  操作分数 ················································································ 128
  6.11  局部变量 ················································································· 129
        6.11.1  方法的参数 ············································································ 129
        6.11.2  static 关键字 ·········································································· 130
        6.11.3  self 关键字 ············································································ 131
  6.12  在方法中分配和返回对象 ··························································· 131

第7章  面向对象——继承 ································································· 135
  7.1   从根类谈起 ·············································································· 135
        7.1.1   继承的好处 ············································································ 135
        7.1.2   继承的使用 ············································································ 137
        7.1.3   进一步理解继承的概念 ···························································· 137
        7.1.4   重写方法 ··············································································· 139
  7.2   方法重载 ················································································· 141
        7.2.1   方法重载基础 ········································································ 141
        7.2.2   重载的作用 ············································································ 142
        7.2.3   选择正确的方法 ····································································· 143
        7.2.4   重载 dealloc 方法 ··································································· 144
        7.2.5   使用 super 关键字 ·································································· 145
        7.2.6   连续继承 ··············································································· 147
  7.3   通过继承添加新的实例变量 ······················································· 147
  7.4   调用动态方法 ·········································································· 148
  7.5   访问控制 ················································································· 150
  7.6   Category 类别 ·········································································· 151

第8章  多态、动态类型和异常处理 ··················································· 154
  8.1   多态 ······················································································· 154
        8.1.1   多态基础 ··············································································· 154
        8.1.2   实现多态 ··············································································· 156
        8.1.3   指针变量的强制类型转换 ························································ 159
        8.1.4   判断指针变量的实际类型 ························································ 160
  8.2   动态绑定和 id 类型 ·································································· 161
        8.2.1   id 类型的优势 ········································································ 161
        8.2.2   与 C#的比较说明 ··································································· 162
        8.2.3   编译时和运行时检查 ······························································· 162
        8.2.4   id 数据类型与静态类型 ··························································· 163
        8.2.5   动态类型的参数和返回类型 ···················································· 163
        8.2.6   处理动态类型的方法 ······························································· 164
  8.3   异常处理 ················································································· 166
        8.3.1   用@try 处理异常 ···································································· 166
        8.3.2   使用@finally 回收资源 ···························································· 168
        8.3.3   自定义异常类 ········································································ 169
        8.3.4   和 C++异常处理进行比较 ······················································· 170

第9章  类别、协议和合成对象 ·························································· 172
  9.1   类别 ······················································································· 172
        9.1.1   定义类别 ··············································································· 172
        9.1.2   类别的使用 ············································································ 174
        9.1.3   用类别实现模块化设计 ··························································· 175
        9.1.4   使用类别调用私有方法 ··························································· 179
```

    9.1.5 扩展 ···179
  9.2 协议 ···181
    9.2.1 使用类别实现非正式协议 ···181
    9.2.2 定义正式协议 ···183
    9.2.3 遵守（实现）协议 ··185
    9.2.4 协议和委托 ···187
  9.3 合成对象 ··190

第10章 预处理程序 ···194
  10.1 宏定义 ···194
    10.1.1 无参宏定义 ··194
    10.1.2 带参宏定义 ··196
    10.1.3 #define 语句的作用 ··199
    10.1.4 高级类型定义 ···200
    10.1.5 #运算符 ···202
    10.1.6 ##运算符 ···203
  10.2 #import 语句 ··203
  10.3 条件编译 ··205
    10.3.1 #ifdef、#endif、#else 和#ifndef 语句 ···205
    10.3.2 #if 和#elif 预处理程序语句 ···206

第11章 深入理解变量和数据类型 ···208
  11.1 内存布局 ··208
  11.2 自动变量 ··208
  11.3 外部变量 ··209
  11.4 作用域 ···210
    11.4.1 控制实例变量作用域的指令 ···210
    11.4.2 外部变量 ···210
    11.4.3 静态变量 ···212
    11.4.4 选择局部变量和全局变量 ··213
    11.4.5 复合语句和作用域 ··213
  11.5 存储类说明符 ···214
    11.5.1 auto ···214
    11.5.2 const ··214
    11.5.3 volatile ··215
    11.5.4 static ··216
    11.5.5 extern ···216
  11.6 枚举数据类型 ···216
  11.7 typedef 语句 ··218

第四篇　知识进阶

第12章 Foundation框架类详解 ··222
  12.1 数字对象 ··222
  12.2 字符串处理 ···224
    12.2.1 创建字符串对象 ··225
    12.2.2 可变对象与不可变对象 ···227
    12.2.3 可变字符串 ··231
    12.2.4 释放字符串对象 ···233
  12.3 数组对象 ··235

- 12.3.1 数组的存储 ·· 235
- 12.3.2 数组的比较机制 ··· 238
- 12.3.3 调用数组元素 ··· 239
- 12.3.4 操作数组对象 ··· 240
- 12.3.5 返回操作并生成访问器方法 ······································ 242
- 12.3.6 枚举操作 ·· 244
- 12.3.7 使用枚举遍历查询信息 ·· 246
- 12.3.8 删除信息 ·· 248
- 12.3.9 数组排序 ·· 250
- 12.3.10 KVC 和 KVO 开发 ··· 254
- 12.4 字典对象 ·· 255
  - 12.4.1 NSDictionary 功能介绍 ·· 255
  - 12.4.2 创建可变字典 ··· 256
  - 12.4.3 枚举字典 ·· 257
- 12.5 集合对象 ·· 258
  - 12.5.1 NSSet 类介绍 ··· 260
  - 12.5.2 重复判断操作 ··· 262
  - 12.5.3 NSMutableSet 可编辑集合 ··· 263
  - 12.5.4 NSCountedSet 状态集合 ·· 264
  - 12.5.5 有序集合 ·· 265

第13章 日期、时间、复制和谓词 ·· 267

- 13.1 赋值和复制 ·· 267
- 13.2 copy 方法和 mutableCopy 方法的使用 ·································· 267
- 13.3 浅复制和深复制 ··· 270
  - 13.3.1 独立副本 ·· 271
  - 13.3.2 复制的应用 ·· 271
- 13.4 使用 alloc+init…方式实现复制 ·· 273
- 13.5 NSCopyObject()的使用 ··· 273
- 13.6 用自定义类实现复制 ··· 274
- 13.7 用赋值方法和取值方法复制对象 ··· 276
- 13.8 复制可变和不可变对象 ·· 277
- 13.9 使用 setter 方法复制 ··· 278
- 13.10 谓词 ··· 278
  - 13.10.1 创建谓词 ·· 279
  - 13.10.2 用谓词过滤集合 ··· 279
  - 13.10.3 在谓词中使用格式说明符 ······································ 280
- 13.11 日期和时间处理 ··· 281
- 13.12 日期格式器 ··· 282
- 13.13 日历和日期组件 ··· 284

第14章 和C语言同质化的数据类型（上） ·· 286

- 14.1 数组 ·· 286
  - 14.1.1 一维数组 ·· 286
  - 14.1.2 二维数组 ·· 288
  - 14.1.3 显式初始化二维数组 ··· 289
  - 14.1.4 多维数组的定义 ·· 291
  - 14.1.5 多维数组的初始化 ··· 292
  - 14.1.6 字符数组 ·· 294
- 14.2 函数 ·· 297

14.2.1	函数的种类	297
14.2.2	定义函数	299
14.2.3	函数的声明	299
14.2.4	函数原型	301
14.2.5	函数的参数	301
14.2.6	返回值	303
14.2.7	声明返回类型和参数类型	304
14.2.8	调用函数	305
14.2.9	函数的嵌套调用和递归调用	305
14.2.10	数组作为函数的参数	307
14.2.11	内部函数和外部函数	309

14.3 变量的作用域和生存期 310
    14.3.1 变量的作用域 310
    14.3.2 静态存储变量和动态存储变量 313

14.4 结构体 314
    14.4.1 结构体基础 314
    14.4.2 结构体变量的初始化 318
    14.4.3 结构体数组 322
    14.4.4 结构体和函数 324
    14.4.5 结构体中的结构体 325
    14.4.6 位字段 326
    14.4.7 typedef 327

第15章 和C语言同质化的数据类型（下） 328

15.1 指针 328
    15.1.1 指针基础 328
    15.1.2 指针变量的运算 331
    15.1.3 指针变量作为函数参数 334
    15.1.4 指针和数组 335
    15.1.5 指针和多维数组 339
    15.1.6 指针和字符串 341
    15.1.7 指针数组和多级指针 346
    15.1.8 指针函数和函数指针 348
    15.1.9 结构体指针 352

15.2 共用体 354
    15.2.1 定义共用体类型和共用体变量 354
    15.2.2 引用共用体变量 355

15.3 块 357
    15.3.1 块的基本语法 357
    15.3.2 块和局部变量 358
    15.3.3 用 typedef 定义块类型 359

第16章 文件操作 361

16.1 Foundation 框架的文件操作 361

16.2 用 NSFileManager 管理文件和目录 361
    16.2.1 NSFileManager 基础 362
    16.2.2 访问文件属性和内容 365
    16.2.3 使用 NSData 类 366
    16.2.4 创建、删除、移动和复制文件 367
    16.2.5 目录操作 367

        16.2.6 枚举目录中的内容 ································· 369
        16.2.7 查看目录的内容 ···································· 371
    16.3 路径操作类 ··· 372
        16.3.1 常用的路径处理方法 ······························ 374
        16.3.2 复制文件 ··· 375
        16.3.3 使用 NSProcessInfo 获取进程信息 ········· 377
    16.4 用 NSFileHandle 实现文件 I/O 操作 ··············· 378
    16.5 使用 NSURL 读取网络资源 ···························· 380
    16.6 使用 NSBundle 处理项目资源 ························ 382

第17章 归档 ·· 384
    17.1 使用 XML 属性列表进行归档 ························ 384
    17.2 使用 NSKeyedArchiver 归档 ··························· 385
    17.3 NSCoding 协议 ··· 388
    17.4 编码方法和解码方法 ······································· 389
    17.5 使用 NSData 创建自定义文档 ························ 390
    17.6 使用归档程序复制对象 ··································· 391
    17.7 归档总结 ··· 392

第五篇 核心组件

第18章 Xcode IB界面开发 ······································ 396
    18.1 IB 基础 ·· 396
    18.2 和 IB 密切相关的库面板 ································· 398
    18.3 IB 采用的方法 ·· 399
    18.4 IB 中的故事板 ·· 399
        18.4.1 推出的背景 ·· 400
        18.4.2 故事板的文档大纲 ···································· 400
        18.4.3 文档大纲的区域对象 ································ 401
    18.5 创建界面 ··· 402
        18.5.1 对象库 ·· 402
        18.5.2 将对象加入到视图中 ································ 403
        18.5.3 使用 IB 布局工具 ······································ 404
    18.6 定制界面外观 ··· 406
        18.6.1 属性检查器的使用 ···································· 406
        18.6.2 设置辅助功能属性 ···································· 407
        18.6.3 测试界面 ·· 408
    18.7 iOS 9 控件的属性 ·· 408
    18.8 实战演练——将界面的控件连接到代码 ······· 409
        18.8.1 打开项目 ·· 409
        18.8.2 输出口和操作 ·· 410
        18.8.3 创建到输出口的连接 ································ 410
        18.8.4 创建到操作的连接 ···································· 412
    18.9 实战演练——纯代码实现 UI 设计 ················· 413

第19章 使用Xcode编写MVC程序 ························· 416
    19.1 MVC 模式基础 ··· 416
        19.1.1 诞生背景 ·· 416
        19.1.2 分析结构 ·· 416
        19.1.3 MVC 的特点 ·· 417

19.1.4 使用MVC实现程序设计的结构化···417
19.2 Xcode中的MVC···418
　　19.2.1 基本原理···418
　　19.2.2 MVC的模板···418
19.3 在Xcode中实现MVC··419
　　19.3.1 视图···419
　　19.3.2 视图控制器··419
19.4 数据模型··420
19.5 实战演练——使用Single View Application模板·······························421
　　19.5.1 创建项目···422
　　19.5.2 规划变量和连接··425
　　19.5.3 设计界面···426
　　19.5.4 创建并连接输出口和操作···427
　　19.5.5 实现应用程序逻辑···430
　　19.5.6 生成应用程序··431

第20章 基础控件介绍···432

20.1 文本框···432
　　20.1.1 实战演练——实现用户登录界面··432
　　20.1.2 实战演练——限制输入文本的长度··433
20.2 文本视图··434
　　20.2.1 实战演练——拖动输入的文本···434
　　20.2.2 实战演练——关闭虚拟键盘的输入动作····································435
20.3 标签··436
　　20.3.1 实战演练——使用标签显示一段文本·······································436
　　20.3.2 实战演练——复制标签中的文本··437
20.4 按钮··439
　　20.4.1 实战演练——自定义按钮的图案··440
　　20.4.2 实战演练——实现丰富多彩的控制按钮····································442
20.5 滑块控件··443
　　20.5.1 实战演练——实现自动显示刻度的滑动条·································443
　　20.5.2 实战演练——实现带刻度的滑动条··446
20.6 实战演练——设置指定样式的步进控件··447
20.7 图像视图控件··451
　　20.7.1 实战演练——实现图片浏览器···452
　　20.7.2 实战演练——实现幻灯片播放器效果·······································454
20.8 开关控件··455
　　20.8.1 实战演练——改变开关控件的文本和颜色·································455
　　20.8.2 实战演练——创建并使用开关控件··457
20.9 分段控件··458
　　20.9.1 实战演练——分段控件的使用···458
　　20.9.2 实战演练——使用分段控件控制背景颜色·································460
20.10 工具栏··461
　　20.10.1 实战演练——自定义工具栏控件的颜色和样式···························461
　　20.10.2 实战演练——自定义工具栏··465
20.11 选择器视图··466
　　20.11.1 实战演练——实现两个选择器视图控件间的数据依赖··················466
　　20.11.2 实战演练——实现单列选择器··468
20.12 日期选择控件···470
　　20.12.1 实战演练——使用日期选择器自动选择时间······························470

20.12.2　实战演练——在屏幕中显示日期选择器 ... 471

第21章　Web视图控件、可滚动视图控件和翻页控件 ... 473
21.1　Web视图 ... 473
21.1.1　实战演练——在Web视图控件中调用JavaScript脚本 ... 473
21.1.2　实战演练——实现一个迷你浏览器 ... 475
21.2　可滚动的视图 ... 477
21.2.1　实战演练——可滚动视图控件的使用 ... 477
21.2.2　实战演练——通过滚动屏幕的方式浏览信息 ... 478
21.3　翻页控件 ... 480
21.3.1　翻页控件基础 ... 480
21.3.2　实战演练——自定义翻页控件的的外观样式 ... 481

第22章　提醒、操作表和表视图 ... 483
22.1　提醒视图 ... 483
22.1.1　实战演练——自定义提醒控件的外观 ... 483
22.1.2　实战演练——实现带输入框的提示框 ... 486
22.2　操作表 ... 488
22.2.1　实战演练——使用操作表控件定制按钮面板 ... 488
22.2.2　实战演练——实现图片选择器 ... 489
22.3　使用表视图 ... 491
22.3.1　实战演练——拆分表视图 ... 491
22.3.2　实战演练——实现图文样式联系人列表效果 ... 493

第23章　活动指示器、进度条和检索控件 ... 495
23.1　活动指示器 ... 495
23.1.1　实战演练——实现不同外观的活动指示器 ... 495
23.1.2　实战演练——实现环形进度条效果 ... 496
23.2　进度条 ... 498
23.2.1　实战演练——自定义外观样式的进度条 ... 498
23.2.2　实战演练——实现多个具有动态条纹背景的进度条 ... 501
23.3　检索条 ... 504
23.3.1　实战演练——使用检索控件快速搜索信息 ... 504
23.3.2　实战演练——使用UISearchDisplayController实现搜索功能 ... 507

第24章　UIView和视图控制器详解 ... 510
24.1　UIView基础 ... 510
24.1.1　UIView的结构 ... 510
24.1.2　视图架构 ... 512
24.1.3　实战演练——给任意UIView视图的4条边框加上阴影 ... 513
24.2　实战演练——使用导航控制器手动旋转屏幕 ... 515
24.3　使用UINavigationController ... 517
24.3.1　UINavigationController详解 ... 517
24.3.2　实战演练——实现界面导航条功能 ... 518
24.4　选项卡栏控制器 ... 521
24.4.1　实战演练——使用动态单元格定制表格行 ... 521
24.4.2　实战演练——使用Segue实现过渡效果 ... 523

第25章　UICollectionView和UIVisualEffectView控件 ... 525
25.1　UICollectionView控件详解 ... 525
25.1.1　UICollectionView的构成 ... 525

- 25.1.2 实现简单的 UICollectionView ... 526
- 25.1.3 自定义 UICollectionViewLayout ... 529
- 25.1.4 实战演练——使用 UICollectionView 控件实现网格效果 ... 529
- 25.2 UIVisualEffectView 控件详解 ... 532
  - 25.2.1 UIVisualEffectView 基础 ... 532
  - 25.2.2 使用 VisualEffectView 控件实现模糊特效 ... 534
  - 25.2.3 使用 VisualEffectView 实现 Vibrancy 效果 ... 534
  - 25.2.4 实战演练——在屏幕中实现模糊效果 ... 536

第六篇 典型应用

第26章 图形、图像、图层和动画 ... 540
- 26.1 图形处理 ... 540
  - 26.1.1 实战演练——在屏幕中绘制三角形 ... 540
  - 26.1.2 实战演练——绘制几何图形 ... 542
- 26.2 图像处理 ... 543
  - 26.2.1 实战演练——在屏幕中绘制图像 ... 544
  - 26.2.2 实战演练——实现对图片的旋转和缩放 ... 545
- 26.3 图层 ... 545
  - 26.3.1 视图和图层 ... 546
  - 26.3.2 实战演练——实现图片、文字及其翻转效果 ... 546
- 26.4 实现动画 ... 547
  - 26.4.1 实战演练——使用动画样式显示电量使用情况 ... 547
  - 26.4.2 实战演练——使用属性动画 ... 550

第27章 多媒体应用 ... 553
- 27.1 访问声音服务 ... 553
  - 27.1.1 声音服务基础 ... 553
  - 27.1.2 实战演练——播放声音文件 ... 554
- 27.2 提醒和振动 ... 557
  - 27.2.1 播放提醒音 ... 558
  - 27.2.2 实战演练——使用 iOS 的提醒功能 ... 558
- 27.3 Media Player 框架 ... 566
  - 27.3.1 Media Player 框架中的类 ... 567
  - 27.3.2 实战演练——使用 Media Player 播放视频 ... 567
- 27.4 AV Foundation 框架 ... 570
  - 27.4.1 准备工作 ... 571
  - 27.4.2 实战演练——使用 AV Foundation 框架播放视频 ... 571
- 27.5 图像选择器 ... 574
  - 27.5.1 使用图像选择器 ... 574
  - 27.5.2 实战演练——获取图片并缩放 ... 575

第28章 定位处理 ... 580
- 28.1 Core Location 框架 ... 580
  - 28.1.1 Core Location 基础 ... 580
  - 28.1.2 使用流程 ... 580
- 28.2 获取位置 ... 582
  - 28.2.1 位置管理器委托 ... 583
  - 28.2.2 获取航向 ... 584
- 28.3 地图功能 ... 585

28.3.1	Map Kit 基础	585
28.3.2	为地图添加标注	586
28.4	实战演练——定位当前的位置信息	587

第29章 触摸、手势识别和Force Touch ... 590

29.1	多点触摸和手势识别基础	590
29.2	触摸处理	590
29.2.1	触摸事件和视图	591
29.2.2	iOS 中的手势操作	595
29.2.3	实战演练——触摸的方式移动视图	596
29.3	手势处理	597
29.4	Force Touch 技术	602
29.4.1	Force Touch 介绍	602
29.4.2	Force Touch API 介绍	603
29.4.3	实战演练——使用 Force Touch	604

第30章 Touch ID详解 ... 607

30.1	初步认识 Touch ID	607
30.2	开发 Touch ID 应用程序	609
30.2.1	Touch ID 的官方资料	609
30.2.2	实战演练——Touch ID 认证综合应用	609

第31章 游戏开发 ... 616

31.1	Sprite Kit 框架基础	616
31.1.1	Sprite Kit 的优点和缺点	616
31.1.2	Sprite Kit、Cocos2D、Cocos2D-X 和 Unity 的选择	616
31.2	实战演练——开发一个 Sprite Kit 游戏程序	617

第七篇 综合实战

第32章 房屋出租管理系统的开发 ... 628

32.1	系统功能介绍	628
32.2	具体实现	628
32.2.1	实现接口文件	628
32.2.2	实现系统主界面	631
32.2.3	实现用户登录界面	633

Part 1 第一篇

基础知识

本篇内容

- 第 1 章 认识"进步"最快的 Objective-C 语言

第1章 认识"进步"最快的Objective-C语言

在国外权威编程语言使用率排行榜中,有一匹黑马从众多编程语言中脱颖而出,成为最近几年最耀眼的新星,这颗耀眼的新星就是我们本书的主角——Objective-C。本章将带领大家初步认识Objective-C这门神奇的技术,为读者学习本书后面的知识打下基础。

1.1 最耀眼的新星

知识点讲解:光盘:视频\知识点\第1章\最耀眼的新星.mp4

在过去的两年中,Objective-C的市场占有率几乎直线上升。截至2015年4月,Objective-C成为了仅次于Java、C和C++之后的一门编程语言。本节将带领大家一起来认识这颗新星,探寻Objective-C如此火爆的秘密。

1.1.1 一份统计数据

开始之前,先看看表1-1中的统计数据。

表1-1 编程语言排行榜(截至2015年4月)

2015年4月	2014年4月	语言	占有率(%)
1	2	Java	16.041
2	1	C	15.745
3	4	C++	6.962
4	3	Objective-C	5.890
5	5	C#	4.947

表1-1所示为TIOBE于2015年5月公布的2015年4月编程语言排行榜。和以前月份的统计数据相比,前三的位置有所变动,C和Java依旧轮流占据前两位,本书讲解的Objective-C语言位于第4位。在此之前,Objective-C已经赢得了 TIOBE 2011年"年度编程语言",这个奖项是颁发给在 2011 年中市场份额增长最多的编程语言。Objective-C之所以取得如此辉煌的成就,这主要归功于iPhone和iPad的持续成功,这两种设备上的程序主要都由Objective-C实现。

注意

TIOBE编程语言社区排行榜是编程语言流行趋势的一个指标,每月更新。这份排行榜排名基于互联网上有经验的程序员、课程和第三方厂商的数量。排名使用著名的搜索引擎(诸如Google、MSN、雅虎)以及Wikipedia和YouTube进行计算。请注意这个排行榜只是反映某个编程语言的热门程度,并不能说明一门编程语言好不好,或者一门语言所编写的代码数量多少。这个排行榜可以用来考查你的编程技能是否与时俱进,也可以在开发新系统选择语言时作为参考。

1.1.2 Objective-C 的走红过程

2009年，Objective-C在7月份上升至21位，又在8月份打进前20名。

2009年10月，AppStore（程序商店）中的程序数量超过了10万。当时业界认为对于一款手机而言，除了强大的硬件支持以外，最受用户关注的便是后续软件支持，这也是智能手机之所以能够一跃超过非智能手机成为市场宠儿的最大原因。不少专家认同这样一个观点，凭借着为数众多并且力作不断的程序支持，苹果的手机产品iPhone在后期程序扩展能力方面的优势要明显高于其他品牌产品。

伴随着苹果研发出第五代以及后续iPhone产品，同期的程序数量更是非常可观。现在智能终端已经发展成一个巨大的平台，并且这一平台显然在未来的某一天要和PC、笔记本电脑等平起平坐。所以可以判断出，将来的Objective-C会有更好的发展前景。

2010年5月，Objective-C又给了大家一个惊喜。因为Objective-C历史性地打进了TIOBE编程语言排行榜的前十名。也是一个很震惊的成绩，因为自从2001年6月TIOBE编程语言排行榜发布以来，一共只有13个编程语言曾经进入前十名。Objective-C语言是唯一一种可以为iPhone和iPad编程的语言，它的火爆完全是因为基于Mac OS X平台和iPhone平台移动开发的热度升高所致。

2012年1月，Objective-C依据奠定了TIOBE编程语言排行榜第五名的位置。相信随着iPad和iPhone后续产品的推出，排名会更加稳固。

2012年11月，Objective-C成功占据了第三的位置，并且将和第四位的位置进一步拉大。

1.1.3 究竟何为 Objective-C

Objective-C通常写为ObjC、Objective C或Obj-C，是一门扩充了C语言的面向对象编程语言。Objective-C主要被用在Mac OS X和GNUstep等使用OpenStep标准的平台上，而在NeXTSTEP和OpenStep中也是被作为基本语言来使用的。Objective-C可以在gcc运作的系统中实现写和编译操作，因为gcc包含Objective-C的编译器。

Objective-C是在苹果Mac OS X上进行程序开发的首选语言。Mac OS X技术源自NeXTSTEP的OpenStep操作系统，而OpenStep的软件架构都是用Objective-C编写的。这样，Objective-C就顺理成章地成为了Mac OS X上的最佳语言。

1986年，Brad Cox在第一个纯面向对象语言Smalltalk的基础上写成了Objective-C语言。在这之后，Brad Cox创立了StepStone公司，专门负责Objective-C的推广。1988年，Steve Jobs的NeXTSTEP采用Objective-C作为开发语言，1992年GNU GCC编译器中包含了对Objective-C的支持。这以后相当长的时间内，使用Objective-C语言的都是日后编程界的大腕，像Richard Stallman、Dennis Glating等人。

1.1.4 苹果公司选择 Objective-C 的原因

苹果公司之所以选择Objective-C作为开发语言，主要有以下原因。

（1）Objective-C是一个面向对象的语言。Cocoa框架中的很多功能只能通过面向对象的技术来呈现。

（2）Objective-C是标准C语言的一个超集，现存的C程序无须重新开发就能够使用Cocoa软件框架，并且开发者可以在Objective-C中使用C的所有特性，可以选择什么时候采用面向对象的编程方式（例如定义一个新的类），什么时候使用传统的面向过程的编程方式（定义数据结构和函数，而不是定义类）。

（3）Objective-C是一种简洁的语言，它的语法简单，没有歧义，并且易于学习。因为通常会将它和面向对象相关的技术术语混淆，所以对于初学者来说，学习面向对象编程的过程比较漫长。使用Objective-C这种结构良好的语言，修炼成为一个熟练的面向对象编程的程序员会更容易。

（4）和其他基于标准C语言的面向对象语言相比，Objective-C对动态机制支持得更为彻底。编译器为运行环境保留了很多对象本身的数据信息，因此某些在编译时需要做出的选择就可以推迟到运行时来决定。这种特性使得基于Objective-C的程序非常灵活和强大。例如，Objective-C的动态机制提供了如下两个一般面向对象语言很难提供的优点。

- Objective-C支持开放式的动态绑定，从而有助于交互式用户接口架构的简单化。例如，在Objective-C中发送消息时，既无须考虑消息接收者的类，也无须考虑方法的名字，允许用户在运行时再做出决定，也给了开发者极大的自由。
- Objective-C的动态机制成就了各种复杂的开发工具。运行环境提供了访问运行中程序数据的接口，所以使得开发工具监控Objective-C程序成为可能。

注意——混用C/C++编程

除了Objective-C之外，读者还可以用C/C++程序来编写iPhone程序和iPad程序，可以直接调用用C/C++编写的动态库和静态库。读者可以用纯C/C++进行开发，除此之外还可以用Objective-C和C/C++混合进行开发。读者可以在Objective-C代码里调用C++的方法，也可以在C++代码里调用Objective-C对象及方法，对象的指针在两种语言里都仅仅只是指针，可以在任何地方使用。

举个例子，读者可以把一个Objective-C对象用作C++类的数据成员，同时将一个C++对象作为Objective-C类的实例变量。需要注意的是，当编合使用Objective-C/C++的时候，Objective-C的.m实现文件需要改成.mm文件，这样以方便编译器识别。

1.2 Objective-C的优点和缺点

知识点讲解：光盘:视频\知识点\第1章\Objective-C的优点和缺点.mp4

Objective-C是一门非常"实际"的编程语言，它用的是一个用C编写的很小的运行库，应用程序的规模增加很小。这一点和其他大部分OO（面向对象）语言不一样，它们通常使用很大的VM（虚拟机）执行程序。Objective-C写成的程序通常不会比其源码大很多。

Objective-C的最初版本并不支持垃圾回收。在当时这是人们争论的焦点之一，很多人考虑到Smalltalk回收会产生漫长的"死亡时间"，从而令整个系统失去功能。Objective-C为了避免这个问题，所以不再拥有这个功能。虽然在某些第三方版本已加入这个功能（尤其是GNUstep），但是Apple在其Mac OS X中仍未引入这个功能。不过令人欣慰的是，在Apple发布的xCode 4中开始支持自动释放。xCode 4中的自动释放，也就是ARC（Automatic Reference Counting）机制，不需要用户手动Release（释放）一个对象，而是在编译期间，编译器会自动添加那些以前经常写的"NSObject release"。

还有另外一个问题，Objective-C不包括命名空间机制，所以程序设计人员必须在其类别名称前加上前缀，这样经常会导致冲突。2004年，在Cocoa编程环境中，所有Mac OS X类别和函数均有"NS"作为前缀，例如NSObject或NSButton表示它们属于Mac OS X核心；使用"NS"是由于这些类别的名称是在NeXTSTEP开发时确定的。

虽然Objective-C是C语言的母集，但是它也不视C语言的基本类型为第一级的对象。和C++不同，Objective-C不支持运算符多载（它不支持ad-hoc多型）。但是和Java相同，Objective-C只允许对象继承一个类别（不允许多重继承）。Categories和protocols不但具有多重继承的许多优点，而且缺点很少，例如额外执行时间过长和二进制不兼容。

由于Objective-C使用动态运行时类型，而且所有的方法都是函数调用，有时甚至连系统调用syscalls也是如此，所以很多常见的编译时性能优化方法都不能应用于Objective-C，例如内联函数、常数传播、交互式优化与聚集等。这使得Objective-C性能劣于类似的对象抽象语言，例如C++。不过Objective-C拥护者认为，既然Objective-C运行时消耗较大，Objective-C本来就不应该应用于C++或Java常见的底层抽象。

1.3 搭建 Objective-C 开发环境

📺 知识点讲解：光盘:视频\知识点\第1章\搭建Objective-C开发环境.mp4

都说"工欲善其事，必先利其器"，这一说法在编程领域同样适用，学习Objective-C开发也离不开好的开发工具。Objective-C是建立在特定的开发平台——Mac OS之上的，所以开发工具也需要安装在Mac OS系统上才能发挥最大威力。在众多的开发工具中，Xcode被公认为是Objective-C的最佳开发工具。本节将详细讲解Xcode开发工具的相关知识，为读者后面的学习打下基础。

1.3.1 Xcode 介绍

要开发iOS的应用程序，需要一台安装有Xcode工具的Mac OS X电脑。Xcode是苹果提供的开发工具集，提供了项目管理、代码编辑、创建执行程序、代码级调试、代码库管理和性能调节等功能。这个工具集的核心就是Xcode程序，它提供了基本的源代码开发环境。

Xcode是一款强大的专业开发工具，使用它能够以我们熟悉的方式简单快速地完成执行绝大多数常见的软件开发任务。于对创建单一类型的应用程序而言，Xcode要强大得多，它的设计目的是使我们可以创建任意类型的软件产品。从Cocoa及Carbon应用程序，到内核扩展及Spotlight导入器等各种开发任务，Xcode都能完成。Xcode界面可以帮助开发人员以各种不同的方式查看工具中的代码，并且可以访问工具箱中的许多功能，例如GCC、javac、jikes和GDB等，这些功能都是制作软件产品所需要的。Xcode是一个由专业人员设计、又由专业人员使用的工具。

由于能力出众，Xcode已经被Mac开发者社区广为采纳。随着苹果电脑向基于Intel的Macintosh迁移，转向Xcode变得比以往任何时候都更加重要。这是因为使用Xcode可以创建通用的二进制代码，这里所说的通用二进制代码是一种可以把PowerPC和Intel架构下的本地代码同时放到一个程序包的执行文件格式。事实上，对于还没有采用Xcode的开发人员来说，转向Xcode是将应用程序连编为通用二进制代码的第一个必要的步骤。

Xcode的官方地址是https://developer.apple.com/xcode/downloads/，其界面如图1-1所示。

图1-1 Xcode的官方网站的界面

在界面的下方介绍了Xcode 7的新功能，如图1-2所示。

截止到2015年8月，市面中的最主流版本是Xcode 6，最新版本是Xcode 7 beta。

图1-2　Xcode 7的新功能

1.3.2　下载Xcode7

其实对于初学者来说，只需要安装Xcode即可。使用Xcode既能开发iPhone程序，也能开发iPad程序。并且Xcode还是完全免费的，通过它提供的模拟器就可以在计算机上测试iOS程序。如果要发布iOS程序或在真实机器上测试iOS程序，就需要花99美元了。

（1）苹果开发主页面https://developer.apple.com/，先在官网上注册成为一名开发人员。

（2）登录到Xcode的下载页面https://developer.apple.com/xcode/downloads/，找到Xcode 7选项，如图1-3所示。

图1-3　Xcode的下载页面

（3）如果是付费账户，可以直接在苹果官方网站中下载获得。如果不是付费用户，可以从网络中搜索热心网友的共享信息，以此达到下载Xcode的目的。单击"Download Xcode 7 beta"链接后弹出下载对话框，如图1-4所示。单击"下载"按钮开始下载。

1.3.3　安装Xcode 7

图1-4　下载对话框

安装Xcode 7的具体过程如下。

（1）下载完成后单击打开下载的".dmg"格式文件，然后双击"Xcode"文件开始安装，如图1-5所示。

（2）双击Xcode下载到的文件开始安装，在弹出的警告对话框中单击"Continue"按钮，如图1-6所示。

（3）在弹出的是否同意注册界面中单击"Agree"按钮，如图1-7所示。

1.3 搭建 Objective-C 开发环境   7

图1-5　打开下载的Xcode文件

图1-6　警告对话框

（4）在弹出的组件安装对话框中单击"Install"按钮，如图1-8所示。

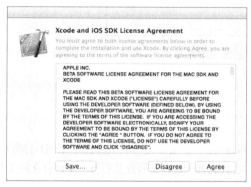

图1-7　是否同意注册对话框

图1-8　组件安装对话框

（5）在弹出的对话框中输入用户名和密码，然后单击"好"按钮，如图1-9所示。

（6）在弹出的新对话框中显示安装进度，安装完成后的界面如图1-10所示。

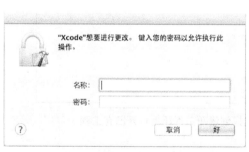

图1-9　输入用户名和密码　　　　　　　　　图1-10　完成安装界面

（7）启动Xcode 7后的初始界面如图1-11所示。

注意

考虑到很多初学者是学生，如果没有购买苹果机的预算，可以在Windows系统上采用虚拟机的方式安装OS X系统。

无论读者是已经有一定Xcode经验的开发者，还是刚刚开始迁移的新用户，都需要对Xcode的用户界面及如何用Xcode组织软件工具有一些理解，这样才能真正高效地使用这个工具。这样可以大大加深您对隐藏在Xcode背后哲学的认识，并帮助您更好地使用Xcode。

建议读者将Xcode安装在OS X的Mac机器上，也就是装有苹果系统的苹果机上。通常来说，在苹果机器的OS X系统中已经内置了Xcode，默认目录是"/Developer/Applications"。

图1-11　启动Xcode 7后的初始界面

1.3.4　创建 iOS 9项目并启动模拟器

在Xcode中创建iOS 9项目并启动模拟器的步骤如下。

（1）Xcode位于"Developer"文件夹内中的"Applications"子文件夹中，快捷图标如图1-12所示。

（2）启动Xcode 7之后的初始界面如图1-13所示，可以在此选择创建新工程还是打开一个已存在的工程。

图1-12　Xcode图标

图1-13　选择创建新工程还是打开已有工程

（3）单击"Create a new Xcode project"后会出现"Choose a template…"窗口，如图1-14所示。在窗口的左侧，显示了可供选择的模板类别，因为我们的重点是类别iOS Application，所以在此需要确保选择了它。而在右侧显示了当前类别中的模板以及当前选定模板的描述。

（4）从iOS 9开始，在"Choose a template…"窗口的左侧新增了"watchOS"选项，这是为开发苹果手表应用程序所准备的。选择"watchOS"选项后的效果如图1-15所示。

（5）对于大多是iOS 9应用程序来说，可以选择"iOS"下的"Single View Application"模板，然后单击"Next（下一步）"按钮即可，如图1-16所示。

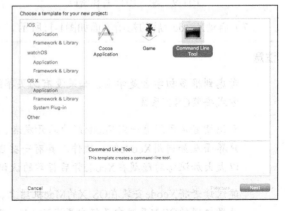

图1-14　"Choose a template…"窗口

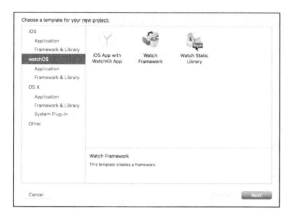

图1-15 选择"watchOS"选项后的效果

图1-16 选择Single View Application模板

（6）选择模板并单击"Next"按钮后，在新界面中Xcode将要求您指定产品名称和公司标识符。产品名称就是应用程序的名称，而公司标识符是创建应用程序的组织或个人的域名，但按相反的顺序排列。这两者组成了标识符，它将您的应用程序与其他iOS应用程序区分开来，如图1-17所示。

例如，我们将创建一个名为"exSwift"的应用程序，设置域名是"apple"。如果没有域名，在开发时可以使用默认的标识符。

（7）单击"Next"按钮，Xcode将要求指定项目的存储位置。切换到硬盘中合适的文件夹，确保没有勾选复选框Source Control，再单击"Create（创建）"按钮。Xcode将创建一个名称与项目名相同的文件夹，并将所有相关联的模板文件都放到该文件夹中，如图1-18所示。

图1-17 指定产品名称和公司标识符

图1-18 选择项目文件夹

（8）在Xcode中创建或打开项目后，将出现一个类似于iTunes的窗口，您将使用它来完成所有的工作，从编写代码到设计应用程序界面。如果这是您第一次接触Xcode，令人眼花缭乱的按钮、下拉列表和图标将让您感到不适，如图1-19所示。

（9）运行iOS模拟器的方法十分简单，只需单击左上角的 按钮即可，运行效果如图1-20所示。

1.3.5 打开现有的 iOS 9项目

在开发过程中，经常需要打开一个现有的iOS 9项目，例如打开本书所附光盘中的工程。

（1）启动Xcode 7开发工具，然后单击右下角的"Open another project…"命令，如图1-21所示。

图1-19　Xcode界面

图1-20　iPhone模拟器的运行效果

图1-21　"Open another project…"命令

（2）此时会弹出选择目录对话框界面，在此找到要打开项目的目录，然后单击".xcodeproj"格式的文件即可打开这个iOS 9项目，如图1-22所示。

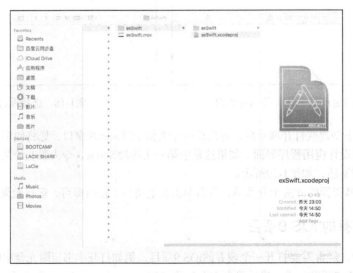

图1-22　单击".xcodeproj"格式的文件打开项目

另外，读者可以直接找到要打开工程的目录位置，双击里面的".xcodeproj"格式的文件也可以打开这个iOS 9项目。

1.4 第一段 Objective-C 程序

知识点讲解：光盘:视频\知识点\第1章\第一段Objective-C程序.mp4

实例1-1	第一段Objective-C程序
源码路径	光盘:\daima\第1章\1-1

首先举一个十分简单的例子，编写一段Objective-C程序，这段简单程序能够在屏幕上显示短语"first Programming!"。整个代码十分简单，下面是完成上述任务的Objective-C程序。

```
//  main.m
//  first
//
//  Created by 管 on 15/7/27.
//  Copyright (c) 2015年 apple. All rights reserved.
#import <Foundation/Foundation.h>
// 定义main方法，作为程序入口
int main(int argc, char *argv[])
{
    @autoreleasepool
    {
        NSLog(@"Hello Objective-C");    // 执行输出
    }
    return 0;    // 返回结果
}
```

对于上述程序，我们可以使用Xcode编译并运行，或者使用GNU Objective-C编译器在Terminal窗口中编译并运行程序。Objective-C程序最常用的扩展名是".m"，将上述程序保存为"main.m"，然后可以使用Xcode打开。

注意

在Objective-C中，小写字母和大写字母是有区别的。Objective-C并不关心程序行从何处开始输入，可以在程序行的任何位置输入语句。基于此，我们可以开发容易阅读的程序。

1.4.1 使用 Xcode 编辑代码

Xcode是一款功能全面的应用程序，通过此工具可以轻松输入、编译、调试并执行Objective-C程序。如果想在Mac上快速开发Objective-C应用程序，则必须学会使用这个强大工具的方法。前面已经介绍了安装并搭建Xcode工具的流程，接下来将简单介绍使用Xcode编辑Objective-C代码的基本方法。

（1）Xcode位于"Developer"文件夹内中的"Applications"子文件夹中，快捷方式的图标如图1-23所示。

（2）启动Xcode后的效果如图1-24所示，单击"Create a new Xcode project"选项。

（3）出现如图1-25所示的选择模板窗口。在窗口的左侧，显示了可供选择的模板类别。因为是在电脑中调试，所以选择左侧"OS X"下的"Application"菜单，然后在右侧单击模板"Command Line Tool"，再单击"Next"按钮。

（4）在新界面中Xcode将要求您指定产品名称和公司标识符。产品名称就是应用程序的名称，而公司标识符创建应用程序的组织或个人的域名，但按相反的顺序排列。这两者组成了束标识符，它将您的应用程序与其他iOS应用程序区分开来，如图1-26所示。

图1-23　Xcode图标

图1-24　启动一个新项目

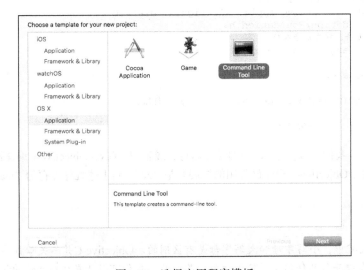

图1-25　选择应用程序模板

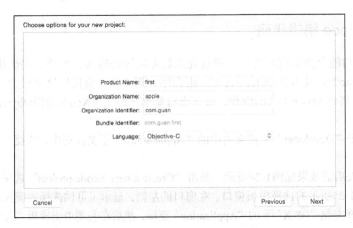

图1-26　产品名称和公司标识符

（5）单击Next按钮，Xcode将要求我们指定项目的存储位置。切换到硬盘中合适的文件夹，确保没有选择复选框Source Control，再单击"Create（创建）"按钮。Xcode将创建一个名称与项目名相同的文件夹，并将所有相关联的模板文件都放到该文件夹中，如图1-27所示。

图1-27 设置当前工程文件的保存路径

(6)在Xcode中创建新项目后,将出现一个类似于iTunes的窗口,如图1-28所示。

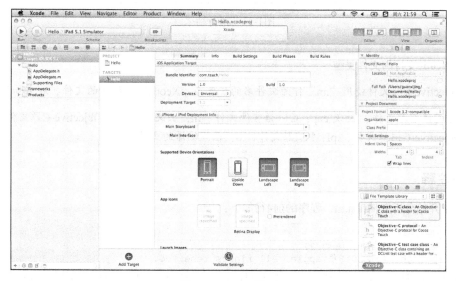

图1-28 Xcode界面

(7)复制前面的代码到main.m文件,保存在本地机器后,文件main.m在Xcode中的编辑界面如图1-29所示。Xcode使用不同的颜色指示值、保留字等内容。

图1-29 Xcode工程中文件main.m的代码

下面可以编译并运行第一个程序了，但是首先需要保存程序，方法是从File菜单中选择Save。如果在未保存文件的情况下尝试编译并运行程序，Xcode会询问您是否需要保存。在Build菜单下，可以选择Build或Build and Run。我们选择后者，如果构建时不出现任何错误，则会自动运行此程序。Xcode工具栏中的调试菜单如图1-30所示。

图1-30　Xcode工具栏中的调试菜单

运行iOS模拟器的方法十分简单，只需单击左上角的 ▶ 按钮即可。如果程序中有错误，在此步骤期间会看到列出的错误消息。此时，可回到程序中解决错误，然后再次重复此过程。解决程序中的所有问题之后，会出现一个新窗口，其中显示prog1 – Debugger Console。如果该窗口没有自动出现，进入主菜单栏并从Run菜单中选择Console即可。执行结果如图1-31所示。

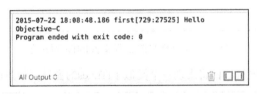

图1-31　执行结果

注意——Xcode支持的文件类型

Objective-C源文件使用".m"作为文件名的扩展名，Xcode可以编译的文件扩展名如下所示。

.c：C语言源文件、.cc或.cpp：C++语言源文件、.h：头文件、.m：Objective-C源文件、.mm：Objective-C++源文件、.pl：Perl源文件、.o：已经编译的文件。

1.4.2　注释

接下来开始分析文件first.m，程序的前4行如下：

```
//  main.m
//  first
//  Created by 管 on 15/7/27.
//  Copyright (c) 2015年 apple. All rights reserved.
```

这4段代码为注释，在程序中使用的注释语句用于对程序进行说明，可增强程序的可读性。注释负责告诉该程序的读者，不管是程序员还是其他负责维护该程序的人，这只是程序员在编写特定程序和特定语句序列时的想法。一般首行注释用来描述整个程序的功能。

在Objective-C程序中，有如下两种插入注释的方式：

- 使用双斜杠"//"，在双斜杠后直到这行结尾的任何字符都将被编译器忽略。
- 使用"/*...*/"注释的形式，"/*"表示开始，"*/"表示结束，在两者之间的所有字符都被看作注释语句的一部分，从而被Objective-C编译器忽略。

当注释需要跨越很多程序行时，通常使用第二种注释格式，例如下面的代码。

```
/*
这是注释，因为很长很长很长很长很长很长的，
所以得换行，
功能是显示一行文本。
如果不明白可以联系作者：
xxxx@yahoo.com
*/
```

> **注意——注释的好处**
>
> 在编写程序或者将其输入到计算机上时，应该养成在程序中插入注释的习惯。使用注释有如下两个好处。
>
> （1）当特殊的程序逻辑在您的大脑中出现时就说明程序，要比程序完成后再回来重新思考这个逻辑简单得多。
>
> （2）如果在工作的早期阶段把注释插入程序中，在调试阶段隔离和调试程序逻辑错误时会受益匪浅。注释不仅可以帮助您（或者其他人）通读程序，而且还有助于指出逻辑错误的根源。

1.4.3 #import 指令

我们继续分析程序，看接下来的代码。

```
#import <Foundation/Foundation.h>
```

这个#import指令的功能是告诉编译器找到并处理名为Foundation.h的文件，这是一个系统文件，表示这个文件不是我们创建的。#import表示将该文件的信息导入或包含到程序中，这个功能像把此文件的内容导入到程序中。例如上述代码可以导入文件Foundation.h。

在Objective-C语言中，编译器指令以@符号开始，这个符号经常用在使用类和对象的情况。在表1-2中，对Objective-C语言中的指令进行了总结。

表1-2　编译器指令

指　令	含　义	例　子
@"characters"	实现常量NSSTRING字符串对象（相邻的字符串已连接）	NSString *url = @"http://www.kochan-wood.com";
@class c1, c2,...	将c1、c2等声明为类	@class Point, Rectangle;
@defs (class)	为class返回一个结构变量的列表	struct Fract { @defs(Fraction); } *fractPtr; fractPtr = (struct Fract *) [[Fraction alloc] init];
@dynamic names	用于names的存取器方法，可动态提供	@dynamic drawRect;
@encode (type)	将字符串编码为type类型	@encode (int *)
@end	结束接口部分、实现部分或协议部分	@end
@implementation	开始一个实现部分	@implementation Fraction;
@interface	开始一个接口部分	@interface Fraction: Object <Copying>
@private	定义一个或多个实例变量的作用域	例如定义实例变量
@protected	定义一个或多个实例变量的作用域	
@public	定义一个或多个实例变量的作用域	
@property (list) names	为names声明list中的属性	property (retain, nonatomic) NSSTRING *name;
@protocol (protocol)	为指定protocol创建一个Protocol对象	@protocol (Copying)]){...} if ([myObj conformsTo: (protocol)
@protocol name	开始name的协议定义	@protocol Copying
@selector (method)	指定method的SEL（选择）对象	if ([myObj respondsTo: @selector (allocF)]) {...}

续表

指 令	含 义	例 子
@synchronized (object)	通过单线程开始一个块的执行。Object是一个互斥（mutex）的标志	
@synthesize names	为names生成存取器方法，如果未提供的话	@synthesize name, email;参见"实例变量"
@try	开始执行一个块，以捕捉异常	例如"异常处理"应用
@catch (exception)	开始执行一个块，以处理exception	
@finally	开始执行一个块，不管上面的@try块是否抛出异常都会执行	
@throw	抛出一个异常	

1.4.4 主函数

接下来看如下剩余的代码：
```
int main(int argc, char *argv[])
{
    @autoreleasepool
    {
        NSLog(@"Hello Objective-C");   // 执行输出
    }
    return 0;   // 返回结果
}
```
上述代码都被包含在函数main()中，此函数和C语言中的同名函数类似，是整个程序的入口函数。上述代码功能是指定程序的名称为main，这是一个特殊的名称，功能是准确地表示程序将要在何处开始执行。在main前面的保留关键字int用于指定main返回值的类型，此处用int表示该值为整型（在本书后面的章节中将更加详细地讨论类型问题）。

在上述main代码块中包含了多条语句。我们可以把程序的所有语句放入到一对花括号中，最简单的情形是：一条语句是一个以分号结束的表达式。系统将把位于花括号中的所有语句看作main程序的组成部分。首先看如下第一条语句：

```
@autoreleasepool
```
上述语句为自动释放池在内存中保留了空间（在本书后面的"内存管理"章节会讨论这方面的内容）。作为模板的一部分，Xcode会将这行内容自动放入程序中。

接下来的一条语句用于指定要调用名为NSLog的例程，传递或传送给NSLog例程的参数或实参是如下字符串。

```
@ "first Programming!"
```
此处的符号@位于一对双引号括起来的字符串前面，这被称为常量NSString对象。NSString例程是Objective-C库中的一个函数，它只能显示或记录其参数。但是之前它会显示该例程的执行日期和时间、程序名以及其他数值。在本书的后面的内容中，不会列出NSLog在输出前面插入的这些文本。

在Objective-C中，所有的程序语句必须使用分号";"结束，这也是为什么分号在NSLog调用的结束圆括号之后立即出现的原因。

在函数main中的最后一条语句是：

```
return 0;
```
上述语句的功能是终止main的执行，并且返回状态值0。在Objective-C中规定，0表示程序正常结束。任何非零值通常表示程序出现了一些问题，例如无法找到程序所需要的文件。

如果使用Xcode进行调试，会在Debug Console窗口中发现在NSLog输出的行后显示下面的提示。
```
The Debugger has exited with status 0.
```
假如修改实例1-1中的程序，使其能够同时显示文本"Objective-C OK"。要想实现这个功能，可以通过添加另一个对NSLog例程的调用的方法来实现，例如使用下面的代码实现。

```
#import <Foundation/Foundation.h>
// 定义main方法，作为程序入口
int main(int argc, char *argv[])
{
    @autoreleasepool
    {
        NSLog(@"Hello Objective-C");   // 执行输出
        NSLog (@"Objective-C OK!");
    }
    return 0;   // 返回结果
}
```

在编写上述代码时，必须使用分号结束每个Objective-C程序语句。执行后输出结果为：

```
Hello Objective-C
Objective-C OK!
```

而在下面的实例代码中可以看到，无须为每行输出单独调用NSLog例程。

实例1-2	使用一个NSLog输出多行信息
源码路径	光盘:\daima\第1章\1-2

```
#import <Foundation/Foundation.h>
int main(int argc, const char * argv[]) {
    @autoreleasepool {
        // insert code here...
        NSLog (@"look...\n..1\n...2\n....3");
    }
    return 0;
}
```

在上述代码中，"\n"中的反斜杠和字母是一个整体，合起来表示换行符。换行符的功能是通知系统要转到一个新行的工作。任何要在换行符之后输出的字符将出现在显示器的下一行。其实换行符类似于HTML标记中的换行标记
。执行上述代码后输出结果如下。

```
look...
..1
...2
....3
```

> **注意——格式化**
>
> C语句由一个分号结束。空白字符（空格、制表符和换行符）是分隔名称和关键字时所必需的。C忽略任何额外的空白：缩进和任何额外的空白对于编译的可执行代码都没有影响；可以自由地使用它们，使代码更具可读性。一条语句可以扩展到多行，例如，如下的3种形式是等价的。
>
> ```
> distance = rate*time;
>     distance = rate * time;
> distance =
> rate *
>     time;
> ```

1.5 Xcode集成开发环境介绍

    知识点讲解：光盘:视频\知识点\第1章\Xcode集成开发环境介绍.mp4

Xcode是一款功能全面的应用程序，通过此工具可以轻松输入、编译、调试并执行Objective-C程序。如果想在Mac上快速开发iOS应用程序，则必须学会使用这个强大工具的方法。本章将详细讲解Xcode 7开发工具的基本知识，为读者步入后面的学习打下基础。

1.5.1 基本面板

使用Xcode 7打开一个iOS 9项目后的效果如图1-32所示。

18 第 1 章 认识"进步"最快的 Objective-C 语言

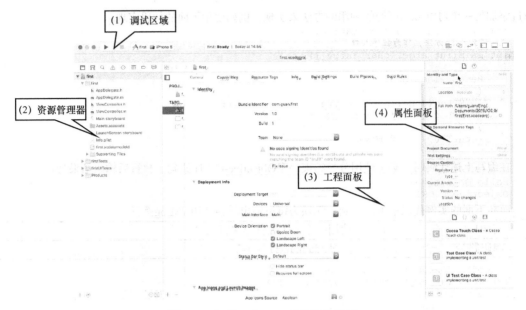

图1-32 打开一个iOS 9项目后的效果

图1-32中各部分介绍如下。

（1）调试区域：左上角的这部分是控制程序进行调试或者终止调试，还有选择Scheme目标的地方。单击三角形图标会启动模拟器运行这个iOS程序，单击正方形图标会停止运行。

（2）资源管理器：左边这一部分是资源管理器，上方可以设置选择显示的视图，有Class视图、搜索视图、错误视图等。

（3）工程面板：这部分是最重要的，也是整个窗口中所占面积最大的区域。通常显示当前工程的总体信息，例如编译信息、版本信息和团队信息等。当在"资源管理器"中用鼠标选择一个源码文件时，此时这个区域将变为"编码面板"，在面板中将显示这个文件的具体源码。

（4）属性面板：在进行Storyboard或者xib设计的时候十分有用，可以设置每个控件的属性。和Visual C++、Vsiual Studio.NET中的属性面板类似。

1. 调试工具栏

调试工具栏界面效果如图1-33所示。调试工具栏最左边是run运行按钮▶，单击它可以打开模拟器来运行项目。停止运行按钮是■。另外，当单击并按住片刻后可以看到下面的弹出菜单，这里提供了更多的运行选项。

图1-33 调试工具栏

在停止运行按钮■的旁边，可以看到如图1-34所示的下拉列表，在这里可以选择虚拟器的属性是iPad还是iPhone。iOSDevice是指真机测试，如图1-34所示。

工具栏最右侧有3个关闭视图控制器工具，可以让我们关闭一些不需要的视图，如图1-35所示。

图1-34 选择虚拟器的属性

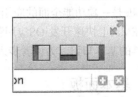

图1-35 关闭视图控制器工具

2. 导航面板介绍

在导航区域包含了多个导航类型，例如选中第一个图标 后会显示项目导航面板，即显示当前项目的构成文件，如图1-36所示。

单击第2个图标 后会显示符号导航面板，将显示当前项目中包含的类、方法和属性，如图1-37所示。

单击第3个图标 后会显示搜索导航面板，在此可以输入将要搜索的关键字，按回车键后将会显示搜索结果。例如，输入关键字"first"后的效果如图1-38所示。

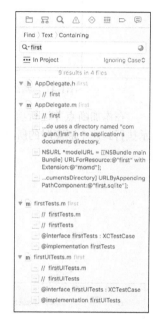

图1-36　项目导航面板　　　　图1-37　符号导航面板　　　　图1-38　搜索导航面板界面

单击第4个图标 后会显示问题导航面板，如果当前项目存在错误或警告，则会在此面板中显示出来，如图1-39所示。

单击第5个图标 后会显示测试导航面板，其中会显示当前项目包含的测试用例和测试方法等，如图1-40所示。

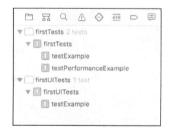

图1-39　显示出错信息　　　　　　　　　图1-40　测试导航面板

单击第6个图标 后会显示调试导航面板，在默认情况下将会显示一片空白，如图1-41所示。只有进行项目调试时，才会在这个面板中显示内容。

在Xcode 7中使用断点调试的基本流程如下。

打开某一个文件，在编码窗口中找到想要添加断点的行号，然后单击鼠标左键，此时这行代码前面将会出现图标 ，如图1-42所示。如果想删除断点，只需用鼠标左键按住断点并拖向旁边，此时断点会消失。

图1-41　调试导航面板

图1-42　设置的断点

在添加断点并运行项目后，程序会进入调试状态，并且会执行到断点处停下来，此面板中将会显示执行到这个断点时的所有变量及变量的值，如图1-43所示。此时的测试导航面板如图1-44所示。

图1-43　变量及变量的值

图1-44　断点测试导航面板

断点测试导航面板的功能非常强大，甚至可以查看程序对CPU的使用情况，如图1-45所示。

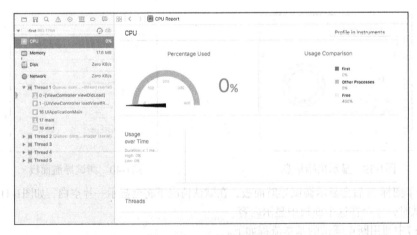
图1-45　CPU的使用情况

单击第7个图标后会显示断点导航面板，在此界面中将会显示当前项目中的所有断点。右键单击断点后，可以在弹出的命令中设置禁用断点或删除断点，如图1-46所示。

单击第8个图标 后会显示日志导航面板,在此面板中将会显示在开发整个项目的过程中产生的所有信息,如图1-47所示。

3. 文件检查器面板

单击属性窗口中图标 后会显示文件检查器面板,此面板用于显示该文件存储的相关信息,例如文件名、文件类型、文件存储路径和文件编码等信息,如图1-48所示。

图1-46　禁用断点或删除断点

图1-47　日志导航面板

图1-48　文件检查器面板

单击属性窗口中的图标 后会显示快速帮助面板,当将鼠标停留在某个源码文件中的声明代码片段部分时,快速帮助面板中会显示帮助信息。图1-49的右上方显示了鼠标所在位置的帮助信息。

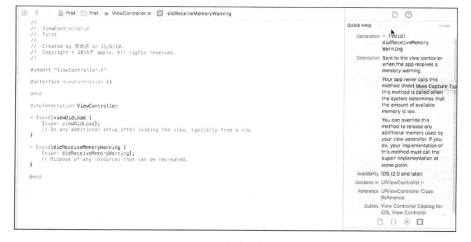

图1-49　快速帮助信息

1.5.2 Xcode 7的基本操作

我们已经了解了Xcode 7中相关的基本面板。下面将详细讲解在Xcode 7中进行基本操作的知识。

1．改变公司名称

通过Xcode编写代码，代码的头部如图1-50所示。

可以将这部分内容改为公司的名称或者项目的名称。

2．通过搜索框缩小文件范围

当项目开发到一段时间后，源代码文件会越来越大。再从Groups & Files界面选择相关代码，效率较差。可以借助Xcode的浏览器窗口查找相关代码，如图1-51所示。

图1-50　头部内容

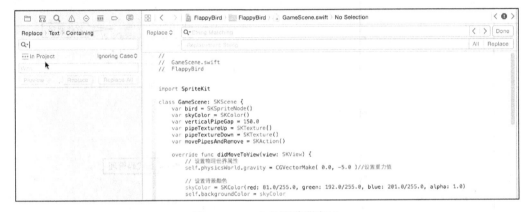

图1-51　Xcode的浏览器窗口

在图1-51的搜索框中可以输入关键字，这样浏览器窗口中会显示带关键字的相关代码行。比如想看带SkTexture的代码行，结果如图1-52所示。

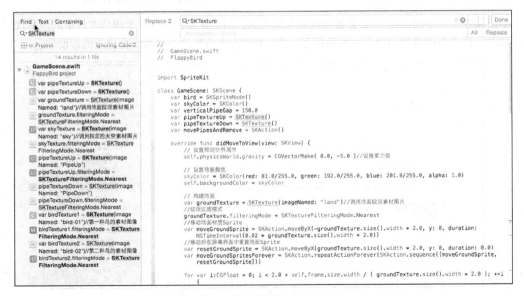

图1-52　按关键字搜索代码行

3. 格式化代码

在图1-53所示的界面中，有很多行都顶格了，此时需要将代码进行格式化处理。

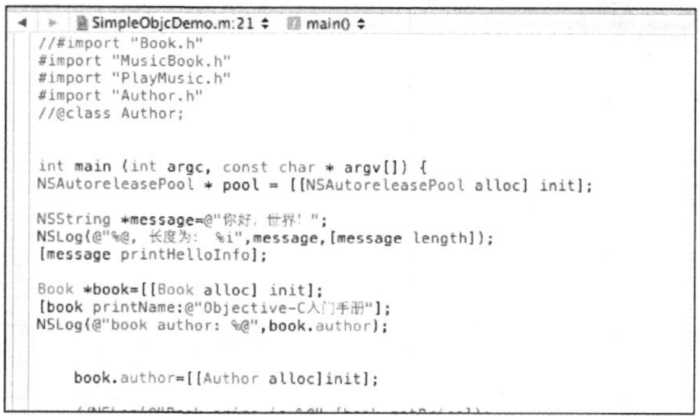

图1-53　多行都顶格

选中需要格式化的代码，然后在右键快捷菜单中选择Structure→Re-Indent命令，如图1-54所示。

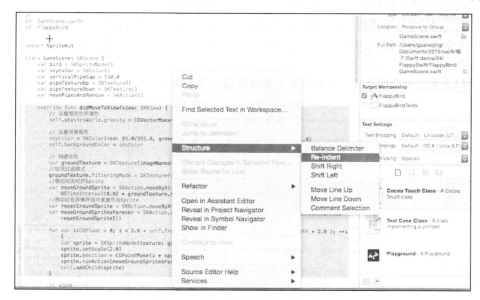

图1-54　使用快捷菜单格式化代码

4. 代码缩进和自动完成代码

有的时候代码需要缩进，有的时候又要做相反的操作。单行缩进和其他编辑器类似，只需使用tab键即可。如果选中多行则需要使用快捷键了，其中command+]表示缩进，command+[表示反向移动。

使用IDE工具的一大好处是，工具能够帮助我们自动完成某些代码，比如冗长的类型名称。Xcode提供了这方面的功能。比如下面的输出日志：

```
NSLog(@"book author: %@",book.author);
```

如果都自己输入会很麻烦的，可以先输入ns，然后使用快捷键ctrl+.，会自动出现如下代码：

```
NSLog(NSString * format)
```

在其中填写参数即可。快捷键"ctrl+."的功能是自动给出第一个匹配ns关键字的函数或类型，而NSLog是第一个。如果继续使用"ctrl+."，则会出现比如NSString的形式。依此类推，会显示所有ns开头的类型或函数，并循环往复。如果用"ctrl+,"快捷键，那么会显示全部ns开头的类型、函数、常量等的列表，可以在这里选择。其实，Xcode也可以在输入代码的过程中自动给出建议。比如，要输入NSString。当输入到NSStr的时候，后面的ing会自动出现，如果正是所需要的，直接按tab键确认即可。也许你想输入的是

NSStream,那么可以继续输入。另外也可输入ESC键,这时就会出现结果列表供选择了,如图1-55所示。

如果正在输入方法,那么会自动完成,如图1-56所示。

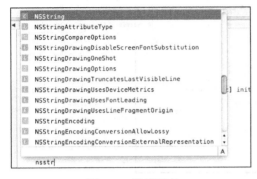

图1-55 结果列表 　　　　　　　　　　　　图1-56 自动完成的结果

可以使用tab键确认方法中的内容,或者通过快捷键"ctrl+/"在方法中的参数之间来回切换。

5. 文件内查找和替换

在编辑代码的过程中经常会进行查找和替换操作,如果只是查找则直接按"command+f"即可,在代码的右上角会出现如图1-57所示的对话框。只需在里面输入关键字,不论大小写,代码中所有命中的文字都高亮显示。

也可以实现更复杂的查找,比如是否大小写敏感,是否使用正则表达式等。设置界面如图1-58所示。

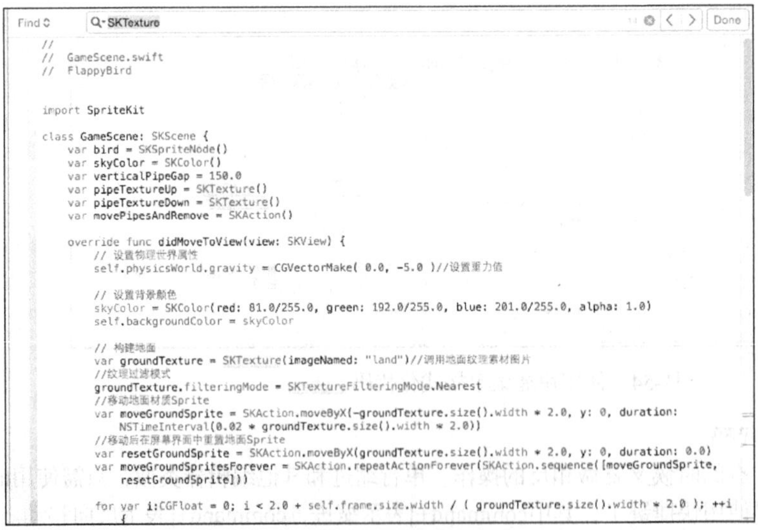

图1-57 查找界面 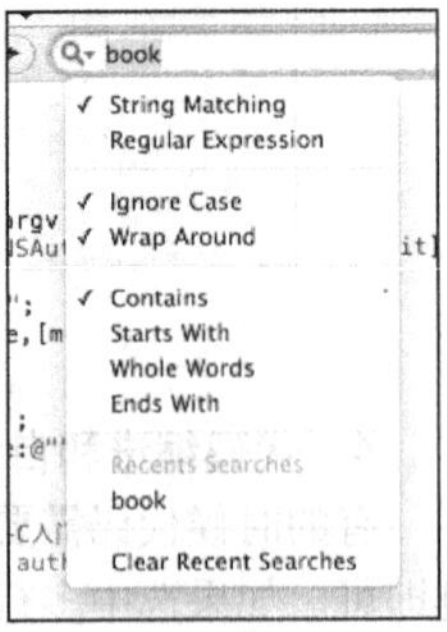　　　　　　　　　　　　图1-58 复杂查找设置

通过图1-59中所示的"Find & Replace"命令可以切换到替换界面。

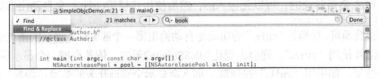

图1-59 "Find & Replace"替换命令

如图1-60所示,其中将查找设置为大小写敏感,然后将book替代为myBook。

1.5 Xcode集成开发环境介绍 25

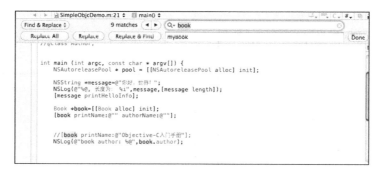

图1-60 将book替代为myBook

另外，也可以单击按钮选择是全部替换，还是查找一个替换一个。如果需要在整个项目内查找和替换，则依次单击"Find"→"Find in Project..."命令，如图1-61所示。

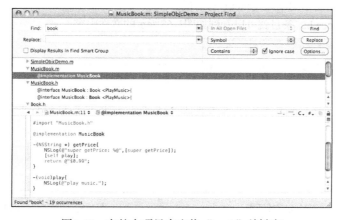

图1-61 "Find in Project..."命令

还是以查找关键字book为例，实现界面如图1-62所示。

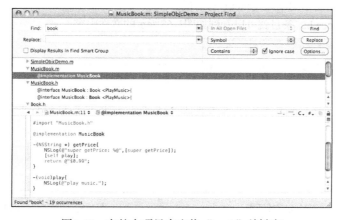

图1-62 在整个项目内查找"book"关键字

替换操作的过程也与之类似，在此不再进行详细讲解。

6. 快速定位到代码行

如果想将光标定位到文件的某行上，可以使用快捷键"Command+L"来实现，也可以依次单击"Navigate"→"Jump to Line..."命令实现，如图1-63所示。

在使用菜单或者快捷键时都会出现一个对话框，输入行号和回车后就会来到该文件的指定行，如

图1-64所示。

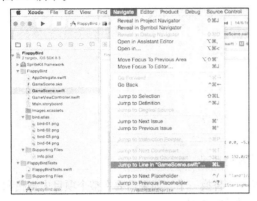

图1-63 "Go to Line"命令

图1-64 输入行号

7. 快速打开文件

有时候需要快速打开头文件，例如图1-65所示的界面中，要想知道这里的文件Cocoa.h到底是什么内容，可以先用鼠标选中文件Cocoa.h。

依次单击"File->Open Quickly..."命令，如图1-66所示。

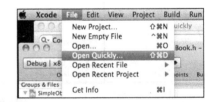

图1-65 一个头文件　　　　　　　　　　　图1-66 "Open Quickly..."命令

此时会弹出图1-67所示的Open Quickly对话框。

此时双击文件Cocoa.h的条目就可以看到如图1-68所示的文件内容。

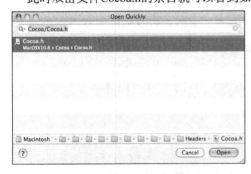

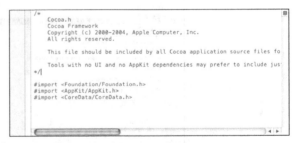

图1-67 Open Quickly对话框　　　　　　　图1-68 文件Cocoa.h的内容

8. 使用书签

使用Eclipse的用户会经常用到TODO标签，比如正在编写代码的时候需要做其他事情，或者提醒自己以后再实现的功能时，可以写一个TODO注释，这样可以在Eclipse的视图中找到，方便以后找到这个代码并修改。其实Xcode也有类似的功能，比如存在一段图1-69所示的代码。

这段代码的方法printInfomation是空的，暂时不需要具体实现。但是需要记下来，便于以后能找到并补充。那么让光标在方法内部，然后单击鼠标右键，选择Add to Bookmarks命令，如图1-70所示。

此时会弹出对话框，可以在里面填写标签的内容，如图1-71所示。

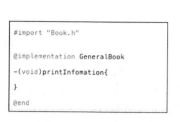
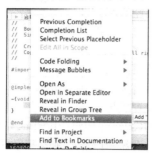

图1-69　一段代码　　　　图1-70　选择Add to Bookmarks命令　　　　图1-71　填写标签的内容

这样就可以在项目的书签节点找到这个条目了，如图1-72所示。此时单击该条目，可以回到刚才添加书签时光标的位置。

9. 自定义导航条

在代码窗口上边有一个工具条，此工具条提供了很多方便的导航功能，如图1-73所示。

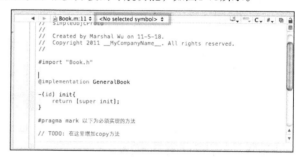

图1-72　在项目的书签节点找到添加的条目　　　　图1-73　一个导航条

也可以用它来实现上面TODO的功能。这里有两种自定义导航条的写法，下面是标准写法。

```
#pragma mark
```

而下面是Xcode兼容的格式。

```
// TODO: xxx
// FIXME: xxx
```

完整的代码如图1-74所示。

此时会产生如图1-75所示的导航条效果。

10. 使用Xcode帮助

如果想快速地查看官方API文档，可以在源代码中按下"Option"键并用鼠标双击该类型（函数、变量等），如图1-76所示的是SKTextureFilteringMode的API文档对话框。

图1-74　完整的代码

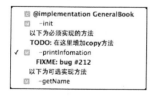
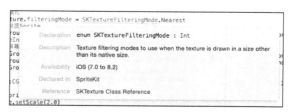

图1-75　导航条效果　　　　图1-76　SKTextureFilteringMode的API文档对话框

如果单击图1-76中标识的按钮，会弹出完整的文档，如图1-77所示。

11. 调试代码

最简单的调试方法是通过NSLog打印出程序运行中的结果，然后根据这些结果判断程序运行的流程和结果值是否符合预期。对于简单的项目，通常使用这种方式就足够了。但是，如果开发的是商业项目，需要借助Xcode提供的专门调试工具。所有的编程工具的调试思路都是一样的。首先要在代码中设置断点。

图1-77　完整的文档

程序的执行是顺序的，可能怀疑某个地方的代码出了问题（引发Bug），那么就在这段代码开始的地方，比如某个方法的第一行或者循环的开始部分，设置一个断点。那么程序在调试时会在运行到断点时中止，接下来可以一行一行地执行代码，判断执行顺序是否是自己预期的，或者变量的值是否和自己想的一样。

设置断点的方法非常简单，例如在图1-78中想对方框表示的行设置断点，就单击该行左侧圆圈的位置。单击后会出现断点标志，如图1-79所示。

图1-78　单击某行左侧圆圈位置设置断点　　　　图1-79　断点标志

接着运行代码，比如使用"Command+Enter"命令，这时将运行到断点处停止，如图1-80所示。

可以通过"Shift+Command+Y"命令显示调试对话框，如图1-81所示。

调试对话框和其他语言IDE工具的界面大同小异，因为都具有类似的功能。下面是主要命令的具体说明。

图1-80　停止在断点处

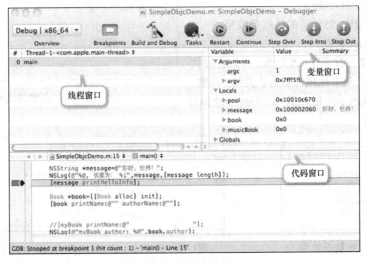

图1-81　调试对话框

- Continue：继续执行程序。
- step over：将执行当前方法内的下一个语句。
- step into：如果当前语句是方法调用，将单步执行当前语句调用方法内部第一行。
- step out：将跳出当前语句所在方法，到方法外的第一行。

通过调试工具，可以对应用做全面和细致的调试。

1.5.3 使用 Xcode 7 帮助系统

在Mac中使用Xcode 7进行iOS开发时，难免需要查询很多API、类和函数的具体情况，此时可以利用Xcode自带的帮助文档系统。使用Xcode 7帮助系统的方式有如下3种。

1. 使用"快速帮助面板"

在本章前面已经介绍了使用"快速帮助面板"的方法，只需将鼠标放在源码中的某个类或函数上，即可在"快速帮助面板"中弹出相关帮助信息，如图1-82所示。

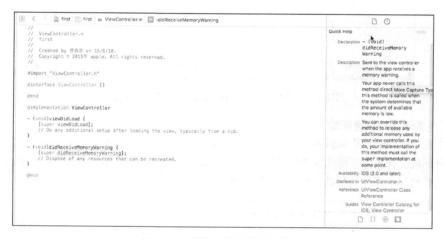

图1-82 "快速帮助面板"界面

此时单击右下角中的"ViewController Catalog for iOSView Controller"后，会在新界面中显示详细信息，如图1-83所示。

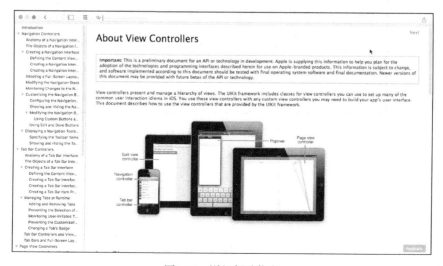

图1-83 详细帮助信息

2. 使用搜索功能

在图1-83所示的帮助系统中,我们可以在顶部文本框中输入一个关键字,即可在下方展示对应的知识点信息。例如输入关键字"NSString"后的效果如图1-84所示。

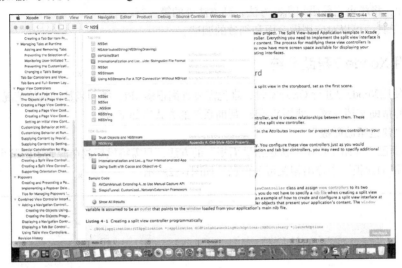

图1-84 输入关键字"NSString"后的帮助信息

3. 使用编辑区的快速帮助

在某个程序文件的代码编辑界面,按下Option键后,当将鼠标移动到某个类上时光标会变为问号,此时单击鼠标就会弹出悬浮样式的快速帮助信息,显示对应的接口文件和参考文档。当单击文档名时,会弹出帮助界面显示详细的帮助信息,如图1-85所示。

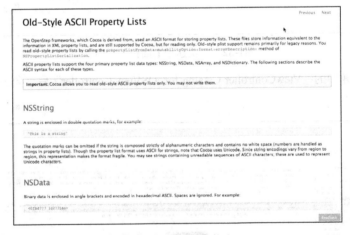

图1-85 详细帮助信息

Part 2

第 二 篇

核心语法

本 篇 内 容

- 第 2 章　常量、变量和数据类型
- 第 3 章　运算符和表达式
- 第 4 章　选择结构
- 第 5 章　循环结构

第 2 章 常量、变量和数据类型

本章将详细讲解Objective-C语言的基本语法知识,主要包括常量、变量和数据类型等。本章通过具体实例演示了各个知识点的基本用法。希望读者认真学习,为后面的学习打下基础。

2.1 标识符和关键字

知识点讲解:光盘:视频\知识点\第2章\标识符和关键字.mp4

在任何编程语言中,都预留了一定数量的标识符,这些标识符是不能被定义为变量和常量的。表2-1中列出了Objective-C中具有特殊含义的标识符。

表2-1 特殊的预定义标识符

标识符	含义
_cmd	在方法内自动定义的本地变量,它包含该方法的选择程序
__func__	在函数内或包含函数名或方法名的方法内自动定义的本地字符串变量
BOOL	Boolean值,通常以YES和NO的方式使用
Class	类对象类型
id	通用对象类型
IMP	指向返回id类型值的方法的指针
nil	空对象
Nil	空类对象
NO	定义为0(BOOL)
NSObject	定义在<Foundation/NSObject.h>中的根Foundation对象
Protocol	存储协议相关信息的类的名称
SEL	已编译的选择程序
self	在访问消息接收者的方法内自动定义的本地变量
super	消息接收者的父类
YES	定义为1(BOOL)

在Objective-C中,用于标识变量名、接口名、方法名、类名的有效字符串称为标识符。一个标识符可以是大写字母、小写字母、数字和下划线的任意顺序组合,但不能以一个数字开始。

在选择使用标识符时,不允许使用下面的Objective-C的关键字:_Bool、_Complex、_Imaginary、auto、break、bycopy、byref、case、char、const、continue、default、do、double、else、enum、extern、float、for、goto、if、in、inline、inout、int、long、oneway、out、register、restrict、return、self、short、signed、sizeof、static、struct、super、switch、typedef、union、unsigned、void、volatile和while。

2.2 数据类型和常量

> 知识点讲解：光盘:视频\知识点\第2章\数据类型和常量.mp4

其实在前面已经接触过Objective-C的基本数据类型int。例如，声明为int类型的变量只能用于保存整型值，也就是说没有小数位的值。其实除了int类型之外，在Objective-C还有另外3种基本数据类型，分别是float、double和char，具体说明如下。

- float：用于存储浮点数（即包含小数位的值）。
- double：和float类型一样，但是前者的精度约是后者精度的两倍。
- char：可以存储单个字符，例如字母a，数字字符100，或者一个分号";"。

在Objective-C程序中，任何数字、单个字符或者字符串常常称为常量。例如，数字88表示一个常量整数值。字符串@"Programming in Objective-C"表示一个常量字符串对象。在Objective-C程序中，完全由常量值组成的表达式被称为常量表达式。例如，下面的表达式就是一个常量表达式，因为此表达式的每一项都是常量值。

```
128 + 1 - 2
```

如果将i声明为整型变量，那么下面的表达式就不是一个常量表达式。

```
128 + 1 - i
```

在Objective-C中定义了多个简单（或基本）数据类型，例如int表示整数类型，这就是一种简单数据类型，而不是复杂的对象。

> **注意**
>
> 虽然Objective-C是面向对象的语言，但是简单数据类型并不是面向对象的。它们类似于其他大多数非面向对象语言（比如C语言）的简单数据类型。在Objective-C中提供简单数据类型的原因是出于效率方面的考虑。另外要注意的一点是，与Java 不同，Objective-C的整数大小是根据执行环境的规定而变化的。

2.2.1 整数类型

在Objective-C程序中，整数常量由一个或多个数字的序列组成。序列前的负号表示该值是一个负数，例如值88、-10和100都是合法的整数常量。Objective-C规定，在数字中间不能插入空格，并且不能用逗号来表示大于999的值。所以数值"12,00"就是一个非法的整数常量，如果写成"1200"就是正确的。

在Objective-C中有两种特殊的格式，它们用一种非十进数（基数10）的基数来表示整数常量。如果整型值的第一位是0，那么这个整数将用八进制计数法来表示，就是说用基数8来表示。在这种情况下，该值的其余位必须是合法的八进制数字，因此必须是0到7之间的数字。因此，在Objective-C中以八进制表示的值50（等价于十进制的值40），表示方式为050。与此类似，八进制的常量0177表示十进制的值127（1×64＋7×8＋7）。通过在NSLog调用的格式字符串中使用格式符号%o，可以在终端上用八进制显示整型值。在这种情况下，使用八进制显示的值不带有前导0。而格式符号%#o将在八进制值的前面显示前导0。

如果整型常量以0和字母x（无论是小写字母还是大写字母）开头，那么这个值都将用十六进制（以16为基数）计数法来表示。紧跟在字母x后的是十六进制值的数字，它可以由0到9之间的数字和a到f（或A到F）之间的字母组成。字母表示的数字分别为10到15。假如要给名为RGBColor的整型常量指派十六进制的值FFEF0D，则可以使用如下代码实现。

```
RGBColor = 0xFFEF0D;
```

假设有代码：

```
NSlog("Color is %#x\n",RGBColor);
```

其中通过"%x"或"%#x"中的大写字母X可以显示前导的x，并且用大写字母表示十六进制数字。

无论是字符、整数还是浮点数字，每个值都有与其对应的值域。此值域与存储特定类型的值而分配的内存量有关。在大多数情况下，在Objective-C中没有规定这个量，因为它通常依赖于所运行的计算机，所以叫做与设备或机器相关量。例如，一个整数不但可以在计算机上占用32位空间，而且也可以使用64位空间来存储。

注意——整型数据的几种类型

在Ojective-C程序中，建议不要编写假定数据类型大小的程序。但是有时需要保证为每种基本数据类型留出最小数量的内存，这时候就不能保证整型值可以存储在32位中。另外，我们可以将Ojective-C语言中的整型数据分为如下几种类型。

（1）整型。类型说明符为int，一般在内存中占4个字节（在有些机器上，可能占用8个字节）。在NSLog上，使用%i格式来输出整数。

（2）短整型。类型说明符为short int或short，一般在内存中占2个字节。同int相比，可以节省内存空间。

（3）长整型。类型说明符为long int或long。在很多机器上，长整型在内存中占4个字节，与int相同。

（4）无符号整型。类型说明符为unsigned。无符号型又可与上述3种类型匹配而构成下面3种整型。

- 无符号整型：类型说明符为unsigned int或unsigned。

- 无符号短整型：类型说明符为unsigned short。

- 无符号长整型：类型说明符为unsigned long。

各种无符号类型变量所占的内存空间字节数与相应的有符号类型变量相同。但由于省去了符号位，所以不能表示负数。有符号短整型变量的最大值为32767，而无符号短整型变量的最大值为65535。

下面的实例定义了int类型的变量 integerVar，并设置其初始值为100。

实例2-1	输出整数
源码路径	光盘:\daima\第2章\2-1

实例文件main.m的具体实现代码如下所示。

```
#import <Foundation/Foundation.h>

int main(int argc, const char * argv[]) {
    @autoreleasepool {
        int integerVar = 100;
        NSLog (@"integerVar = %i", integerVar);
    }
    return 0;
}
```

执行后输出：

```
integerVar =100
```

在Ojective-C程序中，可以实现整数的运算处理，并且可以通过"%i"实现格式转换，如下面的实例所示。

实例2-2	实现格式化输出
源码路径	光盘:\daima\第2章\2-2

实例文件main.m的具体实现代码如下所示。

```
#import <Foundation/Foundation.h>

int main(int argc, const char * argv[]) {
    @autoreleasepool {
        int a,b,c,d;
```

```
        unsigned u;
        a = 12;
        b = -24;
        u = 10;
        c = a + u;
        d = b + u;
        NSLog (@"a+u=%i,b+u=%i", c, d);
    }
        return 0;
}
```
在实例2-2的代码中,"%i"是格式转换符,表示打印出来的数据是int类型的。执行后输出:
```
a+u=22,b+u=-14
```

2.2.2 float 类型和 double 类型

在Objective-C程序中,float类型变量可以存储带有小数的值。由此可见,通过查看是否包含小数点的方法可以区分出是否是一个浮点常量。在Objective-C程序中,不但可以省略小数点之前的数字,而且也可以省略之后的数字,但是不能将它们全部省略。例如下面的值都是合法的浮点常量,要显示浮点值,可以用NSLog转换字符 "%f" 来实现。
```
3.
125.8
-.0001
```
double类型与float类型类似。Objective-C规定,当在float变量中所提供的值域不能满足要求时,需要使用double变量来实现需求。声明为double类型的变量可以存储的位数,大概是float变量所存储的两倍多。在现实应用中,大多数计算机使用64位来表示double值。除非另有特殊说明,否则Objective-C编译器将全部浮点常量当作double值来对待。要想清楚地表示float常量,需要在数字的尾部添加字符f或F,例如:
```
12.4f
```
要想显示double的值,可以使用格式符%f、%e或%g来实现,它们与显示float值所用的格式符号是相同的。

其实,double类型和float类型都可以被称为实型。在Objective-C语言中,实型数据分为实型常量和实型变量两种。

1. 实型常量

实型常量也称为实数或者浮点数,在Objective-C中有两种形式:小数形式和指数形式,具体说明如下所示。

- 小数形式:由数字0~9和小数点组成。例如:0.0、25.0、5.789、0.13、5.0、300.、-267.8230等均为合法的实数。注意,此处必须有小数点。在NSLog中,需要使用 "%f" 格式输出小数形式的实数。
- 指数形式:由十进制数,加阶码标志 "e" 或 "E" 以及阶码(只能为整数,可以带符号)组成。其一般形式为:a E n(a为十进制数,n为十进制整数),其值为$a*10^n$。在NSLog中,使用%e格式来输出指数形式的实数。例如,下面是一些合法的实数。

```
2.1E5 (等于2.1*10⁵)
3.7E-2 (等于3.7*10⁻²)
```
而下面是不合法的实数。
```
345 (无小数点)
E7 (阶码标志E 之前无数字)
-5 (无阶码标志)
53.-E3 (负号位置不对)
2.7E (无阶码)
```
Objective-C允许浮点数使用后缀,后缀为 "f" 或 "F",表示该数为浮点数,例如356f和356F是等价的。

2. 实型变量

(1)实型数据在内存中的存放形式

实型数据一般占4个字节(32位)的内存空间,按指数形式存储。小数部分占的位(bit)数愈多,数的有效数字愈多，精度愈高。指数部分占的位数愈多，则能表示的数值范围愈大。

（2）实型变量的分类

实型变量分为单精度（float类型）、双精度（double类型）和长双精度（long double类型）三类。在大多数机器上，单精度数占4个字节（32位）内存空间，其数值范围为3.4E-38～3.4E+38，只能提供7位有效数字。双精度数占8个字节（64位）内存空间，其数值范围为1.7E-308～1.7E+308，可提供16位有效数字。

对于float和double类型来说，%f为十进制数形式的格式转换符，表示使用浮点数小数形式打印出来；%e表示用科学计数法的形式打印出来浮点数；%g用最短的方式表示一个浮点数，并且使用科学计数法。实例2-3的代码很好的说明了这一点。

实例2-3	使用%f和%e实现格式化输出
源码路径	光盘:\daima\第2章\2-3

实例文件main.m的具体实现代码如下所示。

```
#import <Foundation/Foundation.h>

int main(int argc, const char * argv[]) {
    @autoreleasepool {
        float floatingVar = 331.79;
        double doubleVar = 8.44e+11;
        NSLog (@"floatingVar = %f", floatingVar);
        NSLog (@"doubleVar = %e", doubleVar);
        NSLog (@"doubleVar = %g", doubleVar);
    }
    return 0;
}
```

执行上述代码后会输出：

```
floatingVar=331.790009
doubleVar=8.440000e+11
doubleVar=8.44e+11
```

由于实型变量能提供的有效数字的位数总是有限的，比如，float只能提供7位有效数字。这样会在实际计算中存在一些舍入误差。例如实例2-4中的代码演示了因为有效数字位数而造成误差的情形。

实例2-4	有效数字位数造成的误差
源码路径	光盘:\daima\第2章\2-4

实例文件main.m的具体实现代码如下所示。

```
#import <Foundation/Foundation.h>

int main(int argc, const char * argv[]) {
    @autoreleasepool {
        float a=123456.789e5;
        float b=a+20;
        NSLog(@"%f",a);
        NSLog(@"%f",b);
    }
    return 0;
}
```

执行后输出：

```
12345678848.000000
12345678848.000000
```

2.2.3　char 类型

在Objective-C程序中，char类型变量的功能是存储单个字符，只要将字符放到一对单引号中就是字符常量。例如'a'、';'和'0'都是合法的字符常量。其中'a'表示字母a, ';'表示分号, '0'表示字符0（并不等同于数字0）。

在Objective-C程序中，不能把字符常量和C语言风格的字符串混淆，字符常量是放在单引号中的单个字符，而字符串则是放在双引号中任意个数的字符。不但要求在前面有@字符，而且只有放在双引号中的字符串才是NSString字符串对象。

另外，字符常量'\n'（即换行符）是一个合法的字符常量，虽然这看似与前面提到的规则相矛盾。出现这种情况的原因是，反斜杠符号是Objective-C系统中的特殊符号，其实并不把它看成一个字符。也就是说，Objective-C编译器仅仅将'\n'看作是单个字符，尽管它实际上由两个字符组成，而其他的特殊字符也由反斜杠字符开头。

在NSLog调用中，可以使用格式字符%c来显示char变量的值。实例2-5的代码是使用了Objective-C基本数据类型的例子。

实例2-5	使用基本的Objective-C数据类型
源码路径	光盘:\daima\第2章\2-5

实例文件main.m的具体实现代码如下所示。

```
#import <Foundation/Foundation.h>

int main(int argc, const char * argv[]) {
    @autoreleasepool {
        int     integerVar = 50;
        float   floatingVar = 331.79;
        double  doubleVar = 8.44e+11;
        char    charVar = 'W';
        NSLog (@"integerVar = %i", integerVar);
        NSLog (@"floatingVar = %f", floatingVar);
        NSLog (@"doubleVar = %e", doubleVar);
        NSLog (@"doubleVar = %g", doubleVar);
        NSLog (@"charVar = %c", charVar);
    }
    return 0;
}
```

在上述代码中，第二行floatingVar的值是331.79，但是实际显示为331.790009。这是因为，实际显示的值是由使用的特定计算机系统决定的。出现这种不准确值的原因是计算机内部使用特殊的方式表示数字。当使用计算器处理数字时，很可能遇到相同的不准确的情况。如果用计算器计算1除以3，将得到结果.33333333，很可能结尾带有一些附加的3。这串3是计算器计算1/3的近似值。理论上，应该存在无限个3。然而该计算器只能保存这些位的数字，这就是计算机的不确定性。这种不确定性说明：在计算机内存中不能精确地表示一些浮点值。

执行上述代码后会输出：

```
integerVar = 50
floatingVar = 331.790009
doubleVar = 8.440000e+11
doubleVar = 8.44e+11
charVar = 'W'
```

另外，使用char也可以表示字符变量。字符变量类型定义的格式和书写规则都与整型变量相同，例如下面的代码：

```
char a,b;
```

每个字符变量被分配一个字节的内存空间，因此只能存放一个字符。字符值是以ASCII码的形式存放在变量的内存单元之中的。如x的十进制ASCII码是120，y的十进制ASCII码是121。下面的例子是把字符变量a、b分别赋予'x'和'y'。

```
a='x';
b='y';
```

实际上是在a、b两个内存单元内存放120和121的二进制代码。可以把字符值看成是整型值。Objective-C 语言允许对整型变量赋予字符值，也允许对字符变量赋予整型值。在输出时，允许把字符变量按整型量输出，也允许把整型量按字符量输出。整型量为多字节量，字符量为单字节量，当整型量按字符型量处理时，只对低8位进行处理。

2.2.4 字符常量

在Objective-C程序中，字符常量是用单引号括起来的一个字符,例如下面列出的都是合法字符常量。

```
'a'
'b'
'='
'+'
'?'
```

Objective-C的字符常量具有如下4个特点。

（1）字符常量只能用单引号括起来，不能用双引号或其他符号。

（2）字符常量只能是单个字符，不能是字符串（转义字符除外）。

（3）字符可以是字符集中任意字符。但数字被定义为字符类型之后就不能参与数值运算了。如'5'和5是不同的。'5'是字符常量，不能参与运算。

（4）Objective-C中的字符串不是"abc"，而是@"abc"。

转义字符是一种特殊的字符常量。转义字符以反斜线"\"开头，后面紧跟一个或几个字符。转义字符具有特定的含义，不同于字符原有的意义，所以被称为"转义"字符。例如，'\n'就是一个转义字符，表示"换行"。转义字符主要用来表示那些用一般字符不便于表示的控制代码。常用的转义字符及其含义如表2-2所示。

表2-2　常用的转义字符及其含义

转义字符	转义字符的意义	ASCII码
\n	回车换行	10
\t	横向跳到下一制表位置	9
\b	退格	8
\r	回车	13
\f	走纸换页	12
\\	反斜杠	92
\'	单引号	39
\"	双引号	34
\a	鸣铃	7
\ddd	1~3位八进制数所代表的字符	
\xhh	1~2位十六进制数所代表的字符	

在大多数情况下，Objective-C字符集中的任何一个字符都可以使用转义字符来表示。在表2-2中，ddd和hh分别为八进制和十六进制的ASCII代码，表中的\ddd和\xhh正是为此而提出的。例如\101表示'A'，\102表示'B'，\134表示反斜线，\X0A表示换行等。为了说明这一点，请读者看例2-6中的代码。

实例2-6	转义字符的使用
源码路径	光盘:\daima\第2章\2-6

实例文件main.m的具体实现代码如下所示。

```
#import <Foundation/Foundation.h>

int main(int argc, const char * argv[]) {
    @autoreleasepool {
        char a=120;
        char b=121;
        NSLog(@"%c,%c",a,b);
        NSLog(@"%i,%i",a,b);
    }
    return 0;
}
```

在上述代码中，定义a、b为字符型变量，但在赋值语句中赋以整型值。从结果看，输出a和b值的形式取决于NSLog函数格式串中的格式符。当格式符为"%c"时，对应输出的变量值为字符，当格式符为"%i"时，对应输出的变量值为整数。执行上述代码后输出：
```
x,y
120,121
```

2.2.5 id 类型

在Objective-C程序中，id是一般对象类型，id数据类型可以存储任何类型的对象。例如在下面的代码中，将number声明为了id类型的变量。
```
id number;
```
我们可以声明一个方法，使其具有id类型的返回值。例如在下面的代码中，声明了一个名为newOb的实例方法，它具有名为type的单个整型参数，返回值为id类型。在此需要注意，对返回值和参数类型声明来说，id是默认的类型。
```
-(id) newOb: (int) type;
```
再例如在下面的代码中，声明了一个返回id类型值的类方法。
```
+allocInit;
```
id数据类型是本书经常使用的一种重要数据类型，是Objective-C中的一个十分重要的特性。id数据类型是多态和动态绑定的基础，有关多态和动态绑定的知识将在本书后面的章节中进行详细讲解。

表2-3列出了基本数据类型和限定词。

表2-3 基本数据类型和限定词总结

类 型	常 量 实 例	NSlog字符
char	'a'、'\n'	%c
short int	——	%hi、%hx、%ho
unsigned short int	——	%hu、%hx、%ho
int	12、-97、0xFFE0、0177	%i、%x、%o
unsigned int	12u、100u、0XFFu	%u、%x、%o
long int	12L、-2001、0xffffL	%li、%lx、%lo
unsigned long int	12UL、100ul、0xffeeUL	%lu、%lx、%lo
long long int	0xe5e5e5e5LL、500ll	%lli、%llx、%llo
unsigned long long int	12ull、0xffeeULL	%llu、%llx、%llo
float	12.34f、3.1e-5f、 0x1.5p10、0x1p-1	%f、%e、%g、%a
double	12.34、3.1e-5、0x.1p3	%f、%e、%g、%a
long double	12.43l、3.1e-5l	%Lf、%Le、%Lg
id	nil	%p

在Objective-C程序中，id类型是一个独特的数据类型。在概念上和Java语言中的类Object相似，可以被转换为任何数据类型。也就是说，在id类型变量中可以存放任何数据类型的对象。在内部处理上，这种类型被定义为指向对象的指针，实际上是一个指向这种对象的实例变量的指针。例如在下面的代码中，定义了一个id类型的变量和返回一个id类型的方法。
```
id anObject;
- (id) new: (int) type;
```
id 和void *并非完全一样，下面是id在objc.h中的定义。
```
typedef struct objc_object {
  class isa;
} *id;
```
由此可以看出，id是指向struct objc_object 的一个指针。也就是说，id 是一个指向任何一个继承了Object或NSObject类的对象。因为id 是一个指针，所以在使用id的时候不需要加星号，例如下面的代码：
```
id foo=renhe;
```
上述代码定义了一个renhe指针，这个指针指向NSObject 的任意一个子类。而代码 "id*foo= renhe;"

则定义了一个指针，这个指针指向另一个指针，被指向的这个指针指向NSObject的一个子类。

2.2.6 限定词

在Objective-C程序中，常用的限定词有long、long long、short、unsigned和signed，下面将对其进行详细讲解。

1. long

如果直接把限定词long放在声明int之前，那么所声明的整型变量在某些计算机上具有扩展的值域。例如：

```
long int fractorial;
```

通过上述代码，将变量fractorial声明为long的整型变量。这就像float和double变量一样，long变量的具体精度也由具体的计算机系统决定。在许多系统上，int与long int具有相同的值域，而且都能存储32位的整型值。

在Objective-C程序中，long int类型的常量值可以通过在整型常量末尾添加字母L（大小写均可）来形成，此时在数字和L之间不允许有空格出现。根据此要求，我们可以声明为：

```
long int numberOfPoints = 138881100L;
```

通过上述代码，将变量numberOfPoints声明为long int类型，而且初值为138 881 100。

要想使用NSLog显示long int的值，需要使用字母"l"作为修饰符，并且将其放在整型格式符号i、o和x之前。这意味着%li指示用十进制格式显示long int的值，%lo指示用八进制格式显示值，而%lx则指示用十六进制格式显示值。

2. long long

在下面的代码中，使用了long long的整型数据类型。

```
long long int maxnum;
```

通过上述代码，将指定的变量声明为具有特定扩展精度的变量。这样声明后，变量至少具有64位的宽度。NSLog字符串不使用单个字母l，而使用两个l来显示long long的整数，例如"%lli"。我们同样可以将long标识符放在double声明之前，例如：

```
long double CN_NB_2012;
```

可以将long double常量写成其尾部带有字母l或L的浮点常量的形式，例如：

```
1.234e+5L
```

要想显示long double的值，需要使用修饰符L来帮助实现。例如，%Lf表示用浮点计数法显示long double的值，%Le表示用科学计数法显示同样的值，%Lg表示在%Lf和%Le之间任选一个使用。

3. short

如果把限定词short放在int声明之前，意思是告诉Objective-C编译器要声明的特定变量用来存储比较小的整数。使用short变量的主要好处是节约内存空间。当程序员需要大量内存，而可用的内存量又十分有限时，可以使用short变量来解决内存不足的问题。

在很多计算机设备上，short int所占用的内存空间是常规int的一半。在任何情况下，需要确保分配给short int的空间数量不少于16位。

在Objective-C程序中，没有其他方法可以显式表示short int类型的常量。要想显示short int变量，可以将字母h放在任何普通的整型转换符号之前，例如%hi、%ho或%hx。也就是说，可以用任何整型转换符号来显示short int，原因是当它作为参数传递给NSLog时，可以转换成整数。

4. unsigned

在Objective-C程序中，unsigned是一种最终限定符，当整数变量只用来存储正数时可以使用最终限定符。例如通过下面的代码向编译器声明，变量counter只用于保存正值。使用限制符的整型变量可以专门存储正整数，也可以扩展整型变量的精度。

```
unsigned int counter;
```

将字母u（或U）放在常量之后，可以表示unsigned int常量，例如：

```
0x00ffU
```
在表示整型常量时,可以组合使用字母u(或U)和l(或L),例如下面的代码可以告诉编译器将常量10000看作unsigned long。
```
10000UL
```
如果整型常量之后不带有字母u、U、l或L中的任何一个,而且因为太大所以不适合用普通大小的int表示,那么编译器将把它看作是unsigned int值。如果太小则不适合用unsigned int来表示,那么此时编译器将把它看作long int。如果仍然不适合用long int表示,编译器会把它作为unsigned long int来处理。

在Objective-C程序中,当将变量声明为long int、short int或unsigned int类型时,可以省略关键字int,为此变量unsigned int counter和如下声明格式等价。
```
unsigned counter;
```
同样也可以将变量char声明为unsigned。

5. signed

在Objective-C程序中,限定词signed能够明确地告诉编译器特定变量是有符号的。signed主要用在char声明之前。

2.2.7 基本数据类型小结

在Objective-C程序中,可以使用以下格式将变量声明为特定的数据类型。
```
type name = initial_value;
```
在表2-4中,总结了Objective-C中的基本数据类型。

表2-4 Objective-C中的基本数据类型

类 型	含 义
int	整数值;也就是不包含小数点的值;保证包含至少32位的精度
short int	精度减少的整数值;在一些机器上占用的内存是int的一半;保证至少包含16位的精度
long int	精度扩展的整数值;保证包含至少32位的精度
long long int	精度扩展的整数值;保证包含至少64位的精度
unsigned int	正整数值;能存储的最大整数值是int两倍;保证包含至少32位的精度
float	浮点值;就是可以包含小数位的值;保证包含至少6位数字的精度
double	精度扩展的浮点值;保证包含至少10位数字的精度
long double	具有附加扩展精度的浮点值;保证包含至少10位数字的精度
char	单个字符值;在某些系统上,在表达式中使用它时可以进行符号扩展
unsigned char	除了它能确保作为整型提升的结果不会发生符号扩展之外,与char相同
signed char	除了它能确保作为整型提升的结果会发生符号扩展之外,与char相同
_Bool	Boolean类型;它只能够存储0和1
float _Complex	复数
double _Complex	具有扩展精度的复数
long double _Complex	具有附加扩展精度的复数
void	无类型;用于确保在需要返回值时不使用那些不返回值的函数或方法,或者显式地抛弃表达式的结果;还可用于一般指针类型(void *)

给变量指派初始值是可选的,例如使用下面的一般格式可以同时声明多个变量。
```
type name = initial_value, name = initial_value, .. ;
```
在声明类型之前,还可以指定一个可选的存储类。如果指定了存储类而且变量的类型为int,那么可以忽略int。例如通过下面的代码可以将counter声明为static int变量。
```
static counter;
```

此处需要注意，还可以将修饰符signed放在short int、int、long int和long long int类型的前面。因为这些类型在默认情况下是带符号的，对它们会没有影响。

另外，_Complex和_Imaginary允许声明并操纵复数和虚数，它们具有该库中支持这些类型进行运算的函数。通常建议将文件<complex.h>包含到程序中，该文件为使用复数和虚数定义了宏指令并声明了函数。例如使用下面的代码，可以将c1声明为double_Complex变量并初始化为值5 + 10.5i：

```
double _Complex c1 = 5 + 10.5 * I;
```

接下来就可以使用定义的库例程来分别提取c1的实部和虚部。并不需要一个实现来支持类型_Complex和_Imaginary，并且可以选择支持其中的一个类型。

2.2.8 NSLog 函数

在Objective-C程序中，NSLog既可以像C语言中的printf那样方便地格式化输出数据，同时还能输出时间以及进程ID等信息。但是其实NSLog对程序性能也有不小的影响，在执行次数比较少的情况下可能看不出来什么，当短时间执行大量语句的时候就会对程序执行效率产生可观的影响。

NSLog在文件NSObjCRuntime.h中定义，具体格式如下所示。

```
void NSLog(NSString *format, …);
```

基本上，NSLog很像printf，同样会在console中输出显示结果。不同的是，传递进去的格式化字符是NSString的对象，而不是chat *这种字符串指针。

在Objective-C程序中，NSLog函数支持的输出格式如下所示。

- %@：对象。
- %d, %i：整数。
- %u：无符号整数。
- %f：浮点/双字。
- %x, %X：二进制整数。
- %o：八进制整数。
- %zu：size_t。
- %p：指针。
- %e：浮点/双字（科学计算）。
- %g：浮点/双字。
- %s：C字符串。
- %.*s：Pascal字符串。
- %c：字符。
- %C：unichar。
- %lld：64位长整数（long long）。
- %llu：无符号64位长整数。
- %Lf：64位双字。

在下面的实例代码中，使用NSLog函数输出了不同的数据类型。

实例2-7	使用NSLog函数输出不同类型的数据
源码路径	光盘:\daima\第2章\2-7

实例文件main.m的具体实现代码如下所示。

```
#import <Foundation/Foundation.h>

int main(int argc , char* argv[])
{
    @autoreleasepool {
        int a = 56;
        NSLog(@"==%d==" , a);
```

```
        NSLog(@"==%9d==" , a);    // 输出整数占9位
        NSLog(@"==%-9d==" , a);   // 输出整数占9位,并且左对齐
        NSLog(@"==%o==" , a);     // 输出八进制数
        NSLog(@"==%x==" , a);     // 输出十六进制数
        long b = 12;
        NSLog(@"%ld" , b);        // 输出long int型的整数
        NSLog(@"%lx" , b);        // 以十六进制输出long int型的整数
        double d1 = 2.3;
        NSLog(@"==%f==" , d1);    // 以小数形式输出浮点数
        NSLog(@"==%e==" , d1);    // 以指数形式输出浮点数
        NSLog(@"==%g==" , d1);    // 以最简形式输出浮点数
        // 以小数形式输出浮点数,并且最少占用9位
        NSLog(@"==%9f==" , d1);
        // 以小数形式输出浮点数,至少占用9位,小数部分共4位
        NSLog(@"==%9.4f==" , d1);
        long double d2 = 2.3;
        NSLog(@"==%lf==" , d1);   // 以小数形式输出长浮点数
        NSLog(@"==%le==" , d1);   // 以指数形式输出长浮点数
        NSLog(@"==%lg==" , d1);   // 以最简形式输出长浮点数
        // 以小数形式输出长浮点数,并且最少占用9位
        NSLog(@"==%9lf==" , d1);
        // 以小数形式输出长浮点数,至少占用9位,小数部分共4位
        NSLog(@"==%9.4lf==" , d1);
        NSString *str = @"iOS好好学";
        NSLog(@"==%@==" , str);   // 输出Objective-C的字符串
        NSDate *date = [NSDate date];
        NSLog(@"==%@==" , date);  // 输出Objective-C对象
    }
}
```

实例2-7中的代码使用NSLog函数输出了各种类型的数据,既包括基本类型,也包括Objective-C中的NSString对象和NSDate对象。执行后的效果如图2-1所示。

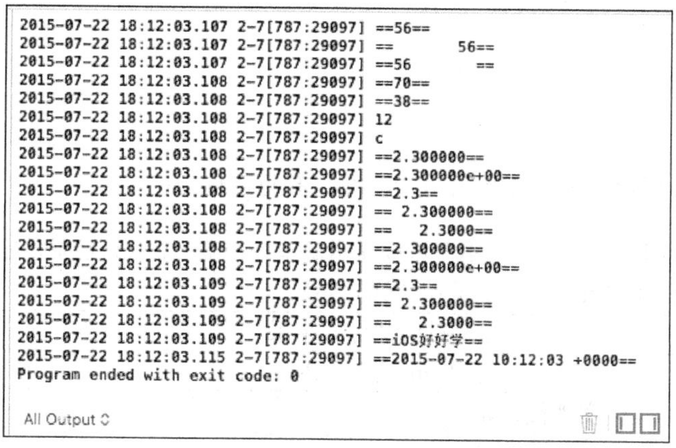

```
2015-07-22 18:12:03.107 2-7[787:29097] ==56==
2015-07-22 18:12:03.107 2-7[787:29097] ==        56==
2015-07-22 18:12:03.107 2-7[787:29097] ==56        ==
2015-07-22 18:12:03.108 2-7[787:29097] ==70==
2015-07-22 18:12:03.108 2-7[787:29097] ==38==
2015-07-22 18:12:03.108 2-7[787:29097] 12
2015-07-22 18:12:03.108 2-7[787:29097] c
2015-07-22 18:12:03.108 2-7[787:29097] ==2.300000==
2015-07-22 18:12:03.108 2-7[787:29097] ==2.300000e+00==
2015-07-22 18:12:03.108 2-7[787:29097] ==2.3==
2015-07-22 18:12:03.108 2-7[787:29097] == 2.300000==
2015-07-22 18:12:03.108 2-7[787:29097] ==   2.3000==
2015-07-22 18:12:03.108 2-7[787:29097] ==2.300000==
2015-07-22 18:12:03.108 2-7[787:29097] ==2.300000e+00==
2015-07-22 18:12:03.109 2-7[787:29097] ==2.3==
2015-07-22 18:12:03.109 2-7[787:29097] == 2.300000==
2015-07-22 18:12:03.109 2-7[787:29097] ==   2.3000==
2015-07-22 18:12:03.109 2-7[787:29097] ==iOS好好学==
2015-07-22 18:12:03.115 2-7[787:29097] ==2015-07-22 10:12:03 +0000==
Program ended with exit code: 0
```

图2-1 实例2-7的执行效果

2.3 变量

知识点讲解:光盘:视频\知识点\第2章\变量.mp4

在Objective-C程序执行过程中,其值不发生改变的量称为常量,其值可变的量称为变量。在前面的内容中,已经讲解了常量的基本知识,本节将详细讲解变量的基本知识。

2.3.1 定义变量

在Objective-C程序中经常需要定义一些变量,比如下面定义了一个int(整数)变量a:
```
int a=5;
```

每个变量都有名字和数据类型,在内存中占据一定的存储单元,并在该存储单元中存放变量的值。在Objective-C中,变量名是区分大小写的。下面是一些合法变量名的例子:

```
member a4 flagType is_it_ok
```

下面是一些不合法变量名的例子:

```
#member 4a flag-Type is/it/ok
```

在选择变量名、接口名、方法名、类名时,应该做到"见名知意",即其他人一读就能猜出是干什么用的,以增强程序的可读性。另外,变量定义必须放在变量使用之前。

在程序中常常需要对变量赋初值,以便使用变量。Objective-C 语言中可有多种方法为变量提供初值。本小节先介绍对变量定义的同时给变量赋以初值的方法,这种方法称为初始化。在变量定义中赋初值的一般形式为:

类型说明符 变量1= 值1,变量2= 值2,……;

例如:

```
int a=3;
int b,c=5;
float x=3.2,y=3f,z=0.75;
char ch1='K',ch2='P';
```

开发者需要注意,在定义中不允许连续赋值,如a=b=c=5是不合法的。

在下面的实例中,演示了为变量赋初值的具体过程。

实例2-8	为变量赋初值
源码路径	光盘:\daima\第2章\2-8

实例文件main.m的具体实现代码如下所示。

```
#import <Foundation/Foundation.h>

int main(int argc, const char * argv[]) {
    @autoreleasepool {
        int a=3,b,c=5;
        b=a+c;
        NSLog(@"a=%i,b=%i,c=%i",a,b,c);
    }
    return 0;
}
```

在上述代码中,分别为变量a、b和c赋了初始值,执行后输出:

```
a=3,b=8,c=5
```

在Objective-C程序中,通过NSLog不仅可以显示简单的短语,而且还能显示定义的变量值并计算结果,在下面的实例中,使用NSLog显示了10+20的结果。

实例2-9	显示变量值并计算结果
源码路径	光盘:\daima\第2章\2-9

实例文件main.m的具体实现代码如下所示。

```
#import <Foundation/Foundation.h>

int main(int argc, const char * argv[]) {
    @autoreleasepool {
        int sum;

        sum = 10 + 20;
        NSLog (@"10和20的和是:%i", sum);
    }
    return 0;
}
```

对于上述代码的具体说明如下。

(1)函数main会自动执行第一条程序语句,将变量sum定义为整型。在Objective-C程序中,在使用所有程序变量前必须先定义。定义变量的目的是告诉Objective-C编译器程序将如何使用这些变量。编译器需要确保持久为这些信息生成正确的指令,便于将值存储到变量中或者从变量中检索值。被定义成int类型的变量只能够存储整型值,例如3、4、-10和0都是整型值。

（2）整型变量sum的功能是存储整数10和20的和。在编写上述代码时，故意在定义这个变量的下方预留了一个空行，这样做的目的是在视觉上区分例程的变量定义和程序语句。（注意：这种做法是一个良好的风格，在很多时候，在程序中添加单个空白行可使程序的可读性更强。）

（3）代码"sum = 10 + 20;"的含义比较容易理解，表示数字10和数字20相加，并把结果存储到变量sum中。

（4）NSLog调用中有两个参数，这些参数用逗号隔开。NSLog的第一个参数是要显示的字符串。然而在显示字符串的同时，通常还希望要显示某些程序变量的值。在上述代码中，要显示变量sum的值：
10和20的和是:

第一个参数中的百分号是一个特殊字符，它可以被函数NSLog识别。紧跟在百分号后的字符指定在这种情况下将要显示的值类型。在实例2-9的程序中，字母i被NSLog识别，它表示将要显示的是一个整数。只要NSLog在字符串中发现字符"%i"，它都将自动显示第二个参数的值。因为sum是NSLog的下一个参数，所以它的值将在"10和20的和是"之后自动显示。

实例2-9的代码执行后会输出：
10和20的和是: 30

2.3.2 统一定义变量

实例2-10的代码中统一定义了变量value1、value2和sum。

实例2-10	统一定义变量
源码路径	光盘:\daima\第2章\2-10

实例文件main.m的具体实现代码如下所示。

```
#import <Foundation/Foundation.h>

int main(int argc, const char * argv[]) {
    @autoreleasepool {
        int value1, value2, sum;
        value1 = 10;
        value2 = 20;
        sum = value1 + value2;
        NSLog (@"The sum of %i and %i is %i", value1, value2, sum);
    }
    return 0;
}
```

对于上述代码的具体说明如下。

（1）函数main中的第二条语句定义了3个int类型变量，分别是value1、value2和sum。这条语句可以等价于如下3条独立的语句。
```
int value1;
int value2;
int sum;
```

在定义了上述3个变量之后，程序将整数10赋值给变量value1，将整数20赋值给变量value2，然后计算这两个整数的和，并将计算结果赋值给变量sum。

（2）NSLog例程的调用包含4个参数。通常将其第一个参数称为格式字符串，此参数能够向系统描述其余参数的显示方式。value1的值将在The sum of之后显示。同理，将在适当的位置输出value2和sum的值，这个位置由格式字符串后面的两个"%i"来指定。

执行上述代码后会输出：
The sum of 10 and 20 is 30

除此之外，Objective-C硬性规定：

❏ 变量和函数名由字母、数字和下划线"_"组成。
❏ 第一个字符必须是下划线或字母。
❏ 变量和函数名是区分大小写的，例如，bandersnatch和Bandersnatch是表示不同意义的名称。
❏ 在一个名称的中间不能有任何空白。

例如,下面是一些合法的名称。
```
j
aaa2012
aaa_bbb_ccc
aaabbbccc
```
而下面的名称是不合法的。
```
2012Year
aaa&bbb
I love you
```

2.4 字符串

知识点讲解:光盘:视频\知识点\第2章\字符串.mp4

在Objective-C程序中,字符串常量是由@和一对双引号括起的字符序列。比如,@"CHINA"、@"program"、@"$12.5"等都是合法的字符串常量。它与C语言中字符串的区别是增加了"@"。

字符串常量和字符常量是不同的量,主要有如下两点区别。

(1) 字符常量由单引号括起来,字符串常量由双引号括起来。

(2) 字符常量只能是单个字符,字符串常量则可以含一个或多个字符。

在Objective-C 语言中,字符串不是作为字符的数组被实现的。在Objective-C中的字符串类型是NSString,它不是一个简单数据类型,而是一个对象类型,这是与C++语言不同的。我们会在后面的章节中详细介绍NSString。例如下面是一个简单使用NSString的例子。

实例2-11	使用NSString输出字符
源码路径	光盘:\daima\第2章\2-11

实例文件main.m的具体实现代码如下所示。
```
#import <Foundation/Foundation.h>

int main(int argc, const char * argv[]) {
    @autoreleasepool {
        // insert code here...
        NSLog(@"Programming is 牛!");
    }
    return 0;
}
```
上述代码和本书的第一段Objective-C程序类似,运行后会输出:
```
Programming is 牛!
```

第 3 章 运算符和表达式

即使有了变量和常量，也不能进行日常程序处理，还必须用某种方式来将变量、常量的关系表示出来，此时运算符和表达式便应运而生。通过专用的运算符和表达式，可以实现对变量和常量的处理，以实现项目的需求。这样就可以对变量和常量进行必要的运算处理，来实现特定的功能。本章将详细介绍Objective-C语言中运算符和表达式的基本知识，为读者后面的学习打下坚实的基础。

3.1 运算符的种类

▶ 知识点讲解：光盘:视频\知识点\第3章\运算符的种类.mp4

运算符可以算作是一个媒介，是一个命令编译器对一个或多个操作对象执行某种运算的符号。而表达式是由运算符、常量和变量构成的式子。Objective-C语言中运算符和表达式数量之多，在高级语言中是少见的。正是这些丰富的运算符和表达式，使得Objective-C语言的功能变得十分完善，这也是Objective-C语言的主要特点之一。

在Objective-C语言中，可以将运算符分为以下7大类。

（1）算术运算符：用于各类数值运算，包括加（+）、减（−）、乘（*）、除（/）、求余（或称模运算，%）、自增（++）、自减（−−）共7种。

（2）比较运算符：用于比较运算，包括大于（>）、小于（<）、等于（==）、大于等于（>=）、小于等于（<=）和不等于（!=）6种。

（3）逻辑运算符：用于逻辑运算，包括与（&&）、或（||）、非（!）3种。

（4）位操作运算符：参与运算的量按二进制位进行运算，包括按位与（&）、按位或（|）、按位非（~）、按位异或（^）、左移（<<）、右移（>>）共6种。

（5）赋值运算符：用于赋值运算，分为简单赋值（=）、复合算术赋值（+=,−=,*=,/=,%=）和复合位运算赋值（&=,|=,^=,>>=,<<=）三类，共11种。

（6）条件运算符：这是一个三目运算符，用于条件求值（?:）。

（7）逗号运算符：用于把若干表达式组合成一个表达式（,）。

3.2 算术表达式

▶ 知识点讲解：光盘:视频\知识点\第3章\算术表达式.mp4

在Objective-C语言中，两个数相加时使用加号（+），两个数相减时使用减号（−），两个数相乘时使用乘号（*），在两个数相除时使用除号（/）。因为它们运算两个值或项，所以这些运算符称为二元算术运算符。

3.2.1 初步了解运算符的优先级

运算符的优先级是指运算符的运算顺序，例如数学中的先乘除后加减就是一种运算顺序。运算符的优先级用于确定拥有多个运算符的表达式如何求值。在Objective-C中规定，优先级较高的运算符首先求值。如果表达式包含优先级相同的运算符，可以按照从左到右或从右到左的方向来求值，运算符决定了具体按哪个方向求值，这就是通常所说的运算符结合性。

例如，在下面的实例3-1中，演示了减法、乘法和除法的运算优先级。在程序中执行的最后两个运算引入了一个运算符比另一个运算符有更高优先级的概念。事实上，Objective-C中的每一个运算符都有与之相关的优先级。

实例3-1	减法、乘法和除法的运算优先级
源码路径	光盘:\daima\第3章\3-1

实例文件main.m的具体实现代码如下所示。

```
#import <Foundation/Foundation.h>
int main(int argc, const char * argv[]) {
    @autoreleasepool {
        int   a = 100;
        int   b = 2;
        int   c = 20;
        int   d = 4;
        int   result;

        result = a - b;    //减
        NSLog (@"a - b = %i", result);

        result = b * c;    //乘
        NSLog (@"b * c = %i", result);

        result = a / c;    //除
        NSLog (@"a / c = %i", result);

        result = a + b * c;    //混合运算
        NSLog (@"a + b * c = %i", result);

        NSLog (@"a * b + c * d = %i", a * b + c * d);
    }
    return 0;
}
```

对于上述代码的具体说明如下。

（1）在声明整型变量a、b、c、d及result之后，程序将a-b的结果赋值给result，然后用恰当的NSLog调用来显示它的值。

（2）语句result = b*c;的功能是将b的值和c的值相乘并将其结果存储到result中。接着用NSLog调用来显示这个乘法的结果。

（3）开始除法运算。Objective-C中的除法运算符是"/"。执行100除以25得到结果4，可以用NSLog语句在a除以c之后立即显示结果。在某些计算机系统上，如果将一个数除以0将导致程序异常终止或出现异常。即使程序没有异常终止，执行这样的除法所得的结果也毫无意义。其实可以在执行除法运算之前检验除数是否为0。如果除数为0，可采用适当的操作来避免除法运算。

（4）表达式"a + b * c"不会产生结果2040（102×20）。相反，相应的NSLog语句显示的结果为140。这是因为Objective-C与其他大多数程序设计语言一样，对于表达式中多重运算的运算顺序有自己规则。通常情况下，表达式的计算按从左到右的顺序执行。然而，乘法和除法运算的优先级比加法和加法的优先级要高。因此，Objective-C的表达式a + b * c等价于a + (b * c)。如果采用基本的代数规则，那么上述两种格式的表达式的计算顺序是相同的。如果要改变表达式中的计算顺序，可使用圆括号。事实上，前面列出的表达式是合法的Objective-C表达式。可以使用表达式result = a + (b * c);来替换上述代码中的表达式，也可以获得同样的结果。然而，如果用表达式result = (a + b) * c;来替换，则result的值将是2040，因为要首先将a的值（100）和b的值（2）相加，然后再将结果与c的值（20）相乘。圆括号也可以嵌套，在这种情况下，表达式的计算要从最里面的一对圆括号依次向外进行。只要确保结束圆括号和开始圆括号数目相等即可。

（5）再看最后一条代码语句，当将NSLog指定的表达式作为参数时，无须将该表达式的结果先指派给一个变量，这种做法是完全合法的。表达式a * b + c * d可以根据以上述规则使用(a * b) + (c * d)的格式，也就是使用(100 * 2) + (20 * 4)格式来计算，得出的结果280将传递给NSLog。

运行上述代码后会输出：
```
a - b = 98
b * c = 40
a / c = 5
a + b * c = 140
a * b + c * d = 280
```

3.2.2 整数运算和一元负号运算符

在下面的实例中，演示了整数运算符和一元负号的优先级，在代码中引入了整数运算的概念。

实例3-2	整数运算符和一元负号的优先级
源码路径	光盘:\daima\第3章\3-2

实例文件main.m的具体实现代码如下所示。

```
#import <Foundation/Foundation.h>

int main(int argc, const char * argv[]) {
    @autoreleasepool {
        int    a = 25;
        int    b = 2;
        int    result;
        float c = 25.0;
        float d = 2.0;
        
        NSLog (@"6 + a / 5 * b = %i", 6 + a / 5 * b);
        NSLog (@"a / b * b = %i", a / b * b);
        NSLog (@"c / d * d = %f", c / d * d);
        NSLog (@"-a = %i", -a);
    }
    return 0;
}
```

对于上述代码的具体说明如下。

（1）第一个NSLog调用中的表达式进一步说明了运算符优先级的概念。该表达式的计算按以下顺序执行。

- ❏ 因为除法的优先级比加法高，所以先将a的值（25）除以5，其结果为4。
- ❏ 因为乘法的优先级也大于加法，所以将之前的结果（5）乘以2（即b的值），并获得新的结果（10）。
- ❏ 最后计算6加10，并得出最终结果（16）。

（2）第二条NSLog语句会产生一个新误区，我们希望a除以b再乘以b的操作返回a（已经设置为25）。但是此操作并不会产生这一结果，在显示器上输出显示的是24。其实该问题的实际情况是：这个表达式是采用整数运算来求值的。再看变量a和b的声明，它们都是用int类型。当包含两个整数的表达式求值时，Objective-C系统都将使用整数运算来执行这个操作。在这种情况下，数字的所有小数部分将丢失。因此，计算a除以b，即25除以2时，得到的中间结果是12，而不是期望的12.5。这个中间结果乘以2就得到最终结果24，这样，就解释了出现"丢失"数字的情况。

（3）在倒数第2个NSLog语句中，如果用浮点值代替整数来执行同样的运算，就会获得期望的结果。选择使用float变量还是int变量，主要根据变量的使用目的。如果无须使用任何小数位，可以使用整型变量。这将使程序更加高效，也就是说可以在大多数计算机上更加快速地执行。另一方面，如果需要精确到小数位，会很清楚地知道应该选择什么。此时，唯一必须回答的问题是使用float还是double。对此问题的回答取决于使用数据所需的精度以及它们的量级。

（4）在最后一条NSLog语句中，使用一元负号运算符对变量a的值进行求反。这个一元运算符是用于单个值的运算符，而二元运算符作用于两个值。负号实际上扮演了一个双重角色：作为二元运算符，它执行两个数相减的操作；作为一元运算符，它对一个值求反。

经过以上分析，运行上述代码后会输出：
```
6 + a / 5 * b = 16
a / b * b = 24
c / d * d = 25.000000
-a = -25
```
由此可见，与其他算术运算符相比，一元负号运算符具有更高的优先级。但一元正号运算符（+）和算术运算符的优先级相同。所以表达式"c = -a * b"将执行-a乘以b。

> **注意——代码之美观**
>
> 在上述实例代码的前3条语句中，在int和a、b及result的声明中插入了额外的空格，这样做的目的是对齐每个变量的声明，这种书写语句的方法使程序更加容易阅读。另外我们还需要养成这样一个习惯——每个运算符前后都有空格，这种做法不是必需的，仅仅是出于美观上的考虑。一般来说，在允许单个空格的任何位置都可以插入额外的空格。

3.2.3 模运算符

在Objective-C程序中，使用百分号（%）表示模运算符。为了全面了解Objective-C中模运算符的工作方式，请读者看下面的实例代码。

实例3-3	模运算符的使用
源码路径	光盘:\daima\第3章\3-3

实例文件main.m的具体实现代码如下所示。
```
#import <Foundation/Foundation.h>

int main(int argc, const char * argv[]) {
    @autoreleasepool {
        int a = 25, b = 5, c = 10, d = 7;

        NSLog (@"a %% b = %i", a % b);
        NSLog (@"a %% c = %i", a % c);
        NSLog (@"a %% d = %i", a % d);
        NSLog (@"a / d * d + a %% d = %i", a / d * d + a % d);
    }
    return 0;
}
```
对于上述代码的具体说明如下。

（1）在main语句中定义并初始化了4个变量：a、b、c和d，这些工作都是在一条语句内完成的。NSLog使用百分号之后的字符来确定如何输出下一个参数。如果它后面紧跟另一个百分号，那么NSLog例程会显示百分号。

（2）模运算符%的功能是计算第一个值除以第二个值所得的余数，在实例3-3中，25除以5所得的余数，显示为0。如果用25除以10，会得到余数5，输出中的第二行可以证实。执行25除以7将得到余数4，它显示在输出的第三行。

（3）最后一条是求值表达式语句。Objective-C使用整数运算来执行两个整数间的任何运算，所以两个整数相除所产生的任何余数将被完全丢弃。如果使用表达式a/b表示25除以7，将会得到中间结果3。如果将这个结果乘以d的值（即7），将会产生中间结果21。最后，加上a除以b的余数，该余数由表达式a % d来表示，会产生最终结果25。这个值与变量a的值相同并非巧合。一般来说，表达式"a / b * b + a % b"的值将始终与a的值相等，当然，这里假定a和b都是整型值。事实上，模运算符%只能用于处理整数。

在Objective-C程序中，模运算符的优先级与乘法和除法的优先级相同。由此而可以得出，表达式：
```
table + value % TABLE_SIZE
```
等价于表达式：
```
table + (value % TABLE_SIZE)
```
运行上述代码后会输出：

```
a % b = 0
a % c = 5
a % d = 1
a / d * d + a % d = 25
```

3.2.4 整型值和浮点值的相互转换

在Objective-C程序中，要想实现更复杂的数据处理功能，必须掌握浮点值和整型值之间进行隐式转换的规则。例如在下面的实例代码中，演示了数值数据类型间的一些简单转换过程。

实例3-4	不同类型数值数据间的转换
源码路径	光盘:\daima\第3章\3-4

实例文件main.m的具体实现代码如下所示。

```
#import <Foundation/Foundation.h>

int main(int argc, const char * argv[]) {
    @autoreleasepool {
        float    f1 = 123.125, f2;
        int      i1, i2 = -150;
        i1 = f1;     // float转换成int
        NSLog (@"%f assigned to an int produces %i", f1, i1);
        f1 = i2;     // int转换float
        NSLog (@"%i assigned to a float produces %f", i2, f1);
        f1 = i2 / 100;      // int类型的整除
        NSLog (@"%i divided by 100 produces %f", i2, f1);
        f2 = i2 / 100.0;    // float类型的整除
        NSLog (@"%i divided by 100.0 produces %f", i2, f2);
        f2 = (float) i2 / 100;    //类型转换操作符
        NSLog (@"(float) %i divided by 100 produces %f", i2, f2);
    }
    return 0;
}
```

对于上述代码的具体说明如下。

（1）因为在Objective-C中，只要将浮点值赋值给整型变量，数字的小数部分都会被删掉。所以在第一个程序中，当把f1的值赋予i1时会删除数字123.125的小数部分，这意味着只有整数部分（即123）存储到了i1中。

（2）当将整型变量赋值给浮点变量时，不会引起数字值的任何改变，该值仅由系统转换并存储到浮点变量中。例如，上述代码的第二行验证了这一情况——i2的值(-150)进行了正确转换并储到float变量f1中。

执行上述代码后会输出：

```
123.125000 assigned to an int produces 123
-150 assigned to a float produces -150.000000
-150 divided by 100 produces -1.000000
-150 divided by 100.0 produces -1.500000
(float) -150 divided by 100 produces -1.500000
```

程序输出的后两行说明了在编写算术表达式时，要注意整数运算的特殊性，只要表达式中的两个运算数是整型，该运算就将在整数运算的规则下进行（这一情况还适用于short、unsigned和long所修饰的整型）。因此，由乘法运算产生的任何小数部分都将删除，即使该结果指派给一个浮点变量也是如此（如同在程序中所做的那样）。当整型变量i2除以整数常量100时，系统将该除法作为整数除法来执行。因此，-150除以100的结果（即-1）将存储到float变量f1中。

3.2.5 类型转换运算符

在声明和定义方法时，将类型放入圆括号中可以声明返回值和参数的类型。在表达式中使用类型时，括号表示一个特殊的用途。例如在前面实例3-4程序中的最后一个除法运算。

```
f2 = (float) i2 / 100;
```

在上述代码中引入了类型转换运算符。为了求表达式值，类型转换运算符将变量i2的值转换成float类型。该运算符不会影响变量i2的值；它是一元运算符，行为和其他一元运算符一样。正如表达式-a永远不会影响a的值一样，表达式（float）a也不会影响a的值。

类型转换运算符的优先级要高于所有的算术运算符，但是一元减号和一元加号运算符除外。如果需要可以经常使用圆括号进行限制，以任何想要的顺序来执行运算。例如下面的代码是使用类型转换运算符的另一个例子，下面的表达式等价于"29 + 21"，因为将浮点值转换成整数的后果就是舍弃其中的小数部分。表达式"(float) 6 / (float) 4"得到的结果为1.5，与表达式"(float) 6 / 4"的执行效果相同。

```
(int) 29.55 + (int) 21.99
```

类型转换运算符通常用于将一般id类型的对象转换成特定类的对象。例如在下面的代码中，将id变量myNumber的值转换成一个Fraction对象，转换结果将指派给Fraction变量myFraction。

```
id         myNumber;
Fraction *myFraction;
   …
myFraction = (Fraction *) myNumber;
```

可以将不同数据类型的数据转换成同一种数据类型，然后进行计算。转换的方法有两种，一种是自动转换，一种是强制转换。自动转换发生在不同数据类型数据的混合运算中，由系统自动完成。Objective-C 编译器会遵循一些非常严格的规则，编译器按照下面的顺序转换不同类型的操作数。

（1）如果其中一个数是long double类型的，那么另一个操作数被转换为long double类型，计算的结果也是long double类型。

（2）否则，如果其中一个数是double类型的，那么另一个操作数被转换为double类型，计算的结果也是double类型。

（3）否则，如果其中一个数是float 类型的，那么另一个操作数被转换为float 类型，计算的结果也是float类型。

（4）否则，如果一个数是unsigned类型，那么另一个操作数被转换为unsigned类型，计算的结果也是unsigned类型。

（5）否则，如果其中一个数是long long int 类型的，那么另一个操作数被转换为long long int 类型，计算的结果也是long long int 类型。

（6）否则，如果其中一个数是long int类型，那么另一个操作数被转换为long int类型，计算的结果也是long int类型。

（7）否则，如果其中一个数是int类型，那么其他的如Bool、char、short int、bit field、枚举类型，则全部转换为int 类型，计算的结果也是int类型。

（8）unsigned 一般比同级的整数类型高两个级别。

3.2.6 常量表达式

在Objective-C程序中，常量表达式是指每一项都是常量值的表达式。在下列情况中，必须使用常量表达式。

（1）作为switch语句中case之后的值。
（2）指定数组的大小。
（3）为枚举标识符指派值。
（4）在结构定义中，指定位域的大小。
（5）为外部或静态变量指派初始值。
（6）为全局变量指派初始值。
（7）在#if预处理程序语句中，作为#if之后的表达式。

其中在上述前4种情况下，常量表达式必须由整数常量、字符常量、枚举常量和sizeof表达式组成。在此只能使用以下运算符：算术运算符、按位运算符、关系运算符、条件表达式运算符和类型强制转换运算符。

在上述第5种和第6种情况下,除了上面提到的规则之外,还可以显式地或隐式地使用取地址运算符。然而,它只能应用于外部或静态变量或函数。因此,假设x是一个外部或静态变量,表达式"&x + 10"将是合法的常量表达式。此外,表达式"&a[10] – 5"在a是外部或静态数组的情况下将是合法的常量表达式。最后,因为&a[0]等价于表达式a,所以"a + sizeof(char) * 100"也是一个合法的常量表达式。

在上述最后一种需要常量表达式(在#if之后)情况下,除了不能使用sizeof运算符、枚举常量和类型强制转换运算符以外,其余规则与前4种情况的规则相同。然而,它允许使用特殊的defined运算符。

3.3 条件运算符

知识点讲解:光盘:视频\知识点\第3章\条件运算符.mp4

Objective-C中的条件运算符也被称为条件表达式,因为其条件表达式由3个子表达式组成,所以经常被称为三目运算符。Objective-C条件运算符的语法格式如下所示。

```
expression1 ? expression2 : expression3
```

对于上述格式有如下两点说明。

(1)当计算条件表达式时,先计算expression1的值,如果值为真则执行expression2,并且整个表达式的值就是expression2的值,不会执行expression3。

(2)如果expression1为假,则执行expression3,并且条件表达式的值是expression3的值,不会执行expression2。

在Objective-C程序中,条件表达式通常用作简单的if语句的缩写形式。例如下面的代码:
```
a = ( b > 0 ) ? c : d;
```
等价于:
```
if ( b > 0 )
   a = c;
else
   a = d;
```

假设a、b、c是表达式,则表达式"a ? b : c"在a为非0时,值为b;否则为c。表达式b和表达式c中只有一个会被求值。

表达式b和c必须具有相同的数据类型。如果它们的类型不同,但都是算术数据类型,就要对其执行常见的算术转换,以使其类型相同。如果一个是指针,另一个为0,则后者将被看作是与前者具有相同类型的空指针。如果一个是指向void的指针,另一个是指向其他类型的指针,则后者将被转换成指向void的指针并作为结果类型。

例如在下面的实例中,说明了使用Objective-C条件运算符的具体过程。

实例3-5	条件运算符的使用
源码路径	光盘:\daima\第3章\3-5

实例文件main.m的具体实现代码如下所示。

```
#import <Foundation/Foundation.h>

int main(int argc , char * argv[])
{
    @autoreleasepool{
        NSString * str = 5 > 3 ? @"5大于3" : @"5不大于3";
        NSLog(@"%@" , str);    // 输出"5大于3"

        // 输出"5大于3"
        5 > 3 ? NSLog(@"5大于3") : NSLog(@"5小于3");

        int a = 5;
        int b = 5;
        // 下面将输出a等于b
        a > b ? NSLog(@"a大于b") : (a < b ? NSLog(@"a小于b") : NSLog(@"a等于b"));
    }
}
```

执行上述代码后将输出：
```
5大于3
5大于3
a等于b
```

3.4 sizeof 运算符

知识点讲解：光盘:视频\知识点\第3章\sizeof运算符.mp4

虽然不应该假设程序中数据类型的大小，但是有时需要知道这些信息。在Objective-C程序中，可以使用库例程（如malloc）实现动态内存分配功能，或者在对文件读出或写入数据时，可能需要这些信息。

在Objective-C程序中，提供了sizeof运算符来确定数据类型或对象的大小。sizeof运算符返回的是某个项所占的字节数，sizeof运算符的参数可以是变量、数组名称、基本数据类型名称、对象、派生数据类型名称或表达式。例如通过下面的代码，给出了存储整型数据所需的字节数，在笔者机器上运行后的结果是4（或32位）。

```
sizeof (int)
```

假如将x声明为包含100个int数据的数组，则下面的表达式将给出在区中存储100个整数所需要的存储空间。

```
sizeof (x)
```

假设myFract是一个Fraction对象，它包含两个int实例变量（分子和分母），那么下面的表达式的结果在任何使用4字节表示指针的系统中都会为4。

```
sizeof (myFract)
```

其实这是sizeof对任何对象产生的值，因为这里询问的是指向对象数据的指针大小。要获得实际存储Fraction对象实例的数据结构大小，可以使用下面的代码语句可实现。

```
sizeof (*myFract)
```

上述表达式在笔者机器上输出的结果为12，即分子和分母分别用4个字节，加上另外的4个字节存储继承来的isa成员。

而下面的表达式的值为能够存储结构data_entry所需的空间总数。

```
sizeof (struct data_entry)
```

如果将data定义为包含struct data_entry元素的数组，则下面的表达式将给出包含在data（data必须是前面定义的，并且不是形参也不是外部引用的数组）中的元素个数。

```
sizeof (data) / sizeof (struct data_entry)
```

下面的表达式也会产生同样的结果。

```
sizeof (data) / sizeof (data[0])
```

在Objective-C程序中，建议读者尽可能地使用sizeof运算符，这样避免必须在程序中计算和硬编码数据大小。例如：

```
sizeof(type)     //包含特定类型值所需的字节数
sizeof(a)        //保存a的求值结果所必需的字节数
```

在上述表达式中，如果type为char，则结果为1。如果a是（显式地或者通过初始化隐式地）维数确定的数组名称，而不是形参或未确定维数的数组名称，那么"sizeof(a)"会给出将元素存储到a中必需的字节数。

如果a是一个类名，则sizeof(a)会给出保存a的实例所必需的数据结构大小。通过sizeof运算符产生的整数类型是size_t，它在标准头文件<stddef.h>中定义。

如果a是长度可变的数组，那么在运行时会对表达式求值；否则在编译时求值，因此它可以用在常量表达式中。

3.5 关系运算符

知识点讲解：光盘:视频\知识点\第3章\关系运算符.mp4

因为关系运算符用于比较运算，所以经常也被称为比较运算符。Objective-C中的关系运算符包括大于（>）、小于（<）、等于（==）、大于等于（>=）、小于等于（<=）和不等于（!=）6种，而关系运算符的结果是BOOL类型的数值。当运算符成立时，结果为YES（1），当不成立时，结果为NO（0）。例如在下面的实例代码中，演示了Objective-C关系运算符的基本用法。

实例3-6	关系运算符的使用
源码路径	光盘:\daima\第3章\3-6

实例文件main.m的具体实现代码如下所示。

```
#import <Foundation/Foundation.h>

int main(int argc, const char * argv[]) {
    @autoreleasepool {
        NSLog (@"%i",3>5) ;
        NSLog (@"%i",3<5) ;
        NSLog (@"%i",3!=5) ;
    }
    return 0;
}
```

在上述代码中，3>5是不成立的，所以结果是0；3<5 是成立的，所以结果是1；3!=5的结果也同样成立，所以结果为1。运行上述代码后会输出：

0
1
1

请读者再看下面的实例代码，其中演示了使用Objective-C比较运算符判断数据大小的流程。

实例3-7	使用关系运算符判断数据的大小
源码路径	光盘:\daima\第3章\3-7

实例文件main.m的具体实现代码如下所示。

```
#import <Foundation/Foundation.h>

int main(int argc , char * argv[])
{
    @autoreleasepool {
        NSLog(@"5是否大于 4.0:%d" , (5 > 4.0));   // 输出1
        NSLog(@"5和5.0是否相等:%d" , (5 == 5.0));  // 输出1
        NSLog(@"97和'a'是否相等:%d" , (97 == 'a')); // 输出1
        NSLog(@"YES和NO是否相等:%d" , (YES == NO));  // 输出0
        // 创建两个NSDate对象，分别赋给t1和t2两个引用
        NSDate * t1 = [NSDate date];
        NSDate * t2 = [NSDate date];
        //   t1和t2是同一个类的两个实例的引用，所以可以比较，
        //   但t1和t2引用不同的对象，所以返回0
        NSLog(@"t1是否等于t2: %d" , (t1 == t2));
    }
}
```

执行后的效果如图3-1所示。

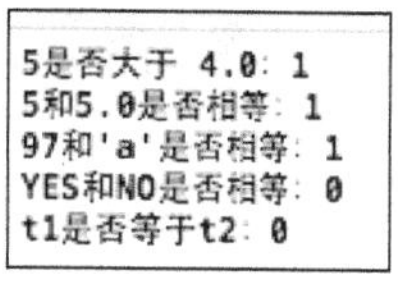

图3-1 执行效果

3.6 强制类型转换运算符

📺 知识点讲解：光盘:\视频\知识点\第3章\强制类型转换运算符.mp4

在Objective-C程序中，强制类型转换运算符的功能是把表达式的运算结果强制转换成类型说明符所表示的类型。使用强制类型转换的语法格式如下。

（类型说明符）（表达式）

例如：

（float）a // 把a 转换为实型
（int）(x+y) //把x+y 的结果转换为整型

例如在下面的实例代码中，演示了Objective-C强制类型转换运算符的基本用法。

实例3-8	强制类型转换运算符的使用
源码路径	光盘:\daima\第3章\3-8

实例文件main.m的具体实现代码如下所示。

```objc
#import <Foundation/Foundation.h>
int main(int argc, const char * argv[]) {
    @autoreleasepool {
        float f1=123.125,f2;
        int i1,i2=-150;
        i1=f1;
        NSLog (@"%f 转换为整型为%i",f1,i1) ;
        f1=i2;
        NSLog (@"%i 转换为浮点型为%f",i2,f1) ;
        f1=i2/100;
        NSLog (@"%i 除以100 为 %f",i2,f1) ;
        f2=i2/100.0;
        NSLog (@"%i 除以100.0 为 %f",i2,f2) ;
        f2= (float) i2/100;
        NSLog (@"%i 除以100 转换为浮点型为%f",i2,f2) ;
    }
    return 0;
}
```

执行上述代码后将输出：
123.125000 转换为整型为123
-150 转换为浮点型为-150.000000
-150 除以100 为 -1.000000
-150 除以100.0 为 -1.500000
-150 除以100 转换为浮点型为-1.500000

在使用强制类型转换运算符时，需要注意表达式类型的自动提升机制。当一个算术表达式中包含多个基本类型的值时，整个算数表达式的数据类型将自动提升。具体提升规则如下。

（1）所有short型和char型将被提升到int型。
（2）整个算术表达式的数据类型自动提升到与表达式中最高等级操作数相同的类型。操作数的等级排列如下所示，右边类型的等级高于左边类型的等级。

short| int| long| long long| float| double| long double

在下面的实例代码中，首先定义了一个short类型的变量将其值设置为5，然后在表达式中将sValue自动提升到int类型，然后用sValue的值除以2.0。

实例3-9	类型转换在数值运算中的作用
源码路径	光盘:\daima\第3章\3-9

实例文件main.m的具体实现代码如下所示。

```objc
#import <Foundation/Foundation.h>
int main(int argc , char* argv[])
{
    @autoreleasepool {
        // 定义一个short类型变量
        short sValue = 5;
        // 表达式中的sValue将自动提升到int类型，因此下面表达式将输出4
        NSLog(@"%ld" , sizeof(sValue - 2));
        // 2.0是浮点数，因此下面的计算结果也是浮点数
        double d = sValue / 2.0;
        NSLog(@"%g" , d);
    }
}
```

执行后的效果如图3-2所示。

图3-2 实例3-9执行效果

3.7 赋值运算符

知识点讲解：光盘:视频\知识点\第3章\赋值运算符.mp4

赋值运算符的功能是给某变量或表达式赋值。本节将详细讲解Objective-C中赋值运算符的基本知识。

3.7.1 基本赋值运算符

Objective-C语言的基本赋值运算符记为"=",由"="连接的式子称为赋值表达式。其一般格式如下。
变量=表达式;
例如下面都是基本赋值处理。
```
x=a+b
w=sin(a)+sin(b)
y=i+++--j
```
赋值表达式的功能是先计算表达式的值,再赋予左边的变量,赋值运算符具有右结合性。所以a=b=c=10可以理解为a=(b=(c=5))。

3.7.2 高级赋值运算符

在Objective-C程序中,允许使用如下格式将算术运算符和赋值运算符合并到一起。
```
op =
```
在上述格式中,op是任何算术运算符,包括+、-、*、/和%。另外,op也可以是任何用于移位和屏蔽操作的位运算符,这些内容将在以后讨论。

请读者再看下面的表达式代码,这其实这就是通常所说的"加号等号"运算符(+=),功能是将运算符右侧的表达式和左侧的表达式相加,再将结果保存到运算符左边的变量中。
```
count += 10;
```
上述代码语句和如下代码是等价的:
```
count = count + 10;
```
请读者再看下面的表达式代码,在此使用"减号等号"赋值运算符将counter的值减10。
```
counter -= 10
```
上述代码和下面的代码等价的:
```
counter = cpunter - 10
```
请读者再看下面的代码:
```
a /= b + c
```
在上述代码中,无论等号右侧出现何表达式(这里为b加c),都将用它除a,再把结果存储到a中。因为加法运算符比赋值运算符的优先级高,所以表达式会首先执行加法。其实除了逗号运算符外,所有的运算符都比赋值运算符的优先级高,而所有赋值运算符的优先级相同。上述表达式的作用和下列表达式相同:
```
a = a / (b + c)
```
在Objective-C语言中,使用高级赋值运算符有以下3个原因。

(1)程序语句更容易书写,因为运算符左侧的部分没有必要在右侧重写。
(2)结果表达式通常容易阅读。
(3)这些运算符的使用可使程序的运行速度更快,因为编译器有时在计算表达式时产生的目标代码更少。

3.7.3 通过计算器类演示运算符的用法

为了说明Objective-C运算符的基本用法,在接下来的实例中将创建一个类——Calaulator,通过此类实现一个简单的四则计算功能,可以执行加、减、乘和除运算。此类型的计算器必须能够记录累加结果,或者通常所说的累加器。因此,方法必须能够执行以下操作:将累加器设置为特定值、将其清空(或设置为0),并在完成时检索它的值。

实例3-10	实现一个计算器类
源码路径	光盘:\daima\第3章\3-10

实例文件main.m的具体实现代码如下所示。
```
#import <Foundation/Foundation.h>
```

```
@interface Calculator: NSObject
{
    double accumulator;
}
-(void)    setAccumulator: (double) value;
-(void)    clear;
-(double) accumulator;
-(void) add: (double) value;
-(void) subtract: (double) value;
-(void) multiply: (double) value;
-(void) divide: (double) value;
@end
@implementation Calculator
-(void) setAccumulator: (double) value
{
    accumulator = value;
}
-(void) clear
{
    accumulator = 0;
}
-(double) accumulator
{
    return accumulator;
}
-(void) add: (double) value
{
    accumulator += value;
}
-(void) subtract: (double) value
{
    accumulator -= value;
}
-(void) multiply: (double) value
{
    accumulator *= value;
}
-(void) divide: (double) value
{
    accumulator /= value;
}
@end
int main(int argc, const char * argv[]) {
    @autoreleasepool {
        Calculator *deskCalc;
        deskCalc = [[Calculator alloc] init];
        [deskCalc clear];
        [deskCalc setAccumulator: 100.0];
        [deskCalc add: 200.];
        [deskCalc divide: 15.0];
        [deskCalc subtract: 10.0];
        [deskCalc multiply: 5];
        NSLog (@ "结果是 %g",[deskCalc accumulator]);
    }
    return 0;
}
```

执行上述代码后输出：

```
结果是 50
```

在上述Calcauator类的实现代码中，只有一个实例变量和一个用于保存累加器值的double变量。在此需要注意调用multiply方法的消息：

```
[deskCalc multiply: 5];
```

此方法的参数是一个整数，但是它期望的参数类型却是double。因为方法的数值参数会自动转换以匹配期望的类型，所以此处不会出现任何问题。"multiply:"希望使用double值，因此当调用该函数时，整数5将自动转换成双精度浮点值。虽然自动转换过程会自己进行，但在调用方法时提供正确的参数类型仍是一个较好的程序设计习惯。

要认识到与Fraction类不同，Fraction类可能使用多个不同的分数，在这个程序中希望只处理单个Calculator对象。然而，定义一个新类以便更容易地处理这个对象仍是有意义的。从某些方面讲，可能要为计算器添加一个图形前端，以便用户能够在屏幕上实际单击按钮，与系统或电话中已安装的计算器应用程序一样。

3.8 位运算符

知识点讲解：光盘:视频\知识点\第3章\位运算符.mp4

在Objective-C语言中，通过位运算符可以对数字进行按位处理。常用的位运算符如下所示。
- &：按位与。
- |：按位或。
- ^：按位异或。
- ~：一次求反。
- <<：向左移位。
- \>\>：向右移位。

在上述运算符中，除了一次求反运算符（~）外都是二元运算符，因此需要两个运算数。位运算符可处理任何类型的整型值，但不能处理浮点值。本节将详细讲解Objective-C中位运算符的基本知识，为读者后面知识的学习打好基础。

3.8.1 按位与运算符

当对两个值执行按位与运算时，会逐位比较两个值的二进制表示。当第一个值与第二个值的对应位都是1时，在结果的对应位上就会得到1，其他的组合在结果中都得到0。假如m1和m2表示两个运算数的对应位，那么下面就显示了对m1和m2所有可能值执行按位与操作的结果。

```
m1        m2        m1 & m2
─────────────────────────────
0         0         0
0         1         0
1         0         0
1         1         1
```

假如n1和n2都定义为short int，n1等于十六进制的15，n2等于十六进制的0c，那么下面的语句能够将值0x04赋值给n3。

```
n3 = n1 & n2;
```

在将n1、n2和n3表示为二进制后，可以更加清楚地看到此过程（假设所处理的short int大小为16位）。

```
n1    0000 0000 0001 0101    0x15
n2    0000 0000 0000 1100    & 0x0c

n3    0000 0000 0000 0100    0x04
```

在Objective-C程序中，按位与运算的最常用功能是实现屏蔽运算。也就是说，此运算符可以将数据项的特定位设置为0。例如，通过下面的代码可以将n1与常量3按位与所得的值赋值给n3。它的作用是将n3中的全部位（而非最右边的两位）设置为0，并保留n1中最左边的两位。

```
n3 = n1 & 3;
```

与Objective-C中使用的所有二元运算符相同，通过添加等号，二元位运算符可同样用作高级赋值运算符。所以语句"mm &= 15;"与语句"mm = mm & 15;"执行相同的功能，并且它还能将mm的除最右边的四位外全部设置为0。

3.8.2 按位或运算符

在Objective-C程序中，当对两个值执行按位或运算时，会逐位比较两个值的二进制表示。这时只要第一个值或者第二个值的相应位是1，那么结果的对应位就是1。按位或运算结果如下所示。

```
m1    m2    m1 | m2
0     0     0
0     1     1
1     0     1
1     1     1
```

假如n1是short int，等于十六进制的19，n2也是short int，等于十六进制的6a，那么如果对n1和n2执行按位或运算，会得到十六进制的结果7b，具体运算过程如下所示。

```
n1    0000 0000 0001 1001    0x19
n2    0000 0000 0110 1010  | 0x6a
      0000 0000 0111 1011    0x7b
```

按位或操作通常就称为按位OR，用于将某个值的特定位设为1。例如，下面的代码将n1最右边的3位设为1，而不论这些位操作前的状态是什么。

```
n1 = n1 | 07;
```

另外，也可以在语句中使用高级赋值运算符，例如：

```
n1 |= 07;
```

3.8.3 按位异或运算符

在Objective-C程序中，按位异或运算符也被称为XOR运算符。在对两个数进行异或运算时，如果两个运算数的相应位不同，那么结果的对应位将是1；否则是0。下面是对b1和b2按位异或运算的结果。

```
b1    b2    b1 ^ b2
0     0     0
0     1     1
1     0     1
1     1     0
```

如果n1和n2分别等于十六进制的5e和d6，那么n1与n2执行异或运算后的结果是十六进制值e8，运算过程如下。

```
n1    0000 0000 0101 1110    0x5e
n2    0000 0000 1011 0110  ^ 0xd6
      0000 0000 1110 1000    0xe8
```

3.8.4 求反运算符

在Objective-C程序中，求反运算符是一元运算符，功能是对运算数的位进行"翻转"处理。将运算数的1翻转为0，而将0翻转为1。下面是一次求反运算符的运算结果。

```
b1    ~b1
0     1
1     0
```

在此假设n1是short int类型，16位长，等于十六进制值a52f，那么对该值执行一次求反运算会得到十六进制值5ab0，具体如下。

```
 n1   1010 0101 0010 1111    0xa52f
~n1   0101 1010 1101 0000    0x5ab0
```

如果不知道运算中数值的准确位大小，那么一次求反运算符非常有用，使用它可让程序不会依赖于整数数据类型的特定大小。例如，n1为int类型的变量，要将其最低位设为0，可将一个所有位都是1，但最右边的位是0的int值与n1进行与运算。所以像下面这样的C语句在用32位表示整数的机器上可正常工作。

```
n1 &= 0xFFFFFFFE;
```

如果用n1 &= ~1;替换上面的代码，那么在任何机器上n1都会同正确的值进行与运算。这是因为这条语句会对1求反，然后在左侧会加入足够的1，以满足int的大小要求（在32位机器上，会在左侧的31个位上加入1）。

请读者看下面的实例代码，其中演示了Objective-C中各种位运算符的具体作用。

实例3-11	位运算符的使用
源码路径	光盘:\daima\第3章\3-11

实例文件main.m的具体实现代码如下所示。

```
#import <Foundation/Foundation.h>

int main(int argc, const char * argv[]) {
    @autoreleasepool {
        unsigned int w1 = 0xA0A0A0A0, w2 = 0xFFFF0000,w3 = 0x00007777;
        NSLog (@"%x %x %x", w1 & w2, w1 | w2, w1 ^ w2);
        NSLog (@"%x %x %x", ~w1, ~w2, ~w3);
        NSLog (@"%x %x %x", w1 ^ w1, w1 & ~w2, w1 | w2 | w3);
        NSLog (@"%x %x", w1 | w2 & w3, w1 | w2 & ~w3);
        NSLog (@"%x %x", ~(~w1 & ~w2), ~(~w1 | ~w2));
    }
    return 0;
}
```

在上述代码的第4个NSLog调用中，需要注意"按位与运算符的优先级要高于按位或运算符"这一结论，因为这会实际影响表达式的最终结果值。而第5个NSLog调用展示了DeMorgan的规则：~(~a & ~b)等于a | b，~(~a | ~b)等于a & b。

运行上述代码后会输出：

```
a0a00000 ffffa0a0 5f5fa0a0
5f5f5f5f ffff ffff8888
0 a0a0 fffff7f7
a0a0a0a0 ffffa0a0
ffffa0a0 a0a00000
```

3.8.5 向左移位运算符

在Objective-C语言中，当对值执行左移位运算时，会将值中包含的位向左移动。与该操作关联的是该值要移动的位置（或位）的数目。超出数据项的高位将丢失，而从低位移入的值总为0。如果n1等于3，那么表达式"n1 = n1 << 1;"可以表示成"n1 <<= 1;"，运算此表达式的结果就是3向左移一位，这样会将结果6将赋值给n1。具体运算过程如下所示。

n1　　　　... 0000 0011　　0x03
n1 << 1　... 0000 0110　　0x06

运算符<<左侧的运算数表示将要移动的值，而右侧的运算数表示该值所需移动的位数。如果将n1再向左移动一次，那么会得到十六进制值0c。

n1　　　　... 0000 0110　　0x06
n1 << 1　... 0000 1100　　0x0c

3.8.6 向右移位运算符

同样的道理，右移位运算符（>>）的功能是把值的位向右移动。从值的低位移出的位将丢失。把无符号的值向右移位总是左侧（就是高位）填入0。对于有符号值而言，左侧填入1还是填入0依赖于被移动数字的符号，这取决于该操作在计算机上的实现方式。如果符号位是0（表示该值是正的），不管哪种机器都将移入0。然而，如果符号位是1，那么在一些计算机上将移入1，而其他计算机上则移入0。前一类型的运算符通常称为算术右移，而后者通常称为逻辑右移。

在Objective-C语言中，当选择使用算术右移还是逻辑右移时，千万不要进行猜测。如果硬要进行假设的话，那么在一个系统上可正确进行有符号右移运算的程序，有可能在其他系统上运行失败。

如果n1是unsigned int，用32位表示它等于十六进制的F777EE22，那么使用语句"n1 >>= 1;"将n1右移一位后，n1等于十六进制的7BBBF711，具体过程如下所示。

n1　　　　1111 0111 0111 0111 1110 1110 0010 0010　　0xF777EE22
n1 >> 2　1 0111 1011 1011 1011 1111 0111 0001 0001　　0x7BBBF711

如果将n1声明为（有符号）的short int，在某些计算机上会得到相同的结果。而在其他计算机上，如果将该运算作为算术右移来执行，结果将会是FBBBF711。

如果试图用大于或等于该数据项的位数将值向左或向右移位，那么该Objective-C语言并不会产生规定的结果。例如，计算机用32位表示整数，那么把一个整数向左或向右移动32位或更多位时，并不会在计算机上产生规定的结果。还注意到，如果使用负数对值移位时，结果将同样是未定义的。

> 注意
>
> 在Objective-C语言中还有其他3种类型，分别是用于处理Boolean（即，0或1）值的_Bool，处理复数的_Complex和处理抽象数字的_Imaginary。
>
> Objective-C程序员倾向于在程序中使用BOOL数据类型替代_Bool来处理Boolean值。这种"数据类型"本身实际上并不是真正的数据类型，它事实上只是char数据类型的别名。这是通过使用该语言的特殊关键字typedef实现的第11章"深入理解变量和数据"将详细介绍typedef。

3.8.7 头文件

在Objective-C语言中并没有提供很复杂的算术运算符，如果需要实现乘方、开方等运算，需要借助ANSIC标准库中的头文件<math.h>定义的数学函数来实现。在头文件<math.h>中包含了多个常用的数学函数，用于完成各种复杂的数学运算。

在下面的实例中，演示了使用头文件<math.h>实现特殊数学运算的过程。

实例3-12	使用头文件<math.h>实现特殊数学运算
源码路径	光盘:\daima\第3章\3-12

实例文件main.m的具体实现代码如下所示。

```
int main(int argc ,char * argv[])
{
    @autoreleasepool {
        double a = 3.2;    // 定义变量a，其初值为3.2
        double b = pow(a , 5);  // 求a的5次方，并将计算结果赋给b
        NSLog(@"%g" , b);  // 输出b的值
        double c = sqrt(a);  // 求a的平方根，并将结果赋给c
        NSLog(@"%g" ,c);   // 输出c的值
        double d = arc4random() % 10;  // 获得随机数，返回一个0～10之间的伪随机数
        NSLog(@"随机数:%g" ,d);  // 输出随机数d的值
        double e = sin(1.57);  // 求1.57的sin函数值：1.57被当成弧度数
        NSLog(@"%g" ,e);  // 输出接近1
        double x = -5.0;  // 定义double变量x，其值为-5.0
        x = -x;  // 对x求负，其值变成5.0
        // x实际的值为5.0，但使用%g格式则输出5
        NSLog(@"%g" ,x);
    }
}
```

执行后的效果如图3-3所示。

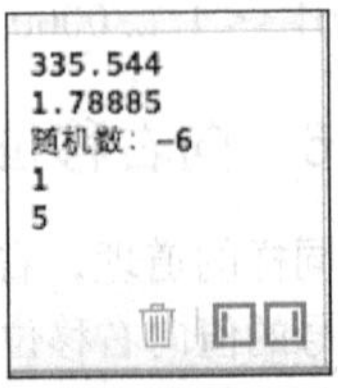

图3-3 实例3-12执行效果

3.9 逻辑运算符

知识点讲解：光盘:视频\知识点\第3章\逻辑运算符.mp4

在Objective-C语言中，逻辑运算就是将关系表达式用逻辑运算符连接起来，并对其求值的运算过程。在Objective-C语言中提供了如下4种逻辑运算符。

- &&：逻辑与。
- ||：逻辑或。
- !：逻辑非。

- ^：按位异或。

其中，"逻辑与"、"逻辑或"和"逻辑异或"是双目运算符，要求有两个运算量，例如(A>B) && (X>Y)。"逻辑非"是单目运算符，只需要一个操作数，如果操作数为真，则返回假；如果操作数为假，则返回真。

"逻辑与"相当于我们日常生活中说的"并且"，就是两个条件都成立的情况下"逻辑与"的运算结果才为"真"。"逻辑或"相当于生活中的"或者"，当两个条件中有任一个条件满足，"逻辑或"的运算结果就为"真"。"逻辑非"相当于生活中的"不"，当一个条件为真时，"逻辑非"的运算结果为"假"。

表3-1中是一些逻辑运算的结果，在此假设a=5，b=2。

表3-1 逻辑运算举例

表 达 式	结 果
!a	0
!b	0
a&&b	1
!a&&b	0
a&&!b	0
!a&&!b	0
a||b	1
!a||b	1
a||!b	1
!a||!b	0

从表3-1中的运算结果可以得出如下规律。
（1）进行与运算时，只要参与运算中的两个对象有一个是假，则结果就为假。
（2）进行或运算时，只要参与运算中的两个对象有一个是真，则结果就为真。

在下面的实例代码中，演示了4个逻辑运算符的执行过程和具体作用。

实例3-13	4个逻辑运算符的执行过程和具体作用
源码路径	光盘:\daima\第3章\3-13

实例文件main.m的具体实现代码如下所示。

```
#import <Foundation/Foundation.h>
int main(int argc , char * argv[])
{
    @autoreleasepool{
        // 直接对5求非运算,将返回假(用0表示)
        NSLog(@"!5的结果为: %d" , !5);
        // 5>3返回真,'6'转换为整数54,'6'>10返回真,求与后返回真(用1表示)
        NSLog(@" 5 > 3 && '6' > 10的结果为: %d"
              , 5 > 3 && '6' > 10);
        // 4>=5返回假,'c'>'a'返回真。求或后返回真(用1表示)
        NSLog(@"4 >= 5 || 'c' > 'a'的结果为: %d"
              ,4 >= 5 || 'c' > 'a');
        // 4>=5返回假,'c'>'a'返回真。两个不同的操作数求异或返回真(用1表示)
        NSLog(@"4 >= 5 ^ 'c' > 'a'的结果为: %d"
              ,4 >= 5 ^ 'c' > 'a');
    }
}
```

执行后的效果如图3-4所示。

```
!5的结果为: 0
 5 > 3 && '6' > 10的结果为: 1
4 >= 5 || 'c' > 'a'的结果为: 1
4 >= 5 ^ 'c' > 'a'的结果为: 1
```

图3-4 实例3-13的执行效果

3.10 逗号运算符

知识点讲解：光盘:视频\知识点\第3章\逗号运算符.mp4

在Objective-C语言中，逗号","也是一种运算符，称为逗号运算符。其功能是把两个表达式连接起来组成一个表达式，这个表达式称为逗号表达式。使用逗号表达式的一般格式如下所示。

表达式1，表达式2，表达式3，...，表达式n

在Objective-C语言中，逗号","的用法有两种：一种是用作分隔符，另一种是用作运算符。在变量声明语句、函数调用语句等场合，逗号是作为分隔符使用的。当需要将逗号表达式的值赋值给指定的变量时，需要将整个逗号表达式用括号括起来。例如在下面的实例中，演示了使用逗号运算符的过程。

实例3-14	逗号运算符的使用
源码路径	光盘:\daima\第3章\3-14

实例文件main.m的具体实现代码如下所示。

```
#import <Foundation/Foundation.h>
int main(int argc , char * argv[])
{
    @autoreleasepool{
        int a = 2;   // 定义变量a，将其赋值为2
        // 将a赋值为逗号表达式的值，结果a的值为真（用1代表）
        a = (a *= 3 , 5 < 8);
        NSLog(@"%d" , a) ;
        // 对a连续赋值，最后a的值为9，整个逗号表达式返回9，因此x的值为9
        int x = (a = 3, a = 4, a = 6 , a = 9);
        NSLog(@"a:%d, x: %d" , a, x);
    }
}
```

执行后的效果如图3-5所示。

```
1
a:9, x: 9
```

图3-5　实例3-14的执行效果

3.11　运算符小结

知识点讲解：光盘:视频\知识点\第3章\运算符小结.mp4

在表3-2中，总结了Objective-C语言中的各种运算符，这些运算符按其优先级降序列出，组合在一起的运算符具有相同的优先级，上一行的优先级要高于下一行。

表3-2　Objective-C的运算符的优先级

运算符	描述	结合性
()	函数调用	从左到右
[]	数组元素引用或者消息表达式	
->	指向结构成员引用的指针	
.	结构成员引用或方法调用	
-	一元负号	从右到左
+	一元正号	
++	加1	
--	减1	
!	逻辑非	
~	求反	
*	指针引用（间接）	
&	取地址	
sizeof	对象的大小	从右到左
(type)	类型强制转换	
*	乘	从左到右
/	除	
%	取模	
+	加	从左到右
-	减	

续表

运 算 符	描　　述	结　合　性
<<	左移	从左到右
>>	右移	
<	小于	
<=	小于等于	从左到右
>	大于	
>=	大于等于	
==	相等性	从左到右
!=	不等性	
&	按位与	从左到右
^	按位异或	从左到右
|	按位或	从左到右
&&	逻辑与	从左到右
||	逻辑或	从左到右
?:	条件运算符	从左到右
= *= /= %= += -= &= ^= |= <<= >>=	赋值运算符	从右到左
,	逗号运算符	从右到左

例如，有下面的表达式：

b | c & d * e

将与按位或和按位与运算符相比，乘法运算符有更高的优先级。同理与按位或运算符相比，按位与运算符有更高的优先级，因为在表3-2中前者出现在后者的前面。因此，这个表达式将以"b|(c&(d*e))"来求值。现在，考虑下面的表达式：

b % c * d

因为在表3-2中取模和乘法运算符出现在同一个组，所以它们具有相同的优先级。这些运算符的结合性是从左到右，表示该表达式以"(b%c)*d"的方式来求值。再看另一个例子，表达式"++a->b"将以"++(a->b)"来求值，因为->运算符的优先级比++运算符的优先级高。最后，因为赋值运算符从右到左结合，所以表达式"a = b = 0"将以"a = (b = 0)"来求值，这最终导致a和b的值被设为0。在表达式"x[i] + ++i"中，没有定义编译器将先求加号运算符左侧的值还是右侧的值。此处，求值的方式会影响结果，因为i的值可能在求x[i]的值之前已经加1。

例如在下面的代码中，演示了另一个在表达式中没有定义求值顺序的例子。

x[i] = ++i

在这种情况下，没有定义i的值是在x中的索引使用它的值之前加1还是之后加1。函数和方法参数的求值顺序也是未定义的。因此，在函数调用"f(i, ++i);"或消息表达式"[myFract setTo: i over: ++i];"中，可能首先将i加1，因此导致将同一个值作为两个参数发送给函数或方法。

Objective-C语言确保&&和||运算符按照从左到右的顺序求值。此外，在使用&&时，如果第一个运算数为0，就不会求第二个运算数的值；在使用||时，如果第一个运算数非0，就不会求第二个运算数的值。在使用表达式时应该记住这个事实，例如：

if (dataFlag || [myData checkData])
    ...

在这种情况下，只有在dataFlag的值是0时才调用checkData。如果定义数组对象a包含n个元素，则以：

if (index >= 0 && index < n && ([a objectAtIndex: index] == 0))
    ...

此语句只有在index是数组中的有效下标时才引用元素。

第4章 选择结构

在Objective-C程序中，很多稍微的复杂程序都需要使用选择结构来实现。选择结构的功能是，根据所指定的条件决定从预设的操作中选择一条操作语句。在Objective-C程序中有如下所示的3种选择结构：
- if语句。
- switch语句。
- conditional运算符。

本章将详细讲解上述3种选择结构的基本知识，为读者后面知识的学习打下基础。

4.1 顺序结构和选择结构

知识点讲解：光盘:视频\知识点\第4章\顺序结构和选择结构.mp4

Objective-C语言是一种结构化和模块化通用程序设计语言，结构化程序设计方法可以使程序结构更加清晰，提高程序的设计质量和效率。C语言的流程控制对整个程序的运行进行控制，将各个功能串联起来。

顺序结构遵循了万物的生态特性，它总是从前往后的按序进行。在程序中的特点是按照程序的书写顺序自上而下地执行，每条语句都必须执行，并且只能执行一次。顺序结构执行的具体流程如图4-1所示。

在图4-1所示的流程中，只能先执行A，再执行B，最后执行C。

在Objective-C程序中，可以根据项目的需要选择要执行的语句。大多数稍微复杂程序都会使用选择结构，其功能是根据所指定的条件，决定从预设的操作中选择一条操作语句。选择结构的具体流程如图4-2所示。

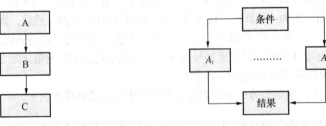

图4-1 顺序结构的执行流程　　图4-2 选择结构的执行流程

在图4-2所示的流程中，只能根据满足的条件执行A_1到A_n之间的任意一条程序。

Objective-C语言中的选择结构是通过if语句实现的，根据if语句的使用格式可以将选择结构分为单分支结构、双分支结构和多分支结构3种。

4.2 if语句

知识点讲解：光盘:视频\知识点\第4章\if语句.mp4

在Objective-C程序中有好几种使用if语句的方式，在本节将一一向读者讲解这些方式，为读者后面的学习打下基础。

4.2.1 单分支结构

单分支结构的if语句的功能是计算一个表达式，并根据计算的结果决定是否执行后面的语句。在Objective-C程序中，if语句能够根据一个表达式的真值来有条件地执行代码，使用单分支if语句的语法格式如下所示。

```
if ( expression )
  statement
```

如果expression计算为真（非零），将执行statement；否则，从if语句之后的下一条语句开始继续执行。单分支结构的执行流程如图4-3所示。

假设将"如果不下雨，我就去登山"这样的句子转换成Objective-C语言，可以使用上述的if语句将这个句子"编写"成如下形式。

```
if ( 如果不下雨 )
  我就去登山
```

if语句可以根据指定的条件规定程序语句（或括在花括号中的多条语句）的执行。

再看下面的代码。

```
if ( count > MAX )
  [ play maxExceeded];
```

在上述代码中，只要count的值大于MAX的值，就会将消息maxEx发送给play，否则这条消息将被忽略。

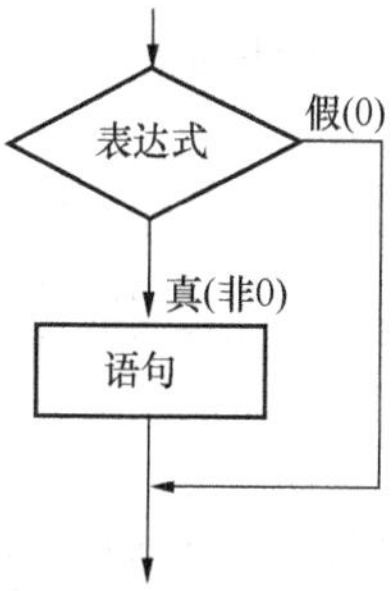

图4-3 单分支if语句的执行流程

假设需要编写一个能够接受从键盘输入整数的程序，并在控制台中显示这个整数的绝对值。如果使用if语句，可以使用下面的代码实现。

实例4-1	显示输入数字的绝对值
源码路径	光盘:\daima\第4章\4-1

实例文件main.m的具体实现代码如下所示。

```
#import <Foundation/Foundation.h>

int main(int argc, const char * argv[]) {
    @autoreleasepool {
        int number;
        NSLog (@"Type in your number: ");
        scanf ("%i", &number);
        if ( number < 0 )
            number = -number;
        NSLog (@"The absolute value is %i", number);
    }
    return 0;
}
```

在上述代码中，提示用户输入数据消息之后，用户将输入整数值，程序将该值存储到number中，然后测试number的值，以确定该值是否小于0。如果这个值小于0，将执行以下程序语句，对number的值求反。如果number的值不小于0，将自动略过这条程序语句（如果这个值已经是正的，则无须对它求反）。随后程序将显示number的绝对值，并终止运行。

执行上述代码后会输出：

```
Type in your number:
-500
The absolute value is 500
```

以实例4-1为基础，假设向类Fraction中添加一个名为convertToNum的方法。这个方法将提供一个用实数表示的分数值。也就是说，该方法将用分子除以分母并用双精度的值返回结果。所以对于分数3/4，该方法将返回值0.75。此时用如下代码可以声明此方法。

```
-( double ) convertToNum;
```

而且可以用如下代码定义方法convertToNum。

```
-( double ) convertYoNum
```

```
{
  return numerator / denominator;
}
```

在上述代码中，numerator和denominator都是整型的实例变量。当对这两个整数执行除法运算时，它们会作为整数除法来完成。如果要将分数3/4转换成实数，上述代码将得到结果0。通过在执行除法之前，使用类型强制运算符将一个或两个运算数转换成浮点值，可以解决上述错误。

```
(double) numerator / denominator
```

上述运算符的优先级比较高，所以在执行除法之前先将numerator转换成double类型。并且无须转换denominator，因为算术运算的规则将替您完成这项工作。

在使用上述方法时，为了确保计算的合理性，需要检查被除数是否为0。检查工作是很有必要的，因为这个方法的调用者很可能会因为大意而将此分数的分母设置为0。所以最完善的convertToNum的代码如下所示。

```
-(double) convertToNum
{
  if (denominator != 0)
    return (double) bunmerator / denominator;
  else
    return 0.0;
}
```

如果分数的denominator为0，此处规定它返回0.0。另外，还可以使用其他选择，例如输出一条错误消息或抛出异常等。例如在下面的实例代码中，测试了convertToNum的执行效果。

实例4-2	将分数转换为小数
源码路径	光盘:\daima\第4章\4-2

实例文件main.m的具体实现代码如下。

```
#import <Foundation/Foundation.h>

@interface Fraction: NSObject
{
    int     numerator;
    int     denominator;
}
-(void)   print;
-(void)   setNumerator: (int) n;
-(void)   setDenominator: (int) d;
-(int)    numerator;
-(int)    denominator;
-(double) convertToNum;
@end
@implementation Fraction
-(void) print
{
    NSLog (@" %i/%i ", numerator, denominator);
}
-(void) setNumerator: (int) n
{
    numerator = n;
}
-(void) setDenominator: (int) d
{
    denominator = d;
}
-(int) numerator
{
    return numerator;
}
-(int) denominator
{
    return denominator;
}
-(double) convertToNum
{
```

```
        if (denominator != 0)
            return (double) numerator / denominator;
        else
            return 0.0;
}
@end
int main(int argc, const char * argv[]) {
    @autoreleasepool {
        Fraction *aFraction = [[Fraction alloc] init];
        Fraction *bFraction = [[Fraction alloc] init];
        [aFraction setNumerator: 1];   // 第一个是 1/4
        [aFraction setDenominator: 4];
        [aFraction print];
        NSLog (@" =");
        NSLog (@"%g", [aFraction convertToNum]);
        [bFraction print];        // 没有分配值
        NSLog (@" =");
        NSLog (@"%g", [bFraction convertToNum]);
    }
    return 0;
}
```

执行上述代码后的效果如图4-4所示。

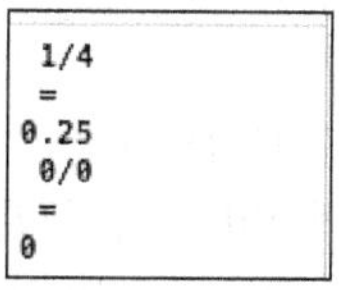

在上述执行过程中，将aFraction设置成1/4，执行后程序会使用convertToNum方法将此分数转换成一个十进制的值。这个值随后就会显示出来，即0.25。

如果没有明确地设置bFraction的值，此时这个分数的分子和分母会初始化为0，这是实例变量默认的初始值。这就解释了print方法显示的结果。同时，它还导致convertToNum方法中的if语句返回值0。如果将aFraction设置成0/0，执行后会输出：

图4-4 实例4-2的执行效果

```
0/0
=
0
```

4.2.2 双分支结构

在Objective-C程序中，if语句的双分支结构是"if-else"，双分支结构语句的功能是对一个表达式进行计算，并根据得出的结果来执行其中的操作语句。if-else结构的语法格式如下所示。

```
if ( expression )
  statement1
else
  statement2
```

如果if表达式为真（非零），则执行statement1，否则执行statement2。双分支结构if-else的执行流程如图4-5所示。

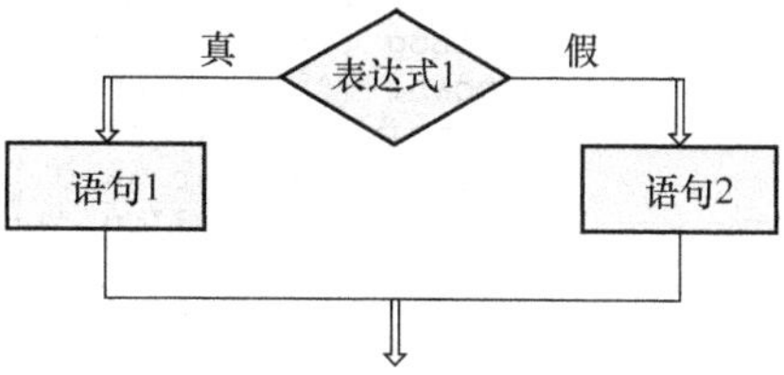

图4-5 双分支if语句的执行流程

如下所示的实例代码实现了偶数和奇数的判断功能。

实例4-3	判断奇偶性
源码路径	光盘:\daima\第4章\4-3

实例文件main.m的具体实现代码如下所示。

```
#import <Foundation/Foundation.h>

int main(int argc, const char * argv[]) {
    @autoreleasepool {
        int number_to_test, remainder;
        NSLog (@"输入一个数字进行测试: ");
        scanf ("%i", &number_to_test);
        remainder = number_to_test % 2;
        if ( remainder == 0 )
            NSLog (@"ou");
        if ( remainder != 0 )
```

```
            NSLog (@"ji");
       }
       return 0;
}
```

上述代码的功能是判断输入的数据是奇数还是偶数。在传统编程模式下,判断奇偶数的方法是检查这个数的最后一位数字。如果最后一位数字是0、2、4、6或8中的任何一个,则说明这个数是偶数,否则就是奇数。当在计算机中确定特定的数是偶数还是奇数时,并不检查这个数的最后一位数字是否是0、2、4、6或8,而是简单地通过检验这个数能否整除2来确定。如果能整除2,这个数是偶数,否则就是奇数。在Objective-C语言中,可以使用模运算符"%"来计算两个整数相除所得的余数。在编程中可以使用模运算符"%"来进行除法判断,如果某个数除以2所得的余数为0,它就是偶数,否则就是奇数。

执行上述代码后会输出:

```
输入一个数字进行测试:
5
ji
```

在上述代码中,当输入一个数后,计算此数除以2所得的余数。第一条if语句测试了这个余数的值,检验它是否等于0。如果等于0,将显示消息"ou"。第二条if语句测试余数,检验它是否不等于0,如果不等于0,就会显示一条消息声明这个数是奇数。

若第一条if语句成功,则第二条if语句肯定失败。如果一个数能被2整除,它就是偶数,否则就是奇数。在编写程序时,会多次使用"否则"这一概念。在Objective-C语言中,这通常称为if-else结构。

其实if-else仅仅是if语句一般格式的一种扩展形式。如果表达式的计算结果是TRUE,将执行之后的statement 1;否则将执行statement 2。在任何情况下,都会执行statement 1或statement 2两者中的一个,而不是两个都执行。

例如下面的实例代码中,可以将if-else语句用在上面的程序中。

实例4-4	用if-else语句替换if语句
源码路径	光盘:\daima\第4章\4-4

实例文件main.m的具体实现代码如下所示。

```
#import <Foundation/Foundation.h>

int main(int argc, const char * argv[]) {
    @autoreleasepool {
       int number_to_test, remainder;
       NSLog (@"Enter your number to be tested:");
       scanf ("%i", &number_to_test);
       remainder = number_to_test % 2;
       if ( remainder == 0 )
            NSLog (@"ou.");
       else
            NSLog (@"ji.");
    }
    return 0;
}
```

在上述代码中,使用单个if-else语句替换程序中的两个if语句。此时看到,使用这种新的程序语句有助于减少程序的复杂性,同时又提高了程序的可读性。执行上述代码后会输出:

```
Enter your number to be tested:
1234
ou.
```

4.2.3 复合条件测试

在Objective-C开发应用中,if语句判定表达式的形式不可能总是类似于"remainder==0"的简单格式。在接下来的内容中,将讲解复合条件测试的内容。复合条件测试的功能是用逻辑与或者逻辑或运算符连接起来形成一个或多个简单条件测试。这两个运算符分别用字符对"&&"和"||"来表示。

复合运算符可用于形成极其复杂的表达式,这样大大提高了程序员在构成表达式时的灵活性,但

是此时需要注意谨慎使用这种灵活性。通常比较简单的表达式阅读和调试会更容易一些,所以可以大量地使用圆括号来提高表达式的可读性。这样做的主要优点是避免由于错误假设表达式中的运算符优先级而陷入麻烦之中,与任何算术运算符或关系运算符相比,"&&"运算符优先级更低,但比"||"运算符的优先级要高。同时在表达式中还应该使用空格来加强表达式的可读性。

请读者看下面的代码。

```
if ( grade >=60 && grade <= 69 )
    ++grades_60_to_69;
```

上述代码的功能是,只有在grade的值大于等于60并且小于等于69时,才将grade_60_to_69的值加1。同样使用类似的方式,再看下面的代码。

```
if ( index < 0 || index > 100 )
    NSLog (@"Error - index out of range");
```

在上述代码中,当index小于0或大于100时会执行NSLog语句。

假如我们需要编写一个程序来测试某个年份是不是闰年。众所周知,如果某个年份能被4整除,它就是闰年。但是能被100整除的年份并不是闰年,除非它能同时被400整除。根据上述对闰年的描述,基本算法思路如下所示。

(1)计算某个年份除以4、100和400所得的余数,并将这些值分别赋值给名称合适的变量,如rem_4、rem_100和rem_400。

(2)继续测试这些余数,以确定是否满足闰年的标准。

如果重新表达上述对闰年的定义,可以将闰年表示为:如果某个年份能被4整除但不能被100整除或某个年份能被400整除,这一年就是闰年。

实例4-5	判断是否为闰年
源码路径	光盘:\daima\第4章\4-5

根据上述思路,编写判断是否闰年的代码如下所示。

```
#import <Foundation/Foundation.h>

int main(int argc, const char * argv[]) {
    @autoreleasepool {
        int year, rem_4, rem_100, rem_400;
        NSLog (@"输入一个年份: ");
        scanf ("%i", &year);
        rem_4 = year % 4;
        rem_100 = year % 100;
        rem_400 = year % 400;
        if ( (rem_4 == 0 && rem_100 != 0) || rem_400 == 0 )
            NSLog (@"是闰年.");
        else
            NSLog (@"不是闰年.");
    }
    return 0;
}
```

接下来开始测试运行效果,分别输入了3个年份进行测试,输入第1个年份,执行后输出:

```
输入一个年份:
1955
不是闰年.
```

输入第2个年份,执行后输出:

```
输入一个年份:
2000
是闰年.
```

输入第3个年份,执行后输出:

```
输入一个年份:
1800
不是闰年.
```

在上述测试中输入了3个年份,第一个不是闰年(1955),因为它不能被4整除;第二个是闰年(2000),因为它能被400整除;第三个不是闰年(1800),因为它虽然能被100整除但不能被400整除。要使测试用例完整,还应该检验能被4整除但不能被100整除的年份是否是闰年。
在上述代码中,可以不必计算中间结果rem_4、rem_100和rem_400,而是直接在if语句中进行了计算,实现代码如下所示。
```
if ( ( year % 4 == 0 && year % 100 != 0 ) || year % 400 == 0 )
```
通过在各种运算符之间添加空格,增强了上述表达式的可读性。如果决定不添加空格并删除非必需的圆括号,将会获得以下表达式。
```
if(year%4==0&&year%100!=0)||year%400==0)
```
可以使用条件运算符来代替简单的if语句。条件运算符的格式如下所示。

表达式1? 表达式2: 表达式3

条件运算符的运算规则为:如果表达式1的值为真,则以表达式2的值作为条件表达式的值,否则以表达式3的值作为整个条件表达式的值。条件表达式通常被用于赋值语句之中。条件表达式的执行流程如图4-6所示。

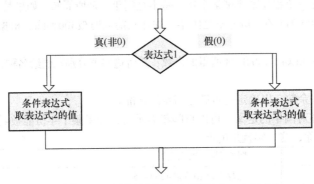

图4-6 条件运算符

4.2.4 if 语句的嵌套

在使用if语句的一般格式时,如果圆括号中表达式的求值结果是TRUE,则执行后面的语句。如果这条程序语句是另外一条if语句,也是完全合法的,例如下面的代码。
```
if ( [Gamez isOver] == NO )
    if ( [Gamez whoseTurn] == YOU )
        [Gamez your];
```
如果向Gamez发送的isOver消息所返回的值为NO,将执行随后的语句,它是另一条if语句。这条if语句会比较从Gamez返回的值与YOU。如果这两个值相等,将向Gamez对象发送yourMove消息。所以只有在两边的对弈都未结束且轮到您移动棋子时,才发送yourMove消息。事实上,使用复合关系可以将这条语句等价地表示为如下形式。
```
if ( [Gamez isOver] == NO && [Gamez whoseTurn] == YOU )
    [Gamez your];
```
在使用Objective-C的if语句时,为了解决比较复杂的问题,有时需要对if语句进行嵌套使用。并且嵌套的位置可以固定在else分支下,在每一层的else分支下嵌套另外一个if-else语句。在嵌套的if语句中,经常使用在后面添加else子句的形式,例如下面的代码。
```
if ( [Gamez isOver] == NO )
    if ( [Gamez whoseTurn] == YOU )
        [Gamez your];
    else
        [Gamez my];
```
很多读者会有一个疑问:究竟else子句是如何与if语句相对应的呢?也就是说用于测试从whoseTurn方法返回的值的if语句,而不是用于测试对弈是否结束的if语句。else和if的一般对应规则是:else子句通常与最近的不包含else子句的if语句对应。

在下面的实例中,可以根据年龄判断属于什么年龄段。

实例4-6	判断年龄段
源码路径	光盘:\daima\第4章\4-6

实例文件main.m的具体实现代码如下所示。

```
#import <Foundation/Foundation.h>

int main(int argc , char * argv[])
{
@autoreleasepool {
    int age = 45;
    if (age > 20)
    {
        NSLog(@"青年人");
    }
    else if (age > 40 && !(age > 20))
    {
        NSLog(@"中年人");
    }
    else if (age > 60 && !(age > 20) && !(age > 40 && !(age > 20)))
    {
        NSLog(@"老年人");
    }
}
}
```

我们的目的是，大于20岁是青年人，大于40岁且小于60岁是中年人，大于60岁是老年人。从表面上看，上述代码没有任何问题，但是执行上述代码后将输出：

青年人

由此可见，上述代码出现了错误。表面看来在else后面没有任何条件，或else if后面只有一个条件。但是因为else if的含义是"否则"，其实else本身就是一个条件，else隐含的条件是对前面的条件取反。此时需要将上述程序修改为zhengque.m，具体代码如下所示。

```
#import <Foundation/Foundation.h>

int main(int argc , char * argv[])
{
@autoreleasepool {
    int age = 45;
    if (age > 60)
    {
        NSLog(@"老年人");
    }
    else if (age > 40)
    {
        NSLog(@"中年人");
    }
    else if (age > 20)
    {
        NSLog(@"青年人");
    }
}
}
```

或修改为zhengque1.m，具体实现代码如下所示。

```
#import <Foundation/Foundation.h>

int main(int argc , char * argv[])
{
@autoreleasepool {
    int age = 45;
    if (age > 60)
    {
        NSLog(@"老年人");
    }
    else if (age > 40 && !(age >60))
    {
        NSLog(@"中年人");
```

```
        }
        else if (age > 20 && !(age > 60) && !(age > 40 && !(age >60)))
        {
                NSLog(@"青年人");
        }
    }
}
```
此时执行后将输出：
中年人

上述格式的含义是：依次判断表达式的值，当出现某个值为真时，则执行后面对应的语句，然后跳到整个if语句之外继续执行程序。如果所有的表达式均为假，则执行后续语句。上述语句的执行方式和前面描述相同，如果对弈没有结束并且不该你移动棋子，会执行else子句。这将向Gamez发送消息my。如果对弈结束，就会跳过后面整个if语句，包括对应的else子句。其执行过程如图4-7所示。

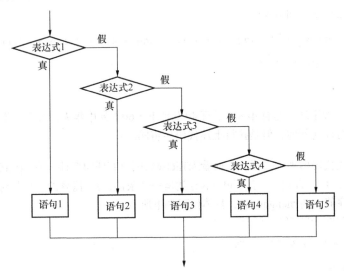

图4-7 嵌套的if-else语句

4.2.5 else if 结构

在Objective-C程序中，使用else if结构的语法格式如下所示。
```
if ( expression 1 )
   program statement 1
else
   if ( expression 2 )
       program statement 2
   else
       program statement 3
```
上述格式扩展了if语句，能够实现对3个值的逻辑判定。上述结构通常被称作else if结构，但是在具体使用时经常与上面格式的不同，例如下面的代码。
```
if ( expression 1 )
 program statement 1
else if ( expression 2 )
 program statement 2
else
 program statement 3
```
上述格式不但提高了代码的可读性，而且使执行的3个选择路线变得更加清晰。例如在下面的实例代码中，演示了使用else if结构的过程。

实例4-7	else if结构的使用
源码路径	光盘:\daima\第4章\4-7

实例文件main.m的具体实现代码如下所示。
```
#import <Foundation/Foundation.h>
int main (int argc, char *argv[])
{
 NSAutoreleasePool * pool = [[NSAutoreleasePool alloc] init];
 int number, sign;
  NSLog (@"Please type in a number: ");
  scanf ("%i", &number);
  if ( number < 0 )
     sign = -1;
  else if ( number == 0 )
     sign = 0;
  else
     sign = 1;
 NSLog (@"Sign = %i", sign);
   [pool drain];
  return 0;
}
```
在上述代码中,如果输入的数小于0,将设置sign的值为-1;如果此数等于0,将sign的值设置为0;否则,这个数一定大于0,因此将它设置为1。执行上述代码后会输出:
```
Please type in a number:
12
Sign = 1
```
请读者再看下面的实例代码,可以从终端输入字符,并对字母符号(a~z或A~Z)、数字(0~9)或特殊字符(其他任何字符)进行分类。要从终端读取单个字符,需要在scanf调用中使用格式字符%c。

实例4-8	判断输入字符的类型
源码路径	光盘:\daima\第4章\4-8

实例文件main.m的具体实现代码如下所示。
```
#import <Foundation/Foundation.h>

int main(int argc, const char * argv[]) {
    @autoreleasepool {
        char c;
        NSLog (@"Enter a single character:");
        scanf ("%c", &c);
        if ( (c >= 'a' && c <= 'z') || (c >= 'A' && c <= 'Z') )
            NSLog (@"It's an alphabetic character.");
        else if ( c >= '0' && c <= '9' )
            NSLog (@"It's a digit.");
        else
            NSLog (@"It's a special character.");
    }
    return 0;
}
```
在上述代码中,通过读入字符后构建的第一个测试方式,确定了char变量c是否是字母符号。此功能通过测试该字符是否为小写字母或大写字母来完成。根据'c'的不同情况,具体说明如下所示。

- 测试的前半部分由表达式"(c >= 'a' && c <= 'z')"组成,如果c位于字符'a'和'z'之间,表达式为TRUE。也就是说,如果c是小写字母,表达式为TRUE。
- 测试的后半部分由表达式"(c >= 'A' && c <= 'Z')"组成,如果c位于字符'A'和'Z'之间,表达式为TRUE;也就是说,如果c是大写字母,表达式为TRUE。这些测试适用于以ASCII的格式存储字符的计算机系统。
- 如果变量c是字母符号,那么第一个if测试获得成功,将显示消息"It's an alphabetic character."。如果测试失败,将执行else if子句。这个子句确定此字符是否为数字。这个测试将字符c和字符'0'和'9'进行比较,而不是与整数0和9进行比较。这是因为字符是从终端读入的,并且字符'0'到'9'不同于数字0到9。事实上,在ASCII中,字符'0'在内部实际表示为数字48,字符'1'表示为49,依此类推。
- 如果c是数字字符,将显示短语"It's a digit."。否则,如果c不是字母符号并且不是数字字符,将执行最后的else子句，并在终端显示短语"It's a special character."。然后程序会结束。

在上述代码中，虽然使用scanf读取了单个字符，但是在键入字符之后仍需按Enter键，这样做的目的是向程序发送输入。在Objective-C程序中规定：在按下Enter键之前，无论何时从终端读入数据，程序都不会接收到在数据行中输入的任何数据。

执行上述代码后，如果输入"&"则会输出：

```
Enter a single character:
&
It's a special character.
```

如果输入"9"则会输出：

```
Enter a single character:
9
It's a digit.
```

如果输入"D"则会输出：

```
Enter a single character:
D
It's an alphabetic character.
```

在下面的代码中允许用户使用如下形式输入简单的表达式：

```
number operator number
```

通过下面的实例代码可以计算表达式并在终端显示结果，本实例可以识别的运算符是普通的加法、减法、乘法和除法运算符。

实例4-9	计算简单算术表达式的结果
源码路径	光盘:\daima\第4章\4-9

实例文件main.m的具体实现代码如下所示。

```objc
#import <Foundation/Foundation.h>

@interface Calculator: NSObject
{
    double accumulator;
}
// 存储的方法
-(void)   setAccumulator: (double) value;
-(void)   clear;
-(double) accumulator;
//运算方法
-(void)   add: (double) value;
-(void)   subtract: (double) value;
-(void)   multiply: (double) value;
-(void)   divide: (double) value;
@end
@implementation Calculator
-(void) setAccumulator: (double) value
{
    accumulator = value;
}
-(void) clear
{
    accumulator = 0;
}
-(double) accumulator
{
    return accumulator;
}
-(void) add: (double) value
{
    accumulator += value;
}
-(void) subtract: (double) value
{
    accumulator -= value;
}
```

```
-(void) multiply: (double) value
{
    accumulator *= value;
}
-(void) divide: (double) value
{
    accumulator /= value;
}
@end

int main(int argc, const char * argv[]) {
    @autoreleasepool {
        double      value1, value2;
        char        operator;
        Calculator  *deskCalc = [[Calculator alloc] init];
        NSLog (@"输入一个表达式.");
        scanf ("%lf %c %lf", &value1, &operator, &value2);
        [deskCalc setAccumulator: value1];
        if ( operator == '+' )
            [deskCalc add: value2];
        else if ( operator == '-' )
            [deskCalc subtract: value2];
        else if ( operator == '*' )
            [deskCalc multiply: value2];
        else if ( operator == '/' )
            [deskCalc divide: value2];
        NSLog (@"%.2f", [deskCalc accumulator]);
    }
    return 0;
}
```

对上述代码的具体说明如下所示。

（1）首先调用scanf指定读入变量value1、operator和value2的值。Double的值可以用"%lf"格式字符读入，而变量value1是表达式的第一个运算数。

（2）接下来开始读入运算符。因为运算符是字符（+、-、*或/），并非数字，因此需要将它读入到字符变量运算符中。"%c"格式字符可以告诉系统从终端读入下一个字符。格式字符串中的空格表示输入中允许存在任意个数的空格。这样在输入这些值时可以使用空格将运算数和运算符分隔开。

（3）在读入两个值和运算符之后，程序将第一个值存储在计算器的累加器中。然后将operator的值和4个选项比较。如果存在正确的匹配，相应的消息就会发送给计算器来执行运算。在最后一个NSlog中，检索累加器的值用于显示。然后程序就会结束。

执行上述代码后，下面是输入3种不同类型数据后的输出情况。

第1种情况会输出：
输入一个表达式.
123.5 + 59.3
182.80

第2种情况会输出：
输入一个表达式.
198.7 / 26
7.64

第3种情况会输出：
输入一个表达式.
89.3 * 2.5
223.25

请读者再看下面的实例代码，如下代码考虑了除以0和输入未知运算符的情形。

实例4-10	解决除以0和输入未知运算符的问题
源码路径	光盘:\daima\第4章\4-9-1

实例文件main.m的具体实现代码如下所示。
```
#import <Foundation/Foundation.h>
int main(int argc, const char * argv[]) {
```

```objc
@autoreleasepool {
    double     value1, value2;
    char       operator;
    Calculator *deskCalc = [[Calculator alloc] init];
    NSLog (@"输入一个表达式.");
    scanf ("%lf %c %lf", &value1, &operator, &value2);
    [deskCalc setAccumulator: value1];
    if ( operator == '+' )
        [deskCalc add: value2];
    else if ( operator == '-' )
        [deskCalc subtract: value2];
    else if ( operator == '*' )
        [deskCalc multiply: value2];
    else if ( operator == '/' )
        if ( value2 == 0 )
            NSLog (@"Division by zero.");
        else
            [deskCalc divide: value2];
    else
        NSLog (@"Unknown operator.");
    NSLog (@"%.2f", [deskCalc accumulator]);
}
return 0;
}
```

执行上述代码后，下面是输入3种不同类型数据后的输出情况。

第1种情况会输出：
```
输入一个表达式.
123.5 + 59.3
182.80
```

第2种情况会输出：
```
输入一个表达式.
198.7 / 0
Division by zero.
198.7
```

第3种情况会输出：
```
输入一个表达式.
125 $ 28
Unknown operator.
125
```

当输入的运算符是斜杠"/"时，如果表示除法，则需要执行另一个测试，以确定value2是否为0。是0则在终端显示一条适当的消息，否则将执行除法运算并显示结果。在这种情况下，要特别注意嵌套的if语句和对应的else子句。

在上述程序结尾的else子句会捕获所有的失败，也就是除了前面else if之外的所有情形。因此任何与测试的4个字符不匹配的operator值都会导致执行最后的else子句，并在终端上显示"Unknown operator."的错误提示信息。

在Ojective-C程序中，解决除0问题的较好方法是，在计算除法的方法内部执行测试。所以可以将方法divide修改成下面的形式。

```objc
-(void) divide: (double) value
{
 if (value != 0.0)
   accumulator /= value;
 else {
   NSLog (@"Division by zero.");
   accumulator = 99999999.;
 }
}
```

如果value不是0则执行除法，否则会显示消息并将累加器设置为99999999。累加器可以随意设置，例如可设置为0，也可以设置成一个特殊值来表示出现错误。一般来说，最好让除法方法本身来处理特殊的情况，而不是依赖程序员另外编写的其他方法。

4.3 switch 语句

知识点讲解：光盘:视频\知识点\第4章\switch语句.mp4

Objective-C程序经常会选择执行多个分支，多分支选择结构可在n个操作选择一个分支执行。实际上前面介绍的的嵌套双分支语句可以实现多分支结构，在Objective-C语言中，专门提供了一种实现多分支结构的switch语句。本节将详细讲解switch语句的基本知识。

4.3.1 switch 语句基础

在Objective-C程序中，可以使用switch语句实现选择功能，具体语法格式如下所示。

```
switch ( expression )
{
  case value1:
     program statement
     program statement
        ...
     break;
  case value2:
     program statement
     program statement
        ...
     break;
  ...
  case valuen:
     program statement
     program statement
        ...
     break;
  default:
     program statement
     program statement
        ...
     break;
}
```

在上述格式中，括在圆括号中的expression连续地与value1，value2，……，valuen进行比较，后者必须是单个常量或常量表达式。如果发现某种情况下某个value的值与expression的值相等，就执行该情况之后的程序语句。当包含多条这样的程序语句时，不必将它们括在圆括号中。

在Objective-C程序中，break语句表示了一种特定情况的结束，并导致switch语句的终止。在每种情况的结尾都要包含break语句，如果忘记为特定的情况执行这项操作，只要执行这种情况，程序就会继续执行下一种情况。如果选择这样的方式，必须在此插入注释以便将我们的目的告知其他程序员或使用人员。

如果expression的值不与任何情况的值匹配，将执行default之后的语句。这在概念上等价于前一个例子中使用的else。其实在Objective-C语言中，switch语句的一般格式可以等价地表示成下面的if语句。

```
if ( expression == value1 )
{
  program statement
  program statement
     ...
}
else if ( expression == value2 )
{
  program statement
  program statement
     ...
}
...
else if ( expression == valuen )
{
  program statement
  program statement
```

```
      ...
   }
   else
   {
      program statement
      program statement
      ...
   }
```
在现实应用中,可以将本章实例4-10中的if语句转换成等价的switch语句。

实例4-11	使用switch语句计算输入表达式的值
源码路径	光盘:\daima\第4章\4-10

实例文件main.m的具体实现代码如下所示。
```
#import <Foundation/Foundation.h>
int main(int argc, const char * argv[]) {
    @autoreleasepool {
        double   value1, value2;
        char     operator;
        Calculator *deskCalc = [[Calculator alloc] init];
        NSLog (@"输入一个表达式.");
        scanf ("%lf %c %lf", &value1, &operator, &value2);
        [deskCalc setAccumulator: value1];
        switch ( operator ) {
            case '+':
                [deskCalc add: value2];
                break;
            case '-':
                [deskCalc subtract: value2];
                break;
            case '*':
                [deskCalc multiply: value2];
                break;
            case '/':
                [deskCalc divide: value2];
                break;
            default:
                NSLog (@"Unknown operator.");
                break;
        }
        NSLog (@"%.2f", [deskCalc accumulator]);
    }
}
```
对上述代码具体说明如下。

(1)在读入表达式之后,operator的值会逐一比较每种情况指定的值。当发现一个匹配的值时,会执行包含在这种情况中的语句。

(2)使用break语句终止,switch语句的执行程序也会在此处结束。如果不存在匹配operator值的情况,将执行显示"Unkown operator."的default语句。上述代码中default中的break语句实际上不是必需的,因为这种情况之后的switch中不存在任何语句。然而,记住在每种情况的结尾都包含break语句是一种良好的程序设计习惯。

执行上述代码后会输出:
```
输入一个表达式.
178.99 - 324.8
-147.81
```

4.3.2 任何两种情况的值都不能相同

在编写Objective-C的switch语句时,应该记住任何两种情况的值都不能相同,并且可以将多个情况的值与一组程序语句关联起来。简单地在要执行的普通语句之前列出多个情况的值(每种情况中值的前面都使用关键字case,而且后面要有一个冒号)就能实现该任务。例如,在下面的switch语句中,如果operator等于星号或是小写字母x,则执行方法multiply。
```
switch ( operator )
{
```

```
    ...
    case '*':
    case 'x':
        [deskCalc multiply: value2];
        break;
    ...
}
```

在下面的实例中，根据成绩输出对应的评判结果。

实例4-12	使用switch语句判别成绩的等级
源码路径	光盘:\daima\第4章\4-11

实例文件main.m的具体实现代码如下所示。

```
#import <Foundation/Foundation.h>

int main(int argc, char * argv[])
{
@autoreleasepool{
        char score = 'C';    // 声明变量score,并为其赋值为'C'
        // 执行switch分支语句
        switch (score)
        {
            case 'A':
                NSLog(@"优秀.");
                break;
            case 'B':
                NSLog(@"良好.");
                break;
            case 'C':
                NSLog(@"中");
                break;
            case 'D':
                NSLog(@"及格");
                break;
            case 'F':
                NSLog(@"不及格");
                break;
            default:
                NSLog(@"成绩输入错误");
        }
    }
}
```

执行后将输出：
中

上述输出结果完全正确，因为字符表达式score的值为"C"，对应的结果为"中"。

4.3.3 switch 语句小结

Objective-C的switch语句中，每个case可以有多条语句，而不需要一条复合语句。value1, value2, ... 必须是整数、字符常量或者值为一个整数的常量表达式。换句话说，在编译时必须得到一个整数。不允许具有相同的整数值的重复的case。

当执行一条switch语句时会计算expression，并且将结果与整数case标签进行比较。如果找到一个匹配，则执行标签后面的语句。执行逐一按照顺序进行，直到遇到一条break语句或到达了switch的末尾。break语句会导致执行跳出到 switch之后的第一条语句。

在case后面并不一定必须有一条break语句。如果省略了break，则执行将跳入到后续的case。如果你看到已有的代码中省略了break，这可能是一个错误（这是很容易犯的错误），也可能是有意的（如果程序员想要一个case及其后续的case都执行相同的代码会这样做）。

如果integer_expression没有和任何case标签匹配，如果有该标签的话，执行将跳到可选的default标签后面的语句。如果没有匹配也没有default，那么switch什么也不做，它将从switch后面的第一条语句开始继续执行。

第 5 章 循环结构

循环结构是程序中一种很重要的结构。其特点是在给定条件成立时，反复执行某程序段，直到条件不成立为止。给定的条件称为循环条件，反复执行的程序段称为循环体。它犹如至高武学中的万流归宗心法，循环无止境，生生不息。本章将详细讲解Objective-C循环语句的基本知识，为读者后面的学习打下基础。

5.1 语句

> 知识点讲解：光盘:视频\知识点\第5章\语句.mp4

在Objective-C程序中，在表达式的末尾添加一个分号";"即可构成一条语句，这一点类似于在自然语言中给一个短语添加句号形成一个句子。在Objective-C程序中，一条语句等同于一个完整的想法，当编译一条语句得到的所有机器语言指令都执行完毕，并且该语句所影响到的所有内存位置的修改也都已经完成时，该语句的执行也就完成了。

在能够使用单条语句的任何地方都可以使用一系列的语句，前提是用一对花括号将其括起来，例如下面的代码。

```
{
    timeDelta = time2 - time1;
    distanceDelta = distance2 - distance1;
    averageSpeed = distanceDelta / timeDelta;
}
```

在上述代码中，在结束花括号的后面没有分号，此类语句被称为复合语句或语句块。复合语句经常与控制语句一起使用。

在编程语言中，"块（block）"是复合语句的同义词，这在C的描述中很常见。在Apple项目中，采用"块"来表示其对C添加的闭包。为了避免混淆，本书后面的部分使用"复合语句"这个术语。

5.2 流程控制介绍

> 知识点讲解：光盘:视频\知识点\第5章\流程控制介绍.mp4

在Objective-C程序中，语句通常是顺序执行的，除非由一个for、while、do-while、if、switch或goto语句，或者是一个函数调用将流程导向到其他地方去做其他的事情。这些语句的具体功能如下所示。

- ❑ 一条if语句能够根据一个表达式的真值有条件地执行代码。
- ❑ for、while和do-while语句用于构建循环。在循环中，重复地执行相同的语句或一组语句，直到满足一个条件为止。
- ❑ switch语句根据一个整型表达式的算术值，选择一组语句执行。
- ❑ goto语句无条件地跳转到一条标记的语句。
- ❑ 函数调用跳入到函数体中的代码。当该函数返回时，程序从函数调用之后的位置开始执行。

在Objective-C编程应用中，for、while、do-while、if、switch或goto语句通常也被称为控制语句，有关上述控制语句的基本知识将在本书后面进行详细介绍，本章将首先讲解循环语句的基本知识。循环语句是指可以重复执行的一系列代码，Objective-C程序中的循环语句主要由以下3种语句组成。

- for语句。
- while语句。
- do-while语句。

为了说明循环语句的作用，接下来用一个简单的例子进行说明。假如要把15个小球排列成一个三角形，排列后的小球如图5-1所示。

三角形的第一行包含一个小球，第二行包含两个小球，依此进行类推。一般来说，包含n行的三角形可以容纳的小球总数等于1到n之间所有整数的和，这个和被称为三角形数。

如果从编号1的小球开始，第4三角形数将等于1到4之间连续整数的和（1+2+3+4），即10。假设要编写一个程序来计算第8三角形数的值，如果用Objective-C语言编写一个带有参数的程序来执行这个任务，则可以用下面的实例代码来实现。

图5-1 排列的小球

实例5-1	求三角形数的值
源码路径	光盘:\daima\第5章\5-1

实例文件main.m的具体实现代码如下所示。

```
#import <Foundation/Foundation.h>

int main(int argc, const char * argv[]) {
    @autoreleasepool {
        int triangularNumber;
        
        triangularNumber = 1 + 2 + 3 + 4 + 5 + 6 + 7 + 8;
        
        NSLog (@"The xiaoqiu number is %i", triangularNumber);
    }
    return 0;
}
```

执行上述代码后会输出：
```
The xiaoqiu number is 36
```

> **注意**
>
> 细心的读者应该发现，在实例5-1中，如果计算相对较小的三角形数，使用上述代码就可以实现。但是如果要找出第200个三角形数的值，该程序将会如何处理呢？我们必须修改上述程序，需要显式地相加1到200之间的所有整数。但是这项工作实在是太庞大了，此时循环就派上了用场。通过循环语句的循环功能，可以使程序员开发出包含重复过程的简洁程序，这些过程能够以不同的方式执行成百上千的程序语句。

5.3 for循环语句

知识点讲解： 光盘:视频\知识点\第5章\for循环语句.mp4

在Objective-C程序中，for语句是比较常用的一种循环语句。for语句的使用最为灵活，功能是将一个由多条语句组成的代码块执行特定的次数。for语句也称for循环，因为程序会通常执行此语句块多次。

5.3.1 for循环基础

在Objective-C程序中，for循环语句的语法格式如下所示。
```
for(表达式1；表达式2；表达式3)
    语句
```
执行for语句的步骤如下。

（1）先求解表达式1。

（2）求解表达式2，若其值为真（非0），则执行for语句中指定的内嵌语句，然后执行下面第3步；若其值为假（0），则结束循环，转到第5步。

（3）求解表达式3。

（4）转回上面第2步继续执行。

（5）循环结束，执行for语句下面的一个语句。

for语句的具体流程如图5-2所示。

如果在循环体内只有一行语句，则可以省略循环体内的大括号，请读者看下面的实例代码。

实例5-2	单条循环体语句
源码路径	光盘:\daima\第5章\5-2

实例文件main.m的具体实现代码如下所示。

```
#import <Foundation/Foundation.h>

int main(int argc , char * argv[])
{
 @autoreleasepool{
     // 循环的初始化条件,循环条件,循环迭代语句都在下面一行
     for (int count = 0 ; count < 10 ; count++)
         NSLog(@"count, %d" , count);
     NSLog(@"循环结束!");
 }
}
```

在上述代码中省略了循环体内的大括号，执行后的效果如图5-3所示。

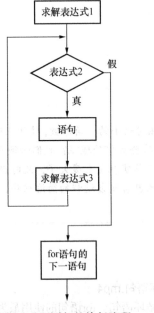

图5-2　for语句的执行流程

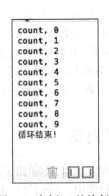

图5-3　实例5-2的执行效果

在Objective-C中，for循环不仅可以有多个初始化语句，循环体条件也可以是一个包含逻辑运算符的表达式。请读者看下面的演示实例。

实例5-3	多个初始化语句和复合循环条件
源码路径	光盘:\daima\第5章\5-3

实例文件main.m的具体实现代码如下所示。

```
#import <Foundation/Foundation.h>
```

```
int main(int argc , char * argv[])
{
 @autoreleasepool{
        // 同时定义了3个初始化变量，使用&&来组合多个逻辑表达式
        for (int b = 0, s = 0 , p = 0
            ; b < 10 && s < 4 && p < 10; p++)
        {
            NSLog(@"b:%d" , b++);
            NSLog(@"s:%d, p:%d" , ++s , p);
        }
 }
}
```

执行后的效果如图5-4所示。

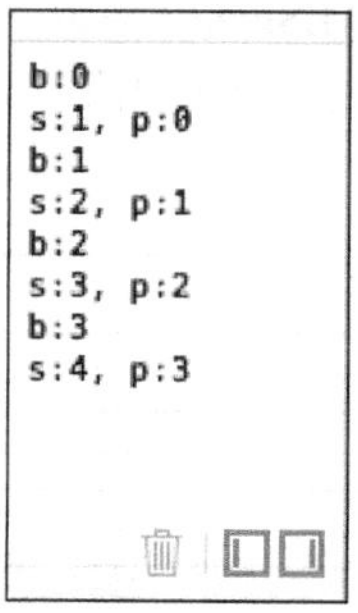

在下面的实例代码中，使用for语句计算了第200个三角形数。

图5-4 实例5-3的执行效果

实例5-4	计算第200个三角形数
源码路径	光盘:\daima\第5章\5-4

实例文件main.m的具体实现代码如下所示。

```
#import <Foundation/Foundation.h>

int main(int argc, const char * argv[]) {
    @autoreleasepool {
        int n, triangularNumber;
        triangularNumber = 0;
        for ( n = 1; n <= 200; n = n + 1 )
            triangularNumber += n;
        NSLog (@"The 200th triangular number is %i", triangularNumber);
    }
    return 0;
}
```

上述代码的功能是计算1到200之间整数的和。在执行for语句之前，变量triangularNumber被设置为0。一般来说，在程序使用变量之前，需要将所有的变量初始化为某个值（和处理对象一样）。后面将学到，某些类型的变量将给定默认的初始值，但是无论如何都应该为变量设置初始值。

执行上述代码后会输出：

```
The 200th triangular number is 20100
```

由此可见，使用for语句可以避免显式地写出1到200之间的每个整数，for语句可以为我们生成这些数字。

在Objective-C的官方文档中，定义了如下使用for语句的语法格式。

```
for ( init_expression; loop_condition; loop_expression )
    program statement
```

❑ init_expression、loop_condition和loop_expression：是3个不同的表达式，功能是建立了程序循环的"环境"。

❑ program statement：以一个分号结束，可以是任何合法的Objective-C程序语句，它们组成循环体。这条语句执行的次数由for语句中设置的参数决定。

接下来开始介绍init_expression、loop_condition和loop_expression这3个表达式的基本功能。

（1）init_expression

表达式init_expression能够在循环开始之前设置初始值。例如在实例5-4的代码中，for语句使用init_expression将n的初始值设置为1。由此可以看出，赋值是一种合法的表达式形式。

（2）loop_condition

用于指定继续执行循环所需的条件，只要满足这个条件，循环就将继续执行。例如在实例5-4的代码中，loop_condition是由以下关系表达式指定的。

```
n <= 200
```

上述表达式的含义是"n小于或等于200"。"小于或等于"运算符（由等号[=]和紧跟在其后的小于号[<]组成）只是Objective-C程序设计语言提供的若干关系运算符中的一个。这些关系运算符用于测试特定的条件。如果满足条件，测试结果为真（或TRUE）；如果不满足条件，测试结果为假

（或FALSE）。

表5-1中列出了Objective-C中可用的所有关系运算符。

表5-1 关系运算符

运 算 符	含 义	例 子
==	等于	count == 10
!=	不等于	flag != DONE
<	小于	a < b
<=	小于或等于	low <= high
>	大于	points > POINT_MAX
>=	大于或等于	j >= 0

关系运算符的优先级比所有算术运算符的优先级都低。这表示表达式"a<b+c"将按"a<(b+c)"的方式求值。如果a的值小于b + c的值，表达式的值为TRUE；否则表达式的值为FALSE。此处需要特别注意等于运算符（==），不要将其与赋值运算符（=）混淆。表达式"a == 2"用于测试a的值是否等于2，而表达式"a = 2"用于将值2赋值给变量a。

具体选择要使用哪个关系运算符是由我们要实现的功能决定的，例如关系表达式"n <= 202"等价于"n < 203"。

在实例5-4的代码中，当n的值小于或等于200时，形成for循环体的程序语句——"triangularNumber +=n;"将被重复执行。这条语句的作用是将n的值和triangularNumber的值加到一起。

当不再满足loop_condition时，程序在for循环之后的程序语句继续执行。在该程序中，该循环终止之后将继续执行NSLog语句。

（3）loop_expression

它是for语句中的最后一个表达式，能够在每次执行循环体之后求值。在实例5-4的代码中，loop_expression的作用是将n的值加1。因此每次把n的值加到triangularNumber之后，它的值都要加1，而且该值将从1一直增加到201。

n的最终值（即201）将不会加到triangularNumber的值上，因为只要不再满足循环条件，或只要n等于201，循环就会终止。

5.3.2 for语句的执行步骤

在Objective-C程序中，for语句的执行步骤如下。

（1）计算初始表达式的值。这个表达式通常设置一个将在循环中使用的变量，对于某些初始值（例如0或1）来说，通常称作索引变量。

（2）计算循环条件的值。如果条件不满足（即表达式为FALSE），循环就立即终止。然后执行循环之后的程序语句。

（3）执行组成循环体的程序语句。

（4）求循环表达式的值。此表达式通常用于改变索引变量的值，最常见的情况是将索引变量的值加1或减1。

（5）返回到步骤2。

循环条件要在进入循环时，在第一次执行循环体之前立即求值。一定不要在循环末尾处的结束圆括号后面放置分号，这会导致循环立即终止。

在实例5-4的代码中，计算最终结果时生成了前200个三角形数。其实除了可以循环显示数字之外，还可以用循环语句显示一些诸如图形之类的元素。例如通过下面的实例代码，可以打印输出一个包含前10个三角形数的表格。

实例5-5	输出包含前10个三角形数的表格
源码路径	光盘:\daima\第5章\5-5

实例文件main.m的具体实现代码如下所示。

```
#import <Foundation/Foundation.h>

int main(int argc, const char * argv[]) {
    @autoreleasepool {
        // insert code here...
        int n, triangularNumber;
        NSLog (@"TABLE OF TRIANGULAR NUMBERS");
        NSLog (@"1 to n");
        NSLog (@"-- --------");
        triangularNumber = 0;
        for ( n = 1; n <= 10; ++n ) {
            triangularNumber += n;
            NSLog(@"%i          %i",n, triangularNumber);
        }
        return 0;
    }
}
```

在上述代码中，前3个NSLog语句的功能是提供一个普通标题并标记输出列。在显示标题后，程序可以计算前10个三角形数。其中变量n的功能是记录当前的数字，也就是计算1到n的和，而变量triangularNumber用于存储第n个三角形数的值。

执行上述代码后会输出：
```
TABLE OF TRIANGULAR NUMBERS
1 to n
--- ---------------
1 1
2 3
3 6
4 10
5 15
6 21
7 28
8 36
9 45
10 55
```

在执行for语句时，因为在for之后的程序语句构成了程序循环的主体，所以首先将变量n的值设置为1。如果在此不仅只想执行单个程序语句，而且想执行一组语句该怎么办呢？其实很简单，只需把实现此功能的程序语句放到花括号中即可，系统会把这组（或块）语句看作单个实体。一般来说，在Objective-C程序中能使用单个语句的任何位置均能使用语句块，不过要记住，语句块必须放在一对花括号中才能使用。所以在上述代码中，要把n加到triangularNumber值上的表达式，和在程序循环构成体之后的NSLog语句放到一对花括号中。此时需要特别注意程序语句的缩进方式，这样就可以确定哪些语句构成了for循环。

除此之外，还应该注意不同的编码风格，例如我们经常用下面的循环方式。

```
for ( n = 1; n <= 10; ++n )
{
  triangularNumber += n;
  NSLog (@" %i %i", n, triangularNumber);
}
```

在上述格式中，开始的花括号位于for的下一行。其实这只是个人爱好而已，并不会影响程序的功能。通过将n的值加到前一个三角形数，可以计算出下一个三角形数。当第一次遍历for循环时，上一个三角形数为0，因此n等于1时triangularNumber的新值就是n的值，即1。然后显示n的值和triangularNumber，并带有适当数目的空格，这些空格将插入到格式字符串中，以确保这两个变量的值可以排列到相应的列标题之下。因为现在执行的是循环体，所以随后将求循环表达式的值。然而上述for语句中的表达式看上去有些"怪异"，用插入的"++n"来替换"n = n + 1"会看上去相当奇怪：

```
++n
```

其实"++n"的写法是一种合法的Objective-C表达式，它引入了Objective-C程序设计语言中的自增运算符，双加号的作用是将其运算数加1。所以表达式"++n"等价于表达式"n = n + 1"。虽然觉得"n = n + 1"更易阅读，但是"++n"格式更加简洁。例如用Objective-C书写的表达式：

```
bean_counter = bean_counter - 1
```

可以用自减运算符等价地表示成以下形式：

```
--bean_counter
```

有很多程序员喜欢将++或--放到变量名后面，如n++或bean_counter--。放在前后不同的位置会影响运算结果，具体说明如下所示。

- ++i：i自增1后再参与其他运算。
- --i：i自减1后再参与其他运算。
- i++：i参与运算后，i的值再自增1。
- i--：i参与运算后，i的值再自减1。

在实例5-3的代码中，输出的最后一行没有对齐，其实可以使用如下NSLog语句来替代其中对应的语句。

```
NSLog ("%2i %i", n, triangularNumber);
```

这样就解决了没有对齐的毛病，执行修改后的代码会输出：

```
TABLE OF TRIANGULAR NUMBERS
 1 to n
 --- ---------------
  1       1
  2       3
  3       6
  4      10
  5      15
  6      21
  7      28
  8      36
  9      45
 10      55
```

由此可见，NSLog语句包含了字段宽度说明。字符%2i通知NSLog例程不仅在特定点显示整数值，而且要展示的整数应该占用显示器的两列。通常占用空间少于两列的任何整数（即，0到9之间的整数）在显示时都带有一个前导空格。这种情况称为向右对齐。

通过使用字符宽度说明%2i，可以确保至少有两列将用于显示n的值，也能保证对齐triangularNumber的值。

5.3.3 让 for 循环执行适当的次数

虽然通过实例5-4中的程序可计算出第200个三角形数，如果要计算第50个或第100个三角形数，该怎么办呢？此时可以修改程序，以便让for循环可以执行合适的次数。此外，还必须更改NSLog语句来显示正确的消息。

最简单的解决方法是编写一个可以通过键盘输入的程序，先让程序询问要计算哪个三角形数。得到回答后，程序可以计算出我们期望的三角形数。可以使用一个名为scanf的例程实现这样的解决方案，虽然从表面上看，scanf例程与NSLog例程类似，但是两者是有区别的。

- NSLog例程：显示一个值。
- scanf例程：把值输入到程序中。

例如在下面的实例代码中，演示了键盘输出的过程，执行后会首先询问我们要计算哪个三角形数，后会计算该数并显示结果。

实例5-6	计算三角形数
源码路径	光盘:\daima\第5章\5-6

实例文件main.m的具体实现代码如下所示。

```
#import <Foundation/Foundation.h>
```

```
int main(int argc, const char * argv[]) {
    @autoreleasepool {
        int n, numbor, triangularNumber;
        NSLog (@"number do you want?");
        scanf ("%i", &number);
        triangularNumber = 0;
        for ( n = 1; n <= number; ++n )
            triangularNumber += n;
        NSLog (@"Triangular number %i is %i\n", number, triangularNumber);
    }
    return 0;
}
```

对于上述代码的具体说明如下。

（1）第一个NSLog语句提示用户输入数字。输出消息后会调用scanf例程，scanf的第一个参数是格式字符串，它不以@字符开头。NSLog的第一个参数始终是NSString，而scanf的第一个参数是C风格的字符串。在前面已经提及过，C风格的字符串前面不用加字符@。

（2）格式字符串的功能是通知scanf要从控制台读入值的类型。和NSLog一样，%i字符用于指定整型值。

（3）scanf例程的第二个参数用于指定将用户输入的值存储在哪里。在这种情况下，变量number之前的&字符是必需的。

执行后首先输出询问语句：
number do you want?
假设我们在屏幕中输入：
100
按回车键后在屏幕中输出：
Triangular number 100 is 5050

由上述执行过程可以看出，数字100是由用户输入的。然后该程序计算第100个三角形数，并将结果5050显示在终端上。如果用户想要计算一个特定的三角形数，可以输入10或30之类的数字。

由此可以看出，实例5-6中的scanf调用指定要输入整型值并将其存储到变量number中，通过此值将用户希望计算哪个三角形数的命令送达程序。在键盘中输入这个数字后，然后按Enter键，表示该数字的输入工作已完成，之后程序便计算指定的三角形数。具体实现方式和实例5-4中的一样，区别是此处没有使用200作为界限，而是用number作为界限。计算出期望的三角形数之后显示结果，然后执行结束。

5.3.4 for循环嵌套

在Objective-C语言中，可以使用嵌套for语句的格式。在下面的实例代码中，演示了使用嵌套for语句的过程。

实例5-7	使用嵌套for语句实例一
源码路径	光盘:\daima\第5章\5-7

实例文件main.m的具体实现代码如下所示。

```
#import <Foundation/Foundation.h>

int main(int argc, const char * argv[]) {
    @autoreleasepool {
        int n, number, triangularNumber, counter;
        for ( counter = 1; counter <= 5; ++counter ) {
            NSLog (@"you want?");
            scanf ("%i", &number);
            triangularNumber = 0;
            for ( n = 1; n <= number; ++n )
                triangularNumber += n;
            NSLog (@"Triangular number %i is %i", number, triangularNumber);
        }
    }
    return 0;
}
```

在上述代码中，包含了两层for循环语句，其中最外层的for循环语句是：
```
for ( counter = 1; counter <= 5; ++counter )
```
通过上述语句指定该程序循环执行5次。因为counter的初值为1，并且依次加1，直到它的值不再小于或等于5（换句话说，直到它到达6）为止，所以会执行5次。

与实例5-6不同，在上述程序的其他位置没有使用变量counter，其作用相当于for语句中的循环计数器。因为它是一个变量，所以必须在程序中声明。上述程序的循环是由其余所有的程序语句组成的，具体内容包含在花括号中。

在Objective-C程序中，可以使用for循环的嵌套形式，而且可以嵌套多次，甚至可嵌套任何想要的层。执行上述代码后会输出：
```
you want?
12
Triangular number 12 is 78

you want?
25
Triangular number 25 is 325

you want?
50
Triangular number 50 is 1275

you want?
75
Triangular number 75 is 2850

you want?
83
Triangular number 83 is 3486
```
在Objective-C程序中，当处理比较复杂的程序结构（如嵌套的for语句）时，可以适当使用缩进效果，这样做的好处可以能轻易地确定每个for语句中包含哪些语句。

在Objective-C程序中，嵌套循环就是把内层循环当成外层循环的循环体。在下面的实例代码中，也演示了使用嵌套for语句的过程。

实例5-8	使用嵌套for语句实例二
源码路径	光盘:\daima\第5章\5-8

实例文件main.m的具体实现代码如下所示。
```
#import <Foundation/Foundation.h>

int main(int argc , char * argv[])
{
  @autoreleasepool{
      // 外层循环
      for (int i = 0 ; i < 5 ; i++ )
      {
          // 内层循环
          for (int j = 0; j < 3 ; j++ )
          {
              NSLog(@"i的值为: %d , j的值为: %d", i, j);
          }
      }
  }
}
```
执行后的效果如图5-5所示。

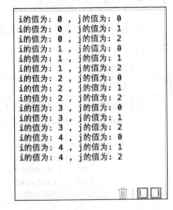

图5-5　实例5-8的执行效果

5.3.5　for循环的其他用法

除了前面介绍的基本语法和嵌套用法外，还可以在Objective-C中使用for语句的其他用法。在编写for循环时，因为在开始循环之前需要先初始化设置多个变量，所以可能在每次循环时需要计算和变量对应的多个表达式的值。在for循环的任何位置都可以包含多个表达式，只要使用逗号来分隔这些表达式即可。例如可以使用如下形式开始的for循环。

```
for ( i = 0, j = 0; i < 10; ++i )
...
```

在循环开始前，可以将i的值设为0，将j的值设为0。两个表达式i = 0和j = 0通过逗号","隔开，而且两者都是循环的init_expression部分。

再看下面的代码。

```
for ( i = 0, j = 100; i< 10; ++i, j -=10 )
```

在上述for循环代码中，分别设置了i和j两个索引变量，在循环开始之前，它们分别被初始化为0和100。每当执行完循环体之后，i的值加1，j的值减小10。

就像希望for循环的特定字段包含多个表达式一样，可能需要省略语句中的一个或多个字段。通过省略指定的字段并使用分号标记其位置，可简单地实现这一点。在无须计算初始表达式的值时，可以省略for语句中的某个字段。此时在init_expression字段中可以简单地保留空白，只要仍然包括分号即可，例如下面的代码。

```
for ( ; j != 100; ++j )
...
```

一般来说，在Objective-C程序中，如果在进入循环之前就已经将j设置为一个指定的初始值，那么可以采用上述语句的形式。

在for循环中，还可以定义一个变量作为初始表达式的一部分。使用以前定义变量的传统方式可实现。例如，下面的语句可用于设置for循环，它定义了整型变量counter并将其初始化为1。

```
for ( int counter = 1; counter <= 5; ++counter )
```

变量counter只在for循环的整个执行过程中是已知的（它为局部变量），并且不能在循环外部访问。例如：

```
for ( int n = 1, triangularNumber = 0; n <= 200; ++n )
    triangularNumber +=n;
```

定义了两个整型变量，并相应地设置了它们的值。

注意——有效设置无限循环

在Objective-C程序中，通过省略looping_condition字段的for循环的方式，可以有效地设置无限循环，这样可以执行无限次的循环，只要有其他方式退出循环，例如执行renturn、break或goto语句就可以使用这一循环。

5.4 while 语句

知识点讲解：光盘:视频\知识点\第5章\while语句.mp4

在Objective-C程序中，while语句也叫while循环，它能够不断执行一个语句块，直到条件为假为止。在本节将详细讲解在Objective-C程序中使用while语句的知识，为读者后面的学习打下基础。

5.4.1 基本 while 语句

在Objective-C程序中，使用while语句的语法格式如下所示。

```
while ( expression )
    程序语句
```

当执行while语句时，计算expression的值，如果计算结果为真，则执行statement并且再次计算条件。重复这一过程，直到表达式的值为假为止。此时，从while后面的一条语句开始继续执行。其执行过程如图5-6所示。

也就是说，如果expression求值的结果为TRUE，则执行后面的"程序语句"。当执行完这条语句（或位于花括号中的语句组）后，将再次计算expression的值。如果求值的结

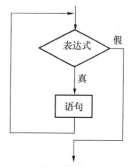

图5-6　while语句执行过程

果为TRUE,则再次执行"程序语句"。一直循环继续这个过程,直到expression的最终求值结果变为FALSE时终止循环。然后程序将继续执行"程序语句"之后的语句。

在Objective-C程序中偶尔会见到下面的结构:

```
while ( 1 )
  {
    ...
  }
```

上述代码是一个无限循环,假设循环体中检查某个条件,并且当该条件满足的时候,跳出循环。

在下面的实例代码中,演示了while循环的基本用法。

实例5-9	使用while循环输出从1到5的整数值
源码路径	光盘:\daima\第5章\5-9

实例文件main.m的具体实现代码如下所示。

```
#import <Foundation/Foundation.h>

int main(int argc, const char * argv[]) {
    @autoreleasepool {
        int count = 1;
        while ( count <= 5 ) {
            NSLog (@"%i", count);
            ++count;
        }
    }
    return 0;
}
```

上述代码的功能是输出从1到5的整数值。开始将count的值设为1,然后执行while循环。因为count的值小于或等于5,所以将执行它后面的语句。花括号将NSLog语句和对count执行加1操作的语句定义为while循环。执行上述代码后输出:

```
1
2
3
4
5
```

从程序的输出可以看出,上述循环体执行了5次,直到count的值是5为止。其实for语句都可转换成等价的while语句,反之也是如此。例如下面的for语句:

```
for (init_expression; loop_conditon; loop_expression )
   program statement
```

同理,也可以使用while语句实现上述等价功能。

```
init_expression;
while ( loop_condition )
{
  program statement
  loop_expression;
}
```

在Objective-C程序中,一般优先选用for语句来实现执行预定次数的循环。如果初始表达式、循环表达式和循环条件都涉及同一变量,那么for语句很可能是合适的选择。

下面是一个使用while语句的一个例子,能够计算两个整数值的最大公因子,两个整数的最大公因子是可整除这两个整数的最大整数值。例如,10和15的最大公因子是5,因为5是可整除10和15的最大整数。

实例5-10	计算两个整数值的最大公因子
源码路径	光盘:\daima\第5章\5-10

实例文件main.m的具体实现代码如下所示。

```
#import <Foundation/Foundation.h>

int main(int argc, const char * argv[]) {
    @autoreleasepool {
        unsigned int u, v, temp;
```

```
        NSLog (@"请输入两个整数.");
        scanf ("%u%u", &u, &v);

        while ( v != 0 ) {
            temp = u % v;
            u = v;
            v = temp;
        }

        NSLog (@"最大公因子是 %u", u);
    }
    return 0;
}
```

使用%u格式字符读入一个无符号的整型值,在输入两个整型值并分别存储到变量u和v后,程序进入一个while循环来计算它们的最大公因子。当退出while循环之后,u的值会显示出来,即代表v和u的原始值的gcd,并且显示提示信息。

运行上述代码后会输出:
请输入两个整数.
150 35
最大公因子是 5

上述代码使用最大公因子的算法来实现。

5.4.2 算法在编程中的意义

其实在编写任何应用程序之前,首先得提出一个算法来实现我们需要的功能。最常见的情况是,分析自己解决问题的方法便可以产生一个算法。

例如,有一个"颠倒数字"的问题,最终目的是"从右到左依次读取数字的位"。可以开发这样一个过程:从数字最右边的位开始依次分离或取出该数字的每个位,计算机程序就可以依次读取数字的各个位。提取的位随后可以作为已颠倒数字的下一位显示在终端上。通过将整数除以10之后取其余数,可提取整数最右边的数字。例如,"1234 % 10"的计算结果是4,就是1234最右边的数字。也是第一个要颠倒的数字(记住,可以使用模运算符得到一个整数除以另一个整数所得的余数)。通过将数字除以10这个过程,可以获得下一个数字。因此,"1234/10"的计算结果为123,而"123 % 10"的计算结果为3,它是颠倒数字的下一个数。这个过程可一直继续执行,直到计算出最后一个数字为止。在一般情况下,如果最后一个整数除以10的结果为0,那么这个数字就是最后一个要提取的数字。

我们可以将上面的整个描述可以称为算法,根据上述算法可以编写如下代码,实现从右向左依次显示该数值各个位的数字的功能。

实例5-11	显示输入数各个位的值
源码路径	光盘:\daima\第5章\5-11

实例文件main.m的具体实现代码如下所示。

```
#import <Foundation/Foundation.h>

int main(int argc, const char * argv[]) {
    @autoreleasepool {
        int number, right_digit;

        NSLog (@"Enter: ");
        scanf ("%i", &number);

        while ( number != 0 ) {
            right_digit = number % 10;
            NSLog (@"%i", right_digit);
            number /= 10;
        }
    }
    return 0;
}
```

运行上述代码后输出：
```
Enter:
246810
10
8
6
4
2
```

5.4.3 while 语句的陷阱

在开发 Objective-C 程序时，使用 while 循环一定要保证循环条件有变成假的时候。否则这个循环将成为死循环，程序将永远无法结束这个死循环。请读者看下面的实例代码。

实例5-12	while语句的死循环问题
源码路径	光盘:\daima\第5章\5-12

实例文件 main.m 的具体实现代码如下所示。

```
#import <Foundation/Foundation.h>

int main(int argc , char * argv[])
{
    @autoreleasepool{
        int count = 0;   // 循环的初始化条件
        while (count < 10)   // 当count小于10时，执行循环体
        {
            NSLog(@"count:%d", count);
            count++;   // 迭代语句
        }
        NSLog(@"循环结束!");

        // 下面是一个死循环
        int count2 = 0;
        while (count2 < 10)
        {
            NSLog(@"不停执行的死循环 %d " , count2);
            count2--;
        }
        NSLog(@"永远无法跳出的循环体");
    }
}
```

在上述代码中，count2的值越来越小，这样会导致count2的值永远小于10。当count2 < 10时，循环条件一直为真，这样会导致这个循环永远不会结束。

另外，在Objective-C的循环语句中，还需要特别注意分号陷阱，请读者看下面的实例代码。

实例5-13	循环语句的分号陷阱
源码路径	光盘:\daima\第5章\5-13

实例文件 main.m 的具体实现代码如下所示。

```
#import <Foundation/Foundation.h>

int main(int argc , char * argv[])
{
    @autoreleasepool{
        int count = 0;
        while (count < 10);

        {
            NSLog(@"count: %d " , count);
            count++;
        }
    }
}
```

在上述代码中，"while (count < 10)"后面紧跟了一个分号，这表明循环体是一个分号（空语句），

所以说下面大括号中的代码块与while循环已经没有任何关系。空语句作为循环体并不是很大的问题，但是当反复执行这个循环体时，循环条件的返回值不会发生任何改变，这就会变成一个死循环，分号后面的代码块和while循环没有任何关系。执行后将会输出图5-7所示的异常。

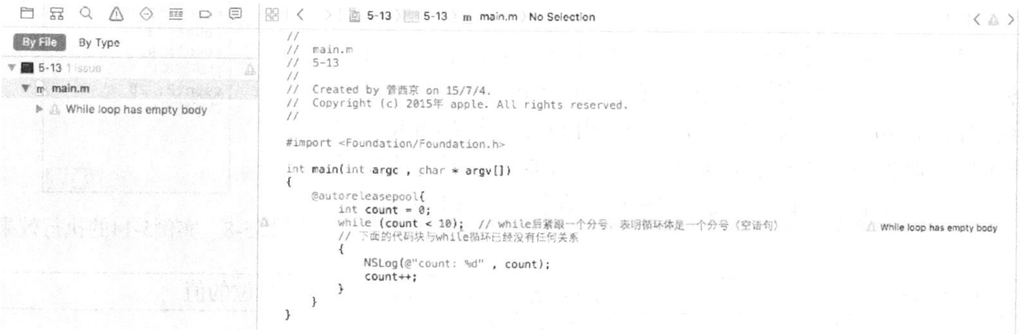

图5-7 实例5-13的执行效果

5.4.4 do-while 语句

在开发Objective-C程序时，有时需要在循环结尾处执行测试。Objective-C为我们提供了do-while语句结构来处理这种情况，使用do语句的语法格式如下所示。

```
do
   program statement
while ( expression );
```

上述do语句的执行过程如下所示。

（1）执行program statement。

（2）求圆括号中expression的值。如果expression的求值结果为TRUE，将继续循环，并再次执行program statement。只要expression的计算结果始终为TRUE，就将重复执行program statement。当表达式求出的值为FALSE时，循环将终止并以正常顺序执行程序中的下一条语句。

在下面的实例中，演示了使用do-while语句的具体过程。

实例5-14	do-while语句的使用
源码路径	光盘:\daima\第5章\5-14

实例文件main.m的具体实现代码如下所示。

```
#import <Foundation/Foundation.h>

int main(int argc, char * argv[])
{
@autoreleasepool{
    int count = 1;  // 定义变量count
    // 执行do while循环
    do
    {
        NSLog(@"count: %d" ,count);
        count++;   // 循环迭代语句
        // 循环条件后紧跟while关键字
    }while (count < 10);
    NSLog(@"循环结束!");
    
    int count2 = 20;  // 定义变量count2
    // 执行do while循环
    do
        // 这行代码把循环体和迭代部分合并成了一行代码
        NSLog(@"count2: %d" , count2++);
    while (count2 < 10);
    NSLog(@"循环结束!");
```

执行后的效果如图5-8所示。

其实do-while语句是while语句的简单转换，把循环条件放在循环的结尾而不是开头。

例如，在前面的实例5-11中，可以使用while语句来翻转数字中的各个位。如果在上述程序中输入0，此时while循环中的语句将永远不会执行，输出中什么也不会显示。如果用do语句代替while语句，这样可以确保程序循环要至少执行一次，从而保证在所有情况下都至少显示一个数字。在下面的实例代码中，演示了使用do-while语句的过程。

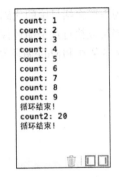

图5-8 实例5-14的执行效果

实例5-15	使用do-while语句显示输入数字各个位的值
源码路径	光盘:\daima\第5章\5-15

实例文件main.m的具体实现代码如下所示。

```
#import <Foundation/Foundation.h>

int main(int argc, const char * argv[]) {
    @autoreleasepool {
        int number, right_digit;
        
        NSLog (@"输入数字.");
        scanf ("%i", &number);
        
        do {
            right_digit = number % 10;
            NSLog (@"%i", right_digit);
            number /= 10;
        }
        while ( number != 0 );
    }
    return 0;
}
```

如果用户输入135，则输出：
```
5
3
1
```
如果用户输入0，则输出：
```
0
0
```
由此可见，当向程序键入0时，程序就会正确地显示数字0。

5.5 break语句

知识点讲解：光盘:视频\知识点\第5章\break语句.mp4

在执行Objective-C循环程序的过程中，如果希望只要出现特定的条件时应该立即退出循环，例如在检测到错误条件或过早地到达数据末尾时，这时可以使用break语句实现此功能。当需要在Objective-C中使用break语句时，只需在关键字break之后添加一个分号即可，具体格式如下所示。

```
break;
```

在Objective-C中规定，只要执行break语句，程序将立即退出正在执行的循环，而无论此循环是for、while还是do。在循环语句中会跳过break之后的语句，并且会终止正在执行的循环，而转去执行循环之后的其他语句。如果在一组嵌套循环中执行break语句，则会退出执行break语句的最内层循环。由此可见，break语句的作用是跳出一个循环或一条switch语句。

在下面的实例代码中，演示了使用break语句的过程。

实例5-16	使用break语句结束循环
源码路径	光盘.\daima\第5章\5-16

实例文件main.m的具体实现代码如下所示。

```
#import <Foundation/Foundation.h>

int main(int argc , char * argv[])
{
 @autoreleasepool{
    // 一个简单的for循环
    for (int i = 0; i < 10 ; i++ )
    {
        NSLog(@"i的值是：%d" , i);
        if (i == 2)
        {
            // 执行该语句时将结束循环
            break;
        }
    }
 }
}
```

执行后的效果如图5-9所示。

总地说来，break语句的特点如下。

（1）从while、do-while、for或switch语句结束位置的下一条语句开始继续执行。

（2）当用在嵌套循环语句中时，break只从最内层的循环跳出。

（3）当编写的break语句没有循环或被switch结构包围时，将会导致如下编译器错误。

```
error: break statement not within loop or switch
```

图5-9 实例5-16的执行效果

5.6 continue 语句

知识点讲解：光盘:视频\知识点\第5章\continue语句.mp4

在Objective-C程序中，continue语句的用法和break语句的类似，但是它并不会结束循环。在执行continue语句时，循环会至循环结尾处的所有语句。否则，循环将和平常语句一样正常执行。

在Objective-C程序中，使用continue语句的格式如下所示。

```
continue;
```

由此可见，continue用在while、do-while或for循环的内部，功能是取消当前循环迭代的执行。例如下面的代码：

```
int j;
for (j=0;   j < 100; j++ )
{
  ...
  if ( doneWithIteration ) continue; // Skip to the next iteration
  ...
}
```

当执行continue语句时，控制传递给循环的下一次迭代。在while或do循环中，控制表达式针对下一次迭代而计算。在for循环中，计算迭代表达式（即第3个表达式），然后，计算控制表达式（即第2个表达式）。编写一条continue语句，而没有一个循环包围它，这将会导致一个编译器错误。

在下面的实例代码中，演示了使用continue语句的过程。

实例5-17	continue语句的使用
源码路径	光盘:\daima\第5章\5-17

实例文件main.m的具体实现代码如下所示。

```
#import <Foundation/Foundation.h>
```

```
int main(int argc , char * argv[])
{
 @autoreleasepool{
    // 一个简单的for循环
    for (int i = 0; i < 3 ; i++ )
    {
        NSLog(@"i的值是: %d" , i);
        if (i == 1)
        {
            // 忽略本次循环的剩下语句
            continue;
        }
        NSLog(@"continue后的输出语句");
    }
 }
}
```
执行后的效果如图5-10所示。

图5-10 实例5-17的执行效果

5.7 goto 语句

知识点讲解：光盘:视频\知识点\第5章\goto语句.mp4

在Objective-C程序中，goto语句能够在程序中产生一个到达特定点的直接分支。我们需要专门设置一个标签，通过此标签来确定程序中各个分支所在的位置。此标签的名称需要和程序中的某条语句的标签相同，在它之后必须紧跟一个冒号。标签直接放在分支语句之前，而且必须在goto之类的函数或方法之前。具体语法格式如下所示。

```
goto 标签;
```
请读者看下面的语句：
```
goto out_of_data;
```
上述语句可以使程序立即跳到标签out_of_data之后的语句分支，这个标签可以放在函数或方法中的任何地方，无论是在goto语句之前或之后，并且可以使用如下语句实现。
```
out_of_data: NSLog (@"Unexpected end of data.");
...
```
在下面的实例代码中，演示了使用goto语句的过程。

实例5-18	使用goto语句控制循环
源码路径	光盘:\daima\第5章\5-18

实例文件main.m的具体实现代码如下所示。
```
#import <Foundation/Foundation.h>
int main(int argc , char * argv[])
{
 @autoreleasepool{
    int i = 0;  // 定义一个循环计数变量
    start:
    NSLog(@"i: %d", i);
    i++;
    if(i < 10)  // 如果i小于10，再次跳转到start标签处
    {
        goto start;
    }
 }
}
```

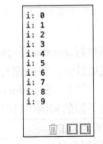

图5-11 实例5-18的执行效果

执行后的效果如图5-11所示。

在现实中很多程序员喜欢用goto语句来转移到代码的其他部分，但是goto语句会打断程序的常规顺序流程，结果就会造成程序难以读懂。正是因为在程序中使用很多的goto语句会使程序变得难于解释，所以建议读者尽量少用goto语句。

在下面的实例代码中，需要借助于goto语句直接从嵌套循环的内层循环中跳出来。

实例5-19	使用goto语句从嵌套循环的内层循环中跳出
源码路径	光盘.\daima\第5章\5-19

实例文件main.m的具体实现代码如下所示。

```
#import <Foundation/Foundation.h>

int main(int argc , char * argv[])
{
    @autoreleasepool{
        for (int i = 0 ; i < 5 ; i++ )    // 外层循环
        {
            for (int j = 0; j < 3 ; j++ )    // 内层循环
            {
                NSLog(@"i的值为: %d, j的值为: %d" , i , j);
                if (j >= 1)
                {
                    goto outer;    // 跳到outer标签处
                }
            }
        }
        outer:
        NSLog(@"循环结束");
    }
}
```

执行后的效果如图5-12所示。

如果想从内层循环中忽略外层循环剩下的语句，也可以借助于goto语句实现，请读者看如下所示的演示代码。

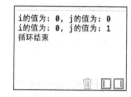

图5-12 实例5-19的执行效果

实例5-20	在内层循环中忽略外层循环剩下的语句
源码路径	光盘:\daima\第5章\5-20

实例文件main.m的具体实现代码如下所示。

```
#import <Foundation/Foundation.h>

int main(int argc , char * argv[])
{
    @autoreleasepool{
        for (int i = 0 ; i < 5 ; i++ )    // 外层循环
        {
            for (int j = 0; j < 3 ; j++ )    // 内层循环
            {
                NSLog(@"i的值为: %d, j的值为: %d" , i , j);
                if (j >= 1)
                {
                    goto  outer;    // 跳到outer标签处
                }
            }
            outer: ;    // 标签后的分号代表一条空语句
        }
        NSLog(@"循环结束");
    }
}
```

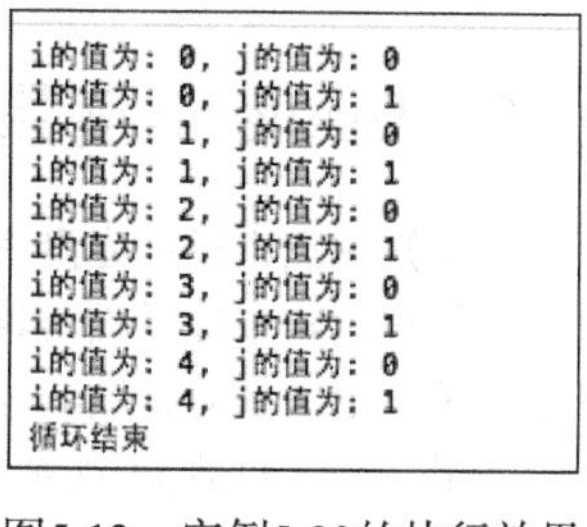

执行后的效果如图5-13所示。

图5-13 实例5-20的执行效果

5.8 空语句

知识点讲解：光盘:视频\知识点\第5章\空语句.mp4

在Objective-C程序中，允许将孤立的分号放在可以出现常规语句的地方，这种不做任何操作的语句被称为空语句。从表面看，空语句没有什么作用，但是程序员经常将它用在while、for和do语句中。例如，下面语句的功能是，将所有从标准输入（默认为终端）读入的字符存储到指针text指向的字符数组，一直到出现换行字符为止。通过使用库例程getchar，可以每次从标准输入读入并返回单个字符。
```
while ( (*text++ = getchar ()) != '\n' )
    ;
```
所有操作都是在while语句的循环条件部分中实现的。需要有空语句是因为编译器认为循环语句后的下一条语句是循环体。如果没有空语句，无论下一条语句是什么，都会被编译器认为是循环体。

5.9 return 语句

知识点讲解：光盘:视频\知识点\第5章\return语句.mp4

在Objective-C程序中，return语句不是用于结束循环的，而是用于结束一个函数。当一个函数执行到return语句时，这个函数将结束。因为在Objective-C程序中的大多数循环被放在函数中，所以一旦在循环体内执行到return语句时，return语句就会结束该函数，循环也随之结束。

在下面的实例代码中，演示了使用return语句的过程。

实例5-21	使用return语句
源码路径	光盘:\daima\第5章\5-21

实例文件main.m的具体实现代码如下所示。

```objc
#import <Foundation/Foundation.h>

int main(int argc , char * argv[])
{
 @autoreleasepool{
    for (int i = 0; i < 3 ; i++ )  // 一个简单的for循环
    {
        for (int j = 0 ; j < 5 ; j++)
        {
            NSLog(@"i: %d , j: %d" , i , j);
            if (j >= 2)
            {
                return 0;
            }
        }
    }
    NSLog(@"循环后的语句");
 }
}
```

执行后的效果如图5-14所示。

图5-14　实例5-21的执行效果

5.10 Boolean 变量

知识点讲解：光盘:视频\知识点\第5章\Boolean变量.mp4

在编程过程中经常面对这样一个问题：编写一个程序生成素数表。素数问题是编程中的一个经典算法问题，下面是对素数的描述：

如果一个正整数p不能被1和它本身之外的其他任何整数整除，就是一个素数。第一个素数规定为2。下一个素数是3，因为它不能被1和3之外的任何整数整除；而4不是素数，因为它能被2整除。

假如任务是生成50以内的所有素数，那么最直接的（也是最简单的）算法是生成这样一个表：它仅仅对每个整数p测试是否能被2到p-1间的所有整数整除。如果任何整数都不能整除p，那么p就是素数；否则p不是素数。

下面的代码生成了2到50之间的素数列表。

实例5-22	生成2到50之间素数列表方法一
源码路径	光盘:\daima\第5章\5-22

实例文件main.m的具体实现代码如下所示。

```objc
#import <Foundation/Foundation.h>
```

```
int main(int argc, const char * argv[]) {
    @autoreleasepool {
        int    p, d, isPrime;
        for ( p = 2; p <= 50; ++p ) {
            isPrime = 1;
            for ( d = 2; d < p; ++d )
                if ( p % d == 0 )
                    isPrime = 0;
            if ( isPrime != 0 )
                NSLog (@"%i ", p);
        }
    }
    return 0;
}
```

对于上述代码的具体说明如下。

（1）最外层的for语句建立了一个循环，周期性地遍历2到50之间的整数。循环变量p表示当前正在测试以检查是否是素数的值。循环中的第一条语句将值1指派给变量isPrime。您很快就会明白这个变量的用途。

（2）建立第二个循环的目的是将p除以从2到p-1间的所有整数。在该循环中，要执行一个测试，以检查p除以d的余数是否为0。如果为0，就知道p不可能是素数，因为它能被不同于1和它本身的整数整除。为了表示p不再可能是素数，可将变量isPrime的值设置为0。当执行完最内层的循环时需要测试isPrime的值，如果它的值不等于0，表示没有发现能整除p的整数；否则p肯定是素数，并显示它的值。

（3）变量isPrime只接受值0或值1，而不是其他值。只要p还有资格成为素数，它的值就是1。但是一旦发现它有整数约数时，它的值将设为0，以表示p不再满足成为素数的条件。以这种方式使用的变量一般称作Boolean变量。通常，一个标记只接受两个不同值中的一个。此外，标记的值通常要在程序中至少测试一次，以检查它是on（TURE或YES）还是off（YES或TRUE），而且根据测试结果采取的特定的操作。

（4）因为在Objective-C中，标记为TRUE或FALSE的大部分概念被自然地转换成值1或0，所以在上述循环中将isPrime的值设置为1时，实际上将把它设置成TRUE，表示p"是素数"。如果在内层for循环的执行过程中发现了一个约数，isPrime的值将设置为FALSE以表示p不再"是素数"了。

执行上述代码后会输出：

```
2
3
5
7
11
13
17
19
23
29
31
37
41
43
47
```

通常用值1表示TRUE或on状态，而用0表示FALSE或off状态。这种表示与计算机内部单个比特的概念对应。当比特位于"开"状态时，它的值是1；当位于"关"状态时的值是0。如果满足if语句内部指定的条件，则会执行其后的程序语句。因为在Objective-C语言中，满足意味着非零，而不是其他的值。所以下面的代码语句会导致执行NSLog语句，这是因为if语句中的条件（本例中仅指值100）满足非零这个条件。

```
if ( 100 )
    NSLog (@"This will always be printed.");
```

在Objective-C程序中经常提及"非零意味着满足"和"零意味着不满足"这一论调。这是因为只要对Objective-C中的关系表达式进行求值，如果满足表达式时结果将为1，不满足时将为0。请读者看下面的代码：

```
if ( number < 0 )
    number = -number;
```

上述代码的求值过程是：求关系表达式"number<0"的值，如果条件满足，即如果number小于0，表达式的值将是1，否则其值是0。if语句测试了表达式求值的结果，如果结果是非零则执行其后的语句，否则将执行后续语句。

例如，在以下语句中，复合关系表达式的求值方式也是如此。如果指定的两个条件都满足，结果是1；但如果有任何一个条件不满足，求值的结果就是0。先检查求值的结果，如果结果为0，while循环就会终止，否则它会继续执行。

```
while ( char != 'e' && count != 80 )
```

如果使用表达式测试标记的值是否为TRUE，这在Objective-C中是经常用到的，例如"if(isPrime)"等价于"if(isPrime != 0)"。

要想方便地测试标记的值是否为FALSE，需要使用逻辑非运算符"!"。例如，在以下表达式中，使用逻辑非运算符来测试isPrime的值是否为FALSE（这条语句可读做"如果非isPrime"）。

```
if ( ! isPrime )
```

一般来说，表达式"! Expression"可以对expression的逻辑值求反。因此如果expression为0，则逻辑非运算符将产生1。并且如果expression的求值结果是非零，逻辑非运算符就会产生0。

另外，还可以使用逻辑非运算符跳过标记的值，例如下面的表达式代码。

```
my_move = ! my_move;
```

上述这种运算符的优先级和一元运算符相同，这表示与所有二元算术运算符和关系运算符相比，它的优先级较高。所以要测试变量x的值是否不小于变量y的值，例如在"!(x<y)"中必需的有圆括号，功能是确保表达式正确求值。另外，也可以将上述语句等价地表示为：

```
x >= y
```

在Objective-C语言中，通过如下两种内置的特性可以使用Boolean变量的过程变得更加容易。

❑ 一种是特殊类型BOOL，它可以用于声明值非真即假的变量。类型BOOL其实是用一种称为预处理程序的机制添加的。

❑ 一种是内置值YES或NO。在程序中使用这些预定义的值可使它们更易于编写和读取。

在下面的代码中，使用上述特性重写了前面的程序5-22。

实例5-23	生成2到50之间素数列表方法二
源码路径	光盘:\daima\第5章\5-23

实例文件main.m的具体实现代码如下所示。

```
#import <Foundation/Foundation.h>

int main(int argc, const char * argv[]) {
    @autoreleasepool {
        int   p, d;
        BOOL  isPrime;
        for ( p = 2; p <= 50; ++p ) {
            isPrime = YES;
            for ( d = 2; d < p; ++d )
                if ( p % d == 0 )
                    isPrime = NO;
            if ( isPrime == YES )
                NSLog (@"%i ", p);
        }
    }
    return 0;
}
```

执行上述代码可看到输出。

Part 3

第 三 篇

面向对象

本 篇 内 容

- 第 6 章　面向对象——类、对象和方法
- 第 7 章　面向对象——继承
- 第 8 章　多态、动态类型和异常处理
- 第 9 章　类别、协议和合成对象
- 第 10 章　预处理程序
- 第 11 章　深入理解变量和数据类型

第 6 章 面向对象——类、对象和方法

Objective-C语言是面向对象的，本章将带领大家学习Objective-C面向对象的基本知识，首先讲解类、对象和方法等基本语法知识。这些内容都是Objective-C面向对象的核心知识，希望读者认真学习，为后面章节内容的学习打下坚实的基础。

6.1 面向对象介绍

知识点讲解：光盘:视频\知识点\第6章\面向对象介绍.mp4

面向对象的许多原始思想都来自于Simula语言，并在Smalltalk语言的完善和标准化过程中得到更多的扩展和对以前的思想的重新注解。面向对象思想和OOPL几乎是同步发展并相互促进的。与函数式程序设计（Functional-Programming）和逻辑式程序设计（Logic-Programming）所代表的接近于机器的实际计算模型相比，面向对象几乎没有引入精确的数学描述，而是更加倾向于建立一个对象模型，它能够近似地反映应用领域内的实体之间的关系，其本质更接近于人类认知事物所采用哲学观的计算模型。

通常基于如下两种方式产生对象。

1．以原型对象为基础产生新的对象

在认知心理学中，很早就使用原型概念来解释概念学习的递增特性，原型模型本身就是企图通过提供一个有代表性的对象作为基础来产生各种新的对象，并由此继续产生更符合实际应用的对象。而原型—委托也是面向对象中的对象抽象，是代码共享机制中的一种。

2．以类为基础产生新对象

一个类提供了一个或多个对象的通用性描述。从形式化的观点看，类与类型有关，所以一个类相当于是从该类中产生的实例的集合。在一种所有同对象的世界观背景下，在类模型基础上诞生出了一种拥有元类的新对象模型，即类本身也是一种其他类的对象。

面向对象编程的方法学是Objective-C编程的指导思想。当使用Objective-C进行编程时，应该首先利用对象建模技术（OMT）来分析目标问题，抽象出相关对象的共性，对它们进行分类，并分析各类之间的关系；然后使用类来描述同一类对象，归纳出类之间的关系。

Coad和Yourdon在对象建模技术、面向对象编程和知识库系统的基础之上，设计了一整套面向对象的方法，具体来说分为面向对象分析（OOA）和面向对象设计（OOD）。对象建模技术、面向对象分析和面向对象设计共同构成了系统设计的过程，如图6-1所示。

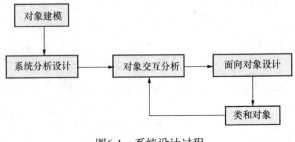

图6-1 系统设计过程

6.2 对象建模技术

> 知识点讲解：光盘:视频\知识点\第6章\对象建模技术.mp4

对象建模技术是以面向对象的思想为基础，通过对问题进行抽象而构造出一组相关的模型。通过对象建模技术可以全面地描述问题领域的结构。对象建模技术把分析时收集到的信息构造在如下3类模型中。

- 功能模型：功能模型定义系统做什么。
- 对象模型：对象模型定义系统对谁做。
- 动态模型：动态模型定义系统如何做。

通过上述3类模型，可以从不同的角度对系统进行描述，首先分别着重于系统的某个侧面，然后整体组合起来构成对系统的完整描述。

6.2.1 功能模型

功能模型能够实现系统内部数据的传送和处理。通过功能模型，虽然可以说明从输入数据计算出什么样的输出数据，但是没有考虑参加计算的数据按什么时序来执行。功能模型是由多个数据流图组成的，这些数据流图指明了从外部输入、内部存储、直到外部输出等整个数据流的情况。功能模型还包括了对象模型内部数据间的限制。

通过功能模型的数据流图可以形成一个层次结构。一个数据流图的过程可以由下一层的数据流图做进一步的说明。UML中通常使用用例图和活动图来描述功能模型。根据面向对象思想，建立功能模型的主要步骤如下。

（1）确定输入和输出值。
（2）用数据流图表示功能的依赖性。
（3）具体说明每个具体功能。
（4）确定限制。
（5）确定功能优化的准则。

上述步骤的具体实现流程如图6-2所示。

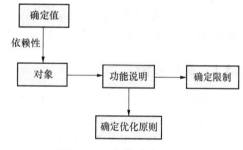

图6-2 功能模型处理流程

6.2.2 对象模型

对象模型用于描述系统的静态结构，包括类和对象、它们的属性和操作，以及它们之间的关系。通过构造对象模型，可以发掘与项目应用密切相关的概念。对象模型用包含对象和对象之间关系的图来表示，在UML中通常使用类图和对象图来描述对象模型。

使用OMT建立对象模型的主要步骤如下。

（1）确定对象类。
（2）定义数据词典，并用数据词典来描述类的属性和类之间的关系。
（3）用继承来组织和简化类的结构和类之间的关系。
（4）测试访问路径。
（5）根据对象之间的关系和对象的功能将对象分组建立模块。

上述步骤的具体实现流程如图6-3所示。

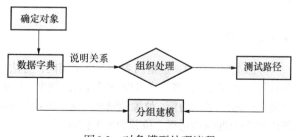

图6-3 对象模型处理流程

6.2.3 动态模型

动态模型的主要功能是控制系统的逻辑,它检查在任何时候对象及其关系的改变,并及时描述涉及时序和改变的状态。在应用中通常使用如下两种方式来描述动态模型。

(1) 状态图:状态和事件以及它们之间的关系所形成的网络,侧重于描述每一类对象的动态行为。

(2) 事件跟踪图:侧重于说明系统执行过程中的一个特点场景,描述完成系统某个功能的一个事件序列。

建立动态模型的主要步骤如下。

(1) 预制典型的交互序列场景。
(2) 确定对象之间的事件,为每个场景建立事件跟踪图。
(3) 为每个系统预制一个事件流图。
(4) 为具有重要动态行为的类建立状态图。
(5) 检验不同状态图中共享事件的一致性和完整性。

上述步骤的具体实现流程如图6-4所示。

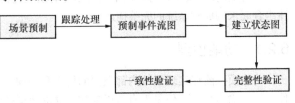

图6-4 动态模型处理流程

6.3 类的基础知识

📺 知识点讲解:光盘:视频\知识点\第6章\类基础知识介绍.mp4

类是面向对象编程语言的一大特色,在Java和C++等语言中都有类这一概念。本节将详细讲解Objective-C语言中类的基本知识,为读者步入本书后面知识的学习打下基础。

6.3.1 类和实例

类是Objective-C语言中最核心的内容之一,它表示一种数据结构,能够封装数据成员、函数成员和其他的类。类是Objective-C语言的基础,可以将Objective-C内的一切类型看做类,并且所有的语句都位于类内。另外,Objective-C还支持自定义类,用户可以根据需要在程序内定义自己需要的类。在Objective-C中,类使用关键字@interface来定义。只有经过定义声明后,才能在应用程序中使用类。可以使用诸如int和double之类的基本类型来对类进行修饰。

对象是根据其类来分类的。每个对象都属于某个类,它是该类的一个实例。用现实世界的事物来类比的话,一辆保时捷跑车的设计和规范中所包含的信息是一个类。这些信息定义了一辆保时捷跑车是什么,以及如何构造一辆保时捷跑车。你在赛道中实际驾驶的跑车是保时捷跑车类的一个实例。回到计算机程序的世界,类是定义了一组变量和一组方法的模板或菜单,这一组变量叫做实例变量,这一组方法则包含了实现这些方法的代码。对象(类的一个实例)是实际的一块内存,用来为类中定义的一组变量提供存储空间。一个给定的类可能有多个实例,每个实例是内存的一个单独区域,并且有类中定义的实例变量的一个副本。

6.3.2 方法

方法类似于函数,但是两者并不完全相同,方法代表定义它们的类的一个实例而执行。当一个对象执行一个方法时,该方法可以访问对象的数据。如果向一个Shape对象发送一条draw信息,draw方法将使用Shape对象的边框、位置和颜色信息。如果向不同的Shape对象发送同样的draw消息,draw方法将使用相应的Shape的边框、位置和颜色信息。

6.3.3 实例和方法

类的存在就是一个实例，对实例执行的操作就是方法。在某些情况下，方法可以应用于类的实例或者类本身。假设有两辆使用装配线制作的跑车，它们看上去是一样的：都有相同的内部设计，相同的喷漆颜色等。它们可能同时启动，但是由于每部跑车是由它各自的主人驾驶的，所以会有自身的独有特性。例如，一辆跑车可能后来被别人的车刮了，而另一辆跑车已经行驶了上万公里。每个实例或对象不仅包含从制造商那里获得的有关原始特性的信息，还包含它的当前特性。并且这些特性可以动态改变，例如当驾驶跑车时，油箱的油会渐渐耗尽，汽车越来越脏，轮胎也逐渐磨损。

使用对象的方法可以影响对象的状态，假如使用的方法是"给汽车加油"，则执行这个方法后会给汽车的油箱加满油，这个方法影响了汽车油箱的状态。

对象是类的独特表示，每个对象都包含一些通常对该对象来说是私有的信息（数据）。方法提供访问和改变这些数据的手段。

6.3.4 认识 Objective-C 中的类

请读者看如下所示的代码，这段代码可以表示分数。

实例6-1	分数的表示
源码路径	光盘:\daima\第6章\6-1

实例文件main.m的具体实现代码如下所示。
```
#import <Foundation/Foundation.h>

int main(int argc, const char * argv[]) {
    @autoreleasepool {
        int   numerator = 2;
        int   denominator = 3;
        NSLog (@"The fraction is %i/%i", numerator, denominator);
    }
    return 0;
}
```
在上述代码中，分数是以分子和分母的形式表示的。在创建自动释放池之后，将函数main中的前两行将变量numerator和denominator都声明为整型，并分别赋初值2和3。上述两个程序行与下面的程序段是等价的。
```
int numerator, denominator;
numerator = 2;
denominator = 3;
```
在上述代码中，将2存储到变量numerator中，将3存储到变量denominator中，这样就表示了分数2/3。如果需要在程序中存储多个分数，使用这种方法会比较麻烦。因为在每次引用分数时，都必须引用相应的分子和分母，而且操作这些分数也相当困难。

执行上述代码后会输出：
```
The fraction is 2/3
```
其实还有一种实现上述功能的方案，可以先把一个分数定义成单个实体，用单个名称（例如myFraction）来共同引用它的分子和分母。在下面的代码中，使用类Fraction重写了前面程序6-1中的函数。

实例6-2	使用类表示分数
源码路径	光盘:\daima\第6章\6-2

实例文件main.m的具体实现代码如下所示。
```
#import <Foundation/Foundation.h>

//---- @interface定义部分----
@interface Fraction: NSObject
{
    int   numerator;
```

```
    int   denominator;
}
-(void)    print;
-(void)    setNumerator: (int) n;
-(void)    setDenominator: (int) d;
@end
//---- @implementation实现部分----
@implementation Fraction
-(void) print
{
    NSLog (@"%i/%i", numerator, denominator);
}

-(void) setNumerator: (int) n
{
    numerator = n;
}
-(void) setDenominator: (int) d
{
    denominator = d;
}
@end

//----Program程序段，实现具体功能----
int main(int argc, const char * argv[]) {
    @autoreleasepool {
        Fraction   *myFraction;
        //创建一个实例
        myFraction = [Fraction alloc];
        myFraction = [myFraction init];

        // 设置为 2/3
        [myFraction setNumerator: 2];
        [myFraction setDenominator: 3];

        // 打印输出
        NSLog (@"The value of myFraction is:");
        [myFraction print];
    }
    return 0;
}
```

在上述代码中，整个程序分为如下3部分。

- @interface部分：定义部分，用于描述类、类的数据成分以及类的方法；
- @implementation部分：声明成员变量部分，包括实现这些方法的实际代码。
- program部分：具体功能实现部分，包含实现程序预期目的的程序代码。

上述3部分是每个Objective-C程序的重要组成，每一部分通常放在各自的文件中。接下来将把上述部分放到一个单独的文件中。

执行上述代码后会输出：

```
The value of myFraction is:
2/3
```

6.4 使用@interface 定义类

知识点讲解：光盘:视频\知识点\第6章\使用@interface定义类.mp4

在Objective-C程序中，定义一个类的语法格式如下所示。

```
@interface 类名：父类
```

当在Objective-C程序中定义一个新类时，需要完成如下3个工作。

- 通知Objective-C编译器此类来自什么地方，也就是说必须命名其父类。
- 必须确定这个类对象要存储的数据类型，必须描述类成员将要包含的数据，通常把这些成员叫做实例变量。
- 在定义处理该类的对象时，必须设置将要用到的各种操作或方法的类型。这些功能在程序中名为@interface的特殊部分内完成。该部分的一般语法格式如下所示。

```
@interface NewClassName: ParentClassName
{
  menberDeclarations;
}
methodDeclarations;
@end
```

在Objective-C中规定，类名要尽量使用大写字母开头。尽管这不是硬性规定，但是这种约定能使其他人在阅读程序时，通过观察名称的第一个字母就可以把类名和其他变量类型区分开来。

6.4.1 设置科学的类名

在Objective-C中，允许使用变量存储非整型的数据类型，但是必须在使用变量之前对它进行声明。Objective-C变量不但可以存储浮点数，而且可以存储字符和对象。

设置Objective-C类名的规则是：名称必须以字母或下划线"_"开头，后面可以是任何（大写或小写）字母、下划线或者0到9之间的数字组合。例如下面都是合法的名称。

- sum
- pieceFlag
- i
- myLocation
- numberOfMoves
- _sysFlag
- ChessBoard

而下面的名称是非法的。

- sum$value　//$是一个非法字符。
- piece flag　//中间不允许插入空格。
- 3Spencer　//不能以数字开头。
- int　//是一个保留字。

因int是Objective-C语言的保留字，所以不能作为变量名。在Objective-C程序中，对编译器有特殊意义的名称都不能作为变量名使用。

另外，Objective-C语言中的大写字母和小写字母是有区别的，所以变量名sum、Sum和SUM表示不同的变量。在命名类时，建议类名以大写字母开始。另一方面，实例变量、对象以及方法的名称，建议用小写字母开始。为了提高程序的可读性，建议在名称中用大写字母来表示新单词的开始。例如下面的名称都遵循我们上述建议。

```
AddressBook            //类名
currentEntry           //对象
current_entry          //可以使用下划线作为单词的分隔符
addNewEntry            //可以是一个方法名
```

在设置名称时，建议使用有意义的名称，要尽量用能反应出变量或对象使用意图的名称。就像使用注释语句一样，富有意义的名称可以显著增强程序的可读性，并可以在调试和归档阶段受益匪浅。事实上，因为程序具有更强的自解释性（self-explanatory），所以归档的任务将很可能大大减少。

例如，下面的代码是实例6-2中的@interface部分。

```
@interface Fraction: NSObject
{
   int numerator;
   int denominator;
}
-(void) print;
```

```
-(void) setNumerator: (int) n;
-(void) setDenominator: (int) d;
@end
```

在上述代码中，新类（NewClassName）的名称是Fraction，表示数据，其父类为NSObject。类NSObject在文件NSObject.h中定义，导入Foundation.h文件时会在程序中自动包括这个类。

6.4.2 实例变量

在Objective-C程序中，成员变量声明（memberDeclarations）部分指定了哪种类型的数据将要存储到Fraction中，以及这些数据类型的名称。这一部分被放在专门属于自己的一组花括号内。

对于类Fraction来说，可以通过如下声明代码表示Fraction对象有两个名为numerator和denominator的整型成员。

```
int numerator;
int denominator;
```

在Objective-C程序中，在memberDeclarations部分声明的成员称为实例变量。当每次创建新对象时，会同时创建一组新的实例变量，而且是唯一的一组。假如有两个Fractions，一个名为fracA，另一个名为fracB，那么每一个都将有自己的一组实例变量。也就是说，fracA和fracB各自拥有独立的numerator和denominator，Objective-C系统将自动追踪这些实例变量。

在Objective-C程序中，在定义各种方法后才能使用类Fractions。因为不能直接访问分数的内部表示（直接访问它的实例变量），所以必须编写方法来设置分子和分母。还需要编写一个名为print的方法来显示分数的值。下面是对print方法的声明，此声明一般位于接口文件中。

```
-(void) print;
```

在上述声明代码中，开头的"-"功能是通知Objective-C编译器该方法是一个实例方法。而与"-"对应的另外一种选择是"+"，表示类方法。类方法是对类本身执行某些操作的方法，例如，创建类的新实例。这类似于制造厂制造一辆新汽车，在这一点上，汽车就是一个类；而要制造新汽车便是类方法。

实例方法对类的特定实例执行一些操作，例如设置值、检索值和显示值等。在制造出一辆汽车后，引用这个汽车实例时，可能要执行给它加油的操作。这个加油操作是对特定的汽车执行的，因此它类似于实例方法。

（1）返回值

在声明新方法时，必须通知Objective-C编译器这个方法是否有返回值。如果有返回值，那么需要确定返回哪种类型的值。在Objective-C程序中，通常将返回类型放入开头的负号或者正号之后的圆括号中。所以通过如下声明代码，可以指定名为retrieveNumerator的实例方法返回一个整型值。

```
-(int) retrieveNumerator;
```

同样道理，如下代码声明了一个返回双精度值的方法。

```
-(double) retrieveDoubleValue;
```

在Objective-C程序中，使用return语句可以从方法中返回一个值，这与前一个程序例子中从main内返回值的方式类似。

如果方法没有返回值，可以用void类型来表明，例如下面的代码。

```
-(void) print;
```

上述代码声明了一个名为print的方法，此方法不会返回任何值。在这种情况下，无须在方法结尾执行一条返回值的return语句。相反地，可以执行一条不带任何指定值的return语句，例如下面的代码。

```
return;
```

无须为方法指定返回类型，虽然这是一个好的编程习惯。如果没有指定任何类型，那么id会是默认的类型，id类型可以引用任何类型的对象。

（2）方法的参数

在实例6-2的@interface部分声明了如下两个方法。

```
-(void) setNumerator:(int) n;
```

```
-(void) setDenominator:(int) d;
```

上述方法都是不返回值的实例方法。每个方法都有一个整型参数，这是通过参数名前面的（int）指明的。setNumerator的参数名是n，此名称可以任意命名，这是一个用来引用参数的方法名称。所以setNumerator的声明指定向该方法传递一个名为n的整型参数，而且该方法没有要返回的值。setDenominator的声明与此类似，不同之处是后者的参数名是d。

在声明上述方法时，每个方法名都以冒号结束，冒号的功能是通知Objective-C编译器该方法期望看到一个参数。然后指定参数的类型，并将其放入一对圆括号中，这与为方法自身指定返回类型的方式十分相似。最后，使用象征性的名称来确定方法所指定的参数。整个声明以一个分号结束。上述语法在图6-5中进行了说明。

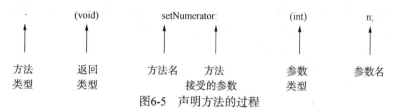

图6-5 声明方法的过程

在Objective-C程序中，如果方法接受一个参数，那么引用该方法时在方法名之后附加一个冒号。所以"setNumerator:"和"setDenominator:"是指定这两个方法的正确方式，每个方法都带有一个参数。同样，如果在指定print方法时没有使用后缀的冒号，则表明此方法不带有任何参数。

6.5 使用@implementation声明成员

知识点讲解：光盘:视频\知识点\第6章\使用@implementation声明成员.mp4

在Objective-C语言中，@implementation部分的一般格式如下所示。

```
@implementation NewClassName;
    methodDefinitions（方法定义）;
@end
```

在上述格式中，NewClassName表示的名称与前面介绍的@interface部分的类名相同。可以在新类的名称后使用冒号，例如下面的代码。

```
@implementation Fraction:NSObject;
```

但是此处的冒号是可选的，而且通常在Objective-C程序中不适用冒号。

@implementation中的methodDefinitions（方法定义）内容和@interface部分中指定的每个方法的代码相对应。与前面介绍的@interface部分类似，在定义里面的每种方法时，需要首先指定方法（类或者实例）的类型、返回类型、参数及其类型。但是在下面的代码中，并没有使用分号来结束该行，而是将之后的方法代码放入到一对花括号中。

下面是实例6-2中的@implementation部分。

```
@implementation Fraction
-(void) print
{
  NSLog (@"%i/%i", numerator, denominator);
}

-(void) setNumerator: (int) n
{
  numerator = n;
}

-(void) setDenominator: (int) d
{
  denominator = d;
}
@end
```

对于上述代码的具体说明如下。

（1）方法print使用NSLog显示实例变量numerator和denominator的值，方法print引用的实例变量包含在作为消息接收者的对象中。

（2）在方法"setNumerator:"中，有一个名为n的整型参数，将这个参数存储到实例变量numerator中。与其相似的是，"setdenominator:"将其参数d的值存储到实例变量denominator中。

6.6　program具体实现部分

> 知识点讲解：光盘:视频\知识点\第6章\Program具体实现部分.mp4

在Objective-C程序中，program部分中包含了解决特定问题的代码。Objective-C规定，在程序中必须有一个名为main的例程。在通常情况下，main例程是程序开始执行的地方。

下面是前面实例6-2中的program部分。

```
int main(int argc, const char * argv[]) {
@autoreleasepool {
    Fraction * myFraction;
    myFraction = [Fraction alloc];
    myFraction = [myFraction init];
    [myFraction setNumerator: 1];
    [myFraction setDenominator: 3];
    NSLog (@"The value of myFraction is:");
    [myFraction print];
    return 0;
}
```

在上述函数main中，使用以下程序定义了一个名为myFraction的变量。

```
Fraction *myFraction;
```

通过上述代码，表示myFraction是一个Fraction类型的对象，myFraction的功能是存储新的Fraction类的变量。myFraction前面的星号"*"是必需的，"*"的功能是表示myFraction是对Fraction的一个引用（或者指针）。

假设现在有一个用于存储Fraction的对象，需要创建一个分数，就像要求制造厂制造一辆汽车一样。可以用下面的程序实现。

```
myFraction = [Fraction alloc];
```

在上述代码中，alloc是allocate的缩写，目的是为新分数分配内存存储空间。表达式"[Fraction alloc]"的功能是向新创建的Fraction类发送一条消息。请求类Fraction在此用到了alloc方法，但是在前面从未定义过这个alloc方法，此alloc方法究竟来自何处呢？此方法继承自一个父类，在本章后面的继承章节中将会详细讨论这个主题。

当将alloc消息发送给一个类时，可以获得该类的新实例。在实例6-2中，在变量myFraction中存储了返回值。方法alloc能够保证对象的所有实例变量都变成初始状态。然而，这并不意味着该对象进行了适当的初始化。在分配对象之后，还必须对它进行初始化。

实例6-2中的如下语句对该对象进行初始化。

```
myFraction = [myFraction init];
```

上述代码再次使用了一个并非自己编写的方法，方法init的功能是初始化类的实例变量，将init消息发送给myFraction。也就是说，在此需要初始化一个特殊的Fraction对象，因此它没有发送给类，而是发送给了类的一个实例。

除此之外，方法init也可以返回一个值，即被初始化的对象。获得返回值并将其存储到Fraction的变量myFraction中。

通过下面的代码，分配了类的新实例并实现了初始化工作，这两条消息在Objective-C中特别常见，通常组合到一起使用。

```
myFraction = [ [Fraction alloc] init];
```

内部消息表达式"[Fraction alloc]"首先求值。这条消息表达式的结果是已分配的实际的Fraction对象。对它直接应用init方法，而不是像以前那样把分配结果存储到一个变量中。因此，再次分配一个新的Fraction，并进行初始化处理，最后把初始化的结果赋值给变量myFraction。

作为最终的简写形式，经常把分配和初始化直接合并到声明行。
```
Fraction *myFraction = [ [Fraction alloc] init];
```
上述编码的风格将在本书中广泛使用，并且在本书程序中可以看到如下分配自动释放池的代码。
```
NSAutoreleasePool * pool = [[NSAutoreleasePool alloc] init];
```
通过上述代码，将alloc消息发送给类NSAutoreleasePool，目的是请求创建一个新实例。然后向新创建的对象发送init消息，以初始化该对象。

回到实例6-2，其中通过下面的代码设置分数的值。
```
[myFraction setNumerator:2];
[myFraction setdenominator:3];
```
第一条消息语句把消息"setNumerator:"发送给myFraction，并提供一个值为2的参数。然后将控制发送给为Fraction类定义的方法"setNumerator:"。因为Objective-C系统知道myFraction是Fraction类的对象，所以它知道"setNumerator:"类从Fraction中使用的一个方法。

在方法"setNumerator:"中，将传递来的值"2"存储在变量n中。通过该方法得到这个值，并由实例变量numerator存储这个值。myFraction的分子已经被设置为"2"。

后面的消息用于调用myFraction的方法setDenominator:。在方法setDenominator:中，参数3被赋值给变量d。然后把这个值存储到实例变量denominator中，这样就将myFraction赋值为2/3。现在可以显示此分数的值，用下面的代码即可实现。
```
NSLog(@"The value of myFraction is:");
[myFraction print];
```
使用NSLog调用后会仅仅显示下面的文本。
```
The value of myFraction is:
```
使用下面的表达式可以调用print方法。
```
[myFraction print];
```
在方法print中显示实例变量numerator和denominator的值，并且用斜杠字符"/"将其分隔。

注意——养成及时释放使用内存的习惯

> 在编写Objective-C程序时，应该及时释放使用过的内存。因为只要创建一个新对象，都要请求为该对象分配对应的内存。同样在完成对该对象的操作时，必须释放它所使用的内存空间。建议广大读者都要养成这个习惯。尽管存在"程序以任何方式终止时，都将释放内存"这一事实，但是如果创建了一个更复杂的应用程序之后，最终可能生成成百上千个对象，它们会占用大量的内存。等到程序终止时才释放内存是对内存的浪费，这会减慢程序的执行速度，这并非一种好的程序设计风格。因此要从现在开始养成良好的习惯。
>
> 在Apple机器运行时，系统提供了一个垃圾回收的机制，它可以自动清理内存。但是需要学会如何自己管理内存的使用，而不是依赖于自动的机制。当针对不支持垃圾回收的某些平台（如iPhone）设计程序时，就不能依赖于垃圾回收机制。

6.7 类的使用

知识点讲解：光盘:视频\知识点\第6章\类的使用.mp4

在Objective-C程序中，使用类和实例的语法格式如下所示。
```
[ ClassOrInstance method ];
```
在上述格式中，左边的括号后要紧跟类的名称或者该类实例的名称，在其后面可以是一个或多个空格，空格后面是将要执行的方法，最后使用右边的括号和结束分号来终止。

6.7.1 类的初始化

在本书前面的内容中,已经多次演示了初始化类的知识,例如使用以下常见代码可以分配对象的新实例,然后对其进行初始化操作。

```
Fraction *myFract = [[Fraction alloc] init];
```

调用上述两个方法之后,通常会向这个新对象指派一些值,例如下面的代码。

```
[myFract setTo: 1 over: 3];
```

在初始化对象之后,为其设置初值的过程可以合并到一个方法中。例如,可以定义一个initWith::方法,通过此方法初始化一个分数,并将其分子和分母设置为两个给定的参数(没有给出名称)。通常来说,包含很多方法和实例变量的类还会有几个初始化方法,例如在Foundation框架中,类NSArray包含了如下6个初始化方法。

- initWithArray。
- initWithArray:copyItems。
- initWithContentsOfFile。
- initWithContentsOfURL。
- initWithObjects。
- initWithObjects:count。

在Objective-C程序中,很可能会用如下代码实现数组空间的分配工作和初始化工作。

```
myArray = [[NSArray alloc] initWithArray: myOtherArray];
```

在日常编程应用中,当对类进行初始化操作时,通常以init...开头,例如NSArray的初始化就遵循这个惯例。在编写初始化方法时,应该遵循如下两个策略。

(1)如果编写的类包含多个初始化方法,其中一个就应该是指定的(designated)初始化方法,并且其他所有初始化方法都应该使用这个方法。通常它是最复杂的初始化方法,一般是参数最多的初始化方法。通过创建指定的初始化方法,可以把大部分初始化代码集中到单个方法中。然后,任何人要想从该类派生子类,就可以重载这个指定的初始化方法,这样可以保证正确地初始化新的实例。

(2)一定要恰当地初始化任何继承来的实例变量。最简单的方式就是首先调用父类指定的初始化方法,大多数情况下是使用init方法,然后可以初始化自己的实例变量。

根据上述策略,通过如下代码可以在类Fraction中创建初始化方法initWith::。

```
-(Fraction *) initWith: (int) n: (int) d
{
    self = [super init];

    if (self)
    [self setTo: over: d];
    return self;
}
```

上述代码的运行流程如下。

(1)调用父类的初始化方法——NSObject的方法init(NSObject是Fraction的父类)。初始化的结果需要指派self,因为初始化方法有权更改或移动内存中的对象。

(2)当完成Super的初始化(返回的非零值表示初始化成功)工作之后,使用方法setTo:over:设置Fraction的分子和分母。

下面的代码测试了新的初始化方法initWith::。

```
#import "Fraction.h"
    int main(int argc, const char * argv[]) {
    @autoreleasepool {      a = [[Fraction alloc] initWith: 1: 3];
    b = [[Fraction alloc] initWith: 3: 7];
    [a print];
    [b print];
    return 0;
}
```

当执行上述程序时，会向所有类发送initialize命令以调用初始化方法。如果存在一个类及相关的子类，则父类会首先得到这条消息。为了确保在程序开始时执行所有类的初始化工作，该消息只向每个类发送一次，并且向非初始化类发送其他任何消息之前，保证向其发送初始化消息。

执行上述代码后会输出：
```
1/3
3/7
```

6.7.2 使用类实例

在Objective-C程序中，当请求一个类或实例来执行某个操作时，就是向它发送一条消息，消息的接收者称为接收者。因此，通过下面的方式可以表示前面所描述的一般格式。
```
[ receiver message ];
```
假如某用户想购买一辆新跑车，可以选择去4S店购买，此过程可以用下面的代码表示。
```
yourCar = [Car new];        //得到一辆新跑车
```
通过上述代码，向类Car（消息的接收者）发送一条消息，此消息请求它卖给某用户一辆新跑车。得到的对象（它代表用户独有的汽车）将被存储到变量yourCar中。从现在开始，可以用yourCar引用上述跑车实例，就是用户从4S店买的那辆跑车。

在Objective-C程序中的方法是不同的，有类方法和实例方法。假如到4S店购买了一辆新跑车，则可以定义这个新方法为4S方法，或者类方法。而对新车执行的其余操作都将是实例方法，因为它们应用于这辆新车。

在下面的实例中，演示了创建并使用对象的过程。

实例6-3	创建并使用对象
源码路径	光盘:\daima\第6章\6-3

实例文件main.m的具体实现代码如下所示。
```
#import <Foundation/Foundation.h>

#import "FKPerson.h"

int main(int argc , char * argv[])
{
    @autoreleasepool{
        // 定义FKPerson*类型的变量
        FKPerson* person;
        // 创建FKPerson对象，赋给person变量
        person = [[FKPerson alloc] init];
        // 调用有参数的方法，必须传入参数
        [person say:@"Hello, 我爱 iOS"];
        [person setName: @"贝尔" andAge: 500];
        // 调用无参数的方法，不需要传入参数
        // 方法有返回值，可以定义一个类型匹配的变量，来接收返回值
        NSString* info = [person info];
        NSLog(@"person的info信息为: %@" , info);
        // 下面调用test方法将会引起错误。
        // 因为test方法是在实现部分定义的，该方法是一个被隐藏的方法
        //    [person test];
        // 通过类名来调用类方法
        [FKPerson foo];
        // 将person变量的值赋值给p2变量
        FKPerson* p2 = person;
    }
}
```
在文件FKPerson.h中定义成员变量和对象方法，具体实现代码如下所示。
```
#import <Foundation/Foundation.h>

@interface FKPerson : NSObject
{
    // 定义两个成员变量
```

```
    NSString* _name;
    int _age;
}
// 定义一个setName: andAge:方法
- (void) setName:(NSString*) name andAge: (int) age;
// 定义一个say:方法，并不提供实现
- (void) say: (NSString *) content;
// 定义一个不带形参的info方法
- (NSString*) info;
// 定义一个类方法
+ (void) foo;
@end
```

在文件FKPerson.m中定义了各个方法的具体实现，具体实现代码如下所示。

```
#import "FKPerson.h"

@implementation FKPerson
{
    // 定义一个只能在实现部分使用的成员变量（被隐藏的成员变量）
    int _testAttr;
}
// 实现了一个setName: andAge:方法
- (void) setName:(NSString*) n andAge: (int) a   // ①
{
    _name = n;
    _age = a;
}
// 实现一个say方法
- (void) say: (NSString *) content
{
    NSLog(@"%@" , content);
}
// 实现一个不带形参的info方法
- (NSString*) info
{
    [self test];
    return [NSString stringWithFormat:
        @"我是一个好人，名字为：%@，年龄为：%d。" , _name , _age];
}
// 定义一个只能在实现部分使用的方法（被隐藏的方法）
- (void) test
{
    NSLog(@"--只在实现部分定义的test方法--");
}
// 实现类方法
+ (void) foo
{
    NSLog(@"FKPerson类的类方法，通过类名调用");
}
@end
```

执行后会输出：

```
Hello, 我爱 iOS
--只在实现部分定义的test方法--
person的info信息为：我是一个好人，名字为：贝尔，年龄为：500。
FKPerson类的类方法，通过类名调用
```

6.7.3 使用类的好处

从表面上看，需要在实例6-2中编写大量的代码才能完成实例6-1的功能。然而使用对象的最终目的是使程序易于编写、维护和扩展。

在下面的代码中，将一个分数设置为2/3，另一个设置为3/7，然后同时显示这两个分数。

实例6-4	使用类显示两个分数
源码路径	光盘:\daima\第6章\6-4

实例文件main.m的具体实现代码如下所示。

```objc
#import <Foundation/Foundation.h>

@interface Fraction: NSObject
{
    int    numerator;
    int    denominator;
}
-(void) print;
-(void) setNumerator: (int) n;
-(void) setDenominator: (int) d;
@end
//---- @实现部分----
@implementation Fraction
-(void) print
{
    NSLog (@"%i/%i", numerator, denominator);
}
-(void) setNumerator: (int) n
{
    numerator = n;
}
-(void) setDenominator: (int) d
{
    denominator = d;
}
@end
//----程序段----

int main(int argc, const char * argv[]) {
    @autoreleasepool {
        Fraction    *frac1 = [[Fraction alloc] init];
        Fraction    *frac2 = [[Fraction alloc] init];
        // 2/3
        [frac1 setNumerator: 2];
        [frac1 setDenominator: 3];
        // 3/7
        [frac2 setNumerator: 3];
        [frac2 setDenominator: 7];
        //输出
        NSLog (@"First fraction is:");
        [frac1 print];
        NSLog (@"Second fraction is:");
        [frac2 print];
    }
    return 0;
}
```

在上述代码中创建了两个名为frac1和frac2的Fraction对象,然后将它们分别赋值为2/3和3/7。当frac1使用方法setNumerator:将其分子设置为2时,实例变量frac1也将实例变量numerator设置为2。同样,当frac2使用相同的方法将其分子设置为3时,它特有的实例变量numerator也被设置为3。每当创建新类时,该类就获得了自己特有的一组实例变量,如图6-6所示。

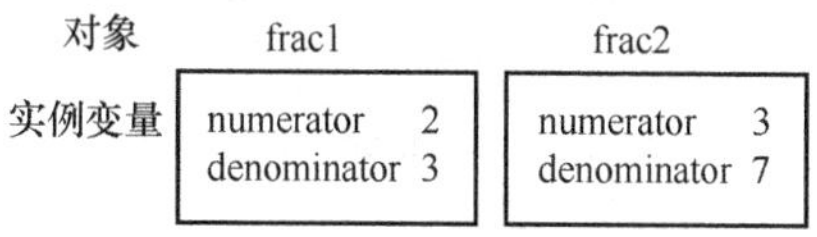

对象	frac1	frac2
实例变量	numerator 2 denominator 3	numerator 3 denominator 7

图6-6 特有的实例变量

执行上述代码后输出:
```
First fraction is:
2/3
Second fraction is:
3/7
```
根据要发送消息的对象引用正确的实例变量。所以在"[frac1 setNumerator: 2];"中,只要setNumerator:在方法中使用名称numerator,引用的都是frac1的numerator。这是因为frac1是此消息的接收者。

6.8 类的高级应用

知识点讲解: 光盘:视频\知识点\第6章\类的高级应用.mp4

在Objective-C程序中,类是面向对象编程技术的核心。基于类的重要性,本节将详细讲解Objective-C

类的高级应用。

6.8.1 访问实例变量并封装数据

在本章前面的实例中,在处理分数时是通过名称直接访问两个实例变量numerator和denominator实现的。实际上,实例方法可以直接访问本身的实例变量,但是类方法则不能,因为它只会处理类本身,并不会处理类的任何实例。但是如果要从其他位置访问实例变量,例如从main例程内部来访问,因为它们是隐藏的,所以此时不能直接访问这些实例变量。将实例变量隐藏起来的这一做法是数据封装的关键概念,封装使得程序员可以扩展和修改他的类定义,而不必再担心类的使用者是否破坏类的内部细节。在Objective-C程序中,可以编写特殊方法来检索实例变量的值,这样做可以用一种新的方式来访问它们。例如,创建两个名为numerator和denominator的方法,分别作为消息接收者Fraction相应的实例变量,这样返回结果将是相应整数值。例如,如下代码是这两个新方法的声明。

```
-(int) numerator;
-(int) denominator;
```

下面是定义上述方法的代码。

```
-(int) numerator
{
 return numerator;
}

-(int) denominator
{
 return denominator;
}
```

上述访问的方法名和实例变量名是相同的,这样做不会存在任何问题。然后可以使用下面的代码测试这两个新方法。

实例6-5	使用新方法访问实例变量
源码路径	光盘:\daima\第6章\6-5

实例文件main.m的具体实现代码如下所示。

```
#import <Foundation/Foundation.h>

@interface Fraction: NSObject
{
    int   numerator;
    int   denominator;
}
-(void) print;
-(void) setNumerator: (int) n;
-(void) setDenominator: (int) d;
-(int) numerator;
-(int) denominator;
@end
//---- @implementation 部分 ----
@implementation Fraction
-(void) print
{
    NSLog (@"%i/%i", numerator, denominator);
}
-(void) setNumerator: (int) n
{
    numerator = n;
}
-(void) setDenominator: (int) d
{
    denominator = d;
}
-(int) numerator
{
    return numerator;
```

```
}
-(int) denominator
{
    return denominator;
}
@end
//---- 程序片段 ----

int main(int argc, const char * argv[]) {
    @autoreleasepool {
        Fraction   *myFraction = [[Fraction alloc] init];
        // 分数 2/3
        [myFraction setNumerator: 2];
        [myFraction setDenominator: 3];
        //使用显示分数的两种新方法
        NSLog (@"The value of myFraction is: %i/%i",
            [myFraction numerator], [myFraction denominator]);
    }
    return 0;
}
```

执行上述代码后会输出：

```
The value of myFraction is 2/3
```

请读者看下面的Nslog代码：

```
NSLog (@"The value of myFraction is: %i/%i",
    [myFraction numerator], [myFraction denominator]);
```

通过上述代码，显示如下发送给myFraction:的两条消息。

❑ 第一条消息：检索numerator的值。

❑ 第二条信息：检索denominator的值。

在Objective-C程序中，通常将设置实例变量值的方法被称为设置函数（setter），将检索实例变量值的方法称为获取函数（getter）。对于类Fraction来说，函数setNumerator:和setdenominator:是设置函数，函数numerator和denominator是获取函数。

因为使用方法new将alloc和init的操作结合起来，所以下面的代码可以分配并初始化新的Fraction。

```
Fraction *myFraction = [Fraction new];
```

通常来说，用两步来实现分配和初始化的方式更好，即首先创建一个对象，然后对它初始化。

6.8.2 尽量分离接口和实现文件

在使用类实现面向对象编程技术时，为了实现项目工程的美观性，建议尽量将一个程序分解成多个文件，将较大的程序分解成多个更容易处理的小文件。在下面的实例中，将类的声明和定义放在单独的文件中，在此建议使用Xcode新建一个称为FractionTest的项目。

实例6-6	将程序分解成多个文件
源码路径	光盘:\daima\第6章\6-6

本实例的具体实现流程如下所示。

（1）编写主文件FractionTest.m，主要代码如下所示。

```
#import "Fraction.h"

int main(int argc, const char * argv[]) {
    @autoreleasepool {
        Fraction   *myFraction = [[Fraction alloc] init];
        // 1/3
        [myFraction setNumerator: 2];
        [myFraction setDenominator: 3];
        NSLog (@"The value of myFraction is:");
        [myFraction print];
    }
    return 0;
}
```

在上述文件中，并没有包括Fraction类的定义，只是导入了一个名为Fraction.h的文件。在Objective-C程序中，通常有如下两种做法。

- 第一种做法：将类的声明（即@interface部分）放在名为class.h的文件中。
- 第二种做法：将类的定义（即，@implementation部分）放在相同名称的文件中，但是扩展名是".m"。

所以在上述代码中，把声明类Fraction的代码放到文件Fraction.h中，把定义类Fraction的代码放到文件Fraction.m中。

（2）接下来需要在Xcode中完成工作，在"File"菜单中选择"New File"。在左侧窗格中选择"OS X"下面的"Source"。在右上窗格中，选择"Cocoa Class"，此时窗口界面如图6-7所示。

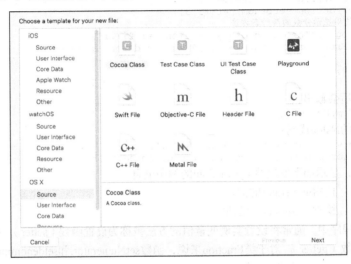

图6-7　Xcode新建文件

（3）单击"Next"按钮，输入Fraction.m作为文件名，在下面选择"Objective-C"。该文件所在的位置应该与FractionTest.m文件所在的文件夹相同。此时窗口界面如图6-8所示。

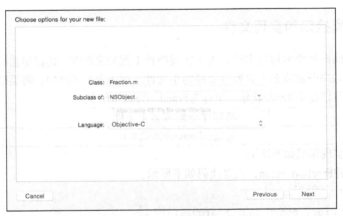

图6-8　在项目中添加新类

（4）单击"Finish"按钮，此时Xcode在项目中添加了两个文件：Fraction.h和Fraction.m，如图6-9所示。因为此处不使用Cocoa，所以文件Fraction.h中的代码如下所示。

```
#import <Foundation/Foundation.h>
```

此时在同一文件Fraction.h中，可以输入类的接口部分，接口部分代码如下。

```
#import <Foundation/Foundation.h>
@interface Fraction : NSObject
{
```

```
    int    numerator;
    int    denominator;
}
-(void)     print;
-(void)     setNumerator: (int) n;
-(void)     setDenominator: (int) d;
-(int)      numerator;
-(int)      denominator;
-(double)   convertToNum;
@end
```

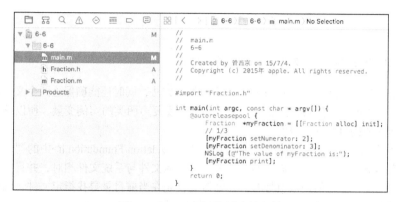

图6-9　Xcode为新类创建了文件

上述接口文件代码的功能是告诉编译器Fraction类的外观特征，它包括两个名为numerator和denominator的实例变量，而且都是整数。Fraction类还包含如下6个实例方法。

❏ print。

❏ setNumerator。

❏ setDenominator。

❏ numerator。

❏ denominator。

❏ convertToNum。

其中前3个方法没有返回值，接着的两个方法返回int值，最后一个方法返回double值。方法setNumerator:和setDenominator:可以各自接收一个整型参数。

类Fraction的具体实现位于文件Fraction.m中，具体代码如下所示。

```
#import "Fraction.h"

@implementation Fraction
-(void) print
{
    NSLog (@"%i/%i", numerator, denominator);
}

-(void) setNumerator: (int) n
{
    numerator = n;
}

-(void) setDenominator: (int) d
{
 denominator = d;
}

-(int) numerator
{
    return numerator;
}
```

```
-(int) denominator
{
 return denominator;
}

-(double) convertToNum
{
 if (denominator != 0)
   return (double) numerator / denominator;
 else
   return 1.0;
}
@end
```
使用下面的代码可以将接口文件导入到实现文件中。
```
#import "Fraction.h"
```
这样做的目的是使编译器知道为Fraction声明的类和方法，同时还能确保这两个文件的一致性。在此需要注意，一般不能（虽然可以这么做）在实现部分重复声明类的实例变量，所以编译器需要从文件Fraction.h中包含的接口部分获得信息。

在导入文件时要用一对引号括起来，而不是使用<Foundation/Foundation.h>中的"<"和">"括起来。双引号用在本地文件（您自己创建的文件）中，本地文件与系统文件相对，并且它们告诉编译器在哪里找到指定的文件。在使用双引号时，编译器会首先在当前目录寻找指定文件，然后再转到其他位置查找。如果想要更加准确的结果，可以指定编译器要查找的实际位置。

接下来可以使用文件FractionTest.m来测试上述程序，在测试文件FractionTest.m中已经包含了接口文件Fraction.h，而没有包含实现文件Fraction.m。现在整段程序被分解成了3个独立的文件，此时可以编译并运行程序，使用方法与以前的使用方法一样，也是选择Build菜单中Build and Go命令，或者单击主Xcode窗口中的Build and Go图标。

如果使用命令行编译程序，需要要为Objective-C编辑器提供这两个".m"文件名。如果使用gcc命令，则命令行如下所示。
```
gcc -framework Foundation Fraction.m FractionTest.m -o FractionTest
```
这将构建一个名为FractionTest的可执行文件，执行上述程序后会输出：
```
The value of myFraction is:
2/3
```

6.9 隐藏和封装

知识点讲解：光盘:视频\知识点\第6章\隐藏和封装.mp4

在Objective-C程序中可以通过某个对象直接访问其属性，但是这可能会引起一些潜在的问题。例如将某个Person类的age属性直接设为10000，虽然这在语法上没有任何问题，但是违背了自然现实。为此在Objective-C中推出了封装这一概念，可以将类和对象的属性进行封装处理。

6.9.1 什么是封装

封装（Encapsulation）是面向对象三大特征之一，是指将对象的状态信息隐藏在对象内部，不允许外部程序直接访问对象内部信息，而是通过该类所提供的方法来实现对内部信息的操作和访问。封装是面向对象编程语言对客观世界的模拟，客观世界里的属性都被隐藏在对象内部，外界无法直接操作和修改。例如，Person对象中的age属性，只有随着岁月的流逝，age属性才会增加，而我们不能随意修改Person对象的age属性。概括起来，在Objective-C中封装类或对象的目的如下。

❑ 隐藏类的实现细节。
❑ 让使用者只能通过事先预定的方法来访问数据，从而可以在该方法里加入控制逻辑，限制对属性的不合理访问。

- 进行数据检查，从而有利于保证对象信息的完整性。
- 便于修改，提高代码的可维护性。

在Objective-C中为了实现良好的封装，需要从如下两个方面考虑。
- 将对象的属性和实现细节隐藏起来，不允许外部直接访问。
- 把方法暴露出来，让方法来操作或访问这些属性。

由此可见，封装有两个方面的含义，一是把该隐藏的隐藏起来，二是把该暴露的暴露出来。这两个含义都需要使用Objective-C提供的访问控制符来实现。

6.9.2 访问控制符

在Objective-C中提供了4个访问控制符，分别是@private、@protected、@package和@public，分别代表了4个访问控制级别。除此之外，还有一个不加任何访问控制符的访问控制级别default，也就是说Objective-C一共提供了4个访问控制级别，由小到大分别是private、@package、protected和public。其中default并没有对应的访问控制符，当不使用任何访问控来修饰类或类成员时，系统默认使用default访问控制级别。上述这4个访问控制级别的具体说明如下所示。

- @private：仅仅在当前类的实现@implementation中直接访问。子类是不可以直接访问其父类的@private成员变量的，作为其子类，继承了父类的方法和成员变量（子类和父类中不允许有相同的成员变量），如果想访问@private父类的成员变量，可以通过set和get方法访问。
- @package：同一个框架中可以访问，介于@public和@private之间。
- @protected：仅仅在当前类及其子类的实现@implementaition中直接访问。
- @public：任何地方都可以直接访问的成员变量。

在类的实现@implementation中，可以声明成员变量，但是不提倡这种做法。这个成员变量在默认情况下是@private的，如果强加@public，即使在main.m函数中访问该成员变量，编译器也会报错的。另外，在main.m函数中进行@implementation并声明成员变量，如果在成员变量前强加@pubilc，这时int main()主函数是可以访问该成员变量的，但是也不提倡这种做法。

在下面的实例中，演示了使用访问控制符的过程。

实例6-7	访问控制符的使用
源码路径	光盘:\daima\第6章\6-7

实例文件main.m的具体实现代码如下所示。

```
#import "FKPerson.h"

int main(int argc , char * argv[])
{
    @autoreleasepool{
        FKPerson* p = [[FKPerson alloc] init];
        // 因为_age成员变量已被隐藏，所以下面语句将出现编译错误
        //    p->_age = 1000;
        // 下面语句编译不会出现错误，但运行时将提示设置的年龄不合法
        // 程序不会修改p的_age成员变量
        [p setAge: 1000];
        // 访问p的_age成员变量也必须通过其对应的getter方法
        // 因为上面从未成功设置p的_age成员变量，故此处输出0
        NSLog(@"当我们没有设置age成员变量时：%d" , [p age]);
        // 成功修改p的_age成员变量
        [p setAge:30];
        //因为上面成功设置了p的_age成员变量，故下面输出30
        NSLog(@"当我们成功设置_age成员变量后：%d" , [p age]);
        // 不能直接操作p的_name成员变量，只能通过其对应的setter方法
        // 因为"李刚"字符串长度满足2~6，所以可以成功设置
        [p setName:@"管玉龙"];
        NSLog(@"当我们成功设置_name成员变量后：%@" , [p name]);
    }
}
```

文件FKPerson.h的具体实现代码如下所示。

```objc
#import <Foundation/Foundation.h>

@interface FKPerson : NSObject
{
    // 使用@private限制成员变量
@private
    NSString* _name;
    int _age;
}
// 提供方法来操作_name成员变量
- (void) setName: (NSString*) name;
// 提供方法来获取_name成员变量的值
- (NSString*) name;
// 提供方法来设置_age成员变量
- (void) setAge:(int) age;
// 提供方法来获取_age成员变量的值
- (int) age;
@end
```

文件FKPerson.m的具体实现代码如下所示。

```objc
#import "FKPerson.h"

@implementation FKPerson
// 提供方法来设置_name成员变量
- (void) setName: (NSString*) name
{
    //执行合理性校验，要求用户名必须在2~6位之间
    if ([name length] > 6 || [name length] < 2)
    {
        NSLog(@"警告你：您设置的人名不符合要求");
        return;
    }
    else
    {
        _name = name;
    }
}
// 提供方法来获取_name成员变量的值
- (NSString*) name
{
    return _name;
}
// 提供方法来设置_age成员变量
- (void) setAge:(int) age
{
    if(_age != age)
    {
        //执行合理性校验，要求用户年龄必须在0~100之间
        if (age > 100 || age < 0)
        {
            NSLog(@"警告你：您设置的年龄不合法");
            return;
        }
        else
        {
            _age = age;
        }
    }
}
// 提供方法来获取_age成员变量的值
- (int) age
{
    return _age;
}
@end
```

执行后会输出：

警告你：您设置的年龄不合法

当我们没有设置age成员变量时：0
当我们成功设置_age成员变量后：30
当我们成功设置_namo成员变量后，管工龙

6.9.3 合成存取器方法

从Objective-C 2.0开始，可以自动生成设置函数方法和获取函数方法，这些方法被统称为存取器方法。在本节的内容中，将详细介绍如何自动生成设置函数和获取函数的方法。

首先需要在接口部分中使用指令@property标识属性，这些属性通常是实例变量。在类Fraction中，实例变量numerator和denominator都属于此类属性。下面是新的接口部分，在其中添加了新的@property指令。

```
@interface Fraction : NSObject
{
  int numerator;
  int denominator;
}
@property int numerator, denominator;
-(void)    print;
-(double)  convertToNum;
@end
```

注意，上述代码没有包括下列设置函数方法和获取函数方法的定义。

- numerator。
- denominator。
- setNumerator。
- setDenominator。

下面代码的目的是让Objective-C 2.0编译器自动生成或合成上述方法，要想实现此功能，需要在实现部分中使用@synthesize指令。

```
#import "Fraction.h"
@implementation Fraction
@synthesize numerator, denominator;
-(void) print
{
    NSLog (@"%i/%i", numerator, denominator);
}
-(double) convertToNum
{
    if (denominator != 0)
        return (double) numerator / denominator;
    else
        return 1.0;
}
@end
```

在上述代码中，代码 "@synthesize numerator, denominator;" 的功能是告诉Objective-C编译器，为这两个实例变量（numerator和denominator）都生成一对方法：设置函数方法和获取函数方法。如果有称为X的实例变量，那么在实现部分中包括下面的代码，会使编译器自动实现一个获取函数方法X和一个设置函数方法setX。

```
@synthesize x;
```

如果将实例6-1中的代码按照上述方法对接口和实现部分进行更改，设置为合成存取器方法，最终的输出结果与原来FractionTest.m的输出相同。

6.9.4 使用点运算符访问属性

在Objective-C程序中，可以使用非常简便的语法形式访问属性。例如，可以使用下面的代码获得在myFraction中存储的numerator值。

```
[myFraction numerator]
```

这样会向myFraction对象发送numerator消息，从而返回所需的值。从Objective-C 2.0开始，可以使

用点运算符编写如下等价的表达式:
```
myFraction.numerator
```
一般格式为:
```
instance.property
```
另外也可以使用类似的语法进行赋值:
```
instance.property = value
```
这等价于如下表达式:
```
[instance setProperty: value]
```
在实例6-1中,可以使用如下两行代码将分数的numerator和denominator设置为2和3。
```
[myFraction setNumerator: 2];
[myFraction setDenominator: 3];
```
而下面是两行等价的代码:
```
myFraction.numerator = 2;
myFraction.denominator = 3;
```
这样在合成方法中可以使用这些新功能,本书后面的内容中使用这种方法来访问属性。

在下面的实例中,演示了使用点运算符访问属性的过程。

实例6-8	使用点运算符访问属性实例
源码路径	光盘:\daima\第6章\6-8

实例文件main.m的具体实现代码如下所示。
```
#import "KCard.h"

int main(int argc , char * argv[])
{
    @autoreleasepool{
        KCard* card = [[KCard alloc] init];
        // 通过点运算符对属性赋值
        card.flower = @"•";
        card.value = @"A";
        // 通过点运算符来访问属性值
        NSLog(@"赌神的底牌为:%@%@", card.flower, card.value);
    }
}
```
文件KCard.h的具体实现代码如下所示。
```
#import <Foundation/Foundation.h>

@interface KCard : NSObject
// 使用@property定义两个property
@property (nonatomic , copy) NSString* flower;
@property (nonatomic , copy) NSString* value;
@end
```
文件KCard.m的具体实现代码如下所示。
```
#import "KCard.h"

@implementation KCard
@end
```
执行后会输出:
```
赌神的底牌牌为:•A
```

6.10 多参方法

知识点讲解:光盘:视频\知识点\第6章\多参方法.mp4

接下来以前面的类Fraction为例,假如已经定义了6个方法,如果有一个方法能够只用一条消息即可同时设置numerator和denominator,这样将十分完美。通过列出每个连续的参数并用冒号将其连起来,就可以定义一个接收多个参数的方法。用冒号连接的参数将成为这个方法名的一部分。例如,方法名addName:Email:表示接受两个参数的方法,这两个参数可能是姓名和电子邮件地址。方法addName:Email:Phone:是接收以下3个参数的方法,一个是姓名,一个是电子邮件地址,还有一个是电话号码。

如果同时设置numerator和denominator的方法可以命名为setNumberator:andDenominator:，可以采用下面的形式来实现。

```
[myFraction setNumerator: 1 andDenominator: 3];
```

实际上，上述命名方法是首选方式，但是必须为方法指定更易阅读的名称。究竟选择哪种命名方式是由程序员决定的，选择好的方法名对整个程序的可读性是很重要的。

下面的代码中，在接口文件中添加了多参方法setTo:over:的声明。

实例6-9	多参方法实例
源码路径	光盘:\daima\第6章\6-9

接口文件Fraction.h的具体实现代码如下所示。

```
#import <Foundation/Foundation.h>
@interface Fraction : NSObject
{
  int numerator;
  int denominator;
}

@property int numerator, denominator;

-(void)    print;
-(void)    setTo: (int) n over: (int) d;
-(double)  convertToNum;
@end
```

然后，在执实文件Fraction.m中定义新方法，具体代码如下所示。

```
#import "Fraction.h"
@implementation Fraction

@synthesize numerator, denominator;

-(void) print
{
  NSLog (@"%i/%i", numerator, denominator);
}

-(double) convertToNum
{
  if (denominator != 0)
    return (double) numerator / denominator;
  else
    return 1.0;
}

-(void) setTo: (int) n over: (int) d
{
  numerator = n;
  denominator = d;
}
@end
```

在上述代码中，新定义的方法setTo:over:仅接受两个整型参数，分别是n和d，并把它们赋值给该分数对应的域numerator和denominator。

下面测试文件main.m的代码可以测试上面定义的新方法。

```
#import "Fraction.h"

int main(int argc, const char * argv[]) {
    @autoreleasepool {
        Fraction *aFraction = [[Fraction alloc] init];

        [aFraction setTo: 100 over: 200];
        [aFraction print];

        [aFraction setTo: 1 over: 3];
        [aFraction print];
    }
```

```
        return 0;
}
```
执行上述代码后会输出：
```
100/200
1/3
```

6.10.1 不带参数名的方法

在创建方法时，参数名是可选的，例如使用下面的代码可以声明一个方法。
```
-(int) set: (int) n: (int) d;
```
和前面的例子不同，上述方法的第2个参数没有名字。上述方法的名字为set::，两个冒号表示这个方法有两个参数，虽然没有全部命名。

要想调用方法set::，可以使用冒号作为参数分隔符，例如下面的代码。
```
[aFraction set: 1 : 3];
```
在编写新方法时，建议不要省略参数名，因为这样会使程序很难读懂并且不直观，特别是当使用的方法参数特别重要时。

6.10.2 操作分数

接下来继续探讨前面讲解的类Fraction，首先编写一个方法，将一个分数与另一个分数相加，将其中的一个方法命名为add:，并且把其中一个分数作为参数。声明此新方法的代码如下所示。
```
-(void) add: (Fraction *) f;
```
在上述代码中，声明参数f的代码如下所示。
```
(Fraction *) f
```
上述代码说明方法add:的参数类型是Fraction类，此处的星号是必需的。下面的声明是不正确的。
```
(Fraction) f
```
把一个分数作为参数传递给add:方法，而这一方法将其添加到消息的接收器中，所以下面的消息表达式可以将Fraction bFraction和Fraction aFraction相加。
```
[aFraction add: bFraction];
```
假如想计算如下表达式的值：
```
a/b + c/d = ((a*d) + (b*c)) / (b * d)
```
可以使用下面@implementation部分新方法的实现代码。
```
- (void) add: (Fraction *) f
{
    // 两个分数相加
    // a/b + c/d = ((a*d) + (b*c)) / (b * d)
    numerator = numerator * f.denominator
            + denominator * f.numerator;
    denominator = denominator * f.denominator;
}
```
在此需要通过域numerator和donominator指定Fraction作为消息的接收器，而不能用这种方法直接定义参数f的实例变量，正确的做法是必须通过对f应用点运算符来获得实例变量，或通过向f发送相应的消息。

假设将新add:方法的声明和定义添加到接口文件和实现文件中，则可以使用下面的代码进行测试并输出。
```
#import "Fraction.h"
int main(int argc, const char * argv[]) {
    @autoreleasepool {
        Fraction *aFraction = [[Fraction alloc] init];
        Fraction *bFraction = [[Fraction alloc] init];
        //设置两个分数1 / 4和1 / 2，并将两个分数加在一起并输出结果
        [aFraction setTo: 1 over: 4];
        [bFraction setTo: 1 over: 2];
        [aFraction print];
        NSLog (@"+");
        [bFraction print];
        NSLog (@"=");
```

```
    [aFraction add: bFraction];
    [aFraction print];
    return 0;
}
```

对于上述代码的具体说明如下。

(1) 通过两个名为aFraction和bFraction分数来分配并初始化Fraction的空间。

(2) 分别将Fraction bFraction与Fraction aFraction赋值为1/4和1/2，接着将它们相加，之后显示相加的结果。

此处需要注意，因为方法add:能够将对象的参数相加，所以对象的结果被修改了。另外还需要注意，在调用方法add:之前显示了aFraction的值，这样可以在方法add:改变aFraction的值之前显示其原值。执行上述程序后会输出：

```
1/4
+
1/2 =
6/8
```

6.11 局部变量

知识点讲解：光盘:视频\知识点\第6章\局部变量.mp4

在实例6-7中，分数1/4和1/2相加的结果为6/8，而不是3/4，这是因为加法例程只执行算术运算，并不做其他处理，不会将结果相约。所以接下来需要继续实现如何编写有关分数运算的新方法，首先编写一个新的方法reduce，功能是将分数相约到它的最简形式。

要想实现最简形式，需要找到能同时整除分子和分母的最大数来约简分数，然后使用这个数去除分子和分母。在具体实现上，需要找出分子和分母的最大公约数。在本书第4章的实例4-7中已经演示了获得最大公约数的方法。根据实例4-7的算法，可以编写出如下名为reduce的新方法。

```
- (void) reduce
{
    int   u = numerator;
    int   v = denominator;
    int   temp;
    while (v != 0) {
     temp = u % v;
     u = v;
     v = temp;
    }
    numerator /= u;
    denominator /= u;
}
```

在上述代码的方法reduce中声明了u、v和temp三个整型变量。这些变量是局部变量，这表示它们的值只在运行方法reduce时才存在，并且只能在定义它们的方法中访问。这类似于在main例程中定义的变量，这些变量对main来说是局部变量，可以在main例程中直接进行访问，定义的其他方法都不能访问main中的局部变量。

局部变量没有默认的初始值，所以在使用前要先赋值。例如，在上述程序reduce中，使用这三个变量之前先进行了赋值。和通过方法调用赋值的实例变量不同，这些局部变量不在内存中。也就是说，当返回方法时，这些变量的值都消失了。当每次调用方法时，该方法中的局部变量（如果有的话）都会使用变量声明初始化一次。

6.11.1 方法的参数

方法的参数名是局部变量，在执行方法时，通过方法传递的任何参数都被复制到局部变量中。因为方法使用参数的副本，所以不能改变通过方法传递的原值。假设有一个名为calculate:的方法，定义此方法的代码如下所示。
```
-(void) calculate: (double) x
{
    x *= 2;
    ...
}
```
假设使用以下消息表达式来调用上述方法。
```
[myData calculate: ptVal];
```
当执行方法calculate时，变量ptVal所含的任何值都被复制到局部变量x。所以当改变calculate中x的值时，不会影响ptVal的值，而只能影响x变量的数据副本。如果参数是对象，则可以更改其中实例变量的值。

6.11.2　static 关键字

在Objective-C程序中，如果将关键字static放在变量声明之前，则可以使局部变量保留多次调用一个方法所得的值。例如有下面的代码。
```
static int hitCount = 0;
```
在上述代码中，声明的整数hitCount是一个静态变量。和其他常见的局部变量不同。静态变量的初始值为0，所以前面显示的初始化是多余的。此外，静态变量只在程序开始执行时初始化一次，并且在多次调用方法时保存这些数值。

再看下面的代码。
```
-(void) showPage
{
  static int pageCount = 0;
  ...
  ++pageCount;
  ...
}
```
上述代码可能出现在一个名为showPage的方法中，能够记录调用该方法的次数。只在程序开始时将局部静态变量设置为0，并且在连续调用showPage方法时获得新值。

注意——将pageCount设置为局部静态变量和实例变量的区别

> 对于前一种情况，pageCount能记录调用方法showPage的所有对象打印页面的数目。对于后一种情况，变量pageCount可以计算每个对象打印的页面数目，因为每个对象都有自己的pageCount副本。
>
> 只能在定义静态变量和局部变量的方法中访问这些变量。所以即使是静态变量pageCount，也只能在函数showPage中访问。可以将变量的声明移到所有方法声明的外部，通常被放在implementation文件的开始处，这样所有方法都可以访问它们，例如下面的代码。
> ```
> #import "Printer.h"
> static int pageCount;
>
> @implementation Printer;
> ...
> @end
> ```
> 此时，该文件中包含的所有实例或者类方法都可以访问变量pageCount。

接下来继续讨论分数，将方法reduce的代码结合到实现文件Fraction.m中。在接口文件Fraction.h中声明方法reduce，接下来就可以用下面的代码来测试这个新方法。
```
#import "Fraction.h"
int main(int argc, const char * argv[]) {
    @autoreleasepool {    Fraction *aFraction = [[Fraction alloc] init];
    Fraction *bFraction = [[Fraction alloc] init];
    [aFraction setTo: 1 over: 4];    // 1/4
    [bFraction setTo: 1 over: 2];    // 1/2
    [aFraction print];
    NSLog (@"+");
```

```
    [bFraction print];
    NSLog (@"=");
    [aFraction add: bFraction];
    //使分数最简化并输出结果
    [aFraction reduce];
    [aFraction print];
    return 0;
}
```

执行上述代码后会输出：

```
1/4
+
1/2
=
3/4
```

现在的计算结果就是3/4，而不是6/8。

6.11.3 self 关键字

在实例6-4中，既可以在方法add:之外约简分数，也可以在方法add:中实现约简处理功能。无论如何，整个过程的核心功能是如何确定使用方法reduce实现约简的分数。虽然已经知道如何通过变量名直接确定方法中的实例变量，但是还不知道如何直接确定消息的接受者。

在Objective-C程序中，可以使用关键字self来指明某对象是当前方法的接受者。如果在方法add:中编写如下代码。

```
[self reduce];
```

此时就可以在Fraction中使用reduce方法，这正是希望的add:方法的接受者。例如，下面的add:方法使用了关键字self。

```
- (void) add: (Fraction *) f
{
    // 相加
    // a/b + c/d = ((a*d) + (b*c)) / (b * d)
    numerator = (numerator * [f denominator]) +
        (denominator * [f numerator]);
    denominator = denominator * [f denominator];
    [self reduce];
}
```

这样在执行加法操作之后，分数就被约简处理了。

6.12 在方法中分配和返回对象

> 知识点讲解：光盘:视频\知识点\第6章\在方法中分配和返回对象.mp4

通过前面的方法add:改变了接受该消息的对象值。通过创建的新方法add:实现了一个新的分数来存储相加的结果。在这种情况下，需要向消息发送者返回新的Fraction。例如，下面是定义新方法add:的代码。

```
-(Fraction *) add: (Fraction *) f
{
    // 相加
    // a/b + c/d = ((a*d) + (b*c)) / (b * d)
    Fraction    *result = [[Fraction alloc] init];
    int         resultNum, resultDenom;
    resultNum = numerator * f.denominator +
        denominator * f.numerator;
    resultDenom = denominator * f.denominator;
    [result setTo: resultNum over: resultDenom];
    [result reduce];
    return result;
}
```

在上述代码中，"-(Fraction *) add: (Fraction *) f;"说明方法add:会返回一个名为Fraction的对象，并且此方法还使用一个Fraction作为参数，此参数将与消息的接受者相加，这个接受者也是Fraction。

通过上述方法分配并初始化一个新的Fraction对象,名为result,然后定义两个名为resultNum和resultDenom的局部变量,它们将存储程序相加运算产生的分子分母。

和以前一样,执行完加法运算之后将产生的分子和分母复制给局部变量,然后使用以下消息表达式设置result的值。

```
[result setTo: resultNum over: resultDenom];
```

在经过约简处理之后,将结果返回给消息的发送者。

这样在方法add:中将返回分配给Fraction result的空间,并且分配的空间也没有被系统释放。此处不能从方法add:中释放的原因是因为方法add:的调用者还需要用到。当此方法的使用者知道返回的对象是一个新变量时,才会释放返回。例如,可以使用下面的代码测试了上述新方法add:。

```
#import "Fraction.h"
int main(int argc, const char * argv[]) {
@autoreleasepool {
    NSAutoreleasePool * pool = [[NSAutoreleasePool alloc] init];

    Fraction *aFraction = [[Fraction alloc] init];
    Fraction *bFraction = [[Fraction alloc] init];

    Fraction *resultFraction;

    [aFraction setTo: 1 over: 4];    // set 1st fraction to 1/4
    [bFraction setTo: 1 over: 2];    // set 2nd fraction to 1/2

    [aFraction print];
    NSLog (@"+");
    [bFraction print];
    NSLog (@"=");

    resultFaction = [aFraction add: bFraction];
    [resultFraction print];

    //这个时候直接打印结果
    //内存泄漏在这里
    [[aFraction add: bFraction] print];
    return 0;
}
```

执行上述代码后会输出:

```
1/4
+
1/2
=
3/4
3/4
```

对于上述代码的具体说明如下。

(1)首先定义了aFraction和bFraction这两个Fraction对象,并将它们的值分别设为1/4和1/2。

(2)然后定义一个名为resultFraction的Fraction对象,通过这个对象来存储相加操作的结果。

(3)然后通过下面的代码处理参数。

```
resultFraction = [aFraction add: bFraction];
[resultFraction print];
```

首先发送方法add:的消息到类aFraction,同时将类Fraction bFraction作为它的参数。该方法返回的结果将Fraction存储到resultFraction中,然后通过向它发送一条print消息的方式来显示这个结果。虽然没有在例程main中为它分配空间,但是在程序的末尾一定要将resultFraction释放。这是由方法add:分配的空间,但是由开发者负责清除空间。这里的消息表达式"[[aFraction add: bFraction] print];"存在一个问题,因为使用方法add:返回Fraction类并向其发送一条将要print的消息,并没有办法释放方法add:创建的Fraction类,这是一个典型的内存泄漏实例。如果在程序中有很多个这样的嵌套消息,最终这些分数的存储空间就会累加,这些分数的内存没有被释放。每次将添加或者泄漏少许内存,它们不能直接恢复。

解决上述问题的一个方案是将方法print返回给它的接受者,然后将其释放。其实更好的解决方案是将嵌套的消息分成两个单独的消息。另外，可以在方法add:中避免使用临时变量resultNum和resultDenom，而是使用如下单条消息调用实现这个目的。

```
[result setTo: numerator * f.denominator + denominator * f.numerator
     over: denominator * f.denominator;
```

但是此处并不推荐编写如此简明的代码。

再看一个问题，编程实现计算$\sum_{i=1}^{n}1/2^i$的值。符号Σ是总和的缩写，$\sum_{i=1}^{n}1/2^i$表示将$1/2^i$加到一起，i从1到n。即1/2+1/4+1/8……。如果n足够大，这个序列的总和应该接近于1。

测试文件FractionTest.m的代码如下所示。

```
#import "Fraction.h"
int main(int argc, const char * argv[]) {
    @autoreleasepool {
    Fraction *aFraction = [[Fraction alloc] init];
    Fraction *sum = [[Fraction alloc] init], *sum2;
    int i, n, pow2;
    [sum setTo: 0 over: 1];  // 第一部分
    NSLog (@"Enter your value for n:");
    scanf ("%i", &n);
    pow2 = 2;
    for (i = 1; i <= n; ++i) {
        [aFraction setTo: 1 over: pow2];
        sum2 = [sum add: aFraction];
        [sum release];   //释放先前的总和        sum = sum2;
        pow2 *= 2;
    }
    NSLog (@"After %i iterations, the sum is %g", n, [sum convertToNum]);
    return 0;
    }
}
```

对于上述代码的具体说明如下。

（1）首先当分子为0分母为1时，Fraction Sum被设为0。

（2）然后程序提示用户输入n值，并使用scanf读取这个值。

（3）接着进入for循环来计算这个序列的总和。首先将变量pow2初始化为2，通过此变量用来储存2^i的值。每当循环一次，其值被乘以2。for循环从1开始到n结束。每循环一次，将aFraction设为1/pow2或$1/2^i$。然后这个值通过前面定义的方法add:与累积的变量sum相加。add:的结果被赋值给sum2，而不是sum，这样做的目的是避免内存漏洞问题。然后释放旧的sum，sum的新值sum2将赋值给sum，以便进行下一轮迭代。建议读者及时在代码中释放分数，这样可以熟悉避免内存泄漏的策略。如果这是一个执行成百上千次的for循环，而如果不懂得如何释放分数，就会迅速积累很多浪费的内存空间。当for循环结束时，使用方法convertToNum将结果以十进制值的方式显示。那时只有两个对象要释放，aFraction和最后存储在sum中的Fraction对象。

（4）最后程序执行结束。

执行上述代码，如果输入5则会输出：

```
Enter your value for n:
5
After 5 iterations, the sum is 0.96875
```

执行上述代码，如果输入10则会输出：

```
Enter your value for n:
10
After 10 iterations, the sum is 0.999023
```

执行上述代码，如果输入15则会输出：

```
Enter your value for n:
15
After 15 iterations, the sum is 0.999969
```

上述输出效果展示了在MacBook Air中独立运行该程序的情况，为了说明程序的准确度，笔者特意展示了分别输入3个不同结果后的执行情况。

到此为止，已经开发了处理分数的一个小方法库。下面是完整的接口文件，在里面可以看到该类实现的所有方法。

```
#import <Foundation/Foundation.h>
@interface Fraction : NSObject
{
  int   numerator;
  int   denominator;
}
@property int numerator, denominator;
-(void)         print;
-(double)       convertToNum;
-(Fraction *) add: (Fraction *) f;
-(void)         reduce;
@end
```

此处可能不需要处理分数，但是上述演示了应该如何通过加入新方法来定义和扩展一个类。这样在以后遇到处理分数的应用时可以直接使用这个接口文件。可以在这个文件的基础上，通过直接扩展类定义或者定义自己的子类，继续添加自己的新方法来扩充这个文件的功能。

第7章 面向对象——继承

继承是面向对象编程技术的一个重要特性，它允许创建分等级层次的类。通过使用继承可以创建一个通用类，用于定义了一般特性，该类可以被更具体的类继承，每个具体的类都可以增加一些自己特有的东西。本章将详细讲解Objective-C继承的基本知识，为读者后面学习打下基础。

7.1 从根类谈起

> 知识点讲解：光盘:视频\知识点\第7章\从根类谈起.mp4

类的继承是指从已经定义的类中派生出一个新类，继承是面向对象最重要的特征。在本书前面的内容中，曾经讲解过父类的概念。其实父类自身也可以有父类，没有父类的类位于类层次结构的最顶层，被称为根（root）类。在Objective-C语言中，可以定义自己的根类，但是通常程序员不会这么做，而是想要直接利用现有的类。在Objective-C中所定义的类都属于名为NSObject的根类的派生类，此根类通常在如下接口文件中指定。

```
@interface Fraction: NSObject
...
@end
```

例如，本书前面章节中编写的类Fraction，就是从类NSObject中派生来的。因为NSObject是层次结构的最顶端，也就是说在它上面没有任何类，因此称它为根类，具体结构如图7-1所示。类Fraction被称为子或者子类（subclass）。

图7-1　根类和子类

可以将一个类称做子类或父类，也可以将类称作子类或超类。只要定义一个新类（不是一个新的根类），该类都会继承一些属性。例如父类的所有实例变量和方法都会成为新类定义的一部分，这意味着子类可以直接访问这些方法和实例变量，就像直接在类定义中定义了这些方法和实例变量一样。

7.1.1 继承的好处

继承是面向对象的机制，可以首先创建一个公共类，这个类具有多个项目的共同属性。然后创建一些具体的类继承该类，同时再加上自己特有的属性。类的定义通常是添加式的，一个新类往往都基于另一个类，而这个新类继承了原来类的方法和实例变量。新类通常简单地添加实例变量或者修改它所继承的方法，它不需要复制所继承的代码。继承将这些类连接成一个只有一个根的继承关系树。在编写Objective-C程序时，所有类的根类通常是NSObject，每个类（除了根类）都有一个超类，并且包括根类在内的每个类都可以成为任何子类的超类，NSObject是大多数类的根类。

在Objective-C语言中，继承具有如下5个特点。

（1）继承关系是传递的。若类C继承类B，类B继承类A，则类C既有从类B那里继承下来的属性与方法，也有从类A那里继承下来的属性与方法，还可以有自己新定义的属性和方法。继承来的属性和方法尽管是隐式的，但仍是类C的属性和方法。继承是在一些一般类的基础上构造、建立和扩充新类的最有效的手段。

（2）继承简化了人们对事物的认识和描述，能清晰体现相关类间的层次结构关系。

（3）继承提供了软件复用功能。若类B继承类A，那么在建立类B时只需要再描述与基类（类A）不同的少量特征（数据成员和成员方法）即可。这样做能减少代码量，降低数据的冗余度，大大增加程序的重用性。

（4）继承通过增强一致性来减少模块间的接口和界面，大大增加了程序的易维护性。

（5）提供多重继承机制。从理论上说，一个类可以是多个一般类的特殊类，它可以从多个一般类中继承属性与方法，这便是多重继承。Objective-C出于安全性和可靠性考虑，仅支持单重继承。

接下来看一个例子，首先定义一个汽车类，汽车有车体大小、颜色、方向盘和轮胎等属性。由汽车类可以派生出小轿车和大卡车两个类，为小客车添加一个小后备箱属性，而为卡车添加一个大货箱属性。而从小轿车类中派生出一个类叫宝马小轿车类，如图7-2所示。

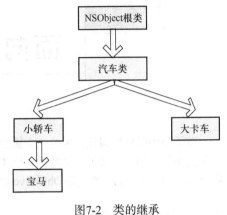

图7-2 类的继承

请读者看如下所示的实例，完整演示了Objective-C类继承的作用。

实例7-1	用Objective-C继承类输出信息
源码路径	光盘:\daima\第7章\7-1

首先定义一个水果类Fruit，文件Fruit.h的实现代码如下所示。
```
#import <Foundation/Foundation.h>
@interface Fruit : NSObject
@property (nonatomic , assign) double weight;
- (void) info;
@end
```
水果类的具体实现文件是Fruit.m，其实现代码如下所示。
```
#import "Fruit.h"
@implementation Fruit
- (void) info
{
    NSLog(@"我是多汁的水果! 体重%gg! " , self.weight);
}
@end
```
定义水果类的子类苹果类Apple，文件Apple.h的实现代码如下所示。
```
#import <Foundation/Foundation.h>
#import "Fruit.h"

@interface Apple : Fruit
@end
```
苹果类的具体实现文件是Apple.m，其实现代码如下所示。
```
#import "Apple.h"

@implementation Apple
@end
```
编写文件main.m测试上述类，具体实现代码如下所示。
```
#import "Apple.h"

int main(int argc , char * argv[])
{
    @autoreleasepool{
        // 创建FKApple的对象
        Apple* a = [[Apple alloc] init];
        // Apple对象本身没有weight属性
        // 因为Apple的父类有weight属性,也可以访问Apple对象的weight属性
        a.weight = 56;
        // 调用Apple对象的info方法
        [a info];
```

执行后输出：
我是多汁的水果！体重56g!

7.1.2 继承的使用

接下来将通过一个具体实例来演示继承的用法，假设存在图7-3所示的类关系。

首先定义一个类ClassA，此类包含一个属性和一个方法，属性是一个整型的变量x，方法是用来给这个整型变量设置一个值。注意程序中类ClassA是继承于根类NSObject的，也就是说类NSObject是类ClassA的父类，类ClassA是类NSObject的子类。实现文件ClassA.h代码的具体代码如下所示。

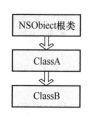

图7-3 类的关系

```
#import <Foundation/Foundation.h>
@interface ClassA : NSObject {
    int x;
}
-(void) setX;
@end
```

文件ClassA.m的实现代码如下所示。

```
#import "ClassA.h"
@implementation ClassA
-(void)setX{
    x = 10;
}
@end
```

然后定义类ClassB，它继承类ClassA，这样类ClassB也就拥有了类ClassA的方法和属性，然后定义一个新的方法printX，通过此方法将x的值打印出来。文件ClassB.h的具体代码如下所示。

```
#import <Foundation/Foundation.h>
#import "ClassA.h"
@interface ClassB :ClassA
-(void) printX;
@end
```

文件ClassB.m的实现代码如下所示。

```
#import "ClassB.h"
@implementation ClassB
-(void)printX{
NSLog(@"%i",x);
}
@end
```

接下来开始使用测试类来测试定义的类是否正常。在下面的代码中创建了类ClassB的对象classB，调用它的setX方法和printX方法。其实ClassB并没有定义setX方法，这个方法是从它的父类ClassA继承而来的。实现文件test.m的代码如下所示。

```
#import "ClassA.h"
#import "ClassB.h"
int main(int argc , char * argv[])
{
    @autoreleasepool{
ClassB *classB = [[ClassB alloc]init];
[classB setX];
[classB printX];
[classB release];
return 0;
}
```

执行之后会输出：
10

7.1.3 进一步理解继承的概念

为了进一步解释继承这一概念,接下来将举一个简单的例子进行说明。假设有一个名为ClassA的类，里面有一个方法initVar，具体代码如下所示。
```
@interface ClassA: NSObject
{
int x;
}

-(void) initVar;
@end
```
假设方法initVar可以把整数100赋值给类ClassA的实例变量，具体代码如下所示。
```
@implementation ClassA;
-(void) initVar
{
 x = 100;
}
@end
```
接下来再定义一个名为ClassB的类，具体代码如下所示。
```
@interface ClassB: ClassA
-(void) printVar;
@end
```

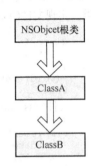

图7-4 类的关系

在上述代码中，类ClassB并非NSObjectObject的子类，而是类ClassA的子类。虽然ClassA的父类（或超类）是NSObject，但是ClassB的父类其实是ClassA，如图7-4所示。

而在下面的代码中，类ClassA是类NSObject的子类，而类ClassB是ClassA的子类，也就是NSObject的子类。同样，NSObject是ClassA的超类，也是ClassB的超类。因为ClassB位于NSObject层次结构的下方，所以NSObject也是ClassB的超类。
```
@interface ClassB: ClassA
-(void) printVar;
@end

@implementation ClassB;
-(void) printVar
{
 printf ( "x = %i\n", x);
}
@end
```
上述代码是声明类ClassB的完整代码，在类ClassB中定义了一个名为printVar的方法。虽然在类ClassB中没有定义任何实例变量，但是可以通过方法printVar输出实例变量x的值。这是因为类ClassB是类ClassA的子类，因此它继承ClassA的所有实例变量。

在接下来的实例，将所有类的声名和定义代码放在单个文件中实现，这样便可以集中在一个完整的程序中查看类的工作方式。

实例7-2	输出继承类中的值
源码路径	光盘:\daima\第7章\7-2

实例文件main.m的具体实现代码如下所示。
```
#import <Foundation/Foundation.h>

@interface ClassA: NSObject
{
    int  x;
}

-(void) initVar;
@end

@implementation ClassA
-(void) initVar
{
    x = 100;
}
@end
@interface ClassB : ClassA
```

```
-(void) printVar;
@end

@implementation ClassB
-(void) printVar
{
    NSLog (@"x = %i", x);
}
@end

int main(int argc, const char * argv[]) {
    @autoreleasepool {
        ClassB  *b = [[ClassB alloc] init];

        [b initVar];
        [b printVar];
    }
    return 0;
}
```
对于上述代码的具体说明如下。

(1) 首先定义一个ClassB对象b。在分配空间并初始化b后，发送一条向它应用initvar方法的消息。但是在ClassB的定义中会发现从没有定义过这样的方法。其实是在类ClassA中定义的initVar，因为ClassA是ClassB的父类，所以类ClassB可以使用类ClassA的所有方法。对于类ClassB来说，initVar是继承来的方法。

(2) 当向b发送initVar消息之后，调用方法printVar来显示实例变量x的值。输出结果是"x = 100"，由此可以证实方法printVar能够访问这个实例变量，这个变量也是继承的。

执行上述代码后会输出：
x = 100

在Objective-C程序中，因为继承能够作用于整个继承链，所以如果用下面的代码定义一个父类是ClassB的新类ClassC。

```
@interface ClassC: ClassB;
...
@end
```

那么类ClassC将继承类ClassB的所有方法和实例变量，同时也依次继承类ClassA的所有方法和实例变量，并且也同时依次继承NSObject的所有方法和实例变量。

在Objective-C中，类的每个实例都拥有自己的实例变量，即使这些实例变量是继承来的。所以对象ClassC与对象ClassB具有完全不同的实例变量。

7.1.4 重写方法

在Objective-C程序中，子类可以继承父类中的方法，并且不需要重新编写相同的方法。但是有时子类并不想完全地继承父类的方法，这时就需要重写方法。在Objective-C程序中，方法重写又被称为方法覆盖。如果子类中的方法与父类中的某一方法具有相同的方法名、返回类型和参数，则新方法会覆盖原有的方法。

下面的代码演示方法重写的过程，在此修改上一节继承例子的代码，让其自己定义一个名为setX的方法，并由自己实现。实现文件ClassA.h的具体代码如下所示。

```
#import <Foundation/Foundation.h>
@interface ClassA : NSObject {
  int x;
}
-(void) setX;
@end
```

实现文件ClassA.m的具体代码如下所示。

```
#import "ClassA.h"
@implementation ClassA
-(void)setX{
  x = 10;
}
@end
```

在文件ClassB.h中也定义一个名为setX的方法,具体代码如下所示。
```
#import <Foundation/Foundation.h>
#import "ClassA.h"
@interface ClassB :ClassA
-(void) printX;
-(void) setX;
@end
```
在文件ClassB.m中添加这个方法的具体实现。
```
#import "ClassB.h"
@implementation ClassB
-(void)printX{
   NSLog(@"%i",x);
}
-(void)setX{
   x = 11;
}
@end
```
编写如下测试类代码来调用方法setX。
```
#import "ClassA.h"
#import "ClassB.h"
int main(int argc, const char * argv[]) {
       @autoreleasepool {
ClassB *classB = [[ClassB alloc]init];
[classB setX];
[classB printX];
return 0;
}
```
执行上述代码后会输出:
11

由此可以看出,ClassB的实例没有调用从ClassA中继承而来的方法setX,而是调用了自己定义的方法setX,这就是方法重写的一个简单的例子。

在下面的实例代码中,演示了重写父类中方法的过程。

实例7-3	重写父类中的方法
源码路径	光盘:\daima\第7章\7-3

首先定义鸟类Bird.h,具体实现代码如下所示。
```
#import <Foundation/Foundation.h>

@interface Bird: NSObject
- (void) fly;
@end
```
鸟类Bird的具体实现文件是Bird.m,其实现代码如下所示。
```
#import <Foundation/Foundation.h>
#import "Bird.h"

@implementation Bird
// FKBird类的fly方法
- (void) fly
{
     NSLog(@"我会飞...");
}
@end
```
定义始祖鸟类archaeopteryx,这个类扩展了前面的Bird类,重写了Bird类中的fly方法。文件archaeopteryx.h的具体实现代码如下所示。
```
#import <Foundation/Foundation.h>
#import "Bird.h"

@interface archaeopteryx: Bird
- (void) callOverridedMethod;
@end
```
始祖鸟类的具体实现文件是archaeopteryx.m,其实现代码如下所示。

```
#import <Foundation/Foundation.h>
#import "archaeopteryx.h"

@implementation archaeopteryx
// 重写父类的fly方法
- (void) fly
{
    NSLog(@"我是鸟类的祖宗...");
}
- (void) callOverridedMethod
{
    // 在子类方法中通过super显式调用父类被覆盖的实例方法。
    [super fly];
}
@end
```

编写文件main.m测试上述类，具体实现代码如下所示。

```
#import "archaeopteryx.h"

int main(int argc , char * argv[])
{
    @autoreleasepool{
        // 创建archaeopteryx对象
        archaeopteryx* os = [[archaeopteryx alloc] init];
        // 执行archaeopteryx对象的fly方法，将输出"我是鸟类的祖宗..."
        [os fly];
        [os callOverridedMethod];
    }
}
```

执行后输出：

我是鸟类的祖宗...
我会飞...

7.2 方法重载

知识点讲解： 光盘:视频\知识点\第7章\方法重载.mp4

在Objective-C程序中，方法重载的功能是让类以统一的方式处理不同类型的数据。使用重载方法可以在类中创建多个方法，它们可以具有相同的名字，但是具有不同的参数和不同的定义。在调用方法时，通过传递给它们的不同个数和类型的参数来决定具体使用哪个方法。

7.2.1 方法重载基础

在Objective-C程序中，使用重载方法的具体规范如下所示。
（1）方法名必须相同。
（2）方法的参数表必须不同，即参数的类型或个数不同，以此区分不同的方法体。
（3）方法的返回类型、修饰符可以相同，也可以不同。
基于前面的例子，接下来给类ClassB增加如下新方法，以体会方法重载的作用。
 -(void) setX:(int)value;
文件ClassB.h的实现代码如下。

```
#import <Foundation/Foundation.h>
#import "ClassA.h"
@interface ClassB :ClassA
-(void) printX;
-(void) setX;
-(void) setX:(int)value;
@end
```

文件ClassB.m的实现代码如下。

```
#import "ClassB.h"
@implementation ClassB
-(void)printX{
```

```
NSLog(@"%i",x);
}
-(void)setX{
x = 11;
}
-(void)setX:(int)value{
x = value;
}
@end
```
测试类的实现代码如下所示。
```
#import "ClassA.h"
#import "ClassB.h"
int main(int argc , char * argv[])
{
    @autoreleasepool{
ClassB *classB = [[ClassB alloc]init];
[classB setX];
[classB printX];
[classB setX:100];
[classB printX];
return 0;
}
```
在上述代码中，在类ClassB中有两个名为setX方法，一个是重写ClassA方法的，另一个是自己定义的。然后在测试类中调用setX方法，编译器会根据是否输入一个参数来动态选择setX方法。

执行上述代码后会输出：
```
11
100
```
在Objective-C程序中，不能同时定义具有如下特点的方法，否则Xcode会报错。

❑ 名字相同。

❑ 参数个数相同。

❑ 参数类型不同。

❑ 返回值类型不同。

例如，下面的代码演示了上述报错，其中文件OverLoad.h的代码如下所示。
```
#import <Foundation/Foundation.h>
@interface OverLoad : NSObject {
  id x;
}
-(void)setX:(int)intX;
-(int)setX:(double)doubleX;
@end
```
文件OverLoad.m的代码如下所示。
```
#import "OverLoad.h"
@implementation OverLoad
-(void)setX:(int)intX{
  x = intX;
  NSLog(@"%i",x);
}
-(int)setX:(double)doubleX{
  x = doubleX;
  NSLog(@"%f",x);
  return 0;
}
@end
```

7.2.2 重载的作用

假设有两个类ClassA与ClassB，现在要为类ClassB编写自己的initVar方法，如果ClassB将继承定义在ClassA中的initVar方法，完全可以新建一个同名方法来替代继承方法，此时只需定义一个同名的新方法即可。使用和父类相同的名称定义的方法代替或重载了继承的定义。新方法必须具有相同的返回类型，并且参数的数目与重载的方法相同。

在下面的实例代码中，演示了Objective-C重载的作用。

实例7-4	Objective-C重载的使用
源码路径	光盘:\daima\第7章\7-4

实例文件main.m的具体实现代码如下所示。

```
#import <Foundation/Foundation.h>

@interface ClassA: NSObject
{
    int x;
}
-(void) initVar;
@end
@implementation ClassA;
-(void) initVar
{
    x = 100;
}
@end
// 定义、声明ClassB
@interface ClassB: ClassA
-(void) initVar;
-(void) printVar;
@end

@implementation ClassB;
-(void) initVar // added method
{
    x = 200;
}

-(void) printVar
{
    NSLog(@"x = %i", x);
}
@end
int main(int argc, const char * argv[]) {
    @autoreleasepool {
        ClassB *b = [[ClassB alloc] init];
        [b initVar];   // 使用覆盖方法b
        [b printVar]; // 显示值x;
    }
    return 0;
}
```

执行上述代码后会输出：
```
x = 200
```

由此可见，消息"[b initVar];"会导致使用定义在ClassB中的initVar方法，而不是使用ClassA中所定义的方法。

7.2.3 选择正确的方法

如果在不同的类中有名称相同的方法，则根据作为消息接收者的类选择正确的方法。例如下面的代码使用与前面的ClassA和ClassB相同的类定义。

```
#import <Foundation/Foundation.h>
// 在此插入定义的ClassA和ClassB
int main(int argc, const char * argv[]) {
    @autoreleasepool {

ClassA *a = [[ClassA alloc] init];
ClassB *b = [[ClassB alloc] init];
```

```
[a initVar];    // 使用ClassA 的方法
[a printVar];   // 显示了x的值

[b initVar];    // 覆盖ClassB的方法
[b printVar];   // 显示了x的值;
return 0;
}
```

编译上述程序后会得到如下警告消息:

```
warning: 'ClassA' does not respond to '-printVar'
```

开始分析产生出错问题的原因,先看如下ClassA的声明代码。

```
@interface ClassA: Object
{
  int x;
}
-(void) initVar;
@end
```

在上述代码中没有声明方法printVar,该方法声明并定义在ClassB中。所以尽管ClassB对象及其派生类可以通过继承使用此方法,但是ClassA对象却不能使用此方法,这是由于此方法是沿着类层次实现定义的。

接下来为ClassA添加一个printVar方法,功能是显示实例变量的值。

```
@interface ClassA: NSObject
{
   int x;
}
-(void) initVar;
-(void) printVar;
@end
@implementation ClassA;
-(void) initVar
{
   x = 100;
}
-(void) printVar
{
   NSLog( "x = %i", x);
}

@end
```

在上述代码中,分别将a和b定义为ClassA及ClassB对象。经过内存分配和初始化工作后向a发送一条消息,让其应用initVar方法。此方法在ClassA中定义,只是将实例变量值设为100后返回。然后调用刚刚添加到ClassA中的printVar方法来显示x的值。

ClassB中的对象也与b类似,经过内存分配及初始化处理后,将实例变量x设为200,最后显示其值,ClassB的声明与定义保持不变。执行上述代码后会输出:

```
x = 100
x = 200
```

7.2.4 重载 dealloc 方法

请看如下所示的代码。

```
#import "Rectangle.h"
#import "XYPoint.h"

int main(int argc, const char * argv[]) {
    @autoreleasepool {XYPoint *myPoint = [[XYPoint alloc] init];

[myPoint setX: 100 andY: 200];

[myRect setWidth: 5 andHeight: 8];
myRect.origin = myPoint;

NSLog(@"Origin at (%i, %i)",
```

```
    myRect.origin.x, myRect.origin.y);
    [myPoint setX: 50 andY: 50];
    NSLog(@"Origin at (%i, %i)",
    myRect.origin.x], myRect.origin.y);
    return 0;
}
```
执行上述程序之后会输出：
```
Origin at (100, 200)
Origin at (50, 50)
```
在上述代码中，方法setOrigin:可以为自己的XYPoint origin对象分配内存，并且可以负责释放它的内存。其实我们也可以使用以下语句让main释放该内存。
```
[[myRect origin] realease];
```
所以无须担心释放所有单独的类成员，在Objective-C中可以重载继承的dealloc方法，这是从NSObject继承的，并且在其中释放origin的内存。

上述整个过程不是重载release方法，而是重载了dealloc方法。release有时释放对象使用的内存，有时不释放对象使用的内存。只有当其他应用引用某个对象时，release才会释放该对象所占用的内存。释放功能通过调用该对象的方法dealloc来完成，实际上是由dealloc来释放内存的。

如果想重载方法dealloc，必须确保不仅要释放自己的实例变量所占用的内存，而且需要释放继承的变量所占的内存。此时需要利用关键字super，此关键字引用消息接收者的父类。可以向super传递消息来执行重载的方法。这就是此关键字最常见的用途，所以在方法内部使用消息表达式。

7.2.5 使用super关键字

关键字super表示父类，可以使用super来访问父类中被子类隐藏的或重写的方法。例如，使用"[super setX];"表示调用父类的setX方法。接下来通过具体代码演示关键字super的用法，其中实例文件ClassA.h的实现代码如下所示。
```
#import <Foundation/Foundation.h>
@interface ClassA : NSObject {
    int x;
}
-(void) setX;
@end
```
实例文件ClassA.m的实现代码如下所示。
```
#import "ClassA.h"
@implementation ClassA
-(void)setX{
    x = 10;
}
@end
```
实例文件ClassB.h的实现代码如下所示。
```
#import <Foundation/Foundation.h>
#import "ClassA.h"
@interface ClassB :ClassA
-(void) printX;
-(void) setX;
@end
```
编写文件ClassB.m，此文件和前面的文件ClassB.m相比，在方法setX中多添加了一行，此行代码将x的值变成11之后执行，执行的是父类的setX方法，根据父类的方法，x的值又将被设置为10。

文件ClassB.m的具体代码如下所示。
```
#import "ClassB.h"
@implementation ClassB
-(void)printX{
    NSLog(@"%i",x);
}
-(void)setX{
    x = 11;
    [super setX];
```

```
}
@end
```
接下来编写如下测试类代码。
```
#import "ClassA.h"
#import "ClassB.h"
int main(int argc, const char * argv[]) {
    @autoreleasepool {
ClassB *classB = [[ClassB alloc]init];
[classB setX];
[classB printX];
return 0;
}
```
执行上述代码后会输出：
10

在Objective-C程序中，super 相当于调用父类的方法。在下面的实例中，演示了super在父类和子类中的作用。

实例7-5	super在父类和子类中的作用
源码路径	光盘:\daima\第7章\7-5

首先定义父类FKParent，文件FKParent.h的具体实现代码如下所示。
```
#import <Foundation/Foundation.h>

@interface FKParent: NSObject
{
    int _a;
}
@property (nonatomic , assign) int a;
@end
```
父类的具体实现文件是FKParent.m，具体实现代码如下所示。
```
#import <Foundation/Foundation.h>
#import "FKParent.h"

@implementation FKParent
- (id) init
{
    if(self = [super init])
    {
        self->_a = 5;
    }
    return self;
}
@end
```
定义子类FKSub，文件FKSub.h具体实现代码如下所示。
```
#import <Foundation/Foundation.h>
#import "FKParent.h"

@interface FKSub: FKParent
- (void) accessOwner;
@end
```
子类的具体实现文件是FKSub.m，具体实现代码如下所示。
```
#import <Foundation/Foundation.h>
#import "FKSub.h"

@implementation FKSub
{
    // 该成员变量将会隐藏父类的成员变量
    int _a;
}
- (id) init
{
    if(self = [super init])
    {
        self->_a = 7;
    }
```

```
        return self;
    }
- (void) accessOwner
{
    // 直接访问的是当前类中的成员变量
    NSLog(@"子类中_a成员变量：%d" , _a);
    // 访问父类中被隐藏的成员变量
    NSLog(@"父类中被隐藏的_a成员变量：%d" , super.a);
}
@end
```

在上述代码中，使用关键字super强制设置调用父类中的属性a，这样可以访问到父类中被隐藏的成员变量。

编写文件main.m测试上述类，具体实现代码如下所示。

```
#import "FKSub.h"

int main(int argc, const char * argv[]) {
    @autoreleasepool {
        FKSub* sub = [[FKSub alloc] init];
        [sub accessOwner];
    }
    return 0;
}
```

执行后的效果如图7-5所示。

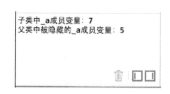

图7-5 执行效果

7.2.6 连续继承

如果类ClassB继承了类ClassA，而类ClassC又继承了类ClassB，而且各个类都有自己的一些实例变量，那么当初始化类ClassC的对象时的调用关系是什么呢？可以通过下面的步骤来初始化方法。

（1）永远首先调用父类（super）的初始化方法。

（2）检查调用父类初始化方法所产生对象的结果。如果结果为nil，此时不能继续执行初始化方法，而是应该返回一个nil的对象。

（3）当初始化实例变量的时候，如果该变量是一个引用对象，可以根据实际情况使用copy或retain方法。

（4）在初始化实例变量后，返回self。

（5）当创建一个子类的时候，应该查看从父类上继承来的初始化方法。在大多数情况下，父类的初始化方法是能够满足使用要求的，但是在另一些情况下需要覆盖这些方法。如果没有覆盖，那么父类的初始化方法就会被调用，父类并不知道在子类中添加的新实例变量，所以父类的初始化方法就有可能没有正确地初始化这些新的实例变量。

7.3 通过继承添加新的实例变量

知识点讲解：光盘:视频\知识点\第7章\通过继承添加新的实例变量.mp4

在Objective-C程序中，不仅可以添加新方法来有效地扩展类定义，而且可以添加新的实例变量。上述两种操作会影响累加结果，不能通过继承减少方法或实例变量实现，而只能通过添加实现。对于方法来说，可以添加或者重载。

接下来对前面的类ClassA和类ClassB进行简单修改，可以通过如下代码向ClassB中添加一个新实例变量。

```
@interface ClassB: ClassA
{
    int y;
}
-(void) printVar;
@end
```

根据前面的声明，虽然类ClassB看起来可能只有一个变量y，实际上有如下两个变量。

（1）从ClassA继承的变量x。

(2) 自己的实例变量y。

请读者看下面的实例代码，演示了在Objective-C程序中添加新实例变量的方法。

实例7-6	在子类中添加新实例变量
源码路径	光盘:\daima\第7章\7-6

实例文件main.m的具体实现代码如下所示。

```
#import <Foundation/Foundation.h>

@interface ClassA: NSObject
{
    int  x;
}
-(void) initVar;
@end

@implementation ClassA
-(void) initVar
{
    x = 100;
}
@end

@interface ClassB: ClassA
{
    int  y;
}
-(void) initVar;
-(void) printVar;
@end

@implementation ClassB
-(void) initVar
{
    x = 200;
    y = 300;
}

-(void) printVar
{
    NSLog (@"x = %i", x);
    NSLog (@"y = %i", y);
}
@end

int main(int argc, const char * argv[]) {
    @autoreleasepool {
        ClassB *b = [[ClassB alloc] init];
        [b initVar];   // 覆盖ClassB的方法
        [b printVar]; // 显示x和y的值;
    }
    return 0;
}
```

在上述代码中，ClassB的对象b通过调用定义在ClassB中的initVar方法进行初始化。此方法重载了类ClassA的initVar方法，该方法还将x（它是从ClassA继承来的）设置为200，将y（在ClassB中定义）设置为300，然后使用printVar方法显示这两个实例变量的值。执行后会输出：

```
x = 200
y = 300
```

7.4 调用动态方法

知识点讲解：光盘:视频\知识点\第7章\调用动态方法.mp4

在Objective-C程序中，根据"超类的引用变量可以引用子类对象"这一原则实现动态调用。在前面的章节中,已经学习了id数据类型,并指出这是一种通用的数据类型,也就是说它可以用来存储任何类的对象。正是因为这个特性,在程序执行期间能够展现出id的优势。

下面的实例代码定义一个类,其中包含一个方法,该方法只打印出一行字。

实例7-7	调用动态方法输出文本
源码路径	光盘:\daima\第7章\7-7

其中文件Test1.h的实现代码如下所示。

```
#import <Foundation/Foundation.h>
@interface Test1 : NSObject {
}
-(void) print;
@end
```

文件Test1.m的实现代码如下所示。

```
#import "Test1.h"
@implementation Test1
-(void)print{
   NSLog(@"我是test1");
}
@end
```

然后定义另一个类,此类也包含了一个同名的方法,打印出来一行不同的句子(以示区分)。文件Test.h的实现代码如下所示。

```
#import <Foundation/Foundation.h>
@interface Test : NSObject {
}
-(void) print;
@end
```

文件Test.m的实现代码如下所示。

```
#import "Test.h"
@implementation Test
-(void)print{
   NSLog(@"我是test");
}
@end
```

在接下来的测试类中,创建一个id类型对象idTest,并且创建上述两个类的对象,在此需要注意创建id类型对象时没有使用"*"。先将test对象存储在idTest中,然后调用idTest的print方法,再将test1对象存储在idTest中,再调用test1对象的print方法,最后释放所创建的对象。测试文件ClassTest.m的实现代码如下所示。

```
#import <Foundation/Foundation.h>
#import "Test.h"
#import "Test1.h"

int main(int argc, const char * argv[]) {
    @autoreleasepool {
        id idTest;
        Test *test = [[Test alloc]init];
        Test1 *test1 = [[Test1 alloc]init];
        idTest = test;
        [idTest print];
        idTest = test1;
        [idTest print];
    }
    return 0;
}
```

执行上述代码后会输出:

```
我是test
我是test1
```

将Test的对象test存储到idTest中,这时idTest就可以调用test对象的任何方法,虽然idTest是id类型而不是Test类型。因为Objective-C总是跟踪对象所属的类,并确定运行时(而不是编译时)需要动态调用的方法。也就是说,当系统调用print方法的时候,先检查idTest中存储的对象的类,然后根据这个类调用相应的print方法,也就显示了上面的结果。这样idTest就知道调用哪个print方法输出结果。

7.5 访问控制

知识点讲解：光盘:视频\知识点\第7章\访问控制.mp4

在接口部分声明实例变量的时候，可以把如下3个指令放在实例变量的前面，以便更加准确地控制作用域。

（1）@protected：用此指令修饰的实例变量可以被该类和任何子类定义的方法直接访问，这是默认的情况。

（2）@private：用此指令修饰的实例变量可被定义在该类的方法直接访问，但是不能被子类中定义的方法直接访问。

（3）@public：用此指令修饰的实例变量可以被该类中的方法直接访问，也可以被其他类定义的方法直接访问，读者应该避免使用这个作用域。其他类应该使用getter/setter方法来访问或设置其他类中的实例变量，否则就破坏了面向对象的封装性。

下面的代码演示了访问控制指令的用法。
```
#import <Foundation/Foundation.h>
@interface Test : NSObject {
  @public
  int i;
  int j;
  @protected
  float m;
  float n;
  @private
  double x;
  double y;
}
@end
```
下面请读者来再看一个具体实例，首先定义以下3个类。

（1）父类ClassA，它定义了3种不同类型的变量，也是3种不同访问权限的变量。

（2）ClassA的子类ClassB，它通过一个方法来访问父类@protected 权限的属性。

（3）第3个类TestClass与上述这两个类没有任何关系的，功能是访问ClassA的@public属性和@private属性，由于作用域不同，@private属性应该是不能访问的。

实例7-8	不同访问控制权限
源码路径	光盘:\daima\第7章\7-8

编写文件ClassA.h，在里面定义3个不同类型、不同访问权限的属性。
```
#import <Foundation/Foundation.h>
@interface ClassA : NSObject {
  @public
  int x;
  @protected
  float y;
  @private
  double z;
}
@end
```
编写文件ClassA.m，实现代码如下所示。
```
#import "ClassA.h"
@implementation ClassA
@end
```
编写文件ClassB.h，定义类ClassA的子类ClassB。实现代码如下所示。
```
#import <Foundation/Foundation.h>
#import "ClassA.h"
@interface ClassB :ClassA
-(void)print;
@end
```

编写文件ClassB.m，构建一个方法用来访问ClassA中的@protected的属性。实现代码如下所示。

```
#import "ClassB.h"
@implementation ClassB
-(void)print{
    y = 2.0f;
    NSLog(@"%f",y);
}
@end
```

编写文件TestClass.m，构建一个测试类，功能是测试上面代码的正确性。具体实现代码如下所示。

```
#import "ClassA.h"
#import "ClassB.h"
int main (int argc, const char * argv[]) {
    NSAutoreleasePool * pool = [[NSAutoreleasePool alloc] init];
    ClassA *classA = [[ClassA alloc]init];
    ClassB *classB = [[ClassB alloc]init];
    classA->x = 1;
    NSLog(@"%i",classA->x);
    [classB print];
    classA->z = 3.0;
    NSLog(@"%e",classA->z);
    [classA release];
    [classB release];
    [pool drain];
    return 0;
}
```

因为@public权限的属性可以被其他类定义的方法直接访问，所以成功地设置了x的值并取得了x的值，此功能是通过方法"->"实现的（读者可能疑问为什么没有使用"."方法，因为"."方法在Objective-C中有特殊的含义，等价于调用getter方法）。如果调用ClassB中的方法，会打印输出它在ClassA中设置的属性。

在此值得注意的是，根据访问控制指令的作用，不能直接访问@private权限的属性，在Xcode中测试程序时会显示如下错误信息。

```
instance variable 'z' is @private; this will be a hard error
in the future
instance variable 'z' is @private; this will be a hard error
in the future
```

可以将文件ClassA.h的代码进行如下修改：

```
#import <Foundation/Foundation.h>
@interface ClassA : NSObject {
@public
    int x;
@protected
    float y;
@public
    double z;
}
@end
```

执行上述代码后会输出：

```
1
2.000000
3.000000e+00
```

7.6 Category 类别

知识点讲解：光盘:视频\知识点\第7章\Category类别.mp4

Category 是Objective-C中最常用到的功能之一，它可以为已经存在的类增加方法，而不需要增加一个子类。另外，category使得开发者在不知道某个类内部实现的情况下，为该类增加方法。

如果想增加某个框架（framework）中类的方法，可以使用category快速实现。例如，想在NSString上增加一个方法来判断它是否是一个URL，可以用如下代码实现。

```
#import ......
@interface NSString (Utilities)
```

```
- (BOOL) isURL;
@end
```

由此可见，上述代码跟定义类的过程非常类似，区别是category没有父类，而且在括号里面要有category的名字。在Objective-C程序中，category的名字可以随便取，但是建议取的名字应该能够描述它的功能。在下面的代码中，添加了一个判断URL的方法。

```
#import "NSStringUtilities.h"
@implementation NSString (Utilities)
- (BOOL) isURL
{
    if ( [self hasPrefix:@"http://"] )
        return YES;
    else
        return NO;
}
@end
```

现在可以在任何NSString类的对象中调用这个方法，例如通过下面的代码，可以在控制台中输出文本"这是网址"。

```
NSString* string1 = @"http://www.sohu.com/";
NSString* string2 = @"aaa";
if ( [string1 isURL] )
    NSLog (@"这是网址");
if ( [string2 isURL] )
    NSLog (@"string2 is a URL");
```

通过上面的例子看出，通过类别所添加的新方法成为了类的一部分。通过类别为NSString添加的方法也存在于它的方法列表中，而类NSString不具有为NSString子类添加的新方法。通过类别所添加的新方法，可以像这个类的其他方法一样完成任何操作。在运行时，新添加的方法和已经存在的方法在使用上没有任何区别。通过类别为类所添加的方法和别的方法一样会被它的子类所继承。

类别接口的定义看起来很像类接口定义，而不同的是类别名使用圆括号列出，它们位于类名后面。类别必须导入它所扩展的类的接口文件，标准的语法格式如下所示。

```
#import "类名.h"
@interface 类名 ( 类别名 )
// 新方法的声明
@end
```

和类一样，类别的实现也要导入它的接口文件。一个常用的命名约定是，类别的基本文件名是这个类别扩展的类的名字后面跟类别名。所以一个名字为"类名"+"类别名"+".m"的实现文件格式如下。

```
#import "类名类别名.h"
@implementation 类名 ( 类别名 )
// 新方法的实现
@end
```

类别并不能为类声明新的实例变量，它只包含方法。在类作用域中的所有实例变量都能被这些类别方法所访问，它们包括为类声明的所有实例变量，甚至那些被@private修饰的变量。可以为一个类添加多个类别，但每个类别名必须不同，而且每个类别都必须声明并实现一套不同的方法。

当通过category来修改一个类的时候，它对应用程序里的这个类的所有对象都起作用。跟子类不一样，category不能增加成员变量。另外还可以用category来重写类原先存在的方法。在下面的实例中，对本节前面的代码进行了完善和整理。

实例7-9	使用Category类别判断输入字符的类型
源码路径	光盘:\daima\第7章\7-9

文件NSStringUtilities.h的实现代码如下所示。

```
#import <Foundation/Foundation.h>
@interface NSString (Utilities)
-(BOOL)isURL;
@end
```

NSStringUtilities.m的代码如下。

```
#import "NSStringUtilities.h"
@implementation NSString (Utilities)
```

```
-(BOOL)isURL{
if ([self hasPrefix:@"http://"]) {
  return YES;
}else {
  return NO;
 }
}
@end
```

测试类文件main.m的实现代码如下所示。

```
#import <Foundation/Foundation.h>
#import "NSStringUtilities.h"
int main(int argc, const char * argv[]) {
    @autoreleasepool {
        NSString *string1 = @"http://www.toppr.net/";
        NSString *string2 = @"guanxijing";
        if ([string1 isURL]) {
            NSLog(@"string1 is a URL");
        }else {
            NSLog(@"string1 is not a URL");
        }
        if ([string2 isURL]) {
            NSLog(@"string2 is a URL");
        } else {
            NSLog(@"string2 is not a URL");
        }
    }
    return 0;
}
```

执行上述代码后会输出：

```
string1 is a URL
string2 is not a URL
```

第 8 章 多态、动态类型和异常处理

Objective-C语言具有面向对象编程所具有的3大特性,即封装性、继承性和多态性。多态、动态类型和动态绑定都是面向对象编程语言的基本特性,作为面向对象语言Objective-C来说,当然也具备这3个特性。多态使得能够开发来自不同类的对象,并可以定义共享相同名称的方法。动态类型能使程序直到执行时才确定对象所属的类;动态绑定则能使程序直到执行时才确定要对对象调用的实际方法。通过学习这3个特性,可以了解Objective-C和其他面向对象的程序设计语言的区别。

8.1 多态

知识点讲解:光盘:视频\知识点\第8章\多态.mp4

"polymorphism(多态)"一词来自希腊语,意为"多种形式"。多数Java程序员把多态看作对象的一种能力,使其能调用正确的方法版本。尽管如此,这种面向实现的观点导致了多态的神奇功能,不能仅仅把多态看成纯粹的概念。在本节将详细讲解多态的基本知识,为读者后面的学习打下基础。

8.1.1 多态基础

多态性是面向对象程序设计代码重用的一个重要机制。Objective-C中的多态是指子类型的多态,几乎是机械式产生了一些多态的行为,使我们不去考虑其中涉及的类型问题。多态是面向对象语言中很普遍的一个概念,虽然我们经常把多态混为一谈,但实际上有多种不同类型的多态。不同对象以自己的方式响应相同消息的能力叫做多态,由于每个类都属于该类的名字空间,这使得多态称为可能。通俗来讲,多态是指一个类的实例变量和方法有多个特性,并且在类定义中的名字和类定义外的名字并不会发生冲突。类的实例变量和类方法具有如下5个特点。

- 和C语言结构体中的数据成员一样,类的实例变量也位于该类独有的名字空间中。
- 类方法也同样位于该类独有的名字空间。与C语言中的方法名不同,类的方法名并不是一个全局符号。一个类中的方法名不会和其他类中同样的方法名冲突。两个完全不同的类可以实现同一个方法。
- 方法名是对象接口的一部分。对象收到的消息名字就是调用方法的名字。因为不同的对象可以有同名的方法,所以对象必须能理解消息的含义。同样的消息发给不同的对象,导致的操作并不相同。
- 多态的主要好处就是简化编程接口,允许在类和类之间重用一些习惯性的命名,而不用为每一个新加的函数命名设置新名字。这样,编程接口就是一些抽象行为的集合,从而和实现接口的类的区分开来。
- Objective-C语言支持方法名的多态,但不支持参数和操作符的多态。

为了说明Objective-C多态的基本用法,请读者看如下所示的实例。

实例8-1	在继承中使用多态
源码路径	光盘:\daima\第8章\8-1

首先编写基类接口FKBase,文件FKBase.h的具体实现代码如下所示。

```
#import <Foundation/Foundation.h>
```

```
@interface FKBase : NSObject
- (void) base;
- (void) test;
@end
```

FKBase类的具体实现文件是FKBase.m，其实现代码如下所示。

```
#import <Foundation/Foundation.h>
#import "FKBase.h"

@implementation FKBase
- (void) base
{
    NSLog(@"这是父类中的普通base方法");
}
- (void) test
{
    NSLog(@"这是父类中的将被覆盖的test方法");
}
@end
```

定义子类接口FKSubclass，文件FKSubclass.h的具体实现代码如下所示。

```
#import <Foundation/Foundation.h>
#import "FKBase.h"

@interface FKSubclass : FKBase
- (void) sub;
@end
```

子类FKSubclass的实现文件是FKSubclass.m，其实现代码如下所示。

```
#import <Foundation/Foundation.h>
#import "FKSubclass.h"

@implementation FKSubclass
- (void) test
{
    NSLog(@"子类中的覆盖父类中的test方法");
}
- (void) sub
{
    NSLog(@"这是子类中的sub方法");
}
@end
```

编写测试文件main，其具体实现代码如下所示。

```
#import <Foundation/Foundation.h>
#import "FKSubclass.h"

int main(int argc , char * argv[])
{
    @autoreleasepool{
        // 编译时类型和运行时类型完全一样，因此不存在多态性
        FKBase* bc = [[FKBase alloc] init];
        // 两次调用将执行FKBase的方法
        [bc base];
        [bc test];
        // 编译时类型和运行时类型完全一样，因此不存在多态性
        FKSubclass* sc = [[FKSubclass alloc] init];
        // 调用将执行从父类继承到的base方法
        [sc base];
        // 调用将执行子类重写的test方法
        [sc test];
        // 调用将执行子类定义的sub方法
        [sc sub];
        // 编译时类型和运行时类型不一样，多态发生
        FKBase* ploymophicBc = [[FKSubclass alloc] init];
        // 调用将执行从父类继承到的base方法
        [ploymophicBc base];
        // 调用将执行子类重写的test方法
        [ploymophicBc test];
        // 因为ploymophicBc的编译类型是FKBase
```

```
            // FKBase类没有提供sub方法,所以下面代码编译时会出现错误。
            //        [ploymophicBc sub];
            // 可以将任何类型的指针变量赋值给id类型的变量
            id dyna = ploymophicBc;
            [dyna sub];
    }
```
执行后的效果如图8-1所示。

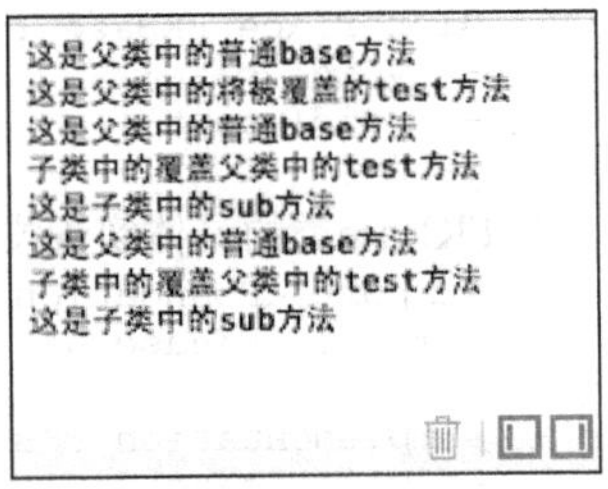

8.1.2 实现多态

图8-1 实例8-1的执行效果

接下来开始讲解Objective-C是如何实现多态的。在Objective-C程序中，通过一个名为selector的选取器来实现多态。Objective-C中的selector有如下两个意思。

- 当使用给对象的源码消息时，用来指定方法的名字。
- 也指那个在源码编译后代替方法名的唯一的标识符。

如果编译后的选择器类型是SEL，则具有同名方法和同样的选择器。在实际应用中，可以使用选择器调用一个对象的方法。

Objective-C中的选取器具有如下两个特点。

- 所有的同名方法拥有同样的选择器。
- 所有的选择器都是不一样的。

（1）SEL和@selector

如果选择器的类型是SEL，则通过@selector指示符来引用选择器，返回类型是SEL。例如下面的代码。
```
SEL responseSEL;
responseSEL = @selector(loadDataForTableView:);
```
可以通过字符串来得到选取器，例如下面的代码。
```
responseSEL = NSSelectorFromString(@"loadDataForTableView:");
```
也可以通过反向转换得到方法名，例如下面的代码。
```
NSString *methodName = NSStringFromSelector(responseSEL);
```
（2）方法和选取器

选取器能够确定方法名，但是不能确定方法的实现。这是多态性和动态绑定的基础，它使得向不同类对象发送相同的消息成为现实；否则发送消息和标准C中调用的方法没有区别，也就将不可能支持多态性和动态绑定。

另外，同一个类的同名类方法和实例方法拥有相同的选取器。

（3）方法返回值和@参数类型

消息机制通过选取器找到方法的返回值类型和参数类型，因此动态绑定（例如向以id定义的对象发送消息）需要同名方法的实现拥有相同的返回值类型和参数类型。否则，运行时可能出现找不到对应方法的问题。

但是也有一个例外，虽然同名方法和实例方法拥有相同的选取器，但是它们可以有不同的参数类型和返回值类型。在下面的代码中，实现了一个名为Complex的类的接口文件，功能是表示复数。

实例8-2	实现复数和分数的操作
源码路径	光盘:\daima\第8章\8-2

接口文件Complex.h的具体实现代码如下所示。
```
#import <Foundation/Foundation.h>
@interface Complex: NSObject
{
 double real;
 double imaginary;
}

@property double real, imaginary;
-(void)    print;
-(void)    setReal: (double) a andImaginary: (double) b;
```

```
-(Complex *) add: (Complex *) f;
@end
```

众所周知，复数包含实部和虚部两个部分。如果 a 是实部，b 是虚部，那么可以用符号"a+bi"来表示复数。接下来编写一个Objective-C程序，在里面定义一个名为Complex的新类，然后按照前面介绍的创建Fraction类的方法，创建一个名为setReal:andImaginary:的方法，通过此方法用一条消息和合成存取器方法设置数字的实数和虚数部分，具体代码如下所示。

接口实现文件是Complex.m，具体实现代码如下所示。

```
#import "Complex.h"
@implementation Complex
@synthesize real, imaginary;

-(void) print
{
 NSLog (@" %g + %gi ", real, imaginary);
}
-(void) setReal: (double) a andImaginary: (double) b
{
 real = a;
 imaginary = b;
}
-(Complex *) add: (Complex *) f
{
 Complex *result = [[Complex alloc] init];
 [result setReal: real + [f real]
       andImaginary: imaginary + [f imaginary]];
 return result;
}
@end
```

分数接口文件Fraction.h的具体实现代码如下所示。

```
#import <Foundation/Foundation.h>

@interface Fraction : NSObject {
    int numerator;
    int denominator;
}

@property int numerator, denominator;

-(Fraction *) initWith: (int) n: (int) d;
-(void) print;
-(void) setTo: (int) n over: (int) d;
-(double) convertToNum;
-(void) reduce;
-(Fraction *) add: (Fraction *) f;

@end
```

分数接口类的具体实现文件是Fraction.m，具体实现代码如下所示。

```
#import "Fraction.h"

@implementation Fraction

@synthesize numerator, denominator;

-(Fraction *) initWith: (int) n: (int) d
{
    self = [super init];

    if (self)
        [self setTo: n over: d];

    return self;
}

-(void) print
{
```

```objc
        NSLog (@"%i/%i", numerator, denominator);
}

-(double) convertToNum
{
    if (denominator != 0)
        return (double) numerator / denominator;
    else
        return 1.0;
}

-(void) setTo: (int) n over: (int) d
{
    numerator = n;
    denominator = d;
}

-(void) reduce
{
    int u = numerator;
    int v = denominator;
    int temp;

    while (v != 0) {
        temp = u % v;
        u = v;
        v = temp;
    }

    numerator /= u;
    denominator /= u;
}

-(Fraction *) add: (Fraction *) f
{
    // To add two fractions:
    // a/b + c/d = ((a*d) + (b*c) / (b * d)

    // result will store the result of the addition
    Fraction *result = [[Fraction alloc] init];
    int resultNum, resultDenom;

    resultNum = numerator * f.denominator + denominator * f.numerator;
    resultDenom = denominator * f.denominator;

    [result setTo: resultNum over: resultDenom];
    [result reduce];

    return result;
}
@end
```

下面是测试文件main.m的实现代码。

```objc
#import "Fraction.h"
#import "Complex.h"

int main(int argc, const char * argv[]) {
    @autoreleasepool {
        Fraction *f1 = [[Fraction alloc] init];
        Fraction *f2 = [[Fraction alloc] init];
        Fraction *fracResult;
        Complex *c1 = [[Complex alloc] init];
        Complex *c2 = [[Complex alloc] init];
        Complex *compResult;
        [f1 setTo: 1 over: 10];
        [f2 setTo: 2 over: 15];
        [c1 setReal: 17.0 andImaginary: 2.5];
        [c2 setReal: -5.0 andImaginary: 3.2];
        [c1 print]; NSLog (@"            +"); [c2 print];
```

```
        NSLog (@"---------");
        compResult = [c1 add: c2];
        [compResult print];
        NSLog (@"\n");
        [f1 print]; NSLog (@"    +");
        [f2 print];
        NSLog (@"----");
        fracResult = [f1 add: f2];
        [fracResult print];
    }
    return 0;
```

在上述代码中，因为在类Fraction和类Complex中都包含add:方法和print:方法，所以当执行以下消息表达式时，运行的程序知道第一条消息的接受者c1是一个Complex对象，所以会选择定义在类Complex中的方法add:。

```
compResult = [c1 add: c2];
[compResult print];
```

执行后的效果如图8-2所示。

在运行Objective-C程序时，系统可以确定compResult是一个Complex对象。所以它选择定义在Complex类中的print方法来显示加法的结果。同样，下面的消息表达式也是按照上述描述来选择执行方法的。

```
fracResult = [f1 add: f2];
[fracResult print];
```

图8-2 实例8-2的执行效果

在上述代码中，使用类Fraction中相应的方法来计算基于f1和类fracResult的消息表达式。在Objective-C程序中，将不同的类共享相同方法名称的这一能力称为多态。多态能够帮助程序员开发一组类，在这组类中的每一个类都可以响应相同的方法名。每个类的定义都封装了响应特定方法所需要的代码，这就使得它独立于其他的类定义。多态还允许开发人员在以后添加新类，这些新类能响应相同的方法名。

注意

类Fraction和类Complex应该负责释放它们的add:方法，而不是测试程序生成的结果。事实上，这些对象应该被自动释放。我们将在本书后面对这方面的知识进行更加详细的讲解。

8.1.3 指针变量的强制类型转换

在Objective-C程序中，不但可以强制转换基本的数据类型，而且可以强制转换指针变量。具体的转换方式是相同的，也是使用小括号实现。需要注意的是，这种强制类型转换只是改变了指针变量的编译类型，但是该变量所指向的对象的实际类型并不会发生任何改变。如果程序不加判断进行转换，那么转换出来的指针变量在调用方法时会引发错误。

在下面的实例中，演示了指针变量强制类型转换的过程。

实例8-3	强制转换指针变量的类型
源码路径	光盘\daima\第8章\8-3

实例文件main.m的具体实现代码如下所示。

```
#import <Foundation/Foundation.h>
#import "FKSubclass.h"

int main(int argc , char * argv[])
{
    @autoreleasepool{
        NSObject* obj = @"Hello";
        // 由于obj变量所指向的对象是NSString对象，所以运行时也可通过
        NSString* objStr = (NSString*)obj;
        NSLog(@"%@" , objStr);
        // 定义一个obj2变量，编译类型为NSObject，实际类型为NSString
```

```
        NSObject* obj2 = @"iOS";
        // 尝试将obj2强转为NSDate，这行代码没有任何问题
        // 但程序只是定义一个NSDate类型的指针，该指针与obj2指向同一个对象
        NSDate* date = (NSDate*)obj2;
        // 程序调用date的isEqualToDate:方法
        // 由于date的编译时类型是NSDate，因此编译时没有任何问题
        // 由于date实际指向的对象是NSString，因此程序执行时就会引发错误
        NSLog(@"%d" , [date isEqualToDate:[NSDate date]]);
    }
}
```

运行上述代码后会出错：

```
Hello
-[__NSCFConstantString isEqualToDate:]: unrecognized selector sent to instance 0x1000010d0
[8987:266897] *** Terminating app due to uncaught exception 'NSInvalidArgumentException',
reason: '-[__NSCFConstantString isEqualToDate:]: unrecognized selector sent to instance
0x1000010d0'
*** First throw call stack:
(
  0   CoreFoundation                      0x00007fff8966664c __exceptionPreprocess + 172
  1   libobjc.A.dylib                     0x00007fff8f6336de objc_exception_throw + 43
  2   CoreFoundation                      0x00007fff896696bd -[NSObject(NSObject)
      doesNotRecognizeSelector:] + 205
  3   CoreFoundation                      0x00007fff895b0a84 ___forwarding___ + 1028
  4   CoreFoundation                      0x00007fff895b05f8 _CF_forwarding_prep_0 + 120
  5   8-3                                 0x0000000100000d5b main + 187
  6   libdyld.dylib                       0x00007fff8c61f5c9 start + 1
  7   ???                                 0x0000000000000001 0x0 + 1
)
libc++abi.dylib: terminating with uncaught exception of type NSException
(lldb)
```

在Xcode中会报错，如图8-3所示。

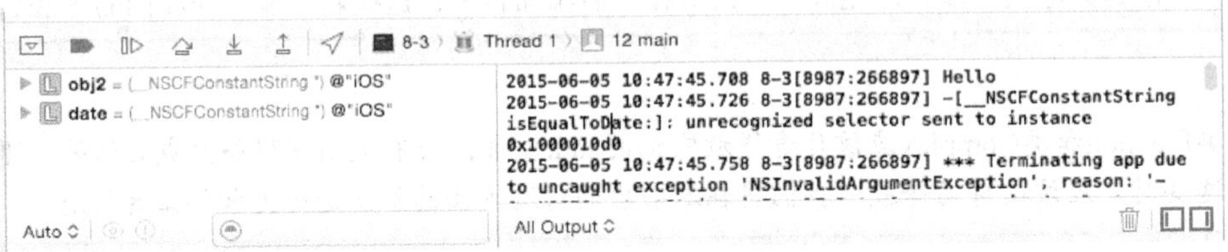

图8-3 Xcode中报错

8.1.4 判断指针变量的实际类型

在Objective-C程序，可以使用以下内置方法来判断指针变量的实际类型。
- -(BOOL) isKindOfClass: classObj：判断是否是这个类或者这个类的子类的实例。
- -(BOOL) isMemberOfClass: classObj：判断是否是这个类的实例。
- + (BOOL)isSubclassOfClass: classObj：判定是否为classObj的子类。

下面的实例演示了判断指针变量的实际类型的方法。

实例8-4	判断指针变量的实际类型
源码路径	光盘:\daima\第8章\8-4

实例文件main.m的具体实现代码如下所示。

```
#import <Foundation/Foundation.h>
#import "FKSubclass.h"

int main(int argc , char * argv[])
{
    @autoreleasepool{
        // 声明hello时使用NSObject类，则hello的编译时类型是NSObject，
        // NSObject是所有类的父类，但hello变量的实际类型是NSString
```

```
            NSObject* hello = @"Hello";
            // 使用isKindOfClass判断该变量所指的对象是否为指定类或其子类的实例
            NSLog(@"字符串是否是NSObject类的实例：%d"
                  , ([hello isKindOfClass:[NSObject class]]));
            // 返回YES
            NSLog(@"字符串是否是NSString类的实例：%d"
                  , ([hello isKindOfClass:[NSString class]]));
            // 返回NO。
            NSLog(@"字符串是否是NSDate类的实例：%d"
                  , ([hello isKindOfClass:[NSDate class]]));
            NSString* a = @"Hello";
            // 返回NO
            NSLog(@"a是否是NSDate类的实例：%d"
                  , ([a isKindOfClass:[NSDate class]]));
        }
    }
```

执行后的效果如图8-4所示。

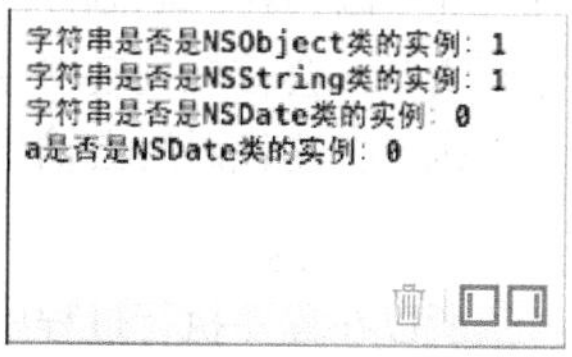

图8-4 实例8-4的执行效果

8.2 动态绑定和 id 类型

知识点讲解：光盘:视频\知识点\第8章\动态绑定和id类型.mp4

第4章中曾经讲解过id数据类型的知识，其实id数据类型也是一种通用的对象类型。也就是说，id数据类型可以存储属于任何类的对象。在本节的内容中，将详细讲解动态绑定和id类型的基本知识。

8.2.1 id 类型的优势

当以id的方式在一个变量中存储不同类型的对象时，程序的执行过程中会体现出其独有的优势。下面的实例代码演示了使用id类型的上述优势。

实例8-5	使用id类型的优势
源码路径	光盘:\daima\第8章\8-5

实例文件main.m的具体实现代码如下所示。

```
#import "Fraction.h"
#import "Complex.h"

int main(int argc, const char * argv[]) {
    @autoreleasepool {
        id      dataValue;
        Fraction *f1 = [[Fraction alloc] init];
        Complex  *c1 = [[Complex alloc] init];

        [f1 setTo: 2 over: 5];
        [c1 setReal: 10.0 andImaginary: 2.5];

        // 第一种情况输出：2/5

        dataValue = f1;
        [dataValue print];

        //第二种情况输出：10 + 2.5i

        dataValue = c1;
        [dataValue print];
    }
    return 0;
}
```

对上述代码的具体说明如下。

（1）因为变量dataValue被声明为id对象类型，所以dataValue可以保存程序中任何类型的对象。
（2）在此需要注意，在声明中并没有使用星号。
```
id dataValue;
```

（3）Fraction f1被设置为2/5，c2被设为(10 + 2.5i)，然后通过如下赋值语句将Fraction f1存储到dataValue中。
```
dataValue = f1;
```
即使dataValue是一个id类型（不是Fraction），也可以在Fraction对象的任何方法中使用dataValue调用。如果dataValue可以存储任何类型的对象，当系统遇到消息表达式"[dataValue print];"时会调用哪个print方法呢？因为在Fraction和Complex中都定义了print方法。Objective-C系统总是跟踪对象所属的类，在具体调用时，会首先判定对象所属的类，并因此确定运行时需要动态调用的方法。

执行上述代码后会输出：
```
2/5
10 + 2.5i
```
所以在程序执行过程中，当系统准备将print消息发送给dataValue时，首先检查dataValue中存储的对象所属的类。在实例8-5的第一种情况下，在变量中保存一个Fraction，所以使用在类Fraction中定义的方法print，最终执行后输出2/5。

在第二种情况下，首先将c1指派给dataValue，然后执行消息表达式"[dataValue print];"，此时因为dataValue包含了属于complex的对象，所以选择该类相应的print方法来执行。所以最终执行后输出10+2.5i。

8.2.2 与 C#的比较说明

在C#程序中使用接口来实现多态，例如接口IOb定义了1个方法F。假设有两个类A和B都实现了IOb接口。
```
IOb item = new A();
item.F();//执行的是A.F();
item = new B();
item.F();//执行的B.F();
```
在Objective-C程序中，接口的含义和C#中接口的含义有了很大的不同，不能这样使用。那么在Objective-C程序中如何实现类似的效果呢？和前面讲解的特殊类型id的用法类似，可以参见下面的实例，其中Fraction和Complex都包含了print方法。

实例8-6	输出分数和复数
源码路径	光盘:\daima\第8章\8-6

实例文件main.m的具体实现代码如下所示。
```
#import "Fraction.h"
#import "Complex.h"

int main(int argc, const char * argv[]) {
    @autoreleasepool {
        id dataValue;      //定义了一个id 类型变量
        Fraction *f1 = [[Fraction alloc] init];
        Complex *c1 = [[Complex alloc] init];
        [f1 setTo: 2 over: 5];
        [c1 setReal: 10.0 andImaginary: 2.5];
        //第一个分数
        dataValue = f1;
        [dataValue print];      //调用Fraction的 print方法
        // 此时dataValue是复数
        dataValue = c1;
        [dataValue print];      //调用Complex的 print方法
    }
    return 0;
}
```
执行后的效果如图8-5所示。

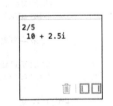

图8-5 实例8-6的执行效果

8.2.3 编译时和运行时检查

因为在编译时无法确定存储在id变量中的对象类型，所以会在运行时进行测试，即在程序执行时进行检查。请看下面的代码。
```
Fraction *f1 = [[Fraction alloc] init];
[f1 setReal: 10.0 andImaginary: 2.5];
```
方法setReal:andImaginary:用于处理复数而不是分数，当编译包含这些语句的程序时，会显示如下所示的提示信息。
```
prog3.m: In function 'main':
prog3.m:13: warning: 'Fraction' does not respond to 'setReal:andImaginary:'
```
Objective-C编译器能够知道f1是Fraction的对象，并且知道当遇到如下所示的消息表达式时，类Fraction并不包含方法setReal:andImaginary:，并且也没有继承该方法，所以会产生上述警告消息。
```
[f1 setReal: 10.0 andImaginary: 2.5];
```
再看下面的代码。
```
id dataValue = [[Fraction alloc] init];
...
[dataValue setReal: 10.0 andImaginary: 2.5];
```
在编译上述代码行时不会产生任何警告消息，这是因为编译器在处理源文件时并不知道存储在dataValue中对象的类型，当运行包含有这些代码的程序时，才会出现如下所示的错误消息。
```
objc: Fraction: does not recognize selector -setReal:andImaginary:
dynamic3: received signal: Abort trap
When attempting to execute the expression
[dataValue setReal: 10.0 andImaginary: 2.5];
```
在运行程序时，系统会先检查存储在dataValue中的对象类型。因为在dataValue中存储了Fraction，所以运行时系统检查并确定方法setReal:andImaginary:是定义在类Fraction中的一个方法，所以会显示前面的错误消息，并且会终止程序的运行。

8.2.4 id 数据类型与静态类型

在Objective-C程序中，尽管id数据类型可以存储任何类型的对象，但是不建议把所有的对象都声明为id类型。Objective-C建议不要养成滥用这种通用数据类型的习惯，主要有如下几个方面的原因。

（1）当将一个变量定义为特定类的对象时，使用的是静态形态。"静态"是指这个变量总是用于存储特定类的对象。此时存储在这种形态中对象的类是预定的，也就是静态的。当使用静态类型时，编译器应该尽可能确保变量的用法在程序中始终保持一致。编译器能够通过检查工作来确定应用于对象的方法是由该类定义的或者由该类继承的，否则会显示警告消息。这样当在程序中声明名为myRect的Rectangle变量时，编译器就会检查myRect调用的每个方法，检查这些方法究竟是定义在Rectangle类中还是从父类继承的。

（2）有一些方法可以调用变量指定的方法，在这种的情况下，编译器不会进行检查工作。但是，如果检查是在运行时执行的，为什么需要关心静态类型呢？关心静态类型是因为它能更好地在程序编译阶段而不是在运行时指出错误。如果把它留到运行时，则可能不会发现错误。

（3）使用静态类型的另一个原因是能够提高程序的可读性，例如下面的两个声明。
```
id f1;
Fraction *f1;
```
上述两种声明中，哪个更能清楚地说明使用f1变量的目的，就选择使用哪一个。

8.2.5 动态类型的参数和返回类型

如果使用动态类型调用一个方法，需要注意以下的规则：如果在多个类中实现名称相同的方法，那么每个方法都必须符合各个参数的类型和返回值类型。这样编译器才能为消息表达式生成正确的代码。

编译器会对它所遇到的每个类声明操作执行一致性检查。如果有一个或多个方法在参数或者返回类型方面存在冲突，编译器就会显示警告消息。例如，在Fraction和Complex中都包含了add:方法。但是类Fraction的参数和返回类型都是Fraction对象，而类Complex的参数和返回类型是Complex对象。如果frac1和myFracrt都是Fraction对象，而comp1和myComplex都是Complex对象，那么以下两种声明不会导致编译器显示警告消息，这是因为在这两种情况下，消息的接受者都是静态类型，并且编译器可以检查这些方法的使用是否和在接受者类中定义的一致。
```
result = [myFract add: frac1];
result = [myComplex add: comp1];
```
如果dataValue1和dataValue2是id变量，那么如下代码语句会导致编译器生成代码将参数传递给add:方法，并通过假设处理其返回值。
```
result = [dataValue1 add: dataValue2];
```
在运行程序时，Objective-C系统仍然检查存储在dataValue1中对象所属的确切类，并选择相应的方法来执行，虽然编译器可能生成不正确的代码向方法传递参数或处理返回值。当一个方法选取对象作为其参数，而另一个方法选取浮点数作为参数时，很有可能发生这种情况。如果这两个方法之间仅存在对象类型这一个不同点时（例如Fraction的add:方法使用Fraction对象作为其参数和返回值，而Complex的add方法使用Complex对象作为参数），编译器仍然能够生成正确的代码，这是因为传递给对象的引用是内存地址（即指针）。

8.2.6 处理动态类型的方法

在Objective-C程序中，当使用可以包含来自不同类的对象变量时，可以用不同的执行代码来测试各个类型方法的合法性，前提是需要避免错误或在运行程序时检查程序的完整性。

表8-1总结了类Object所支持的一些基本方法。在表8-1中，class-object是一个类对象，这通常是由class方法产生的，selector是一个SEL类型的值（通常是由@selector指令产生的）。

表8-1 处理动态类型的方法

方法	问题或行为
-(BOOL) isKindOf: *class-object*	对象是不是*class-object*或其子类的成员
-(BOOL) isMemberOfClass: *class-object*	对象是不是class-object的成员
-(BOOL) respondsToSeletor: *selector*	对象是否能够响应*selector*所指定的方法
+(BOOL) instancesRespondToSelector: selector	指定的类实例是否能响应*selector*
+(BOOL) isSubclassOfClass:*class-object*	对象是指定类的子类吗
-(id) performSelector: *selector*	应用selector指定的方法
-(id) performSelector: selector withObject: object	应用selector指定的方法，传递参数object
-(id) performSelector: selector withObject: object1 withObject: object2	应用selector指定的方法，传递参数object1和object2

在表8-1中，并没有描述其他可用的方法，这些方法允许大家提出关于是否符合某项协议的问题（协议将在本书后面的章节中进行详细讲解），还有一些方法允许提出有关动态解析方法的问题（本文中不讨论）。

要根据类名或另一个对象生成一个类对象，可以向其发送class消息。如下代码从名为Square的类中获得类对象。
```
[Square class]
```
如果mySquare是Square对象的实例，可以通过如下代码知道它所属的类。
```
[mySquare class]
```
如下的代码可以查看存储在变量obj1和obj2中的对象是不是相同的类实例。
```
if ([obj1 class] == [obj2 class])
    ...
```
可以使用如下测试表达式来验证myFract是不是Fraction类的实例。
```
[myFract isMemberOf: [Fraction class]]
```
可以对一个方法名应用@selector指令，这样能生成表8-1中列出的selector。
```
@selector (alloc)
```
因为方法alloc是从类NSObject继承而来的，所以当为名为alloc的方法生成一个SEL类型的值时，通过下面的表达式可以为方法setTo:over:生成一个selector，此setTo:over:方法是在类Fraction中实现的，在此需要注意方法名中的冒号。

```
@selector (setTo:over:)
```
要想查看类Fraction的实例是否响应方法setTo:over，可以使用如下测试代码的返回值来验证。
```
[Fraction instancesRespondToSelector: @selector (setTo:over:)]
```
上述测试包括继承的方法，并不是只测试直接定义在类中的方法。方法performSelector:和它的变形版本（在表8-1中没有显示）允许向对象发送消息，这条消息可以是存储在变量中的selector。例如下面的代码。
```
SEL action;
id graphicObject;
...
action = @selector (draw);
...
[graphicObject performSelector: action];
```
在上述代码中，SEL变量action所指定的方法被发送到存储在grphicObject中的任何图形对象中。尽管已经把这个行为指定为draw，但是行为也可能在程序执行时发生变化，可能会依赖于用户的输入。此时需要先确定对象是否可以响应这个动作，然后使用以下方式来实现。
```
if ([graphicObject respondsToSelector: action] == YES)
    [graphicObject perform: action]
else
//错误处理代码
```
在下面的实例代码中，分别定义了类Square和类Rectangle，它能够检查各个类中的具体成员关系并输出。

实例8-7	检查并输出各个类中具体成员的关系方法一
源码路径	光盘:\daima\第8章\8-7

实例文件main.m的具体实现代码如下所示。
```
#import <Foundation/Foundation.h>
#import "Square.h"
int main(int argc, const char * argv[]) {
    @autoreleasepool {
        Square *mySquare = [[Square alloc] init];
        if ( [mySquare isMemberOfClass: [Square class]] == YES )
            NSLog (@"mySquare is a member of Square class");
        if ( [mySquare isMemberOfClass: [Rectangle class]] == YES )
            NSLog (@"mySquare is a member of Rectangle class");
        if ( [mySquare isMemberOfClass: [NSObject class]] == YES )
            NSLog (@"mySquare is a member of NSObject class");
        if ( [mySquare isKindOfClass: [Square class]] == YES )
            NSLog (@"mySquare is a kind of Square");
        if ( [mySquare isKindOfClass: [Rectangle class]] == YES )
            NSLog (@"mySquare is a kind of Rectangle");
        if ( [mySquare isKindOfClass: [NSObject class]] == YES )
            NSLog (@"mySquare is a kind of NSObject");
        if ( [mySquare respondsToSelector: @selector (setSide:)] == YES )
            NSLog (@"mySquare responds to setSide: method");
        if ( [mySquare respondsToSelector: @selector (setWidth:andHeight:)] == YES )
            NSLog (@"mySquare responds to setWidth:andHeight: method");
        if ( [Square respondsToSelector: @selector (alloc)] == YES )
            NSLog (@"Square class responds to alloc method");

        if ([Rectangle instancesRespondToSelector: @selector (setSide:)] == YES)
            NSLog (@"Instances of Rectangle respond to setSide: method");
        if ([Square instancesRespondToSelector: @selector (setSide:)] == YES)
            NSLog (@"Instances of Square respond to setSide: method");
        if ([Square isSubclassOfClass: [Rectangle class]] == YES)
            NSLog (@"Square is a subclass of a rectangle");
    }
    return 0;
}
```
在上述代码中，isMemberOf:负责测试类中的直接成员关系，而isKindOf:负责检测继承层次中的关系。mySquare是Square类的成员，也同样是"某种"Square、Rectangle和NSObject成员，因为它存在于这些类的层次结构中。要想编译上述代码，需要联合使用Square、Rectangle和XYPoint类，编译运行后会输出：
```
mySquare is a member of Square class
mySquare is a kind of Square
mySquare is a kind of Rectangle
```

```
mySquare is a kind of NSObject
mySquare responds to setSide: method
mySquare responds to setWidth:andHeight: method
Square class responds to alloc method
Instances of Square respond to setSide: method
Square is a subclass of a rectangle
```
如下测试语句的功能是检测Square类是否响应alloc类方法。
```
if ( [Square respondsTo: @selector (alloc)] == YES )
```
运行后发现确实响应，这是因为Square类是从根对象NSObject继承来的。

8.3 异常处理

知识点讲解：光盘:视频\知识点\第8章\异常处理.mp4

在任何程序中，异常是在所难免的，那到底是什么异常呢？异常是在运行指程序时发生的错误或者不正常的情况。作为一名好的程序员，应该具备预测程序中可能出现问题的能力。在测试Objective-C程序的过程中，编译器会向开发人员提示一些错误信息和异常信息。为了避免错误发生，在执行程序测试时可以避免向对象发送未识别的消息。当试图发送这类未识别消息时，程序通常会立即终止，并抛出一个异常。

8.3.1 用@try处理异常

请看下面的程序，因为在类Fraction中没有定义名为noSuchMethod的方法，所以在编译程序时会得到警告消息。

```
#import "Fraction.h"
int main(int argc, const char * argv[]) {
@autoreleasepool {
    Fraction *f = [[Fraction alloc] init];
    [f noSuchMethod];
    NSLog (@"Execution continues!");
    return 0;
}
```

其实可以"无视"警告消息而继续让程序运行，但是这样可能使程序发生异常而终止。可能会出现类似于下面的错误信息。

```
-[Fraction noSuchMethod]: unrecognized selector sent to instance 0x103280
*** Terminating app due to uncaught exception 'NSInvalidArgumentException',
   reason: '*** -[Fraction noSuchMethod]: unrecognized selector sent
      to instance 0x103280'
Stack: (
 2482717003,
 2498756859,
 2482746186,
 2482739532,
 2482739730
)
Trace/BPT trap
```

为了避免上述发生异常终止的情况，可以在一个特殊的语句块中加入一条或多条语句，具体格式如下所示。

```
@try {
 statement
 statement
 ...
}
@catch (NSException *exception) {
 statement
 statement
 ...
}
```

在@try块中加入上述statement后，程序可以正常执行。但是如果块中的某一条语句抛出异常时不会终止执行，而是立即跳到@catch块，并在那里继续执行。在@catch块内可以处理异常。这里可行的执行顺序是记录错误消息、清除和终止执行。

下面的实例是对本章实例8-7改良之后的代码。

实例8-8	检查并输出各个类中具体成员的关系方法二
源码路径	光盘:\daima\第8章\8-8

实例文件main.m的具体实现代码如下所示。

```
#import <Foundation/Foundation.h>
#import "Fraction.h"

int main(int argc , char * argv[])
{
    @autoreleasepool{
        Fraction *f = [[Fraction alloc] init];
        @try {
            [f noSuchMethod];
        }
        @catch (NSException *exception) {
            NSLog(@"Caught %@%@", [exception name], [exception reason]);
        }
        NSLog (@"Execution continues!");
        return 0;
    }
}
```

当出现异常时执行@catch块，包含异常信息的NSException对象作为参数传递给这个块。方法name会检索异常的名称，方法reason会输出具体原因。此时执行后会输出：

```
*** -[Fraction noSuchMethod]: unrecognized selector sent to instance 0x103280
Caught NSInvalidArgumentException: *** -[Fraction noSuchMethod]:
unrecognized selector sent to instance 0x103280
Execution continues!
```

上述程序是一个非常简单的例子，演示了如何在程序中捕获异常的方法。

另外，在Objective-C程序中，@finally块和@try是一对很好的组合，可以使用@finally块包含是否执行抛出异常的@try块中语句的代码。

指令@throw允许程序抛出自己的异常，在日常应用中可以使用该指令抛出特定的异常，或者在@catch块内抛出带大家进入类似如下块的异常。

```
@throw;
```

在自行处理异常后，便可以让系统处理其余的工作，最后就可以使用多个@catch块按顺序捕获并处理各种异常。

下面的实例针对NSException异常提供了异常处理块。调用KFApple对象中的方法taste后会引发异常，这样系统会调用NSException对应的@catch块来处理这个异常。

实例8-9	调用@catch块来处理异常
源码路径	光盘:\daima\第8章\8-9

接口文件FKApple.h的具体实现代码如下所示。

```
#import <Foundation/Foundation.h>
#import "FKEatable.h"

// 定义类的接口部分，实现FKEatable协议
@interface FKApple : NSObject <FKEatable>
@end
```

接口实现文件FKApple.m的具体代码如下所示。

```
#import "FKApple.h"

// 为FKApple提供实现部分
@implementation FKApple
@end
```

协议文件FKEatable.h的具体实现代码如下所示。

```
#import <Foundation/Foundation.h>
```

```
// 定义协议
@protocol FKEatable
@optional
- (void) taste;
@end
```

测试文件main.m的具体实现代码如下所示。

```
#import "FKApple.h"

int main(int argc , char * argv[])
{
 @autoreleasepool{
    @try
    {
        FKApple* app = [[FKApple alloc] init];   // 创建FKApple对象
        [app taste];   // 调用taste方法

    }
    @catch(NSException* ex)
    {
        NSLog(@"==捕捉异常==");
        NSLog(@"捕捉异常:%@, %@" , ex.name , ex.reason);
    }
    @finally
    {
        // 此处可进行资源回收等操作
        NSLog(@"资源回收! ");
    }
    NSLog(@"程序执行完成! ");
 }
}
```

执行后的效果如图8-6所示。

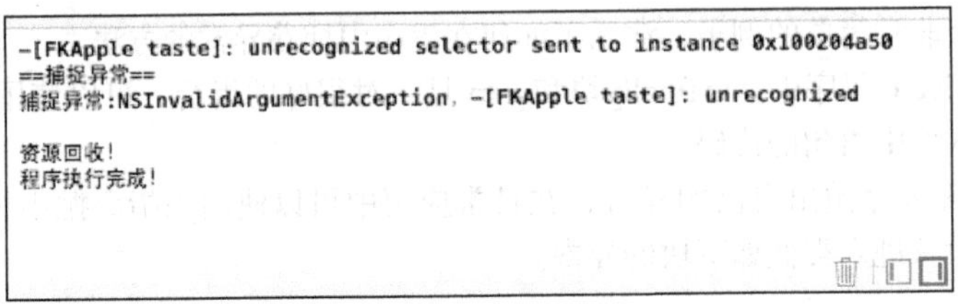

```
-[FKApple taste]: unrecognized selector sent to instance 0x100204a50
==捕捉异常==
捕捉异常:NSInvalidArgumentException, -[FKApple taste]: unrecognized

资源回收!
程序执行完成!
```

图8-6　实例8-9的执行效果

8.3.2　使用@finally回收资源

在Objective-C异常处理机制的如下语法格式中，只有@try是必须存在的，而@catch和@finally是可选的。当代码有可能出现异常时，把它放到@try语句块中。@catch()块包含了处理@try块里抛出异常的逻辑。无论异常是否发生，@finally块里面的语句都会执行。如果直接使用@throw块来抛出异常，这个异常本质上是一个Objective-C的对象。可以使用NSException对象，但是不局限于它们。

```
@try {
    <#statements#>
}
@catch (NSException *exception) {
    <#handler#>
}
@finally {
    <#statements#>
}
```

正是因为@finally块里面的语句都会执行，所以在运行前面的实例8-9时，无论程序是否出现异常，都可以看到在@finally块中输出"资源回收!"的提示。

在下面的实例代码中，在@finally块中定义了一个"return NO"程序，这会使@finally块中的return

YES失去作用，运行后将会输出表示NO的结果0。

实例8-10	使@finally块中的return YES失去作用
源码路径	光盘:\daima\第8章\8-10

实例文件main.m的具体实现代码如下所示。

```
#import <Foundation/Foundation.h>

BOOL test()
{
    @try
    {
        // 因为finally块中包含了return语句，
        // 所以下面的return语句失去作用
        return YES;
    }
    @finally
    {
        return NO;
    }
}
int main(int argc , char * argv[])
{
    @autoreleasepool{
        BOOL a = test();
        NSLog(@"%d" , a);   // 输出代表NO的0
    }
}
```

执行后输出：
0

8.3.3 自定义异常类

在Objective-C程序中，可以使用@throw抛出异常。@throw可以单独使用，抛出的不是异常类，而是一个异常实例，并且每次只能抛出一个异常实例。@throw语句的语法格式如下所示：

```
@throw 异常
```

在大多数情况下，只需抛出NSException对象即可，但是有时需要抛出自定义的异常，此时需要通过异常类名来包含一些异常信息。

在下面的实例中，抛出了一个自定义异常类。

实例8-11	抛出自定义异常类
源码路径	光盘:\daima\第8章\8-11

首先创建自定义异常类接口文件FKMyException.h，具体实现代码如下所示。

```
#import <Foundation/Foundation.h>

// 定义类的接口部分
@interface FKMyException : NSException
@end
```

创建自定义异常类接口实现文件FKMyException.m，具体实现代码如下所示。

```
#import "FKMyException.h"

// 为FKMyException提供实现部分
@implementation FKMyException
@end
```

定义接口文件FKDog.h，具体实现代码如下所示。

```
#import <Foundation/Foundation.h>

// 定义类的接口部分
@interface FKDog : NSObject
@property (nonatomic , assign) int age;
@end
```

为FKDog定义实现部分，在此对Dog的年龄进行控制，保证必须为0～15。文件FKDog.m的具体实现代码如下所示。
```
#import "FKDog.h"
#import "FKMyException.h"

// 为FKDog提供实现部分
@implementation FKDog
- (void) setAge:(int)age
{
 if(self.age != age)
 {
      // 检查年龄是否在0~15之间
      if(age > 15 || age < 0)
      {
          // 手动抛出异常
          @throw [[FKMyException alloc]
              initWithName:@"IllegalArgumentException"
              reason:@"狗的年龄必须在0~15之间"
              userInfo:nil];
      }
      _age = age;
 }
}
@end
```
编写测试文件main.m，具体实现代码如下所示。
```
#import "FKDog.h"
#import "FKMyException.h"

int main(int argc , char * argv[])
{
    @autoreleasepool{
        // 创建FKDog对象
        FKDog* dog = [[FKDog alloc] init];
        dog.age = 20;
        NSLog(@"狗的年龄为：%d" , dog.age);
        dog.age = 80;
    }
}
```
执行后将显示异常信息，如图8-7所示。

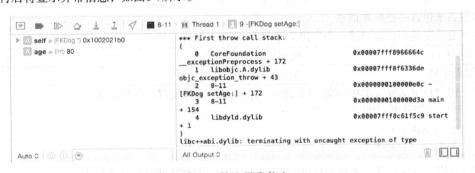

图8-7 输出异常信息

8.3.4 和 C++异常处理进行比较

和C++的异常处理机制相比，Objective-C中的异常处理机制更像Java，这主要是因为Objective-C拥有关键字@finally，在Java中也有一个类似的 finally 关键字，而在C++中则没有。finally 是 try()...catch()块的一个可选附加块，其中的代码是必须执行的。不管有没有捕获到异常，这种设计可以很方便地写出简短干净的代码，例如资源释放等。除此之外，Objective-C 中的 @try...@catch...@finally 是很经典的设计，同大多数语言没有什么区别。但是在Objective-C中，只有对象可以被抛除。

下面是没有使用@finally进行异常处理的代码。

8.3 异常处理

```
BOOL problem = YES;
@try {
    dangerousAction();
    problem = NO;
} @catch (MyException* e) {
    doSomething();
    cleanup();
} @catch (NSException* e) {
    doSomethingElse();
    cleanup();
    // 重新抛出异常
    @throw
}
if (!problem)
    cleanup();
```

下面是使用@finally进行异常处理的代码。

```
@try {
    dangerousAction();
} @catch (MyException* e) {
    doSomething();
} @catch (NSException* e) {
    doSomethingElse();
    @throw // 重新抛出异常
} @finally {
    cleanup();
}
```

从严格意义上讲，@finally不是必须的，但是确实是处理异常强有力的工具。正如前面的例子所示，也可以在 @catch 中将异常重新抛出。事实上，@finally在@try块运行结束之后才会执行。下面的代码很好地说明了上述问题。

```
int f(void)
{
    printf("f: 1-you see me\n");
    // 注意看输出的字符串，体会异常处理流程
    @throw [NSException exceptionWithName:@"panic"
                    reason:@"you don't really want to known"
                    userInfo:nil];
    printf("f: 2-you never see me\n");
}

int g(void)
{
    printf("g: 1-you see me\n");
    @try {
        f();
        printf("g: 2-you do not see me (in this example)\n");
    } @catch(NSException* e) {
        printf("g: 3-you see me\n");
        @throw;
        printf("g: 4-you never see me\n");
    } @finally {
        printf("g: 5-you see me\n");
    }
    printf("g: 6-you do not see me (in this example)\n");
}
```

另外C++ 的 catch(...) 可以捕获任意值，但是 Objective-C 中是不可以的。因为在Objective-C中只可以抛出对象，也就是说可以始终使用 id 捕获异常。

另外注意，在Cocoa 中有一个名为NSException的类，建议使用此类作为一切异常类的父类。由此可见，@catch(NSException *e) 相当于C++ 的 catch(...)。

第 9 章 类别、协议和合成对象

在Objective-C程序中，类别、协议和合成对象是3个比较重要的知识点，使用它们能够帮助开发人员实现高级功能。本章将详细讲解这3个知识点的基本用法，为读者后面的学习打下基础。

9.1 类别

知识点讲解：光盘:视频\知识点\第9章\类别.mp4

在定义处理类时，有时可能想要在里面添加一些新的方法。例如在类Fraction中，除了有能够将两个分数相加的方法add:之外，如果还需要拥有将两个分数相减、相乘、相除的方法，则需要使用分类来完成。通过分类的方式可以为已经存在的类添加新的方法，甚至不需要源码实现，这一点类似C#中的扩展方法。本节将详细讲解Objective-C分类的基本知识。

9.1.1 定义类别

Objective-C提供了一个非常灵活的类扩展机制，即类别（Category）。类别也被称为分类，用于对一个已经存在的类添加方法。你只需要知道这个类的公开接口，不需要知道类的源代码。需要注意的是，类别不能为已存在的类添加实例变量。

在Objective-C程序中，定义类别的语法格式如下所示。

```
@interface 已有的类(类别名)
    //方法定义
@end
```

由此可见，类别的语法与类的语法非常相似。类别的方法就是类的方法。类别的定义可以放在一个单独的文件中（类别名.h），也可以放在一个已存在的类的定义文件中（.h文件）。类别的实现则可放在一个单独的"类别名.m"文件中，或另一个类的实现文件中。这点也与类的定义相似。因为类别的方法就是类的方法，所以类别的方法可以自由引用类的实例变量（无论公有或私有）。

例如，有如下所示的代码：

```
@interface  NSString(NumberConvenience)
-(NSNumber *)lengthAsNumber;
@end//NumberConvenience
```

对上述代码的具体说明如下。

（1）现有的类位于@interface关键字之后，其后是位于圆括号中的类别名称。类别名称是NumberConvenience，而且该类别将向NSString类中添加方法。换句话说，我们向NSString类中添加了一个名称为NumberConvenience的类别。同名类别有唯一性，但是可以添加任意多的不同名类别。

（2）可以执行希望向其添加类别的类以及类别的名称，还可以列出添加的方法，不可以添加新的实例变量，类别生命中没有实例变量部分。

对应上面的代码，实现类别的语法格式如下所示。

```
@implementation NSString(NumberConvenience)
  -(NSNumber *)lengthAsNumber
  {
      unsigned int length = [self length];
```

```
        return ([NSNumber numberWithUnsignedInt : length]);
    } //lengthAsNumber
@end    //NumberConvenience
```

由此可见，实现部分也包括类名、类别名和新方法的实现代码。

Objective-C类别有如下两方面的局限性。

（1）无法向类中添加新的实例变量，类别没有位置容纳实例变量。

（2）名称冲突，即当类别中的方法与原始类方法名称冲突时，类别具有更高的优先级。类别方法将完全取代初始方法，因而无法再使用初始方法。无法添加实例变量的局限可以使用字典对象解决。

Objective-C类别主要有以下3个作用。

（1）将类的实现分散到多个不同文件或多个不同框架中。

（2）创建对私有方法的前向引用。

（3）向对象添加非正式协议。

注意

类别并不能为类声明新的实例变量，它只包含方法。然而在类作用域内所有实例变量，都能被这些类别访问。他们包括为类声明的所有的实例变量，甚至那些被@private修饰的变量。可以为一个类添加多个类别，但每个类别名必须不同，而且每个类别都必须声明并实现一套不同的方法。当通过category来修改一个类的时候，它对应用程序中这个类所有的对象都起作用。跟子类不一样，category不能增加成员变量。我们还可以用category重写类原先存在的方法（但是并不推荐这么做）。

下面的实例演示了使用类别Category的过程。

实例9-1	使用类别Category
源码路径	光盘:\daima\第9章\9-1

编写文件NSNumber+fk.h，为类NSNumber增加一个类别，具体实现代码如下所示。

```
#import <Foundation/Foundation.h>

// 定义一个类别
@interface NSNumber (fk)
// 在类别中定义4个方法
- (NSNumber*) add: (double) num2;
- (NSNumber*) substract: (double) num2;
- (NSNumber*) multiply: (double) num2;
- (NSNumber*) divide: (double) num2;
@end
```

编写文件NSNumber+fk.m实现类别的具体功能，其实现代码如下所示。

```
#import "NSNumber+fk.h"

// 为类别提供实现部分
@implementation NSNumber (fk)
// 实现类别接口部分定义的4个方法
- (NSNumber*) add: (double) num2
{
 return [NSNumber numberWithDouble:
         ([self doubleValue] + num2)];
}
- (NSNumber*) substract: (double) num2
{
 return [NSNumber numberWithDouble:
         ([self doubleValue] - num2)];
}
- (NSNumber*) multiply: (double) num2
{
 return [NSNumber numberWithDouble:
         ([self doubleValue] * num2)];
}
```

```
- (NSNumber*) divide: (double) num2
{
 return [NSNumber numberWithDouble:
        ([self doubleValue] / num2)];
}
@end
```

编写测试文件main.m测试上述类别,具体实现代码如下所示。

```
#import <Foundation/Foundation.h>
#import "NSNumber+fk.h"

int main(int argc , char * argv[])
{
    @autoreleasepool{
        NSNumber* myNum = [NSNumber numberWithInt: 3];
        // 测试add:方法
        NSNumber* add = [myNum add:2.4];
        NSLog(@"%@" , add);
        // 测试substract:方法
        NSNumber* substract = [myNum substract:2.4];
        NSLog(@"%@" , substract);
        // 测试multiply:方法
        NSNumber* multiply = [myNum multiply:2.4];
        NSLog(@"%@" , multiply);
        // 测试divide:方法
        NSNumber* divide = [myNum divide:2.4];
        NSLog(@"%@" , divide);
    }
}
```

9.1.2 类别的使用

下面将通过一个简单的例子说明类别的作用,该例子的功能是把一个字符串转换为驼峰式字符串,并且删除单词中的空格。

实例9-2	转换字符串并删除空格
源码路径	光盘:\daima\第9章\9-2

增加类别接口,文件NSString+CamelCase.h的具体实现代码如下所示。

```
#import <Foundation/Foundation.h>
//NSString 表示将要添加分类的类名称,该类必须是已存在的。
//CamelCase 是为类添加的分类的名称。
//只能添加方法,不能添加变量。
//头文件命名惯例:ClassName+CategoryName.h
@interface NSString (CamelCase)

-(NSString*) CamelCaseString;

@end
```

类别接口的具体实现文件是NSString+CamelCase.m,其实现代码如下所示。

```
#import "NSString+CamelCase.h"

@implementation NSString (CamelCase)

-(NSString*) CamelCaseString
{
    //调用NSString的内部方法获取驼峰字符串。
    //self指向被添加分类的类。
    NSString *castr = [self capitalizedString];
    
    //创建数组来过滤空格,通过分隔符对字符进行组合。
    NSArray *array = [castr componentsSeparatedByCharactersInSet:
            [NSCharacterSet whitespaceCharacterSet]];
    
    //输出数组的字符
    NSString *output = @"";
    for(NSString *word in array)
```

```
        {
            output = [output stringByAppendingString:word];
        }
        return output;
}
@end
```
测试文件main.m的具体实现代码如下所示。
```
#import <Foundation/Foundation.h>
#import "NSString+CamelCase.h"

int main(int argc, const char * argv[]) {
    @autoreleasepool {
        NSString *str = @"gun";
        NSLog(@"%@", str);
    }
    return 0;
}
```
执行后输出：
gun

由此可见，在Objective-C中使用分类和协议有如下两个目的。
（1）使用分类以模块的方式向类添加方法。
（2）创建标准化的方法类表供其他人实现。

9.1.3 用类别实现模块化设计

在Objective-C程序中，类别提供了一种简单的方式，用它可以将类的定义模块化到相关方法的组或分类中。类别还提供了扩展现有类定义的简便方式，并且不必访问类的源代码，也无须创建子类。类别是一个功能强大且简单的概念。在下面的实例中，为类Fraction添加新分类，通过新分类来处理分数的四则数学运算。

实例9-3	用新分类处理分数的四则算术运算
源码路径	光盘:\daima\第9章\9-3

首先，原始Fraction接口文件Fraction.h的实现代码如下所示。
```
#import <Foundation/Foundation.h>
#import <stdio.h>

// 定义Fraction类

@interface Fraction : NSObject {
    int numerator;
    int denominator;
}

@property int numerator, denominator;
-(void) setTo: (int) n over: (int) d;
-(void) reduce;
-(double) convertToNum;
-(void) print;

@end
```
然后从接口部分删除方法add:，并将其添加到新分类，同时添加其他3种要实现的数学运算。新分类MathOps接口部分的实现文件是Fraction.m，具体实现代码如下所示。
```
#import "Fraction.h"

@implementation Fraction

@synthesize numerator, denominator;

-(void) print
{
    if ( denominator < 0 )
```

```
            NSLog (@"-%i/%i", numerator, -denominator);
        else
            NSLog (@"%i/%i", numerator, denominator);
}

-(double) convertToNum
{
    if (denominator != 0)
        return (double) numerator / denominator;
    else
        return 1.0;
}

-(void) setTo: (int) n over: (int) d
{
    numerator = n;
    denominator = d;
}

-(void) reduce
{
    int u = numerator;
    int v = denominator;
    int temp;

    while (v != 0) {
        temp = u % v;
        u = v;
        v = temp;
    }

    numerator /= u;
    denominator /= u;
}
@end
```

上述代码不但是接口部分的定义，而且也是现有接口部分的扩展。因此必须包括原始接口部分，这样编译器就知道当前处理的是Fraction类。当然也可以直接将新分类结合到原始的头文件Fraction.h，其实这也是一种很好的选择。

在#import后面，代码"@interface Fraction (MathOps)"的功能是告诉编译器正在为类Fraction定义新的分类，而且其名称为MathOps。这个名称括在类名称之后的一对圆括号中。在此处没有列出Fraction的父类，因为编译器已经从文件Fraction.h中知道此内容。而且，没有向编译器告知实例变量，因为在以前定义的接口部分中已经向编译器做了告知工作。如果想列出父类或实例变量，则会收到编译器发出的语法错误。

通过上述接口部分，告知编译器正在名为MathOps的分类下为名为Fraction的类添加扩展。分类MathOps包括如下4个实例方法。

❑ add:
❑ mul:
❑ sub:
❑ div:

上述每种方法均使用一个分数作为参数，并返回一个分数。可以将上述所有方法的定义放在一个实现部分。也就是说，可以在一个实现文件中既定义Fraction.h接口部分中的所有方法，也定义分类MathOps中的所有方法，或者在单独的实现部分定义分类的方法。在这种情况下，这些方法的实现部分还必须找出方法所属的分类。与接口部分一样，通过将分类名称括在类名称之后的圆括号中来确定方法所属的分类，代码如下所示。

```
@implementation Fraction (MathOps)
    // 类别代码的方法
    ...
    @end
```

最后看测试文件main.m，新的分类MathOps的接口和实现部分组合在一起，并且连同测试例程都放在一个文件中。文件main.m的具体实现代码如下所示。

```objc
#import "Fraction.h"

@interface Fraction (MathOps)
-(Fraction *) add: (Fraction *) f;
-(Fraction *) mul: (Fraction *) f;
-(Fraction *) sub: (Fraction *) f;
-(Fraction *) div: (Fraction *) f;
@end

@implementation Fraction (MathOps)
-(Fraction *) add: (Fraction *) f
{
    // 两个分数相加
    // a/b + c/d = ((a*d) + (b*c)) / (b * d)

    Fraction *result = [[Fraction alloc] init];
    int      resultNum, resultDenom;

    resultNum = (numerator * f.denominator) +
                (denominator * f.numerator);
    resultDenom = denominator * f.denominator;

    [result setTo: resultNum over: resultDenom];
    [result reduce];

    return result;
}

-(Fraction *) sub: (Fraction *) f
{
    // 两个分数相减
    // a/b - c/d = ((a*d) - (b*c)) / (b * d)

    Fraction *result = [[Fraction alloc] init];
    int      resultNum, resultDenom;

    resultNum = (numerator * f.denominator) -
                (denominator * f.numerator);
    resultDenom = denominator * f.denominator;

    [result setTo: resultNum over: resultDenom];
    [result reduce];

    return result;
}

-(Fraction *) mul: (Fraction *) f
{
    Fraction  *result = [[Fraction alloc] init];

    [result setTo: numerator * f.numerator
             over: denominator * f.denominator];
    [result reduce];

    return result;
}

-(Fraction *) div: (Fraction *) f
{
    Fraction  *result = [[Fraction alloc] init];

    [result setTo: numerator * f.denominator
             over: denominator * f.numerator];
    [result reduce];

    return result;
```

```
}
@end

int main(int argc, const char * argv[]) {
    @autoreleasepool {
        
        Fraction *a = [[Fraction alloc] init];
        Fraction *b = [[Fraction alloc] init];
        Fraction *result;
        
        [a setTo: 1 over: 3];
        [b setTo: 2 over: 5];
        
        [a print]; NSLog (@"  +"); [b print]; NSLog (@"-----");
        result = [a add: b];
        [result print];
        NSLog (@"\n");
        
        [a print];
        NSLog (@"  -"); [b print]; NSLog (@"-----");
        result = [a sub: b];
        [result print];
        NSLog (@"\n");
        
        [a print]; NSLog (@"  *"); [b print]; NSLog (@"-----");
        result = [a mul: b];
        [result print];
        NSLog (@"\n");
        
        [a print]; NSLog (@"  /"); [b print]; NSLog (@"-----");
        result = [a div: b];
        [result print];
        NSLog (@"\n");
    }
    return 0;
}
```

通过上述代码可以直接打印分数a除以b的结果,这样就避免了对变量result的中间赋值。在实例9-3中有这种操作,但是在实现时需要执行这个中间赋值,这样可以获得结果Fraction,并随后释放它的内存。否则每次对分数执行数学运算时,程序都会泄漏一些内存。

执行上述代码后会输出:

```
1/3
  +
 2/5
-----
11/15

 1/3
  -
 2/5
-----
-1/15

1/3
 *
2/5
-----
2/15

1/3
 /
2/5
-----
5/6
```

在Objective-C中,如下所示的代码语句都是合法的。

`[[a div: b] print];`

在实例9-3中,把新分类的接口和实现部分与测试程序放在了同一个文件中。其实这个分类的接口部分可以放在原始的Fraction.h头文件中（好处是所有方法都在一个位置声明），也可以放在自己的头文件中。如果将分类放到一个定义主类的文件中，那么这个类的所有用户都将访问这个分类中的方法。

9.1.4 使用类别调用私有方法

在Objective-C程序中，通常不允许调用私有方法。但是如果使用NSObject的performSelector:方法来执行动态调用，则可以调用这些私有方法。并且除了使用performSelector:方法调用私有方法外，还可以通过类别定义前向调用，从而实现对私有方法的调用。在下面的实例中，演示了使用类别调用私有方法的过程。

实例9-4	使用类别调用私有方法
源码路径	光盘:\daima\第9章\9-4

定义接口文件FKItem.h，具体实现代码如下所示。

```
#import <Foundation/Foundation.h>

// 定义类的接口部分
@interface FKItem : NSObject
@property (nonatomic , assign) double price;
- (void) info;
@end
```

为接口定义具体实现文件FKItem.m，具体实现代码如下所示。

```
#import "FKItem.h"

// 为FKItem提供实现部分
@implementation FKItem
@synthesize price;
// 实现接口部分定义的方法
- (void) info
{
 NSLog(@"这是一个普通的方法");
}
// 类实现部分新增的方法，相当于私有方法
- (double) calDiscount:(double) discount
{
 return self.price * discount;
}
@end
```

编写测试文件main.m，具体实现代码如下所示。

```
#import <Foundation/Foundation.h>
#import "FKItem.h"

// 为FKItem定义一个类别
@interface FKItem (fk)
// 在类别中声明calDiscount:方法
- (double) calDiscount:(double)discount;
@end
int main(int argc , char * argv[])
{
    @autoreleasepool{
        FKItem* item = [[FKItem alloc] init];
        item.price = 109;
        [item info];
        NSLog(@"促销价格为: %g" , [item calDiscount:.75]);
    }
}
```

执行后的效果如图9-1所示。

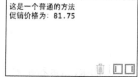

图9-1 实例9-4的执行效果

9.1.5 扩展

在Objective-C程序中，扩展是一种匿名分类，但是和匿名分类不一样的是，扩展可以添加新的实例变量。从Xcode 4之后就推荐在自定义类的.m文件中使用扩展，这样就能保证良好的代码封装性，避免

把私有接口暴露给外面。

类扩展是Objective-C为分类添加的一个非常有用的功能,请看以下示例代码:
```
@interface AppDelegate ()
- (NSURL *)applicationDocumentsDirectory;
- (void)saveContext;
@end
```
类扩展的声明方式和分类很像,区别只是括号内的分类名为空。

一个典型的类扩展的写法为:
```
@interface 类名 ()
// 定义合成属性或方法,但不能添加字段,故不能有那一对大括号
@end
```
这就是Objective-C中类的扩展,需要注意如下4点。

- 所谓的扩展,其实就是为一个类添加额外的方法或合成属性。
- 在扩展中只能扩展合成属性和方法,不能添加字段,否则会出现编译错误。
- 定义在.m文件中的扩展为私有的,定义在.h文件(头文件)中的扩展为公有的。类扩展是在.m文件中声明私有方法的非常好的方式。
- 类扩展中声明的方法与在类中声明的方法是完全一致的,这些方法必须在随后的代码中实现,在编译时会被添加到类中,而分类是在运行时进行添加的。

下面的实例演示了使用扩展输出对应信息的方法。

实例9-5	使用扩展输出对应信息
源码路径	光盘:\daima\第9章\9-5

首先定义接口文件FKCar.h,具体实现代码如下所示。
```
#import <Foundation/Foundation.h>

// 定义类的接口部分
@interface FKCar : NSObject
@property (nonatomic , copy) NSString* brand;
@property (nonatomic , copy) NSString* model;
- (void) drive;
@end
```
实现接口文件的具体功能,文件FKCar.m具体实现代码如下所示。
```
#import "FKCar+drive.h"

// 为FKCar提供实现部分
@implementation FKCar
- (void) drive;
{
 NSLog(@"%@汽车正在路上飞奔" , self);
}
- (void) drive:(NSString*) owner
{
 NSLog(@"%@正驾驶%@汽车在路上飞奔" , owner , self);
}
- (NSString*) description
{
 return [NSString stringWithFormat:@"<FK[_brand=%@,_model=%@,_color=%@]>"
        , self.brand , self.model ,self.color];
}
@end
```
对类FKCar进行扩展,文件FKCar+drive.h的具体实现代码如下所示。
```
#import "FKCar.h"

// 定义FKCar的扩展
@interface FKCar ()
@property (nonatomic , copy) NSString* color;
- (void) drive:(NSString*)owner;
@end
```
编写文件main.m测试上面的扩展,具体实现代码如下所示。

```
#import <Foundation/Foundation.h>
#import "FKCar+drive.h"

int main(int argc , char * argv[])
{
    @autoreleasepool{
        // 创建一个FKCar对象
        FKCar* car = [[FKCar alloc] init];
        // 使用点运算符为car对象的属性赋值
        car.brand = @"三系";
        car.model = @"BMW320Li";
        car.color = @"白色";
        // 调用car的方法
        [car drive];
        [car drive:@"关系经"];
    }
}
```

执行后的效果如图9-2所示。

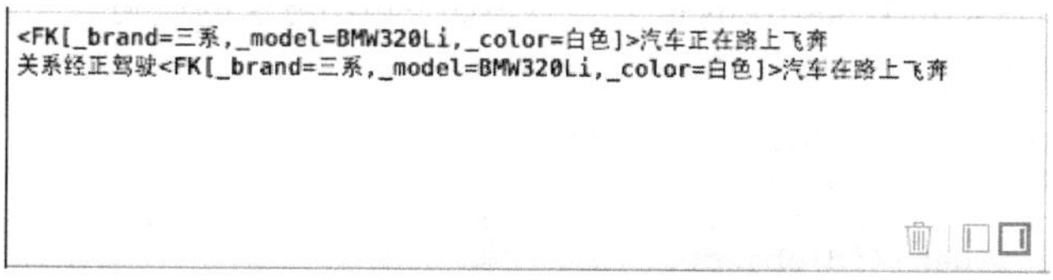

```
<FK[_brand=三系,_model=BMW320Li,_color=白色]>汽车正在路上飞奔
关系经正驾驶<FK[_brand=三系,_model=BMW320Li,_color=白色]>汽车在路上飞奔
```

图9-2 实例9-5的执行效果

注意——使用分类的注意事项

（1）尽管分类可以访问原始类的实例变量，但是它不能添加自身的实例变量。如果需要添加变量，可以考虑通过创建子类的方式实现。

（2）分类可以重载类中的另一个方法，但是建议尽量避免这样做。因为当重载了一个方法之后，再也不能访问原来的方法了。

（3）可以拥有多个分类，如果一个方法定义在多个分类中，该语句不会执行指定使用哪个分类。

（4）和一般接口不同的是，不必实现分类中的所有方法。

（5）通过使用分类添加新方法来扩展不仅会影响这个类，还会影响其所有子类。

（6）"对象/分类命名对"必须是唯一的。但是在给定的Objective-C名称空间中，只能存在一个NSString分类（私有的）。这样做可能比较复杂，因为Objective-C名称空间是程序代码与所有库框架和插件共享的。对于编写屏幕保护首选窗格和其他插件的Objective-C程序员，这尤为重要，因为这些代码将插入到它们无法控制的应用程序或框架代码中。

9.2 协议

知识点讲解：光盘:视频\知识点\第9章\协议.mp4

在Objective-C程序中，协议是多个类共享的一个方法列表，在协议中列出的方法并没有相应的实现，具体实现是由其他人来完成的。协议提供一种方式来使用指定的名称定义一组多少有点相关的方法。这些方法通常有文档说明，所以知道它们将如何执行，可以在自己的类定义中实现它们。

9.2.1 使用类别实现非正式协议

在Objective-C程序中，分类也可以采用一项协议，例如下面的代码。

```
@interface Fraction (Stuff) <NSCopying, NSCoding>
```
在上述代码中，Fraction拥有一个名为Stuff的分类，这个分类采用了NSCopying和NSCoding协议。在Objective-C语言中，协议名必须是唯一的。

在Objective-C程序中，定义一个类遵循某个协议的语法格式如下：
```
@interface myClass   <myProtocol>
@interface myClass  :NSObject<myProtocol>
@interface myClass  :NSObject<myProtocol, NSCoding>
```
上面分别是3种不同的情况，在编译的时候编译器会自动检查myClass是否实现了myProtocol中的必要的（@required）接口，如果没有实现则会发出一个警告信息。另外需要注意的是，如果有继承自myClass的子类，这些子类也会自动遵循myClass所遵循的协议，而且也可以重载这些接口。

在Objective-C程序中，非正式协议其实是一个分类。因为在里面的每个人（或者几乎每个人）都继承相同的根对象，因此非正式分类通常是为根类定义的。有时，非正式协议也称作抽象（abstract）协议。

如果查看头文件<NSScriptWhoseTests.h>，会发现如下声明方法的代码。
```
@interface NSObject (NSComparisonMethods)
- (BOOL)isEqualTo:(id)object;
- (BOOL)isLessThanOrEqualTo:(id)object;
- (BOOL)isLessThan:(id)object;
- (BOOL)isGreaterThanOrEqualTo:(id)object;
- (BOOL)isGreaterThan:(id)object;
- (BOOL)isNotEqualTo:(id)object;
- (BOOL)doesContain:(id)object;
- (BOOL)isLike:(NSString *)object;
- (BOOL)isCaseInsensitiveLike:(NSString *)object;
@end
```
在上述代码中，为类NSObject定义了一个名为NSComparisonMethods的分类。这项非正式协议列出了一组方法，可以将它们实现为协议的一部分。非正式协议实际上仅仅是一个名称之下的一组方法。这在文档说明和模块化方法时，可能有所帮助。

声明非正式协议的类自己并不实现这些方法，并且选择实现这些方法的子类需要在它的接口部分，实现部分或更多部分重新声明这些方法。和正式协议不同，编译器不提供有关非正式协议的帮助，这里没有遵守协议或者由编译器测试这样的概念。

如果一个对象采用正式协议，则必须遵守协议中的所有信息，这样可以在运行时和编译时强制执行。如果一个对象采用非正式协议，则它可能不需要采用此协议的所有方法。读者可以在运行时强制要求遵守一项非正式协议，但是在编译时不可以。

在下面的实例代码中，演示了使用类别实现非正式协议的过程。

实例9-6	使用类别实现非正式协议
源码路径	光盘:\daima\第9章\9-6

编写接口文件NSObject+Eatable.h，以NSObject为基础定义Eatable类别，具体实现代码如下所示。
```
#import <Foundation/Foundation.h>

// 以NSObject为基础定义Eatable类别
@interface NSObject (Eatable)
- (void) taste;
@end
```
为NSObject的Eatable类别定义一个派生类FKApple，文件FKApple.h的具体实现代码如下所示。
```
#import <Foundation/Foundation.h>
#import "NSObject+Eatable.h"

// 定义类的接口部分
@interface FKApple : NSObject
@end
```
派生类的实现文件是FKApple.m，具体实现代码如下所示。
```
#import "FKApple.h"
```

```
// 为FKApple提供实现部分
@implementation FKApple
//- (void) taste
//{
//      NSLog(@"小樱桃, 我爱吃! ");
//}
@end
```

编写测试文件main.m，具体实现代码如下所示。

```
#import <Foundation/Foundation.h>
#import "FKApple.h"

int main(int argc , char * argv[])
{
    @autoreleasepool{
        FKApple* app = [[FKApple alloc] init];
        [app taste];
    }
}
```

运行上述代码后会出错，这是因为Objective-C并不强制实现协议中的所有方法，即FKApple类可以不实现tast方法。如果类FKApple不实现tast方法，并且非正式协议本身也没有实现这个方法，那么运行上述代码就会发生错误，输出如图9-3所示的错误信息。

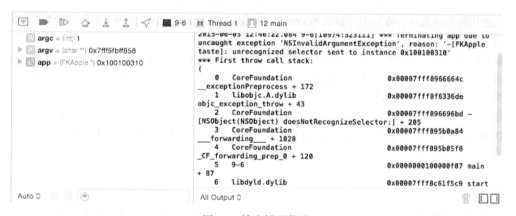

图9-3 输出错误信息

9.2.2 定义正式协议

在实现特定协议的所有方法时，需要遵守（Confirm TO）或者采用（Adopt）协议。在Objective-C中定义一个协议的方法很简单，只要使用@protocol指令即可实现，在指令后面紧跟协议名称，然后就可以与处理接口部分一样声明一些方法。指令@end之前的所有方法、声明都是协议的一部分。具体定义格式如下所示。

```
@protocol myProtocol <NSObject>
@required
-(void) protocolNameA:(NSString*)string;
@optional
-(void) protocolNameB:(NSString*)string;
@end
```

在上述代码中，第一行是声明这个协议的名字为myProtocol。尖括号中的NSObject本身也是一个协议，其中定义了很多基本的协议函数，比如performSelector、isKindOfClass、respondsToSelector、conformsToProtocol、retain、release等。协议接口分为required和optional两类。Required，顾名思义是说遵守这个协议的那个类"必须要"实现的接口，而optional则是可以实现也可以不实现的。协议接口的定义和普通的函数定义是一样的。最后一行@end表示协议定义结束。这个协议的定义通常是在.h文件中。

如果选择使用Foundation框架，会发现一些已经定义的协议。其中名为NSCopying的协议只声明了一个方法，如果编写的类要支持使用方法copy（或者copyWithZone:）来复制对象，则必须实现这个方法。

如下标准的Foundation头文件NSObject.h演示了定义NSCopying协议的方法。

```
@protocol NSCopying
- (id)copyWithZone: (NSZone *)zone;
@end
```

如果类采用的是NSCopying协议，则必须实现名为copyWithZone:的方法。通过在@interface行的一对尖括号"<...>"列出协议名称，这样可以告知编译器正在采用一个协议。这项协议的名称放在类名和它的父类名称之后，具体代码如下所示。

```
@interface AddressBook: NSObject <NSCopying>
```

由此可以说明，AddressBook是父类为NSObject的对象，并且遵守NSCopying协议。因为系统已经知道以前为这个协议定义的方法，所以不必在接口部分声明这些方法，但是需要在实现部分定义它们。

在上述例子中的AddressBook实现部分中，编译器期望找到定义的copyWithZone:方法。如果编写的类采用多项协议，只需把它们都列在尖括号中，并用逗号分开即可。具体代码如下所示。

```
@interface AddressBook: NSObject <NSCopying, NSCoding>
```

上述代码的功能是，告知编译器类AddressBook采用NSCopying和NSCoding协议，编译器将期望在AddressBook的实现部分看到列为这些协议列出的所有方法的实现。

如果定义了自己的协议，则不必由自己实际实现它。也就相当于间接告诉其他的程序员，如果要采用这项协议就必须实现这些方法，这些方法可以从超类继承。如果一个类遵守NSCopying协议，则它的子类也遵守NSCopying协议。

如果希望继承类的用户实现一些方法，则可以使用协议定义这些方法。可以为类GraphicObject定义一个Drawing协议，并且可以在其中定义paint方法、erase方法和outline方法。具体代码如下所示。

```
@protocol Drawing
    -(void) paint;
    -(void) erase;
    -(void) outline;
@end
```

虽然类GraphicObject的创建者不必实现这些绘制方法，但是需要指定从GraphicObject创建子类的人实现这些方法，这样可以符合将要创建绘图对象的标准。

在上述代码中使用了@protocol指令，在里面列出的所有方法的指令都是可选的。这样在后面就可以通过在协议定义内使用@required指令来列出需要的方法。也就是说，不一定要采用方法Drawing实现方法outline来遵守该协议。

如果创建名为Rectangle的GraphicObject的子类，并且这个Rectangle类遵守Drawing协议，那么这个类的用户就知道他们可以向这个类的实例发送paint、erase和outline（可能有）消息。

Objective-C中的协议不会引用任何类，任何类都可以遵守Drawing协议，不仅仅是GraphicObject的子类。可以使用方法conformsToProtocol:检查一个对象是否遵循某项协议。假如有一个名为currentObject的对象，并且想要查看它是否遵循Drawing协议，可以向它发送绘图消息，具体代码如下所示。

```
id currentObject;
...
if ([currentObject conformsToProtocol: @protocol (Drawing)] == YES)
{
    ...
}
```

在上述代码中，使用@protocol指令获取了一个协议名称，并产生了一个Protocol对象，方法conformsToProtocol:通过这个对象作为它的参数。

通过在类型名称之后的尖括号中添加协议名称的方式，可以借助编译器的帮助来检查变量的一致性，例如有下面的代码。

```
id <Drawing> currentObject;
```
通过上述代码,告知编译器currentObject将包含遵守Drawing协议的对象。如果向currentObject指派静态类型的对象,这个对象不遵守Drawing协议(假定有一个Square对象,它不遵守Drawing协议),编译器将发出一条警告消息,代码如下所示。
```
warning: class 'Square' does not implement the 'Drawing' protocol
```
这里会存在一项编译器校验,这是因为编译器无法知道存储在id变量中的对象是否遵守Drawing协议。要想去除这个警告信息,需要向currentObject指派一个id变量。

如果这个变量保存的对象遵守多项协议,则可以列出多项协议,例如下面的代码。
```
id <NSCopying, NSCoding> myDocument;
```
因为在定义一项协议时可以扩展现有协议的定义,所以如下协议定义代码说明Drawing3D协议也采用了Drawing协议。
```
@protocol Drawing3D <Drawing>
```
由此可见,任何采用Drawing3D协议的类都必须实现此协议列出的方法以及Drawing协议的方法。

下面的实例演示了定义正式协议的方法。

实例9-7	定义正式协议
源码路径	光盘\daima\第9章\9-7

定义协议接口和协议的方法,文件FKOutput.h的具体实现代码如下所示。
```
#import <Foundation/Foundation.h>

// 定义协议
@protocol FKOutput
// 定义协议的方法
@optional
- (void) output;
@required
- (void) addData: (NSString*) msg;
@end
```
定义协议FKPrintable,此协议表示所有产品需要遵循的规范,文件FKPrintable.h的具体实现代码如下所示。
```
#import <Foundation/Foundation.h>
#import "FKOutput.h"
#import "FKProductable.h"

// 定义协议,继承了FKOutput、FKProductable两个协议
@protocol FKPrintable <FKOutput , FKProductable>
@required
// 定义协议的方法
- (NSString*) printColor;
@end
```
下面定义的协议同时继承了上面两个协议,文件FKProductable.h的具体实现代码如下所示。
```
#import <Foundation/Foundation.h>

// 定义协议
@protocol FKProductable
// 定义协议的方法
- (NSDate*) getProduceTime;
@end
```
在上述代码中,定义了协议方法getProduceTime来返回产品的生产时间。

9.2.3 遵守(实现)协议

在Objective-C程序中,在定义类的接口部分可以知道该类继承的父类和遵守的协议,具体语法格式如下所示。
```
@interface 类名: 父类<协议1,协议2...>
```
在Objective-C程序中,一个类可以同时遵守多个协议。在下面的实例代码中,为协议FKPrintable提供了一个实现类FKPrint。

实例9-8	为协议FKPrintable提供实现类
源码路径	光盘:\daima\第9章\9-8

为协议FKPrintable提供了一个实现类FKPrint，文件FKPrinter.h的具体实现代码如下所示。

```
#import <Foundation/Foundation.h>
#import "FKPrintable.h"

// 定义类的接口部分，继承NSObject，遵守FKPrintable协议
@interface FKPrinter : NSObject <FKPrintable>
@end
```

类FKPrint的具体实现文件是FKPrinter.m，类FKPrinter既实现了FKPrintable协议，也实现了FKOut和FKProductable两个父协议中的所有方法。文件FKPrinter.m的具体实现代码如下所示。

```
#import "FKPrinter.h"
#define MAX_CACHE_LINE 10

// 为FKPrinter提供实现部分
@implementation FKPrinter
{
 NSString* printData[MAX_CACHE_LINE];   // 使用数组记录所有需要缓存的打印数据
 int dataNum;   // 记录当前需打印的作业数
}
- (void) output
{
 // 只要还有作业，继续打印
 while(dataNum > 0)
 {
      NSLog(@"打印机使用%@打印: %@" , self.printColor , printData[0]);
      // 将剩下的作业数减1
      dataNum--;
      // 把作业队列整体前移一位
      for(int i = 0 ; i < dataNum ; i++)
      {
           printData[i] = printData[i + 1];
      }
 }
}
- (void) addData: (NSString*) msg
{
 if (dataNum >= MAX_CACHE_LINE)
 {
      NSLog(@"输出队列已满，添加失败");
 }
 else
 {
      // 把打印数据添加到队列里，已保存数据的数量加1。
      printData[dataNum++] = msg;
 }
}
- (NSDate*) getProduceTime;
{
 return [[NSDate alloc] init];
}
- (NSString*) printColor
{
 return @"红色";
}
@end
```

测试文件main.m的具体实现代码如下所示。

```
#import <Foundation/Foundation.h>
#import "FKPrinter.h"

int main(int argc , char * argv[])
{
     @autoreleasepool{
          // 创建FKPrinter对象
          FKPrinter* printer = [[FKPrinter alloc] init];
```

```
        // 调用FKPrinter对象的方法
        [printer addData:@"iOS 9视频大讲堂"];
        [printer addData:@"Swift视频大讲堂"];
        [printer output];
        [printer addData:@"Objective-C视频大讲堂"];
        [printer addData:@"iOS 9经典项目实战"];
        [printer addData:@"iOS 9应用开发范例大全"];
        [printer output];
        // 创建一个FKPrinter对象,当成FKProductable使用
        NSObject<FKProductable>* p = [[FKPrinter alloc] init];
        // 调用FKProductable协议中定义的方法
        NSLog(@"%@" , p.getProduceTime);
        // 创建一个FKPrinter对象,当成FKOutput使用
        id<FKOutput> out = [[FKPrinter alloc] init];
        // 调用FKOutput协议中定义的方法
        [out addData:@"管蕾"];
        [out addData:@"朱元波"];
        [out output];
    }
}
```

执行后的效果如图9-4所示。

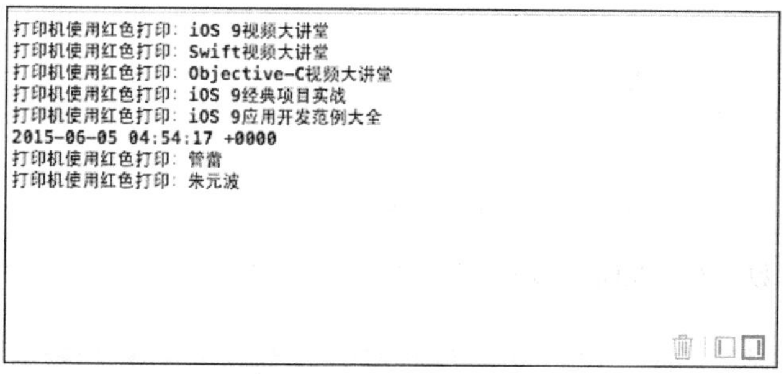

图9-4 实例9-8的执行效果

9.2.4 协议和委托

在Objective-C程序中,委托和协议是两个概念,协议实际上相当于C++中的纯虚类的概念,只定义,只能由其他类来实现,而委托类似于Java中的接口。

Objective-C委托和协议本没有任何关系。协议是起了C++中纯虚类的作用,对于"委托"则和协议没有关系,只是我们经常利用协议来实现委托的机制,其实不用协议也完全可以实现委托。下面的演示代码说明了这种实现方式。

定义一个类A:
```
@interface A:NSObject
    -(void)print;
    @end
    @implement A
    -(void)print{
    }
@end
```
定义一个类B,在B中将类A的实例定义为B中的成员变量:
```
@interface B:NSObject{
            A *a_delegate;
    }
@end
```
下面在main()函数中实现委托机制:
```
void main() {
    B *b=[[B alloc]init];
    A *a=[[A alloc]init];
```

```
        b.a_delegate=a;
        [b.a_delegate print];
}
```
这样，最基本的委托机制就完成了，B需要完成一个print的操作，但他自己并没有实现这个操作，而是交给了A去完成，自己只是在需要时调用A中实现的print操作。

下面再写一种实现方式，这样方式更接近于通常见到的用协议来实现的方式。

还是定义一个类A：
```
@interface A:NSObject{
    B *b;
}
    -(void)print;
    @end
    @implement A
    @synasize delegate;
    -(void)viewDidLoad{
    b=[[B alloc]init];
    b.delegate=self;
    }
    -(void)print{
    NSLog(@"print was called");
    }
@end
```
然后将类B的定义改成如下所示：
```
@interface B:NSObject{
    id delegate
    }
    @propert(nonamtic,retain) id delegate;
@end
```
现在不用main()函数，而是在B的实现部分来实现委托机制。
```
@implement B
    -(void)callPrint{
    [self.delegate print];
    }
@end
```
上面这种实现方式和第一种其实是一样的，只是第一种是在第三方函数调用委托方法。delegate是id类型，本例中就是A类的一个实例，当然可以调用A类中的print。第二种方式不存在第三方函数，是在B类中调用A类中的方法。或者说，B中需要print方法，自己不实现，让A来实现，自己调用。

再接下来就是最常见的用协议实现委托的方式，具体说明如下。

- 协议（protocol）：就是使用了这个协议后就要按照这个协议来办事，协议要求实现的方法就一定要实现。
- 委托（delegate）：顾名思义就是委托别人办事，就是当一件事情发生后，自己不处理，让别人来处理。

下面的实例演示了在Mac机器中使用Xcode实现协议与委托的方法。

实例9-9	使用Xcode实现协议与委托
源码路径	光盘:\daima\第9章\9-9

本实例的具体实现流程如下所示。

（1）打开Xcode新建一个工程项目，左侧选择"OS X"下的"Application"，在右侧选择"Cocoa Application"，如图9-5所示。

（2）单击"Next"按钮，在弹出的对话框中设置工程的名称，并将开发语言选择为"Objective-C"，如图9-6所示。

（3）将自动生成的文件main.m进行如下修改，创建一个FKAppDelegate对象，该对象实现了NSApplicationDelegate协议，将delegate设置为Cocoa应用程序的代理，将应用程序事件委托给delegate处理。
```
#import <Cocoa/Cocoa.h>
#import "FKAppDelegate.h"
```

```
int main(int argc, const char * argv[]) {
    // 创建一个FKAppDelegate对象，该对象实现了NSApplicationDelegate协议
    FKAppDelegate* delegate = [[FKAppDelegate alloc] init];
    // 获取NSApplication的单例对象（代表Cocoa应用程序）
    NSApplication* app = [NSApplication sharedApplication];
    // 将delegate设置为Cocoa应用程序的代理，将应用程序事件委托给delegate处理
    app.delegate = delegate;
    return NSApplicationMain(argc, argv);
}
```

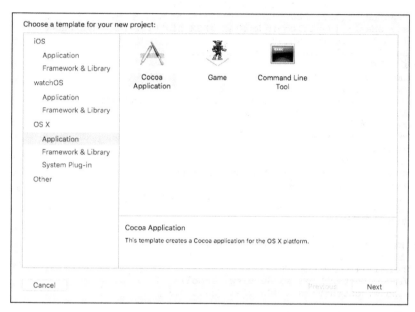

图9-5 选择"Cocoa Application"

图9-6 设置工程

（4）文件FKAppDelegate.h实现了NSApplicationDelegate协议，其实现代码如下所示。

```
#import <Cocoa/Cocoa.h>

@interface FKAppDelegate : NSObject <NSApplicationDelegate>
// 定义一个属性来代表程序窗口
@property (strong) NSWindow *window;
@end
```

（5）接口类FKAppDelegate的功能实现文件是FKAppDelegate.m，具体实现代码如下所示。

```
#import "FKAppDelegate.h"

@implementation FKAppDelegate
// 当应用程序将要加载完成时激发该方法
- (void) applicationWillFinishLaunching: (NSNotification *) aNotification
{
    // 创建NSWindow对象，并赋值给window
    self.window = [[NSWindow alloc] initWithContentRect:
            NSMakeRect(300, 300, 320, 200)
            styleMask: (NSTitledWindowMask |NSMiniaturizableWindowMask
            | NSClosableWindowMask)
            backing: NSBackingStoreBuffered defer: NO];
    // 设置窗口标题
    self.window.title = @"Delegate测试";
    // 创建NSTextField对象，并赋值给label变量
    NSTextField * label = [[NSTextField alloc] initWithFrame:
            NSMakeRect(60, 120, 200, 60)];
    // 为label设置属性
    label.selectable = YES;
    label.bezeled = YES;
    label.drawsBackground = YES;
    label.stringValue = @"《iOS 9开发指南》是一本畅销开发图书";
    // 创建NSButton对象，并赋值给button变量
    NSButton * button = [[NSButton alloc] initWithFrame:
            NSMakeRect(120, 40, 80, 30)];
    // 为button设置属性
    button.title = @"确定";
    button.bezelStyle = NSRoundedBezelStyle;
    button.bounds = NSMakeRect(120, 40, 80, 30);
    // 将label和button添加到窗口中
    [self.window.contentView addSubview: label];
    [self.window.contentView addSubview: button];
}
// 当应用程序加载完成时激发该方法
- (void)applicationDidFinishLaunching:(NSNotification *)aNotification
{
    // 把该窗口显示到该应用程序的前台
    [self.window makeKeyAndOrderFront: self];
}
@end
```

执行后的效果如图9-7所示。

图9-7　实例9-9的执行效果

9.3　合成对象

知识点讲解：光盘:视频\知识点\第9章\合成对象.mp4

在Objective-C程序中，合成对象是涉及一个包含其他类的一个或多个对象的技术。在本书前面已经学习了通过派生子类、分类和posing等技术来扩展类定义的方式，其实还有另一项涉及一个包含其他类的一个或多个对象的技术，这种新技术就是合成（Composite）对象。

下面的实例假设刚接受一项任务：开发一些处理2D图形对象的类，例如矩形、圆形和三角形。

实例9-10	实现2D图形对象的处理类
源码路径	光盘:\daima\第9章\9-10

首先只考虑矩形，先看如下@interface部分的实现代码。

```
@interface Rectangle: NSObject
{
 int width;
 int height;
}
@property int Width, Height;
-(int) area;
-(int) perimeter;
@end
```

通过上述方法可以设置矩形的宽与高，返回它们的值并计算其面积与周长。接下来再添加一个方法，通过此方法能够使用相同的消息调用来设置矩形的宽度与长度值，代码如下所示。

```
-(void) setWidth: (int) w and Height: (int) h;
```

假设将上述新类的名称声明为Rectangle.h的文件，其对应实现文件Rectangle.m的代码如下所示。

```
#import "Rectangle.h"

@implementation Rectangle

@synthesize width, height;

-(void) setWidth:(int)w andHeight: (int) h
{
    width = w;
    height = h;
}

-(int) area
{
    return width * height;
}

-(int) perimeter
{
    return (width+height) * 2;
}
@end
```

这样每个方法的定义都很直观，下面编写测试程序main.m来测试上述方法。

```
#import "Rectangle.h"
#import <stdio.h>

int main(int argc, const char * argv[]) {
    @autoreleasepool {
        Rectangle *myRect = [[Rectangle alloc] init];
        [myRect setWidth: 5 andHeight: 8];
        NSLog (@"Rectangle: w = %i, h = %i",
            myRect.width, myRect.height);
        NSLog (@"Area = %i, Perimeter = %i",
            [myRect area], [myRect perimeter]);
    }
    return 0;
}
```

对于上述代码的具体说明如下。

（1）给myRect分配了内存并将其初始化。然后设置其宽为5，高为8。这是通过第一个方法printf调用验证的。接着使用合适的消息调用，分别计算矩形的面积和周长，返回值由NSLog进行显示。

（2）在处理矩形之后，假设现在需要处理正方形。此时可以定义一个名为Square的新类，并在其中定义同Rectangle类相似的方法。或者认识到正方形只是长方形的特例，长和宽恰好相同的长方形。最简单的处理方法就是定义一个名为Square的新类，并使它成为Rectangle的子类。这样除了定义自己的方法和变量之外，可以使用类Rectangle中所有的方法和变量。现在可能要添加的唯一方法可能是将正方形的边设置特定的值，并检索该值。

执行上述代码后会输出：
```
Rectangle: w = 5, h = 8
Area = 40, Perimeter = 26
```
在下面的实例代码中，显示了类Square的接口文件和实现文件。

实例9-11	Square类的接口文件和实现文件
源码路径	光盘:\daima\第9章\9-11

接口文件Square.h的具体实现代码如下所示。
```
#import "Rectangle.h"
@interface Square: Rectangle;

-(void) setSide: (int) s;
-(int) side;
@end
```
实现文件Square.m的代码如下所示。
```
#import "Square.h"
@implementation Square: Rectangle;
-(void) setSide: (int) s
{
  [self setWidth: s andHeight: s];
}
-(int) side
{
  return width;
}
@end
```
对于上述代码的具体说明如下。

（1）将Square定义为Rectangle的子类，这是在头文件Rectangle.h中声明的。在此不必添加任何实例变量，但是添加了两个名为setSide和side的新方法。虽然正方形只有一个边，但在内部也可用两个数表示，这对于Square类的用户是隐藏的。如果需要，以后随时可以重新定义Square类。根据前面介绍的封装概念，所有用户无须担心内部的细节问题。

（2）方法setSide:利用从类Rectangle继承的方法设定矩形宽度值与长度值。所以setSide:调用类Rectangle的方法setWidth:andHeight:，同时传递参数作为宽度与长度值。

（3）实际上不必再进行其他任何操作。处理Square对象的人通过利用方法setSide:可以设置正方形的大小，并利用类Rectangle的方法计算正方形的面积、周长等。例如下面的代码演示了新的Square类的测试程序和输出。

可以用下面的程序来测试上述方法。
```
#import "Square.h"

int main(int argc, const char * argv[]) {
    @autoreleasepool {
        Square *mySquare = [[Square alloc] init];
        [mySquare setSide: 5];
        NSLog (@"Square s = %i", [mySquare side]);
        NSLog (@"Area = %i, Perimeter = %i",[mySquare area], [mySquare perimeter]);
    }
    return 0;
}
```
执行上述代码后会输出：
```
Square s = 5
Area = 25, Perimeter = 20
```
继续看上面定义的Square类，将这个类定义为Rectangle的子类，因为正方形就是等边的矩形。所以在定义子类时，它继承了父类的所有实例变量和方法。在很多情况下，这种做法并不合适，例如在父类中定义的一些方法可能不适合子类使用。类Square继承了Rectangle的方法setWidth:andHeight:，但并不适用，即使它能够正常工作。另外在创建子类时，必须确保所有被继承的方法能够正常工作，因为该类的用户可能会访问它们。

作为创建子类的替代方式，可以定义一个新类，它包含要扩展类的实例变量。然后，只需在新类中定义适合该类的方法。下面是定义Square的另一种方式。

```
@interface Square: NSObject
{
  Rectangle *rect;
}
-(int) setSide: (int) s;
-(int) side;
-(int) area;
-(int) perimeter;
@end
```

在上述定义的类Square中有4个方法，和子类版本不同，子类版本允许我们直接访问Rectangle中的如下方法。

- setWidth:
- setHeight:
- setWidth:andHeight:
- width
- height

但是在这个Square的定义代码中不包括上述方法，因为在处理square时不适合使用这些方法。

如果以这种方式定义Square，就需要为它包含的矩形分配存储空间。如果不重载方法，可以用下面的代码分配一个新的Square对象，但是没有为存储在其实例变量中的Rectangle对象rect分配存储空间。

```
Square *mySquare = [[Square alloc] init];
```

为了解决上述问题，可以用重载init或添加initWithSide:之类的新方法来分配空间。这个方法可以为Rectangle rect分配存储空间，并设置它空间的边。还需要重载dealloc方法，以便在释放Square时，释放Rectangle rect占用的存储空间。

在类Square中定义方法时，可以使用Rectangle的方法实现。例如，下面的代码演示了实现area方法的过程。

```
-(int) area
{
  return [rect area];
}
```

第 10 章 预处理程序

在本书前面各章的内容中，已经多次使用过以"#"号开头的预处理命令，例如#import。预处理命令一般都被放在源文件的开头部分，这部分被称为预处理部分。通过预处理程序提供的功能，可以更容易地开发、阅读、修改以及移植程序。通常在源程序中将这些命令放在函数之外，而且一般都放在源文件的前面，它们被称为预处理部分。本章将详细讲解Objective-C预处理的基本知识，为读者后面的学习打下基础。

10.1 宏定义

知识点讲解：光盘:视频\知识点\第10章\宏定义.mp4

所谓预处理，是指在进行编译之前所作的工作。预处理是Objective-C语言的一个重要功能，是由预处理程序负责完成的。当对一个外部源文件进行编译时，系统将自动引用预处理程序对源程序中的预处理部分处理，处理完毕自动进入对源程序的编译。

Objective-C为开发人员提供了多种预处理功能，如宏定义、文件包含、条件编译等。合理地使用预处理功能编写的程序，更加便于阅读、修改、移植和调试，也有利于程序设计的模块化。预处理程序是Objective-C编译过程的一部分，它可以识别散布在程序中的特定语句。预处理程序语句是以"#"标记的，这个符号必须是该行的第一个非空格字符。预处理程序语句的语法与Objective-C语句稍有不同。

在Objective-C程序中，允许用一个标识符来表示一个字符串，这被称为宏，被定义为宏的标识符称为宏名。在编译预处理时，对程序中所有出现的宏名，都用宏定义中的字符串去替换，这称为宏替换或宏展开。宏定义是由源程序中的宏定义命令完成的，宏替换是由预处理程序自动完成的。在Objective-C语言中，宏分为有参数和无参数两种。本节将分别讨论这两种宏的定义和调用。

10.1.1 无参宏定义

无参宏的宏名后不带有任何参数，其定义格式如下所示。

```
#define 标识符 字符串
```

其中的"#"表示这是一条预处理命令。凡是以"#"开头的均为预处理命令，"define"为宏定义命令，"标识符"为所定义的宏名，"字符串"可以是常数、表达式、格式串等。在本书前面介绍过的定义符号常量就是一种无参宏定义。在Objective-C程序中，通常对在程序中反复使用的表达式进行宏定义。例如有下面的代码：

```
#define M (y*y+3*y)
```

上述代码的作用是指定用标识符M来代替表达式（y*y+3*y）。在编写源程序时，所有的（y*y+3*y）都可由M代替，而对源程序编译时，将先由预处理程序进行宏替换，即用（y*y+3*y）表达式去置换所有的宏名M，然后再进行编译。

在Objective-C程序中，有时可能需要使一些已经定义的名称成为未定义的，通过使用#undef语句就可以实现上述功能。要想消除特定名称的定义，可以编写如下语句实现。

```
#undef    name
```
例如,使用如下代码可以消除POWER PC的定义,后面的#ifdef POWER_PC或#if defined(POWER_PC)语句都将判断为假。
```
#undef    POWER_PC
```
在下面的实例中,使用无参宏定义计算圆的周长和面积。

实例10-1	计算圆的周长和面积方法一
源码路径	光盘:\daima\第10章\10-1

实例文件main.m的具体实现代码如下所示。
```
#import <Foundation/Foundation.h>

#define PI 3.14159262537      // 定义PI代替3.14159262537
int main(int argc , char * argv[])
{
    @autoreleasepool{
        NSLog(@"请输入圆的半径: ");
        double radius;
        scanf("%lg" , &radius);
        // 使用PI
        NSLog(@"圆周长: %g" , PI * 2 * radius);
        NSLog(@"圆面积: %g" , PI * radius * radius);
    }
}
```
执行后的效果如图10-1所示。

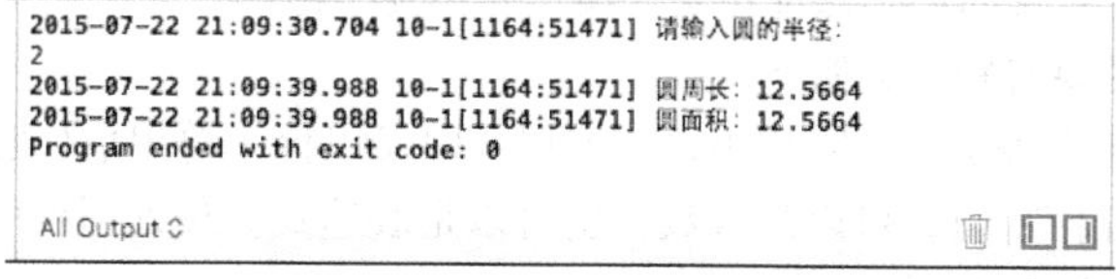

```
2015-07-22 21:09:30.704 10-1[1164:51471] 请输入圆的半径:
2
2015-07-22 21:09:39.988 10-1[1164:51471] 圆周长: 12.5664
2015-07-22 21:09:39.988 10-1[1164:51471] 圆面积: 12.5664
Program ended with exit code: 0

All Output ◇
```

图10-1　实例10-1的执行效果

下面的实例演示了另外一种计算圆的周长和面积的方法。

实例10-2	计算圆的周长和面积方法二
源码路径	光盘:\daima\第10章\10-2

实例文件main.m的具体实现代码如下所示。
```
#import <Foundation/Foundation.h>

#define PI 3.1415926       // 定义PI代替3.1415926
#define TWO_PI PI * 2      // 直接使用前面已有的PI来定义新的宏
int main(int argc , char * argv[])
{
    @autoreleasepool{
        NSLog(@"亲,请输入圆的半径: ");
        double radius;
        scanf("%lg" , &radius);
        // 使用PI
        NSLog(@"圆的周长是: %g" , TWO_PI * radius);
        NSLog(@"圆的面积是: %g" , PI * radius * radius);
    }
}
```
执行后会输出:
```
亲,请输入圆的半径:
3
圆的周长是: 18.8496
圆的面积是: 28.2743
```
下面演示了无参宏定义计算表达式值的过程。

实例10-3	使用无参宏定义计算表达式的值
源码路径	光盘:\daima\第10章\10-3

实例文件main.m的具体实现代码如下所示。
```
#import <Foundation/Foundation.h>
#define M (y*y+3*y)

int main(int argc, const char * argv[]) {
    @autoreleasepool {
        int s;
        int y = 3;
        s = 3*M+4*M+5*M;
        NSLog(@"%i",s);
    }
    return 0;
}
```
在上述演示代码中，首先进行宏定义，定义M来替代表达式（y*y+3*y），在s=3*M+4*M+5*M中进行了宏调用。执行后会输出：
```
216
```
经过预处理，当宏展开之后，该语句变为：
```
s=3*(y*y+3*y)+4*(y*y+3*y)+5*(y*y+3*y);
```
需要注意的是，在宏定义中表达式(y*y+3*y)两边的括号不能少，否则会发生错误。如果定义为以下格式。
```
#difine M y*y+3*y
```
在宏展开时将得到下面的语句：
```
s=3*y*y+3*y+4*y*y+3*y+5*y*y+3*y;
```
由此可见，在进行宏定义时必须保证在宏代换之后不发生错误。

在使用宏定义时，需要特别注意如下几点。

（1）宏定义是用宏名来表示一个字符串，在宏展开时又以该字符串取代宏名，这只是一种简单的代换。字符串中可以含任何字符，可以是常数，也可以是表达式。预处理程序对它不做任何检查。如有错误，只能在编译源程序时发现。

（2）宏定义不是说明语句，在行末不必加分号。如加上分号，则连分号也一起置换。

（3）宏定义必须写在方法之外，其作用域为宏定义命令起到源程序结束。如要终止其作用域，则可使用#undef命令。

（4）如果宏名在源程序中用引号括起来，则预处理程序不对其作宏代换处理。

（5）宏定义允许嵌套，在宏定义的字符串中可以使用已经定义的宏名。在宏展开时由预处理程序层层代换。例如：
```
#define PI 3.1415926
#define S PI*y*y  /* PI 是已定义的宏名*/
```

（6）习惯上宏名用大写字母表示，以便于与变量区别，但也允许用小写字母。

（7）可以用宏定义表示数据类型，方便书写。例如下面的代码。
```
#define INTEGER int
```
在程序中即可以用INTEGER说明整型变量，例如：
```
INTEGER a,b;
```
此时应注意用宏定义表示数据类型和用typedef定义数据说明符的区别。

（8）对输出格式进行宏定义，可以减少书写麻烦。

10.1.2 带参宏定义

Objective-C程序中的宏可以带有参数，通常在宏定义中的参数称为形式参数，在宏调用中的参数称为实际参数。对于带参数的宏来说，在调用中不仅要展开它，而且要用实参去替换形参。

带参宏定义的一般形式如下。
```
#define 宏名（形参表） 字符串
```
其中，字符串中含有各个形参。

使用带参宏调用的一般形式如下所示。

宏名(实参表);

下面的实例演示了使用带参宏定义计算圆的周长和面积的方法。

实例10-4	使用带参宏定义计算圆的周长和面积方法一
源码路径	光盘:\daima\第10章\10-4

实例文件main.m的具体实现代码如下所示。

```
#import <Foundation/Foundation.h>

#define PI 3.1415926        // 定义PI代替3.1415926
#define GIRTH(r) PI * 2 * r  // 直接使用前面已有的PI来定义新的宏
#define AREA(r) PI * r * r   // 直接使用前面已有的PI来定义新的宏
int main(int argc , char * argv[])
{
    @autoreleasepool{
        NSLog(@"亲，请请输入圆的半径：");
        double radius;
        scanf("%lg" , &radius);
        // 使用宏执行计算
        NSLog(@"圆的周长是：%g" , GIRTH(radius));
        NSLog(@"圆的面积是：%g" , AREA(radius));
    }
}
```

执行后会输出：
```
亲，请请输入圆的半径：
3
圆的周长是：18.8496
圆的面积是：28.2743
```

下面的实例演示了另外一种计算圆的周长和面积的方法。

实例10-5	使用带参宏定义计算圆的周长和面积方法二
源码路径	光盘:\daima\第10章\10-5

实例文件main.m的具体实现代码如下所示。

```
#import <Foundation/Foundation.h>

#define PI 3.1415926        // 定义PI代替3.1415926
#define GIRTH(r) (PI * 2 * (r))   // 直接使用前面已有的PI来定义新的宏
#define AREA(r) (PI * (r) * (r))  // 直接使用前面已有的PI来定义新的宏

int main(int argc , char * argv[])
{
    @autoreleasepool{
        NSLog(@"亲，请输入圆的半径：");
        double radius;
        scanf("%lg" , &radius);
        // 使用宏执行计算
        NSLog(@"圆的周长是：%g" , GIRTH(radius));
        NSLog(@"圆的面积是：%g" , AREA(radius));
    }
}
```

执行后将会输出：
```
亲，请输入圆的半径：
3
圆的周长是：18.8496
圆的面积是：28.2743
```

下面的实例演示了定义和调用带参宏的过程。

实例10-6	定义和调用带参宏
源码路径	光盘:\daima\第10章\10-6

实例文件main.m的具体实现代码如下所示。

```
#import <Foundation/Foundation.h>
#define M(y) (y*y+3*y)
int main(int argc, const char * argv[]) {
    @autoreleasepool {
```

```
        int s;
        s = 3*M(3)+4*M(3)+5*M(3);
        NSLog(@"%i",s);
    }
    return 0;
}
```
在上述代码中，通过带参数的宏定义，可以把y的值传递进去，最终的计算结果和不带参数的宏用法是一样的。

执行上述代码后会输出：
216

对于带参的宏定义，需要特别注意如下几点。

（1）在带参宏定义中，宏名和形参表之间不能有空格出现。例如，把
```
#define MAX(a,b) (a>b)?a:b
```
写为：
```
#define MAX (a,b) (a>b)?a:b
```
将被认为是无参宏定义，宏名MAX代表字符串(a,b) (a>b)?a:b。当宏展开时，宏调用语句：
```
max=MAX(x,y);
```
将变为：
```
max=(a,b)(a>b)?a:b(x,y);
```
这显然是错误的。

（2）在带参宏定义中，形式参数不分配内存单元，因此不必进行类型定义。而宏调用中的实参有具体的值，当用它们替换形参时必须进行类型说明，这一点与方法中的情况不一样。在方法中，形参和实参是两个不同的量，各有自己的作用域，调用时要把实参值赋予形参，进行"值传递"。而在带参宏中，只是符号之间的替换，并不存在值传递的问题。

（3）在宏定义中的形参是标识符，而宏调用中的实参可以是表达式。

（4）注意括号的使用，下面的代码演示了不用括号的情况。
```
#import <Foundation/Foundation.h>
#define M(y) y+1
int main(int argc, const char * argv[]) {
    @autoreleasepool {int s;
s = M(3)*M(3);
NSLog(@"%i",s);
}
```
执行后会输出：
7

下面的实例演示了在带参宏中使用括号的过程。

实例10-7	在带参宏中使用括号
源码路径	光盘:\daima\第10章\10-7

实例文件main.m的具体实现代码如下所示。
```
#import <Foundation/Foundation.h>
#define M(y) (y+1)
int main(int argc, const char * argv[]) {
    @autoreleasepool {
        int s;
        s = M(3)*M(3);
        NSLog(@"%i",s);
    }
    return 0;
}
```
执行后会输出：
16

细心的读者可能发现，上述两段代码非常类似，但是执行结果却不同，两段代码的区别在于：
```
#define M(y) y+1
```
和
```
#define M(y) (y+1)
```

读者不要小看其中括号的作用，因为宏只是帮程序员把拥有宏名的地方替换成字符串。上述两种表达式就会有两种不同的结果：
```
3+1*3+1
```
和
```
(3+1)*(3+1)
```

10.1.3 #define 语句的作用

在Objective-C程序中，#define语句的功能是给符号名称指派常量值。例如，在下面的预处理代码中，不但定义了其名称为TRUE，并且将其值设置为1。此后就可以将名称TRUE用在程序中任何需要常量1的地方。只要在程序中出现TRUE，预处理程序就会自动在该程序中将这个名称替换为预定义的值1。
```
#define TRUE 1
```
例如，可能会遇到下面的Objective-C语句，该语句使用了预定义的名称TRUE。
```
gameOver = TRUE;
```
上述语句的功能是，将gameOver的值设置为TRUE。因为此处已经知道TRUE被定义为1，所以上述语句的作用就是将值1赋给gameOver。

因为在下面的预处理程序中定义了名称FALSE，所以随后在程序中它就等价于0。
```
#define FALSE 0
```
所以下面的程序能够将FALSE的值赋给gameOver。
```
gameOver = FALSE;
```
而下面的代码将比较gameOver的值和FALSE的预定义值。
```
if (gameOver == FALSE)
...
```
因为预定义名称不是变量，因此不能为其赋值，除非替换指定值的结果实际上是一个变量。只要在程序中使用预定义名称，在#define语句中预定义名称右边的所有字符都会被预处理程序自动替换到程序中。在这种情况下，预处理程序会将出现的所有预定义名称替换为相应的文本。

在Objective-C程序中，#define需要将TRUE赋值为1，但是在此过程并没有用到等号，并且在语句末尾也没有出现分号。在Objective-C程序中，经常将#define语句放在程序的开始，放在#import或#include语句之后。其实这并不是固定的，它们可以出现在程序的任何地方，但是前提是在程序中引用这个名称之前必须先定义它们。在定义一个名称之后，随后就可以在程序中的任何地方使用。大多数程序员通常把定义放在头文件中，这样可以在多个源文件中使用它们。

接下来举一个使用预定义名称的例子，假设想要编写两个方法来计算一个表示圆的对象Circle的面积和周长。这两个方法都需要使用常量π，但是π的具体数值不容易记住，所以合理的情况是在程序的开始部分定义该常量的值，然后根据需要在每个方法中使用该值。所以可以在程序中包含以下代码：
```
#define PI 3.141692654
```
然后就可以如下所示在两个Circle方法中使用它了，下面假设在类Circle中有一个名为radius的实例变量。
```
-(double) area
{
  return PI * radius * radius;
}

-(double) circumference
{
  return 2.0 * PI * radius;
}
```
通过上述代码给符号名称指派一个常量，每当需要在程序中使用它们时，就不必记住这个特定常量的值。如果需要更改常量的值，只需要在程序的#define语句中更改这个值即可。如果没有这种方式，则必须从头到尾地搜索程序，并在使用该值的地方显式地修改这个常量的值。

> **注意——大写字母的好处**
>
> 细心的读者会发现，书中所有宏定义中的名称（TRUE、FALSE和PI）都是大写字母组合，这是为了从视觉上区分预定义的值和变量。其实很多读者有这样一种习惯：所有预定义名称都用大写，这样就容易区分一个名称是变量名、对象名、类名，还是预定义名称。另一种常见的惯例是在定义之前加字母k。这种情况下，之后的字符并不用全部大写。

在Objective-C程序中，对常量值使用预定义名称后可以加强程序的可扩展性。例如，在学习数组的相关知识时，可以不通过硬编码的方式分配数组的大小，而是用如下定义实现：
```
#define MAXIMUM_DATA_VALUES 1000
```
这样所有引用都可以以这个数组的大小为基础，并且根据这个预定义的值确定数组的有效下标。假设程序在任何用到数组大小的地方都使用MAXIMUM_DATA_VALUES，如果后来需要改变数组的大小，程序中唯一必须改动的语句就是前面的定义。

10.1.4 高级类型定义

在Objective-C程序中定义名称时，不仅能够包括简单的常量值，而且还可以包括表达式和其他任何东西。例如，下面的代码可以将名称TWO_PI定义为2.0与3.141592654的积。
```
#define TWO_PI 2.0*3.141592654
```
这样就可以在需要使用表达式2.0*3.141592654的地方使用这个预定义名称。因此，可以使用以下语句替换前面例子中circumference方法的return语句。
```
return TWO_PI * radius ;
```
这样当在Objective-C程序中遇到预定义的名称时，使用#define语句中预定义名称右边的所有字符来替换程序中该点的名称。当预处理程序遇到前面所示的return语句中的名称TWO_PI时，使用#define语句中和该名称对应的全部字符来替换这个名称。由此可见，只要在程序中出现TWO_PI，预处理程序就将其替换为2.0*3.141592654。

一旦在Objective-C程序中出现预定义名称，预处理程序就会执行文本替换。如果使用了分号，只要出现预定义名称，分号也将替换到程序中。假如用下面的代码定义了PI。
```
#define PI 3.141592654;
```
然后编写如下代码：
```
return 2.0*PI*r;
```
那么预处理程序将使用"3.151592654;"替换预定义名称PI。在预处理程序完成替换之后，编译器将把此语句看作如下形式：
```
return 2.0*3.141592654;*r;
```
在此需要注意，上述做法会导致语法错误。在此建议，除非十分确定需要分号，否则不要在定义语句的末尾添加分号。

预处理程序定义的右面不必是合法的Objective-C表达式，只要使用它的时候，结果表达式正确就可以了。例如可以用如下代码实现设置定义：
```
#define AND &&
#define OR ||
```
然后可以编写如下所示的表达式：
```
if( x>0 AND x<10 )
   ...
and
if(y == 0 OR y == value)
   ...
```
甚至可以包含如下定义来表示相等判断：
```
#define EQUALS ==
```
然后可以编写如下所示的表达式：
```
if (y EQUALS 0 OR y EQUALS value)
   ...
```

10.1 宏定义

通过上述演示代码展示了#define的强大功能，其实以这种方式重新定义底层语言语法的行为是一种很好的编程习惯。预定义的值本身可以引用另一个预定义的值，例如以下两个定义都是完全合法的。

```
#define PI 3.141592654
#define TWO_PI 2.0 * PI
```

名称TWO_PI是按照前面的预定义名称PI定义的，这样就不必重复拼写值3.141592654。如果把这两个定义的顺序颠倒一下，例如下面的代码也是合法的。

```
#define TWO_PI 2.0*PI
#define PI 3.141592654
```

只要在程序中使用预定义名称时所有符号都是定义过的，那么就可以在定义中引用其他预定义的值。

另外，合理地使用定义通常可以减少程序中对注释的需要。例如下面的代码可以检测变量year是不是闰年。

```
if ( year % 4 == 0 && year % 100 != 0 || year % 400 == 0 )
...
```

看下面的定义以及后续的if语句：

```
#define IS_LEAP_YEAR year % 4 == 0 && year % 100 != 0 \
                     || year % 400 == 0
...
if ( IS_LEAP_YEAR )
...
```

通常，预处理程序假设定义包含在程序的一行中。如果需要两行，那么上一行的最后一个字符必须是反斜线符号。这个字符告诉预处理程序，在此处存在一个后续，否则将被忽略。对于多个后续行也是如此，每个要继续的行都必须以反斜线结尾。上述if语句比前面的if语句更容易理解，当然上述定义只能限于使用变量year来判断该年是不是闰年。最好能够编写一个定义，它能够判定任何一年是否是闰年，而不只是变量year。实际上可以编写带有一个或多个自变量的定义，例如可以将IS_LEAP_YEAR定义为带有一个名为y的参数。

```
#define IS_LEAP_YEAR(y) y % 4 == 0 && y % 100 != 0 \
                       || y % 400 == 0
```

在上述代码中没有定义参数y的类型，因为此时仅执行字面文本替换，并没有调用函数。在定义带有参数的名称时，在预定义名称和参数列表的左半括号之间不允许空格出现。

依照前面的定义，可以编写如下代码来判断year的值是不是闰年。

```
if ( IS_LEAP_YEAR (year) )
...
```

或者用如下代码来测试nextYear的值是不是闰年：

```
if ( IS_LEAP_YEAR (nextYear) )
...
```

在前面的代码中，将IS_LEAP_YEAR的定义直接替换到if语句中，只要在定义中出现y就使用参数nextYear进行替换。这样，编译器实际上将上述if语句看作如下形式：

```
if ( nextYear % 4 == 0 && nextYear % 100 != 0 || nextYear % 400 == 0 )
...
```

预定义通常被称作"宏"，"宏"经常用于带有一个或多个参数的定义。例如，下面代码中的宏名为SQUARE，能够简单地将参数乘方：

```
#define SQUARE(x) x*x
```

虽然定义宏SQUARE的过程非常简单，但是在定义宏时需要充分利用括号的作用。例如下面的代码把V^2的值赋给y。

```
y = SQUARE (v);
```

此时如果使用如下语句会发生什么情况呢？

```
y = SQUARE(v+1);
```

上述语句并不会把$(V+1)^2$的值赋给y，因为预处理程序对宏定义的参数实行文本替换，前面的表达式是通过如下方式求值的：

```
y = v + 1 * v + 1;
```

很明显，这不能得到我们期望的结果。要想解决这个问题，需要在SQUARE宏的定义中加入括号。

具体代码如下所示。
```
#define SQUARE(x) ((x) * (x))
```
通过上述定义格式代码，在定义中任何出现x的任何地方都要使用整个表达式进行字面替换，这和SQUARE宏定义一样。使用新的SQUARE宏定义，例如语句"y = SQUARE(v+1);"可以正确地作为以下表达式进行求值：
```
y = ((v+1)*(v+1));
```
通过下面的宏，可以方便地根据类Fraction来动态地创建新分数：
```
#define MakeFract(x,y) ([Fraction alloc] initWith: x over: y]])
```
然后可以编写如下表达式：
```
myFract = MakeFract (1, 3); // 创建分数 1/3
```
或者甚至使用下面的代码语句：
```
sum = [MakeFract (n1, d1) add: MakeFract (n2, d2)];
```
将分数n1/d1和n2/d2相加。

当在Objective-C中定义宏时，可以非常方便地使用条件表达式的运算符。例如，在下面的代码中，定义了一个名为MAX的宏，此宏给出了两个值的最大值。
```
#define MAX(a,b) ( ((a) > (b)) ? (a) : (b) )
```
上述宏允许随后写出如下语句：
```
limit = MAX(x+y, minValue);
```
通过上述代码，把x+y和minValue的最大值赋给limit，然后用括号把整个MAX定义括起来。这样做的目的是确保正确地计算如下表达式：
```
MAX(x,y)*100
```
将每个自变量用括号括起来的目的是，确保正确地计算如下表达式的值：
```
MAX(x&y,z)
```
在Objective-C 程序中，"&"运算符是按位与运算符，其优先级低于宏中使用的">"运算符。如果在宏定义中没有使用括号，则">"运算符将在按位与之前求值，这样会导致错误的结果。

例如下面代码中，宏可以测试字符是不是小写字母：
```
#define IS_LOWER_CASE(x) ( ((x) >= 'a') && ((x) <= 'z') )
```
可以编写如下格式的表达式。
```
if ( IS_LOWER_CASE (c) )
   ...
```
另外也可以在另一个宏定义中，使用这个宏把字符从小写形式转换为大写形式，同时不改变非小写字符的值。
```
#define TO_UPPER(x) ( IS_LOWER_CASE (x) ? (x) - 'a' + 'A' : (x) )
```

10.1.5 #运算符

在Objective-C程序中，如果在宏定义中的参数之前放一个#，那么当在调用这个宏时，预处理程序会根据宏参数创建C语言风格的常量字符串。例如下面的定义代码：
```
#define str(x) # x
```
这样会使预处理程序将随后的调用"str(testing)"扩展为"testing"，所以下面的printf调用：
```
printf (str (Programming in Objective-C is fun.\n));
```
和下面的代码是等价的：
```
printf ( "Programming in Objective-C is fun.\n");
```
通过预处理程序，会在实际的宏参数两侧插入双引号，参数中的任何双引号或反斜线符号都是预处理程序的保留字符。所以如下代码：
```
str ( "hello")
```
会产生如下格式效果：
```
"\"hello\""
```
例如在下面的代码中，演示了宏定义中#运算符的用法：
```
#define printint(var) printf (# var " = %i\n", var)
```
上述宏用于显示整型变量的值，如果count是值为100的整型变量，那么下面的代码：

```
    printint (count);
```
会扩展为如下格式：
```
    printf ("count"  " = %i\n", count);
```
在Objective-C程序中，编译器会把两个相邻的字符串连接到一起形成单个字符串。当将两个相邻的字符串执行连接之后，上述语句将会变成下面的格式。
```
    printf ("count = %i\n", count);
```

10.1.6 ##运算符

在Objective-C宏定义中，运算符 "##" 的功能是把两个标记连在一起，此标记前面（或后面）是宏的参数名称。预处理程序使用调用该宏时提供的实际参数，并且根据该参数和##之后（或之前）的标记创建单个标记。

假设有一个从x1到x100的变量列表，可以编写一个名为printx的宏，它简单地使用一个1~100的整数值作为它的参数，可以通过如下代码显示对应的x变量。
```
#define printx(n) printf("%i\n",x##n)
```
在上述定义代码中，"x##n" 表示使用##之前和之后的标记（分别是字母x和参数n），并依据它们构造一个标记。因此调用 "printx(20);" 会被扩展成为如下表达式：
```
printf("%i\n", x20);
```
宏printx可以使用前面定义的printint宏来获得变量名及其显示的值，例如下面的代码。
```
#define printx(n) printint(x ## n)
```
假如用如下调用代码：
```
printx(10);
```
则会首先被扩展为如下格式：
```
printint(x10);
```
然后被扩展为如下格式：
```
printf ("x10"  " = %i\n", x10);
```
最终会变成如下格式：
```
printf ("x10 = %i\n", x10);
```

10.2 #import 语句

知识点讲解：光盘:视频\知识点\第10章\#import语句.mp4

在Objective-C程序中，预处理程序允许将所有定义收集到一个单独文件中，然后使用#import语句把它们包含在程序中。这些文件通常以 ".h" 结尾，通常将其称为头文件或包含文件。

假设我们正在编写一系列用于执行各种量度转换的程序，此时可能想为执行转换所需要的各种常量设置一些#define语句。
```
#define INCHES_PER_CENTIMETER 0.394
#define CENTIMETERS_PER_INCH (1 / INCHES_PER_CENTIMETER)

#define QUARTS_PER_LITER 1.057
#define LITERS_PER_QUART (1 / QUARTS_PER_LITER)

#define OUNCES_PER_GRAM 0.035
#define GRAMS_PER_OUNCE (1 / OUNCES_PER_GRAM)
```
假设将前面的定义输入到系统中一个名为metric.h的独立文件中，这样任何需要使用包含在文件metric.h中定义的程序，只需调用下面的预处理程序指令即可。
```
#import "metric.h"
```
在引用文件metric.h中的定义之前必须出现这条语句，并且通常将它放在源文件开始的位置。预处理程序在系统中寻找指定的文件，并且有效地把该文件的内容复制到程序中出现#import语句的确切位置。这样，该文件中的所有语句似乎都是直接在程序中该位置输入的。

头文件名两侧的双引号指示预处理程序在一个或多个文件目录中寻找指定的文件。通常首先在包含源文件的目录中查找，但是通过修改适当的"项目设置"，可以用Xcode指定预处理程序搜索的确切位置。

如果把文件名放在"<"和">"字符之间，例如下面的格式：

```
#import <Foundation/Foundation.h>
```

这样会导致预处理程序只在特殊的"system"头文件目录中寻找包含文件，不会搜索当前目录。同样使用Xcode可以通过从菜单中选择"项目"→"编辑项目设置"来更改这些目录。

注意

> 在编译上述程序时，需要从如下系统目录中导入文件Foundation.h。

/Developers/SDKs/MacOSX10.5.sdk/System/Library/Frameworks/Foundation.framework/Versions/C/Headers

下面的实例演示了如何使用包含文件的具体方法。

实例10-8	使用包含文件将公升转换为加仑
源码路径	光盘:\daima\第10章\10-8

要查看实际程序例子中如何使用包含文件，将前面给出的6条#define语句输入名为metric.h的文件中，具体代码如下所示。

```
#define INCHES_PER_CENTIMETER 0.394
#define CENTIMETERS_PER_INCH (1 / INCHES_PER_CENTIMETER)

#define QUARTS_PER_LITER 1.057
#define LITERS_PER_QUART (1 / QUARTS_PER_LITER)

#define OUNCES_PER_GRAM 0.035
#define GRAMS_PER_OUNCE (1 / OUNCES_PER_GRAM)
```

然后以常规方式编写测试文件main.m，具体实现代码如下所示。

```
#import <Foundation/Foundation.h>
#import "metric.h"

int main(int argc, const char * argv[]) {
    @autoreleasepool {
        float liters, gallons;
        NSLog (@"*** AAAAAA ***");
        NSLog (@"输入公升数:");
        scanf ("%f", &liters);
        gallons = liters * QUARTS_PER_LITER / 4.0;
        NSLog (@"%g 公升 = %g 加仑", liters, gallons);
    }
    return 0;
}
```

上述代码只显示一个预定义值（QUARTS_PER_LITER），该值引自包含文件metric.h。不管怎么样，可将定义放在输入文件metric.h之后，这样就能够在任何使用合适的#import语句的程序中使用它们。执行上述代码后会输出：

```
*** AAAAAA ***
输入公升数:
5
5 公升 = 1.32125 加仑
```

导入文件最主要的功能是把定义集中起来，从而确保所有程序引用相同的值。另外，只需在该位置修改在包含文件中发现的任何值错误即可，不必更改每个使用该值的程序。任何引用这个错误值的程序只需简单地重新编译即可，而不必重新编辑。

在Objective-C程序中，如果其他系统的包含文件包含了存储在底层C系统库中的各种函数声明。例如，在文件limits.h中包含了一些系统相关值，它们指定各种字符和整型数据类型的大小。在上述文件中，INT_MAX定义了int型的最大值，ULONG_MAX定义了unsigned long int型的最大值。

头文件float.h给出了关于浮点数据类型的信息。例如，FLT_MAX指定了最大的浮点数，FLT_DIG指定了float类型小数的十进制位的精度数。

在文件string.h包含了执行字符串操作的声明，例如复制、比较和连接的库例程。如果专门使用Foundation字符串类，那么程序中可能不需要使用这些例程。

10.3 条件编译

知识点讲解：光盘:视频\知识点\第10章\条件编译.mp4

在Objective-C预处理程序中，条件编译的功能是创建在不同计算机系统上编译运行的程序，另外还经常用来开关程序中的各种语句，例如用来输出变量值或跟踪程序执行流程的调试语句。

10.3.1 #ifdef、#endif、#else 和#ifndef 语句

在编写Objective-C程序过程中，有时必须依靠系统相关的参数来实现相关功能，这些参数需要在不同的处理器或特定版本的操作系统上分别指定。如果有大型程序，会对计算机系统的特定硬件或软件有很多这样的依赖。最终可能会导致在将程序移植到其他计算机系统时，不得不更改它们的值。

通过利用预处理程序的条件编译功能，能够减少在程序移植过程中的名字修改和定义修改工作，并且能够把每种机器关于这些定义的值结合到程序中。接下来举一个简单的例子，如果前面已经定义了符号MAC_OS_X，即下面的代码语句：

```
#ifdef MAC_OS_X
# define DATADIR "/uxn1/data"
#else
# define DATADIR "\usr\data"
#endif
```

可以把DATADIR定义为"/uxn1/data"，否则就定义为"\usr\data"。此处可以看到，允许在标志预处理语句开始的#符号之后放置一个或多个空格。

如果在编译程序时，#ifdef行中所指定的符号已经通过#define语句或命令行定义了，那么编译器将处理从此处开始到#else、#elif或#endif的程序段，否则就忽略这个程序段。

如果要为预处理程序定义符号POWER_PC，可以使用下面的代码语句实现。

```
#define POWER_PC 1
```

也可以使用下面的代码实现。

```
#define POWER_PC
```

由此可见，在定义的名称之后没有必要出现文本来满足#ifdef检测。编译器还允许使用编译器命令的特殊选项在程序编译时为预编译器定义名称。下面的命令行为预处理程序定义了名称POWER_PC，它使program.m中的所有#ifdef POWER_PC语句都判断为TRUE（注意，在命令行中，-D POWER_PC必须在程序名称之前输入）。该技术使得不必编辑源程序就可以定义名称。

```
gcc -framework Foundation -D POWER_PC program.m -
```

使用Xcode工具，通过选择"项目设置"中的"添加用户定义设置"，就可以添加新的预定义名称，并指定它们的值。

在使用Xcode工具编辑程序时，#ifndef语句与#ifdef在一条线上，这两种语句的使用方式类似，只是如果指定的符号没有定义，它就使程序处理后续行。

在使用Xcode工具调试程序时，条件编译的作用非常重要。开发人员可能在程序中嵌入了很多printf调用，用于显示中间结果并跟踪执行流程。如果定义了一个特定名称（如DEBUG），通过将这些语句条件编译到程序中就可以打开它们。例如，只要程序在编译时定义了名称DEBUG，就可以使用如下所示的系列语来显示一些变量的值。

```
#ifdef DEBUG
  printf (@"User name = %s, id = %i\n", userName, userId);
#endif
```

在Objective-C程序中可能存在很多上述格式的调试语句，无论何时调试这个程序，都能够通过DEBUG使得所有调试语句都编译。当程序已经能正确工作时，就可以不加调试而重新进行编译。

下面的实例根据是否定义了宏iPad来控制程序的执行。

实例10-9	使用宏iPad控制程序的执行
源码路径	光盘:\daima\第10章\10-9

实例文件main.m的具体实现代码如下所示。
```
#define iPad    // 定义iPad宏
int main(int argc , char * argv[])
{
      @autoreleasepool{
#ifdef iPad
           NSLog(@"这是iPad");
           NSLog(@"执行iPad代码");
#else
           NSLog(@"这是iPhone");
           NSLog(@"执行iPhone代码");
#endif
      }
}
```
执行后将输出：
```
这是iPad
执行iPad代码
```
下面的实例演示了使用宏定义控制是否输出调试信息的方法。

实例10-10	使用宏定义控制是否输出调试信息
源码路径	光盘:\daima\第10章\10-10

实例文件main.m的具体实现代码如下所示。
```
#import <Foundation/Foundation.h>

//#define DEBUG   // 定义DEBUG宏
int main(int argc , char * argv[])
{
     @autoreleasepool{
         for(int i = 0 ; i < 10 ; i++)
         {
#ifdef DEBUG
              NSLog(@"调试输出：i的值为，%d" , i);
#endif
         }
     }
}
```

执行后的效果如图10-2所示。　　　　　　　　　　图10-2　实例10-10的执行效果

10.3.2　#if 和#elif 预处理程序语句

在Objective-C程序中，#if预处理程序语句为开发人员提供了控制条件编译更通用的方法。if语句的功能是检测常量表达式是否非零。如果表达式的结果为非零，就会一直处理到#else、#elif或#endif为止的所有后续行，否则将跳过它们。

假设在Foundation的头文件NSString.h中存在如下代码片段。
```
#if MAC_OS_X_VERSION_MIN_REQUIRED < MAC_OS_X_VERSION_10_5
#define NSMaximumStringLength    (INT_MAX-1)
#endif
```
通过上述代码可以将预定义变量MAC_OS_X_VERSION_MIN_REQUIRED的值与预定义变量MAC_OS_X_VERSION_10_5的值进行比较。如果前者小于后者，则会处理随后的#define，否则就跳过它。如果程序在MAC OS X 10.5或更高版本上编译，会将一个字符串的最大长度设置为整型的最大值减1。

例如，也可以在#if语句中使用下面的特殊运算符。
```
defined (name)
```
下面的预处理程序语句集：
```
#if defined (DEBUG)
    ...
```

```
#endif
```
和下面的代码的作用相同。
```
#ifdef DEBUG
    ...
#endif
```
下面的语句出现在头文件NSObjcRuntime.h中，如果在之前没有定义，可以根据使用的特定编译器定义NS_INLINE。
```
#if !defined(NS_INLINE)
    #if defined(__GNUC__)
        #define NS_INLINE static __inline__attribute_((always_inline))
    #elif defined(__MWERKS__) || defined(__cplusplus)
        #define NS_INLINE static inline
    #elif defined(_MSC_VER)
        #define NS_INLINE static __inline
    #elif defined(__WIN32__)
        #define NS_INLINE static __inline__
    #endif
#endif
```
#if的另一种常见用法是在如下代码中，使得#if到#endif之间的语句只有在定义了DEBUG而且具有非零值时才被处理。
```
#if defined (DEBUG) && DEBUG
    ...
#endif
```
下面的实例演示了使用条件编译指令判断年龄段的方法。

实例10-11	使用条件编译指令判断年龄段
源码路径	光盘:\daima\第10章\10-11

实例文件main.m的具体实现代码如下所示。
```
#import <Foundation/Foundation.h>

#define AGE 25
int main(int argc , char * argv[])
{
    @autoreleasepool{
#if AGE > 60
        NSLog(@"老年");
#elif AGE > 40
        NSLog(@"中年");
#elif AGE > 20
        NSLog(@"青年");
#else
        NSLog(@"少年");
#endif
    }
}
```
执行上述代码后会输出：
青年

第 11 章 深入理解变量和数据类型

在本书前面的章节中，已经讲解了变量和数据类型的基本知识，并且也在实例中多次用到了变量和数据类型。本章将进一步讲解Objective-C变量和数据类型的知识，详细介绍实例变量、静态变量以及局部变量作用域。本章会更加深入地讲述静态变量，同时引入全局变量和外部变量的概念。并且还讲述Objective-C语言中的一些指令，以便Objective-C编译器能够更准确地控制实例变量的作用域。

11.1 内存布局

知识点讲解： 光盘:视频\知识点\第11章\内存布局.mp4

当用大多数常见的脚本编程语言编写一个程序时，无须格外考虑变量的问题，这是因为只是在使用变量时才创建它们，并且不必担心用完它们之后会发生些什么，语言解释器会负责所有的细节。当我们使用编译语言中编写代码时，必须告诉编译器每个变量的类型和名称，以声明任何将要在程序中使用的变量。编译器随后查看变量的声明类型，为其保留相应数目的字节，并且将变量名与这些字节关联起来。

要想深入理解Objective-C变量的知识，需要先了解Objective-C程序是如何管理内存的。图11-1给出了运行程序时虚拟地址空间的一个简图。

虚拟地址空间是程序"看到"的地址空间。虚拟地址空间和实际的物理地址空间之间的转换，由操作系统和计算机的内存管理单元隐式地进行。在图11-1中，按照虚拟地址从低向高依次排列。

- 文本段包含了程序的可执行代码和只读数据。
- 数据段包含了可读写的数据，包括全局变量。
- 堆包含了根据请求分配给程序的内存块。当需要更多的内存时，系统可能会向上扩展堆。

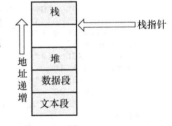

图11-1 Objective-C运行程序时的虚拟地址空间

在Objective-C运行程序的虚拟地址空间中，栈用于调用函数。当调用一个函数时，系统为被调用的函数构建一个栈帧。栈帧是在栈的底部（最低的地址）构建的一个内存区域，栈指针（它指向栈的最低位置的地址）向下移动。栈帧包含了用于被调用函数的参数和局部变量的空间，以及用来保存在函数调用的过程中需要保存的任何寄存器值的空间，还有用于一些控制信息的空间。当返回函数时，栈指针恢复到其最初的值（较高的地址），并且控制返回给调用者函数。在这一过程中，当返回函数后，其栈帧的内容就不再有效了。

11.2 自动变量

知识点讲解： 光盘:视频\知识点\第11章\自动变量.mp4

在Objective-C程序中，在函数或子程序中声明的变量叫做自动变量或局部变量，请读者看下面的简单函数。

```
void logAverage( float a, float b)
{
    float average;
```

```
  average = 0.5 * (a + b);
  printf( "The average is %f\n", average);
}
```

在上述代码中，average是一个自动变量。自动变量是在栈上创建的，它只从声明本身的地方到函数的末尾有效。当返回函数时，系统将栈指针移动到前面帧的底部。然后对其他函数的调用创建新的栈帧，并且很可能会覆盖分配给前面的函数的自动变量的内存位置。如果使用参数8.0和12.0调用logAverage()，当执行到printf语句时，变量average的值为10.0。如果随后再次调用 logAverage()，在该程序顶部，average的值不太可能是10.0。

自动变量不是由系统初始化的，在再次给它们分配一个值之前，已经包含了上次使用它们时在内存位置中留下的随机垃圾信息。

自动变量与函数的单次调用有关。如果有函数调用自己的递归代码，则每次对函数的调用都有其自己的栈帧及其自动变量的副本。在一个调用中修改该变量的值，不会修改堆栈上的任何其他调用中该变量的值。

使用一个&运算符将一个自动变量的地址取出，并且分配给函数之外的一个指针变量来保存，这是很糟糕的做法，因为只要函数退出，指针变量就指向了垃圾信息。

自动变量中自动的含义是，当调用使用了自动变量的函数时，它们的存储在栈上分配。然而，仍然必须用一个声明告诉编译器与自动变量相关的信息。

> **注意**
>
> 函数参数实际上是在调用函数时，已经用提供的值初始化了的自动变量。它们在栈上创建，并且当函数返回时，它们变成无效的。正如第1章所介绍的，可以在函数体中重置它们的值，但修改它们的值对于调用者函数中相应的变量没有影响。

11.3 外部变量

知识点讲解：光盘:视频\知识点\第11章\外部变量.mp4

在Objective-C程序中，把在main例程或任何子程序作用域之外的源文件中声明的变量称为外部变量。例如在下面的代码中，变量pageCount就是一个外部变量。

```
int pageCount;
main()
{
  ...
  printf("The current page count is: %d\n", pageCount );
}

void addpage()
{
  pageCount++;
  ...
}

void deletePage
{
  pageCount--;
  ...
}
```

因为外部变量有时候也用作全局变量，以便在不同的函数和不同的源文件之间共享信息，所以上述做法并不一定是一种好的设计选择。

在使用外部变量时需要注意以下3点。

（1）编译器在虚拟地址空间的数据段中分配了外部变量的内存位置。

（2）外部变量在程序的生命周期中都持久存在，它们不会超出作用域或消失，并且只有当给它们分配一个新值时其值才会改变。如果没有显式初始化它，那么编译器会将外部变量初始化为0。

（3）外部变量在单个函数的作用域之外是可见的（可用的）。实际上，外部变量是全局标记，除非将一个外部变量声明为static的，否则可能对于任何源文件中的任何函数都是可见的。

11.4 作用域

> 知识点讲解：光盘:视频\知识点\第11章\作用域.mp4

在Objective-C程序中，可以改变实例变量以及定义在函数外部或内部的普通变量的作用域。变量的作用域就是可以"看见"该变量语句的范围。在本节的内容中，将详细讲解使用术语模块（module）引用包含在一个源文件中方法或函数的定义。

11.4.1 控制实例变量作用域的指令

到目前为止，已经知道的实例变量的作用域只限于为该类定义的实例方法。任何实例方法都能直接通过变量名来访问该类的实例变量，而无须特别的操作。在Objective-C程序中，实例变量可以通过子类来继承，继承过来的实例变量可以通过变量名在该子类定义的方法中直接访问，整个过程无须执行其他特别的操作。

当在接口部分声明实例变量时，可以把如下4个指令放在实例变量之前，以便更精确地控制其作用域。
- @protected：此指令后面的实例变量可被该类及任何子类中定义的方法直接访问。这是默认的类型。
- @private：此指令后面的实例变量可被定义在该类的方法直接访问，但是不能被子类中定义的方法直接访问。
- @public：此指令后面的实例变量可被该类中定义的方法直接访问，也可以被其他类或模块中定义的方法直接访问。
- @package：可以在实现该类的的任何地方访问这个实例变量。

如果要定义一个名为Printer的类，它包含两个私有实例变量pageCount和tonerLevel，只有在Printer类中的方法才能直接访问它们，那么可以使用下面的代码作为接口部分。

```
@interface Printer: NSObject
{
  @private
  int pageCount;
  int tonerLevel;
  @protected
  //其他实例变量
}
...
@end
```

由于上述两个实例变量都是私有的，所以任何从Printer派生的子类的对象都无法访问它们。

上述特殊指令和日常生活中的"开关"一样，所有出现在这些指令之后的变量，直到标志着变量的声明结束的右花括号为止，都有指定的作用域，除非使用另一个指令。在前面的例子中，指令@protected确保它后面和符号"}"之前的实例变量可以被Printer的类方法访问，也可以被子类访问。

指令@public使得其他方法或函数可以通过指针运算符"->"访问实例变量，这些内容将在本书后面的章节中进行详细讲解。将实例变量声明为公共的做法并不是良好的编程习惯，因为这违背了数据封装的思想。

11.4.2 外部变量

在Objective-C程序中，外部变量（在函数之外声明的变量）从文件中声明它的地方到文件的末尾可见，可以使用关键字extern将一个外部变量的可见性扩展到不同的文件。为了遵循减少可见性的指导方针，使用关键字static开始外部变量的声明，会将该变量的作用域限定在声明它的文件之中。关键字static

优先于对同一变量的任何extern声明。

如果在程序的开始位置（所有方法、类定义和函数定义之外）编写下面的代码。
```
int gMoveNumber = 0;
```
那么这个模块中的任何位置都可以引用这个变量的值。在这种情况下gMoveNumber被定义为全局变量。上面代码不仅将gMoveNumber定义为全局变量，而且也将其定义为了外部全局变量。

外部变量是可以被其他任何方法或函数访问并更改其值的变量。在需要访问外部变量的模块中，变量的声明方式和普通方式一样，只是需要在声明前加上关键字extern即可。这就告知系统，要访问其他文件中定义的全局变量。例如，下面的代码说明了如何将gMoveNumber声明为外部变量的方法。
```
extern int gMoveNumber;
```
现在，包含前面这个声明的模块就可以访问和改变gMoveNumber的值。同样在文件中使用类似的extern声明，其他模块也可以访问gMoveNumber的值。

在使用外部变量时必须遵循的原则是：变量必须定义在源文件中的某个位置。这是通过在所有方法和函数外部声明变量，并且前面不加关键字extern实现的。通过下面的代码可以为这个变量指派初始值。
```
int gMoveNumber;
```
定义外部变量的第二种方式是在所有函数之外声明变量，在声明前面加上关键字extern，同时显式地为变量指派初始值。
```
extern int gMoveNumber = 0;
```
其实这并不是首选的方法，此时编译器会给出警告消息，提示大家将变量声明为extern，并同时为变量赋值。这是因为使用关键字extern表明这条语句是变量的声明而不是定义。在Objective-C程序中，上述声明不会引起分配变量的存储空间，而定义会引起变量存储空间的分配。所以前面的例子强行将声明当作定义处理（通过指派初始值），这种做法违背了这个规则。

在处理外部变量时，变量可以在许多地方声明为extern，但是只能定义一次。接下来通过一段简单代码来说明外部变量的用法，假设定义了一个名为Foo的类，并将以下代码输入一个名为main.m的文件中。
```
#import "Foo.h"
int gGlobalVar = 5;
int main(int argc , char * argv[])
{
@autoreleasepool{
   Foo *myFoo = [[Foo alloc] init];
   NSLog (@"%i ", gGlobalVar);

   [myFoo setgGlobalVar: 100]
   NSLog (@"%i", gGlobalVar);
   return 0;
}
```
在上面程序中，将gGlobalVar定义为了全局变量，所以只要正确地使用extern声明的方法（或函数）都可以访问它。假设Foo方法setgGlobalVar:的代码如下所示。
```
-(void) setgGlobalVar: (int) val
{
   extern int gGlobalVar;
   gGlobalVar = val;
}
```
执行上述代码后会在终端输出：
```
5
100
```
通过上述演示，说明方法setgGlobalVar:可以访问和改变外部变量gGlobalVar的值。如果有很多方法需要访问gGlobalVar的值，只需在文件开始进行一次extern声明即可。但是如果只有一个或少数几个方法要访问这个变量，就应该在其中每个方法中单独进行extern声明。这样将使程序的组织结构更清晰，并且使实际使用变量的不同函数单独使用这个变量。如果变量定义在包含访问该变量的文件中，那么不需要单独进行extern声明。

11.4.3 静态变量

在Objective-C程序中，使用关键字static定义一个静态变量。例如，下面的代码声明在任何方法（或函数）之外，那么在该文件中所有位于这条语句之后的方法或函数都可以访问gGlobalVar的值，而其他文件中的方法和函数则不行。

```
static int gGlobalVar = 0;
```

在接下来的实例中，对类Fraction的定义进行扩充，在里面增加了两个新方法。方法allocF用于分配一个新的Fraction对象，同时记录分配了多少Fraction；方法count用于返回这个数的值，此处的count方法也是类方法，也可以作为实例方法实现。与向类的特定实例发送消息相比，询问类已经分配了多少实例更有意义。

实例11-1	静态变量的使用
源码路径	光盘:\daima\第11章\11-1

在头文件Fraction.h中添加的这两个新类方法的声明代码，此时继承来的方法alloc并没有被重载。

```
+(Fraction *) allocF;
+(int) count;
```

文件Fraction.h的完整代码如下所示。

```
#import <Foundation/Foundation.h>

@interface Fraction : NSObject {
    int numerator;
    int denominator;
}

@property int numerator, denominator;

+(Fraction *) allocF;
+(int) count;
-(Fraction *) initWith: (int) n: (int) d;
-(void) print;
-(void) setTo: (int) n over: (int) d;
-(double) convertToNum;
-(void) reduce;
-(Fraction *) add: (Fraction *) f;

@end
```

因为定义了自己的分配方法，所以这个方法就可以使用继承来的方法alloc。下面是在实现文件Fraction.m中需要加入的代码。

```
static int gCounter;
@implementation Fraction;
+(Fraction *) allocF
{
    extern int gCounter;
    ++gCounter;

    return [Fraction alloc];
}
+(int) count
{
    extern int gCounter;
    return gCounter;
}
//此处是分数类的其他方法
...
@end
```

在上述代码中，将count声明为静态变量，使得在执行文件中定义的方法可以访问它，但是在该文件之外都不可以访问。方法allocF仅仅递增了gCounter变量，然后使用alloc方法创建了一个新的Fraction，并返回结果；方法count只是返回计数器的值，这样就隔离了来自用户的直接访问。因为变量gCounter在该文件中定义，所以不需要在这两个方法中使用extern进行声明，声明的目的是为了让阅读该方法的人明白它访问的变量是定义在该方法之外。在变量名前面加字符"g"的目的也是如此，所以大多数程序员一般不使用extern声明。

注意

在Objective-C程序中建议少用alloc重载，因为此方法需要处理内存的物理分配。

接下来编写文件main.m来测试上面的方法，具体实现代码如下所示。

```
#import <Foundation/Foundation.h>
#import "Fraction.h"
int main(int argc, const char * argv[]) {
    @autoreleasepool {
        Fraction *a, *b, *c;
        NSLog (@"Fractions allocated: %i", [Fraction count]);
        a = [[Fraction allocF] init];
        b = [[Fraction allocF] init];
        c = [[Fraction allocF] init];
        NSLog (@"Fractions allocated: %i", [Fraction count]);
    }
    return 0;
}
```

运行上述程序时，counter的值会自动设置为0。当使用方法allocF分配3个Fraction实例之后，方法count会检索counter变量的值，它被正确地设置为3。执行后会输出：

```
Fractions allocated: 0
Fractions allocated: 3
```

如果要重置计数器或将其设为特定的值，可以在类中添加一个setter方法。

11.4.4 选择局部变量和全局变量

Objective-C既支持全局变量，也支持局部变量，具体用法和C/C++中相同。假如需要在类A的implementation文件中定义一个static变量，然后为类A定义静态成员函数来操作该变量，这样在其他类中就不需要创建类A的实例来对static变量进行访问。虽然该static变量并不是类A的静态成员变量，但是也实现了同样的效果。在这个时候，使用局部变量就会更加科学。为什么不定义全局变量，关键就在于变量的作用域，static变量的作用域被限制在单一的文件中。看下面的代码。

```
@interface Example : NSObject {
}
- (id)init;
+(int)instanceCount;
@end
#import "example.h"
static int count;

@implementation Example
-(id)init{
    self = [super init];
    if(nil!=self){
        count+=1;
    }
    return self;
}
+(int)instanceCount{
    return count;
}
@end
```

在上述代码中，可以通过[Example instanceCount]访问静态变量count，而无须创建实例。

11.4.5 复合语句和作用域

复合语句是包含在花括号中的一个语句序列，复合语句的内部是一个独立的作用域。可以在复合语句中的任意位置声明一个变量，该变量从声明它的地方到复合语句结束的地方都是可见的。复合语句存在于它的作用域中，这个作用域叫做该复合语句的外围作用域。在外围作用域中声明的变量，在复合语句中是可见的；但是在复合语句中声明的变量，在外围作用域中是不可见的。例如下面代码。

```
void someFunction()
{
 int a = 7;
   {
    int b = 2;
    int c;
    c = a * b;   // 这是一个可见的复合语句
   }
 int d = 2 * c;  // 错！c在此处不可见
}
```

编译包含上述代码段的程序，将会产生如下所示的编译器错误。

```
someFunction.c:12: error: 'c' undeclared
(first use in this function)
someFunction.c:12: error: (Each undeclaredidentifier is reported only
someFunction.c:12: error: once for each function it appears in.)
```

如果在一条复合语句中声明了一个变量，而该变量与外围作用域中的一个变量具有相同的名称，那么在内部变量的作用域中，内部变量将会覆盖外围作用域中的变量，例如下面的代码。

```
void someFunction()
{
  int a = 7;
  int b = 2;
    {
     int c;
     c = a * b;  // c 是14，封闭的范围仍然是可见的
     int a = 10; //掩盖了外围作用域中的变量
     c =  a * b; // c 现在是 20
    }
}
```

11.5 存储类说明符

> 知识点讲解：光盘:视频\知识点\第11章\存储类说明符.mp4

在Objective-C程序中，可以在变量前面放置一些存储类说明符，例如extern和static。在本节将详细讲解其他常见的说明符，为读者后面的学习打下基础。

11.5.1 auto

关键字auto用来声明一个自动局部变量，与static相反。关键字auto是函数或方法内部变量的默认声明方式，只在一个函数内使用，其功能是告诉编译器该变量是一个自动变量。由于这是默认的，所以很少使用auto。例如下面的代码。

```
auto int index;
```

上述代码声明index为一个自动局部变量，表示在进入该块（即一段位于花括号之内的语句、方法或函数序列）时，自动为它分配存储空间，并在退出该块时自动解除分配。因为在块中是默认的，所以语句"int index;"和语句"auto int index;"是等效的。

静态变量有默认的初始值0，而自动变量没有默认的初始值。除非显式地给自动变量赋值，否则它们的值是不确定的。

11.5.2 const

在Objective-C程序中，编译器允许给对程序中值不变的变量设置const特性。这样，就告诉编译器指定的变量在程序运行期间的值不变。在初始化变量后，如果尝试给const变量指派一个值，或试图将其增加1或减少1，编译器就会给出警告消息。例如下面的代码。

```
const double pi = 3.141592654;
```

上述代码声明了一个const变量pi。告诉编译器程序不会修改该变量,因为随后不能更改const变量的值,因此必须在定义变量时进行初始化工作。

如果将变量定义为const变量,则在自文档编制过程中会很有帮助。这让读程序的人知道程序不会改变该变量的值。

由此可见,关键字const的功能是告诉编译器应该将一个变量视做常量。对于任何试图修改该变量的行为,编译器会提示一个错误。

```
const int maxAttempts = 100;
maxAttempts = 200;   //将导致一个编译错误.
```

当const用于指针变量时,声明顺序应该从左向右读取。例如,在下面的代码中声明了一个指向整数的常量指针ptr。

```
int a = 10;
int b = 15;
int *const ptr = &a;
*ptr = 20;      //现在 20.
ptr = &b; // 错误
```

不能修改ptr的值以指向一个不同的变量,但是可以使用ptr来修改它所指向的变量。如果将const放在声明的其他内容的前面,将会有不同的含义。例如,在下面的代码中,ptr是指向一个int常量的指针。

```
int a = 10;
int b = 15;
const int *ptr = &a;
*ptr = 20; // 错误
a = 20;         // 正确
ptr = &b;    //正确
```

可以修改ptr以指向另一个变量,但是不能通过ptr来修改它所指向的任何变量。即使在上述代码中,变量自身并没有被声明为const,也不能通过ptr来修改它。但是在上面的代码中,因为a没有被声明为const,所以如果直接访问它时可以修改它。

11.5.3 volatile

在Objective-C程序中,使用关键字volatile声明变量后,其内容可能会被程序中main线程以外的其他函数修改,然后编译器会避免像没有该关键字时那样优化。如果变量的存储属于外部设备的一个硬件寄存器,并且该设备已经被内存映射到了程序的地址空间中时,就会发生这种情况。

请读者考虑这样一种情况,其中shouldContinue被映射到一个硬件设备上的一条控制线。
```
int shouldContinue = 1;   // 初始化
while (shouldContinue ) doStuff;
```
如果doStuff所表示的代码没有修改shouldContinue,优化的编译器将会得出shouldContinue没有被修改的结论,并且它将代码优化为如下等价形式。
```
while (1) doStuff;
```
上述做法是一个无限循环,如果将shouldContinue声明为volatile,可以阻止编译器进行这一优化工作。
```
volatile int shouldContinue;
```
由此可见,类型volatile和const正好相反。它明确地告诉编译器,指定类型变量的值会改变。在Objective-C中加入这个关键字的目的是,防止编译器优化掉看似多余的变量赋值,同时避免重复地检查值没有变化的变量。

假设在程序中,将输出端口的地址存储在一个名为outPort的变量中。如果要向这个端口写两个字符(一个O后面接一个N),则可以通过如下代码实现。
```
*outPort = 'O';
*outPort = 'N';
```
在上述代码中,第一行表示在outPort指定的内存地址存储字符O。第二行表示在同一位置存储字符N。一个智能的编译器可能会发现对同一地址进行了两次连续的赋值。因为outPort在这两者之间并没有被修改,所以编译器将第一个赋值语句从程序中删除。要防止这种情况发生,应该将outPort声明为一个

volatile变量，即下面的代码。
```
volatile char *outPort;
```

11.5.4　static

由本章前面的内容可知，关键字static可以声明静态变量。将static用于函数中的变量还是用于外部变量，这两种情形会具有不同的含义。当关键字static用在函数中的变量时，static创建了类似于外部变量的一个变量，例如下面的演示代码：
```
void countingFunction()
{
  static int timesCalled;
  timesCalled++;
  ...
}
```
在上述代码中，timesCalled保存了调用函数countingFunction的次数。

在使用函数的static变量时，需要需注意以下几点。
- 编译器在数据段中为一个函数static变量创建存储。
- 如果不为函数static变量提供一个显式初始化值，函数static变量初始化为0。
- 函数static变量的值在函数调用之间保持不变。
- 在对函数的多次调用中（即使是函数递归调用其自身），对一个函数static变量的引用都指向同一个内存位置。
- 函数static变量与外部变量的唯一区别在于，它只是在声明它的函数的作用域内可见。

当关键字static用于外部变量时，能够将该变量的可见性限定在声明它的文件之中，并且对其他的源文件隐藏。如果在一个函数体外部编写如下代码。
```
static int pageCount;
```
那么，pageCount只能由同一个源文件中的函数引用。如果试图使用一条extern语句来声明pageCount，要在一个不同的源文件中使用它时，那么连接器会失败。例如下面的代码。
```
extern int pageCount;
```

11.5.5　extern

在Objective-C程序中，可以使用关键字extern引用一个在不同文件中声明的外部变量。以extern开头的声明使得编译器知道变量的名称和类型，但是该声明不会导致编译器为该变量保留任何的存储。例如，下面的代码会告诉编译器pageCount是一个int，并且已经在程序中的其他某个地方使用一个声明为其保留存储。
```
extern int pageCount;
```
如果还没有在程序中的其他地方将pageCount声明为一个外部变量（没有使用extern关键字），则可以使用如下代码语句。
```
int pageCount;
```
此时程序将会编译，但是不会连接。因为编译器检查到已通过extern声明，它查找不存在的pageCount，所以连接器失败。

11.6　枚举数据类型

知识点讲解：光盘:视频\知识点\第11章\枚举数据类型.mp4

在Objective-C程序中，可以将一系列值指派给一个变量。使用关键字enum来声明枚举数据类型，之后紧跟枚举数据类型的名称，然后是标识符序列（包含在一对花括号内），它们定义了可以给该类型指派的所有允许值。例如，下面的代码定义了一个枚举数据类型flag。
```
enum flag { false, true };
```

11.6 枚举数据类型

从理论上说，在程序中这个数据类型只能指派true和false两种值，不能指派其他值。但是即使违背了这个规则，Objective-C编译器也不会发出警告消息。

在声明一个enum flag类型的变量时，如果仍需要用到关键字enum，那么之后是枚举类型名称，最后是变量序列。所以下面的代码定义了两个flag类型的变量endOfData和matchFound，理论上能指派给这两个变量的值只有true和false。

```
enum flag endOfData, matchFound;
```

所以下面的两个代码语句都是合法的。

```
endOfData = true;
if ( matchFound == false )
```

如果希望一个枚举标识符对应一个特定的整数值，那么可以在定义数据类型时给该标识符指定整数值。在列表中依次出现的枚举标识符中，被指派了以特定整数值开始的序列数。

例如，在下面的定义代码中，定义了一个包含值up、down、left和right的枚举数据类型direction。因为up在序列中位于首位，所以编译器给它赋值为0；down接着up，因此赋给它的值为1；由于left明确指定了一个整数，赋给它值就是10；right的值由列表中前一个enum的值递增得到，因此给它赋的值为11。枚举标识符可以共享相同的值。

```
enum direction { up, down, left = 10, right };
```

例如，用下面的代码给enum boolean变量指派no和false时，就是向其赋值0，指派yes和true时赋值1。

```
enum boolean { no = 0, false = 0, yes = 1, true = 1 };
```

再举另一个枚举数据类型定义的例子，在下面的代码中定义了类型enum month，此种类型的变量可以指派的值是一年中12个月的名字。

```
enum month {
   january = 1, february, march, april, may, june, july, august, september, october,
   november, December
};
```

Objective-C编译器将枚举标识符作为整型常量来处理。如果在程序中包含如下两行代码，那么给thisMonth赋的值是整数2，而不是february这个名字。

```
enum month thisMonth;
...
thisMonth = february;
```

在下面的实例代码中，展示了使用枚举数据类型的简单程序。该程序首先读取一个月份数，然后进入switch语句来判断要进入哪个月份。因为编译器把枚举值当作整型常量来处理，所以它们都是有效的case值。将变量days赋值为该月的天数，在switch退出后显示days的值。程序中包含特定的测试代码，用来查看该月是否为二月。

实例11-2	输出用户输入月份的天数
源码路径	光盘:\daima\第11章\11-2

实例文件main.m的具体实现代码如下所示。

```
#import <Foundation/Foundation.h>

int main(int argc, const char * argv[]) {
    @autoreleasepool {
        enum month { january = 1, february, march, april, may, june,
            july, august, september, october, november,
            december };
        enum month amonth;
        int      days;
        NSLog (@"亲，请输入一个月份：");
        scanf ("%i", &amonth);
        switch (amonth) {
            case january:
            case march:
            case may:
            case july:
            case august:
            case october:
            case december:
```

```
                    days = 31;
                    break;
        case april:
        case june:
        case september:
        case november:
                    days = 30;
                    break;
        case february:
                    days = 28;
                    break;
        default:
                    NSLog (@"输入的不是月份");
                    days = 0;
                    break;
    }
    if ( days != 0 )
        NSLog (@"%i天", days);
    if ( amonth == february )
        NSLog (@"...闰年是29天");
}
    return 0;
}
```

下面开始测试上述代码，如果输入数字"5"，则执行后会输出：

亲，请输入一个月份：
5
31天

如果输入数字"2"，则执行后会输出：

亲，请输入一个月份：
2
28天
...闰年是29天

此时可以明确地给枚举类型的变量指派一个整数值，此时应该使用类型转换运算符。如果monthValue是值为6的整型变量，那么下面的表达式是合法的。

```
lastMonth = (enum month) (monthValue - 1);
```

但是如果不使用类型转换运算符，编译器也不会有异议。

在使用包含枚举数据类型的程序时，应该尽量把枚举值当作独立的数据类型来对待。枚举类型提供了一种方法，使开发人员能够把整数值和有象征意义的名称对应起来。如果以后需要更改这个整数值，只能在定义枚举的地方更改。如果根据枚举数据类型的实际值进行假设，就丧失了使用枚举带来的好处。

在定义枚举数据类型时允许有所变化，例如，可以省略数据类型的名称。在定义该类型时，可以将变量声明为特定枚举数据类型中的一个。下面的代码同时展示了这两种选择。

```
enum { east, west, south, north } direction;
```

上述代码中义了一个（未命名的）枚举数据类型，它包含的值有east、west、south和north，分别表示4个方向，同时还声明了该类型的变量direction。

在代码块中定义的枚举数据类型的作用域仅仅限于块的内部，在程序的开始及所有块之外定义的枚举数据类型对于该文件是全局的。在定义枚举数据类型时，必须确保枚举标识符与定义在相同作用域之内的变量名和其他标识符不同。

11.7 typedef 语句

知识点讲解：光盘:视频\知识点\第11章\typedef语句.mp4

在Objective-C程序中，可以通过typedef语句为数据类型另外指派一个名称。使用typedef语句的语法格式如下所示。

```
typedef int Counter;
```

在上述格式中，名称Counter等价于Objective-C数据类型int。随后的变量就可以声明为Counter类型，例如在以下语句中。

```
Counter j, n;
```
在上述代码中，Objective-C编译器将变量j和n的声明当作前面显示的普通整型变量，此时使用typedef语句的作用是增加了变量定义的可读性，从j和n的定义中就可以清晰地看出在程序中使用这些变量的目的。如果使用传统方式将变量定义为int类型，将不能很清晰地表示出它们的用途。在下面的代码中，通过typedef将一个名为NumberObject的类型定义为Number对象。
```
typedef Number *NumberObject;
```
然后将一些变量声明为NumberObject类型，例如在下面的代码中：
```
NumberObject myValue1, myValue2, myResult;
```
它们的使用方式和以常规方式在程序中声明一样，例如下面的使用方式。
```
Number *myValue1, *myValue2, *myResult;
```
在Objective-C程序中，使用typedef定义一个新类型名的基本步骤如下所示。

（1）像声明所需类型的变量那样编写一条语句。

（2）在通常应该出现声明变量名的地方，将其替换为新的类型名。

（3）在语句的前面加上关键字typedef。

假设定义一个名为Direction的枚举数据类型，在里面包含了东、南、西和北4个方向。为了写出枚举类型的声明，通常在出现变量名称的地方使用名称Direction替代。在开始其他工作之前，在语句前面加上关键字typedef，具体代码如下所示。
```
typedef enum { east, west, south, north } Direction;
```
将typedef放在合适的位置之后，此时就可以声明Direction类型的变量了，例如下面的代码。
```
Direction step1, step2;
```
在Foundation框架的一个头文件中，使用typedef对NSComparisonResult进行如下定义。
```
typedef enum _NSComparisonResult {
  NSOrderedAscending = -1, NSOrderedSame, NSOrderedDescending
} NSComparisonResult;
```
在Foundation框架中，一些用于比较的方法会返回一个该类型的值。例如，Foundation的字符串比较方法名为compare:，它在完成两个NSString对象字符串的比较工作后返回一个NSComparisonResult类型的值。声明该方法的代码如下所示。
```
-(NSComparisonResult) compare: (NSString *) string;
```
要测试两个名为userName和savedName的NSString对象是否相等，可以在程序里编写以下代码实现。
```
if ( [userName compare: savedName] == NSOrderedSame)
 // 名字是 match
 ...
```
从实质上看，上述代码的目的是测试方法compare:的返回值是否为0。

Part 4

第四篇

知识进阶

本篇内容

- 第 12 章　Foundation 框架类详解
- 第 13 章　日期、时间、复制和谓词
- 第 14 章　和 C 语言同质化的数据类型（上）
- 第 15 章　和 C 语言同质化的数据类型（下）
- 第 16 章　文件操作
- 第 17 章　归档

第 12 章 Foundation框架类详解

在iOS应用开发领域中,Foundation的地位就好比Java中的SDK类库。Foundation框架提供了基本的Objective-C的类,定义了基本的对象行为。Foundation框架包含各种基本数据类型、集合,操作系统服务的对象的类,也包含了几种设计模式和机制,以便设计出更健壮和高效的Objective-C程序。本章将详细讲解使用Foundation框架类的基本知识,为后面的学习打下基础。

12.1 数字对象

知识点讲解:光盘\视频\知识点\第12章\数字对象.mp4

到现在为止,在本书前面学习的所有数字数据类型,包括int型、float型和long型都是Objective-C语言中的基本数据类型。这些类型都不是对象,不能向它们发送任何消息。但是有时需要作为对象来使用这些值,例如,使用Foundation对象NSArray可以设置一个用于存储数据的数组。因为这些值必须是对象,所以不能将任何基本数据类型直接存储到这些数组中。要想存储包括char数据类型在内的任何基本数据类型,可以使用类NSNumber根据这些数据类型来创建对象,例如下面的实例代码。

实例12-1	使用类NSNumber创建对象
源码路径	光盘:\daima\第12章\12-1

实例文件main.m的具体实现代码如下所示。

```
#import <Foundation/NSObject.h>
#import <Foundation/NSAutoreleasePool.h>
#import <Foundation/NSValue.h>
#import <Foundation/NSString.h>

int main(int argc, const char * argv[]) {
    @autoreleasepool {
        NSNumber            *myNumber, *floatNumber, *intNumber;
        NSInteger           myInt;
        intNumber = [NSNumber numberWithInteger: 100];
        myInt = [intNumber integerValue];
        NSLog (@"%li", (long) myInt);
        myNumber = [NSNumber numberWithLong: 0xabcdef];
        NSLog (@"%lx", [myNumber longValue]);
        myNumber = [NSNumber numberWithChar: 'X'];
        NSLog (@"%c", [myNumber charValue]);
        //浮点值
        floatNumber = [NSNumber numberWithFloat: 100.00];
        NSLog (@"%g", [floatNumber floatValue]);
        // double类型
        myNumber = [NSNumber numberWithDouble: 12345e+15];
        NSLog (@"%lg", [myNumber doubleValue]);
        // 在此错误访问
        NSLog (@"%i", [myNumber integerValue]);
        // 测试两个数相等
        if ([intNumber isEqualToNumber: floatNumber] == YES)
            NSLog (@"Numbers are equal");
        else
            NSLog (@"Numbers are not equal");
```

```
            //如果第一个小于,等于或大于第二个
            if ([intNumber compare: myNumber] == NSOrderedAscending)
                NSLog (@"First number is less than second");
    }
    return 0;
}
```

在上述代码中,第一行程序在本书中的任何一个程序中都会出现。例如下面的代码为分配给pool的自动释放池预留了内存空间。

```
@autoreleasepool
```

自动释放池的功能是自动释放放在该池中的对象所使用的内存。当向对象发送一条autorelease消息时,就将该对象放到这个池中。因为当释放这个池时,放到该池的所有对象也会一起释放,所以所有这样的对象都会被销毁,除非已经指明这些对象所在的作用域超出自动释放池,例如使用引用计数指明。

在大多数情况下,无须担心需要释放Foundation方法返回的对象,有时对象由返回它的方法所拥有。在其他情况下,对象由方法新创建并被添加到自动释放池中。在本书前面的内容中曾经讲过,在使用完用alloc方法显式地创建的任何对象(包括Foundation对象)之后,需要释放它们。

执行上述代码后会输出:

```
100
abcdef
X
100
1.2345e+19
0
Numbers are equal
First number is less than second
```

在Objective-C程序中,当使用类NSNumber中的对象时,必需使用接口文件<Foundation/NSValue.h>。

在实例12-1中,类NSNumber包含了多个方法,它们允许使用初始值创建NSNumber对象。例如,下面的代码创建了一个值为100的整数对象。

```
intNumber = [NSNumber numberWithInt: 100];
```

从NSNumber对象获得的值,必须和存储在其中的值类型一致。因此在实例12-1后面的printf代码中,可以通过下面的消息表达式检索存储在intNumber中的整型值,并将其存储在NSInteger变量myInt中。

```
[intNumber intValue]
```

读者需要注意,此处的NSInteger并不是一个对象,而是基本数据类型的typedef,它被typedef成64位的long类型或者32位的int类型。在Objective-C程序中,允许存在一个类似的NSInteger typedef,功能是处理程序中那些未签名的整数。

在Objective-C的NSLog调用中,为了确保值可以被传递并正确地显示,需要使用格式字符"%li"将NSInteger转换为long,也就是使用32位架构的程序。

对于每个基本值来说,类方法都为它分配了一个NSNumber对象,并将其设置为指定的值。这些方法以numberWith开始,后面是该方法的类型,例如numberWithLong:和numberWithFloat:等。另外,可以使用实例方法为以前分配的NSNumber对象设置指定的值。这些都是以initWith开头的,例如initWithLong:和initWithFloat:。

表12-1列出了为NSNumber对象设置值的类和实例方法,以及检索这些值的相应实例方法。

表12-1 NSNumber的创建方法和检索方法

创建和初始化类方法	初始化实例方法	检索实例方法
numberWithChar:	initWithChar:	charValue
numberWithUnsignedChar:	initWithUnsignedChar:	unsignedCharValue
numberWithShort:	initWithShort:	shortValue
numberWithUnsignedShort:	initWithUnsignedShort:	unsignedShortValue
numberWithInteger:	initWithInteger:	integerValue
numberWithUnsignedInteger:	init WithUnsignedInteger:	unsignedIntegerValue
numberWithInt:	initWithInt:	intValueunsigned

续表

创建和初始化类方法	初始化实例方法	检索实例方法
numberWithUnsignedInt:	initWithUnsignedInt:	unsignedIntValue
numberWithLong:	initWithLong:	longValue
numberWithUnsignedLong:	initWithUnsignedLong:	unsignedLongValue
numberWithLongLong:	initWithLongLong:	longlongValue
numberWithUnsignedLongLong:	initWithUnsignedLongLong:	unsignedLongLongValue
numberWithFloat:	initWithFloat:	floatValue
numberWithDouble:	initWithDouble:	doubleValue
numberWithBool:	initWithBool:	boolValue

在实例12-1中，使用类方法分别为NSNumber创建了long、char、float和double对象。请读者尝试使用下面的代码创建double对象，看将会出现什么情况？

```
myNumber = [NSNumber numberWithDouble: 12345e+15];
```

然后尝试用如下代码来检索并显示它的值（这是不正确的）。

```
NSLog (@"%i", [myNumber integerValue]);
```

此时会得到下面的输出结果：

```
0
```

这时系统不会给出任何错误消息。因为一般来说，我们需要负责确保正确地进行检索，如果在NSNumber对象中存储了一个值，那么也要用一致的方式进行检索。

在Objective-C程序的if语句中，如下消息表达式使用方法isEqualToNumber:根据数值来比较两个NSNumber对象。

```
[intNumber isEqualToNumber: floatNumber]
```

通过上述代码可以测试返回的Boolean值，目的是查看这两个值是否相等。

在Objective-C程序中，可以使用方法compare:测试一个数值型的值是否在数值上小于、等于或大于另一个值。例如下面的表达式代码。

```
[intNumber compare: myNumber]
```

当intNumber中的值小于myNumber中的值时，返回值为NSOrderedAscending；如果这两个数相等，则返回值是NSOrderedSame；如果第一个值大于第二个值，则返回值是NSOrderedDescending。在头文件NSobject.h中已经定义了这些返回值。

注意——不能重新初始化前面创建的NSNumber对象的值

在此需要注意，不能重新初始化前面创建的NSNumber对象的值。例如，不能使用下面的代码设置存储在NSNumber对象myNumber中的整数。

```
[myNumber initWithInt: 1000];
```

当执行上述语句时会产生一条错误。因为所有的数字对象都必须是新创建的，所以这意味着必须对NSNumber类调用表12-1中第一列中列出的一个方法，或者对alloc方法的结果调用第二列列出的方法中，例如下面的代码：

```
myNumber = [[NSNumber alloc] initWithInt: 1000];
```

基于前面的讨论，如果使用这种方式创建myNumber，则在使用完之后，需要使用以下代码语句来释放它。

```
[myNumber release];
```

12.2 字符串处理

知识点讲解：光盘:视频\知识点\第12章\字符串处理.mp4

在本书前面的章节中，曾经在程序中多次用到过字符串。在Objective-C程序中创建字符串的方法比较简单，只要使用一对双引号括住一组字符串即可，例如下面的代码。
```
"Programming is fun"
```
Objective-C中的核心处理字符串的类是NSString与NSMutableString，这两个类最大的区别就是NSString 创建赋值以后该字符串的内容与长度不能动态更改，除非重新给这个字符串赋值。而NSMutableString 创建赋值以后可以动态更改该字符串的内容与长度。本节将详细讲解字符串处理类NSString和NSMutableString的基本知识。

12.2.1 创建字符串对象

在框架Foundation中，类NSString用于处理字符串对象。Objective-C中的string由char字符组成，NSString对象是由unichar字符组成。unichar字符是符合Unicode标准的多字节字符，这样就可以处理包含数百万字符的字符集。程序员不必担心字符串的内部表示，因为NSString类已经自动做了这些工作。使用NSString类的方法，可以更容易地开发能够本地化的应用程序。

要使用Objective-C语言创建一个常量字符串对象，需要先在字符串开头放置一个@字符，例如下面的代码创建了一个常量字符串对象。
```
@"Programming is fun"
```
在特殊情况下，这是属于NSConstantString 类的常量字符串对象。类NSConstantString是字符串对象类NSString的子类，如果想在程序中使用字符串对象，需要包括下面的代码。
```
#import <Foundation/NSString.h>
```
下面的实例演示了定义NSString对象的方法，并向其指派一个初始化值。这个实例还演示了如何使用格式字符%@来显示NSString对象的方法。

实例12-2	定义NSString对象
源码路径	光盘:\daima\第12章\12-2

实例文件main.m的具体实现代码如下所示。
```
#import <Foundation/NSObject.h>
#import <Foundation/NSString.h>
#import <Foundation/NSAutoreleasePool.h>

int main(int argc, const char * argv[]) {
    @autoreleasepool {
        NSString *str = @" very good ";
        NSLog (@"%@", str);
    }
    return 0;
}
```
在上述代码中，常量字符串对象"very good"被赋值给NSString变量str。然后使用NSLog来显示它的值。执行上述代码后会输出：
```
very good
```
而在如下所示的代码中：
```
NSString *str = @" very good ";
```
NSLog格式字符%@不仅能显示NSString对象，而且可以显示其他对象。例如下面的代码：
```
NSNumber *intNumber = [NSNumber numberWithInteger: 100];
```
通过如下NSLog代码调用后：
```
NSLog (@"%@", intNumber);
```
会产生如下输出：
```
100
```
由此可见，格式字符%@能够显示数组、字典和集合的全部内容。其实通过重载我们的类所继承的方法，还可使用这些格式字符显示自己的类对象。如果不重载方法，NSLog仅仅显示类名和该对象在内存中的地址，这是从NSObject类继承的description方法的默认实现。

下面的实例演示了创建NSString对象的几种方法。

实例12-3	创建NSString对象
源码路径	光盘:\daima\第12章\12-3

实例文件main.m的具体实现代码如下所示。

```objc
#import <Foundation/Foundation.h>

int main(int argc , char * argv[])
{
    @autoreleasepool{
        unichar data[6] = {97, 98, 99, 100, 101, 102};
        // 使用Unicode数值数组初始化字符串
        NSString* str = [[NSString alloc]
                          initWithCharacters: data length:6];
        NSLog(@"%@" , str);
        char* cstr = "Hello, iOS!";
        // 将C风格的字符串转换为NSString对象
        NSString* str2 = [NSString stringWithUTF8String:cstr];
        NSLog(@"%@" , str2);
        // 将字符串写入指定文件
        [str2 writeToFile:@"myFile.txt"
               atomically:YES
                 encoding:NSUTF8StringEncoding
                    error:nil];
        // 读取文件内容，用文件内容初始化字符串
        NSString* str3 = [NSString stringWithContentsOfFile:@"NSStringTest.m"
                                   encoding:NSUTF8StringEncoding
                                      error:nil];
        NSLog(@"%@" , str3);
    }
}
```

执行后的效果如图12-1所示。

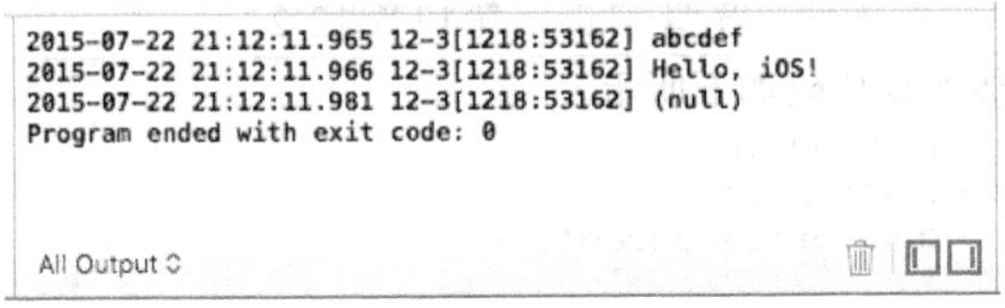

```
2015-07-22 21:12:11.965 12-3[1218:53162] abcdef
2015-07-22 21:12:11.966 12-3[1218:53162] Hello, iOS!
2015-07-22 21:12:11.981 12-3[1218:53162] (null)
Program ended with exit code: 0

All Output ◇
```

图12-1 实例12-3的执行效果

下面的实例演示了调用NSString对象中各个功能性方法的过程。

实例12-4	调用NSString中的各个功能性方法
源码路径	光盘:\daima\第12章\12-4

实例文件main.m的具体实现代码如下所示。

```objc
#import <Foundation/Foundation.h>

int main(int argc , char * argv[])
{
    @autoreleasepool{
        NSString* str = @"Hello";
        NSString* book = @"《iOS 9开发指南》";
        // 在str后面追加固定的字符串
        // 原来的字符串对象并不改变，只是将新生成的字符串重新赋给str指针变量
        str = [str stringByAppendingString:@",iOS!"];
        NSLog(@"%@" , str);
        // 获取字符串对应的C风格字符串
        const char* cstr = [str UTF8String];
        NSLog(@"获取的C字符串：%s" , cstr);
        // 在str后面追加带变量的字符串。
        // 原来的字符串对象并不改变，只是将新生成的字符串重新赋给str指针变量
        str = [str stringByAppendingFormat:@"%@是一本很好的开发书." , book];
        NSLog(@"%@" , str);
        NSLog(@"str的字符个数为：%lu" , [str length]);
        NSLog(@"str按UTF-8字符集解码后字节数为：%lu" , [str
```

```
                              lengthOfBytesUsingEncoding:NSUTF8StringEncoding]);
        // 获取str的前10个字符组成的字符串
        NSString* s1 = [str substringToIndex:10];
        NSLog(@"%@" , s1);
        // 获取str从第5个字符开始的后面所有字符组成的字符串
        NSString* s2 = [str substringFromIndex:5];
        NSLog(@"%@" , s2);
        // 获取str从第5个字符开始的后面15个字符所组成的字符串
        NSString* s3 = [str substringWithRange:NSMakeRange(5, 15)];
        NSLog(@"%@" , s3);
        // 获取iOS在str中出现的位置
        NSRange pos = [str rangeOfString:@"iOS"];
        NSLog(@"iOS在str中出现的开始位置: %ld, 长度为: %ld"
                , pos.location , pos.length);
        // 将str的所有字符转为大写
        str = [str uppercaseString];
        NSLog(@"%@" , str);
    }
}
```

执行后的效果如图12-2所示。

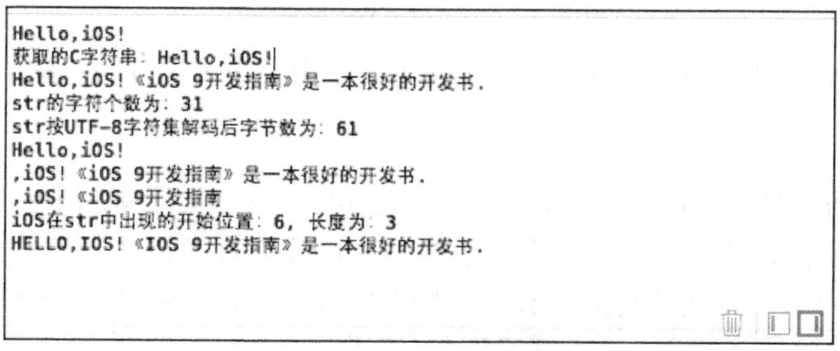

```
Hello,iOS!
获取的C字符串: Hello,iOS!
Hello,iOS!《iOS 9开发指南》是一本很好的开发书.
str的字符个数为: 31
str按UTF-8字符集解码后字节数为: 61
Hello,iOS!
,iOS!《iOS 9开发指南》是一本很好的开发书.
,iOS!《iOS 9开发指南
iOS在str中出现的开始位置: 6, 长度为: 3
HELLO,IOS!《IOS 9开发指南》是一本很好的开发书.
```

图12-2　实例12-4的执行效果

12.2.2　可变对象与不可变对象

在Objective-C程序中，NSString是NSObject的子类。NSString是不可变的，意思是用它声明的对象我们不可以改变，如果要改变，可以使用它的子类NSMutableString来实现。下面的实例演示了使用NSMutableString改变字符串序列的方法。

实例12-5	使用NSMutableString改变字符串序列
源码路径	光盘:\daima\第12章\12-5

实例文件main.m的具体实现代码如下所示。
```
#import <Foundation/Foundation.h>

int main(int argc , char * argv[])
{
    @autoreleasepool{
        NSString* book = @"《iOS 9开发指南》";
        // 创建一个NSMutableString对象
        NSMutableString* str = [NSMutableString
                                     stringWithString:@"Hello"];
        // 追加固定字符串
        // 字符串所包含的字符序列本身发生了改变，因此无须重新赋值
        [str appendString:@",iOS!"];
        NSLog(@"%@" , str);
        // 追加带变量的字符串
        // 字符串所包含的字符序列本身发生了改变，因此无须重新赋值
        [str appendFormat:@"%@是一本很好的开发书." , book];
        NSLog(@"%@" , str);
        // 在指定位置插入字符串
        // 字符串所包含的字符序列本身发生了改变，因此无须重新赋值
        [str insertString:@"www.toppr.net" atIndex:6];
```

```
        NSLog(@"%@" , str);
        // 删除从位置6开始、长度为12的所有字符
        [str deleteCharactersInRange:NSMakeRange(6, 12)];
        NSLog(@"%@" , str);
        // 将从位置6开始、长度为9的所有字符替换成Objective-C
        [str replaceCharactersInRange:NSMakeRange(6, 9)
                           withString:@"Objetive-C"];
        NSLog(@"%@" , str);
    }
}
```

在上述代码中,使用NSMutableString对象的方法改变了字符串中包含的字符序列。执行后的效果如图12-3所示。

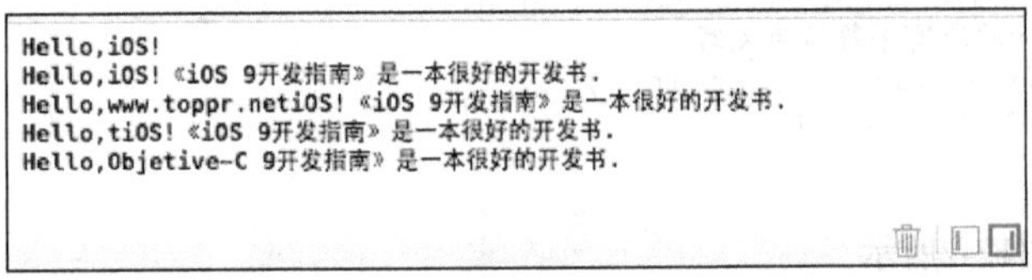

```
Hello,iOS!
Hello,iOS!《iOS 9开发指南》是一本很好的开发书.
Hello,www.toppr.netiOS!《iOS 9开发指南》是一本很好的开发书.
Hello,tiOS!《iOS 9开发指南》是一本很好的开发书.
Hello,Objetive-C 9开发指南》是一本很好的开发书.
```

图12-3 实例12-5的执行效果

当通过下面的代码创建字符串对象时,就创建了一个内容不可更改的对象,这种对象被称作不可变对象。

```
@" very good"
```

虽然类NSString可以处理不可变字符串,但是在现实中经常需要用NSString处理并更改字符串中的字符,例如想从字符串中删除一些字符或对字符串执行搜索替换操作。这些类型的字符串使用类NSMutableString进行处理。下面的实例演示了在程序中处理不可变字符串的基本方式。

实例12-6	处理不可变字符串
源码路径	光盘:\daima\第12章\12-6

实例文件main.m的具体实现代码如下所示。

```
#import <Foundation/NSObject.h>
#import <Foundation/NSString.h>
#import <Foundation/NSAutoreleasePool.h>

int main(int argc, const char * argv[]) {
    @autoreleasepool {
        NSString   *str1 = @"This is string A";
        NSString   *str2 = @"This is string B";
        NSString   *res;
        NSComparisonResult   compareResult;
        NSLog (@"str1的长度: %lu", [str1 length]);
        res = [NSString stringWithString: str1];
        NSLog (@"复制: %@", res);
        str2 = [str1 stringByAppendingString: str2];
        NSLog (@"连接 %@", str2);
        if ([str1 isEqualToString: res] == YES)
            NSLog (@"str1 == res");
        else
            NSLog (@"str1 != res");
        compareResult = [str1 compare: str2];

        if (compareResult == NSOrderedAscending)
            NSLog (@"str1 < str2");
        else if (compareResult == NSOrderedSame)
            NSLog (@"str1 == str2");
        else     // NSOrderedDescending
            NSLog (@"str1 > str2");
        res = [str1 uppercaseString];
        NSLog (@"转换为大写: %s", [res UTF8String]);
        res = [str1 lowercaseString];
        NSLog (@"转换为小写: %@", res);
        NSLog (@"原始tring: %@", str1);
```

```
        }
        return 0;
}
```
在上述代码中,首先定义了str1、str2和res共3个不可变的NSString对象,其中前两个初始化为常量字符串对象。

执行后的效果如图12-4所示。

```
tr1的长度: 16
复制: This is string A
连接 This is string AThis is string B
str1 == res
str1 < str2
转换为大写: THIS IS STRING A
转换为小写: this is string a
原始tring: This is string A
```

图12-4 实例12-6的执行效果

上述代码通过下面的代码声明了compareResult,并通过compareResult保存该程序后面要执行的字符串比较操作的结果。

```
NSComparisonResult compareResult;
```

方法Length可以计数统计字符串中的字符。上述执行效果验证了字符串@"This is string A"共包含16个字符。通过下面的代码演示了如何使用另一个字符串的内容来生成一个新字符串的过程。

```
res = [NSString stringWithString: str1];
```

最终的结果是NSString对象被赋值给res,然后显示以验证结果。实际的字符串内容复制是在此处进行的,而不是对内存中的同一字符串的引用。即str1和res指向两个不同的字符串对象,这与仅执行如下赋值操作是不同的。

```
res = str1;
```

上述代码仅仅创建了内存中同一对象的另一个引用。

方法stringByAppendingString:可以连接两个字符串。所以下面的表达式代码创建了一个新对象,这个对象由在str1之后的字符串str2组成。这项操作没有改变原字符串对象str1和str2。它们不能更改,这是因为它们都是不可变字符串对象。

```
[str1 stringByAppendingString: str2]
```

然后使用方法isEqualToString:检测两个字符串是否相等,也就是检测是否包含相同的字符。如果需要确定两个字符串的顺序,例如要对字符串数组进行排序,可以使用方法compare:来代替。这与前面比较两个NSNumber对象的compare:方法相似,会产生如下不同的结果。

❑ 如果第一个字符串小于第二个字符串,则结果是NSOrderedAscending。
❑ 如果两个字符串相等,则结果是NSOrderedSame。
❑ 如果第一个字符串大于第二个字符串,则结果是NSOrderedDescending。
❑ 如果不想执行大小写敏感的比较,则使用caseInsensitiveCompare:方法,而不是compare:方法。

在上述代码中,使用方法caseInsensitiveCompare:比较两个字符串对象@"Gregory"和@"gregory",最终结果是相等。

方法uppercaseString和方法lowercaseString分别将字符串转换成大写字母和小写字母。在此需要注意,该操作没有改变原字符串,这一点从最后一行输出可以看到。

下面的实例12-7演示了另外的处理字符串的方法。这些方法允许开发人员提取字符串中的子字符串,并且能够在一个字符串中搜索另一个字符串。因为在Objective-C程序中,一些方法需要指定范围来确定子字符串。这个范围包括开始索引数和字符计数,因为索引数以0开始,所以当使用数字对{0,3}进行操作时,可以指定字符串中的前3个字符。类NSString(和其他的Foundation类)中的一些方法使用特殊的数据类型NSRange来创建范围指定,类NSString定义在<Foundation/NSRange.h>(<Foundation/NSString.h>中已经包括这个头文件)中,实际上它是结构的typedef定义,该结构包含location和length两个成员。下面的实例12-7中使用了这个数据类型。

实例12-7	其他字符串处理方法
源码路径	光盘:\daima\第12章\12-7

实例文件main.m的具体实现代码如下所示。

```objectivec
#import <Foundation/NSObject.h>
#import <Foundation/NSString.h>
#import <Foundation/NSAutoreleasePool.h>

int main(int argc, const char * argv[]) {
    @autoreleasepool {
        NSString   *str1 = @"This is string A";
        NSString   *str2 = @"This is string B";
        NSString   *res;
        NSRange    subRange;
        res = [str1 substringToIndex: 3];
        NSLog (@"First 3 chars of str1: %@", res);
        res = [str1 substringFromIndex: 5];
        NSLog (@"Chars from index 5 of str1: %@", res);
        res = [[str1 substringFromIndex: 8] substringToIndex: 6];
        NSLog (@"Chars from index 8 through 13: %@", res);
        res = [str1 substringWithRange: NSMakeRange (8, 6)];
        NSLog (@"Chars from index 8 through 13: %@", res);
        subRange = [str1 rangeOfString: @"string A"];
        NSLog (@"String is at index %lu, length is %lu",
            subRange.location, subRange.length);
        subRange = [str1 rangeOfString: @"string B"];
        if (subRange.location == NSNotFound)
            NSLog (@"String not found");
        else
            NSLog (@"String is at index %lu, length is %lu",
                subRange.location, subRange.length);
    }
    return 0;
}
```

在上述代码中,方法substringToIndex:创建了一个子字符串,此子字符串从首字符开始,直到执行的索引数,但是不包括这个首字符。因为索引数是从0开始的,所以参数3表示从字符串中提取前3个字符,并返回结果字符串对象。对于所有采用索引数作为参数的字符串方法,如果提供的索引数对该字符串无效,就会出现Range or index out of bounds的错误消息。

执行上述代码后会输出:
```
First 3 chars of str1: Thi
Chars from index 5 of str1: is string A
Chars from index 8 through 13: string
Chars from index 8 through 13: string
String is at index 8, length is 8
String not found
```

在上述代码中,方法substringFromIndex:返回了一个子字符串,从接收者指定的字符开始,直到字符串的结尾。

下面的表达式演示了如何结合上述两个方法提取字符串内部子字符串的过程。
```
res = [[str1 substringFromIndex: 8] substringToIndex: 6];
```

在上述代码中,先使用方法substringFromIndex:从索引数8开始,直到字符串结尾的字符,然后对结果应用substringToIndex:方法,以获得前6个字符。最终结果是一个子字符串,它是原字符串中{8, 6}范围的字符。

方法substringWithRange:的功能非常强大,只用一步就完成了刚刚用两步所做的工作,它接受了一个范围并返回了指定范围的字符。下面的特殊函数代码可以根据其参数创建一个范围,并返回该结果。这个结果可以作为substringWithRange:方法的参数。
```
NSMakeRange (8,6)
```

可以使用方法rangeOfString:在另一个字符串中查找一个字符串,如果在接收者中找到了指定的字符串,则返回的范围精确地指定找到它的位置。然而如果没有找到这个字符串,则返回范围的location

成员被设置为NSNotFound。

通过下面的代码语句，可以把该方法返回的NSRange结构赋值给NSRange变量subRange。
```
subRange = [str1 rangeOfString: @"string A"];
```
读者在此一定要注意，subRange不是对象变量，而是一个结构变量，通过使用结构成员操作符"."可以检索其成员。表达式subRange.location给出了该结构中成员location的值，subRange.length给出了该结构中成员length的值，这些值被传递给NSLog函数以显示。

12.2.3 可变字符串

在Objective-C程序中，类NSMutableString能够创建可以更改字符的字符串对象，因为此类是类NSString的子类，所以可以使用类NSString的所有方法。

在前面讲解可变与不可变字符串对象时，曾经讲解过更改字符串中的实际字符的方法。在程序执行期间，任何一个可变或不可变字符串对象总是可以被设置为完全不同的字符串对象。例如，在下面的代码中，首先将str1设置成一个常量字符串对象，然后在程序中将其设置成为一个子字符串。
```
str1 = @"This is a string";
...
str1 = [str1 stringFromIndex: 5];
```
在上述代码中，可以将str1声明为可变的字符串对象，也可以声明为不可变的字符串对象。

下面的实例演示了处理程序中可变字符串的几种方式。

实例12-8	处理程序中的可变字符串
源码路径	光盘:\daima\第12章\12-8

实例文件main.m的具体实现代码如下所示。
```
#import <Foundation/NSObject.h>
#import <Foundation/NSString.h>
#import <Foundation/NSAutoreleasePool.h>

int main(int argc, const char * argv[]) {
    @autoreleasepool {
        NSString    *str1 = @"This is string A";
        NSString    *search, *replace;
        NSMutableString  *mstr;
        NSRange     substr;
        // 创建可变字符串
        mstr = [NSMutableString  stringWithString: str1];
        NSLog (@"%@", mstr);
        // 插入字符
        [mstr insertString: @" mutable" atIndex: 7];
        NSLog (@"%@", mstr);
        // 插入结束则有效
        [mstr insertString: @" and string B" atIndex: [mstr length]];
        NSLog (@"%@", mstr);
        //   或者直接使用appendString
        [mstr appendString: @" and string C"];
        NSLog (@"%@", mstr);
        // 删除子范围
        [mstr deleteCharactersInRange: NSMakeRange (16, 13)];
        NSLog (@"%@", mstr);
        // 删除
        substr = [mstr  rangeOfString: @"string B and "];
        if (substr.location != NSNotFound) {
            [mstr deleteCharactersInRange: substr];
            NSLog (@"%@", mstr);
        }
        //设置字符串
        [mstr setString: @"This is string A"];
        NSLog (@"%@", mstr);
        //取代一系列字符
        [mstr replaceCharactersInRange: NSMakeRange(8, 8)
                            withString: @"a mutable string"];
```

```
            NSLog (@"%@", mstr);
            // Search and replace
            search = @"This is";
            replace = @"An example of";
            substr = [mstr  rangeOfString: search];
            if (substr.location != NSNotFound) {
                [mstr replaceCharactersInRange: substr
                                    withString: replace];
                NSLog (@"%@", mstr);
            }
            // 搜索和替换所有出现的a和X
            search = @"a";
            replace = @"X";
            substr = [mstr rangeOfString: search];
            while (substr.location != NSNotFound) {
                [mstr replaceCharactersInRange: substr
                                    withString: replace];
                substr = [mstr rangeOfString: search];
            }
            NSLog (@"%@", mstr);
        }
        return 0;
}
```

执行上述代码后会输出：

```
This is string A
This is mutable string A
This is mutable string A and string B
This is mutable string A and string B and string C
This is mutable string B and string C
This is mutable string C
This is string A
This is a mutable string
An example of a mutable string
An exXmple of X mutXble string
```

通过下面的声明代码，可以将变量mstr声明为一个普通变量，功能是存储在程序执行过程中值可能更改的字符串对象。

`NSMutableString *mstr;`

下面的代码能够将mstr设置为字符串对象，其内容是str1中的字符的副本，即"This is string A"。

`mstr = [NSMutableString stringWithString: str1];`

这样，当将方法stringWithString:发送给类NSMutableString时，会返回一个可变的字符串对象。而将方法stringWithString:发送给类NSString时，会返回一个不可变的字符串对象。

方法insertString:atIndex:能够将指定的字符串插入到接收者，插入点从指定的索引值开始。在上述代码中，在字符串的索引数7（第8字符处）插入字符串@"mutable"。与不可变字符串对象不同，这里没有返回值，因为被修改的是接收者，因为它是可变的字符串对象，所以才可以这么做。

在第二个insertString:atIndex:调用中，使用方法length将一个字符串插入到另一个字符串结尾。appendString:使得这个任务变得简单一些。

通过方法deleteCharactersInRange:可以删除字符串中指定数目的字符，当对如下字符串应用范围{16, 13}时，从索引数16（字符串中的第17个字符）开始删除13个字符"string A and"，如图12-5所示。

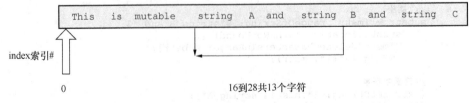

图12-5 字符串中的索引

在实例12-5中，方法rangeOfString:的功能是展示如何找到字符串，然后删除字符串。首先验证mstr中是否存在字符串@"string B and"，然后使用方法rangeOfString:返回的范围作为方法deleteCharactersInRange:的参数来删除此字符串。

方法setString:可以直接设置可变字符串对象的内容，此方法能够将mstr设置为字符串@"This is string A"。方法replaceCharactersInRange:用另一个字符串来替换这个字符串中的部分字符。此处的字符串大小无须相同，可以使用大小相等或不等的字符串来替换另一个字符串。所以在执行如下代码后，8个字符的"string A"被替换成具有16个字符的"a mutable string"。

```
[mstr replaceCharactersInRange: NSMakeRange(8, 8)
    withString: @"a mutable string"];
```

在上述代码中，其余几行展示了如何执行搜索并替换。首先在字符串mstr中（它包含@"This is a mutable string"）找到字符串@"This is"。如果搜索成功则使用替换字符串替换匹配的字符串，在这个例子中，替换字符串是@"An example of"。

接着，程序使用一个循环来显示如何实现替换，全部进行了替换操作。搜索字符串被设置为@"a"，替换字符串被设置为"X"。如果替换字符串还包括搜索字符串，例如使用字符串"aX"替换字符串"a"，那么将会陷入无限循环。

如果替换字符串为空（也就是不包含字符），那么将有效地删除所有搜索字符串。通过没有空格隔开的相邻引号可以指定空的常量字符串，即下面的代码：

```
replace = @"";
```

如果只想删除字符串，则可以使用方法deleteCharactersInRange:实现。

另外，类NSString还包含一个名为replaceOccurrencesOfString:withString:options:range:的方法，其功能是执行搜索并全部替换。实际上，实例12-5中的while循环可以替换为下面的代码：

```
[mstr replaceOccurrencesOfString: search
            withString: replace
               options: nil
                 range: NSMakeRange (0, [mstr length])];
```

替换后会获得相同的结果，并且避免了潜在的无限循环，因为方法replaceOccurrencesOfString:withString:options:range:能够阻止这样的事情发生。

12.2.4 释放字符串对象

在实例12-4和12-5中，使用方法NSString和方法NSMutableString生成并返回了字符串对象。处理后无须释放这些对象使用的内存，该对象的创建者负责释放。也就是说，所有被创建者添加到自动释放池的对象，将在系统运行结束时全部释放。然而应该意识到如果开发的程序中创建了许多临时的对象，那么这些对象使用的内存就会累积起来。在这种情形下，可能需要采取不同的策略，允许在程序执行过程中释放内存，而不只是在程序结束时释放。在执行这个程序时，这些对象占用的内存会扩张。

在类NSString中包含了100多个方法，它可以用来处理不可变的字符串对象。表12-2总结了一些常用的方法，表12-3中列出了NSMutableString类提供的一些方法。其他一些NSString方法（例如处理路径名和将文件的内容读入一个字符串）将在本书其余部分进行介绍。

表12-2 常见的NSString方法

方　　法	描　　述
+(id) stringWithContentsOfFile: path encoding: enc error: err	创建一个新字符串并将其设置为path指定文件的内容，使用字符编码enc，如果非零，则返回err中的错误
+(id) stringWithContentsOfURL: url encoding: enc error: err	创建一个新字符串，并将其设置为url的内容，使用字符编码enc，如果非零，则返回err中的错误
+(id) string	创建一个新的空字符串
+(id) stringWithString: nsstring	创建一个新字符串，并将其设置为nsstring
-(id) initWithString: nsstring	将新分配的字符串设置为nsstring

方法	描述
-(id) initWithContentsOfFile: path encoding: enc error: err	将字符串设置为path指定的文件的内容
-(id) initWithContentsOfURL: (NSURL *) url encoding: enc error: err	将字符串设置为(NSURL *) url的内容，使用字符编码enc，如果非零，则返回err中的错误
-(unsigned int) length	返回字符串中的字符数目
-(unichar) characterAtIndex: i	返回索引i的Unicode字符
- (NSString *)substringFromIndex: i	返回从i开始直到结尾的子字符串
- (NSString *)substringWithRange: range	根据指定范围返回子字符串
-(NSString *) substringToIndex: i	返回从该字符串开始位置到索引i的子字符串
-(NSComparator *)caseInsensitiveCompare: nsstring	比较两个字符串，忽略大小写
-(NSComparator *) compare: nsstring	比较两个字符串
-(BOOL) hasPrefix: nsstring	测试字符串是否以nsstring开始
-(BOOL) hasSuffix: nsstring	测试字符串是否以nsstring结尾
-(BOOL) isEqualToString: nsstring	测试两个字符串是否相等
- (NSString *) capitalizedString	返回每个单词首字母大写的字符串（每个单词的其余字母转换为小写）
-(NSString *) lowercaseString	返回转换为小写的字符串
-(NSString *) uppercaseString	返回转换为大写的字符串
-(const char *) UTF8String	返回转换为UTF-8字符串的字符串
-(double) doubleValue	返回转换为double的字符串
-(float) floatValue	返回转换为浮点值的字符串
-(NSInteger) integerValue	返回转换为NSInteger整数的字符串
-(int) intValue	返回转换为整数的字符串

表12-3　常见的NSMutableString方法

方法	描述
+(id) stringWithCapacity: size	创建一个字符串，默认创建一个size大小的字符
-(id) initWithCapacity: size	使用初始容量为size的字符来初始化字符串
-(void) setString: nsstring	将字符串设置为nsstring
-(void) appendString: nsstring	在接收者的末尾附加nsstring
-(void) deleteCharactersInRange: range	删除指定range中的字符
-(void) insertString: nstring atIndex: i	以索引i为起始位置插入nsstring
-(void) replaceCharactersInRange: range withString: nsstring	使用nsstring替换range指定的字符
-(void) replaceOccurrencesOf String: nsstring withString: nsstring2 options: opts range: range	根据选项opts，使用指定range中的nsstring2替换所有nsstring。选项可以包括NSBackwardsSearch（从范围的结尾开始搜索）、NSAnchoredSearch（nsstring必须匹配范围的开始）、NSLiteralSearch（执行逐字节比较以及NSCaseInsensitiveSearch的按位或组合

在表12-2和12-3中，url是一个NSURL对象，path是指明文件路径的NSString对象，nsstring是一个NSString对象，i是表示字符串中有效字符数的NSUInteger值，enc是指明字符编码的NSStringEncoding对象，err是描述所发生错误的NSError对象，size和opts是NSUInteger，range是指示字符串中有效范围的NSRange对象。

12.3 数组对象

知识点讲解：光盘:视频\知识点\第12章\数组对象.mp4

Foundation中的数组是有序的对象集合,常见形式是一个数组中的元素都是一个特定类型。就像存在可变字符串和不可变字符串那样,也同样存在可变数组和不可变数组。在Objective-C中,不可变数组是通过NSArray来处理的,而可变数组是通过NSMutableArray来处理的。其中后者是前者的子类,就是说后者继承前者的方法。要想在程序中使用数组对象,必须使用下面的包含代码。

```
#import <Foundation/NSArray.h>
```

本节将详细讲解Objective-C数组对象的基本知识。

12.3.1 数组的存储

下面的实例演示了NSArray数组的常规使用方法。

实例12-9	NSArray数组的使用
源码路径	光盘:\daima\第12章\12-9

实例文件main.m的具体实现代码如下所示。

```objectivec
#import <Foundation/Foundation.h>

int main(int argc , char * argv[])
{
    @autoreleasepool{
        NSArray* array = [NSArray arrayWithObjects:
                          @"iOS 9开发指南", @"Swift开发指南"
                          , @"Objective-C开发指南", @"iOS 9项目实战"
                          , @"iOS 9范例大全" , nil];
        NSLog(@"第一个元素: %@" , [array objectAtIndex:0]);
        NSLog(@"索引为1的元素: %@" , [array objectAtIndex:1]);
        NSLog(@"最后一个元素: %@" , [array lastObject]);
        // 获取从索引为2的元素开始的3个元素组成的新数组
        NSArray* arr1 = [array objectsAtIndexes: [NSIndexSet
                         indexSetWithIndexesInRange:NSMakeRange(2, 3)]];
        NSLog(@"%@" , arr1);
        // 获取元素在数组中的位置
        NSLog(@"iOS 9开发指南的位置为: %ld" ,
              [array indexOfObject:@"iOS 9开发指南"]);
        // 获取元素在数组指定范围中的位置
        NSLog(@"在2~5范围iOS 9开发指南的位置为: %ld" ,
              [array indexOfObject:@"iOS 9开发指南"
                           inRange:NSMakeRange(2, 3)]);   // ①
        // 向数组的最后追加一个元素
        // 原NSArray本身并没有改变,只是将新返回的NSArray赋给array
        array = [array arrayByAddingObject:@"营营"];
        // 向array数组的最后追加另一个数组的所有元素
        // 原NSArray本身并没有改变,只是将新返回的NSArray赋给array
        array = [array arrayByAddingObjectsFromArray:
                 [NSArray arrayWithObjects:@"J罗" , @"C罗" , nil]];
        for (int i = 0 ; i < array.count; i++)
        {
            NSLog(@"%@" , [array objectAtIndex:i]);
            // 上面代码也可简写为:
            //          NSLog(@"%@" , array[i]);
        }
        // 获取array数组中索引为5~8的所有元素
        NSArray* arr2 = [array subarrayWithRange: NSMakeRange(5, 3)];
        // 将NSArray数组的元素写入文件
        [arr2 writeToFile:@"myFile.txt" atomically:YES];
    }
}
```

上述代码只能在iOS 5.0系统以上运行,执行后将会输出:

```
第一个元素: iOS 9开发指南
索引为1的元素: Swift开发指南
后一个元素: iOS 9范例大全
(
    "Objective-C\U5f00\U53d1\U6307\U5357",
    "iOS 9\U9879\U76ee\U5b9e\U6218",
    "iOS 9\U8303\U4f8b\U5927\U5168"
)
OS 9开发指南讲义的位置为: 0
在2~5范围OS 9开发指南的位置为: 9223372036854775807
iOS 9开发指南
Swift开发指南
Objective-C开发指南
iOS 9项目实战
iOS 9范例大全
管蓉
J罗
C罗
```

执行后会将NSArray数组的元素写入到文件myFile.txt中，文件myFile.txt的内容如下所示：

```
<?xml version="1.0" encoding="UTF-8"?>
<!DOCTYPE plist PUBLIC "-//Apple//DTD PLIST 1.0//EN"
"http://www.apple.com/DTDs/PropertyList-1.0.dtd">
<plist version="1.0">
<array>
  <string>管蓉</string>
  <string>J罗</string>
  <string>C罗</string>
</array>
</plist>
```

下面的实例首先设置了一个数组，通过这个数组可以存储一年中月份的名称，然后显示这些月份。

实例12-10	存储并显示月份
源码路径	光盘:\daima\第12章\12-10

实例文件main.m的具体实现代码如下所示。

```
#import <Foundation/NSObject.h>
#import <Foundation/NSArray.h>
#import <Foundation/NSString.h>
#import <Foundation/NSAutoreleasePool.h>

int main(int argc, const char * argv[]) {
    @autoreleasepool {
        int      i;
        NSArray  *monthNames = [NSArray  arrayWithObjects:
                                @"AA", @"BB", @"CC", @"DD",
                                @"EE", @"FF", @"GG", @"HH", @"II",
                                @"JJ", @"KK", @"LL", nil ];

        NSLog (@"Month   Name");
        NSLog (@"=====   ====");
        for (i = 0; i < 12; ++i)
            NSLog (@" %2i      %@", i + 1, [monthNames objectAtIndex: i]);
    }
    return 0;
}
```

在上述代码中，类方法arrayWithObjects:可以创建使用一列对象作为元素的数组。在这种情况下，按顺序列出对象并使用逗号隔开。这是方法使用的特殊语法，这个方法可以接受可变数目的参数。要想标记参数列表的结束，必须将该列表的最后一个值指定为nil，它实际上并不存储在数组中。

执行后的效果如图12-6所示。

因为在上述代码中，将monthNames设置为arrayWithObjects:的参数所指定的12个字符串，数组中的元素是由它们的索引数确定的。这一点与NSString对象类似，索引总是从0开始的。所以，包含12个元素数组的有效索引数是0~11。要想使用数组索引来检索其中的元素，可以使用方法objectAtIndex:来实现。

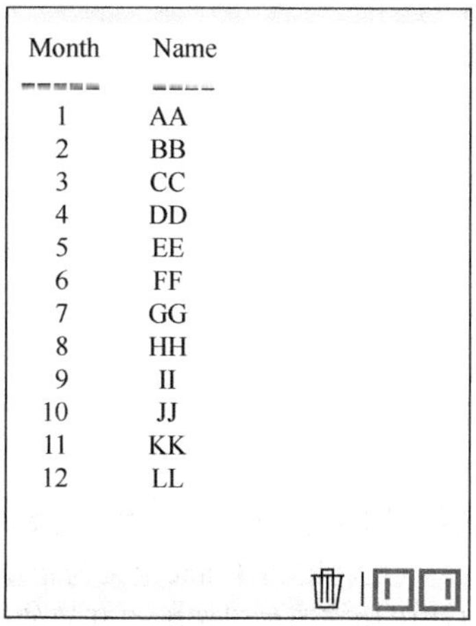

```
    Month    Name
    -----    ----
      1       AA
      2       BB
      3       CC
      4       DD
      5       EE
      6       FF
      7       GG
      8       HH
      9       II
     10       JJ
     11       KK
     12       LL
```

图12-6　实例12-10的执行效果

上述代码仅仅使用方法objectAtIndex:执行了一个for循环,以从数组中提取每个元素。每个检索到的元素都被转换为C字符串,最后使用printf输出显示结果。

再看下面的实例12-11,其功能是生成一个素数表。因为需要把生成的素数添加到数组中,所以需要一个可变数组。

实例12-11	生成素数表
源码路径	光盘:\daima\第12章\12-11

实例文件main.m的具体实现代码如下所示。

```
#import <Foundation/NSObject.h>
#import <Foundation/NSArray.h>
#import <Foundation/NSString.h>
#import <Foundation/NSAutoreleasePool.h>
#import <Foundation/NSValue.h>

#define MAXPRIME    50

int main(int argc, const char * argv[]) {
    @autoreleasepool {
        int       i, p, prevPrime;
        BOOL      isPrime;
        NSMutableArray  *primes =
        [NSMutableArray arrayWithCapacity: 20];
        [primes addObject: [NSNumber numberWithInteger: 2]];
        [primes addObject: [NSNumber numberWithInteger: 3]];
        for (p = 5; p <= MAXPRIME; p += 2) {
            isPrime = YES;
            i = 1;
            do {
                prevPrime = [[primes objectAtIndex: i] integerValue];
                if (p % prevPrime == 0)
                    isPrime = NO;
                ++i;
            } while ( isPrime == YES && p / prevPrime >= prevPrime);
            if (isPrime)
                [primes addObject: [NSNumber numberWithInteger: p]];
        }
        for (i = 0; i < [primes count]; ++i)
            NSLog (@"%li", (long) [[primes objectAtIndex: i] integerValue]);
    }
    return 0;
}
```

在上述代码中,使用方法arrayWithCapacity:分配NSMutableArray的素数,并且使用参数20指定了数组的初始化大小。在程序运行时,可变数组的容量会根据需要自动增长。执行上述代码后会输出:

```
 2
 3
 5
 7
11
13
17
19
23
29
31
37
41
43
47
```

即使素数是整数,也不能直接在数组中存储int值。因为上述数组只能容纳对象,所以需要在primes数组中存储NSNumber整数对象。上述代码将kMaxPrime定义为希望程序计算的最大素数,在此设置的是50。在分配primes数组之后,可以使用如下语句设置数组开始的两个元素。

```
[primes addObject: [NSNumber numberWithInteger: 2]];
[primes addObject: [NSNumber numberWithInteger: 3]];
```

在上述代码中,方法addObject:向数组的末尾添加了一个对象,然后分别添加由整数2和3所创建的NSNumber对象。

接下来程序进入一个for循环,来查找以5开始,直到kMaxPrime为止的素数,并且跳过之间的偶数(p += 2)。

对于每个可能的素数p,要检查它能否被前面找到的素数整除,如果能整除则说明它不是素数。进一步优化,仅使用前面的素数,使用该数的平方根来测试这个数。如果一个数不是素数,则它一定能够被小于或等于其平方根的素数整除。所以只要prevPrime小于或等于p的平方根,则下面的表达式总是为真。

```
p / prevPrime >= prevPrime
```

如果do-while循环退出,而标志isPrime仍然等于YES时会发现另一个素数。在这种情况下,将p加到数组primes,并且继续执行程序。

由此可见,类Foundation为使用数组提供了许多便利。但是当使用复杂的运算法则操纵大型数字数组时,用Objective-C语言提供的低级数组构造来执行这种任务会更加有效,对于内存使用和执行速度来说,都是如此。

12.3.2 数组的比较机制

下面的实例说明了NSString的比较机制。

实例12-12	NSString的比较机制
源码路径	光盘:\daima\第12章\12-12

首先定义类FKUser,其中只定义name和pass两个属性。接口文件FKUser.h的具体实现代码如下所示。

```
#import <Foundation/Foundation.h>

@interface FKUser : NSObject
@property (nonatomic , copy) NSString* name;
@property (nonatomic , copy) NSString* pass;
- (id) initWithName:(NSString*) aName
  pass:(NSString*) aPass;
- (void) say:(NSString*) content;
@end
```

类FKUser的功能实现文件是FKUser.m,具体实现代码如下所示。

```
#import "FKUser.h"

@implementation FKUser
- (id) initWithName:(NSString*) name
  pass:(NSString*) pass
{
  if(self = [super init])
```

```objectivec
    {
        self->_name = name;
        self->_pass = pass;
    }
    return self;
}
- (void) say:(NSString*) content
{
    NSLog(@"%@说: %@",self.name, content);
}
// 重写isEqual:方法,该方法的比较标准是,
// 如果两个FKUser的name和pass相等,即可认为它们相等
- (BOOL) isEqual:(id)other
{
    if(self == other)
    {
        return YES;
    }
    if([other class] == FKUser.class)
    {
        FKUser* target = (FKUser*)other;
        return [self.name isEqualToString:target.name]
            && [self.pass isEqualToString:target.pass];
    }
    return NO;
}
// 重写description方法,可以直接看到FKUser对象的状态
- (NSString*) description
{
    return [NSString stringWithFormat:
        @"<FKUser[name=%@, pass=%@]>"
        , self.name , self.pass];
}
@end
```

文件main.m用于测试上面定义的接口类,创建NSArray对象,并查找指定新FKUser对象在数组中的索引。具体实现代码如下所示。

```objectivec
#import <Foundation/Foundation.h>
#import "FKUser.h"

int main(int argc , char * argv[])
{
    @autoreleasepool{
        // 使用简化语法创建NSArray对象
        NSArray* array = @[
                [[FKUser alloc] initWithName:@"ssun" pass:@"123"],
                [[FKUser alloc] initWithName:@"bbai" pass:@"345"],
                [[FKUser alloc] initWithName:@"zzhu" pass:@"654"],
                [[FKUser alloc] initWithName:@"ttang" pass:@"178"],
                [[FKUser alloc] initWithName:@"nniu" pass:@"155"] ];
        // 查找指定新FKUser对象在数组中的索引
        FKUser* newUser = [[FKUser alloc] initWithName:@"zzhu"
                                                  pass:@"654"];
        NSUInteger pos = [array indexOfObject:newUser];
        NSLog(@"newUser的位置为: %ld" , pos);
    }
}
```

执行后会输出:
newUser的位置为: 2

12.3.3 调用数组元素

下面的实例演示了整体调用数组元素的方法。

实例12-13	整体调用数组元素
源码路径	光盘:\daima\第12章\12-13

实例文件main.m的具体实现代码如下所示。

```objc
#import <Foundation/Foundation.h>
#import "FKUser.h"

int main(int argc , char * argv[])
{
    @autoreleasepool{
        // 使用简化语法创建NSArray对象
        NSArray* array = @[
                          [[FKUser alloc] initWithName:@"sun" pass:@"123"],
                          [[FKUser alloc] initWithName:@"bai" pass:@"345"],
                          [[FKUser alloc] initWithName:@"zhu" pass:@"654"],
                          [[FKUser alloc] initWithName:@"tang" pass:@"178"],
                          [[FKUser alloc] initWithName:@"niu" pass:@"155"]];
        // 对数组元素整体调用方法
        [array makeObjectsPerformSelector:@selector(say:)
                              withObject:@"下午好,NSArray真强大!"];
        NSString* content = @"iOS 9开发指南";
        // 迭代数组内指定范围内元素,并使用该元素来执行代码块
        [array enumerateObjectsAtIndexes:
         [NSIndexSet indexSetWithIndexesInRange:NSMakeRange(2,2)]
                                 options:NSEnumerationReverse
            // 代码块的第一个参数代表正在遍历的数组元素
            // 代码块的第二个参数代表正在遍历的数组元素的索引
            // 代码块的第三个参数用于控制是否停止遍历,将该参数设置为NO即可停止遍历
                              usingBlock: ^(id obj, NSUInteger idx, BOOL *stop)
         {
             NSLog(@"正在处理第%ld个元素: %@" , idx , obj);
             [obj say:content];
         }];
    }
}
```

执行后的效果如图12-7所示。

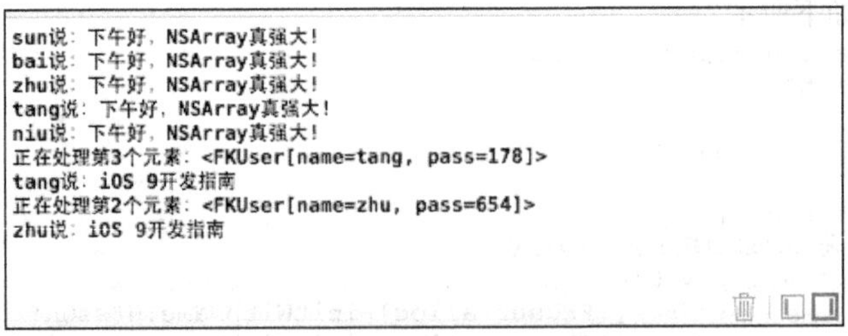

图12-7 实例12-13的执行效果

12.3.4 操作数组对象

下面通过一个具体实例来演示操作数组对象的方法。此实例可以生成一个地址簿,在地址簿中将包含地址卡。简单起见,在地址卡中仅包含姓名和E-mail地址。假如想从定义一个名为AddressCard的新类开始,则需要按照如下所示的步骤实现。

❑ 创建一个新的地址卡片。
❑ 设置卡片的姓名字段。
❑ 设置E-mail字段。
❑ 检索这些字段的内容。
❑ 打印地址卡。

在图形化的环境下，可以使用一些友好的例程在屏幕上绘制卡片，例如Application Kit框架所提供的例程。但是在下面的实例中，继续使用简单的终端界面来显示地址卡片信息。实例显示了新的AddressCard类的接口文件，在此没有介绍访问器方法，读者可以自己编写并从中学习更多的知识。

实例12-14	在控制台显示地址卡片信息方法一
源码路径	光盘:\daima\第12章\12-14

接口文件AddressCard.h的具体代码如下所示。

```
#import <Foundation/NSObject.h>
#import <Foundation/NSString.h>

@interface AddressCard: NSObject
{
  NSString    *name;
  NSString    *email;
}


-(void) setName: (NSString *) theName;
-(void) setEmail: (NSString *) theEmail;

-(NSString *) name;
-(NSString *) email;

-(void) print;

@end
```

接口实现文件为AddressCard.m，具体代码如下。

```
#import "AddressCard.h"
@implementation AddressCard

-(void) setName: (NSString *) theName
{
  name = [[NSString alloc] initWithString: theName];
}

-(void) setEmail: (NSString *) theEmail
{
  email = [[NSString alloc] initWithString: theEmail];
  }

-(NSString *) name
{
  return name;
}


-(NSString *) email
{
  return email;
}

-(void) print
{
  NSLog (@"==================================");
  NSLog (@"|                                |");
  NSLog (@"|  %-31s |", [name UTF8String]);
  NSLog (@"|  %-31s |", [email UTF8String]);
  NSLog (@"|                                |");
  NSLog (@"|                                |");
  NSLog (@"|                                |");
  NSLog (@"|                                |");
  NSLog (@"==================================");

}
@end
```

接下来可以使用如下代码来定义方法，使方法setName和方法setEmail直接将这些对象存储在各自的实例变量中。
```
-(void) setName: (NSString *) theName
{
  name = theName;
}

-(void) setEmail: (NSString *) theEmail
{
  email = theEmail;
}
```
但是此时AddressCard对象并不拥有它自己的成员对象，还需要用以下方式定义方法setName和方法setEmail。
```
-(void) setName: (NSString *) theName
{
  name = [NSString stringWithString: theName];
}

-(void) setEmail: (NSString *) theEmail
{
  email = [NSString stringWithString: theEmail];
}
```
此时方法AddressCard没有获得对象的姓名和emial对象，而NSString将拥有这些对象。

在实例12-14程序中，打印方法尝试使用一种类似于Rolodex卡片的格式向用户显示出具有良好展示效果的地址卡片。NSLog中的"%-31s"字符表明要用31个字符的字段宽度且左对齐的方式打印UTF-8 C风格的字符串，这确保输出时地址卡片的右边缘是整齐的。

最后使用类AddressCard编写一个测试程序main.m，在测试代码中创建一个地址卡片，并设置卡片的值以及显示卡片。测试程序main.m的具体实现代码如下所示。
```
#import "AddressCard.h"
#import <Foundation/NSAutoreleasePool.h>

int main(int argc, const char * argv[]) {
    @autoreleasepool {
        NSString    *aName = @"Julia Kochan";
        NSString    *aEmail = @"jewls337@163.com";
        AddressCard *card1 = [[AddressCard alloc] init];

        [card1 setName: aName];
        [card1 setEmail: aEmail];

        [card1 print];
    }
    return 0;
}
```
执行上述代码后会输出：
```
==================================
|                                |
| Julia Kochan                   |
| jewls337@163.com               |
|                                |
|                                |
|      O             O           |
==================================
```
从先前的讨论中，读者应该认识到用上述方法在释放AddressCard对象的同时，并没有释放分配给它的name和email成员的内存。为了使AddressCard无漏洞，需要重载名为dealloc的方法，这样无论何时释放AddressCard对象的内存，其成员的内存都会一并释放。

12.3.5 返回操作并生成访问器方法

在本章上一节的的内容中，已经介绍了编写访问器方法setName:和setEmail:的具体过程，相信大家已经理解了其根本原理。在接下来的实例中，对实例12-14进行升级，可以返回操作并使系统生成访问器方法。

实例12-15	在控制台显示地址卡片信息方法二
源码路径	光盘:\daima\第12章\12-15

接口文件AddressCard.h的具体实现代码如下所示。

```
#import <Foundation/NSString.h>
@interface  AddressCard: NSObject
{
    NSString *name;
    NSString *email;
}
@property (copy, nonatomic) NSString *name, *email;

-(void) setName: (NSString *) theName andEmail: (NSString *) theEmail;


-(void) print;
@end
```

其中列出了属性copy和属性nonatomic。

```
@property (copy, nonatomic) NSString *name, *email;
```

其中属性copy的功能是在方法setter中生成实例变量的副本，其默认行为不会生成副本，而只是执行分配，其中默认为assign属性。而属性nonatomic的功能是设置在返回值之前，方法getter不会保留或自动释放实例变量。

下面的代码实现了一个新的AddressCard.m，此文件的功能是指明访问器方法将被同步。

```
#import "AddressCard.h"
@implementation AddressCard

@synthesize name, email;

//****************************** 一次设置姓名和email

-(void) setName: (NSString *) theName andEmail: (NSString *) theEmail
{
    self.name = theName;
    self.email = theEmail;
}

// *****************************

-(void) print
{
    NSLog(@"=================================");
    NSLog(@"|                               |");
    NSLog(@"|    %-31s    |", [name UTF8String]);
    NSLog(@"|    %-31s    |", [email UTF8String]);
    NSLog(@"|                               |");
    NSLog(@"|                               |");
    NSLog(@"|                               |");
    NSLog(@"|                               |");
    NSLog(@"|    O                     O    |");
    NSLog(@"=================================");

}
@end
```

接下来需要为类AddressCard添加另一个方法，可以使用一个同时设置卡片的姓名和email字段的调用。下面就是这个新方法setName:andEmail:的定义代码。

```
-(void) setName: (NSString *) theName andEmail: (NSString *) theEmail
{
 self.name = theName;
 self.email = theEmail;
}
```

通过同步方法setter设置适当的实例变量,并不是直接在方法中设置它们。这样会增加一定的抽象性,这样可以使程序更进一步独立于它的内部数据结构。同样也可以使用同步方法的属性实现复制实例变量操作,而不是分配值操作。

接下来可以文件main.m测试上述新方法,具体实现代码如下所示。

```
#import <Foundation/Foundation.h>
#import "AddressCard.h"

int main(int argc, const char * argv[]) {
    @autoreleasepool {
        NSString    *aName = @"Julia Kochan";
        NSString    *aEmail = @"jewls337@163.com";
        NSString    *bName = @"Tony Iannino";
        NSString    *bEmail = @"tony.iannino@163.com";
        
        AddressCard    *card1 = [[AddressCard alloc] init];
        AddressCard    *card2 = [[AddressCard alloc] init];
        [card1 setName: aName andEmail: aEmail];
        [card2 setName: bName andEmail: bEmail];
        
        [card1 print];
        [card2 print];
    }
    return 0;
}
```

虽然上述AddressCard类看起来工作良好,但如果要使用很多AddressCard应该怎么办呢?建议通过定义一个名为AddressBook的新类把它们集中到一起。类AddressBook用于存储地址簿的名字和一个AddressCard集合,在此需要将这个集合存储到一个数组对象中。首先需要创建新的地址簿,向里面添加地址卡片,计算地址簿的记录数,列出地址簿的内容。然后可能需要更多的功能,例如搜索地址簿、删除记录、编辑现有记录、记录排序和拷贝记录等。

执行后的效果如图12-8所示。

图12-8 实例12-15的执行效果

12.3.6 枚举操作

下面的实例演示了Objective-C使用枚举操作数组的具体过程。

实例12-16	使用枚举操作数组
源码路径	光盘:\daima\第12章\12-16

接口文件Addressbook.h的实现代码如下所示。

```
#import <Foundation/NSArray.h>
#import "AddressCard.h"
@interface AddressBook: NSObject
{
  NSString          *bookName;
  NSMutableArray    *book;
}
-(id)   initWithName: (NSString *) name;
-(void) addCard: (AddressCard *) theCard;
-(int)  entries;
-(void) list;
@end
```

在上述代码中,方法initWithName:设置了初始数组来存放地址卡片和地址簿的名称,而方法addCard:向地址簿中添加AddressCard方法。方法entries用于报告地址簿中地址卡片的数量,而list方法给出了地址簿中全部内容的简明列表。类AddressBook的实现文件是Addressbook.m，具体代码如下所示。

```
#import "AddressBook.h"
@implementation AddressBook;
-(id) initWithName: (NSString *) name
{
 self = [super init];
 if (self) {
   bookName = [[NSString alloc] initWithString: name];
   book = [[NSMutableArray alloc] init];
 }
 return self;
}
-(void) addCard: (AddressCard *) theCard
{
 [book addObject: theCard];
}

-(int) entries
{
 return [book count];
}
-(void) list
{
 NSLog (@"======== Contents of: %@ =========", bookName);
 for ( AddressCard *theCard in book )
    NSLog (@"%-20s    %-32s", [theCard.name UTF8String],
               [theCard.email UTF8String]);
 NSLog (@"==============================================");
}
@end
```

对于上述代码具体说明如下。

- 方法 initWithName::首先调用超类的init方法进行初始化，然后创建一个字符串对象（使用alloc函数，这样它就拥有这个对象），并通过name传递将地址簿名称设置为这个字符串，随后分配并初始化一个可变的空数组，用以存储实例变量book。方法initWithName:能够返回一个id对象，而不是AddressBook对象。如果创建了AddressBook的子类，那么initWithName:的参数不是AddressBook对象，它的类型是子类对象。因此需将返回类型定义为一般对象类型。
- 方法addCard::获取参数提供给它的AddressCard对象，并将这个对象添加到地址簿中。
- 方法count：返回数组中的元素个数。
- 方法entries：返回存储在地址簿中地址卡片数目。

读者在此还要注意，在方法initWithName:中，通过使用函数alloc获得实例变量bookName和book的所有权。例如，在下面的代码中，使用NSMutableArray的方法array为book创建了数组。

```
book = [NSMutableArray array];
```

但是此时我们还不是book数组的拥有者，而是NSMutableArray拥有它，所以我们无权释放AddressBook对象的内存。

在方法list中，通过for循环为我们展示了一个全新的结构，具体代码如下所示。

```
for ( AddressCard *theCard in book )
    NSLog (@"%-20s    %-32s", [theCard.name UTF8String],
               [theCard.email UTF8String]);
```

在上述代码中，使用快速枚举技术处理数组book中的每个元素序列。由上述代码可以看出，快速枚举技术的语法非常简单，首先定义一个能够依次保留数组中每个元素的变量——AddressCard *theCar），然后紧跟关键字in，接着列出数组的名称。当执行for循环时，会为指定的变量分配数组的第一个元素并执行循环体，然后它会再为变量分配数组的第二个元素并执行循环体。上述过程会一直持续，直到数组的所有元素都被分配给变量并且都执行了循环体为止。

如果在theCard之前已经被定义为AddressCard对象，那么for循环将变得更加简单，可使用如下所示的代码。

```
for ( theCard in book )
    ...
```

最后编写如下全新的测试文件main.m来测试AddressBook类的代码。

```
#import "AddressBook.h"
#import <Foundation/NSAutoreleasePool.h>

int main(int argc, const char * argv[]) {
    @autoreleasepool {
        NSString    *aName = @"Julia Kochan";
        NSString    *aEmail = @"jewls337@163.com";
        NSString    *bName = @"Tony Iannino";
        NSString    *bEmail = @"tony.iannino@163.com";
        NSString    *cName = @"Stephen Kochan";
        NSString    *cEmail = @"steve@163.com";
        NSString    *dName = @"Jamie Baker";
        NSString    *dEmail = @"jbaker@163.com";
        AddressCard *card1 = [[AddressCard alloc] init];
        AddressCard *card2 = [[AddressCard alloc] init];
        AddressCard *card3 = [[AddressCard alloc] init];
        AddressCard *card4 = [[AddressCard alloc] init];
        AddressBook *myBook = [AddressBook alloc];
        //首先建立4个地址卡
        [card1 setName: aName andEmail: aEmail];
        [card2 setName: bName andEmail: bEmail];
        [card3 setName: cName andEmail: cEmail];
        [card4 setName: dName andEmail: dEmail];
        //现在初始化地址簿
        myBook = [myBook initWithName: @"Linda's Address Book"];
        NSLog (@"Entries in address book after creation: %i",
                [myBook entries]);
        //添加一些卡地址簿
        [myBook addCard: card1];
        [myBook addCard: card2];
        [myBook addCard: card3];
        [myBook addCard: card4];
        NSLog (@"Entries in address book after adding cards: %i",
                [myBook entries]);
        //列表中显示现在所有的书
        [myBook list];
    }
    return 0;
}
```

在上述代码中设置了4个地址卡片，然后创建一个名为Linda's Address Book的新地址簿。随后使用方法addCard:在地址簿中添加4张卡片，方法list用于列出地址簿的内容并校验其内容。

执行上述代码后会输出：

```
Entries in address book after creation: 0
Entries in address book after adding cards: 4


======== Contents of: Linda's Address Book =========
Julia Kochan           jewls337@163.com
Tony Iannino           tony.iannino@163.com
Stephen Kochan         steve@163.com
Jamie Baker            jbaker@163.com
====================================================
```

12.3.7 使用枚举遍历查询信息

在Objective-C程序中，可以通过返回NSEnumerator枚举器的方式来遍历查询信息。下面的实例演示了使用NSEnumerator遍历数组元素的过程。

实例12-17	使用NSEnumerator遍历数组元素
源码路径	光盘:\daima\第12章\12-17

实例文件main.m的具体实现代码如下所示。

```
#import <Foundation/Foundation.h>

int main(int argc , char * argv[])
{
 @autoreleasepool{
       // 读取前面写入磁盘的文件，用文件内容来初始化NSArray数组
       NSArray* array = [NSArray arrayWithContentsOfFile:
           @"myFile.txt"];
       // 获取NSArray的顺序枚举器
       NSEnumerator* en = [array objectEnumerator];
       id object;
       while(object = [en nextObject])
       {
             NSLog(@"%@" , object);
       }
       NSLog(@"------下面逆序遍历------");
       // 获取NSArray的逆序枚举器
       en = [array reverseObjectEnumerator];
       while(object = [en nextObject])
       {
             NSLog(@"%@" , object);
       }
 }
}
```

执行上述代码后会读取前面写入磁盘文件myFile.txt的内容，并使用NSEnumerator遍历显示文件中元素的内容，执行后会输出：

```
------下面逆序遍历------
管蓓
J罗
C罗
```

假如存在一个容量较大的地址簿，如果在每次查询某人资料时不想列出地址簿中的所有信息，此时可以增加一个新的方法实现。假如将这个方法命名为lookup:，在此需要将查找的姓名作为参数。通过此方法可以搜索整个地址簿来寻找相应的匹配（忽略大小写），如果匹配成功则返回该记录。如果在此电话簿中不存在满足条件的姓名，则返回nil。

下面是方法lookup:的实现代码。

```
-(AddressCard *) lookup: (NSString *) theName
{
    for ( AddressCard *nextCard in book )
       if ( [[nextCard name] caseInsensitiveCompare: theName] == NSOrderedSame )
           return nextCard;
    return nil;
}
```

首先将定义上述方法的代码保存在接口文件中，然后将具体定义代码保存在实现文件中。接下来使用如下所示的代码来检测上述方法。

```
#import "AddressBook.h"
#import <Foundation/NSAutoreleasePool.h>
int main(int argc, const char * argv[]) {
@autoreleasepool {
  NSString    *aName = @"Julia Kochan";
  NSString    *aEmail = @"jewls337@axlc.com";
  NSString    *bName = @"Tony Iannino";
  NSString    *bEmail = @"tony.iannino@techfitness.com";
  NSString    *cName = @"Stephen Kochan";
  NSString    *cEmail = @"steve@kochan-wood.com";
  NSString    *dName = @"Jamie Baker";
  NSString    *dEmail = @"jbaker@kochan-wood.com";
  AddressCard   *card1 = [[AddressCard alloc] init];
  AddressCard   *card2 = [[AddressCard alloc] init];
  AddressCard   *card3 = [[AddressCard alloc] init];
  AddressCard   *card4 = [[AddressCard alloc] init];
  AddressBook  *myBook = [AddressBook alloc];
  AddressCard   *myCard;
  //首先建立4个地址卡
```

```
        [card1 setName: aName andEmail: aEmail];
        [card2 setName: bName andEmail: bEmail];
        [card3 setName: cName andEmail: cEmail];
        [card4 setName: dName andEmail: dEmail];
    myBook = [myBook initWithName: @"Linda's Address Book"];
    //添加一些地址卡
    [myBook addCard: card1];
    [myBook addCard: card2];
    [myBook addCard: card3];
    [myBook addCard: card4];
    //按名字搜索
    NSLog (@"Lookup: Stephen Kochan");
    myCard = [myBook lookup: @"stephen kochan"];
    if (myCard != nil)
        [myCard print];
    else
        NSLog (@"Not found!");
    //尝试另一种查找
    NSLog (@"Lookup:Haibo Zhang");
    myCard = [myBook lookup: @"Haibo Zhang"];
    if (myCard != nil)
        [myCard print];
    else
        NSLog (@"Not found!");
    return 0;
}
```

在上述代码中，通过方法lookup:在地址簿中找到Stephen Kochan（匹配时不区分大小写），使用AddressCard的方法print显示结果。在第二次查询时，没有找到姓名Haibo Zhang，所以会返回"Not found!"的结果。

执行上述代码后会输出：

```
Lookup: Stephen Kochan
```

```
Lookup: Haibo Zhang
Not found!
```

上述lookup消息非常简单，不能满足找到与name精确匹配的结果。还有更好的方法可以完成部分匹配，也可以处理多重匹配。比如记录Steve Kochan、Fred Stevens和steven levy都可以满足下面的消息表达式的匹配条件。

```
[myBook lookup: @"steve"]
```

因为可能存在多重匹配，所以有效的方法可能是创建一个包含所有匹配值的数组，并将该数组返回给方法的调用者，对应的实现代码如下所示。

```
matches = [myBook lookup: @"steve"];
```

12.3.8 删除信息

作为一个地址簿管理程序，应该具备删除某联系记录信息的功能。接下来先定义一个名为removeCard:的方法，其功能是从地址簿中删除特定的AddressCard。然后定义一个名为remove:的方法，其功能是根据名字删除记录。下面的程序再次显示了包含新的removeCard:方法的接口文件，之后是新的removeCard:方法。

```
#import <Foundation/NSArray.h>
#import "AddressCard.h"
@interface AddressBook: NSObject
```

```
{
   NSString         *bookName;
   NSMutableArray   *book;
}
-(AddressBook *) initWithName: (NSString *) name;
-(void) addCard: (AddressCard *) theCard;
-(void) removeCard: (AddressCard *) theCard;

-(AddressCard *) lookup: (NSString *) theName;
-(int) entries;
-(void) list;
@end
```

下面是新的removeCard:方法的实现代码。

```
-(void) removeCard: (AddressCard *) theCard
{
   [book removeObjectIdenticalTo: theCard];
}
```

在Objective-C程序中,同一个对象会占用同样的内存位置。当有两个包含相同信息的地址对象处于不同的内存单元时,方法removeObjectIdenticalTo:不会把它们视为同一对象来处理。

- 方法removeObjectIdenticalTo::删除和其参数相同的所有对象,当在对象数组中多次出现一个对象时才会用到这个方法。
- 方法isEqual::测试两个对象是否相等,这样做可以使方法更加完善。如果使用方法removeObject:,则系统会自动为数组中的每个元素调用isEqual:方法,同时提供需要比较的两个元素。

在上述代码中,因为地址簿包含了AddressCard对象作为其成员,所以必须将方法isEqual:添加到该类中,也就是说需要重载从NSObject继承的方法。该方法可以自己决定如何确定是否相等,并将相应的name字段和email字段比较。如果都相等,则从方法返回YES,否则返回NO。编写的方法可以用下面的代码实现。

```
-(BOOL) isEqual: (AddressCard *) theCard
{
   if ([name isEqualToString: theCard.name] == YES &&
       [email isEqualToString: theCard.email] == YES)
     return YES;
   else
     return NO;
}
```

接下来看方法NSArray,其中方法containsObject:和方法indexOfObject:都依赖isEqual:策略来决定两个对象是否相等。下面的代码测试了新的removeCard:方法。

```
#import "AddressBook.h"
#import <Foundation/NSAutoreleasePool.h>

int main(int argc, const char * argv[]) {
 @autoreleasepool {
  NSString   *aName = @"Julia Kochan";
  NSString   *aEmail = @"jewls337@axlc.com";
  NSString   *bName = @"Tony Iannino";
  NSString   *bEmail = @"tony.iannino@techfitness.com";
  NSString   *cName = @"Stephen Kochan";
  NSString   *cEmail = @"steve@kochan-wood.com";
  NSString   *dName = @"Jamie Baker";
  NSString   *dEmail = @"jbaker@kochan-wood.com";

  AddressCard *card1 = [[AddressCard alloc] init];
  AddressCard *card2 = [[AddressCard alloc] init];
  AddressCard *card3 = [[AddressCard alloc] init];
  AddressCard *card4 = [[AddressCard alloc] init];

  AddressBook  *myBook = [AddressBook alloc];
  AddressCard  *myCard;

  // 先创建4个地址卡

  [card1 setName: aName andEmail: aEmail];
  [card2 setName: bName andEmail: bEmail];
```

```
    [card3 setName: cName andEmail: cEmail];
    [card4 setName: dName andEmail: dEmail];

    myBook = [myBook initWithName: @"Linda's Address Book"];

    // 向地址簿中添加一些地址卡

    [myBook addCard: card1];
    [myBook addCard: card2];
    [myBook addCard: card3];
    [myBook addCard: card4];

    // 根据姓名查询

    NSLog (@"Lookup: Stephen Kochan");
    myCard = [myBook lookup: @"Stephen Kochan"];

    if (myCard != nil)
      [myCard print];
    else
      NSLog (@"Not found!");

    // 从地址簿中删除项

    [myBook removeCard: myCard];
    [myBook list];      // 验证是否删除成功

    return 0;
}
```

执行上述代码后会输出：

```
Lookup: Stephen Kochan
===================================
|                                 |
| Stephen Kochan                  |
| steve@kochan-wood.com           |
|                                 |
|                                 |
|         O           O           |
===================================

======== Contents of: Linda's Address Book =========
Julia Kochan            jewls337@axlc.com
Tony Iannino            tony.iannino@techfitness.com
Jamie Baker             jbaker@kochan-wood.com
====================================================
```

这样当在地址簿中查询Stephen Kochan并检测出它在簿中后，将所得的结果AddressCard传给新方法removeCard:，用于删除它。从上述执行效果可以看出，成功删除了地址簿列表中的某条数据。

12.3.9 数组排序

Objective-C的数组中可以包含任何类型的对象。因为实现一般排序方法的途径是先判定数组中的元素是否有序，所以必须添加一个用于比较数组中的两个元素的方法，此方法的返回结果是NSComparisonResult类型的值。如果希望排序方法的功能是使原数组中的第一条记录位于第二条记录之前，那么排序方法的返回值是NSOrderedAscending；如果这两条记录相等，那么返回NSOrderedSame；如果排序后的原数组中的第一条记录放在第二条之后，那么返回值是NSOrderedDescending。

下面的实例演示了对NSArray数组元素进行排序的过程。

实例12-18	对NSArray数组元素进行排序
源码路径	光盘:\daima\第12章\12-18

实例文件main.m的具体实现代码如下所示。

```
#import <Foundation/Foundation.h>
```

```objc
// 定义比较函数，根据两个对象的intValue进行比较
NSComparisonResult intSort(id num1, id num2, void *context)
{
    int v1 = [num1 intValue];
    int v2 = [num2 intValue];
    if (v1 < v2)
        return NSOrderedAscending;
    else if (v1 > v2)
        return NSOrderedDescending;
    else
        return NSOrderedSame;
}
int main(int argc , char * argv[])
{
    @autoreleasepool{
        // 将一个元素初始化为NSString的NSArray对象
        NSArray* array1 = @[@"Objective-C" , @"C" , @"C++"
                    , @"C#" , @"Java" , @"Swift"];
        // 使用数组元素的compare:方法进行排序
        array1 = [array1 sortedArrayUsingSelector:
                    @selector(compare:)];
        NSLog(@"%@" , array1);
        // 将一个元素初始化为NSNumber的NSArray对象
        NSArray* array2 = @[ [NSNumber numberWithInt:20],
                        [NSNumber numberWithInt:12],
                        [NSNumber numberWithInt:-8],
                        [NSNumber numberWithInt:50],
                        [NSNumber numberWithInt:19] ];
        // 使用intSort函数进行排序
        array2 = [array2 sortedArrayUsingFunction:intSort
                                    context:nil];
        NSLog(@"%@" , array2);
        // 使用代码块对数组元素进行排序
        NSArray* array3 = [array2 sortedArrayUsingComparator:
                        ^(id obj1, id obj2)
                        {
                            // 该代码块就是根据数组元素的 intValue进行比较
                            if ([obj1 intValue] > [obj2 intValue])
                            {
                                return NSOrderedDescending;
                            }
                            if ([obj1 intValue] < [obj2 intValue])
                            {
                                return NSOrderedAscending;
                            }
                            return NSOrderedSame;
                        }];
        NSLog(@"%@" , array3);
    }
}
```

执行上述代码后将会输出：

```
(
    C,
    "C#",
    "C++",
    Java,
    "Objective-C",
    Swift
)
(
    "-8",
    12,
    19,
    20,
    50
)
(
    "-8",
```

```
        12,
        19,
        20,
        50
)
```

当地址簿中包含了大量的记录时，如果按照字母来显示记录信息会显得直观而实用。可以在类AddressBook中新增方法sort，然后利用类NSMutableArray中名为sortUsingSelector:的方法来实现排序功能。其中方法sort使用selector作为参数，而方法sortUsingSelector:使用这个selector来比较两个元素。

接下来开始讲解数组排序的过程，首先通过下面的代码在类AddressBook中创建方法sort。

```
-(void) sort
{
    [book sortUsingSelector: @selector(compareNames:)];
}
```

然后用下面的表达式代码创建一个SEL类型的selector，它来自一个指定的方法名，使用方法sortUsingSelector:比较数组中的两个元素。如果方法sortUsingSelector:实现上述比较功能，需要先调用这个指定的selector方法，然后向数组（接收者）的第一条记录发送消息来比较其参数和此记录，返回值是NSComparisonResult类型的。

```
@selector(compareNames:)
```

因为地址簿的元素是AddressCard对象，所以还必须在类AddressCard中添加方法comparison。因此应该在类AddressCard中添加方法compareNames:。下面是具体实现代码。

```
// 比较两个地址卡中的名字
-(NSComparisonResult) compareNames: (id) element
{
    return [name compare: [element name]];
}
```

因为执行后比较的是地址簿中的两个名字字符串，所以可以使用类NSString中的方法compare:来实现此功能。如果向类AddressBook中添加了方法sort，并且向类AddressCard中添加了方法compareNames:，那么可以用下面的代码来测试上述方法。

```
#import "AddressBook.h"
#import <Foundation/NSAutoreleasePool.h>

int main(int argc, const char * argv[]) {
@autoreleasepool {
    NSString    *aName = @"Julia Kochan";
    NSString    *aEmail = @"jewls337@axlc.com";
    NSString    *bName = @"Tony Iannino";
    NSString    *bEmail = @"tony.iannino@techfitness.com";
    NSString    *cName = @"Stephen Kochan";
    NSString    *cEmail = @"steve@kochan-wood.com";
    NSString    *dName = @"Jamie Baker";
    NSString    *dEmail = @"jbaker@kochan-wood.com";
    AddressCard *card1 = [[AddressCard alloc] init];
    AddressCard *card2 = [[AddressCard alloc] init];
    AddressCard *card3 = [[AddressCard alloc] init];
    AddressCard *card4 = [[AddressCard alloc] init];
    AddressBook  *myBook = [AddressBook alloc];
    //首先建立4个地址卡
    [card1 setName: aName andEmail: aEmail];
    [card2 setName: bName andEmail: bEmail];
    [card3 setName: cName andEmail: cEmail];
    [card4 setName: dName andEmail: dEmail];
    myBook = [myBook initWithName: @"Linda's Address Book"];
    //添加一些卡到地址簿
    [myBook addCard: card1];
    [myBook addCard: card2];
    [myBook addCard: card3];
    [myBook addCard: card4];
    // 排序本列表
    [myBook list];
    // 排序和重新列表
    [myBook sort];
```

```
        [myBook list];
        [card1 release];
        [card2 release];
        [card3 release];
        [card4 release];
        [myBook release];
        [pool drain];
        return 0;
}
```

执行上述代码后会输出：

```
======== Contents of: Linda's Address Book =========
Julia Kochan          jewls337@axlc.com
Tony Iannino          tony.iannino@techfitness.com
Stephen Kochan        steve@kochan-wood.com
Jamie Baker           jbaker@kochan-wood.com
====================================================


======== Contents of: Linda's Address Book =========
Jamie Baker           jbaker@kochan-wood.com
Julia Kochan          jewls337@axlc.com
Stephen Kochan        steve@kochan-wood.com
Tony Iannino          tony.iannino@techfitness.com
====================================================
```

由上述执行效果可知，数组数据是按照升序进行排列的，其实可以很容易地修改类AddressCard中的方法compareNames:，使其返回的值呈降序排列。

到此为止，一共在处理数组对象中编写了50多个方法，表12-4和12-5中分别列出了不变数组和可变数组的常用方法。因为类NSMutableArray是类NSArray的子类，所以前者继承了后者的方法。

表12-4　常用的NSArray方法

方　　法	说　　明
+(id) arrayWithObjects: obj1, obj2, ... nil	创建一个新数组，obj1、obj2,...是其对象
-(BOOL) containsObject: obj	确定数组中是否包含对象obj（使用isEqual方法）
-(NSUInteger) count	数组中元素的个数
-(NSUInteger) indexOfObject: obj	第一个包含对象obj的元素索引号（使用isEqual方法）
-(id) objectAtIndex: i	存储在元素i中的对象
-(void)makeObjectsPerformSelector: (SEL) selector	将selector指示的消息发送给数组中的每个元素
-(NSArray*)sortedArrayUsingSelector: (SEL) selector	根据selector指定的比较方法对数组进行排序
-(BOOL) writeToFile: path atomically: (BOOL) flag	将数组写入到指定的文件中，如果flag为YES，那么先创建一个临时文件

表12-5　常用的NSMutableArray方法

方　　法	说　　明
+(id) array	创建一个空数组
+(id) arrayWithCapacity: size	使用指定的初始size创建一个数组
-(id) initWithCapacity: size	使用指定的初始size初始化新分配的数组
-(void) addObject: obj	将对象obj添加到数组的末尾
-(void) insertObject: obj atIndex: i	将对象obj插入数组的i元素
-(void) replaceObjectAtIndex: i withObject: obj	将数组中序号为i的对象用对象obj替换
-(void) removeObject: obj	从数组中删除所有对象obj
-(void) removeObjectAtIndex: i	从数据中删除元素i，将序号为i+1的对象移至数组的结尾
-(void) sortUsingSelector:(SEL) selector	用selector指示的比较方法将组排序

表12-4和12-5中的obj、obj1和obj2是任意对象，i是呈现数组中有效索引号的NSUInteger整数，selector是SEL类型的selector对象，size是一个NSUInteger整数。

12.3.10　KVC和KVO开发

KVC是Key Value Coding的简称，它是一种可以直接通过字符串的名字（Key）来访问类属性的机制。而不是通过调用Setter、Getter方法访问。当使用KVO、Core Data、CocoaBindings、AppleScript（Mac支持）时，KVC是关键技术。简单来说，KVC提供了一种在运行时而非编译时动态访问对象属性与成员变量的方式。也就是说，我们可以用字符串的内容作为属性名称或者成员变量名称进行访问。这种特性有些类似于其他高级编程语言中的反射。

Key-Value Observing (KVO) 建立在 KVC 之上，它能够观察一个对象KVC的key path 值的变化。举一个例子，用代码观察一个 person 对象的 address 变化，有以下3种实现方法。

- watchPersonForChangeOfAddress：实现观察。
- observeValueForKeyPath:ofObject:change:context：在被观察的key path值变化时调用。
- dealloc：停止观察。

下面的实例演示了对数组元素进行KVC编程的过程。

实例12-19	对数组元素进行KVC编程
源码路径	光盘:\daima\第12章\12-19

实例文件main.m的具体实现代码如下所示。

```objc
#import <Foundation/Foundation.h>
#import "FKUser.h"
// 定义一个函数，该函数用于把NSArray数组转换为字符串
NSString* NSCollectionToString(NSArray* array)
{
    NSMutableString* result = [NSMutableString
                                stringWithString:@"["];
    for(id obj in array)
    {
        [result appendString:[obj description]];
        [result appendString:@", "];
    }
    // 获取字符串长度
    NSUInteger len = [result length];
    // 去掉字符串最后的两个字符
    [result deleteCharactersInRange:NSMakeRange(len - 2, 2)];
    [result appendString:@"]"];
    return result;
}
int main(int argc , char * argv[])
{
    @autoreleasepool{
        // 初始化NSArray对象
        NSArray* array = @[
                            [[FKUser alloc] initWithName:@"sun" pass:@"123"],
                            [[FKUser alloc] initWithName:@"bai" pass:@"345"],
                            [[FKUser alloc] initWithName:@"zhu" pass:@"654"],
                            [[FKUser alloc] initWithName:@"tang" pass:@"178"],
                            [[FKUser alloc] initWithName:@"niu" pass:@"155"] ];
        // 获取所有数组元素name属性组成的新数组
        id newArr = [array valueForKey:@"name"];
        NSLog(@"%@" , NSCollectionToString(newArr));
        // 对数组中的所有元素整体进行KVC编程
        // 将所有数组元素的name属性改为"新名字"
        [array setValue:@"新名字" forKey:@"name"];
        NSLog(@"%@" , NSCollectionToString(array));
    }
}
```

执行后将会输出：

```
[sun, bai, zhu, tang, niu]
[<FKUser[name=新名字, pass=123]>, <FKUser[name=新名字, pass=345]>, <FKUser[name=新名字,
pass=654]>, <FKUser[name=新名字, pass=178]>, <FKUser[name=新名字, pass=155]>]
```

12.4 字典对象

知识点讲解：光盘:视频\知识点\第12章\字典对象.mp4

Dictionary意为字典，是由"键-对象"对组成的数据集合。就像在字典中查找单词的定义一样，可以通过对象的键从Objective-C字典中获取所需的值。字典中的键必须是单值的，尽管它们通常是字符串，但还可以是任何对象类型。和键关联的值可以是任何对象类型，但是不能为nil。本节将简要介绍Objective-C中字典对象的基本知识，为读者后面的学习打下基础。

12.4.1 NSDictionary 功能介绍

在Java语言中有Map，可以把数据以键值对的形式储存起来，取值的时候通过key就可以直接拿到对应的值，方便快捷。在Objective-C语言中，词典就是完成相同功能的。和NSArray一样，一个词典对象也能保存不同类型的值，词典也分为不可变词典和可变的词典（NSDictionary与NSMutableDictionary），前者是线程安全的，后者不是。

不可变词典NSDictionary的主要用法如下所示。

- [NSDictionary dictionaryWithObjectsAndKeys:..]：使用键值对直接创建词典对象，结尾必需使用nil标志结束。
- [dictionary count]：得到词典的键值对数量。
- [dictionary keyEnumerator]：将词典的所有key储存在NSEnumerator中，类似于Java语言中的迭代器。
- [dictionary objectEnumerator]：将词典的所有value储存在NSEnumerator中。
- [dictionary objectForKey:key]：通过传入key对象可以拿到当前key对应储存的值。

例如，下面的代码：

```
int main(int argc, const char * argv[])
{
    @autoreleasepool {
        NSDictionary *dictionary = [NSDictionary dictionaryWithObjectsAndKeys:@"25",@"age",
@"张三",@"name",@"男",@"性别",nil];
        NSLog(@"%lu", [dictionary count]);
        NSEnumerator *enumeratorKey = [dictionary keyEnumerator];
        for (NSObject *object in enumeratorKey) {
            NSLog(@"key:%@", object);
        }

        NSEnumerator *enumeratorObject = [dictionary objectEnumerator];
        for (NSObject *object in enumeratorObject) {
            NSLog(@"value:%@", object);
        }
        NSLog(@"key name的值是:%@", [dictionary objectForKey:@"name"]);

    }
    return 0;
}
```

执行后会输出：

```
3
key:age
key:name
key:性别
value:25
value:张三
value:男
key name的值是:张三
```

可变的词典是NSMutableDictionary，因为NSMutableDictionary是NSDictionary的子类，所以继承了

NSDictionary的方法，以上的代码对NSMutableDictionary来说完全可用。两者不一样的地方是否能增删键值数据，具体说明如下所示。

- [dictionary setObject: forKey:]：向可变的词典动态地添加数据。
- [dictionary removeAllObjects..]：删除词典中的所有数据。
- [dictionary removeObjectForKey..]：删除词典中指定key的数据。

例如，下面的代码：
```
int main(int argc, const char * argv[])
{
    @autoreleasepool {
        NSMutableDictionary *dictionary = [NSMutableDictionary
dictionaryWithObjectsAndKeys:@"25",@"age",@"张三",@"name",@"男",@"性别",nil];
        [dictionary setObject:@"30名" forKey:@"名次"];

        NSLog(@"%lu", [dictionary count]);
        NSEnumerator *enumeratorKey = [dictionary keyEnumerator];
        for (NSObject *object in enumeratorKey) {
            NSLog(@"key:%@", object);
        }

        NSEnumerator *enumeratorObject = [dictionary objectEnumerator];
        for (NSObject *object in enumeratorObject) {
            NSLog(@"value:%@", object);
        }
        NSLog(@"key 名次的值是:%@", [dictionary objectForKey:@"名次"]);
        [dictionary removeObjectForKey:@"名词"];
        NSLog(@"%lu", [dictionary count]);

    }
    return 0;
}
```
执行后将会输出：
```
4
key:age
key:性别
key:name
key:名次
value:25
value:男
value:张三
value:30名
key 名次的值是:30名
```

12.4.2 创建可变字典

在Objective-C程序中，字典既可以是固定的，也可以是可变的。可以动态添加和删除可变字典中的记录。既可以基于特定的键对字典进行搜索，也可以枚举它们的内容。要想在Objective-C程序中使用字典类，需要先将下面的代码添加到程序中：
```
#import <Foundation/NSDictionary.h>
```
下面的实例创建了一个可变字典，将其作为Objective-C的术语表，字典中已经添加了3条记录。

实例12-20	创建一个可变字典
源码路径	光盘:\daima\第12章\12-20

实例文件main.m的具体实现代码如下所示。
```
#import <Foundation/NSObject.h>
#import <Foundation/NSString.h>
#import <Foundation/NSDictionary.h>
#import <Foundation/NSAutoreleasePool.h>

int main(int argc, const char * argv[]) {
    @autoreleasepool {
        NSMutableDictionary *glossary = [NSMutableDictionary dictionary];
```

```
        [glossary setObject: @"A class defined so other classes can inherit from it"
                    forKey: @"abstract class" ];
        [glossary setObject: @"To implement all the methods defined in a protocol"
                    forKey: @"adopt"];
        [glossary setObject: @"Storing an object for later use"
                    forKey: @"archiving"];
        NSLog (@"abstract class: %@", [glossary objectForKey: @"abstract class"]);
        NSLog (@"adopt: %@", [glossary objectForKey: @"adopt"]);
        NSLog (@"archiving: %@", [glossary objectForKey: @"archiving"]);
    }
    return 0;
}
```

执行上述代码后会输出:
```
abstract class: A class defined so other classes can inherit from it
adopt: To implement all the methods defined in a protocol
archiving: Storing an object for later use
```

通过如下表达式代码创建了一个空的可变字典。
```
[NSMutableDictionary dictionary]
```

然后使用方法setObject:forKey:将"键-值"对添加到字典中。在生成字典之后，可以使用方法objectForKey:检索给定键的值。实例12-20演示了如何检索并显示Objective-C术语表中，3条记录的方法。在Objective-C实际的应用程序中，读者可以输入要查找的单词，程序会搜索该术语表以寻找其定义。

12.4.3 枚举字典

下面的实例代码演示了如何使用方法dictionaryWithObjectsAndKeys:和带有初始"键-值"对的字典的过程，这样就创建了一个不可变字典。下面的实例还演示了如何使用快速枚举循环，并从字典中检索各个键元素的过程。不像数组对象那样，字典对象是无序的。所以在枚举字典时，放在字典中的第一个"键-对象"对并不一定是第一个提取的。

实例12-21	枚举检索字典的内容
源码路径	光盘:\daima\第12章\12-21

实例文件main.m的具体实现代码如下所示。
```
#import <Foundation/NSObject.h>
#import <Foundation/NSString.h>
#import <Foundation/NSDictionary.h>
#import <Foundation/NSAutoreleasePool.h>

int main(int argc, const char * argv[]) {
    @autoreleasepool {
        NSDictionary *glossary =
        [NSDictionary dictionaryWithObjectsAndKeys:
         @"A class defined so other classes can inherit from it",
         @"abstract class",
         @"To implement all the methods defined in a protocol",
         @"adopt",
         @"Storing an object for later use",
         @"archiving",
         nil
         ];
        for ( NSString *key in glossary )
            NSLog (@"%@%@",   key, [glossary objectForKey: key]);
    }
    return 0;
}
```

在上述代码中，方法dictionaryWithObjectsAndKeys:的参数是"对象-键"对的列表，每个"对象-键"用逗号隔开。列表必须以特定的nil对象结束。

执行上述代码后会输出:
```
abstract class: A class defined so other classes can inherit from it
adopt: To implement all the methods defined in a protocol
archiving: Storing an object for later use
```

当通过上述程序创建字典后,可以用一组循环语句来检索字典的内容。键是从字典中依次被检索的,并没有特定的顺序。如果想要以字母顺序来显示字典中的内容,可以先检索字典中的所有键将其排序,然后为所有已排序键检索对应的值。通过使用方法keysSortedByValueUsingSelector:,可以依据给定的排序标准返回已排序的键,这样就完成了枚举字典的大部分工作。

到目前为止,已经演示了字典的一些基本操作。表12-6和12-7中分别总结了不变字典和可变字典的一些常用的方法。因为类NSMutableDictionary是类NSDictionary的子类,所以它继承了类NSDictionary的方法。

表12-6 常用的NSDictionary方法

方　　法	说　　明
+(id) dictionaryWithObjectsAndKeys: obj1, key1, obj2, key2, ..., nil	使用键-对象对{key1,obj1}、{key2,obj2}...创建字典
-(id) initWithObjectsAndKeys: obj1, key1, obj2,key2,..., nil	将新分配的字典初始化为键-对象对{key1,obj1}{key2,obj2}...
-(unsigned int) count	返回字典中的记录数
-(NSEnumerator *) keyEnumerator	为字典中所有的键返回一个NSEnumerator对象
-(NSArray *) keysSortedByValueUsingSelector: (SEL) selector	返回字典中的键数组,它根据selector指定的比较方法进行了排序
-(NSEnuerator *) objectEnumerator	为字典中的所有值返回一个NSEnumerator对象
-(id) objectForKey: key	返回指定key的对象

表12-7 常用的NSMutableDictionary方法

方　　法	说　　明
+(id) dictionaryWithCapacity: size	使用一个初始指定的size创建可变字典
-(id) initWithCapacity: size	将新分配的字典初始化为指定的size
-(void) removeAllObjects	删除字典中所有的记录
-(void) removeObjectForKey: key	删除字典中指定key对应的记录
-(void) setObject: obj forKey: key	向字典为key的键添加obj,如果key已存在,则替换该值

表12-6和12-7中key、key1、key2、obj、obj1和obj2是任意对象,size是一个NSUInteger整数。

12.5 集合对象

知识点讲解:光盘:视频\知识点\第12章\集合对象.mp4

在Objective-C程序中,NSSet是一组单值对象的集合,它既可以是可变的,也可以是不变的。对Objective-C集合对象的操作主要包括如下几种。

- ❑ 搜索。
- ❑ 添加。
- ❑ 删除集合中的成员(仅用于可变集合)。
- ❑ 比较两个集合。
- ❑ 计算两个集合的交集。
- ❑ 计算两个集合的并集。

如果想要在Objective-C程序中使用类NSSet,需要首先在程序中加入如下引用代码。

```
#import <Foundation/NSSet.h>
```

下面的实例演示了集合的一些基本操作过程。假定想在程序执行过程中多次显示集合的内容,就需要创建一个名为print的新方法。然后通过创建一个名为Printing的新category将print方法加入类NSSet中。因为类NSMutableSet是NSSet类的子类,所以可变集合也可以使用这个新的print方法。

实例12-22	操作集合中的数据
源码路径	光盘:\daima\第12章\12 22

实例文件main.m的具体实现代码如下所示。

```objc
#import <Foundation/NSObject.h>
#import <Foundation/NSSet.h>
#import <Foundation/NSValue.h>
#import <Foundation/NSAutoreleasePool.h>
#import <Foundation/NSString.h>

// 创建一个integer对象
#define INTOBJ(v) [NSNumber numberWithInteger: v]
//添加打印方法和输出类
@interface NSSet (Printing)
-(void) print;
@end

@implementation NSSet (Printing)
-(void) print {
    printf ("{");
    for (NSNumber *element in self)
        printf (" %li ", (long) [element integerValue]);

    printf ("}\n");
}
@end


int main(int argc, const char * argv[]) {
    @autoreleasepool {
        NSMutableSet *set1 = [NSMutableSet setWithObjects:
                              INTOBJ(1), INTOBJ(3), INTOBJ(5), INTOBJ(10), nil];
        NSSet *set2 = [NSSet setWithObjects:
                       INTOBJ(-5), INTOBJ(100), INTOBJ(3), INTOBJ(5), nil];
        NSSet *set3 = [NSSet setWithObjects:
                       INTOBJ(12), INTOBJ(200), INTOBJ(3), nil];
        NSLog (@"set1: ");
        [set1 print];
        NSLog (@"set2: ");
        [set2 print];
        // 测试
        if ([set1 isEqualToSet: set2] == YES)
            NSLog (@"set1 equals set2");
        else
            NSLog (@"set1 is not equal to set2");
        // 成员测试
        if ([set1 containsObject: INTOBJ(10)] == YES)
            NSLog (@"set1 contains 10");
        else
            NSLog (@"set1 does not contain 10");
        if ([set2 containsObject: INTOBJ(10)] == YES)
            NSLog (@"set2 contains 10");
        else
            NSLog (@"set2 does not contain 10");
        // 根据变量值添加或删除
        [set1 addObject: INTOBJ(4)];
        [set1 removeObject: INTOBJ(10)];
        NSLog (@"set1 after adding 4 and removing 10: ");
        [set1 print];
        //两个交叉的集合
        [set1 intersectSet: set2];
        NSLog (@"set1 intersect set2: ");
        [set1 print];
        [set1 unionSet:set3];
        NSLog (@"set1 union set3: ");
    }
    return 0;
}
```

对上述代码的具体说明如下。

- 方法print：使用前面描述的快速枚举技术检索集合中的每个元素。还可以定义一个名为INTOBJ的宏，能够根据整数值创建整型对象，这会使整个程序更加简洁，并且减少输入。另外，因为方法print只用于元素类型为整型的集合，所以它不太通用。但是在此它是一个很好的暗示，可以提醒我们如何通过创建category将方法添加到类中。在print方法中，使用C库中的printf例程显示每个单线集合中的元素。
- 方法setWithObjects::根据以nil结尾的对象列表创建新集合。在创建3个集合后，上述程序使用新的print方法显示前两个集合的内容，然后用方法isEqualToSet:检测集合set1是否与set2相等。最终的执行效果证明它们不等。
- 方法containsObject::查询整数10是否在集合set1中，然后查询整数10是否在集合set2中。该方法返回的Boolean值证实了整数10在集合set1中，而不是在set2中。然后使用方法addObject:和方法removeObject:分别向集合set1添加4，并从集合set1中删除10，上述执行效果中显示的集合内容证实了操作的成功。
- 方法intersect:和方法union::用于计算两个集合的交集和并集，此时运算的结果取代了消息的接收者。

执行上述代码后会输出：
```
set1:
{ 3 10 1 5 }
set2:
{ 100 3 -5 5 }
set1 is not equal to set2
set1 contains 10
set2 does not contain 10
set1 after adding 4 and removing 10:
{ 3 1 5 4 }
set1 intersect set2:
{ 3 5 }
set1 union set3:
{ 12 3 5 200 }
```

在Objective-C程序中，Foundation框架也提供了一个名为NSCountedSet的类。在这些集合中，可以多次出现同一个对象，但是并非在集合中多次存放这个对象，而是维护一个次数计数。所以当第一次将对象添加到集合中时，它的count值被置为1，随后当每次将这个对象添加到集合中时，count的值就会增加1。当每次从集合中删除对象时，count就对应减1。当count值为零时，实际的对象本身就被删除了。方法countForObject:用于在集合中检索某个对象的count值。

计数集合的一个应用程序是单词计数器，每当在文本中发现一个单词，就将它添加到计数集合中。在扫描完文本之后，就可以从集合中检索每个单词及其计数，计数表明该词在文本中出现的次数。这里只是显示了集合的一些基本操作。

12.5.1 NSSet 类介绍

Foundation框架中提供了NSSet类，它是一组单值对象的集合。NSSet实例中元素是无序的，同一个对象只能保存一个。表12-8中总结了用于不变集合NSSet类中的一些常用方法。

表12-8 常用的NSSet方法

方　　法	说　　明
+(id) setWithObjects: obj1, obj2, ..., nil	使用一列对象创建新集合
-(id) initWithObjects: obj1, obj2, ..., nil	使用一列对象初始化新分配的集合
-(NSUInteger) count	返回集合中成员的个数
-(BOOL) containsObject: obj	确定集合是否包含obj

续表

方法	说明
-(BOOL) member: obj	使用isEqual:方法确定集合是否包含obj
-(NSEnumerator *) objectEnumerator	为集合中的所有对象返回一个NSEnumerator对象
-(BOOL) isSubsetOfSet: nsset	确定receiver的每个成员是否都出现在nsset中
-(BOOL) intersectsSet: nsset	确定是否receiver中至少一个成员出现在对象nsset中
-(BOOL) isEqualToSet: nsset	确定两个集合是否相等

在表12-8中，obj、obj1和obj2是任意对象，NSSet是NSMutableSet类或NSSet类的对象，size是一个NSUInteger整数。在下面的实例中，演示了使用NSSet集合中各个方法的过程。

实例12-23	NSSet集合中方法的使用
源码路径	光盘:\daima\第12章\12-23

实例文件main.m的具体实现代码如下所示。

```
#import <Foundation/Foundation.h>

// 定义一个函数，该函数可把NSArray或NSSet集合转换为字符串
NSString* NSCollectionToString(id collection)
{
    NSMutableString* result = [NSMutableString
                                    stringWithString:@"["];
    // 使用快速枚举遍历NSSet集合
    for(id obj in collection)
    {
        [result appendString:[obj description]];
        [result appendString:@", "];
    }
    // 获取字符串长度
    NSUInteger len = [result length];
    // 去掉字符串最后的两个字符
    [result deleteCharactersInRange:NSMakeRange(len - 2, 2)];
    [result appendString:@"]"];
    return result;
}
int main(int argc , char * argv[])
{
    @autoreleasepool{
        // 用4个元素初始化NSSet集合,
        // 故意传入两个相等的元素，NSSet集合只会保留一个元素
        NSSet* set1 = [NSSet setWithObjects:
                        @"AA" , @"BB",
                        @"CC" ,@"DDDDDDDDD" , nil];
        // 程序输出set1集合中元素个数为3
        NSLog(@"set1集合中元素个数为%ld" , [set1 count]);
        NSLog(@"set1集合：%@" , NSCollectionToString(set1));
        NSSet* set2 = [NSSet setWithObjects:
                        @"GUAAN" , @"BB",
                        @"WU" , nil];
        NSLog(@"set2集合：%@" , NSCollectionToString(set2));
        // 向set1集合中添加单个元素，将添加元素后生成的新集合赋给set1
        set1 = [set1 setByAddingObject:@"CC"];
        NSLog(@"添加一个元素后：%@" , NSCollectionToString(set1));
        // 使用NSSet集合向set1集合中添加多个元素，相当于计算两个集合的并集
        NSSet* s = [set1 setByAddingObjectsFromSet:set2];
        NSLog(@"set1与set2的并集：%@" , NSCollectionToString(s));
        BOOL b = [set1 intersectsSet:set2];   // 计算两个NSSet集合是否有交集
        NSLog(@"set1与set2是否有交集: %d" , b);   // 将输出代表YES的1
        BOOL bo = [set2 isSubsetOfSet:set1];    // 判断set2是否是set1的子集
        NSLog(@"set2是否为set1的子集: %d" , bo);   // 将输出代表NO的0
        // 判断NSSet集合是否包含指定元素
        BOOL bb = [set1 containsObject:@"CC"];
        NSLog(@"set1是否包含\"CC\": %d" , bb);   // 将输出代表YES的1
        // 下面两行代码将取出相同的元素，但取出哪个元素是不确定的
```

```
            NSLog(@"set1取出一个元素：%@", [set1 anyObject]);
            NSLog(@"set1取出一个元素：%@", [set1 anyObject]);
            // 使用代码块对集合元素进行过滤
            NSSet* filteredSet = [set1 objectsPassingTest:
                                  ^(id obj, BOOL *stop)
                                  {
                                      return (BOOL)([obj length] > 8);
                                  }];
            NSLog(@"set1中元素的长度大于8的集合元素有：%@"
                  , NSCollectionToString(filteredSet));
    }
}
```

执行后的效果如图12-9所示。

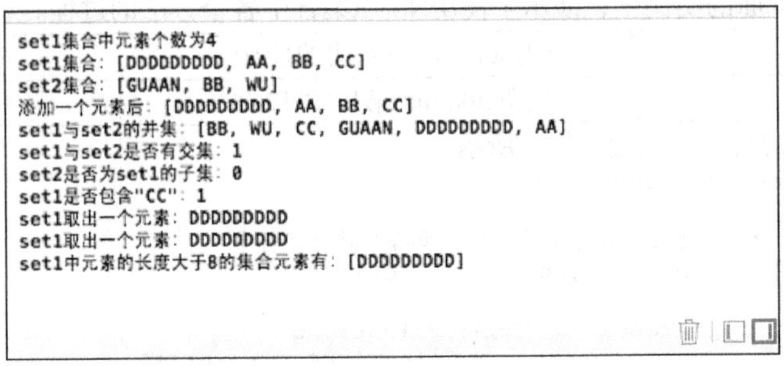

```
set1集合中元素个数为4
set1集合：[DDDDDDDD, AA, BB, CC]
set2集合：[GUAAN, BB, WU]
添加一个元素后：[DDDDDDDD, AA, BB, CC]
set1与set2的并集：[BB, WU, CC, GUAAN, DDDDDDDD, AA]
set1与set2是否有交集：1
set2是否为set1的子集：0
set1是否包含"CC"：1
set1取出一个元素：DDDDDDDD
set1取出一个元素：DDDDDDDD
set1中元素的长度大于8的集合元素有：[DDDDDDDD]
```

图12-9 实例12-23的执行效果

12.5.2 重复判断操作

下面的代码可以将set2中的元素添加到set中来，如果有重复则只保留一个。
```
NSSet * set2 = [[NSSet alloc] initWithObjects:@"two",@"three",@"four", nil];
[set unionSet:set2];
```
如果想删除set中与set2相同的元素，则可以使用如下代码实现。
```
[set minusSet:set2];
```
下面的实例演示了使用NSSet判断集合元素是否重复的过程。

实例12-24	使用NSSet判断集合元素是否重复
源码路径	光盘:\daima\第12章\12-24

实例文件main.m的具体实现代码如下所示。
```
#import <Foundation/Foundation.h>
#import "FKUser.h"

// 定义一个函数，该函数可把NSArray或NSSet集合转换为字符串
NSString* NSCollectionToString(id collection)
{
    NSMutableString* result = [NSMutableString
                               stringWithString:@"["];
    // 使用快速枚举遍历NSSet集合
    for(id obj in collection)
    {
        [result appendString:[obj description]];
        [result appendString:@", "];
    }
    // 获取字符串长度
    NSUInteger len = [result length];
    // 去掉字符串最后的两个字符
    [result deleteCharactersInRange:NSMakeRange(len - 2, 2)];
    [result appendString:@"]"];
    return result;
}
int main(int argc , char * argv[])
{
```

```
@autoreleasepool{
    NSSet* set = [NSSet setWithObjects:
                      [[FKUser alloc] initWithName:@"sun" pass:@"123"],
                      [[FKUser alloc] initWithName:@"bai" pass:@"345"],
                      [[FKUser alloc] initWithName:@"sun" pass:@"123"],
                      [[FKUser alloc] initWithName:@"tang" pass:@"178"],
                      [[FKUser alloc] initWithName:@"niu" pass:@"155"],
                      nil];
    NSLog(@"set集合元素的个数：%ld" , [set count]);
    NSLog(@"%@" , NSCollectionToString(set));
}
```

执行后将会输出：

```
===hash===
===hash===
===hash===
===hash===
===hash===
set集合元素的个数：4
[<FKUser[name=bai, pass=345]>, <FKUser[name=sun, pass=123]>, <FKUser[name=tang, pass=178]>, <FKUser[name=niu, pass=155]>]
```

12.5.3　NSMutableSet 可编辑集合

表12-9中总结了用于可变集合的类NSMutableSet中的一些常用方法。因为类NSMutableSet是类NSSet的子类，所以它继承了类NSSet的方法。

表12-9　常用的NSMutableSet方法

方　　法	说　　明
-(id) setWithCapacity: size	创建新集合，使其具有存储size个成员的初始空间
-(id) initWithCapacity: size	将新分配的集合设置为size个成员的存储空间
-(void) addObject: obj	将对象obj添加到集合中
-(void) removeObject: obj	从集合中删除对象obj
-(void) removeAllObjects	删除接收者的所有成员
-(void) unionSet: nsset	将对象nsset的所有成员添加到接收者
-(void) minusSet: nsset	从接收者中删除nsset的所有成员
-(void) intersectSet: nsset	将接收者中所有不属于nsset的元素删除

在表12-9中，obj、obj1和obj2是任意对象，nsset是NSMutableSet类或NSSet类的对象，size是一个NSUInteger整数。

下面的实例演示了使用NSMutableSet集合方法的过程。

实例12-25	NSMutableSet集合方法的使用
源码路径	光盘:\daima\第12章\12-25

实例文件main.m的具体实现代码如下所示。

```
#import <Foundation/Foundation.h>

// 定义一个函数，该函数可把NSArray或NSSet集合转换为字符串
NSString* NSCollectionToString(id collection)
{
    NSMutableString* result = [NSMutableString
                                stringWithString:@"["];
    // 使用快速枚举遍历NSSet集合
    for(id obj in collection)
    {
        [result appendString:[obj description]];
        [result appendString:@", "];
    }
```

```
        // 获取字符串长度
        NSUInteger len = [result length];
        // 去掉字符串最后的两个字符
        [result deleteCharactersInRange:NSMakeRange(len - 2, 2)];
        [result appendString:@"]"];
        return result;
}
int main(int argc , char * argv[])
{
        @autoreleasepool{
                // 创建一个初始容量为10的Set集合
                NSMutableSet* set = [NSMutableSet setWithCapacity:10];
                [set addObject:@"AA"];
                NSLog(@"添加1个元素后:%@" , NSCollectionToString(set));
                [set addObjectsFromArray: [NSArray
                                          arrayWithObjects:@"BB"
                                          , @"CC" , @"DD" ,nil]];
                NSLog(@"使用NSArray添加3个元素后:%@" , NSCollectionToString(set));
                [set removeObject:@"CC"];
                NSLog(@"删除1个元素后:%@" , NSCollectionToString(set));
                // 再次创建一个NSSet集合
                NSSet* set2 = [NSSet setWithObjects:
                                     @"GUAN", @"DD" , nil];
                // 计算两个集合的并集,直接改变set集合的元素
                [set unionSet: set2];
                // 计算两个集合的差集,直接改变set集合的元素
        //      [set minusSet: set2];
                // 计算两个集合的交集,直接改变set集合的元素
        //      [set intersectSet: set2];
                // 用set2的集合元素替换set的集合元素,直接改变set集合的元素
        //      [set setSet: set2];
                NSLog(@"%@" , NSCollectionToString(set));
        }
}
```

执行后的效果如图12-10所示。

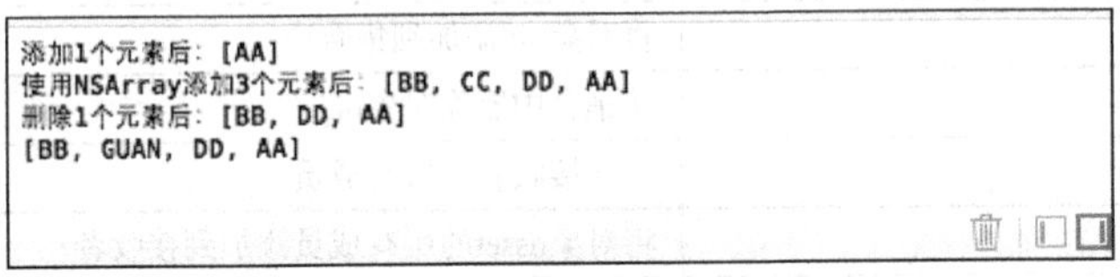

```
添加1个元素后: [AA]
使用NSArray添加3个元素后: [BB, CC, DD, AA]
删除1个元素后: [BB, DD, AA]
[BB, GUAN, DD, AA]
```

图12-10 实例12-25的执行效果

12.5.4 NSCountedSet 状态集合

在Objective-C程序中,NSCountedSet是NSMutableSet的子类,可以统计元素在集合中出现的次数,是数学中集合的扩展。下面的实例代码演示了使用NSCountedSet的过程。

实例12-26	使用NSCountedSet统计操作次数
源码路径	光盘:\daima\第12章\12-26

实例文件main.m的具体实现代码如下所示。

```
#import <Foundation/Foundation.h>
// 定义一个函数,该函数可把NSArray或NSSet集合转换为字符串
NSString* NSCollectionToString(id collection)
{
        NSMutableString* result = [NSMutableString
                                   stringWithString:@"["];
        // 使用快速枚举遍历NSSet集合
        for(id obj in collection)
        {
                [result appendString:[obj description]];
                [result appendString:@", "];
        }
```

```objc
    // 获取字符串长度
    NSUInteger len = [result length];
    // 去掉字符串最后的两个字符
    [result deleteCharactersInRange:NSMakeRange(len - 2, 2)];
    [result appendString:@"]"];
    return result;
}
int main(int argc, char * argv[])
{
    @autoreleasepool{
        NSCountedSet* set = [NSCountedSet setWithObjects:
                             @"AA", @"BB", @"CC", nil];
        [set addObject:@"AA"];
        [set addObject:@"AA"];
        // 输出集合元素
        NSLog(@"%@" , NSCollectionToString(set));
        // 获取指定元素的添加次数
        NSLog(@"\"AA\"的添加次数为:%ld"
              , [set countForObject:@"AA"]);
        // 删除元素
        [set removeObject:@"AA"];
        NSLog(@"删除\"AA\"1次后的结果:%@"
              , NSCollectionToString(set));
        NSLog(@"删除\"AA\"1次后的添加次数为:%ld"
              , [set countForObject:@"AA"]);
        // 重复删除元素
        [set removeObject:@"AA"];
        [set removeObject:@"AA"];
        NSLog(@"删除\"AA\"3次后的结果:%@"
              , NSCollectionToString(set));
    }
}
```

执行后的效果如图12-11所示。

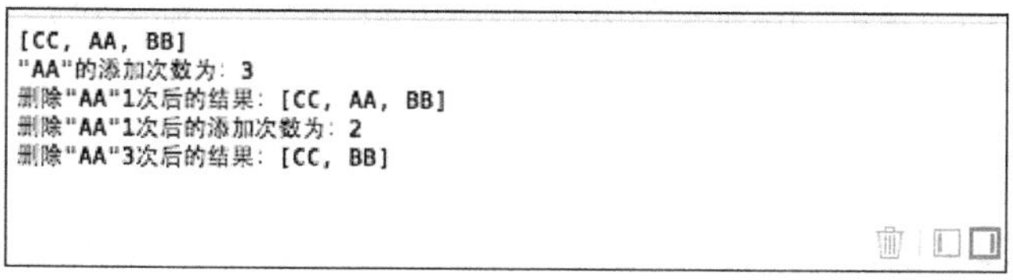

图12-11 实例12-26的执行效果

12.5.5 有序集合

在Objective-C程序中，NSOrderdSet不允许元素重复，可以保持元素的添加顺序，而且每个元素都有索引，可以根据索引来操作元素。下面的实例演示了使用NSOrderdSet的过程。

实例12-27	使用NSOrderdSet显示操作元素的索引
源码路径	光盘:\daima\第12章\12-27

实例文件main.m的具体实现代码如下所示。

```objc
#import <Foundation/Foundation.h>

// 定义一个函数，该函数可把NSArray或NSSet集合转换为字符串
NSString* NSCollectionToString(id collection)
{
    NSMutableString* result = [NSMutableString
                               stringWithString:@"["];
    // 使用快速枚举遍历NSSet集合
    for(id obj in collection)
    {
        [result appendString:[obj description]];
        [result appendString:@", "];
    }
```

```
        // 获取字符串长度
        NSUInteger len = [result length];
        // 去掉字符串最后的两个字符
        [result deleteCharactersInRange:NSMakeRange(len - 2, 2)];
        [result appendString:@"]"];
        return result;
}
int main(int argc, char * argv[])
{
        @autoreleasepool{
                // 创建NSOrderedSet集合，故意使用了2个重复的元素
                // 可看到NSOrderedSet只会保留一个元素
                NSOrderedSet* set = [NSOrderedSet orderedSetWithObjects:
                                [NSNumber numberWithInt:40],
                                [NSNumber numberWithInt:12],
                                [NSNumber numberWithInt:-9],
                                [NSNumber numberWithInt:28],
                                [NSNumber numberWithInt:12],
                                [NSNumber numberWithInt:17],
                                nil];
                NSLog(@"%@" , NSCollectionToString(set));
                // 下面方法都根据索引来操作集合元素
                NSLog(@"set集合的第一个元素 : %@" , [set firstObject]);  // 获取第一个元素
                NSLog(@"set集合的最后一个元素 : %@" , [set lastObject]);  // 获取最后一个元素
                // 获取指定索引处的元素
                NSLog(@"set集合中索引为2的元素 : %@" , [set objectAtIndex:2]);
                NSLog(@"28在set集合中的索引为: %ld" , [set indexOfObject:
                                [NSNumber numberWithInt:28]]);
                // 对集合进行过滤，获取元素值大于20的集合元素的索引
                NSIndexSet* indexSet = [set indexesOfObjectsPassingTest:
                                ^(id obj, NSUInteger idx, BOOL *stop)
                                {
                                        return (BOOL)([obj intValue] > 20);
                                }];
                NSLog(@"set集合中元素值大于20的元素的索引为: %@" , indexSet);
        }
}
```

执行上述代码后会输出：

```
[40, 12, -9, 28, 17]
set集合的第一个元素 : 40
set集合的最后一个元素 : 17
set集合中索引为2的元素 : -9
28在set集合中的索引为: 3
set集合中元素值大于20的元素的索引为: <NSIndexSet: 0x100400400>[number of indexes: 2 (in 2 ranges), indexes: (0 3)]
```

第 13 章 日期、时间、复制和谓词

在Objective-C应用程序中，经常需要实现对象复制功能。在Foundation框架中，可以分别实现深复制和浅复制功能。本章将详细讲解在Objective-C程序中实现对象复制的基本知识，为读者后面的学习打下基础。

13.1 赋值和复制

> 知识点讲解：光盘:视频\知识点\第13章\赋值和复制.mp4

在Objective-C程序中，通过实现NSCopying协议的copyWithZone:方法可以创建副本。具体来说有如下两种方式，分别是使用alloc和init。另外，也可以使用NSCopyObject实现。要想选择一种更适合于自己类的方式，需要考虑以下两个问题。

- 需要深复制还是浅复制？
- 从超类继承NSCopying的行为了吗？

这些内容将在本章后面的内容中进行详细介绍。

在本书前面的章节中，曾经讲解过使用简单赋值语句的过程，探讨过将对象赋值给另一个对象时发生的情况。比如下面的赋值代码：

```
origin = pt;
```

在这个例子中，origin和pt都是XYPoint对象，其定义代码如下所示。

```
@interface XYPoint: NSObject
{
  int x;
  int y;
};
...
@end
```

上述赋值代码可以将对象pt的地址复制到origin中，当结束赋值操作时，两个变量都指向内存中的同一个地址。可以使用一条消息来修改实例变量，例如下面的代码改变了变量origin和变量pt都引用的XYPoint对象的x、y坐标，因为它们都引用内存中的同一个对象。

```
[origin setX: 100 andY: 200];
```

这同样适用于Foundation对象，可以将一个对象赋值给另一个对象，这仅仅是创建另一个对这个对象的引用。所以说，如果dataArray和dataArray2都是NSMutableArray对象，那么下面的代码可以从这两个变量引用的同一个数组中删除第一个元素。

```
dataArray2 = dataArray;
[dataArray2 removeObjectAtIndex: 0];
```

13.2 copy 方法和 mutableCopy 方法的使用

> 知识点讲解：光盘:视频\知识点\第13章\copy方法和mutableCopy方法的使用.mp4

在Objective-C程序中，类Foundation实现了名为copy和mutableCopy的方法，可以使用这些方法创建对象的副本，可以通过实现一个符合<NSCopying>协议（用于制作副本）的方法来完成此任务。如果类必须区分要产生对象的可变副本还是不可变副本，还需要根据<NSMutableCopying>协议实现一个方法。

下面的实例演示了使用copy方法和mutableCopy方法复制对象的过程。

实例13-1	使用copy方法和mutableCopy方法复制对象
源码路径	光盘:\daima\第13章\13-1

实例文件main.m的具体实现代码如下所示。

```
#import <Foundation/Foundation.h>

int main(int argc, char * argv[])
{
    @autoreleasepool{
        NSMutableString* book = [NSMutableString
                                stringWithString:@"iOS 9开发指南"];
        // 复制book字符串的可变副本
        NSMutableString* bookCopy = [book mutableCopy];
        // 修改副本，对原字符串没有任何影响
        [bookCopy replaceCharactersInRange:
         NSMakeRange(2, 3)
                                withString:@"Android"];
        // 此处看到原字符串的值并没有改变
        NSLog(@"book的值为:%@" , book);
        // 字符串副本发生了改变
        NSLog(@"bookCopy的值为:%@" , bookCopy);
        NSString* str = @"mmmm";
        // 复制str（不可变字符串）的可变副本
        NSMutableString* strCopy = [str mutableCopy];   //①
        // 在可变字符串后面追加字符串
        [strCopy appendString:@".net"];
        NSLog(@"%@" , strCopy);
        // 调用book（可变字符串）的copy方法，程序返回一个不可修改的副本
        NSMutableString* bookCopy2 = [book copy];
        // 由于bookCopy2是不可修改的，因此下面的代码将会出现错误
        [bookCopy2 appendString:@"aa"];
    }
}
```

执行后的输出：

```
book的值为:iOS 9开发指南
bookCopy的值为:iOAndroid开发指南
mmmm.net
*** Terminating app due to uncaught exception 'NSInvalidArgumentException', reason:
'Attempt to mutate immutable object with appendString:'
*** First throw call stack:
(
  0   CoreFoundation                      0x00007fff8966664c __exceptionPreprocess + 172
  1   libobjc.A.dylib                     0x00007fff8f6336de objc_exception_throw + 43
  2   CoreFoundation                      0x00007fff896664fd +[NSException raise:format:] + 205
  3   CoreFoundation                      0x00007fff89623dee mutateError + 110
  4   13-1                                0x0000000100000df2 main + 386
  5   libdyld.dylib                       0x00007fff8c61f5c9 start + 1
)
libc++abi.dylib: terminating with uncaught exception of type NSException
(lldb)
```

使用类Foundation中的copy方法，可以操作前面的两个NSMutableArray对象dataArray2和dataArray。例如，如下代码在内存中创建了一个新的dataArray副本，并复制了它的所有元素。

```
dataArray2 = [dataArray mutableCopy];
```

通过如下代码可以删除dataArray2中的第一个元素，但是不删除dataArray中的元素。

```
[dataArray2 removeObjectAtIndex: 0];
```

下面的实例详细的说明了上述方法的复制过程。

实例13-2	使用copy方法复制
源码路径	光盘:\daima\第13章\13-2

实例文件main.m的具体实现代码如下所示。

```
#import <Foundation/NSObject.h>
#import <Foundation/NSArray.h>
#import <Foundation/NSString.h>
```

13.2 copy方法和mutableCopy方法的使用

```
#import <Foundation/NSAutoreleasePool.h>

int main(int argc, const char * argv[]) {
    @autoreleasepool {
        NSMutableArray *dataArray = [NSMutableArray arrayWithObjects:
                                     @"one", @"two", @"three", @"four", nil];
        NSMutableArray    *dataArray2;
        dataArray2 = dataArray;
        [dataArray2 removeObjectAtIndex: 0];
        NSLog (@"dataArray: ");
        for ( NSString *elem in dataArray )
            NSLog (@"  %@", elem);

        NSLog (@"dataArray2: ");
        for ( NSString *elem in dataArray2 )
            NSLog (@"   %@", elem);
        dataArray2 = [dataArray mutableCopy];
        [dataArray2 removeObjectAtIndex: 0];
        NSLog  (@"dataArray:      ");
        for ( NSString *elem in dataArray )
            NSLog (@" %@", elem);
        NSLog   (@"dataArray2: ");
        for ( NSString *elem in dataArray2 )
            NSLog (@" %@", elem);
    }
    return 0;
}
```

对于上述代码的具体说明如下。

（1）定义可变数组对象dataArray，并分别将其元素设置为字符串对象@"one"@"two"@"three"和@"four"。在如下赋值语句中，仅仅创建了对内存中同一数组对象的另一个引用。

```
dataArray2 = dataArray;
```

如果从dataArray2中删除第一个对象，并且随后输出两个数组对象中的元素，这时这两个引用中的第一个元素（字符串@"one"）都会消失。

（2）接下来创建一个dataArray的可变副本，并将它赋值给dataArray2的最终副本。这样就在内存中创建了两个截然不同的可变数组，两者都包含3个元素。当现在删除dataArray2中的第一个元素时，不会对dataArray的内容产生任何影响，正如程序输出的最后两行验证的一样。

执行上述代码后会输出：

```
dataArray:
 two
 three
 four
dataArray2:
 two
 three
 four
dataArray:
 two
 three
 four
dataArray2:
 three
 four
```

在Objective-C程序中，产生一个对象的可变副本时并不要求被复制的对象本身是可变的，在编程时可以为可变对象的创建不可变的副本。所以当在上述代码中产生数组的副本时，通过复制操作将数组中每个元素的保持计自动增1。由此可见，如果产生数组的副本并随即释放原始数组，那么副本仍然包含有效的元素。

因为dataArray的副本是在程序中使用方法mutableCopy产生的，所以需要释放它的内存。第12章中曾经讲解过，可以编码释放自己使用copy方法创建的对象，这正好解释了下面代码的实质。

```
[dataArray2 release];
```

13.3 浅复制和深复制

知识点讲解：光盘:视频\知识点\第13章\浅复制和深复制.mp4

一般来说，复制一个对象包括创建一个新的实例，并以原始对象中的值初始化这个新的实例。复制非指针型实例变量的值很简单，比如布尔值、整数和浮点数。复制指针型实例变量有两种方法。一种方法称为浅复制，即将原始对象的指针值复制到副本中。此时，原始对象和副本共享引用数据。另一种方法称为深复制，即复制指针所引用的数据，并将其赋给副本的实例变量。

下面的实例演示了实现浅复制和深复制的具体过程。

实例13-3	实现浅复制和深复制
源码路径	光盘\daima\第13章\13-3

定义接口实现文件FKDog.m，其中"dog.name = self.name;"实现了浅复制，而用"//"注释掉的copyWithZone:方法实现了深复制功能。文件FKDog.m的具体实现代码如下所示。

```
#import "FKDog.h"

@implementation FKDog
- (id)copyWithZone:(NSZone*)zone
{
  NSLog(@"--执行copyWithZone--");
  // 使用zone参数创建FKDog对象
  FKDog* dog = [[[self class] allocWithZone:zone] init];
  dog.name = self.name;
  dog.age = self.age;
  return dog;
}
// 为深复制实现的copyWithZone:方法
//- (id)copyWithZone:(NSZone*)zone
//{
//    NSLog(@"--执行copyWithZone--");
//    // 使用zone参数创建FKDog对象
//    FKDog* dog = [[[self class] allocWithZone:zone] init];
//    // 将原对象的name实例变量复制一份副本后赋值给新对象的name实例变量
//    dog.name = [self.name mutableCopy];
//    dog.age = self.age;
//    return dog;
//}
@end
```

测试文件main.m的具体实现代码如下所示。

```
#import <Foundation/Foundation.h>
#import "FKDog.h"

int main(int argc , char * argv[])
{
    @autoreleasepool{
        FKDog* dog1 = [FKDog new];    // 创建一个FKDog对象
        dog1.name = [NSMutableString stringWithString:@"旺财"];
        dog1.age = 20;
        FKDog* dog2 = [dog1 copy];    // 复制副本
        [dog2.name replaceCharactersInRange:
          NSMakeRange(0 , 2)
                          withString:@"snoopy"];    // 修改dog2的name属性值
        // 查看dog2、dog1的name属性值
        NSLog(@"dog2的name为:%@" , dog2.name);
        NSLog(@"dog1的name为:%@" , dog1.name);
    }
}
```

执行后的效果如图13-1所示。

实例变量set方法的实现应该能够反映出需要使用的复制类型。如果相应的set方法复制了新的值，如下面的方法所示，那么我们应该深复制

```
--执行copyWithZone--
dog2的name为:snoopy
dog1的name为:snoopy
```

图13-1 实例13-3的执行效果

这个实例变量。
```
- (void)setMyVariable:(id)newValue
{
 [myVariable autorelease];
 myVariable = [newValue copy];
}
```
如果相应的set方法保留了新的值，例如下面所示的方法，那么应该浅复制这个实例变量。
```
- (void)setMyVariable:(id)newValue
{
 [myVariable autorelease];
 myVariable = [newValue retain];
}
```
同理，如果实例变量的set方法只是简单地将新的值赋给实例变量，而没有复制或保留它，那么应该浅复制这个实例变量，正如下面的代码所示，虽然这通常很罕见。
```
- (void)setMyVariable:(id)newValue
{
 myVariable = newValue;
}
```

13.3.1 独立副本

为了产生真正独立于原始对象的对象副本，必须对整个对象进行深复制，每个实例变量都必须被复制。如果实例变量本身具有实例变量，则它们也必须被复制，依此类推。在许多情况下，混合使用两种复制方式会更加有效。在一般情况下，可以被视为数据容器的指针型实例变量往往被深复制，而更复杂的实例变量（如委托）则被浅复制。例如，假设有如下代码

```
@interface Product : NSObject <NSCopying>
{
 NSString *productName;
 float price;
 id delegate;
}
@end
```

类Product继承了NSCopying。正如在上述接口中所声明的那样，Product实例含有名称、价格和委托3个变量。

复制Product实例会产生productName的一份深复制，这是因为它表示一个扁平的数据值。但是，delegate实例变量是一个更复杂的对象，对于原始Product和副本Product都能够正常运行。因此，副本和原始对象应该共享这个委托。

如果超类没有实现NSCopying，则自己类的实现必须复制它所继承的实例变量以及那些在类中声明的实例变量。一般来说，完成这一任务最安全的方式是使用方法alloc、init...和set。

另一方面，如果编写的类继承了NSCopying的行为，并声明了其他的实例变量，那么也需要实现copyWithZone:。在这个方法中，调用超类的实现来复制继承的实例变量，然后复制其他新声明的实例变量。究竟如何处理新的实例变量，这取决于大家对超类实现的熟悉程度。如果超类使用了或者有可能使用过NSCopyObject，那么必须有别于使用alloc和init...函数的情况，要用不同的方式处理实例变量。

13.3.2 复制的应用

在前面的实例13-2中，使用不可变字符串来填充了dataArray的元素。在下面的实例中，使用可变字符串代替它来填充数组，这样就可以改变数组中的一个字符串。

实例13-4	使用可变字符串填充数组
源码路径	光盘\daima\第13章\13-4

实例文件main.m的具体实现代码如下所示。

```objc
#import <Foundation/NSObject.h>
#import <Foundation/NSArray.h>
#import <Foundation/NSString.h>
#import <Foundation/NSAutoreleasePool.h>

int main(int argc, const char * argv[]) {
    @autoreleasepool {
        NSMutableArray    *dataArray = [NSMutableArray arrayWithObjects:
                                        [NSMutableString stringWithString: @"one"],
                                        [NSMutableString stringWithString: @"two"],
                                        [NSMutableString stringWithString: @"three"],
                                        nil
                                        ];
        NSMutableArray    *dataArray2;
        NSMutableString   *mStr;
        NSLog (@"dataArray: ");
        for ( NSString *elem in dataArray )
            NSLog (@"    %@", elem);
        // 复制
        dataArray2 = [dataArray mutableCopy];
        mStr = [dataArray objectAtIndex: 0];
        [mStr appendString: @"ONE"];
        NSLog (@"dataArray: ");
        for ( NSString *elem in dataArray )
            NSLog (@"    %@", elem);
        NSLog (@"dataArray2: ");
        for ( NSString *elem in dataArray2 )
            NSLog (@"    %@", elem);
    }
    return 0;
}
```

执行上述代码后会输出：

```
dataArray:
  one
  two
  three
dataArray:
  oneONE
  two
  three
dataArray2:
  oneONE
  two
  three
```

使用下面的代码可以检索dataArray中的第一个元素：

```
mStr = [dataArray objectAtIndex: 0];
```

使用下面的代码可以将字符串@"ONE"附加到给这个元素：

```
[mStr appendString: @"ONE"];
```

此时原始数组及其副本中第一个元素的值都被修改了。当从集合中获取元素时，就得到了这个元素的一个新引用，但并不是一个新副本。所以当对dataArray调用objectAtIndex:方法时，返回的对象与dataArray中的第一个元素都指向内存中的同一个对象。随后修改string对象mStr会产生副作用，它会同时改变dataArray的第一个元素，这一点可以从上面的输出结果中看到。

当使用方法mutableCopy复制数组时，在内存中为新的数组对象分配了空间，并且将单个元素复制到新数组中。当将原始数组中每个元素复制到新位置时，意味着仅将引用从一个数组元素复制到另一个数组元素。这样做的最终结果是，这两个数组中的元素都指向内存中的同一个字符串。这与将一个对象赋值给另一个对象没什么不同。

如果要为数组中每个元素创建完全不同的副本，则需要执行"深复制"操作。这就意味着要创建数组中每个对象内容的副本，而不仅是这些对象引用的副本。然而当使用类Foundation的copy或mutableCopy方法时，深复制并不是默认执行的。

> **注意**
>
> 在本书第17章"归档"的内容中,将详细讲解如何使用Foundation的归档功能实现对象深复制的具体方法。

当复制一个数组、字典或集合时,会获得这些集合的新副本。如果想要更改其中一个集合而不是它的副本,那么可能需要为单个元素创建自己的副本。假设想要更改实例15-2中dataArray2的第一个元素,但不更改dataArray的第一个元素,可以使用stringWithString:之类的方法创建一个新字符串,并将它存储到dataArray2的第一个位置。

```
mStr = [NSMutableString stringWithString: [dataArray2 objectAtIndex: 0]];
```

然后可以更改mStr,并使用方法replaceObject:atIndex:withObject:将它添加到数组中。

```
[mStr appendString @"ONE"];
[dataArray2 replaceObjectAtIndex: 0 withObject: mStr];
```

此时会发现,即使替换了数组中的对象,mStr和dataArray2的第一个元素仍然指向内存中的同一个对象。这意味着当随后在程序中对mStr做修改操作时,也会更改数组中的第一个元素。如果不需要事先修改操作,则可以设置总是释放mStr,并分配新的实例,因为对象会被replaceObject:atIndex:withObject:方法自动保持。

13.4 使用 alloc+init...方式实现复制

知识点讲解: 光盘:视频\知识点\第13章\使用alloc+init...方式实现复制.mp4

如果一个类没有继承NSCopying行为,则应该使用alloc、init...和set方法实现copyWithZone:。例如,对于之前提到的Product类,其copyWithZone:方法可能会采用以下方式实现。

```
- (id)copyWithZone:(NSZone *)zone
{
  Product *copy = [[[self class] allocWithZone: zone]
  initWithProductName:[self productName]
  price:[self price]];
  [copy setDelegate:[self delegate]];
  return copy;
}
```

由于与继承实例变量相关的实现细节被封装在超类中,因此一般情况下最好通过alloc、init...的方式实现NSCopying。这样一来,就可以使用方法set来确定实例变量所需的复制类型。

13.5 NSCopyObject()的使用

知识点讲解: 光盘:视频\知识点\第13章\NSCopyObject()的使用.mp4

如果一个类继承了NSCopying行为,则必须考虑到超类的实现有可能会使用NSCopyObject函数。NSCopyObject通过复制实例变量的值,而不是它们指向的数据来创建对象的浅复制。例如,NSCell的copyWithZone:实现可能按照以下方式定义。

```
- (id)copyWithZone:(NSZone *)zone
{
  NSCell *cellCopy = NSCopyObject(self, 0, zone);
  /* 假如在此进行初始化*/
  cellCopy->image = nil;
  [cellCopy setImage:[self image]];
  return cellCopy;
}
```

在上面的代码中,NSCopyObject创建了原始cell对象的一份浅复制。这种行为适合于复制非指针实例变量以及指向浅复制的非保留数据的指针实例变量。指向保留对象的指针实例变量还需要额外的处理。

在上面的代码中,image是一个指向保留对象的指针。保留image的策略反映在下面存取方法setImage:的实现中。

```
- (void)setImage:(NSImage *)anImage
{
    [image autorelease];
    image = [anImage retain];
}
```

在此需要注意，setImage:在重新对image赋值之前自动释放了image。如果上述copyWithZone:的实现没有在调用setImage:之前显式地将副本的image实例变量设置为空，将会释放副本和原始对象所引用的image。

即使image指向了正确的对象，在概念上它也是未初始化的。不同于使用alloc和init...创建的实例变量，这些未初始化变量的值并不是nil值。应该在使用它们之前，显式地为这些变量赋初始值。在这种情况下，cellCopy的image实例变量应该被设置为空，然后使用方法setImage:对其进行设置。

NSCopyObject的作用会影响到子类的实现。例如，NSSliderCell的实现可能会按照下面的方式复制一个新的titleCell实例变量。

```
- (id)copyWithZone:(NSZone *)zone
{
    id cellCopy = [super copyWithZone:zone];
    /* 假如在此进行初始化. */
    cellCopy->titleCell = nil;
    [cellCopy setTitleCell:[self titleCell]];
    return cellCopy;
}
```

其中，假设super的copyWithZone:方法完成如下所示的操作。

```
id copy = [[[self class] allocWithZone: zone] init];
```

这样便可以调用超类的copyWithZone:方法来复制继承而来的实例变量。当调用超类的copyWithZone:方法时，如果超类的实现有可能使用NSCopyObject，则假定新的对象的实例变量是未初始化的。应该在使用这些实例变量之前显式地为它们赋值。在上述代码中，在调用setTitleCell:之前，显式地将titleCell设置为nil。

注意

> 当使用NSCopyObject时，对象保留计数的实现是另一个应该考虑的问题。如果一个对象将它的保留计数存储在一个实例变量中，则copyWithZone:的实现必须正确地初始化副本的保留计数。

13.6 用自定义类实现复制

知识点讲解：光盘:视频\知识点\第13章\用自定义类实现复制.mp4

在Objective-C程序中，如果尝试使用自己类（例如，地址簿）中的copy方法复制，例如：

```
NewBook = [myBook mutableCopy];
```

这样将会收到一条错误消息，可能是如下所示的注释。

```
*** -[AddressBook copyWithZone:]: selector not recognized
*** Uncaught exception:
*** -[AddressBook copyWithZone:]: selector not recognized
```

正如注释所描述的那样，要想使用自己的类进行复制，必须根据<NSCoping>协议实现其中一两个方法。

接下来将展示如何为类Fraction添加copy方法，此类在本书前面的章节中曾经多次使用过。注意，这里描述的复制策略非常适用于自己的类。如果这些类是任何Foundation类的子类，那么可能需要实现较为复杂的复制策略。必须考虑这样一个事实，超类可能已经实现了它自己的复制策略。

在类Fraction中包含了两个整型实例变量，分别名为numerator和denominator。要产生其中一个对象的副本，需要分配一个新分数的空间，并简单地将这两个整数的值复制到新分数中。

在实现<NSCopying>协议时，类必须实现方法copyWithZone:来响应copy消息。这条copy消息仅将一条带有nil参数的copyWithZone:消息发送给编写的类。如果想要区分可变副本和不可变副本，还需要根据<NSMutableCoping>协议实现mutableCopyWithZone:方法。如果两个方法都实现，那么copyWithZone:应该返回不可变副本,而mutableCopytWithZone:将返回可变副本。产生对象的可变副本并不要求被复制的对象本身也是可变的(反之亦然)。想要产生不可变对象的可变副本是很合理的,例如字符串对象的复制。

使用@interface指令的格式如下所示:
```
@interface Fraction: NSObject <NSCopying>
```
其中Fraction是NSObject的子类,并且符合NSCopying协议。

在实现文件Fracion.m中,为新方法添加下列定义。
```
-(id) copyWithZone: (NSZone *) zone
{
    Fraction *newFract = [[Fraction allocWithZone: zone] init];
    [newFract setTo: numerator over: denominator];
    return newFract;
}
```

参数zone与不同的存储区有关,可以在程序中分配并使用这些存储区。只有在编写要分配大量内存的应用程序,并且想要通过将空间分配分组到这些存储区中来优化内存分配时,才需要处理这些zone。可以使用传递给copyWithZone:的值,并将它传给名为allocWithZone:的内存分配方法,这个方法在指定存储区中分配内存。

在分配新的Fraction对象之后,将接收者的numerator和denominator变量复制到其中。方法copyWithZone:能够返回对象的新副本,此对象就是在个人编写的方法中实现的。

下面的实例实现了上述方法。

实例13-5	使用自定义类实现复制
源码路径	光盘:\daima\第13章\13-5

实例文件main.m的具体实现代码如下所示。
```
#import "Fraction.h"
#import <Foundation/NSAutoreleasePool.h>

int main(int argc, const char * argv[]) {
    @autoreleasepool {
        Fraction *f1 = [[Fraction alloc] init];
        Fraction *f2;
        [f1 setTo: 2 over: 5];
        f2 = [f1 copy];
        [f2 setTo: 1 over: 3];
        [f1 print];
        [f2 print];
    }
    return 0;
}
```

对于上述代码的具体说明如下。

(1)创建了一个名为f1的Fraction对象,并将其设置为2/5。

(2)f1对象调用copy方法产生副本,方法copy向对象发送copyWithZone:消息。这个方法产生了一个新的Fraction,将f1的值复制到其中,并返回结果。在main函数中,将这个结果赋给f2,然后将f2中的值设置为1/3(分数),这样就验证了这些操作对原始分数f1没有影响。

执行上述代码后会输出:
```
2/5
1/3
```
如果将程序中的如下代码:
```
f2 = [f1 copy];
```
改为如下代码:
```
f2 = f1;
```
如果编写的类可以产生子类,那么方法copyWithZone:将被继承。在这种情况下,需要将方法中的如下代码:
```
Fraction *newFract = [[Fraction allocWithZone: zone] init];
```
改为如下代码:

```
Fraction *newFract = [[[self class] allocWithZone: zone] init];
```
这样就可以从该类分配一个新对象,而这个类是copy的接收者。假如它产生了一个名为NewFraction的子类,那么应该确保在继承的方法中分配了新的NewFraction对象,而不是Fraction对象。

如果编写一个类的copyWithZone:方法,而该类的超类也实现了<NSCopying>协议,那么应该先调用超类的copy方法来复制继承来的实例变量,然后加入自己的代码以复制想要添加到该类中的任何附加的实例变量。

13.7 用赋值方法和取值方法复制对象

知识点讲解:光盘:视频\知识点\第13章\用赋值方法和取值方法复制对象.mp4

在Objective-C程序中,只要实现赋值方法或取值方法,都需要考虑实例变量中存储的内容要检索的内容和是否需要保护这些值。例如在下面的代码中,使用方法setName:设置了AddressCard对象的名称。
```
[newCard setName: newName];
```
在上述代码中,假设newName是一个字符串对象,它包含新地址卡片的名称。假定在赋值方法例程内,只是简单地将参数赋值给相应的实例变量。
```
-(void) setName: (NSString *) theName
{
    name = theName;
}
```
此时如果更改了程序newName中包含的一些字符,会发生什么呢?这样会无意间改变地址卡片中对应的域,因为它们都引用相同的string对象。为了避免无意间对程序产生影响,比较安全的解决办法是在赋值方法例程中产生对象的副本。通过使用方法alloc来创建新的string对象,然后使用函数initWithString:将该方法提供的参数的值赋给它,这样可以实现在赋值对象中产生副本。另外也可以编写下面的setName:方法来使用copy方法。
```
-(void) setName: (NSString *) theName
{
    name = [theName copy];
}
```
当然,要想使赋值方法例程的内存管理更加友好,应该自动释放旧的值。
```
-(void) setName: (NSString *) theName
{
    [name autorelease];
    name = [theName copy];
}
```
如果在属性声明中为实例变量指定了copy属性,那么合并后的方法会使用copy方法(编写的copy方法或继承的copy方法)。所以下面的property声明代码会生成一个合并的方法。
```
@property (nonatomic, copy) NSString *name;
```
上述行为类似于下面的代码。
```
-(void) setName: (NSString *) theName
{
    if (theName != name) {
        [name release];
        name = [theName copy];
    }
}
```
在此处使用了nonatomic,目的是告诉系统不要使用mutex(互斥)锁定保护属性存取器方法。编写线程安全代码的程序员会使用mutex锁定来防止同一代码中的两个线程同时执行,如果同时执行了会导致可怕的问题。然而这种锁定也会让程序变慢,如果知道这个代码只会在单线程中运行,就可以避免使用这种锁定方法。

如果没有指定nonatomic或者指定了默认值atomic,那么会使用mutex锁定保护实例变量。并且合并的取值方法将被保持,并在实例变量的值返回前自动释放该实例变量。在没有使用垃圾回收的环境中,这可保护实例变量不被赋值方法调用重写,这种赋值方法在设置新值前会释放实例变量的旧值。在取值方法中的这种保持确保了旧值不会被销毁。

如果正在复制的实例变量包含不可变的对象(例如不可变的字符串对象),那么可能不需要生成这个对象内容的新副本,仅需要保持该对象来生成它的新引用可能就足够了。例如,当为类AddressCard实现copy方法时,这个类包含了成员name和email,此时使用下面实现的copyWithZone:方法就足够了。

```
-(AddresssCard *) copyWithZone: (NSZone *) zone
{
    AddressCard *newCard = [[AddressCard allocWithZone: zone] init];
    [newCard retainName: name andEmail: email];
    return newCard;
}
-(void) retainName: (NSString *) theName andEmail: (NSString *) theEmail
{
    name = [theName retain];
    email = [theEmail retain];
}
```

在上述代码中,没有使用方法setName:andEmail:复制实例变量,因为这个方法生成了参数的新副本,这将违反整个练习的目的。为了实现我们的目的,可以按照如下方法进行设置。

(1)使用一个名为retainName:andEmail:的新方法保持两个变量,直接在方法copyWithZone:中设置newCard中的两个实例变量。

(2)此时会涉及到指针操作,虽然指针操作可能效率更高,并且因为这个[retainName:andEmail:]方法本来并不是public的,所以不会将方法[retainName:andEmail:]暴露给类的用户。

> **注意**
>
> 建议初学者在学习阶段尽量少用或者避免使用指针,等具备一定基础后再使用指针。

这样就完成了的对象的复制工作,此时只是侥幸成功地保持了实例变量,而不是产生它们的完整副本,这是因为被复制的地址卡的所有者不能影响原始对象的name和email成员。

> **注意——使用atomic存取器方法**
>
> 当遇到mutex锁定问题时,因为使用的"保持/自动"释放机制与垃圾回收环境无关(还记得这些方法调用都会被忽略),所以还是不能解决锁定的问题。如果代码在多线程环境中运行时,建议读者考虑使用atomic存取器方法。关于保护实例变量值的讨论同样适用于取值例程。如果返回对象,那么必须确保对返回值的更改不影响实例变量值。在这样的情况下,可以生成实例变量的副本,并将它用作返回值。

13.8 复制可变和不可变对象

📀 **知识点讲解**:光盘:视频\知识点\第13章\复制可变的和不可变的对象.mp4

当"不可变的和可变的"这一概念应用于某个对象时,不论原始对象是不可变的还是可变的,NSCopying总是产生不可变的副本。可以对不可变的类非常有效地实现NSCopying。由于不可变的对象不会发生改变,因此没有必要复制它们。相反,NSCopying可以实现为retain原始对象。例如,对于一个不可变的字符串类,copyWithZone:可以按照下列方式实现。

```
- (id)copyWithZone:(NSZone *)zone {
    return [self retain];
}
```

要使用NSMutableCopying协议创建对象的可变副本。支持可变复制的对象本身并不需要是可变的。该协议声明了mutableCopyWithZone:方法。通常,可变的复制是通过NSObject的便捷方法mutableCopy调用的,该方法调用了默认zone的mutableCopyWithZone:。

13.9 使用 setter 方法复制

知识点讲解：光盘:视频\知识点\第13章\setter方法复制.mp4

在Objective-C程序中，当调用setter方法实现复制时，实际上是将传入参数的副本赋值给程序的实例变量。

实例13-6	使用setter方法实现复制
源码路径	光盘:\daima\第13章\13-6

首先定义类FKItem，在定义属性name时使用了copy指示符。文件FKItem.h的具体实现代码如下所示。

```
#import <Foundation/Foundation.h>

@interface FKItem : NSObject
@property (nonatomic , copy) NSMutableString* name;
@end
```

定义类FKItem的具体实现文件FKItem.m，具体实现代码如下所示。

```
#import "FKItem.h"

@implementation FKItem
@end
```

编写测试文件main.m，创建一个FKItem对象item，并对对item的name属性进行了赋值处理。具体实现代码如下所示。

```
#import <Foundation/Foundation.h>
#import "FKItem.h"

int main(int argc , char * argv[])
{
    @autoreleasepool{
        FKItem* item = [FKItem new];   // 创建一个FKItem对象
        item.name = [NSMutableString stringWithString:
                     @"iOS 9开发指南"];   // 对item的name属性赋值
        [item.name appendString:@"fkit"];   // 在item的name属性后追加一个字符串
    }
}
```

执行后输出如下异常：

```
*** Terminating app due to uncaught exception 'NSInvalidArgumentException', reason:
'Attempt to mutate immutable object with appendString:'
*** First throw call stack:
(
 0   CoreFoundation              0x00007fff8966664c __exceptionPreprocess + 172
 1   libobjc.A.dylib             0x00007fff8f6336de objc_exception_throw + 43
 2   CoreFoundation              0x00007fff896664fd +[NSException raise:format:] + 205
 3   CoreFoundation              0x00007fff89623dee mutateError + 110
 4   13-6                        0x0000000100000d6e main + 206
 5   libdyld.dylib               0x00007fff8c61f5c9 start + 1
)
libc++abi.dylib: terminating with uncaught exception of type NSException
```

上述错误提示表示不允许修改item的name属性值，这是因为在定义属性name时使用了copy指示符。copy默认复制的是对象的不可变副本，虽然传入的是NSMutableString，但是上述代码使用该参数的copy方法得到的是不可变副本。

13.10 谓词

知识点讲解：光盘:视频\知识点\第13章\谓词.mp4

在编写Objective-C程序时，经常需要获取一个对象的集合，并通过某些已知条件计算该集合的值。这时需要保留符合某个条件的对象，删除那些不满足条件的对象。从而提取一些有意义的对象，这便是谓词的作用。

在Cocoa中提供了一个NSpredicate的类，该类的返回值是一个数组，它用于制定过滤器的条件，例如：

```
NSpredicate *predicate = [NSpredicate predicateWithFormat:@"ago > 28"];
```

上述代码创建了一个NSpredicate对象，描述的条件是：@"age > 28"，即年龄大于28。通过对象描述所需条件，从而通过谓词对每个对象进行筛选。

本节将详细讲解Objective-C谓词的基本知识和具体用法。

13.10.1 创建谓词

可以通过NSPredicate类来创建谓词，具体格式如下所示。

```
predicateWithFormat:
NSPredicate *predicate;
predicate = [NSPredicate predicateWithFormat:@"name == 'Herbie'"];
```

如果谓词串中的文本块未被引用，则被看做是键路径，即需要用引号表明是字符串（单引号、双引号均可）。键路径可以在后台包含许多强大的功能。

计算谓词的格式如下所示。

```
BOOL match = [predicate evaluateWithObject:car];
```

它让谓词通过某个对象来计算自己的值，给出BOOL值。

下面的实例创建了一个谓词，并用指定的对象计算了谓词的值。

实例13-7	创建并计算谓词的值
源码路径	光盘:\daima\第13章\13-7

实例文件main.m的具体实现代码如下所示。

```
#import <Foundation/Foundation.h>
#import "FKUser.h"

int main(int argc , char * argv[])
{
 @autoreleasepool{
    // 创建谓词，要求name以s开头
    NSPredicate* pred = [NSPredicate predicateWithFormat:
        @"name like 's*'"];
    FKUser* user1 = [[FKUser alloc] initWithName:@"sun"
        pass:@"123"];
    // 对user1对象使用谓词执行判断。
    BOOL result1 = [pred evaluateWithObject:user1];
    NSLog(@"user1的name是否以s开头: %d", result1);
    FKUser* user2 = [[FKUser alloc] initWithName:@"bai"
        pass:@"563"];
    // 对user2对象使用谓词执行判断。
    BOOL result2 = [pred evaluateWithObject:user2];
    NSLog(@"user2的name是否以s开头: %d", result2);
 }
}
```

执行后输出：

```
user1的name是否以s开头: 1
user2的name是否以s开头: 0
```

13.10.2 用谓词过滤集合

在Objective-C程序中，filteredArrayUsingPredicate是NSArray数组的一种类别方法，能够循环过滤数组中的内容，可以将值为YES的对象累积放到结果数组中并返回。下面的实例演示了使用谓词过滤集合的过程。

实例13-8	使用谓词过滤集合
源码路径	光盘:\daima\第13章\13-8

实例文件main.m的具体实现代码如下所示。

```
#import <Foundation/Foundation.h>
#import "FKUser.h"
```

```
int main(int argc , char * argv[])
{
    @autoreleasepool{
        NSMutableArray* array = [NSMutableArray
                                 arrayWithObjects: [NSNumber numberWithInt:50],
                                                   [NSNumber numberWithInt:50],
                                                   [NSNumber numberWithInt:42],
                                                   [NSNumber numberWithInt:20],
                                                   [NSNumber numberWithInt:64],
                                                   [NSNumber numberWithInt:56],nil];
        // 创建谓词，要求该对象自身的值大于50
        NSPredicate* pred1 = [NSPredicate predicateWithFormat:
                              @"SELF > 50"];
        // 使用谓词执行过滤，过滤后出值大于50的集合元素
        [array filterUsingPredicate:pred1];
        NSLog(@"值大于50的元素：%@" , array);
        NSSet* set = [NSSet setWithObjects:
                      [[FKUser alloc] initWithName:@"AABB"
                                              pass:@"343"],
                      [[FKUser alloc] initWithName:@"BB"
                                              pass:@"231"],
                      [[FKUser alloc] initWithName:@"CC"
                                              pass:@"659"],
                      [[FKUser alloc] initWithName:@"DD"
                                              pass:@"743"],
                      [[FKUser alloc] initWithName:@"EE"
                                              pass:@"985"], nil];
        // 创建谓词，要求该对象的name值中包含'BB'
        NSPredicate* pred2 = [NSPredicate predicateWithFormat:
                              @"name CONTAINS 'BB'"];
        // 执行过滤，过滤后集合只剩下两个元素
        NSSet* newSet = [set filteredSetUsingPredicate:pred2];
        NSLog(@"%@" , newSet);
    }
}
```

执行上述代码后会输出：

```
值大于50的元素：(
    64,
    56
)
{(
    <FKUser[name=AABB, pass=343]>,
    <FKUser[name=BB, pass=231]>
)}
```

13.10.3 在谓词中使用格式说明符

在谓词中可以使用格式说明符，通过%d和%@可以插入数值和字符串，使用%K表示key。在谓词中还可以引入变量名，用$设置类似环境变量的值，例如：

`@"name == $NAME"`

这样可以再用predicateWithSubstitutionVariables调用来构造新的谓词（键/值字典），其中键是变量名，值是要插入的内容。但是这种情况下，不能把变量当成键路径，只能用作值。

下面的实例演示了在谓词中使用格式说明符的过程。

实例13-9	在谓词中使用格式说明符
源码路径	光盘:\daima\第13章\13-9

实例文件main.m的具体实现代码如下所示。

```
#import <Foundation/Foundation.h>
#import "FKUser.h"

int main(int argc , char * argv[])
{
    @autoreleasepool{
        NSSet* set = [NSSet setWithObjects:
```

```
                    [[FKUser alloc] initWithName:@"AABB"
                                            pass:@"343"],
                    [[FKUser alloc] initWithName:@"BB"
                                            pass:@"231"],
                    [[FKUser alloc] initWithName:@"CC"
                                            pass:@"659"],
                    [[FKUser alloc] initWithName:@"DD"
                                            pass:@"743"],
                    [[FKUser alloc] initWithName:@"EEBB"
                                            pass:@"598"], nil];
        NSString* propPath = @"name";
        NSString* value = @"BB";
        // 创建谓词，该谓词中包含了两个占位符
        // 后面的两个变量用于为占位符设置参数值
        NSPredicate* pred = [NSPredicate predicateWithFormat:
                            @"%K CONTAINS %@" , propPath , value];
        // 执行过滤，过滤后的集合只剩下两个元素
        NSSet* newSet = [set filteredSetUsingPredicate:pred];
        NSLog(@"%@" , newSet);
        // 创建谓词，该谓词表达式中使用%K占位符，该占位符使用pass代替
        // 要求被比较对象的pass包含$SUBSTR子串
        NSPredicate* predTemplate = [NSPredicate predicateWithFormat:
                            @"%K CONTAINS $SUBSTR" , @"pass"];
        // 使用NDDictionary指定SUBSTR的值为'43'
        NSPredicate* pred1 = [predTemplate
                            predicateWithSubstitutionVariables:
                            [NSDictionary dictionaryWithObjectsAndKeys:
                            @"43" , @"SUBSTR", nil]];
        // 执行过滤，过滤后的集合只剩下两个元素
        NSSet* newSet1 = [set filteredSetUsingPredicate:pred1];
        NSLog(@"%@" , newSet1);
        // 使用NDDictionary将SUBSTR的值指定为'59'
        NSPredicate* pred2 = [predTemplate
                            predicateWithSubstitutionVariables:
                            [NSDictionary dictionaryWithObjectsAndKeys:
                            @"59" , @"SUBSTR", nil]];
        // 执行过滤，过滤后的集合只剩下两个元素
        NSSet* newSet2 = [set filteredSetUsingPredicate:pred2];
        NSLog(@"%@" , newSet2);
    }
}
```

执行后将会输出：

```
{(
    <FKUser[name=EEBB, pass=598]>,
    <FKUser[name=BB, pass=231]>,
    <FKUser[name=AABB, pass=343]>
)}
{(
    <FKUser[name=AABB, pass=343]>,
    <FKUser[name=DD, pass=743]>
)}
{(
    <FKUser[name=EEBB, pass=598]>,
    <FKUser[name=CC, pass=659]>
)}
```

13.11 日期和时间处理

知识点讲解：光盘:视频\知识点\第13章\日期和时间处理.mp4

在Objective-C程序中，使用NSData对象来处理日期和时间。下面的实例演示了使用NSData对象来处理日期和时间的过程。

实例13-10	使用NSData对象来处理日期和时间
源码路径	光盘:\daima\第13章\13-10

实例文件main.m的具体实现代码如下所示。
```objc
#import <Foundation/Foundation.h>

int main(int argc, char * argv[])
{
    @autoreleasepool{
        // 获取代表当前日期、时间的NSDate
        NSDate* date1 = [NSDate date];
        NSLog(@"%@" , date1);
        // 获取从当前时间开始,一天之后的日期
        NSDate* date2 = [[NSDate alloc]
                        initWithTimeIntervalSinceNow:3600*24];
        NSLog(@"%@" , date2);
        // 获取从当前时间开始,3天之前的日期
        NSDate* date3 = [[NSDate alloc]
                        initWithTimeIntervalSinceNow: -3*3600*24];
        NSLog(@"%@" , date3);
        // 获取从1970年1月1日开始,20年之后的日期
        NSDate* date4 = [NSDate dateWithTimeIntervalSince1970:
                        3600 * 24 * 366 * 20];
        NSLog(@"%@" , date4);
        // 获取系统当前的NSLocale
        NSLocale* cn = [NSLocale currentLocale];
        // 获取NSDate在当前NSLocale下对应的字符串
        NSLog(@"%@" , [date1 descriptionWithLocale:cn]);
        // 获取两个日期之中较早的日期
        NSDate* earlier = [date1 earlierDate:date2];
        // 获取两个日期之中较晚的日期
        NSDate* later = [date1 laterDate:date2];
        // 比较两个日期, compare:方法返回NSComparisonResult枚举值,
        // 该枚举类型包含NSOrderedAscending、NSOrderedSame和
        // NSOrderedDescending三个值,
        // 分别代表调用compare:的日期位于被比较日期之前、相同、之后
        switch ([date1 compare:date3])
        {
            case NSOrderedAscending:
                NSLog(@"date1位于date3之前");
                break;
            case NSOrderedSame:
                NSLog(@"date1与date3日期相等");
                break;
            case NSOrderedDescending:
                NSLog(@"date1位于date3之后");
                break;
        }
        // 获取两个时间之间的时间差
        NSLog(@"date1与date3之间时间差%g秒"
                , [date1 timeIntervalSinceDate:date3]);
        // 获取指定时间与现在时间的时间差
        NSLog(@"date2与现在时间差%g秒"
                , [date2 timeIntervalSinceNow]);
    }
}
```
执行后的效果如图13-2所示。

```
2015-06-05 15:29:54 +0000
2015-06-06 15:29:54 +0000
2015-06-02 15:29:54 +0000
1990-01-16 00:00:00 +0000
2015年6月5日 星期五 中国标准时间23:29:54
date1位于date3之后
date1与date3之间时间差259200秒
date2与现在时间差86400秒
```

图13-2 实例13-10的执行效果

13.12 日期格式器

知识点讲解:光盘:视频\知识点\第13章\日期格式器.mp4

在Objective-C程序中,使用NSDateFormatter对象来处理日期格式。NSDateFormatter代表一个日期格式器,它的功能就是完成NSDate与NSString之间的转换。使用NSDateFormatter完成NSDate与NSString之间转换的步骤如下。

(1) 创建一个NSDateFormatter对象。

(2) 调用NSDateFormatter的setDateStyle:,setTimeStyle:方法设置格式化日期和时间的风格。

其中，日期和时间风格支持如下几个枚举值。
- NSDateFormatterNoStyle：不显示日期和时间的风格。
- NSDateFormatterShortStyle：显示短的日期和时间风格。
- NSDateFormatterMediumStyle：显示中等的日期和时间风格。
- NSDateFormatterLongStyle：显示长的日期和时间风格。
- NSDateFormatterFullStyle：显示完整的日期和时间风格。

如果打算使用自定义的格式模版，可以调用NSDateFormatter的setDateFormatter:方法设置日期和时间的模板即可。

下面的实例演示了使用NSDateFormatter对象来处理日期格式的过程。

实例13-11	使用NSDateFormatter对象处理日期格式
源码路径	光盘:\daima\第13章\13-11

实例文件main.m的具体实现代码如下所示。

```
#import <Foundation/Foundation.h>

int main(int argc , char * argv[])
{
    @autoreleasepool{
        // 需要被格式化的时间
        // 获取从1970年1月1日开始，20年之后的日期
        NSDate* dt = [NSDate dateWithTimeIntervalSince1970:
                      3600 * 24 * 366 * 20];
        // 创建两个NSLocale，分别代表中国、美国
        NSLocale* locales[] = {
            [[NSLocale alloc] initWithLocaleIdentifier:@"zh_CN"]
            , [[NSLocale alloc] initWithLocaleIdentifier:@"en_US"]};
        NSDateFormatter* df[8];
        //为上面2个NSLocale创建8个NSDateFormatter对象
        for (int i = 0 ; i < 2 ; i++)
        {
            df[i * 4] = [[NSDateFormatter alloc] init];
            // 设置NSDateFormatter的日期和时间风格
            [df[i * 4] setDateStyle:NSDateFormatterShortStyle];
            [df[i * 4] setTimeStyle:NSDateFormatterShortStyle];
            // 设置NSDateFormatter的NSLocale
            [df[i * 4] setLocale: locales[i]];
            df[i * 4 + 1] = [[NSDateFormatter alloc] init];
            // 设置NSDateFormatter的日期和时间风格
            [df[i * 4 + 1] setDateStyle:NSDateFormatterMediumStyle];
            [df[i * 4 + 1] setDateStyle:NSDateFormatterMediumStyle];
            // 设置NSDateFormatter的NSLocale
            [df[i * 4 + 1] setLocale: locales[i]];
            df[i * 4 + 2] = [[NSDateFormatter alloc] init];
            // 设置NSDateFormatter的日期和时间风格
            [df[i * 4 + 2] setDateStyle:NSDateFormatterLongStyle];
            [df[i * 4 + 2] setTimeStyle:NSDateFormatterLongStyle];
            // 设置NSDateFormatter的NSLocale
            [df[i * 4 + 2] setLocale: locales[i]];
            df[i * 4 + 3] = [[NSDateFormatter alloc] init];
            // 设置NSDateFormatter的日期和时间风格
            [df[i * 4 + 3] setDateStyle:NSDateFormatterFullStyle];
            [df[i * 4 + 3] setTimeStyle:NSDateFormatterFullStyle];
            // 设置NSDateFormatter的NSLocale
            [df[i * 4 + 3] setLocale: locales[i]];
        }
        for (int i = 0 ; i < 2 ; i++)
        {
            switch (i)
            {
                case 0:
                    NSLog(@"-------中国日期格式--------");
                    break;
                case 1:
```

```
            NSLog(@"-------美国日期格式--------");
            break;
    }
    NSLog(@"SHORT格式的日期格式：%@", [df[i * 4] stringFromDate: dt]);
    NSLog(@"MEDIUM格式的日期格式：%@", [df[i * 4 + 1] stringFromDate: dt]);
    NSLog(@"LONG格式的日期格式：%@", [df[i * 4 + 2] stringFromDate: dt]);
    NSLog(@"FULL格式的日期格式：%@", [df[i * 4 + 3] stringFromDate: dt]);
}
NSDateFormatter* df2 = [[NSDateFormatter alloc] init];
// 设置自定义的格式器模板
[df2 setDateFormat:@"公元yyyy年MM月DD日 HH时mm分"];
// 执行格式化
NSLog(@"%@" , [df2 stringFromDate:dt]);
NSString* dateStr = @"2015-09-02";
NSDateFormatter* df3 = [[NSDateFormatter alloc] init];
// 根据日期字符串的格式设置格式模板
[df3 setDateFormat:@"yyyy-MM-dd"];
// 将字符串转换为NSDate对象
NSDate* date2 = [df3 dateFromString: dateStr];
NSLog(@"%@" , date2);
    }
}
```

执行后的效果如图13-3所示。

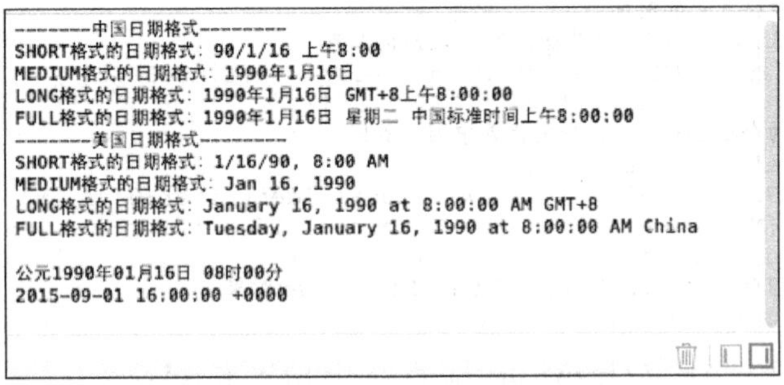

图13-3 实例13-11的执行效果

13.13 日历和日期组件

知识点讲解：光盘:视频\知识点\第13章\日历和日期组件.mp4

在Objective-C程序中，最常用的日历和日期组件是NSDateComponents和NSCalendar。其中NSCalendar对世界上现存的常用的历法进行了封装，既提供了不同历法的时间信息，又支持日历的计算。

NSDateComponents将时间表示成适合阅读和使用的方式，通过NSDateComponents可以快速而简单地获取某个时间点对应的"年""月""日""时""分""秒""周"等信息。当然一旦涉及了年月日时分秒就要和某个历法绑定，因此NSDateComponents必须和NSCalendar一起使用，默认为公历。

NSDateComponents除了像上面说的表示一个时间点外，还可以表示时间段，例如两周、3个月、20年、7天、10分钟、50秒等。时间段用于日历的计算，例如获取当前历法下，3个月前的某个时间点。

由此可见，要想获取某个时间点在某个历法下的表示，需要用NSDateComponents。如果要计算当前时间点在某个历法下对应的一个时间段前或后的时间点，需要用NSDateComponents。

NSDateComponents返回的day, week, weekday, month, year这一类数据都是从1开始的。因为日历是给人看的，不是给计算机看的，从0开始就是个错误。

下面的实例演示了使用日历和日期组件的具体过程。

实例13-12	使用日历和日期组件
源码路径	光盘:\daima\第13章\13-12

实例文件main.m的具体实现代码如下所示。

```objc
#import <Foundation/Foundation.h>

int main(int argc , char * argv[])
{
 @autoreleasepool{
        // 获取代表公历的NSCalendar对象
        NSCalendar *gregorian = [[NSCalendar alloc]
            initWithCalendarIdentifier:NSCalendarIdentifierGregorian];
        // 获取当前日期
        NSDate* dt = [NSDate date];
        // 定义一个时间字段的标志,指定将会获取指定年、月、日、时、分、秒的信息
        unsigned unitFlags = NSCalendarUnitYear |
            NSCalendarUnitMonth | NSCalendarUnitDay |
            NSCalendarUnitHour | NSCalendarUnitMinute |
            NSCalendarUnitSecond | NSCalendarUnitWeekday;
        // 获取不同时间字段的信息
        NSDateComponents* comp = [gregorian components: unitFlags
            fromDate:dt];
        // 获取各时间字段的数值
        NSLog(@"现在是%ld年" , comp.year);
        NSLog(@"现在是%ld月 " , comp.month);
        NSLog(@"现在是%ld日" , comp.day);
        NSLog(@"现在是%ld时" , comp.hour);
        NSLog(@"现在是%ld分" , comp.minute);
        NSLog(@"现在是%ld秒" , comp.second);
        NSLog(@"现在是星期%ld" , comp.weekday);
        // 再次创建一个NSDateComponents对象
        NSDateComponents* comp2 = [[NSDateComponents alloc]
            init];
        // 设置各时间字段的数值
        comp2.year = 2013;
        comp2.month = 4;
        comp2.day = 5;
        comp2.hour = 18;
        comp2.minute = 34;
        // 通过NSDateComponents所包含的时间字段的数值来恢复NSDate对象
        NSDate *date = [gregorian dateFromComponents:comp2];
        NSLog(@"获取的日期为: %@" , date);
 }
}
```

执行后会输出:
现在是2015年
现在是8月
现在是5日
现在是23时
现在是33分
现在是22秒
现在是星期6
获取的日期为: 2015-08-05 10:34:00 +0000

第 14 章 和C语言同质化的数据类型（上）

Objective-C语言和C语言有颇深的渊源，可以说Objective-C是C语言的一个分支。Objective-C语言也继承了C语言的很多语法特点。本章将详细讲解Objective-C和C语言相同的语法知识。希望读者认真学习，为后面学习打下基础。

14.1 数组

知识点讲解：光盘:视频\知识点\第14章\数组.mp4

Objective-C语言提供了数组功能，它允许用户在数组内定义一组有序的数据。本节将讲述定义和操作数组的相关知识，读者可以从中了解Objective-C数组相对于C语言数组的独有特性，为本书后面的学习打下基础。

14.1.1 一维数组

1. 定义一维数组

一维数组是只有一个下标的数组，它是C语言中最简单的数组。在使用数组之前必须先定义数组。定义一维数组的格式如下：

```
类型说明符 数组名 [常量表达式];
```

其中，"类型说明符"是任何一种基本数据类型或构造数据类型；"数组名"是用户定义的数组标识符；方括号中的常量表达式表示数据元素的个数，也称为数组的长度。例如：

```
int a[8];              //整型数组a有8个元素
float b[9],c[19];      //实型数组b有9个元素，实型数组c有19个元素
char ch[9];            //字符数组ch有9个元素
```

数组类型是指数组元素的取值类型。对于同一个数组，里面所有元素的数据类型都是相同的。数组名的书写规则应符合标识符的书写规定。

在定义一维数组时要注意如下4点。

（1）数组名不能与其他变量名相同，例如下面定义的数组a是错误的：

```
main(){
    int a;
    float a[10];
    ……
}
```

（2）方括号中的常量表达式表示数组元素的个数，例如a[5]表示数组a有5个元素。因为数组的下标是从0开始计算的，所以数组a的5个元素分别为a[0]、a[1]、a[2]、a[3]和a[4]。

（3）虽然不能在方括号中用变量表示元素的个数，但是可以是符号常数或常量表达式。例如下面的代码是合法的：

```
#define FD 5
main(){
```

```
   int a[4+1],b[7+FD];
   ……
}
```
（4）在定义数组时既可以只定义一个数组，也可以同时定义多个数组，还可以同时定义数组和变量。例如：
```
int a,b,c,d,k1[10],k2[20];
```

2．初始化一维数组

可以在定义数组时对数组元素进行初始赋值，即初始化处理。数组初始化是在编译阶段进行的，这样可以减少运行时间并提高效率。数组初始化赋值的一般格式如下：

类型说明符 数组名[常量表达式]={值,值……值};

其中，在{ }中的各数据值即为各元素的初值，各值之间用逗号间隔。例如：
```
int a[10]={ 0,1,2,3,4,5,6,7,8,9 };
```
它相当于：
```
int a[10];
a[0]=0;a[1]=1...a[9]=9;
```
在C语言中，对一维数组进行初始化赋值时需要注意如下4点。

（1）当{ }中值的个数少于元素个数时，可以只给前面的部分元素赋值。例如下面的赋值代码：
```
int a[10]={0,1,2,3,5};
```
上述代码表示只给a[0]~a[4]这5个元素赋值，而后面的5个元素自动赋值为0。

（2）只能逐个给元素赋值，而不能给数组整体赋值。例如要给10个元素全部赋值为5，只能写为如下格式：
```
int a[10]={5,5,5,5,5,5,5,5,5,5};
```
而不能使用下面的格式：
```
int a[10]=5;
```
（3）如果给全部元素赋值，在数组说明中可以不给出数组元素的个数。例如：
```
int a[5]={1,2,3,4,5};
```
上述代码可以写为：
```
int a[]={1,2,3,4,5};
```
（4）可以在程序执行过程中对数组动态赋值。这时可用循环语句配合scanf()函数逐个对数组元素赋值。

3．引用一维数组元素

数组元素是一种变量，是组成数组的基本单元，有时也被称为下标变量。用数组名加一个下标来标识数组元素，下标表示了元素在数组中的顺序号。当定义一个数组后，可以通过下标方式来引用数组内的任意一个元素。引用格式如下：

数组名[下标]

其中，"下标"只能为整型常量或整型表达式。当下标为小数时，C编译时将自动取整；"数组名"是表示要引用哪一个数组中的元素，这个数组必须已经定义。

在Objective-C语言中，下标的取值范围是从0到元素个数减1。假如定义了一个含有N个元素（N为一个常量）的数组，那么下标的取值范围为[0,N-1]。例如，下面的都是合法的数组元素：
```
a[4]
a[i+j]
a[i++]
```

4．全局数组和局部数组

在Objective-C中，必须在定义数组后才能使用下标变量，并且只能逐个使用下标变量，而不能一次引用整个数组。假如要输出有10个元素的数组，必须使用循环语句逐个输出各下标变量。

下面的实例可以生成斐波纳契数列前15个值的列表。

实例14-1	生成斐波纳契数列的前15个值
源码路径	光盘:\daima\第14章\14-1

实例文件main.m的具体实现代码如下所示。
```
#import <Foundation/Foundation.h>
```

```
int main(int argc, const char * argv[]) {
    @autoreleasepool {
        int Fibonacci[15], i;
        Fibonacci[0] = 0;   /* by definition */
        Fibonacci[1] = 1;   /*    ditto      */
        for ( i = 2; i < 15; ++i )
            Fibonacci[i] = Fibonacci[i-2] + Fibonacci[i-1];
        for ( i = 0; i < 15; ++i )
            NSLog (@"%i", Fibonacci[i]);
    }
    return 0;
}
```

对于上述代码的具体说明如下。

（1）将前两个斐波纳契数分别定义为0和1。

（2）此后的每个斐波纳契数都定义为前两个斐波纳契数之和。

（3）对于前面的程序，通过计算Fibonacci[0]和Fibonacci[1]之和，就可以直接计算出Fibonacci[2]。这个计算公式是在for循环中执行的，它计算出Fibonacci[2]到Fibonacci[14]的值。

执行上述程序后会输出：

```
0
1
1
2
3
5
8
13
21
34
55
89
144
233
377
```

14.1.2 二维数组

数组元素的下标有两个或两个以上的数组称为多维数组，其中最为常用的是二维数组和三维数组，接下来将首先讲解二维数组。

1. 定义二维数组

二维数组的元素有两个下标，其定义格式如下：

类型说明符 数组名[常量表达式1][常量表达式2]

其中，"常量表达式1"表示第一维下标的长度，"常量表达式2"表示第二维下标的长度。例如：

```
int a[3][4];
```

在上述代码中，定义了一个int类型的3行4列数组，数组名为a，其下标变量的类型为整型。数组a的下标变量共有12（3×4）个，具体如下：

a[0][0],a[0][1],a[0][2],a[0][3]

a[1][0],a[1][1],a[1][2],a[1][3]

a[2][0],a[2][1],a[2][2],a[2][3]

二维数组在概念上是二维的，其下标在两个方向上变化，下标变量在数组中的位置也处于一个平面之中，而不像一维数组那样只是一个向量。但是，实际的硬件存储器却是连续编址的，也就是说存储器单元是按一维线性排列的。通常，有如下两种方式在一维存储器中存放二维数组。

（1）按行排列：放完一行之后顺次放入第二行。

（2）按列排列：放完一列之后再顺次放入第二列。

在Objective-C中，二维数组是按行排列的，即先存放a[0]行，再存放a[1]行，最后存放a[2]行。并且每行中的4个元素也是依次存放。因为数组a说明为int类型，该类型占两个字节的内存空间，所以每个元素均占有两个字节。

一个二维数组可以看做是若干个一维数组,例如数组a[3][4]可以看做是3个长度为4的一维数组,这3个一维数组的名字分别是a[0]、a[1]和a[2]。

2.引用二维数组

引用二维数组的格式如下:

数组名[下标][下标]

其中,"下标"为整型常量或整型表达式。例如下面就引用了一个二维数组元素:

a[3][4]

从形式上看,下标和数组说明比较相似,但实际上这两者具有完全不同的含义。在数组说明的方括号中,给出的是某一维的长度;而在数组元素中,其下标是该元素在数组中的位置标识。前者只能是常量,后者可以是常量、变量或表达式。

3.初始化二维数组

二维数组初始化的过程比较简单,只需在类型说明时给各下标变量赋以初始值即可。在Objective-C语言中,二维数组既可以按行分段赋值,也可以按行连续赋值。假如对数组a[5][3]进行初始化赋值,可以使用下面的两种方式。

- 按行分段赋值,例如下面的代码:
  ```
  int a[5][3]={ {80,75},{61,65},{59,63},{85,87} };
  ```
- 按行连续赋值,例如下面的代码:
  ```
  int a[5][3]={ 80,75,61,65, 59,63,85,87};
  ```

对二维数组进行赋值时,应该注意如下3点。

(1)可以只对部分元素赋初值,没有被赋初值的元素将自动取0。例如在下面的代码中,对每一行的第一列元素进行赋值,未赋值的元素取0值。

```
int a[3][3]={{1},{2},{3}};
```

上述赋值后各元素的值如下:

1 0 0

2 0 0

3 0 0

(2)如果对全部元素赋初值,则可以不给出第一维的长度。例如下面的两种格式是相同的:

```
int a[3][3]={1,2,3,4,5,6,7,8,9};
int a[][3]={1,2,3,4,5,6,7,8,9};
```

(3)因为数组是一种构造类型的数据,所以可以将二维数组看作是由一维数组的嵌套而构成的。

14.1.3 显式初始化二维数组

就像在定义变量时可以赋初始值一样,在定义数组时也可以显式对数组元素进行赋初值操作。下面的实例演示了对数组元素进行赋初值操作的过程。

实例14-2	对数组元素赋初值
源码路径	光盘\daima\第14章\14-2

实例文件main.m的具体实现代码如下所示。

```
#import <Foundation/Foundation.h>

// 使用整数值指定数组的长度,该数组所有元素默认为0
int intArr[5];
// 定义宏变量
#define MY_MAX 4
// 由于MY_MAX宏变量在编译时会替换成4,因此可使用MY_MAX定义全局数组的长度
// 该数组所有元素默认为nil
NSString* strArr[MY_MAX];
// 使用const修饰的变量其实是常量
const int numbers = 6;
// 使用常量指定数组的长度,该数组的所有元素默认为0.0
```

```objc
float floatArr[numbers];
int len = 5;
// 全局数组不能使用变量或包含变量的表达式指定长度
//int arr1[len];    此定义是错误的
// 定义元素为double类型的数组，不指定数组的长度
// 直接指定每个数组元素的值，系统确定数组长度为2
double doubleArr[] = {1.2 , 3.2};
// 定义长度为5的数组，只指定前2个元素的值，后3个元素默认为0.0
double dArr[5] = {20.4, 10.2};
int main(int argc , char * argv[])
{
    @autoreleasepool{
        // 遍历intArr数组
        for(int i = 0 ; i < 5 ; i++)
        {
            NSLog(@"%d" , intArr[i]);
        }
        // 遍历strArr数组
        for(int i = 0 ; i < MY_MAX ; i++)
        {
            NSLog(@"%@" , strArr[i]);
        }
        // 遍历floatArr数组
        for(int i = 0 ; i < numbers ; i++)
        {
            NSLog(@"%g" , floatArr[i]);
        }
        // 遍历doubleArr数组
        for(int i = 0 ; i < 2 ; i++)
        {
            NSLog(@"%g" , doubleArr[i]);
        }
        // 遍历dArr数组
        for(int i = 0 ; i < 5 ; i++)
        {
            NSLog(@"%g" , dArr[i]);
        }
    }
}
```

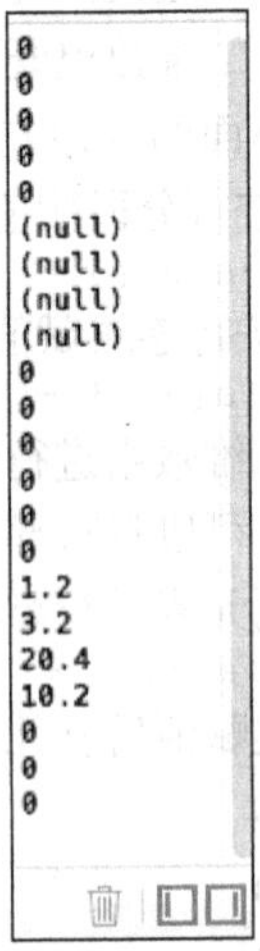

执行后的效果如图14-1所示。

图14-1 实例14-2的执行效果

下面的实例演示了使用几种不同方式定义局部数组的过程。

实例14-3	使用不同方式定义局部数组
源码路径	光盘:\daima\第14章\14-3

实例文件main.m的具体实现代码如下所示。

```objc
#import <Foundation/Foundation.h>

int main(int argc , char * argv[])
{
    @autoreleasepool{
        int len = 5;
        // 定义数组，不执行初始化，局部数组元素的值是不可靠的
        int arr[len];
        // 使用表达式指定数组的长度，该局部数组元素的值是不可靠的
        int intArr[len * 2];
        // 定义数组时，指定长度，并完整地指定了数组的5个元素
        int arr2[5] = {2, 3, 40, 300, 100};
        // 只指定前面3个数组元素的值，后面2个元素的值为0
        int arr3[5] = {2, 3, 40};
        // 不指定数组长度，系统确定该数组长度为3
        int arr4[] = {2, 3 , 40};
        // 定义长度为4的指针类型数组，局部数组元素的值是不可靠的
        NSDate * arr5[4];
        // 定义指针类型的数组，指定每个数组元素的值，系统确定数组长度为3
        char * arr6[] = {"老管", "toppr.net", "book.org"};
        // 定义长度为4的数组，只指定前面2个数组元素的值，后面2个元素的值是不可靠的
        NSString * arr7[4] = {@"iOS 9开发指南" , @"Swift开发指南"};
```

```
// 输出arr6数组的第一个元素,将输出字符串"toppr.net"
NSLog(@"%s" , arr6[1]);
// arr6的第一个数组元素赋值
arr6[0] = "Spring";
// 访问数组元素的索引与数组长度相同,编译器会生成警告,运行的结果是不可预期的。
NSLog(@"%d" , arr[5]);

// 遍历元素为基本类型的数组
for (int i = 0, length = sizeof(arr2) / sizeof(arr2[0]);
    i < length ; i ++)
{
    NSLog(@"arr2[%d] : %d" , i , arr2[i]);
}

// 遍历元素为指针类型的数组
for (int i = 0, length = sizeof(arr7) / sizeof(arr7[0]);
    i < length ; i ++)
{
    NSLog(@"arr7[%d] : %@" , i , arr7[i]);
}

//对数组元素进行赋值
arr[0] = 42;
arr[1] = 341;
// 采用遍历方式来输出数组元素
for(int i = 0 , length = sizeof(arr) / sizeof(arr[0]);
    i < length; i++)
{
    NSLog(@"arr[%d]: %d" , i , arr[i]);
}
}
```

执行后的效果如图14-2所示。

14.1.4 多维数组的定义

1. 定义多维数组

定义多维数组也是通过数组定义语句实现的,具体格式如下:

存储类型 数据类型 数组名[长度1][长度2]...[长度k]

其中数组内元素的一般表示格式如下:

数组名[下标1][下标2]...[下标k]

定义多维数组的具体说明如下。

(1)长度的选取、存储类型、数据类型、数组名与一维数组规定相同。　图14-2　实例14-3的执行效果

(2)在一个定义语句中可以只定义一个多维数组,也可以定义多个多维数组,可以在一个定义语句中同时定义一维数组和多维数组,还可以同时定义数组和变量。

(3)一个二维数组可以看成若干个一维数组的组合。例如定义了二维数组a[2][3],可以看成是2个长度为3的一维数组,这2个一维数组的名字分别为a[0]、a[1]。其中名为a[0]的一维数组元素是a[0][0]、a[0][1]、a[0][2];名为a[1]的一维数组元素是a[1][0]、a[1][1]、a[1][2]。同样,定义一个三维数组,可以看成若干个二维数组。

2. 初始化多维数组

初始化多维数组的方法(即给数组元素赋初值)和初始化一维数组方法相同,也是在定义数组时给出数组元素的初值。可以通过以下5种方式初始化多维数组。

(1)分行给多维数组所有元素赋初值,例如:

int a[2][3]={{1,.2,3},{4,5,6}};

其中,{1,2,3}是给第一行3个数组元素的,可以看成是赋予一维数组a[0]的;{4,5,6}是给第二行3个数组元素的,可以看成是赋予一维数组a[1]的。

（2）不分行给多维数组所有元素赋初值，例如：
```
int a [2][3]={1,2,3,4,5,6};
```
各元素获得的初值和第1种方式的结果完全相同。Objective-C语言规定，当用这种方式对二维数组赋初值时，是先按行、后按列的顺序进行的，即前3个初值是第1行的，后3个初值是第2行的。

（3）只对每行的前n个元素赋初值，例如：
```
int a[2][3]={{1},{4,5}};
```
经过上述赋值后，数组a的各个元素值如下：
a[0][0]值为1，a[0][1]值为0，a[0][2]值为0，a[1][0]值为4，a[1][1]值为5，a[1][2]值为0。

（4）可以只对前n行的前n个元素赋初值，例如：
```
static int a[2][3]={{1,2}};
```
经过上述赋值后，数组a的各个元素值如下：
a[0][0]值为1，a[0][2]值为2，a[0][2]值为0；
a[1][0]值为0，a[1][1]值为0，a[1][2]值为0。

（5）如果给所有元素赋初值，第一维的长度可以省略。例如：
```
int a[][3]={{1,2,3},{4,5,6}};
```
或：
```
int a[][3]={1,2,3,4,5,6};
```
经上述赋值后，表示数组a[][3]的第一维长度是2。

注意

> 使用上述第5种方式赋初值时，必须给出所有数组元素的初值，如果初值的个数不正确，系统会作为错误处理。

3．引用多维数组元素

在定义k维数组之后，就可以引用这个k维数组中的任何元素，具体引用方法如下。
```
数组名[下标1][下标2]...[下标k]
```
其中，"下标1"称第1维的下标，"下标2"称第2维的下标，"下标k"称第k维的下标。上述引用多维数组元素的方法也称为"下标法"。

注意

> 下标越界会导致不可预料的运行结果。例如定义数组"int a[3][2]"，则可以合法使用的数组元素是a[0][0]、a[0][1]、a[1][0]、a[1][1]、a[2][0]、a[2][1]。

在多维数组中，允许使用"指针方式"来引用数组元素，被称为"指针法"。和一维数组元素引用相同，任何多维数组元素的引用都可以看成一个变量使用，可以被赋值，也可以参与组成表达式。

14.1.5 多维数组的初始化

在Objective-C程序中，可以用一维数组的语法来初始化二维数组，请读者看下面的演示实例。

实例14-4	初始化多维数组
源码路径	光盘:\daima\第14章\14-4

实例文件main.m的具体实现代码如下所示。
```
#import <Foundation/Foundation.h>

int main(int argc , char * argv[])
{
    @autoreleasepool{
        // 定义并初始化二维数组
        int arr1[3][4] = {
            // 下面定义了3个元素，每个元素都是长度为4的一维数组
```

```
        {2, 20 , 10 , 4},
        {4 , 100, 20 , 34},
        {5 , 12 , -12 , -34}
};
// 采用循环来遍历二维数组
for(int i = 0 ,length = sizeof(arr1) / sizeof(arr1[0]);
        i < length ; i++)
{
        for(int j = 0 , len = sizeof(arr1[i]) / sizeof(arr1[i][0]);
                j < len ; j++)
        {
                printf("%d\t" , arr1[i][j]);
        }
        printf("\n");
}
NSLog(@"----------------------------");
// 定义并初始化二维数组
int arr2[3][4] = {
        // 下面定义了3个元素,每个元素都是长度为4的一维数组
        // 初始化长度为4的一维数组时,第一个一维数组只初始化前两个元素
        // 后面两个一维数组都只初始化第一个元素。
        {2, 12},
        {4},
        {5}
};
// 采用循环来遍历二维数组
for(int i = 0 ,length = sizeof(arr2) / sizeof(arr2[0]);
        i < length ; i++)
{
        for(int j = 0 , len = sizeof(arr2[i]) / sizeof(arr2[i][0]);
                j < len ; j++)
        {
                printf("%d\t" , arr2[i][j]);
        }
        printf("\n");
}
NSLog(@"----------------------------");
// 定义并初始化二维数组
int arr2x[3][4] = {
        // 下面只定义了1个元素(一维数组),
        // 当初始化第一个长度为4的一维数组时,只初始化前2个元素
        {2 , 12},
};
// 采用循环来遍历二维数组
for(int i = 0 ,length = sizeof(arr2x) / sizeof(arr2x[0]);
        i < length ; i++)
{
        for(int j = 0 , len = sizeof(arr2x[i]) / sizeof(arr2x[i][0]);
                j < len ; j++)
        {
                printf("%d\t" , arr2x[i][j]);
        }
        printf("\n");
}
NSLog(@"----------------------------");
// 定义、并初始化二维数组,省略二维数组的长度
int arr3[][4] = {
        // 下面定义了3个元素,每个元素都应该是长度为4的一维数组
        {2, 20 },
        {4 , 100, 20},
        {5}
};
for(int i = 0 ,length = sizeof(arr3) / sizeof(arr3[0]);
        i < length ; i++)
{
        for(int j = 0 , len = sizeof(arr3[i]) / sizeof(arr3[i][0]);
                j < len ; j++)
        {
                printf("%d\t" , arr3[i][j]);
```

```
            }
            printf("\n");
    }
    NSLog(@"----------------------------");
    // 定义并初始化二维数组
    int arr4[3][4] = {
            // 由于本身指定了二维数组是一个长度为3的数组，
            // 且每个数组元素都长度为4的一维数组
            // 因此可以直接给出12个数组元素
            2, 20 , 10 , 4,
            4 , 100, 20 , 34,
            5 , 12 , -12 , -34
    };
    for(int i = 0 ,length = sizeof(arr4) / sizeof(arr4[0]);
            i < length ; i++)
    {
            for(int j = 0 , len = sizeof(arr4[i]) / sizeof(arr4[i][0]);
                    j < len ; j++)
            {
                    printf("%d\t" , arr4[i][j]);
            }
            printf("\n");
    }
    NSLog(@"----------------------------");
    int arr5[][4] = {
            // 由于已经指定了二维数组的数组元素为长度为4的一维数组
            // 系统将会根据给出的元素个数（5个）推断出二维数组的长度为2
            2, 20 , 10 , 4, 4
    };
    for(int i = 0 ,length = sizeof(arr5) / sizeof(arr5[0]);
            i < length ; i++)
    {
            for(int j = 0 , len = sizeof(arr5[i]) / sizeof(arr5[i][0]);
                    j < len ; j++)
            {
                    printf("%d\t" , arr5[i][j]);
            }
            printf("\n");
    }
  }
}
```

程序执行后将会输出：

```
2       20   10   4
4       100  20   34
5       12   -12  -34
----------------------------
2       12   0    0
4       0    0    0
5       0    0    0
----------------------------
2       12   0    0
0       0    0    0
0       0    0    0
----------------------------
2       20   0    0
4       100  20   0
5       0    0    0
----------------------------
2       20   10   4
4       100  20   34
5       12   -12  -34
----------------------------
2       20   10   4
4       0    0    0
```

14.1.6 字符数组

字符数组能够存放字符型数据，其中每个数组元素存放的值都是单个字符。在字符型数组中可以存放若干个字符，所以可以用来存放字符串。若干个字符串可以用若干个一维字符数组存放，也可以用一个二维字符数组来存放，即每行存放 个字符串。

无论在字符数组中存放的是字符串，还是若干个字符，都可以将每个字符数组的元素看作是一个字符型变量来使用，具体处理方法和前面介绍的普通一维数组完全相同。但是，存放字符串的字符数组还有一些特殊的用法。

字符数组应定义成"字符型"，因为它是存放字符型数据的。因为整型数组元素可以存放字符，所以整型数组也可以用来存放字符型数据。定义字符数组的语法格式如下：

```
存储类型 char 数组名[长度1][长度2]...[长度k]={{初值表},...}
```

通过上述格式，定义了一个字符型k维数组，并且为其赋予了初值。字符型数组赋初值的方法和前面介绍的一般数组赋初值的方法完全相同。"初值表"中是用逗号分隔的字符常量，看下面的代码：

```
char s1[3]={'1','3','5'};            /*逐个元素赋初值*/
```

经过上述定义后，结果是s1[0]='1', s1[1]='3', s1[2]='5'。

```
char s2[]={'1','2','3'};  /*所有元素赋初值可省略数组长度*/
```

经过上述定义后，结果是s2[0]='1', s2[1]='3', s2[2]='5'。

```
char s3[3]={'1','2'};                /*不赋初值的元素值为空字符*/
```

经过上述定义后，结果是s3[0]="1", s3[1]='2', s3[2]值为空字符。因为空字符的值是0，等于字符串的结束标记'\0'，所以字符数组s3中实际存放的是一个字符串。

```
static char s4[3]={'1','2'};         /*静态字符数组,不赋初值的元素值为空字符*/
```

经过上述定义后，结果是s4[0]值为'1', s4[1]值为'2', s4[2]值为空字符。因为空字符的值是0，等于字符串的结束标记'\0'，所以字符数组s4中实际存放的是一个字符串。

为了更好地说明字符数组的作用，请读者看下面的实例代码。

实例14-5	字符数组的使用
源码路径	光盘:\daima\第14章\14-5

实例文件main.m的具体实现代码如下所示。

```
#import <Foundation/Foundation.h>

int main(int argc, const char * argv[]) {
    @autoreleasepool {
        char word[] = { 'H', 'e', 'l', 'l', 'o', '!' };
        int i;
        for ( i = 0; i < 6; ++i )
            NSLog (@"%c", word[i]);
    }
    return 0;
}
```

在上述代码中，需要注意字符数组word的声明，在声明时没有指出数组中的元素个数。Objective-C语言允许定义不指明数组的元素个数。如果这样定义，系统会自动根据初始化元素的数目确定该数组大小。因为上述代码为数组word列出了6个初始值，所以Objective-C语言隐式地将该数组定义为6元素。只要在定义数组时初始化了数组中的每个元素，这种方式就没有问题。但如果不是这种情况，就必须显式地给出数组的大小。

如果在字符数组结尾添加一个终止空字符'\0'，就产生了一个通常称为字符串的变量。如果将上述代码中的数组word的初始化语句替换为下面的格式：

```
char word[] = { 'H', 'e', 'l', 'l', 'o', '!', '\0' };
```

之后就可以使用如下printf语句显示这个字符串：

```
printf (@"%s", word);
```

因为%s格式字符告诉printf持续显示数组中的字符，直到到达终止空字符，也就是在word数组最后添加的字符，所以该语句没有问题。

执行上述代码后会输出：

```
H
e
l
```

下面的实例通过数组在控制台实现了一个模拟五子棋应用程序。

实例14-6	通过数组模拟五子棋游戏
源码路径	光盘:\daima\第14章\14-6

实例文件main.m的具体实现代码如下所示。

```objc
#import <Foundation/Foundation.h>
#define NO_CHESS "十"
#define BLACK_CHESS "●"
#define WHITE_CHESS "○"
#define BOARD_SIZE 15    // 定义棋盘的大小

static char * board[BOARD_SIZE][BOARD_SIZE];    // 定义一个二维数组来充当棋盘
void initBoard()
{
  // 把每个元素赋为"十",用于在控制台画出棋盘
  for (int i = 0 ; i < BOARD_SIZE ; i++)
  {
      for ( int j = 0 ; j < BOARD_SIZE ; j++)
      {
           board[i][j] = NO_CHESS;
      }
  }
}
void printBoard()    // 在控制台输出棋盘的方法
{
  // 打印每个数组元素
  for (int i = 0 ; i < BOARD_SIZE ; i++)
  {
      for ( int j = 0 ; j < BOARD_SIZE ; j++)
      {
           printf("%s " , board[i][j]);    // 打印数组元素后不换行
      }
      printf("\n");    // 每打印完一行数组元素后输出一个换行符
  }
}
int main(int argc, char * argv[])
{
 @autoreleasepool{
      initBoard();
      printBoard();
      while(YES)
      {
          int xPos;
          int yPos;
          printf("请输入您下棋的坐标,应以x,y的格式:\n");
          scanf("%d,%d" , &xPos , &yPos);    // 获取用户输入的下棋坐标
          // 把对应的数组元素赋为黑棋
          board[xPos - 1][yPos - 1]= BLACK_CHESS;
          // 随机生成两个0~15的整数作为电脑的下棋坐标
          int pcX = arc4random() % BOARD_SIZE;
          int pcY = arc4random() % BOARD_SIZE;
          board[pcX][pcY] = WHITE_CHESS;    // 将电脑下棋的坐标赋为白棋

          /*
          上面代码还涉及如下需要改进的地方
             1.用户输入坐标的有效性,只能是数字,不能超出棋盘范围
             2.如果是下棋的点,不能重复下棋
             3.每次下棋后,需要扫描谁赢了
          */
          printBoard();
      }
 }
}
```

程序执行后的效果如图14-3所示。

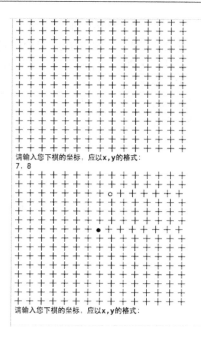

图14-3　实例14-6的执行效果

14.2　函数

知识点讲解：光盘:视频\知识点\第14章\函数.mp4

虽然之前章节的程序中，大多数只有一个主函数main()，但是在现实中的应用程序往往是由多个函数组成的。函数是组成C语言源程序的基本元素之一，通过对函数调用就能够实现特定的功能。在本节将详细讲解函数的基本知识，为读者后面的学习打下基础。

14.2.1　函数的种类

在Objective-C语言中可从不同的角度对函数进行分类，具体说明如下。

1. 从是否有返回值角度划分

从是否有返回值角度看，可以将函数分为有返回值函数和无返回值函数两种。

（1）有返回值函数：调用此类函数并执行完后，将向调用者返回一个执行结果，称为函数返回值。例如，数学函数即属于此类函数。由用户定义的这种要返回函数值的函数，必须在函数定义和函数说明中明确指出返回值的类型。

（2）无返回值函数：此类函数能够完成某项特定的处理任务，执行完后不向调用者返回函数值。此类函数类似于其他语言的过程。因为函数不需要返回值，所以用户在定义此类函数时可指定其返回为"空类型"，空类型的说明符为void。

2. 从是否有参数角度划分

从是否有参数角度看，可以将函数分为无参函数和有参函数两种。

（1）无参函数：在函数定义、函数说明及函数调用中均不带参数。主调函数和被调函数之间不进行参数传送。此类函数通常用来完成一组指定的功能，可以返回或不返回函数值。

（2）有参函数：也称为带参函数。在函数定义及函数说明时都有参数，称为形式参数（简称为形参）。在函数调用时也必须给出参数，称为实际参数（简称为实参）。进行函数调用时，主调函数将把实参的值传送给形参，供被调函数使用。

其实在本书前面的内容中，已经多次用到了函数的知识。假设想编写一个计算三角形数的程序，并将其命名为calculateTriangularNumber。通过该函数的一个参数指定要计算哪个三角形数。调用这个函数之后，计算出所求的数值并显示结果。下面的实例显示了完成上述任务的函数和测试它的main例程。

实例14-7	使用函数计算三角形数
源码路径	光盘:\daima\第14章\14-7

实例文件main.m的具体实现代码如下所示。

```
#import <Foundation/Foundation.h>
void calculateTriangularNumber (int n)
{
    int i, triangularNumber = 0;
    for ( i = 1; i <= n; ++i )
        triangularNumber += i;
    NSLog (@"Triangular number %i is %i", n, triangularNumber);
}

int main(int argc, const char * argv[]) {
    @autoreleasepool {
        calculateTriangularNumber (10);
        calculateTriangularNumber (20);
        calculateTriangularNumber (50);
    }
    return 0;
}
```

执行上述代码后会输出：

```
Triangular number 10 is 55
Triangular number 20 is 210
Triangular number 50 is 1275
```

在上述代码中，函数calculateTriangularNumber的第一行是：

```
void calculateTriangularNumber (int n)
```

此行代码的功能是告知编译器calculateTriangularNumber是一个函数，它不返回任何值（关键字void），此函数带有一个名为n的int参数。需要提醒的是，不能像编写方法那样，将参数类型放在圆括号中。

左花括号表示函数定义的开始。因为想要计算第n个三角形数，所以必须设置一个变量，以便在计算过程中储存三角形数的值。还需要一个变量作为循环的索引。为此，定义了变量TriangularNumber和i，并将其声明为整型变量。这些变量的定义及初始化方式和在main函数中定义和初始化变量的方式相同。

函数中局部变量的行为同方法中一样：如果在函数内给变量赋予初始值，那么每次调用该函数时，都会指定相同的初始值。

在函数中定义的变量称为自动局部变量（和在方法中一样），因为它们的值对于函数来说是局部的，并且每次调用该函数时都自动"创建"。

在Objective-C程序中，静态局部变量用关键字static声明，它们的值在函数调用中过程中保留下来，并且默认初始值为0。局部变量的值只能在定义该变量的函数中访问，它的值不能从函数之外访问。

在定义局部变量之后，该函数计算三角形数并且在终端显示结果，右花括号表示函数结束。在main函数中，数值10是在第一次调用函数calculateTriangularNumber时作为参数传递的。调用函数时，执行直接跳转到该函数，数值10成为函数中形参n的值。然后，该函数计算出第10个三角形数的值并显示结果。

再次调用函数calculateTriangularNumber时，如果传递参数20，经过与前面相似的过程，该数值成为函数中n的值。该函数计算出第20个三角形数的值并显示结果。

注意——方法是函数，消息表达式是函数调用

> 在Objective-C中，方法实际上是函数。在调用方法时，是在调用与接收者类相关的函数。传递给函数的参数是接收者和方法的参数。无论是函数还是方法，关于传递参数给函数、返回值以及自动和静态变量的规则都是一样的。Objective-C编译器根据类名称和方法名称的组合，为每个函数确定一个唯一的名称。

14.2.2 定义函数

定义无参函数的格式如下所示。
```
类型标识符 函数名(){
   数据定义语句序列;
   执行语句序列;
}
```
定义有参函数的格式如下所示。
```
类型标识符 函数名(形参列表){
   数据定义语句序列;
   执行语句序列;
}
```
（1）类型标识符：即数据类型说明符，规定了当前函数的返回值类型，它可以是各种普通数据类型，也可以是指针型。如果是void，则表示没有返回值。

（2）函数名：函数的名称，Objective-C规定在同一编译单元中不能有重复的函数名。

（3）形参列表：函数中的形式参数，用逗号来分割若干个形式参数的声明语句，格式如下所示。
```
数据类型 形式参数1,......数据类型 形式参数n
```
每个形参可以是一个变量、数组、指针变量或指针数组等。

（4）数据定义语句序列：由声明当前函数中使用的变量、数组、指针变量等语句组成。

（5）执行语句序列：由当前函数中完成函数功能的程序段组成，如果当前函数有返回值，则此序列中会有返回语句"return(表达式);"，其中表达式的值就是当前函数的返回值；如果当前函数没有返回值，则返回语句是"return;"，也可以省略返回语句。

下面的实例代码中定义了两个函数，在主函数main中调用这两个函数。

实例14-8	定义并调用函数
源码路径	光盘:\daima\第14章\14-8

实例文件main.m的具体实现代码如下所示。
```
#import <Foundation/Foundation.h>
// 定义一个函数，声明两个形参，返回值为int型
int max(int x , int y)
{
    int z = x > y ? x : y;   // 定义一个变量z，该变量等于x、y中较大的值
    return z;   // 返回变量z的值
}
// 定义一个函数，声明一个形参，返回值为NSString *类型
NSString * sayHi(NSString * name)
{
    NSLog(@"===正在执行sayHi()函数===");
    return [NSString stringWithFormat:@"%@,您好! " , name];
}
int main(int argc , char * argv[])
{
    @autoreleasepool{
        int a = 6;
        int b = 9;
        // 调用max函数，将函数返回值赋值给result变量
        int result = max(a , b);
        NSLog(@"%d" , result);
        // 调用sayHi()函数，直接输出函数的返回值
        NSLog(@"%@" , sayHi(@"老管"));
    }
}
```

执行后的效果如图14-4所示。

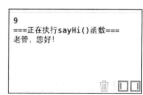

图14-4 实例14-8的执行效果

14.2.3 函数的声明

在调用用户自定义函数时，需要满足以下条件。

（1）被调用函数必须已经定义。

（2）如果被调用函数与调用它的函数在同一个源文件中，一般在主调函数中对被调用的函数进行声明。函数声明的一般格式如下：

函数类型 函数名(形参类型1 形参名1，形参类型2 形参名2，…)

在下列情况下，可以省略函数声明。

（1）函数定义的位置在主调函数之前。

（2）当函数的返回值为整型或字符型，且实参和形参的数据类型都为整型或字符型。

（3）如果已在所有函数定义之前，所有函数的外部已做了函数的声明，那么可以在各个主调函数中不必对所调用的函数再做声明。

下面的实例中说明了在所有函数外部声明函数的情况。

实例14-9	函数的声明
源码路径	光盘:\daima\第14章\14-9

实例文件main.m的具体实现代码如下所示。

```
#import <Foundation/Foundation.h>
//另起一行，专门声明函数
void printMsg(msg , loopNum)
// 另起一行，专门对形参类型进行说明
int loopNum;
NSString * msg;
// 函数体
{
    for (int i = 0 ; i < loopNum ; i++)
    {
        NSLog(@"%@" , msg);
    }
}
int main(int argc , char * argv[])
{
    @autoreleasepool{
        printMsg(@"www.toppr.net" , 5);
    }
}
```

执行后的效果如图14-5所示。

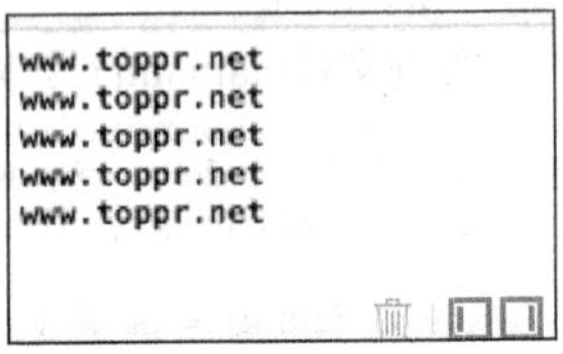

下面的实例中，虽然实际返回的是double类型，但由于声明函数时指定了返回值类型为int，所以系统会将返回值转为int。

图14-5 实例14-9的执行效果

实例14-10	将返回值转换为int类型
源码路径	光盘:\daima\第14章\14-10

实例文件main.m的具体实现代码如下所示。

```
#import <Foundation/Foundation.h>

int discount(int price , double discount)
{
    // 虽然实际返回的是double类型，但由于声明函数时指定了返回值类型为int
    // 因此系统会将返回值转为int
    return price * discount;
}
int main(int argc , char * argv[])
{
    @autoreleasepool{
        NSLog(@"%d" , discount(78, 0.8));
    }
}
```

执行后会输出：

62

14.2.4 函数原型

在声明被调函数时，编译系统需知道被调函数有几个参数，各自是什么类型。此时参数的名字不重要，可以将被调函数的声明格式简化成下面的形式：

函数类型 函数名（形参类型1,形参类型2,…… ）;

在Objective-C语言中，上面的函数声明被称为函数原型。在程序中使用函数原型的情形比较常见，其主要作用是在编译源程序时便于全面检查调用函数的合法性。当编译系统发现函数原型不匹配的函数调用时（例如函数类型不匹配、参数个数不一致、参数类型不匹配等），就会在屏幕上显示出错信息，用户可以根据提示的出错信息发现并改正函数调用中的错误。

14.2.5 函数的参数

Objective-C语言中的函数参数有两种，分别是形参和实参，本节将详细讲解Objective-C函数中形参和实参的特点以及两者的关系。

1. 形参和实参

形参在函数定义中出现，在整个函数体内都可以使用，如果离开当前函数就不能使用了。实参在主调函数中出现，当进入被调函数后，就不能使用实参变量了。形参和实参的功能是进行数据传送，当发生函数调用时，主调函数把实参的值传送给被调函数的形参，从而实现主调函数向被调函数传送数据。

Objective-C函数的形参和实参具有以下4个特点。

（1）形参变量只有在调用函数时才分配内存单元，只在函数内部有效。在调用结束时，立刻释放给形参分配的内存单元。形参函数调用结束返回主调函数后则不能再使用该形参变量。

（2）无论实参是何种类型的量（例如常量、变量、表达式、函数等），在进行函数调用时，都必须具有确定的值，以便把这些值传送给形参。因此应预先用赋值和输入等办法使实参获得确定值。

（3）实参和形参在数量上、类型上、顺序上应严格一致，否则会产生"类型不匹配"错误。

（4）在函数调用中，只能把实参的值传送给形参，而不能把形参的值反向地传送给实参。所以在函数调用过程中，形参的值发生改变，而实参中的值不会变化。

2. 数组名作为函数参数

在Objective-C中可以将数组名作为函数的参数。当用数组元素作为实参时，只要数组类型和函数的形参变量的类型一致，那么作为下标变量的数组元素的类型和函数形参变量的类型是一样的。所以，不要求函数的形参也是下标变量。也就是说，可以按普通变量来对待数组元素。当用数组名作函数参数时，要求形参和相对应的实参都是类型相同的数组，都必须有明确的数组说明。当形参和实参两者不一致时，就会发生错误。

当普通变量或下标变量作为函数参数时，形参变量和实参变量是由编译系统分配的两个不同的内存单元。在函数调用时进行值传送，是把实参变量的值赋予形参变量。当用数组名作函数参数时，并不是把实参数组的每一个元素的值都赋予形参数组的各个元素。这是因为形参数组实际上是并不存在的，编译系统不会为形参数组分配内存。所以当数组名作函数参数时，进行的传送是地址传送，即将实参数组的首地址赋予形参数组名。形参数组名取得该首地址之后，也就相当于有了实在的数组。实际上是形参数组和实参数组为同一数组，共同拥有一段内存空间。

当用数组名作为函数参数时，读者注意如下4点。

（1）形参数组和实参数组的类型必须一致，否则将引起错误。

（2）形参数组和实参数组的长度可以不相同，因为在调用时，只传送首地址而不检查形参数组的长度。当形参数组的长度与实参数组不一致时，虽然不会出现语法错误（编译能通过），但是执行结果可能与实际不符，这是读者应该注意的。

（3）在函数形参列表中，可以不指定形参数组的长度，或用一个变量来表示数组元素的个数。

（4）可以将多维数组作为函数的参数。在函数定义时，既可以指定形参数组每一维的长度，也可省去第一维的长度。

实例14-11	函数参数的传递机制
源码路径	光盘:\daima\第14章\14-11

实例文件main.m的具体实现代码如下所示。

```
#import <Foundation/Foundation.h>

void swap(int a , int b)
{
 // 下面3行代码实现a、b变量的值交换
 int tmp = a;    // 定义一个临时变量来保存a变量的值
 a = b;  // 把b的值赋给a
 b = tmp;   // 把临时变量tmp的值赋给a
 NSLog(@"swap()函数里，a的值是：%d；b的值是%d" , a, b);
}
int main(int argc , char * argv[])
{
 @autoreleasepool{
    int a = 6;
    int b = 9;
    swap(a , b);
    NSLog(@"交换结束后，变量a的值是：%d；变量b的值是：%d" , a , b);
 }
}
```

执行后的效果如图14-6所示。

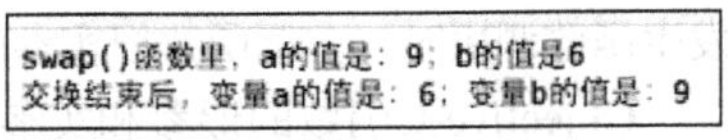

指针也可以作为函数的参数。下面的实例演示了指针类型参数的传递效果。

图14-6 实例14-11的执行效果

实例14-12	指针类型参数的传递效果
源码路径	光盘:\daima\第14章\14-12

实例文件main.m的具体实现代码如下所示。

```
#import <Foundation/Foundation.h>

@interface DataWrap : NSObject   // 定义一个DataWrap类
// 为DataWrap定义a、b两个属性
@property int a;
@property int b;
@end

@implementation DataWrap
@end

void swap(DataWrap* dw)
{
    // 下面3行代码的功能是交换dw的两个属性值：a、b
    int tmp = dw.a;   // 定义一个临时变量来保存dw对象的a属性的值
    dw.a = dw.b;   // 把dw对象的b属性值赋给a属性
    dw.b = tmp;   // 把临时变量tmp的值赋给dw对象的b属性
    NSLog(@"swap()函数里，属性a的值是：%d；属性b的值是：%d", dw.a, dw.b);

    // 把dw直接赋为null，让它不再指向任何有效地址
    dw = nil;
}
int main(int argc , char * argv[])
{
    @autoreleasepool{
        DataWrap* dw = [[DataWrap alloc] init];
        dw.a = 6;
        dw.b = 9;
        swap(dw);
        NSLog(@"交换结束后，属性a的值是：%d；属性b的值是：%d", dw.a, dw.b);
    }
}
```

执行后会输出：
```
swap()函数里，属性a的值是：9；属性b的值是：6
交换结束后，属性a的值是：9；属性b的值是：6
```

14.2.6 返回值

函数的返回值是一个数值，是指函数被调用之后，执行函数体中的程序段所取得的并返回给主调函数的值。在使用函数返回值时，应该注意如下两个问题。

（1）函数的值只能通过return语句返回给主调函数。

在Objective-C中，可以使用return语句从函数返回一个值，有如下两种使用return语句的格式：
```
return 表达式；
return (表达式);
```
上述格式能够计算表达式的值，并返回给主调函数。在函数中允许有多个return语句，但是每次调用只能有一个return语句被执行，所以只能返回一个函数值。

（2）函数返回值的类型需要和函数定义中函数的类型保持一致。如果不一致，则以函数类型为准，并进行自动类型转换。如果函数值为整型，在函数定义时可以省去类型说明。

return语句返回的值类型必须和函数声明的返回类型一致，例如下面的函数定义代码。
```
float kmh_to_mph (float km_speed)
```
上述代码定义了函数kmh_to_mph，它使用一个名为km_speed的float参数，返回浮点型的值。同理，下面的代码定义了一个名为gcd的函数，它传递整型参数u和v，返回一个整型值。
```
int gcd (int u, int v)
```
下面的实例代码使用函数来计算最大公约数，该函数的两个参数是想要计算最大公约数的两个数。

实例14-13	使用函数计算两个数的最大公约数
源码路径	光盘:\daima\第14章\14-13

实例文件main.m的具体实现代码如下所示。
```
#import <Foundation/Foundation.h>
int gcd (int u, int v)
{
    int temp;
    while ( v != 0 )
    {
        temp = u % v;
        u = v;
        v = temp;
    }
    return u;
}

int main(int argc, const char * argv[]) {
    @autoreleasepool {
        int result;
        result = gcd (150, 35);
        NSLog (@"The gcd of 150 and 35 is %i", result);
        result = gcd (1026, 405);
        NSLog (@"The gcd of 1026 and 405 is %i", result);
        NSLog (@"The gcd of 83 and 240 is %i", gcd (83, 240));
    }
    return 0;
}
```
执行上述代码后后会输出：
```
The gcd of 150 and 35 is 5
The gcd of 1026 and 405 is 27
The gcd of 83 and 240 is 1
```
在上述代码中，函数gcd规定带有两个整型参数，该函数通过形参u和v来指明这些参数。将变量temp声明为整型之后，该程序将在终端显示参数u、v的值和相关消息。接着，这个函数计算并返回这两个整数的最大公约数。

表达式"result = gcd (150, 35);"表示使用参数150和35来调用函数gcd，并且将返回值存储到变量result中。如果定义函数时省略函数的返回类型声明，并且它确实返回数值，那么编译器就会假设该值为整数。许多程序员利用这个事实，省略返回整数的函数返回类型声明。但是，这是不好的编程习惯，应该避免。

函数的默认返回类型与方法的默认返回类型不同。如果没有为方法指定返回类型，编译器就假设它返回id类型的值。同样应该显式地声明方法的返回类型，而不是依赖于这个事实。

14.2.7 声明返回类型和参数类型

Ojective-C语言编译器会假设函数的默认返回值是整型值，也就是说无论什么时候调用一个函数，编译器都会假设这个函数的返回类型为int，除非发生以下两种情况之一。

- 在遇到函数调用之前，已经在程序中定义了该函数。
- 在遇到函数调用之前，已经声明了该函数的返回值类型。声明函数的返回值类型和参数类型称为原型（prototype）声明。

函数声明不仅用于声明函数的返回类型，而且用于告知编译器，该函数带有多少个参数以及每个参数的类型。这类似于定义新类时在@interface部分中声明方法。

要将absoluteValue定义为一个返回float类型的值并带有一个float类型参数的函数，可以使用以下原型声明：

```
float absoluteValue (float);
```

由此可以看到，只需要在圆括号中指定参数类型，而不需要参数名称。如果愿意，可以选择在类型之后指定"伪"名称。

```
float absoluteValue (float x);
```

这个名称和函数定义所用到的不必相同，因为编译器会忽略它。

编写原型声明最简单的方法是复制函数实际定义的第一行代码，然后在结尾处添加分号。如果函数参数的数目不定（比如NSLog和scanf），则必须使用如下声明告知编译器。

```
int NSLog (NSString *format, ...);
```

这样会告知编译器：NSLog将使用一个NSString对象作为它的第一个参数，之后是任意数目的附加参数。NSLog和scanf在一个特殊文件Foundation/Foundation.h中声明，这就是为什么要在每个程序的开头添加如下语句的原因。

```
#import <Foundation/Foundation.h>
```

如果没有这一行语句，编译器可以假设NSLog使用固定数目的参数，这可以导致产生不正确的结果。

只当已经在调用函数之前添加了函数的定义或声明了函数及其参数类型时，编译器才会在调用该函数时自动将参数转换成相应的类型。

下面是关于使用函数的一些注意事项和建议。

- 默认情况下，编译器假设函数返回int类型的值。
- 当定义没有返回值的函数时，将它定义为void。
- 只当前面已经定义或声明了这个函数，编译器才会将参数转换成函数认可的类型。

安全起见，建议在程序中声明所有函数，即使它们在被调用之前已经定义了（将来您有可能将这些函数移到文件的其他位置或者移到另一个文件中）。好的策略是将函数声明放到一个头文件中，然后将这个头文件导入我们的模块即可。

在默认情况下，函数是外部的，即默认情况下任何与该函数链接在一起的文件中的任何函数或方法都可以调用它。通过将其定义为static（静态）可以限制函数的作用域。将关键字static放在函数声明前即可，如下所示：

```
static int gcd (int u, int v)
{
    ...
}
```

静态函数只能被和该函数定义在同一文件的其他函数或者方法调用。

14.2.8 调用函数

定义一个函数后,当在程序中需要使用这个函数时,可以通过对这个函数的调用来执行函数体,调用函数的过程与调用其他语言中的子程序类似。

1. 函数调用格式

在Objective-C语言中调用函数的一般格式如下:
函数名(实参列表)
当调用无参函数时,不需要实参列表。实参列表中的参数可以是常数、变量或其他构造类型数据及表达式,各个实参之间用逗号分隔。

2. 调用函数的方式

在Objective-C中有如下3种调用函数的方式。

(1) 函数表达式

在Objective-C中,函数可以作为表达式中的一项出现在表达式中,以函数返回值参与表达式的运算。这种方式要求函数有返回值。例如"z=max(x,y)"是一个赋值表达式,可以把max()的返回值赋给变量z。

(2) 函数语句

函数语句是在函数调用的一般形式后上分号,例如:
```
printf ("%d",a);
scanf ("%d",&b);
```
(3) 函数实参

函数可以作为另一个函数调用的实际参数。在这种情况下,可以把该函数的返回值作为实参进行传送,所以要求该函数必须有返回值。例如:
```
printf("%d",max(x,y));
```
通过上述格式,可以把max()调用的返回值又作为printf()函数的实参来使用。

3. 对被调函数的声明

在主调函数中调用某函数之前,应该先声明该被调函数,这样可以方便在程序编译阶段检查调用函数是否合法。在主调函数中对被调函数声明的目的是使编译系统知道被调函数返回值的类型,以便在主调函数中按此种类型对返回值做相应的处理。声明的一般格式有如下两种:
类型说明符 被调函数名(类型 形参,类型 形参…);
类型说明符 被调函数名(类型,类型…);
在上面的括号中,只给出了形参的类型和形参名,或只给出形参类型,这便于编译系统进行检错,以防止可能出现的错误。例如在main()函数中,可以通过如下的2种格式对max()函数进行说明。
```
int max(int a,int b);
int max(int,int);
```
Objective-C规定,在以下4种情况下可以省去主调函数中对被调函数的函数声明。

(1) 当被调函数的返回值是整型或字符型时,可以不对被调函数声明,而是直接调用。这时系统自动将被调函数返回值按整型处理。

(2) 当被调函数的函数定义出现在主调函数之前时,在主调函数中也可以不对被调函数再声明,而是直接调用。

(3) 如果在定义所有函数之前,在函数外预先说明了各个函数的类型,那么在以后的各主调函数中,可以不再对被调函数作说明。

14.2.9 函数的嵌套调用和递归调用

嵌套调用是指在某个函数内调用了另外一个函数,而递归调用是指函数自己调用自己。在Objective-C中,允许对函数进行嵌套调用和递归调用。

1. 嵌套调用

Objective-C中的函数是完全平等的，不存在上一级函数和下一级函数。但是可以在一个函数内对另外一个函数进行调用，这和其他语言中的子程序嵌套是类似的。其具体关系如图14-7所示。

图14-7所示的执行过程如下：当执行main()函数中调用a()函数的语句时，转去执行a()函数，在a()函数中调用b()函数时，又转去执行b()函数，b()函数执行完毕返回a()函数的断点继续执行，a()函数执行完毕返回main()函数的断点继续执行。例如，存在函数fun1()和函数fun2()，下面的格式就是嵌套调用。

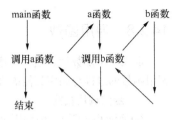

图14-7 函数的嵌套调用

```
void    fun1(){
    if(...)
    {
        fun2();
    }
}
void    fun2(){
    if(...)
    {
        fun1();
    }
}
```

例如，计算"$s=2^2!+3^2!$"，可以通过如下代码实现：

```
long f1(int p){
  int k;
  long r;
  long f2(int);
  k=p*p;
  r=f2(k);
  return r;
}
long f2(int q){
  long c=1;
  int i;
  for(i=1;i<=q;i++)
    c=c*i;
  return c;
}
main(){
  int i;
  long s=0;
  for (i=2;i<=3;i++)
    s=s+f1(i);
  printf("\ns=%ld\n",s);
}
```

在上述代码中，函数f1()和f2()都是长整型，都在主函数之前定义，故不必再在主函数中对f1()和f2()加以说明。在主程序中，执行循环程序依次把i值作为实参调用函数f1()求i的平方。在f1()中又对函数f2()的调用，这时是把i的平方作为实参调用f2()，在f2()中完成求$i^2!$。f2()执行完毕把C值（即$i^2!$）返回给f1()，再由f1()返回主函数实现累加。至此，由函数的嵌套调用实现了题目的要求。由于数值很大，所以函数和一些变量的类型都说明为长整型，否则会造成计算错误。

2. 递归调用

如果一个函数在它的函数体内调用它自身，则这个过程被称为递归调用，这个函数被称为递归函数。在递归调用中，主调函数也是被调函数。执行递归函数将反复调用其自身，每调用一次就进入新的一层。例如下面的函数m()：

```
int m(int x){
    int y;
    z=m(y);
    return z;
}
```

上述函数m()就是一个递归函数。运行该函数后将无休止地调用其自身,这是不正确的。为了防止递归调用无休止地进行,必须在函数内有终止递归调用的方法。在Objective-C中常用的办法是加条件判断,满足某种条件后就不再递归调用,然后逐层返回。

函数递归调用有如下两个要素。

(1) 递归调用公式:即问题的解决能写成递归调用的形式。

(2) 结束条件:确定何时结束递归。

下面的实例通过函数递归计算了f(10)的值。

实例14-14	函数的递归
源码路径	光盘:\daima\第14章\14-14

实例文件main.m的具体实现代码如下所示。

```
#import <Foundation/Foundation.h>

int fn(int n)
{
 if (n == 0)
 {
     return 1;
 }
 else if (n == 1)
 {
     return 4;
 }
 else
 {
     // 在函数中调用它自身,就是函数递归
     return 2 * fn(n - 1) + fn(n - 2);
 }
}
int main(int argc , char * argv[])
{
 @autoreleasepool{
     NSLog(@"%d" , fn(10));   // 输出fn(10)的结果
 }
}
```

执行后输出:
```
10497
```

14.2.10 数组作为函数的参数

在Objective-C程序中,数组作为函数的参数跟普通变量作为函数的参数的用法完全相同。下面的实例演示了数组作为函数的参数的功能。

实例14-15	将数组作为函数的参数
源码路径	光盘:\daima\第14章\14-15

实例文件main.m的具体实现代码如下所示。

```
#import <Foundation/Foundation.h>
// 定义一个函数,该函数的形参为两个int型变量
int big(int x , int y)
{
 // 如果x>y,返回1;如果x<y,返回-1,如果x==y,返回0
 return x > y ? 1 : (x < y ? -1 : 0);
}

int main(int argc , char * argv[])
{
 @autoreleasepool{
     int a[10] , b[10];
     // 采用循环读入10个数值作为第一个数组元素的值
     NSLog(@"输入第一个数组的10个元素: ");
```

```
        for(int i = 0 ; i < 10 ; i++)
        {
            scanf("%d" , &a[i]);
        }
        // 采用循环读入10个数值作为第二个数组元素的值
        NSLog(@"输入第二个数组的10个元素: ");
        for(int i = 0 ; i < 10 ; i++)
        {
            scanf("%d" , &b[i]);
        }
        int aBigCount = 0;
        int bBigCount = 0;
        int equalsCount = 0;
        // 采用循环依次比较a、b两个数组的元素
        // 并累计其比较结果
        for(int i= 0 ; i < 10 ; i++)
        {
            NSLog(@"%d , %d" , a[i], b[i]);
            if(big(a[i] , b[i]) == 1)
            {
                aBigCount ++;
            }
            else if(big(a[i] , b[i]) == -1)
            {
                bBigCount ++;
            }
            else
            {
                equalsCount ++;
            }
        }
        NSLog(@"a数组元素更大的次数%d, b数组元素更大的次数为: %d , 相等次数为: %d"
            , aBigCount , bBigCount, equalsCount);
        NSString * result = aBigCount > bBigCount ?
            @"a数组更大": (aBigCount < bBigCount ? @"b数组更大" : @"两个数组相等");
        NSLog(@"%@" , result);
    }
}
```

程序执行后将会输出:
输入第一个数组的10个元素:
1 2 3 4 5 6 7 8 9 10
输入第二个数组的10个元素:
11 12 13 14 15 16 17 18 19 20
1 , 11
2 , 12
3 , 13
4 , 14
5 , 15
6 , 16
7 , 17
8 , 18
9 , 19
10 , 20
a数组元素更大的次数0, b数组元素更大的次数为: 10 , 相等次数为: 0
b数组更大

下面的实例演示了通过函数实现冒泡排序的过程。

实例14-16	通过函数实现冒泡排序
源码路径	光盘:\daima\第14章\14-16

实例文件main.m的具体实现代码如下所示。

```
#import <Foundation/Foundation.h>

// 定义一个函数, 该函数没有返回值
void bubbleSort(int nums[] , unsigned long len)
{
    // 控制本轮循环是否发生过交换
    // 如果没有发生交换, 说明该数组已经处于有序状态, 可以提前结束排序
```

```
        BOOL hasSwap = YES;
        for (int i = 0; i < len && hasSwap; i++)
        {
            hasSwap = NO;    // 将hasSwap设为NO
            for (int j = 0 ; j < len - 1 - i ; j++)
            {
                // 如果nums[j]大于nums[j + 1]，交换它们
                if(nums[j] > nums[j + 1])
                {
                    int tmp = nums[j];
                    nums[j] = nums[j + 1];
                    nums[j + 1] = tmp;
                    // 本轮循环发生过交换，将hasSwap设为YES
                    hasSwap = YES;
                }
            }
        }
}
int main(int argc, const char * argv[])
{
    @autoreleasepool {
        int nums[] = {12 , 8, 23, -15, -20, 15};    // 随便给出一个整数数组
        int len = sizeof(nums) / sizeof(nums[0]);   // 计算数组的长度
        bubbleSort(nums , len);    // 调用函数对数组排序
        for(int i = 0 ; i < len ; i++)    // 采用遍历，输出数组元素
        {
            printf("%d," , nums[i]);
        }
        printf("\n");    // 输出换行
    }
}
```

程序执行后输出：
-20,-15,8,12,15,23,

14.2.11 内部函数和外部函数

在Objective-C程序中，内部函数使用static修饰，外部函数使用extern修饰。

1. 内部函数

在模块内的static函数只可被这一模块内的其他函数调用，这个函数的使用范围被限制在声明它的模块内。在类中的static成员变量属于整个类所拥有，类的所有对象只有一份副本。在类中的static成员函数属于整个类所拥有，这个函数不接收this指针，因而只能访问类的static成员变量。

2. 外部函数

被extern限定的函数或变量是extern类型的，extern是表明函数和全局变量作用范围（可见性）的关键字，该关键字告诉编译器其声明的函数和变量可以在本模块或其他模块中使用。被extern修饰的变量和函数是按照C语言方式编译和连接的。

下面的实例中定义了两个函数，因为自身没有包含main函数，所以需要main函数调用后才会发生作用。

实例14-17	调用第三方函数
源码路径	光盘:\daima\第14章\14-17

实例文件main.m的具体实现代码如下所示。

```
#import <Foundation/Foundation.h>

// 定义外部函数，可以省略extern
extern void printRect(int height, int width)
{
    // 控制打印height行
    for (int i = 0; i < height; i ++)
    {
        // 控制每行打印width个星号
        for (int j = 0; j < width; j++)
        {
```

```objc
            printf("*");
        }
        printf("\n");
    }
}
// 定义外部函数，可以省略extern
extern void printTriangle(int height)
{
    // 控制打印height行
    for (int i = 0; i < height; i ++)
    {
        // 控制打印height - 1 - i个空格
        for (int j = 0; j < height - 1 - i; j++)
        {
            printf(" ");
        }
        // 控制打印2*i+1个星号
        for (int j = 0 ; j < 2 * i + 1 ; j++)
        {
            printf("*");
        }
        printf("\n");
    }
}
int main(int argc, char * argv[])
{
    @autoreleasepool{
        // 声明两个外部函数
        void printRect(int, int);
        void printTriangle(int);
        // 调用两个函数
        printRect(5, 10);
        printTriangle(7);
    }
}
```

程序执行之后输出：

```
**********
**********
**********
**********
**********
    *
   ***
  *****
 *******
*********
**********
************
```

14.3　变量的作用域和生存期

知识点讲解：光盘:视频\知识点\第14章\变量的作用域和生存期.mp4

在Objective-C中，所有的变量都有自己的作用域，变量的作用域由说明方式决定。说明方式不同，作用域就不同。

14.3.1　变量的作用域

Objective-C中的变量可以分为3种，分别是局部变量、全局变量和文件变量。所以对应的作用域也有3种，其中最为常用的是局部变量和全局变量，下面将分别介绍。

1．局部变量的作用域

局部变量也称为内部变量，是在函数内定义说明的。局部变量的作用域仅限于函数内，在定义函数外使用是非法的。例如：

```
int f1(int a)                    /*函数f1*/
  {
  int b,c;
  ……
  }
//下面a,b,c无效
int f2(int x)                    /*函数f2*/
{
   int y,z;
   ……
}
main()
{
   int m,n;
   ……
}
```

在上述函数f1()内定义了3个变量，其中a为形参，b和c是一般变量。在f1的范围内a、b、c有效；同样，x、y、z的作用域仅限于f2内，m、n的作用域仅限于main()函数内。关于局部变量的作用域，应该注意如下4点。

（1）主函数中定义的变量也只能在主函数中使用，不能在其他函数中使用。同时，主函数中也不能使用其他函数中定义的变量。因为主函数也是一个函数，它与其他函数是平等关系。这一点是与其他语言是不同的，应加以注意。

（2）形参变量属于被调函数的局部变量，实参变量属于主调函数的局部变量。

（3）在Objective-C中，允许在不同的函数中使用相同的变量名，它们代表不同的对象，分配不同的存储单元，互不干扰，也不会发生混淆。

（4）在复合语句中也可定义变量，其作用域只在复合语句范围内。

下面的实例代码演示了定义代码块局部变量的过程。

实例14-18	定义代码块局部变量
源码路径	光盘:\daima\第14章\14-18

实例文件main.m的具体实现代码如下所示。

```
#import <Foundation/Foundation.h>

int main(int argc , char * argv[])
{
    @autoreleasepool{
         int a;   // 定义一个函数局部变量a
         NSLog(@"函数局部变量a的值： %d", a);   // 该代码输出的值不确定，通常是0
         a = 5;   // 为a变量赋值
         NSLog(@"函数局部变量a的值： %d", a);   // 代码将输出5
    }
}
```

程序执行之后输出：
函数局部变量a的值： 0
函数局部变量a的值： 5

下面的实例演示了函数局部变量的作用域范围。

实例14-19	函数局部变量的作用域范围
源码路径	光盘:\daima\第14章\14-19

实例文件main.m的具体实现代码如下所示。

```
#import <Foundation/Foundation.h>

int main(int argc, char * argv[])
{
    @autoreleasepool{
        {
             int a;   // 定义一个代码块局部变量a
             // 该代码输出的值不确定，通常是0
             NSLog(@"代码块局部变量a的值： %d" , a);
```

```
            a = 5;      // 为a变量赋值
            NSLog(@"代码块局部变量a的值: %d" , a);
        }
        NSLog(@"%d" , a);   // 试图访问的a变量并不存在
    }
}
```

2. 全局变量的作用域

全局变量是在函数外部定义的变量，也被称为外部变量。全局变量不属于哪一个具体函数，只是属于一个源程序文件，其作用域是整个源程序。在函数中使用全局变量时需要对全局变量进行说明，只有在函数内经过说明的全局变量才能使用，全局变量的说明符为extern。如果在一个函数之前定义的全局变量，在该函数内使用时可不用再加以说明。看下面的代码：

```
int a,b;            /*外部变量*/
void f1()           /*函数f1*/
{
    ……
}
float x,y;          /*外部变量*/
int fz()            /*函数fz*/
{
    ……
}
main()              /*主函数*/
{
    ……
}
```

在上述代码中，因为a、b、x和y都是在函数外部定义的外部变量，所以都是全局变量。但是x、y定义在函数f1之后，而在f1内又无对x、y的说明，所以它们在f1内无效。a和b定义在源程序最前面，所以在函数f1、f2及main内不进行说明也可使用。

下面的实例实现了一个统计数组元素最大值、最小值、平均值和总和的函数statistics。

实例14-20	统计数组元素的最大值、最小值、平均值和总和
源码路径	光盘:\daima\第14章\14-20

实例文件main.m的具体实现代码如下所示。

```
#import <Foundation/Foundation.h>

// 定义4个全局变量
int sum;
int avg;
int max;
int min;
void statistics(int nums[] , unsigned long len)
{
    min = nums[0];
    for (int i = 0 ; i < len ; i++)
    {
        // 始终让max保存较大的整数
        if(nums[i] > max)
        {
            max = nums[i];
        }
        // 始终让min保存较小的整数
        if(nums[i] < min)
        {
            min = nums[i];
        }
        // 计算总和
        sum += nums[i];
    }
    // 计算平均值
    avg = sum / len;
}
int main(int argc , char * argv[])
{
```

```
    @autoreleasepool{
        int nums[] = {12, 30 , 4, 120 ,5, 12, 14, 34};
        statistics(nums , sizeof(nums) / sizeof(nums[0]));
        NSLog(@"总和：%d" , sum);
        NSLog(@"平均值：%d" , avg);
        NSLog(@"最大值：%d" , max);
        NSLog(@"最小值：%d" , min);
    }
}
```

程序执行后会输出：
总和：231
平均值：28
最大值：120
最小值：4

下面的实例声明了在函数中将要使用的全局变量。

实例14-21	声明在函数中将要使用的全局变量
源码路径	光盘:\daima\第14章\14-21

实例文件main.m的具体实现代码如下所示。

```
#import <Foundation/Foundation.h>

void change()
{
// 声明本函数将要使用的全局变量
extern int globalVar;
globalVar = 20;
}
int main(int argc , char * argv[])
{
    @autoreleasepool{
        // 声明本函数将要使用的全局变量
        extern int globalVar;
        NSLog(@"%d" , globalVar);
        change();
        NSLog(@"%d" , globalVar);
    }
}
```

程序执行后会输出：
定义全局变量
int globalVar;
输出：
0
20

14.3.2 静态存储变量和动态存储变量

如果从存储方式角度分析，可以将变量划分为静态存储和动态存储两种。

静态存储变量通常是在变量定义时就确定存储单元并一直保持不变的变量，直至整个程序结束。

动态存储变量是指在程序执行过程中当使用它时才分配存储单元，使用完毕后立即释放。最典型的例子是函数的形式参数，在定义函数时并不给形参分配存储单元，只在调用函数时才予以分配，调用函数完毕后立即释放。假如一个函数被多次调用，则反复地分配、释放形参变量的存储单元。

下面的实例分别定义了普通变量和静态局部变量，演示了两者的区别。

实例14-22	普通变量和静态局部变量的使用
源码路径	光盘:\daima\第14章\14-22

实例文件main.m的具体实现代码如下所示。

```
#import <Foundation/Foundation.h>

void fac(int n)
{
 auto int a = 1;
```

```
    static int b = 1;   // 定义静态局部变量，每次函数调用结束后，都会保存该变量的值
    a += n;   // a (每次调用时a总是等于1) 的值加上n
    b += n;   // b (b变量可以保留上一次调用的结果) 的值加上n
    NSLog(@"a的值为：%d , b的值为%d" , a , b);
}
int main(int argc , char * argv[])
{
    @autoreleasepool{
        // 采用循环调用了fac()函数4次
        for(int i = 0 ; i < 4 ; i++)
        {
            fac(i);
        }
    }
}
```

执行后的效果如图14-8所示。

由此可知，静态存储变量是一直存在的，而动态存储变量是时而存在时而消失的。我们把这种由于变量存储方式不同而产生的特性称变量的生存期。生存期表示了变量存在的时间。生存期和作用域从时间和空间这两个不同的角度来描述变量的特性，这两者既有联系又有区别。不能仅从作用域来判定一个变量究竟属于哪一种存储方式，还应该有明确的存储类型说明。

下面的实例利用静态变量实现了计算阶乘的功能。

图14-8 实例14-22的执行效果

实例14-23	利用静态变量计算阶乘
源码路径	光盘:\daima\第14章\14-23

实例文件main.m的具体实现代码如下所示。

```
#import <Foundation/Foundation.h>

int fac(int n)
{
// 静态变量，第一次运行时该变量的值为1
// f可以保留上一次调用函数的结果
static int f = 1;
f = f * n;
return f;
}
int main(int argc , char * argv[])
{
    @autoreleasepool{
        // 采用循环，控制调用该函数7次
        for(int i = 1 ; i < 8 ; i++)
        {
            NSLog(@"%d的阶乘为：%d", i , fac(i));
        }
    }
}
```

执行后的效果如图14-9所示。

图14-9 实例14-23的执行效果

14.4 结构体

知识点讲解：光盘:视频\知识点\第14章\结构体.mp4

在Objective-C应用程序中，有时候需要处理数据类型不同的一组数据。例如，在学生登记表中，姓名应该为字符串型，学号可为整型或字符串型，年龄应该为整型，性别应该为字符串型，成绩可以为整型或实型。因为数组中各元素的类型和长度都必须一致，所以不能用一个数组来存放上述学生的相关数据。为了解决上述问题，Objective-C给出了另外一种构造数据类型——结构（或称为结构体）。

14.4.1 结构体基础

结构体相当于其他高级语言中的记录，是Objective-C语言中常用的构造数据类型之一。"结构体"

是一种构造类型，它是由若干"成员"组成的。每一个成员可以是一个基本数据类型，也可以一个构造数据类型。

1. 定义结构体类型

定义结构体类型的一般形式如下：

```
struct 结构名{
    数据类型 成员名1;
    数据类型 成员名2;
    ..................
    数据类型 成员名n;
};
```

下面的代码定义了一个结构体student，里面包含了4个成员。

```
struct student {
    int num;
    char name[30];
    char sex;
    float score;
};
```

在上述代码中，定义了一个名为student的结构，该结构由如下4个成员组成。

- 第1个成员为num，整型变量。
- 第2个成员为name，字符数组。
- 第3个成员为sex，字符变量。
- 第4个成员为score，实型变量。

在此需要注意，括号后的分号是不可少的。定义结构之后，即可进行变量说明。凡说明为结构student的变量都由上述4个成员组成。由此可见，结构是一种复杂的数据类型，是数目固定、类型不同的若干有序变量的集合。

在Objective-C中定义结构体时，应该注意如下3点。

（1）不要忽略最后的分号。

（2）struct xxx是一个类型名，它和系统提供的标准类型（例如int、char、float、double等）一样具有相同的作用，都可以用来定义变量的类型，只不过结构体类型需要由用户自己指定而已。

（3）可以把"成员表列"（member list）称为"域表"（field list）。每一个成员也称为结构体中的一个域，成员名命名规则与变量名相同。

2. 定义结构体类型变量

前面的定义结构体的格式只是指定了一个结构体类型，它相当于一个模型，但其中并无具体数据，系统也不为其分配实际的内存单元。为了能在程序中使用结构体类型的数据，应当定义结构体类型的变量，并在其中存放具体的数据。定义基本数据类型变量的语法形式如下：

```
数据类型 变量名称;
```

假如想定义整型变量a，可以用下面的代码实现。

```
int a;
```

结构体类型变量的定义与基本数据类型变量定义类似，但是要求先定义结构体类型之后才能使用此结构体类型定义变量。换而言之，只有完成新的数据类型定义之后才可以使用结构体类型变量。Objective-C中所有数据类型遵循"先定义后使用"的原则。对于基本数据类型（float、int和char等），由于其已由系统预先定义，所以可以在程序设计中直接使用，而无须重新定义。可以使用如下3种方法定义结构体类型变量。

（1）先定义结构体类型后定义变量，例如：

```
struct student student1, student2;
```

上述代码定义了struct student类型的变量student1和student2，即它们是具有struct student类型的结构。在定义了结构体变量后，系统会为之分配内存单元。

下面的实例先定义了结构体类型，然后定义了结构体变量。

实例14-24	定义结构体类型和结构体变量方法一
源码路径	光盘:\daima\第14章\14-24

实例文件main.m的具体实现代码如下所示。

```
#import <Foundation/Foundation.h>

int main(int argc , char * argv[])
{
    @autoreleasepool{
        // 定义point结构体类型
        struct point
        {
            int x;
            int y;
        };
        // 使用结构体类型定义两个变量
        struct point p1;
        struct point p2;
        // 定义rect结构体类型
        struct rect
        {
            int x;
            int y;
            int width;
            int height;
        };
        // 使用结构体类型定义两个变量
        struct rect rect1;
        struct rect rect2;
    }
}
```

（2）在定义结构体类型的同时，定义结构体类型变量。例如：

```
struct Point{
   double x;
   double y;
   double z;
}oP1, oP2;
```

在定义结构体类型struct Point的同时，定义了struct Point类型变量oP1和oP2。对应的语法格式如下：

```
struct 结构体标识符{
   成员变量列表;
   …
} 变量1, 变量2, …, 变量n;
```

其中，变量1，变量2，…，变量n为变量列表，遵循变量的定义规则，彼此之间通过逗号","分隔。下面的实例演示了同时定义结构体类型和结构体变量的过程。

实例14-25	定义结构体类型和结构体变量方法二
源码路径	光盘:\daima\第14章\14-25

实例文件main.m的具体实现代码如下所示。

```
#import <Foundation/Foundation.h>

int main(int argc , char * argv[])
{
 @autoreleasepool{
     // 定义point结构体类型的同时，定义结构体变量
     struct point
     {
         int x;
         int y;
     } p1;
     // 使用结构体类型定义1个变量
     struct point p2;
     // 定义rect结构体类型的同时，定义结构体变量
     struct rect
```

```
            {
                int x;
                int y;
                int width;
                int height;
        } rect1;
        //  使用结构体类型定义1个变量
        struct rect rect2;
    }
}
```

> **注意**
>
> 在实际的应用中,在定义结构体的同时定义结构体变量的做法,特别适合于定义局部使用的结构体类型或结构体类型变量的情形,例如在一个文件内部或函数内部。

(3)直接定义变量。这种方法在定义结构体的同时,定义了结构体类型的变量,但是不给出结构体标识符,例如:

```
struct {
  double x;
  double y;
  double z;
}oP1,oP2;
```

此方法的语法格式如下:

```
struct {
  成员变量列表;
  …
}变量1, 变量2…, 变量n;
```

第三种方法与第二种方法的区别在于第三种方法中省去了结构体类型名,而直接给出结构体变量。在实际的应用中,此方法适合于临时定义局部变量或结构体成员变量。

> **注意:**
>
> ❏ 类型与变量是不同的概念,不要混同。变量可以赋值、存取或运算,并且会分配内存空间。
>
> ❏ 对结构体中的成员(即"域"),可以单独使用,它的作用与地位相当于普通变量。
>
> ❏ 成员也可以是一个结构体变量。
>
> ❏ 成员名可以与程序中的变量名相同,二者不代表同一对象。

看下面的代码:

```
struct date                    /*声明一个结构体类型*/
{
  int day;
  int month;
  int year;
  struct date birthday;        /*birthday是struct date类型的结构体变量*/
} student1,student2;
```

在上述代码中,声明了一个struct date类型,表示"日期"。它有3个成员,分别是month(月)、day(日)和year(年)。然后将成员birthday指定为struct date类型。

当同时定义结构体类型和说明结构体变量时,有时可以省略结构体类型名,例如下面的代码:

```
struct{
  int day;
  int month;
  int year;
}date,birthdate,*pd;
```

3. 结构体变量的引用

定义了结构体类型变量以后,就可以引用结构体变量,可以对它赋值、存取和运算。

> **注意：结构体变量与数组的差异**
>
> 结构体变量与数组在很多方面都是类似的，例如它们的元素、成员都必须存放在一片连续的存储空间中，通过存取元素成员来访问数组或结构体。数组元素有数组元素的表示形式，结构体变量的成员了有它的专用表示形式等。但是，结构体变量与数组在概念上有重要区别：数组名是一组元素存放区域的起始位置，是一个地址量，结构变量名只代表一组成员，它不是地址量而是一种特殊变量；数组中的元素都是有相同的数据类型，而结构中的成员的数据类型可以不相同。

在Objective-C中，通常用如下两种方式来引用结构体变量。

（1）结构体变量中成员的引用。

可以将结构体变量的成员作为普通的变量来使用，包括赋值、运算、I/O等操作。引用结构体变量中成员的格式如下：

```
结构变量名.成员名
```

上述格式既是结构变量成员的表示形式，也是它的访问形式。例如结构体变量birthdate的3个成员分别表示为如下格式。

```
birthdate.day
birthdate.month
birthdate.year
```

"."是一个运算符，"结构变量名.成员名"实质上是一个运算表达式。结构体变量的成员具有与普通变量完全相同的性质，可以像普通变量那样参与各种运算，既可以出现在赋值号的左边向它赋值，也可以出现在赋值号的右边作为一个运算分量参与表达式的计算。因此，它可以作为"++"、"--"、"&"等之类的运算符的操作数。

（2）结构体变量作为整体引用。

当结构体变量作为整体引用时，一般仅限于赋值，也就是将一个结构体变量赋给另一个同类型的结构体变量，以此达到赋值各个成员的目的。

14.4.2 结构体变量的初始化

在Objective-C程序中，可以在定义结构变量时对其实现初始化赋值。结构体变量的初始化方式与数组类似，分别给结构体的成员变量赋初始值，而结构体成员变量的初始化遵循简单变量或数组的初始化方法。具体的形式如下：

```
struct 结构体标识符{
   成员变量列表；
   …
};
struct结构体标识符 变量名={初始化值1，初始化值2，…，初始化值n };
```

下面的实例演示了结构体变量的初始化过程。

实例14-26	对结构体变量初始化
源码路径	光盘:\daima\第14章\14-26

实例文件main.m的具体实现代码如下所示。

```
#import <Foundation/Foundation.h>

int main(int argc , char * argv[])
{
    @autoreleasepool{
        // 定义point结构体类型的同时，定义结构体变量
        // 可以直接对结构体变量执行初始化
        struct rect
        {
            int x;
            int y;
            int width;
            int height;
```

```
        } rect1 = {20 , 30 , 100 , 200};
        // 下面的代码是错误的
        //   rect1 = {1 , 2 , 3 , 4};
        // 定义结构体类型
        struct point
        {
                int x;
                int y;
        };
        // 为struct point类型起一个新名称：FKPoint
        typedef struct point FKPoint;
        // 使用FKPoint定义结构体变量时，允许直接初始化
        FKPoint p1 = {20 , 30};
        FKPoint p2 = {10};
        NSLog(@"p1的x为：%d，p1的y为：%d" , p1.x , p1.y);
        NSLog(@"p2的x为：%d，p2的y为：%d" , p2.x , p2.y);
        // 下面代码是错误的
        //   p1 = {2 , 3};
        FKPoint p3;
        // 依次对结构体变量的每个成员赋值，这总是正确的
        p3.x = 10;
        p3.y = 100;
        NSLog(@"p3的x为：%d，p3的y为：%d" , p3.x , p3.y);
    }
}
```

执行后的效果如图14-10所示。

```
p1的x为: 20, p1的y为: 30
p2的x为: 10, p2的y为: 0
p3的x为: 10, p3的y为: 100
```

图14-10 实例14-26的执行效果

初始化处理是仅仅对其中部分成员变量进行初始化。Objective-C语言要求初始化的数据至少有一个，其他没有初始化的成员变量由系统完成初始化，系统提供了默认的初始化值。各种基本数据类型的成员变量默认的初始化值如表14-1所示。

表14-1 基本数据类型成员变量的初始化值

数据类型	默认初始化值
int	0
char	'\0x0'
float	0.0
double	0.0
char Array[n]	“”
int Array[n]	{0,0…,0}

对于复杂结构体类型变量的初始化，同样遵循上述规律，对结构体成员变量分别赋予初始化值。下面的实例演示了结构体变量的初始化过程。

实例14-27	显示当前的日期
源码路径	光盘:\daima\第14章\14-27

实例文件main.m的具体实现代码如下所示。

```
#import <Foundation/Foundation.h>

int main(int argc, const char * argv[]) {
    @autoreleasepool {
        struct date
        {
            int month;
            int day;
            int year;
        };
        struct date today;
        today.month = 9;
        today.day = 25;
        today.year = 2015;
        NSLog (@"Today's date is %i/%i/%.2i.", today.month,
```

```
                today.day, today.year % 100);
    }
    return 0;
}
```
对于上述代码的具体说明如下。

（1）main函数的第一条语句定义了名为date的结构，它包含3个整型成员，分别是month、day和year。在第二条语句中，声明struct date类型变量today。

（2）第一条语句只是简单地向Objective-C编译器说明了date结构的外观，并没有在计算机中分配存储空间。

（3）第二条语句定义了一个struct date类型的变量，所以为其分配内存空间，以便存储结构变量today的3个整型成员。在赋值完成后，通过调用适当的NSLog语句来显示包含在结构体变量中的值。Today.year除以100的余数是在传递给NSLog函数之前计算的，这样可以使年份只显示04。NSLog中的"%.2i"格式符号指明了最少显示两位字符，从而强制显示年份开头的0。

执行上述代码后会输出：
```
Today's date is 9/25/15.
```
在将结构体变量的成员用于表达式时，结构体成员遵循的法则与Objective-C语言中普通变量遵循的法则一样。这样将整型的结构成员除以整数的除法运算和普通整数的除法运算一样，例如下面的代码。
```
century = today.year / 100 + 1;
```
假设要编写一个简单的程序，它将今天的日期作为输入数据，并向用户显示明天的日期。第一眼看上去，这似乎是一项非常简单的任务。可以让用户输入今天的日期，然后通过一系列语句计算出明天的日期，如下所示。
```
tomorrow.month = today.month;
tomorrow.day = today.day + 1;
tomorrow.year = today.year;
```
对于大多数日期来讲，使用上面的代码可以得出正确结果，但是不能正确处理如下两种情况。

❑ 如果今天的日期是一个月的最后一天。

❑ 如果今天的日期是一年的最后一天（即今天的日期是12月31日）。

确定今天日期是不是一个月最后一天，其中的一种简便方法是设置对应于每月天数的整型数组。在数组中对查找特定月份就可以得到当月的天数，可以通过下面的实例代码实现。

实例14-28	确定今天是不是一个月的最后一天
源码路径	光盘:\daima\第14章\14-28

实例文件main.m的具体实现代码如下所示。
```
#import <Foundation/Foundation.h>
struct date
{
    int month;
    int day;
    int year;
};
struct date dateUpdate (struct date today)
{
    struct date tomorrow;
    int numberOfDays (struct date d);
    if ( today.day != numberOfDays (today) )
    {
        tomorrow.day = today.day + 1;
        tomorrow.month = today.month;
        tomorrow.year = today.year;
    }
    else if ( today.month == 12 )     // 一年的最后一个月
    {
        tomorrow.day = 1;
        tomorrow.month = 1;
        tomorrow.year = today.year + 1;
    }
```

```
        else
        {                   // 一个月的最后一天
            tomorrow.day = 1;
            tomorrow.month = today.month + 1;
            tomorrow.year = today.year;
        }
        return (tomorrow);
}
//找到月份的天数
int numberOfDays (struct date d)
{
        int answer;
        BOOL isLeapYear (struct date d);
        int daysPerMonth[12] =
        { 31, 28, 31, 30, 31, 30, 31, 31, 30, 31, 30, 31 };
        if ( isLeapYear (d) == YES && d.month == 2 )
            answer = 29;
        else
            answer = daysPerMonth[d.month - 1];
        return (answer);
}
// 确定是否闰年
BOOL isLeapYear (struct date d)
{
        if ( (d.year % 4 == 0 && d.year % 100 != 0) ||
            d.year % 400 == 0 )
            return YES;
        else
            return NO;
}

int main(int argc, const char * argv[]) {
        @autoreleasepool {
            struct date dateUpdate (struct date today);
            struct date thisDay, nextDay;
            NSLog (@"Enter today's date (mm dd yyyy): ");
            scanf ("%i%i%i", &thisDay.month, &thisDay
```

执行上述代码，根据输入数据的不同会输出不同的效果。

第一种输入的换行结果：
```
Enter today's date (mm dd yyyy):
2 28 2012
Tomorrow's date is 2/29/12.
```
第二种输入的换行结果：
```
Enter today's date (mm dd yyyy):
10 2 2009
Tomorrow's date is 10/3/09.
```
第三种输入的换行结果：
```
Enter today's date (mm dd yyyy):
12 31 2010
Tomorrow's date is 1/1/10.
```

由上述代码可以看出，即使没有用到该程序中的任何类，仍然导入了Foundation.h这个文件，因为想要使用BOOL类型，并定义YES和NO。它们定义在Foundation.h文件中。date结构的定义最先出现并且在所有函数之外，这是因为结构定义的行为与变量定义非常类似：如果在特定函数中定义结构体，那么只有这个函数知道它的存在，这是一个局部结构体定义。如果将结构体定义在函数之外，那么该定义是全局的。使用全局结构体定义，该程序中随后定义的任何变量（不论是在函数之内或之外）都可以声明为这种结构类型。可以将多个文件共用的结构定义都集中放在一个头文件中，然后向要使用这些结构的文件导入这个头文件。

在main例程中有如下声明代码。
```
struct date dateUpdate (struct date today);
```
上述代码的功能是告知编译器函数dateUpdate使用date结构体作为它的参数，并且返回date结构体类型的值。这里并不需要这个声明，因为编译器已经在文件中知道了实际的函数定义。然而，这仍然是好的编程习惯。例如，如果将函数定义和main函数分别放在不同的源文件中，那么在这种情况下，声明将是必要的。

和普通的变量一样（与数组不同），函数对于结构体参数的任何更改都不会影响原结构体。这些变化只影响到调用该函数时所产生的结构体副本。

将日期输入并存储在date结构体变量thisDay中之后，可以用如下代码调用函数dateUpdate。

```
nextDay = dateUpdate (thisDay);
```

通过上述语句调用了函数dateUpdate，并同时传递了date结构变量thisDay的值。

在dateUpdate函数中，通过如下原型声明代码告诉Objective-C编译器函数numberOfDays返回一个整型值，并且带有一个date结构体类型的参数。

```
int numberOfDays (struct date d);
```

下面的代码则指明将today结构作为参数传递给函数numberOfDays。

```
if ( today.day != numberOfDays (today) )
```

在上述函数中，必须进行适当声明来告知系统参数的类型是一个结构，具体代码如下所示。

```
int numberOfDays (struct date d)
```

函数numberOfDays首先确定该日期是否为闰年并且是否为二月。前一判断是通过调用另一个名为isLeapYear的函数实现的。

函数isLeapYear非常直观，它简单地测试作为参数传递来的date结构体中所包含的年份信息，如果是闰年则返回YES，反之返回NO。

一定要理解实例14-28中函数调用的层次结构：main函数调用dateUpdate函数，dateUpdate又调用numberOfDays函数，numberOfDays调用isLeapYear函数。

注意——将实例变量存储到结构体中

> 在定义一个新类和它的实例变量时，这些实例变量实际上存放在一个结构体中，这充分说明了可以如何处理对象。对象实际上是结构体，结构体中的成员是实例变量。所以继承的实例变量加上我们在类中添加的变量就组成了一个结构体。在使用alloc分配新对象时，系统预留了足够的空间来存储这些结构体。
>
> 结构体中继承的成员（从根对象中获得的）之一是名为isa的保护成员，它确定对象所属的类。因为它是结构的一部分（因此也是对象的一部分），所以由对象携带。这样，运行时系统只需通过查看isa成员，就可以确定对象的类（即使将其赋给通用的id对象变量）。
>
> 通过将成员定义为@public，可以获得对象结构成员的直接存储权限（详见第10章"变量和数据类型"）。举个例子，如果对Fraction类中的numerator和denominator成员进行了这项操作，那么可以在程序中编写如下表达式代码来直接访问Fraction对象myFract的numerator成员。
>
> ```
> myFract->numerator
> ```
>
> 但是，笔者不建议读者这么做，因为这样违反了数据封装的特性。

14.4.3 结构体数组

经过本书前面内容的学习，了解到数组是一组具有相同数据类型变量的有序集合，可以通过下标获得其中的任意元素。结构体类型数组与基本类型数组的定义与引用规则是相同的，唯一的区别是结构体数组中的所有元素均为结构体变量。

1. 定义结构体数组

在实际应用中，经常用结构体数组来表示具有相同数据结构的一个群体。因为数组元素可以是结构类型，所以可以构成结构体类型的数组。结构体数组的每一个元素都具有相同的结构体类型的下标结构体变量。因为结构体变量有3种定义方法,所以结构体数组也具有3种定义方法。

(1)先定义结构体类型再定义结构体数组,具体格式如下。
```
struct 结构体标识符{
   成员变量列表;
   ...
};
struct 结构体标识符 数组名[数组长度];
```
其中,数组名是数组的名称,遵循变量的命名规则;数组长度是数组的长度,要求是大于零的整型常量。例如:
```
struct student{
   long num;
   char name[20];
   char sex;
   int age;
   float score;
   char addr[30];
};
struct student stud[100];
```

(2)在定义结构体类型时定义结构体数组,具体格式如下。
```
struct 结构体标识符{
   成员变量列表;
   ...
}数组名[数组长度];
```
例如:
```
struct student{
   long num; char name[20];
   char sex;
   int age;
   float score;
   char addr[30];
}
stud[100];
```

(3)直接定义结构体数组,具体格式如下。
```
struct {
   成员变量列表;
   ...
}数组名[数组长度];
```
例如:
```
struct {
   long num;
   char name[30];
   char sex;
   int age;
   float score;
   char addr[30];
}stud[100];
```

2. 结构体数组的初始化

在初始化结构体类型数组时,应该遵循基本数据类型数组的初始化规律,即在定义数组的同时,对其中的每一个元素进行初始化。例如:
```
struct Student             /*定义结构体struct Student*/
{
   char Name[20]; /*姓名*/
   float Math; /*数学*/
   float English; /*英语*/
   float Physical; /*物理*/
}St[2]={
   {"Liming", 78, 89, 95},
   {"Majun", 87, 79, 92}
};
```

在上述代码中,在定义结构体struct Student的同时,定义了长度为2的struct Student类型的数组St,并分别初始化每个元素,每个元素的初始化规律都遵循结构体变量的初始化规律。

3. 引用结构体数组

有两种引用结构体数组的方法，分别是数组元素引用和数组本身引用。其中数组元素的引用是简单变量的引用，而对于数组本身的引用是数组首地址的引用。

（1）数组元素的引用

引用数组元素的语法格式如下：

数组名[数组下标];

其中，[]为下标运算符；数组下标的取值范围为0~n-1，n为数组长度。

（2）引用数组

数组作为一个整体的引用，一般表现在如下两个方面。

- 作为一块连续存储单元的起始地址与结构体指针变量配合使用，在结构体指针部分将对此进行深入地讲解。
- 作为函数参数：函数void Mutiline(struct Point oPoints[])的形式参数为结构体类型数组，在调用函数时将实际参数struct Point oPoints[NPOINTS]作为整体传入，如Mutiline(oPoints)。

下面的实例演示了定义并使用结构体数组的过程。

实例14-29	定义并使用结构体数组
源码路径	光盘:\daima\第14章\14-29

实例文件main.m的具体实现代码如下所示。

```
#import <Foundation/Foundation.h>

int main(int argc , char * argv[])
{
    @autoreleasepool{
        struct mm
        {
            int x;
            int y;
        }; // 定义结构体类型
        // 为struct point类型起一个新名称：FKPoint
        typedef struct mm FKPoint;
        FKPoint mms[] = {
            {20 , 30},
            {12 , 20},
            {4 , 8}
        }; // 定义结构体数组，初始化数组元素
        // 下面代码是错误的
        // points[1] = {20 , 8};
        // 单独对结构体变量的每个成员赋值是允许的
        mms[1].x = 20;
        mms[1].y = 8;
        // 遍历每个结构体数组元素
        for (int i = 0 ; i < 3 ; i++)
        {
            NSLog(@"mms[%d]的x是：%d, mms[%d]的y是：%d"
                , i , mms[i].x, i , mms[i].y);
        }
    }
}
```

执行后会输出：

```
mms[0]的x是：20, mms[0]的y是：30
mms[1]的x是：20, mms[1]的y是：8
mms[2]的x是：4, mms[2]的y是：8
```

14.4.4 结构体和函数

在Objective-C程序中，结构体变量和结构体指针也可以作为函数的参数来使用，也可以将函数定义为结构体类型或结构体指针类型。

1. 结构体变量和结构体指针作为函数参数

在Objective-C中，有如下3种方法将一个结构体变量的值传递给另一个函数。

（1）用结构体变量的成员作参数。例如，用stu[1].num或stu[2].name作函数参数，将实参值传给形参。这种用法和用普通变量作实参是一样的，都是"值传递"的方式，但是应当注意实参与形参的类型保持一致。

（2）用结构体变量作实参。

（3）用指向结构体变量（或数组）的指针作为实参，将结构体变量（或数组）的地址传给形参。

2. 返回结构体类型值的函数

在Objective-C中，一个函数可以返回一个函数值，这个函数值可以是整型、实型、字符型和指针型等类型。函数也返回一个结构体类型的值，即函数的类型可以定义为结构体类型，一般格式如下：

```
struct 结构体名 函数名(形参列表) {....}
```

其中，结构体类型是已经定义好的，可以在函数体的return语句中指定结构体变量为返回值。在主调用程序中，要用一个相同的结构体变量来接受返回值。

14.4.5 结构体中的结构体

Objective-C语言在定义结构体方面提供了极大的灵活性。比如，可以定义一个结构，它本身包含其他结构作为自己的一个或多个成员，或者可以定义包含数组的结构。在前面的实例中，已经将月、日和年组合在名为date的结构中。假设有一个名为time的类似结构，用于组合小时、分钟和秒来表示时间。那么，在一些应用程序中，也许需要在逻辑上将日期和时间组合在一起。例如可能要设置一组在特定日期和时间发生的事件列表。

我们可以找到一种简便的方式将日期和时间结合在一起。在Objective-C中，通过定义新结构（可能命名为date_and_time）可以实现该任务。这个结构包含日期和时间两个元素，下面是定义代码。

```
struct date_and_time
{
  struct date sdate;
  struct time stime;
};
```

上述结构的第一个成员是struct date类型的，名为sdate，第二个成员是struct time类型的，名为stime。date_and_time结构的定义要求先向编译器定义date结构和time结构。

现在可以将变量定义为date_and_time结构了，代码如下所示。

```
struct date_and_time event;
```

要想引用变量event中的date结构，语法格式如下所示。

```
event.sdate
```

这样，就可以使用一条语句，将该日期作为参数调用函数dateUpdate，然后将结果赋值，如下所示。

```
event.sdate = dateUpdate (event.sdate);
```

此时可以对date_and_time结构中的time结构进行同样的操作。

```
event.stime = time_update (event.stime);
```

要引用这些结构中的一个成员，需要在成员名称之后添加点：

```
event.sdate.month = 10;
```

通过上述表达式将event包含的date结构中的month成员设置为10月，通过下面的代码可以将time结构中的seconds成员加1。

```
++event.stime.seconds;
```

变量event可以用如下代码实现初始化。

```
struct date_and_time event =
   { { 12, 17, 1989 }, { 3, 30, 0 } };
```

上述代码将变量event中的date成员设置为1989年12月17日，并且将time成员设置为3点30分0秒。同样，也可以设置一个date_and_time结构数组，声明代码如下所示。

```
struct date_and_time events[100];
```

在上述数组events中包含了100个struct date_and_time类型的元素。数组中第4个date_and_time元素可以用通常的方式引用为events[3]，数组中第25个元素可以使用如下语句发送给函数dateUpdate。

```
events[24].sdate = dateUpdate (events[24].sdate);
```

要将该数组中的第一个时间设置为中午，可以使用以下的语句代码实现。

```
events[0].stime.hour = 12;
events[0].stime.minutes = 0;
events[0].stime.seconds = 0;
```

14.4.6 位字段

在Objective-C语言中有如下两种包装信息的方式。

（1）在整数内表示这些数据，然后使用位运算符来访问所需的位。

（2）用位字段来定义包装信息的结构。这种方法在定义结构体时用到了特殊语法，它允许定义一个位字段并给该字段指定名称。

要想在Objective-C程序中定义位字段，可以定义一个名为packedStruct的结构，例如下面的代码。

```
struct packedStruct
{
  unsigned int f1:1;
  unsigned int f2:1;
  unsigned int f3:1;
  unsigned int type:4;
  unsigned int index:9;
};
```

在上述结构packedStruct中包含了5个成员，第一个成员名为f1，是unsigned int。成员名称之后的"1"表示这个成员将占用1位。类似地，标志f2和f3定义为1位。成员type被定义占用4位，而成员index定义为9位。

编译器会自动地将前面的位字段定义包装在一起。在Objective-C语言中，用这种方式定义的packedStruct类型的字段变量可以像一般结构成员那样进行访问。例如用下面的代码可以声明一个名为packedData的变量。

```
struct packedStruct packedData;
```

可以使用上述表达式方便地将packedData中的type字段设置为7：

```
packedData.type = 7;
```

也可以使用类似的表达式将该字段赋值为n。

```
packedData.type = n;
```

因为只有n的低4位赋值给packedData.type，所以在上述情况不必考虑n的值对于type字段是否过大的问题。从位字段中提取数值同样也是自动执行的，所以下面的代码可以提取packedData的type字段（自动根据需要将它移到低位）并将之赋给n。

```
n = packedData.type;
```

位字段可以用在表达式中，并且自动转换成整型数据，所以下面的代码是完全合法的：

```
i = packedData.index / 5 + 1;
```

下面的表达式和上述代码一样。

```
if ( packedData.f2 )
    ...
```

通过上述代码可以测试标志f2是开还是关。对于位字段值来说，得注意的是：不能保证字段在内部赋值时是从左到右还是从右到左。因此，如果位字段是从右向左赋值，那么f1将位于最低位，f2位于f1左边的位置，依此类推。除非处理由不同程序或其他机器产生的数据，否则这并不会产生问题。

还可以在包含位字段的结构中包含正常的数据类型。因此如果想要定义包含一个int、一个char和两个1位标志的结构，下面的定义是合法的：

```
struct table_entry
{
  int count;
  char c;
  unsigned int f1:1;
  unsigned int f2:1;
};
```

位字段在结构定义中被包装成单位（Unit），单位的大小由实现来定义，并且最可能是一个字大小。Objective-C编译器并不会因为尝试优化存储空间，而重新组织位字段定义。

可以指定没有名称的位字段来跳过字中的某些位，例如下面的代码。

```
struct x_entry
{
  unsigned int type:4;
  unsigned int :3;
  unsigned int count:9;
};
```

上述代码定义了一个x_entry结构，它包含一个名为type的4位字段和一个名为count的9位字段。未命名的字段表示分开type和count字段的3个位。

字段规范的最后一点涉及到长度为0的未命名字段这一特殊情况。它可以用来强制调整结构中的下一个字段作为单位边界的开始点。

14.4.7 typedef

Objective-C编程语言提供了typedef关键字，可以用一个新的名字给一个类型命名。例如下面定义了一个类型BYTE它为个字节的数字：

```
typedef unsigned char BYTE;
```

这种类型的定义后，BYTE可以用作unsigned char类型的缩写，例如：

```
BYTE b1, b2;
```

按照惯例，大写字母是用于提醒用户这些类型名称确实是一个符号缩写，但也可以用小写，例如：

```
typedef unsigned char byte;
```

可以使用typedef定义数据类型，并赋予此数据类型一个名字。

注意：typedef和#define的区别

#define是一个Objective-C的指令，它也可以用来为各种数据类型定义别名，与类似typedef，但有以下差异。

（1）typedef类型和#define可以被用来定义别名值以及符号名，一样可以将ONE定义为1等。

（2）typedef的解释是由编译器在#define语句预处理器处理的。

下面的实例演示了使用typedef关键字的过程。

实例14-30	typedef关键字的使用
源码路径	光盘:\daima\第14章\14-30

实例文件main.m的具体实现代码如下所示。

```
#import <Foundation/Foundation.h>

int main(int argc , char * argv[])
{
  @autoreleasepool{
      struct point
      {
            int x;
            int y;
      };
      typedef struct point FKPoint;   // 为struct point类型起一个新名称：FKPoint
      enum season {spring, summer, fall , winter};   // 定义一个season枚举类型
      typedef enum season FKSeason;   // 为enum season类型起一个新名称：FKSeason
      // 使用FKPoint定义p1、p2两个结构体变量
      FKPoint p1;
      FKPoint p2;
      FKSeason s1;   // 使用FKSeason定义s1枚举变量
  }
}
```

第 15 章 和C语言同质化的数据类型（下）

本章的内容中，将继续讲解Objective-C和C语言相同的语法知识。希望读者认真学习，为后面的学习打下基础。

15.1 指针

知识点讲解：光盘:视频\知识点\第15章\指针.mp4

指针是C语言中广泛使用的一种数据类型，是学习C语言的最大障碍。使用指针进行编程是C语言最主要的风格之一，利用指针变量可以表示各种数据结构，可以很方便地使用数组和字符串，并能像汇编语言一样处理内存地址，从而编写精练而又高效的程序。指针极大地丰富了C语言的功能，学习指针是学习C语言中最重要的一环。Objective-C中指针和C语言中指针的功能一样，用法也基本类似。本节将简要介绍Objective-C指针的基本知识，为读者书后面的学习打下基础。

15.1.1 指针基础

在计算机中，所有的数据都存放在存储器中。一般把存储器中的一个字节称为一个内存单元，不同的数据类型所占用的内存单元数不相同，例如整型量占2个单元，字符量占1个单元。为了正确地访问这些内存单元，必须为每个内存单元编上号。根据一个内存单元的编号即可准确地找到该内存单元。我们通常把内存单元的编号叫做地址。因为根据内存单元的编号或地址就可以找到所需的内存单元，所以通常也把这个地址称为指针，含有指示或指南针之意。

内存单元的指针和内存单元的内容是两个不同的概念，为了使读者更加深入的理解，下面用一个通俗的例子来说明它们之间的关系。

我们到银行去存取款时，银行工作人员会根据账号来检索我们的存款单，找到之后在存单上写入存款或取款的金额。在这里，账号就是存单的指针，存款金额就是存单的内容。对于一个内存单元来说，单元的地址就是指针，其中存放的数据才是该单元的内容。在Objective-C中，允许用一个变量来存放指针，这种变量称为指针变量。所以一个指针变量的值就是某个内存单元的地址或称为某内存单元的指针。如图15-1所示，设有字符变量C，其内容为'K' (ASCII码为十进制数75)，C占用了011A号单元（地址用十六进数表示）。设有指针变量P，内容为011A，这种情况我们称为P指向变量C，或说P是指向变量C的指针。

1. 变量的指针和指向变量的指针变量

变量的指针就是变量的地址，存放变量地址的变量就是指针变量。在Objective-C语言中，允许用一个变量来存放指针，这种变量称为指针变量。因此，一个指针变量的值就是某个变量的地址（或称为某变量的指针）。

为了表示指针变量和它所指向的变量之间的关系，在程序中用 "*" 表示 "指向"，例如，i_pointer

代表指针变量,而*i_pointer是i_pointer所指向的变量,如图15-2所示。

图15-1 地址和指针　　　　　图15-2 指针变量

例如,如果i_pointer是指向变量i的指针,下面两个语句的作用相同的:
```
i=1;
*i_pointer=1;
```
其中,第2个语句的含义是将1赋给指针变量i_pointer所指向的变量。

2. 声明指针

在使用前必须声明指针变量,对指针变量的声明包括如下3点:

(1)指针类型的说明,即定义变量为一个指针变量。

(2)指针变量名。

(3)变量值(指针)所指向的变量的数据类型。

声明指针变量的一般格式如下:
```
类型说明符  *变量名;
```
其中,"*"表示这是一个指针变量;"变量名"即为定义的指针变量名;"类型说明符"表示本指针变量所指向的变量的数据类型。例如:
```
int *m1;
```
上述语句表示m1是一个指针变量,它的值是某个整型变量的地址。至于m1究竟指向哪一个整型变量,由m1赋予的地址来决定。

看看下面的代码:
```
int *p2;            /*p2是指向整型变量的指针变量*/
float *p3;          /*p3是指向浮点型变量的指针变量*/
char *p4;           /*p4是指向字符型变量的指针变量*/
```
一个指针变量只能指向同类型的变量,例如上面的p3只能指向浮点变量,不能一会指向一个浮点变量,一会又指向一个字符变量。

3. 指针初始化

在使用指针变量之前不仅要定义说明,而且必须赋予具体的值。不能使用未经赋值的指针变量,否则将造成系统混乱。指针变量的赋值只能赋予地址,而不能赋予其他任何数据,否则将引起错误。在Objective-C语言中,变量的地址是由编译系统分配的,对用户完全透明,用户不知道变量的具体地址。

在Objective-C中如下两个和指针变量有关的运算符。

(1)&:取地址运算符。

(2)*:指针运算符(或称"间接访问"运算符)。

其中,地址运算符"&"表示变量的地址,一般格式如下:
```
&变量名;
```
例如,&a表示变量a的地址,&b表示变量b的地址。

定义指针变量的语句和定义其他变量或数组的语句格式基本相同,具体格式如下:
```
存储类型数据类型 *指针变量名 1[=初值],...;
```
上述格式的功能是:定义指向"数据类型"变量或数组的若干个指针变量,同时给这些指针变量赋初值。这些指针变量具有确定的"存储类型"。

使用上述格式时,应该注意如下几点:

(1)在指针变量前面必须有标识符"*"。

(2)在一个定义语句中可以同时定义普通变量、数组和指针变量。

(3)定义指针变量时的"数据类型"可以选取任何基本数据类型,也可以选取以后介绍的其他数据类型。需要注意的是,这个数据类型不是指针型变量中存放的数据类型,而是它将要指向的变量或数组的数据类型。也就是说定义成某种数据类型的其他变量或数组。

（4）如果省略"存储类型"，则会默认为自动型（AUTO）。

（5）"初值"通常是"普通变量名"、"数组元素"或"数组名"。

❏ 普通变量名：表示该指针变量已指向对应的普通变量。

❏ 数组元素：表示该指针变量已指向对应的数组元素。

❏ 数组名：表示该指针变量已指向数组的首地址。

（6）在一个定义语句中，可以只给部分指针变量赋初值。例如下面的代码：

```
int a;
int *P=&a;
```

在上述代码中，先定义了整型变量a，然后定义一个指向整型变量的自动型指针变量p，并将事先定义的变量a的地址赋给它，即整型指针变量p指向整型变量。

4. 引用指针

在Objective-C语言中，由编译系统来分配变量的地址。Objective-C规定，在程序中可以有多种方式引用指针型变量，其中最常见的有如下3种。

（1）给指针变量赋值，使用格式如下。

指针变量=表达式；

这个表达式必须是地址型表达式，例如：

```
int i,*p_i;
p_i=&i;
```

（2）直接引用指针变量名。

需要用到地址时，可以直接引用指针变量名。例如，在数据输入语句的输入变量列表中，可以引用指针变量名来接受输入的数据，并存入它指向的变量。例如，将指针变量1中存放的地址赋值到另一个指针变量2中。注意这种引用方式要求指针变量1必须有值，例如下面的代码。

```
int i,j,*p=&i,*q;
q=p;                       /*将P的值(i的地址)赋给指针变量q*/
scanf("%d,%d",q,&j);       /*使用指针变量接收输入数据*/
```

（3）通过指针变量来引用它所指向的变量，使用格式如下。

*指针变量名

程序中"*指针变量名"代表它所指向的变量，这种引用方式要求指针变量必须有值。例如：

```
int=1,j=2,k,*p=&i;
k=*p+j;                    /*由于P指向i,所以*P就是i,结果K等于3*/
```

指针变量不但可以指向变量，也可以指向数组、字符串等数据。

在使用指针变量时应注意如下4点。

（1）指针变量可以有空值，即该指针变量不指向任何变量。例如：

```
int *p;
p = NULL;                  // NULL 在头文件 stdio.h 中有定义
```

（2）通常不允许直接把一个数值赋给指针变量。因此，下面的赋值是错误的：

```
int *p;
p = 1000;   （错误）
```

（3）被赋值的指针变量前不能再加"*"说明符。例如以下用法也是错误的：

```
int a;
int *p;
*p = &a;    （错误）
```

（4）一个指针变量只能指向同类型的变量。如上例中的指针变量 p 只能指向整型类型的变量，而不能指向其他类型的变量。因此，下面的用法也是错误的。

```
float b;
int *p;
p = &b;              //错误
```

要想深入了解指针操作方式，首先必须明白间接寻址这一概念。假设需要为打印机买一个彩色墨盒，在工作的公司中，所有的采购活动都由采购部门负责。所以，可以打电话给负责采购的同事A，让他为我订购一个新墨盒。A将打电话给本地供应商店来订购该墨盒。这样，事实上我获得新墨盒的方式就是间接的，因为我并没有直接从供应商店处订购墨盒。

这种间接方式同样是Objective-C中指针的工作方式。指针提供了间接访问特定数据项值的途径。有理由认为通过采购部门订购墨盒很有道理（比如，不必了解从哪家供应商店订购墨盒），所以也有很好的理由认为有时在Objective-C中使用指针很有道理。

> **注意——对象变量其实是指针**
>
> 在定义Fraction类的对象变量时，其实是定义了一个名为myFract的指针变量，例如：
> ```
> Fraction *myFract;
> ```
> 这个变量被定义为指向Fraction类型的数据，即类的名称。当使用下面的代码来创建Fraction的新实例时，实质是为Fraction对象的新实例分配了内存空间（即，存放结构的空间），然后使用结构的指针，并将指针变量myFract存储在其中。
> ```
> myFract = [Fraction alloc];
> ```
> 当将对象变量赋给另一个对象变量时，下面的代码只是简单地复制了指针。
> ```
> myFract2 = myFract1;
> ```
> 上述两个变量最后都指向存储在内存中的同一结构，所以如果改变myFract2引用的（即指向的）一个成员，将更改myFract1引用的同一个实例变量（即结构成员）。

15.1.2 指针变量的运算

在Objective-C中，有如下3种常用的指针变量运算。

1．赋值运算

指针变量的赋值运算可以分为如下5种情况。

（1）把一个指针变量的值赋予指向相同类型变量的另一个指针变量。例如：
```
int a, *pa = &a, *pb;
pb = pa;
```
（2）把数组的首地址赋予同类型的指针变量。例如：
```
int a[5], *pa;
pa = a;
```
也可写为如下格式：
```
pa = &a[5];
```
（3）把字符串的首地址赋予指向字符类型的指针变量。例如：
```
char *pc;
pc = "I am a student!";
```
也可用初始化赋值的方法写为如下格式：
```
char *pc = " I am a student!";
```
（4）指针变量初始化赋值。

（5）把函数的入口地址赋予指向函数的指针变量。例如：
```
int (*pf)();pf=f;            /*f为函数名*/
```

2．指针加减运算

假设mm是指向数组 a 的指针变量，则mm+n、mm-n、mm++、++mm、mm--、--mm运算都是合法的。例如：
```
int a[10], *mm;
mm = a;                      /* mm 指向数组 a ，也是指向 a[0] */
mm = pa + 2;                 /* mm 指向 a[2] */
```
下面的实例演示了指针加减运算的具体过程。

实例15-1	指针的加减运算
源码路径	光盘:\daima\第15章\15-1

实例文件main.m的具体实现代码如下所示。
```
#import <Foundation/Foundation.h>

int main(int argc , char * argv[])
{
    @autoreleasepool{
        int a = 200;            // 定义一个int型变量
        int* p;                 // 定义一个指向int变量的指针
        p = &a;                 // 将a变量的指针（内存地址）赋值给p指针变量
        NSLog(@"%d" , *p);      // *p表示取出p指针所指变量的值
        // 先取a变量的指针（即地址），再获取该指针所指变量，又回到变量a
        // 因此下面代码将输出1（代表真）
        NSLog(@"%d" , a == (*(&a)));
    }
}
```
执行后输出：
```
200
1
```

3. 两个指针变量之间的运算

在Objective-C语言中，两个指针变量之间可以进行运算，但是只有指向同一数组的两个指针变量之间才能进行运算，否则运算将会变得毫无意义。

（1）两指针变量相减：如果两个指针变量指向同一个数组的元素时，则两指针变量相减的差是两个指针所指数组元素之间元素的个数。

（2）两指针变量进行关系运算：当指向同一数组的两个指针变量进行关系运算时，可表示它们所指数组元素之间的关系。

在本书前面的程序中，曾经多次在scanf调用中使用"&"运算符。在Objective-C语言中，"&"是一元运算符，又称为取地址运算符，用来得出变量的指针。如果x是特定类型的变量，那么&x就是该变量的指针。根据程序的需要，&x可以赋值给任何已经声明为与x同类型的指针变量。

要想给出count和intPtr的定义，可以编写如下表达式实现。
```
intPtr = &count;
```
通过上述代码，设置了intPtr和count之间的间接引用。地址运算符的作用是指向变量count的指针，而不是把count的值赋给变量intPtr。图15-3描述了intPtr和count之间的关系，方向线说明intPtr并不直接包含count的值，而是包含变量count的指针。

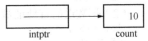

如果通过指针变量intPtr引用count的内容，可以使用间接寻址运算符"*"来实现。如果x是int类型，那么下面的代码会将intPtr间接指向的值赋给变量x。因为之前将intPtr设置为指向count，所以这个语句的作用就是将变量count的数值10赋给变量x。

图15-3　指向整型数据的指针

```
x = *intPtr;
```
下面的实例演示了地址运算符"&"和间接寻址运算符"*"这两个基本的指针运算符的用法。

实例15-2	地址运算符"&"和间接寻址运算符"*"的使用
源码路径	光盘:\daima\第15章\15-2

实例文件main.m的具体实现代码如下所示。
```
#import <Foundation/Foundation.h>

int main(int argc, const char * argv[]) {
    @autoreleasepool {
        int   count = 10, x;
        int   *intPtr;
        intPtr = &count;
        x = *intPtr;
        NSLog (@"count = %i, x = %i", count, x);
    }
    return 0;
}
```
执行上述代码后会输出：
```
count = 10, x = 10
```

上述代码中的变量count和x以常规方式声明为整型变量,将变量intPtr声明为"整型指针"类型。注意这两个声明行可以合并为一行,如下所示.

```
int count = 10, x, *intPtr;
```

接着对变量count应用地址运算符,它的作用就是创建该变量的指针。然后将该指针赋给变量intPtr。

接下来重点看下面的代码:

```
x = *intPtr;
```

上述代码的执行过程是:间接运算符告知Objective-C系统创建变量intPtr,它是一个指针。然后这个指针用来访问所需的数据项,该数据项的类型是由指针变量的声明指定的。因为在声明该变量时,已告知编译器intPtr指向整数,所以编译器知道表达式*intPtr指向的是整型数据值。而且,因为在前面的程序语句中,已经将intPtr设为指向整型变量count的指针,所以count的值可以使用表达式*intPtr间接访问。

下面的实例演示了指向字符指针的用法。

实例15-3	指向字符指针的使用
源码路径	光盘:\daima\第15章\15-3

实例文件main.m的具体实现代码如下所示。

```objectivec
#import <Foundation/Foundation.h>

int main(int argc, const char * argv[]) {
    @autoreleasepool {
        char c = 'Q';
        char *charPtr = &c;
        NSLog (@"%c %c", c, *charPtr);
        c = '/';
        NSLog (@"%c %c", c, *charPtr);
        *charPtr = '(';
        NSLog (@"%c %c", c, *charPtr);
    }
    return 0;
}
```

在上述代码中,定义了字符变量c并且将其初始化为字符'Q'。而在下一行代码中,将变量charPtr定义为字符指针类型,意思是无论存储在该变量的是什么值,都应该看作字符的间接引用(即指针)可以使用常规方式给这个变量赋初值。在程序中赋给charPtr的值是指向变量c的指针,它是通过在变量c前面加上地址运算符得到的(注意,如果在该语句之后定义c,那么这个初始化语句将产生编译错误,因为必须在表达式中引用变量的值之前声明这个变量)。执行上述代码后会输出:

```
Q Q
/ /
( (
```

至于对变量charPtr的声明和初始值的分配,都可以等效地使用如下两个语句来表示。

```
char *charPtr;
charPtr = &c;
```

而不是像前一行声明暗示的那样,通过下面的代码表示。

```
char *charPtr;
*charPtr = &c;
```

请读者务必记住,在Objective-C中将指针设置指向一些值之前,指针的值是没有意义的。

第一个NSLog调用仅仅显示变量c的内容以及charPtr所引用的变量内容。因为将charPtr设为指向变量c,所以显示的就是c的内容,在程序输出的第一行就能得到验证。

该程序的下一行将字符'/'赋给字符变量c。因为charPtr仍然指向变量c,所以在最后的NSLog语句中显示"*charPtr"的值就正确地显示为c的新值。这是非常重要的概念。除非更改charPtr的值,否则表达式*charPtr总是访问c的值。这样,当c的值发生变化时,*charPtr的值也相应地改变。

前面的讨论有助于理解程序中的下一条语句的工作方式。我们提到过,除非更改charPtr,否则表达式*charPtr将总是引用c的值。所以在后面的表达式中,将左括号赋给c。从形式上说是将字符'('赋给charPtr指向的变量。这个变量是c,因为在程序的开始将c的指针存入了charPtr。

15.1.3 指针变量作为函数参数

下面的实例使用指针变量作为形参对变量进行了交换。

实例15-4	用指针变量作为形参对变量进行交换
源码路径	光盘:\daima\第15章\15-4

实例文件main.m的具体实现代码如下所示。

```
#import <Foundation/Foundation.h>

void swap(int* p1 , int* p2)
{
    int tmp = *p1;        // 将p1所指变量的值赋给tmp
    *p1 = *p2;            // 将p2所指变量的值赋给p1所指的变量
    *p2 = tmp;            // 将tmp变量的值赋值给p2所指的变量
    // 将p1、p2两个指针赋为nil, 也就是不指向任何地址
    p1 = p2 = nil;        // ①
}
int main(int argc , char * argv[])
{
    @autoreleasepool{
        int a = 5;
        int b = 9;
        int* pa = &a;     // 定义指针变量pa保存变量a的地址
        int* pb = &b;     // 定义指针变量pb保存变量b的地址
        swap(pa , pb);    // 调用swap()函数交换a、b两个变量的值
        NSLog(@"a的值为：%d,b的值为：%d" , a , b);
        // 再次输出pa、pb指针变量的值（内存地址）
        NSLog(@"pa的值为：%p,pb的值为：%p" , pa , pb);
    }
}
```

执行后会输出：

```
a的值为：9,b的值为：5
pa的值为：0x7fff5fbff80c,pb的值为：0x7fff5fbff808
```

下面的实例使用指针作为参数对变量的值进行改变，对程序中的3个变量值进行排序。

实例15-5	用指针作为参数改变变量的值
源码路径	光盘:\daima\第15章\15-5

实例文件main.m的具体实现代码如下所示。

```
#import <Foundation/Foundation.h>

void swap(int* p1 , int* p2)
{
    int tmp = *p1;        // 将p1所指变量的值赋给tmp
    *p1 = *p2;            // 将p2所指变量的值赋给p1所指的变量
    *p2 = tmp;            // 将tmp变量的值赋值给p2所指的变量
}
void exchange(int* p1 , int* p2 , int* p3)
{
    // 如果p1所指变量的值大于p2所指变量的值，交换p1、p2所指变量的值
    if(*p1 > *p2) swap(p1 , p2);
    // 如果p1所指变量的值大于p3所指变量的值，交换p1、p3所指变量的值
    if(*p1 > *p3) swap(p1 , p3);
    // 如果p2所指变量的值大于p3所指变量的值，交换p2、p3所指变量的值
    if(*p2 > *p3) swap(p2 , p3);
}
int main(int argc , char * argv[])
{
    @autoreleasepool{
        int a = 25;
        int b = 4;
        int c = 19;
        exchange(&a , &b , &c);   // 对a、b、c进行排序
        NSLog(@"a的值为：%d,b的值为：%d,c的值为：%d", a , b , c);
    }
}
```

执行后会输出：
a的值为：4,b的值为：19,c的值为：25

15.1.4 指针和数组

在Objective-C中，每个变量都有一个地址，一个数组可以包含若干个元素，每个数组元素都在内存中占用存储单元，它们都有相应的存储地址。数组指针是数组的起始地址，数组元素的指针是数组元素的地址。指针和数组是不同的，数组用来存放某一类型的值，这个值可以为指针变量。而数组的每一个元素都有一个确切的内存地址，即是它的指针。

1. 数组元素的指针

数组元素相当于一个变量，所以可以对数组元素使用&操作符和*操作符。例如在下面的代码中，利用指针变量来存取数组的一个元素。

```
main(){
    int a[3]={1,2,3},*p;
    p=&a[2];
    printf("*p=%d", *p);
}
```

在上述代码中，指针变量p存放的是数组元素a[2]的地址，所以用*操作符取其对应的内存内容时，得到整数3。程序的运行结果为"*p=3"。

数组是一种数据单元的序列，如果数组元素类型都相同，那么每个数组元素所占用的内存单元字节数也相同，并且数组元素所占用的内存单元都是连续的。

2. 指向一维数组元素的指针变量

数组是由连续的一块内存单元组成的，数组名就是这块连续内存单元的首地址。同样，数组也是由各个数组元素（下标变量）组成的，每个数组元素按其类型的不同会占有几个连续的内存单元。一个数组元素的首地址也是指它所占有的几个内存单元的首地址。

定义一个指向数组元素的方法比较简单，和前面介绍的定义指针变量的方法相同。例如：

```
int a[10];        /*定义a为包含10个整型数据的数组*/
int *p;           /*定义p为指向整型变量的指针*/
```

因为数组是int型，所以指针变量也应为指向int型的指针变量。下面是对指针变量赋值：

```
p=&a[0];
```

在上述代码中，把a[0]元素的地址赋给指针变量p，即p指向a数组的第0号元素。

在Objective-C语言中，数组名代表数组的首地址，即第0号元素的地址。所以下面的2个语句等价的：

```
p=&a[0];
p=a;
```

在定义指针变量时可以赋给初值，例如：

```
int *p=&a[0];
```

上述代码等效于如下代码：

```
int *p;
p=&a[0];
```

在定义时也可以写为如下格式：

```
int *p=a;
```

数组指针变量说明的一般格式如下：

类型说明符　*指针变量名;

其中，"类型说明符"表示所指数组的类型。从上述格式可以看出，指向数组的指针变量和指向普通变量的指针变量的说明是相同的。

下面的实例代码中，使用了指向数组的指针变量。

实例15-6	使用指向数组的指针变量
源码路径	光盘:\daima\第15章\15-6

实例文件main.m的具体实现代码如下所示。

```
#import <Foundation/Foundation.h>

int main(int argc , char * argv[])
{
 @autoreleasepool{
    int arr[] = {4, 20 , 10 , -3, 34};
    int* p = &arr[0];      // 将arr第一个数组元素的地址赋给指针变量p
    NSLog(@"%p" , arr);    // 将arr数组变量当成指针输出
    NSLog(@"%p" , p);      // 输出指针变量p
 }
}
```

执行后将会输出：
```
0x7fff5fbff800
0x7fff5fbff800
```

3. 通过指针引用数组元素

如果指针变量p已经指向了数组中的一个元素，那么p+1指向同一数组中的下一个元素。当引入指针变量后，就可以访问数组元素了。假设p的初值为&a[0]，则：

（1）p+i和a+i就是a[i]的地址，或者说它们指向a数组的第i个元素。

（2）*(p+i)或*(a+i)就是p+i或a+i所指向的数组元素，即a[i]。例如，*(p+5)或*(a+5)就是a[5]。

（3）指向数组的指针变量也可以带下标，如p[i]与*(p+i)等价。

下面的实例演示了使用指针遍历数组元素的过程。

实例15-7	使用指针遍历数组元素
源码路径	光盘:\daima\第15章\15-7

实例文件main.m的具体实现代码如下所示。
```
#import <Foundation/Foundation.h>

int main(int argc, char * argv[])
{
 @autoreleasepool{
    int arr[] = {4, 20 , 10 , -3, 34};
    for(int i = 0 , len = sizeof(arr) / sizeof(arr[0]);
       i < len ; i++)
    {
        NSLog(@"%d" , *(arr + i));    // 采用指针加法来访问数组元素
    }
 }
}
```

执行后会输出：
```
4
20
10
-3
34
```

下面的实例在实例15-7的基础上演示了使用简化方式遍历数组的过程。

实例15-8	使用简化方式遍历数组
源码路径	光盘:\daima\第15章\15-8

实例文件main.m的具体实现代码如下所示。
```
#import <Foundation/Foundation.h>

int main(int argc, char * argv[])
{
 @autoreleasepool{
    int arr[] = {4, 20 , 10 , -3, 34};
    for(int* p = arr , len = sizeof(arr) / sizeof(arr[0]);
       p < arr + len; p++)
    {
        NSLog(@"%d" , *p);            // 通过指针来访问数组元素
    }
 }
}
```

执行后会输出：
4
20
10
-3
34

（1）下标法和指针法

可以使用如下两种方法引用一个数组元素。

- 下标法：即用a[i]形式访问数组元素，本书在前面介绍数组时都采用了这种方法。
- 指针法：即采用*(a+i)或*(p+i)形式，用间接访问的方法来访问数组元素，其中a是数组名，p是指向数组的指针变量，其初始值p为a。

通过指针引用数组元素时，一定要注意不要超界引用。如果发生了超界的情况，编译器并不能发现错误，程序将继续存取数组以外的内存单元，可能会导致异常出现。

（2）自增、自减运算符和指针运算符

如果代码中的指针变量使用了自增、自减和指针运算符，则不利于初学者理解。其实读者大可不必要担心，自增、自减运算符和指针运算符的优先级相同，结合方向是自右向左。

4．数组名作函数参数

可以将数组名作为函数的实参和形参，看下面的代码：

```
main(){
int array[10];
  ……
f(array,10);
……
    ……
}
f(int arr[],int n); {
……
  }
```

在上述代码中，array为实参数组名，arr是形参数组名。数组名就是数组的首地址，当实参向形参传送数组名时，实际上传送的是数组的地址，形参得到该地址后也指向同一数组。好像同一件物品有两个彼此不同的名称一样。

下面的实例演示了对数组元素进行快速排序的过程。

实例15-9	数组名作为函数的参数
源码路径	光盘:\daima\第15章\15-9

实例文件main.m的具体实现代码如下所示。

```
#import <Foundation/Foundation.h>

// 将指定数组的i和j索引处的元素交换
void swap(int* data, int i, int j)
{
    int tmp;
    tmp = *(data + i);
    *(data + i) = *(data + j);
    *(data + j) = tmp;
}
// 对data数组中从start~end索引范围的子序列进行处理
// 使之满足所有小于分界值的放在左边，所有大于分界值的放在右边
void subSort(int* data , int start , int end)
{
    // 开始排序
    if (start < end)
    {
        int base = *(data + start);     // 以第一个元素作为分界值
        int i = start;                  // i从左边搜索，搜索大于分界值的元素的索引
        int j = end + 1;                // j从右边开始搜索，搜索小于分界值的元素的索引
```

```
                while(YES)
                {
                    // 找到大于分界值的元素的索引,或i已经到了end处
                    while(i < end && data[++i] <= base);
                    // 找到小于分界值的元素的索引,或j已经到了start处
                    while(j > start && data[--j] >= base);
                    if (i < j)
                    {
                        swap(data , i , j);
                    }
                    else
                    {
                        break;
                    }
                }
                swap(data , start , j);
                subSort(data , start , j - 1);    // 递归左边子序列
                subSort(data , j + 1, end);       // 递归右边子序列
            }
}
void quickSort(int* data , int len)
{
    subSort(data , 0 , len - 1);
}
void printArray(int* array , int len)
{
    for(int* p = array ; p < array + len ; p++)
    {
        printf("%d," , *p);
    }
    printf("\n");
}
int main(int argc , char * argv[])
{
    @autoreleasepool{
        int data[] = {9, -16 , 21 ,123 ,-120 ,-47 , 22 , 30 ,15};
        int len = sizeof(data) / sizeof(data[0]);
        NSLog(@"排序之前");
        printArray(data, len);
        quickSort(data , len);
        NSLog(@"排序之后");
        printArray(data, len);
    }
}
```

执行后会输出:
排序之前
9,-16,21,123,-120,-47,22,30,15,
排序之后
-120,-47,-16,9,15,21,22,30,123,

下面的实例说明了指向数组的指针的用法,其中函数arraySum计算整型数组所有元素之和。

实例15-10	计算整型数组所有元素的和
源码路径	光盘:\daima\第15章\15-10

实例文件main.m的具体实现代码如下所示。

```
#import <Foundation/Foundation.h>
int arraySum (int array[], int n)
{
    int sum = 0, *ptr;
    int *arrayEnd = array + n;
    for ( ptr = array; ptr < arrayEnd; ++ptr )
        sum += *ptr;
    return (sum);
}

int main(int argc, const char * argv[]) {
    @autoreleasepool {
        int arraySum (int array[], int n);
```

```
            int values[10] = { 3, 7, -9, 3, 6, -1, 7, 9, 1, -5 };
            NSLog (@"The sum is %i", arraySum (values, 10));
     }
     return 0;
}
```

在上述代码中，函数arraySum中定义了整型指针arrayEnd，并使其指向数组最后一个元素之后的指针。接着使用for循环来顺序浏览array的元素，当循环开始时，ptr的值被设置为array的首字符。每循环一次，ptr所指向的array元素的值都被加到sum中。然后for循环自动递增ptr的值，将它设置为指向array的下一个元素。当ptr超出了数组范围时，就退出for循环，并将sum的值返回给调用者。执行上述代码后会输出：

```
The sum is 21
```

注意——选择数组还是指针

要将数组传递给函数，只要和前面调用函数arraySum一样，简单地指定数组名称即可。要想产生指向数组的指针，只需指定数组名称即可。这暗示着在调用函数arraySum时，传递给函数的实际上是数组values的指针。这确切地解释了为什么能够在函数中更改数组元素的值。

但是，如果实际情况是将数组的指针传递给函数，那为什么函数中的形参不声明为指针呢？换句话说，函数arraySum的array声明中，为什么没有用下面的声明代码。

```
int *array;
```

在函数中，是不是所有对数组的引用都是通过指针变量实现的？

要回答这些问题，首先必须重申前面提到的关于指针和数组的话题。我们提到过，如果valuesPtr指向的数据类型和values数组中包含的元素的类型相同，并且假设将valuesPtr设为指向values的首字符，那么表达式*(valuesPtr + i)与values[i]完全相同。还可以用表达式*(values + i)来引用数组values的第i个元素。一般说来，如果x是任意类型的数组，则在Objective-C中可以将表达式x[i]等价地表示为*(x+i)。

由此可见，在Objective-C中的指针和数组的关系是密切相关的，这就是为什么可以在函数arraySum中将array声明为"int数组"类型，或者是"int指针"类型。如果要使用索引来引用数组元素，那么要将对应的形参声明为数组。这能更准确地反映该函数对数组的使用情况。类似地，如果参数是指向数组的指针，则要将其声明为指针类型。

15.1.5 指针和多维数组

在本章前面的内容中，介绍的指针和数组间的关系都是针对一维数组的，其实指针也可以指向多维数组。本节将介绍指针和多维数组之间的具体使用方法。

1. 多维数组的地址

假设有一个二维数组a，有3行4列，可以定义如下：

```
static int a[3][4]={{1,3,5,7},{9,11,13,15},{17,19,21,23}};
```

a是数组名，a数组包含3个元素，分别是a[0]、a[1]、a[2]。而每个元素又是一个一维数组，它包含4个元素（即4个列元素）。例如，a[0]代表一维数组，它又包含4个元素，分别是a[0][0]、a[0][1]、a[0][2]、a[0][3]。a[1]也代表一维数组，它包含4个元素，分别是a[1][0]、a[1][1]、a[1][2]、a[1][3]。a[3]所代表的一维数组也包含4个元素：a[2][0]、a[2][1]、a[2][2]、a[2][3]。

从二维数组的角度来看，a代表整个二维数组的首地址，即第0行的首地址。a+1代表第1行的首地址，a+2代表第2行的首地址。若a的地址为2000，则a+1为2008，a+2为2016。

a[0]、a[1]、a[2]既然是一维数组名，而Objective-C语言规定了数组名代表数组的首地址，因此a[0]代表第0行中第0列元素的地址，即&a[0][0]。a[1]是&a[1][0]，a[2]是&a[2][0]。

可以用a[0]+1来表示a[0][1]的地址，如图15-4所示。此时a[0]+1中的1是代表1个列元素的字节数，即2个字节。现在a[0]的值是1000，a[0]+1的值是1002。a[0]+0、a[0]+1、a[0]+2、a[0]+3分别是&a[0][0]、&a[0][1]、&a[0][2]、&a[0][3]。

因为a[0]和*(a+0)等价，a[1]和*(a+1)等价。因此，a[0]+1和*(a+0)+1等价，值都是&a[0][1]（即1002）。a[1]+2和*(a+1)+2等价，值都是&a[1][2]（即1012）。

究竟a[0][1]的值是怎么表示的呢？既然a[0]+1是a[0][1]的地址，那么，*(a[0]+1)就是a[0][1]的值。依此类推，*(*(a+0)+1)或*(*a+1)也是a[0][1]的值，*(a[i]+j)或*(*(a+i)+j)是a[i][j]的值。在此的重点是：*(a+i)和a[i]是等价的。

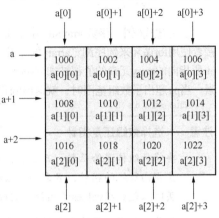

图15-4 数组a[3][4]中的地址关系

接下来说明a[i]的性质，从形式上看，a[i]是a数组中第i个元素。如果a是一维数组名，则a[i]代表a数组第i个元素所占的内存单元。a[i]是有物理地址的，是占内存单元的。但如果a是二维数组，则a[i]代表一维数组名。a[i]本身并不占实际的内存单元，它也不存放a数组中各个元素的值。它只是一个地址，如同一个一维数组名x并不占内存单元而只代表地址一样。

a、a+i、a[i]、*(a+i)、*(a+i)+j、a[i]+j都是地址，*(a[i]+j)、*(*(a+i)+j是二维数组元素a[i][j]的值，具体如表15-1所示。

表15-1 二维数组中的地址

表示形式	含义	地址
a	二维数组名，数组首地址。	2000
a[0],*(a+0),*a	第0行第0列元素地址	2000
a+1	第1行首地址 2008	2008
a[1],*(a+1)	第1行第0列元素地址 2008	2008
a[1]+2,*(a+1)+2,&a[1][2]	第1行第2列元素地址 2012	2012
(a[1]+2),(*(a+1)+2),a[1][2]	第1行第2列元素地址	元素值为13

为什么a+1和*(a+1)都是2008呢？这是因为a+1指向a[1]的首地址，而*(a+1)与a[1]等价，而a[1]是数组名，它可代表a[1]的首地址。

不要把&a[i]理解为a[i]单元的物理地址，因为并不存在a[i]这样一个变量。它只是一种地址的计算方法，能得到第i行的首地址，&a[i]和a[i]的值是一样的，但它们的含义是不同的。

&a[i]或a+i指向行，而a[i]或*(a+i)指向列。当列下标j为0时，&a[i]和a[i]（即a[i]+j）值相等，即指向同一位置。*(a+i)只是a[i]的另一种表示形式，不要简单地认为是"a+i所指单元中的内容"。

在一维数组中，a+i所指的是一个数组元素的存储单元，有一个具体值。而对二维数组，a+i不指向具体存储单元而指向行。在二维数组中，a+i=&a[i]=a[i]=*(a+i)=&a[i][0]，即它们的地址值是相等的。

2．指向多维数组的指针变量

在Objective-C中，可以定义指针变量指向多维数组及其元素。计算二维数组中任何一个元素地址的一般格式如下。

二维数组首地址+i*二维数组列数+j

在上述格式中，指针变量指向的是数组内某个具体元素，所以指针加法的单位是数组元素的长度。当然也可以定义指向一维数组的指针变量，使它的加法单位是若干个数组元素。定义这种指针变量的格式如下。

数据类型 (*变量名称)[一维数组长度];

上述格式的具体说明如下。

(1) 不能没有括号，否则[]的运算级别高，变量名称和[]先结合，结果就变成了指针数组。
(2) 指针加法的内存偏移量单位为：数据类型的字节数* 维数组长度。

例如通过下面的语句，定义了一个指向long型一维、5个元素数组的指针变量p。
```
long (*p)[5];
```
指针变量p的特点是：加法的单位是4*5个字节，p+1跳过了数组的5个元素。
下面的实例演示了使用指针遍历二维数组的过程。

实例15-11	使用指针遍历二维数组
源码路径	光盘:\daima\第15章\15-11

实例文件main.m的具体实现代码如下所示。

```
#import <Foundation/Foundation.h>

int main(int argc , char * argv[])
{
    @autoreleasepool{
        float arr[3][4] = {
            {1.1 , 2.1},
            {5.8 , 4.8 , 3,8},
            {-1.2 , 4.2}
        };
        NSLog(@"arr与arr[0]代表的地址是相同的：");
        NSLog(@"%p" , arr);
        NSLog(@"%p" , arr[0]);
        NSLog(@"arr + 2与*(arr + 2)代表的地址是相同的：");
        NSLog(@"%p" , arr + 2);
        NSLog(@"%p" , *(arr + 2));
        // 采用指针来遍历二维数组
        for(float* p = arr[0] ; p < arr[0] + 12 ; p++)
        {
            // 控制每输出4个元素后，输出一个换行
            if((p - arr[0]) % 4 == 0 && p > arr[0])
            {
                printf("\n");
            }
            printf("%g , " , *p);
        }
        printf("\n");
    }
}
```

执行后会输出：
```
arr与arr[0]代表的地址是相同的：
0x7fff5fbff7e0
0x7fff5fbff7e0
arr + 2与*(arr + 2)代表的地址是相同的：
0x7fff5fbff800
0x7fff5fbff800
1.1 , 2.1 , 0 , 0 ,
5.8 , 4.8 , 3 , 8 ,
-1.2 , 4.2 , 0 , 0 ,
```

15.1.6 指针和字符串

在Objective-C中，指针和字符串的关系十分密切，通过两者之间相互关联可以实现项目需求。

1. 用指针访问字符串

在Objective-C中，可以使用如下两种方法来访问一个字符串。
(1) 先用字符数组存放一个字符串，然后将该字符串输出。例如：
```
main()
{
  char string[]="I love China!";
  printf("%s\n",string);
}
```

这和数组属性一样，string是数组名，它代表字符数组的首地址。
（2）用字符串指针指向一个字符串，例如：
```
main()
{
    char *string="I love China!";
    printf("%s\n",string);
}
```
字符串指针变量的定义说明与指向字符变量的指针变量说明是相同的，只能根据对指针变量的赋值不同来区分。对指向字符变量的指针变量应赋予该字符变量的地址。例如：
```
char c,*p=&c;
```
上述代码表示p是一个指向字符变量c的指针变量。再看下面的代码：
```
char *ps="C Language";
```
在上述代码中，首先定义ps，这是一个字符指针变量，然后把字符串的首地址赋予ps。上述代码中和如下代码是等效的：
```
char *ps;
ps="C Language";
```
由此可见，ps是一个指向字符串的指针变量，把字符串的首地址赋予ps。

下面的实例演示了使用字符指针表示字符串的过程。

实例15-12	使用字符指针表示字符串
源码路径	光盘:\daima\第15章\15-12

实例文件main.m的具体实现代码如下所示。
```
#import <Foundation/Foundation.h>

int main(int argc , char * argv[])
{
@autoreleasepool{
    char* str = "I love iOS";
    NSLog(@"%s" , str);
    str += 7;    // 让str指向第7个元素
    NSLog(@"%s" , str);
}
}
```
执行后会输出：
```
I love iOS
iOS
```

2．字符指针作为函数参数

在Objective-C中，可以将字符指针作为函数的参数。可以使用字符指针将一个字符串从一个函数传递到另一个函数。可以使用传地址的方式，即用字符数组名或字符指针变量作参数。在如下4种情况下，字符指针可以作函数参数。

❑ 实参是数组名，形参是数组名。
❑ 实参是数组名，形参是字符指针变量。
❑ 实参是字符指针变量，形参是字符指针变量。
❑ 实参是字符指针变量，形参是数组名。

注意——使用字符指针变量与字符数组的区别

用字符数组和字符指针变量都可实现字符串的存储和运算，但是两者是有区别的，在使用时应注意以下7点。

（1）字符串指针变量用于存放字符串的首地址，它本身是一个变量。字符串本身是存放在以该首地址为首的一块连续的内存空间中并以'\0'作为串的结束。而字符数组是由于若干个数组元素组成的，它可用来存放整个字符串。

（2）赋值方式有差别。如果是字符数组，则只能对各个元素赋值，而不能用下面的格式对字符数组赋值。

```
char  str[14];
str="I love China"
```

如果是字符指针变量，则可以采用下面方法赋值。

```
char  *a;
a= "I love China.";          /*赋给a的是串的首地址*/
```

（3）字符数组由若干个元素组成，每个元素中放一个字符，而字符指针变量中存放的是地址，并不是将字符串放到字符指针变量中。

（4）对字符指针变量赋初值。下面的代码：

```
char *a="I love China";
```

等价于：

```
char  *a;
a="I love  China.";
```

而对数组的初始化代码为：

```
char  str[14]={ "I love China" };
```

上述代码不等价于下面的代码：

```
char  str[14];
str[]="I love  China.";
```

即数组可以在变量定义时整体赋初值，但不能在赋值语句中整体赋值。

（5）定义了一个字符数组后，因为有确定的地址，所以可以在编译时为它分配内存单元。当定义一个字符指针变量时，可以给指针变量分配内存单元，在其中可以放一个地址值。即该指针变量可以指向一个字符型数据，如果没有对它赋地址值，则它并未具体指向一个确定的字符数据。例如下面的代码：

```
char str[10];
scanf("%s",str);            //是可以的
char  *a;
scanf("%s",a);              //能运行，但危险，不提倡，因为在a单元中是一个不可预料的值
```

需要改为如下形式：

```
char *a,str[10];   a=str; scanf("%s",a);
```

（6）可以改变的指针变量的值，但是不能改变数组名的值，可以使用下标形式来引用所指的字符串中的字符。

（7）当用指针变量指向一个格式字符串时，可以用它来代替printf函数中的格式字符串。也可以用字符数组实现，但是不能采用赋值语句对数组整体赋值。看下面的代码：

```
char *format;   format="a=%d,b=%f\n";
printf(format,a,b);
```

其等价于：

```
printf( "a=%d,b=%f\n",a,b);
```

指向数组的指针最广泛的应用之一就是作为字符串指针，字符串指针使用起来更加便利和高效。要说明字符串指针使用起来多方便，可以编写一个名为copyString的函数，它将一个字符串复制到另一个字符串之中。如果使用常规数组索引方式编写这个函数，则可以使用如下代码：

```
void copyString (char to[], char from[])
{
   int i;
   for ( i = 0; from[i] != '\0'; ++i )
    to[i] = from[i];

    to[i] = '\0';
}
```

在上述代码中，for循环在将空字符复制到数组to之前退出，这就解释了该函数中最后一行代码存在的必要性。如果使用指针编写copyString，那么不需要使用索引变量i。下面的实例展示了上述代码的指针版本。

实例15-13	指针索引
源码路径	光盘:\daima\第15章\15-13

实例文件main.m的具体实现代码如下所示。

```
#import <Foundation/Foundation.h>
void copyString (char *to, char *from)
{
    for ( ; *from != '\0'; ++from, ++to )
        *to = *from;
    *to = '\0';
}

int main(int argc, const char * argv[]) {
    @autoreleasepool {
        void copyString (char *to, char *from);
        char string1[] = "A string to be copied.";
        char string2[50];
        copyString (string2, string1);
        NSLog (@"%s", string2);
        copyString (string2, "So is this.");
        NSLog (@"%s", string2);
    }
    return 0;
}
```

在上述代码中，函数copyString将两个形参to和from定义为字符指针，而不是像之前的copyString那样定义为字符数组。这反映出该函数将如何使用这两个变量。然后进入for循环（没有初始条件），它将from指向的字符串复制到to指向的字符串中。每循环一次，指针from和to都会分别自增1。这样from指针就指向源字符串中下一个要复制的字符，而指针to则指向目标字符串中下一个要存储的字符。当指针from指向空字符时，for循环将退出。然后，该函数在目标字符串的结尾处放置一个空字符。在main例程中，函数copyString被调用了两次，第一次用来将string1的内容复制到string2中，而第二次用来将字符串常量"So is this."复制到string2中。执行上述代码后会输出：

```
A string to be copied.
So is this.
```

读者在此需要注意程序中字符串"A string to be copied"和"So is this"，它们不是字符串对象，而是C样式的字符串，区分方式是字符串对象前面没有@。这两种类型是不能互换的，如果函数期望用字符数组作为参数，就应该给函数传递一个char类型的数组，或者一个C样式的字符串，而不是一个字符串对象。

下面的实例演示了字符指针作为函数参数的过程。

实例15-14	字符指针作为函数参数
源码路径	光盘:\daima\第15章\15-14

实例文件main.m的具体实现代码如下所示。

```
#import <Foundation/Foundation.h>

// 定义函数,使用字符指针作为参数
void copyString(char* to , char* from)
```

```
{
    // 如果from指针指向的字符不为\0
    while(*from)
    {
        *to++ = *from++;   // 将from变量指向的字符赋给to变量指向的元素
    }
    *to = '\0';
}
int main(int argc , char * argv[])
{
    @autoreleasepool{
        char* str = "www.toppr.net";
        char dest[100];
        // 将str赋值到dest中
        copyString(dest , str);    //①
        NSLog(@"%s" , dest);
        // 将字符串复制到dest中
        copyString(dest , "Objective-C is 牛叉!");   //②
        NSLog(@"%s" , dest);

        char* st; // 定义char*型指针变量
        scanf("%s" , st); // 读取键盘输入的字符串,将字符串存入str所代表的数组中
        NSLog(@"%s" , st);

    }
}
```

程序执行后输出：
```
www.toppr.net
```

注意——字符串常量和指针

在前面的代码中调用了下面的函数。

```
copyString (string2, "So is this.");
```

由此可见,当向函数传递字符串作为参数时,事实上传递的是指向该字符串的指针。这种情况不仅正确,而且还可以推广到只要在Objective-C语言中用到字符串,就会产生指向该字符串的指针。

通过在字符串前面添加标志@(如@"This is okey."),就可以创建一个常量字符串对象。不能使用一个替代另一个。所以如果将textPtr声明为字符指针,可以用下面的代码实现。

```
char *textPtr;
```

而下面的代码则将textPtr设为指向字符串常量"A character string."的指针。

```
textPtr = "A character string.";
```

在此需要注意字符指针和字符数组之间的区别,因为前面显示的赋值类型对于字符数组并不合法。例如,如果将text定义为chars数组,可以用下面的代码实现。

```
char text[80];
```

但是不能用下面的代码：

```
text = "This is not valid.";
```

只有在初始化字符数组时,Objective-C才允许对字符数组使用这种赋值方式,如下所示：

```
char text[80] = "This is okay.";
```

以这种方式初始化text并没有在text中存储指向字符串"This is okay."的指针,而是在相应的text数组元素中存储实际的字符本身及最后的终止空字符。

如果text是一个字符指针，则可以用以下表达式初始化text：

```
char *text = "This is okay.";
```

通过上述代码，将赋给它一个指向字符串"This is okay."的指针。

15.1.7 指针数组和多级指针

当某个数组被定义为指针类型时，就可以称这样的数组为指针数组。在指针数组中的每个元素只能存放地址数据，都相当于一个指针变量。当定义的某个指针变量专门用来存放其他指针变量的地址时，这样的指针变量就称为指针的指针，也叫二级指针。依此类推可以定义多级指针。本书仅讨论二级指针，至于其他类型因为使用得很少，本书将不做具体介绍。

1. 指针数组

一组有序指针的集合构成指针数组，指针数组的所有元素都必须是具有相同存储类型和指向相同数据类型的指针变量。

（1）指针数组的定义

指针数组的知识点很容易掌握，因为它的定义、赋初值、数组元素的引用与赋值等操作和一般数组的处理方法基本相同。只需注意指针数组是指针类型，对其元素所赋的值必须是地址值。指针数组的定义格式如下所示。

存储类型 数据类型 *指针数组名[长度];

通过上述格式定义指向指定数据类型变量或数组的指针型数组，同时给指针数组元素赋初值。这些指针变量具有指定的"存储类型"。

上述定义格式的具体说明如下：

- 指针数组名前面必须有标识符"*"。
- 在一个定义语句中，可以同时定义普通变量、数组、指针变量、指针数组。可以给某些指针数组赋初值，而不给另一些指针数组赋初值。
- 在定义指针变量时，"数据类型"可以选取任何基本数据类型，也可以选取以后介绍的其他数据类型。这个数据类型不是指针型数组元素中存放的数据类型，而是它将要指向的变量或数组的数据类型。
- 如果省略"存储类型"，则会默认为自动型（auto）。
- "初值"与普通数组赋初值的格式相同，每个初值通常是"&普通变量名"、"&数组元素"或"数组名"这3种格式，对应的普通变量或数组必须在前面已定义。
- 语句中指针型数组的书写格式不能写成如下形式，因为这是定义指向含有"长度"个元素的一维数组的指针变量。

(*数组名)[长度]

下面的实例对多个字符串进行排序操作，将字符串按照从小到大的顺序进行排列。

实例15-15	将字符串按照从小到大的顺序进行排列
源码路径	光盘:\daima\第15章\15-15

实例文件main.m的具体实现代码如下所示。

```
#import <Foundation/Foundation.h>

void sort(char* names[] , int n)
{
    char* tmp;
    // 外部循环控制依次取得0~n-2个字符串
    for(int i = 0 ; i < n - 1 ; i++)
    {
        // 用第i个字符串，依次与后面的每个字符串相比
        for(int j = i + 1 ; j < n ; j++)
```

```
                {
                    // 如果names[i]的字符串大于names[j]的字符串, 交换它们
                    // 就可以保证第i个位置的字符串总比后面的所有字符串小
                    if(strcmp(names[i] , names[j]) > 1)
                    {
                        tmp = names[i];
                        names[i] = names[j];
                        names[j] = tmp;
                    }
                }
            }
        }
        int main(int argc , char * argv[])
        {
            @autoreleasepool{
                int nums = 5;
                // 定义5个字符串
                char* strs[] = {"Objective-C" , "iOS" , "Swift", "Java" , "Android"};
                sort(strs , nums);    // 对字符串排序
                // 输出字符串
                for(int i = 0 ; i < nums ; i ++)
                {
                    NSLog(@"%s" , strs[i]);
                }
            }
        }
```

执行后的效果如图15-5所示。

（2）指针数组元素的引用

引用指针数组元素的方法和引用普通数组元素的方法相同，可以利用它来引用所指向的普通变量或数组元素。既可以对指针数组元素赋值，也可以让其参与运算。具体引用格式如下：

*指针数组名[下标]

对其赋值的格式如下：

指针数组名[下标]=地址表达式

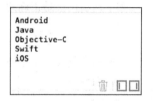

图15-5 实例15-15的执行效果

当指针数组参与运算时，根据不同的情况会有不同的引用方式。具体说明如下：

❑ 赋值变量时，具体格式如下：

指针变量=指针数组名[下标]

❑ 算术运算时，具体格式如下：

指针数组名[下标]+整数
指针数组名[下标]-整数
++指针数组名[下标]
--指针数组名[下标]
指针数组名[下标]++
指针数组名[下标]--

❑ 关系运算时，具体格式如下：

指针数组名[下标] 关系运算符 指针数组名[下标]

其中，"算术运算"和"关系运算"一般只在该指针数组元素指向某个数组时使用。

2. 多级指针的定义和应用

由于指针型变量或指针型数组元素的类型是指针，存放其对应地址的变量就不能是普通的指针变量。但是由于其存放的又是地址，所以说也应该是指针变量。在Objective-C语言中，把这种指针型变量称为"指针的指针"，表示这种变量是指向指针变量的指针变量，也称多级指针。最为常用的多级指针是二级指针，相对来说，前面介绍的指针变量可以称为"一级指针变量"。

二级指针变量的定义和赋初值方法如下：

存储类型 数据类型 **指针变量名={初值};

通过上述格式定义指向"数据类型"指针变量的二级指针变量，同时给二级指针变量赋初值。这些二级指针变量具有指定的"存储类型"。

上述格式具体说明如下。

（1）二级指针变量名前面必须有"**"。

（2）在一个定义语句中，可以同时定义普通变量、数组、指针变量、指针数组、二级指针变量等。可以给某些二级指针变量赋初值，而另一些二级指针变量不赋初值。

（3）在定义时，"数据类型"可以是任何基本数据类型，也可以是其他数据类型。这个数据类型是它将要指向的指针变量所指向的变量或数组的数据类型。

（4）"初值"必须是某个一级指针变量的地址，通常是"&一级指针变量名"或"一级指针数组名"。

例如，下面的定义语句：
```
int a,b,c,*p1,**p2=&p1;
```
在上述代码中，定义了一个名为p1的一级指针变量，还有一个名为p2的二级指针变量，并且让二级指针变量p2指向一级指针变量p1。

还可以通过赋值方式将Objective-C的二级指针变量指向某个一级指针变量。赋值的格式如下：

二级指针变量=&一级指针变量

当某个二级指针变量已指向某个一级指针变量，而这个一级指针变量已指向某个普通变量，则下面的两种引用格式都是正确的。

```
*二级指针变量     //代表所指向的一级指针变量
**二级指针变量    //代表所指向的一级指针变量指向的变量
```

例如，如果下面的定义语句：
```
int a, *p1=&a, **p2=&p1;
```
则下列引用都是正确的：
```
*p1      //代表变量a
*p2      //代表指针变量p1
**p2     //代表变量a
```
下面的实例演示了指向指针变量的指针的基本用法。

实例15-16	指向指针变量指针的基本用法
源码路径	光盘:\daima\第15章\15-16

实例文件main.m的具体实现代码如下所示。
```
#import <Foundation/Foundation.h>

int main(int argc , char * argv[])
{
@autoreleasepool{
    int a = 20;
    int* p = &a;
    int** pt = &p;
    NSLog(@"%p" , p);      // 输出指针变量p保存的地址
    NSLog(@"%p" , pt);     // 输出指针变量pt保存的地址
    NSLog(@"%p" , *pt);    // 输出指针变量pt所指变量（依然是指针）中保存的地址
    NSLog(@"%d" , **pt);   // 输出pt所指的指针变量指向的变量的值
}
}
```
执行后会输出：
```
0x7fff5fbff80c
0x7fff5fbff800
0x7fff5fbff80c
20
```

15.1.8 指针函数和函数指针

1. 指针函数

指针函数是指返回值类型是一个指针类型的函数。我们知道函数都有返回类型（如果不返回值，则为void类型），只不过指针函数返回类型是某一类型的指针。指针函数的具体格式如下：

类型说明符 * 函数名(参数)

因为返回的是一个地址，所以指针函数的类型说明符一般都是int。例如下面的格式：
```
int *GetData();
int *Te(int,int);
```

上述函数返回的是一个地址值，经常使用在返回数组的某一元素地址上。

2．函数指针

指针函数和函数指针十分类似，只需在前面的声明格式中加一个括号，就构成了函数指针。

类型说明符　(*函数名)(参数)

在上述格式中，指针名和指针运算符外面的括号改变了默认的运算符优先级，这样就成为了函数指针，指向函数的指针包含了函数的地址，可以通过它来调用函数。

指针的声明必须和它指向函数的声明保持一致，例如：

```
void (*fptr)();
```

把函数的地址赋值给函数指针，可以采用下面的两种形式：

```
fptr=&Function;
=Function;
```

将一个函数的地址初始化或赋值给一个指向函数的指针时，无须显式地指明函数地址，只需采用第二种情况即可。可以采用如下两种方式来通过指针调用函数：

```
x=(*fptr)();
x=fptr();
```

第二种格式看上去和函数调用相同，但是很多程序员倾向于使用第一种格式，因为它明确指出了是通过指针而非函数名来调用函数的。

指针函数和函数指针有如下两种最常见应用：

（1）用函数指针调用函数

编译程序后，每个函数都有一个首地址，即函数第一条指令的地址，这个地址被称为函数的指针。在Objective-C语言中可以定义指向函数的指针变量，使用指针变量来间接调用函数。

下面的实例中定义了一个函数指针变量，这个指针变量先后指向了两个不同的函数。

实例15-17	使用函数指针计算最大值和平均值
源码路径	光盘:\daima\第15章\15-17

实例文件main.m的具体实现代码如下所示。

```
#import <Foundation/Foundation.h>
int max(int* data , int len)
{
    int max = *data;
    // 采用指针遍历data数组的元素
    for(int* p = data ; p < data + len ; p++)
    {
        // 保证max始终存储较大的值
        if(*p > max)
        {
            max = *p;
        }
    }
    return max;
}
int avg(int* data , int len)
{
    int sum = 0;
    // 采用指针遍历data数组的元素
    for(int* p = data ; p < data + len ; p++)
    {
        // 累加所有数组元素的值
        sum += *p;
    }
    return sum / len;
}
int main(int argc , char * argv[])
{
    @autoreleasepool{
        int data[] = {20, 82, 8, 16, 24};
        // 定义指向函数的指针变量fnPt，并将max函数的入口赋给fnPt
        int (*fnPt)() = max;
```

```
            NSLog(@"最大值:%d" , (*fnPt)(data , 5));
            // 将avg函数的入口赋给fnPt
            fnPt = avg;
            NSLog(@"平均值:%d" , (*fnPt)(data , 5));
    }
}
```

在上述代码中,当两次通过同一个函数指针变量调用函数时,实际上调用的是不同的函数。执行后会输出:

```
最大值:82
平均值:30
```

(2) 用函数指针作函数参数

在Objective-C语言中,虽然有时函数的功能不同,但是它们的返回值和形式参数列表相同。在这种情况下,为了有利于进行程序的模块化设计,可以构造一个通用的函数,把函数的指针作为函数参数。

下面的实例演示了用函数指针变量作为函数参数的用法,它分别计算了数组元素的平方值和立方值。

实例15-18	用函数指针作函数的参数
源码路径	光盘:\daima\第15章\15-18

实例文件main.m的具体实现代码如下所示。

```
#import <Foundation/Foundation.h>

void map(int* data , int len , int (*fn)())
{
    // 采用指针遍历data数组的元素
    for(int* p = data ; p < data + len ; p++)
    {
        // 调用fn函数(fn函数是动态传入的)
        printf("%d , " , (*fn)(*p));
    }
    printf("\n");
}
int noChange(int val)
{
    return val;
}
// 定义一个计算平方的函数
int square(int val)
{
    return val * val;
}
// 定义一个计算立方的函数
int cube(int val)
{
    return val * val * val;
}
int main(int argc , char * argv[])
{
    @autoreleasepool{
        int data[] = {20, 82, 8, 36, 28};
        // 下面程序代码3次调用map()函数,每次调用时传入不同的函数
        map(data , 5 , noChange);
        NSLog(@"计算数组元素平方");
        map(data , 5 , square);
        NSLog(@"计算数组元素立方");
        map(data , 5 , cube);
    }
}
```

程序执行后会输出:

```
20 , 82 , 8 , 36 , 28 ,
计算数组元素平方
400 , 6724 , 64 , 1296 , 784 ,
计算数组元素立方
8000 , 551368 , 512 , 46656 , 21952 ,
```

可以按一般方式将指针作为参数传递给方法或函数,并且可以让方法或函数返回指针。alloc和init

方法一直都在这么做,也就是返回指针。下面的实例演示了通过函数交换数值的过程。

实例15-19	通过函数交换数值
源码路径	光盘:\daima\第15章\15-19

实例文件main.m的具体实现代码如下所示。

```
#import <Foundation/Foundation.h>
void exchange (int *pint1, int *pint2)
{
    int temp;
    temp = *pint1;
    *pint1 = *pint2;
    *pint2 = temp;
}
int main(int argc, const char * argv[]) {
    @autoreleasepool {
        void exchange (int *pint1, int *pint2);
        int  i1 = -5, i2 = 66, *p1 = &i1, *p2 = &i2;
        NSLog (@"i1 = %i, i2 = %i", i1, i2);
        exchange (p1, p2);
        NSLog (@"i1 = %i, i2 = %i", i1, i2);
        exchange (&i1, &i2);
        NSLog (@"i1 = %i, i2 = %i", i1, i2);
    }
    return 0;
}
```

对于上述代码的具体说明如下。

(1)函数exchange的目的是交换由两个参数指向的两个整型值。

(2)局部整型变量temp用于在交换时存放其中一个整数的值。它的值设为等于pint1指向的整型值。然后将pint2指向的整数复制到pint1指向的整数,最后将temp的数值复制到pint2指向的整数中,这样就完成了交换。

(3)在main例程中定义了整数i1和i2,并分别给它们赋值-5和66。然后定义了两个整型指针p1和p2,并分别将其设为指向i1和i2。然后这个程序显示i1和i2的值,并且传递两个指针(p1和p2)作为参数来调用函数exchange。

(4)函数exchange交换p1指向的整数值和p2指向的整数值。因为p1指向i1,p2指向i2,所以函数交换的是i1和i2的值。第二个NSLog调用的输出验证交换函数运行良好。当第二次调用exchange函数时,传递给该函数的参数是对i1和i2应用地址运算符手动创建的指针。因为表达式&i1产生了指向整型变量i1的指针,所以它符合函数所期望的第一个参数类型(整型指针)。第二个参数同样如此。

执行上述代码后会输出:

```
i1 = -5, i2 = 66
i1 = 66, i2 = -5
i1 = -5, i2 = 66
```

从上述程序的输出结果中可以看出,函数exchange成功的将i1和i2的数值交换回它们原本的值。

下面的实例代码要求通过函数map返回根据传入的函数计算得到的新数组,而不是在函数map()中输出这些计算结果,此时可以通过返回指针的函数实现。

实例15-20	返回指针的函数
源码路径	光盘:\daima\第15章\15-20

实例文件main.m的具体实现代码如下所示。

```
#import <Foundation/Foundation.h>
#define LENGTH 5

int* map(int* data ,int (*fn)())
{
    static int result[LENGTH];
    int i = 0;
    // 采用指针遍历data数组的元素
    for(int* p = data; p < data + LENGTH ; p++)
```

```
        {
            // 调用fn函数 (fn函数是动态传入的)
            result[i++] = (*fn)(*p);
        }
        return result;    // 返回result的首地址
}
int noChange(int val)
{
    return val;
}
// 定义一个计算平方的函数
int square(int val)
{
    return val * val;
}
// 定义一个计算立方的函数
int cube(int val)
{
    return val * val * val;
}
int main(int argc , char * argv[])
{
    @autoreleasepool{
        int data[] = {28 , 18 , 8 , 38, 58};
        // 下面程序代码3次调用map()函数，每次调用时传入不同的函数
        int* arr1 = map(data , noChange);
        for(int i = 0 ; i < LENGTH ; i ++)
        {
            printf("%d , " , *(arr1 + i));
        }
        printf("\n");
        int* arr2 = map(data , square);
        for(int i = 0 ; i < LENGTH ; i ++)
        {
            printf("%d , " , *(arr2 + i));
        }
        printf("\n");
        int* arr3 = map(data , cube);
        for(int i = 0 ; i < LENGTH ; i ++)
        {
            printf("%d , " , *(arr3 + i));
        }
        printf("\n");
    }
}
```

执行后会输出：

```
28 , 18 , 8 , 38 , 58 ,
784 , 324 , 64 , 1444 , 3364 ,
21952 , 5832 , 512 , 54872 , 195112 ,
```

注意——id类型是通用指针类型

在Objective-C程序中，通过指针（也就是内存地址）来引用对象，所以可以自由地将它们在id变量之间来回赋值。因此返回id类型值的方法只是返回指向内存中某对象的指针，然后可以将该值赋给任何对象变量。因为无论在哪里，对象总是携带它的isa成员，所以即使将它存储在id类型的通用对象变量中，也总是可以确定它的类。

15.1.9　结构体指针

在计算机系统中，每一个数据都需要占用一定的内存空间，而每段空间均有一个唯一的地址与之对应，因此在计算机系统中的任意数据均有确定的地址与之对应。结构体变量也有地址，因此也可以定义指向结构体的指针。

1. 定义结构体指针变量

在Objective-C中,有如下3种定义结构体的指针变量的方式。

第1种:
```
struct结构体标识符{
    成员变量列表;…
};
struct 结构体标识符 *指针变量名;
```

第2种:
```
struct结构体标识符{
    成员变量列表;…
} *指针变量名;
```

第3种:
```
struct {
    成员变量列表;…
}*指针变量名;
```

其中,"指针变量名"为结构体指针变量的名称。第1种方式是先定义结构体类型,然后再定义此类型的结构体指针变量;第2种方式和第3种方式是在定义结构体的同时定义此类型的结构体指针变量。例如,定义struct Point类型的指针变量pPoints的形式如下:
```
struct Point{
    double x;
    double y;
    double z;
} *pPoints;
```

2. 初始化结构体指针变量

在使用结构体指针变量前必须进行初始化操作,其初始化的方式与基本数据类型指针变量的初始化相同,在定义的同时赋予其一个结构体变量的地址。例如:
```
struct Point oPoint={0, 0, 0};
struct Point pPoints=& oPoint;      /*定义的同时初始化*/
```
在开发过程中,可以先不对其进行初始化,但是在使用前必须通过赋值表达式赋予其有效的地址值。例如:
```
struct Point oPoint={0, 0, 0};
struct Point *pPoints2;
pPoints2=& oPoint;                  /*通过赋值表达式赋值*/
```

3. 引用结构体指针变量

结构体指针变量的功能是存储结构体变量的地址或结构体数组的地址,通过间接的方式操作对应的变量和数组。在Objective-C中规定,结构体指针变量可以参与的运算如下:

++, --, +, *, ->, ., |, &, !

4. 指向结构体数组的指针

Objective-C的指针变量可以指向一个结构数组,这时结构指针变量的值是整个结构体数组的首地址。结构体指针变量也可指向结构体数组的一个元素,这时结构体指针变量的值是该结构体数组元素的首地址。

假设ps是指向结构数组的指针变量,则定义并初始化的ps指向该结构数组的0号元素,ps+1指向1号元素,ps+i则指向i号元素。这与普通数组的情况是一致的。

下面的实例使用结构指针输出当前日期。

实例15-21	使用结构体指针输出当前日期
源码路径	光盘:\daima\第15章\15-21

实例文件main.m的具体实现代码如下所示。
```
#import <Foundation/Foundation.h>

int main(int argc, const char * argv[]) {
    @autoreleasepool {
        struct date
        {
```

```
            int month;
            int day;
            int year;
        };
        struct date today, *datePtr;
        datePtr = &today;
        datePtr->month = 9;
        datePtr->day = 25;
        datePtr->year = 2015;
        NSLog (@"Today's date is %i/%i/%.2i.",
               datePtr->month, datePtr->day, datePtr->year % 100);
    }
    return 0;
}
```
执行上述代码后会输出：
```
Today's date is 9/25/15.
```

注意——指针和内存地址

计算机的内存可以理解为存储单元的顺序集合，计算机内存的每个单元都有一个相关的编号，这个编号被称为地址。通常，计算机内存的首地址为0。在大多数计算机系统中，一个单元就是一字节。

计算机使用内存来存储计算机程序的指令和程序相关变量的值。所以如果声明变量count为int类型数据，那么在程序执行时，系统会分配内存地址来存储count的值，例如这个位置可能是内存地址1000FF16。

程序员不需要考虑指定给变量的特定内存地址，系统会自动处理。尽管如此，理解每个变量都有唯一内存地址对于理解指针的工作方式会有所帮助。

在Objective-C语言中，对变量应用地址运算符，产生的值是变量在计算机内存中的实际存储地址（显然，这就是地址运算符名称的由来）。所以下面的代码可以将分配给指定变量count的计算机内存地址赋值给指针intptr。

```
intPtr = &count;
```

这样，如果count位于地址1000FF16，那么这个语句将数值0x1000FF赋给intPtr。对指针变量应用间接寻址运算符，如下代码的作用就是将包含在指针变量中的数值当作内存地址，然后获取该内存地址中存储的值并按照指针变量声明的类型进行解释。

```
*intPtr
```

如果intPtr是int指针，那么系统将存储在内存地址中由*intPtr设置的值解释为整型数据。

15.2 共用体

知识点讲解：光盘:视频\知识点\第15章\联合.mp4

共用体也被称为联合，是指将不同的数据项组织成的一个整体，它们在内存中占用同一段存储单元。本节将简要介绍Objective-C共用体的基本知识，为读者后面的学习打下基础。

15.2.1 定义共用体类型和共用体变量

在Objective-C用，使用关键字union来定义共用体类型，定义格式如下所示。
```
union标识符
    {成员表};
```
标识符给出共用体名，是共用体类型名的主体，定义的共用体类型用union标识。例如，定义一个共用体类型，要求包含一个整型成员，一个字符型成员和一个单精度型成员，具体代码如下。

```
union mm {
  int i;
  char c;
  float f;
};
```
共用体变量的定义和结构体变量的定义类似，也有3种方法。在此提倡使用第一种方式来定义共用体变量，各方法的具体信息如下。

（1）先定义共用体类型，再定义共用体变量。
```
union 共用体名
{成员表};
union    共用体名    变量表;
```
（2）定义共用体类型的同时定义共用体变量。
```
union 共用体名
{成员表}变量表;
```
（3）直接定义共用体变量。
```
union{成员表}变量表;
```
结构体类型中各成员有各自的内存空间，一个结构变量所占的内存空间为其各成员所占存储空间之和。而共用体类型中各成员共享一段内存空间，实际占用存储空间为其最长的成员所占的存储空间。

计算机只能识别二进制编码，计算机系统中的信息都是以二进制编码形式存储的。看下面的代码：
```
char a=5
```
上述代码在内存中的存储形式为0000 0101。int a=5在内存中的存储形式为0000 0000 0000 0101。

信息在计算机系统的存储形式均是二进制数据0和1的编码组合。因此从计算机信息存储角度来看，所有类型的数据在二进制层次上相互兼容。在前面的章节中，已经介绍了不同类型的数据可以进行转换。例如下面的代码：
```
int a=10;
float d;
d=a;
```
可以用具有存储空间比较大的变量存储占用存储空间较小的变量中的数据，这样就不会发生数据丢失现象。

15.2.2 引用共用体变量

在Objective-C中有两种引用共用体变量的方式，分别是引用共用体变量本身和引用共用体成员变量。引用共用体变量遵循结构体变量的引用规则，例如：
```
union variant a;
union variant *pA;
pA=&a;
```
通过共用体变量引用其成员变量的语法格式如下所示。
　　共用体变量.成员变量
通过共用体指针变量间接引用成员变量的语法格式如下所示。
　　共用体变量->成员变量
共用体成员变量的引用遵循基本类型变量的引用规则。

在引用共用体变量时应注意如下几点。

（1）共用体变量中，可以包含若干个成员及若干种类型，但共用体成员不能同时使用。在每一时刻，只有一个成员及一种类型起作用，不能同时引用多个成员及多种类型。

（2）共用体变量中起作用的成员值是最后一次存放的成员值，即共用体变量所有成员共用同一段内存单元，后来存放的值将原先存放的值覆盖，故只能使用最后一次给定的成员值。

（3）共用体变量的地址和它的各个成员的地址相同。

（4）不能对共用体变量初始化和赋值，也不能企图引用共用体变量名来得到某成员的值。

（5）共用体变量不能作函数参数，函数的返回值也不能是共用体类型。

（6）共用体类型和结构体类型可以相互嵌套，共用体中成员可以为数组，甚至还可以定义共用体数组。

注意——结构体和共用体的区别

结构体和共用体都是Objective-C语言中的两种重要的数据类型,两者的区别主要有如下两点。

(1) 虽然结构体和共用体都是由多个不同的数据类型成员组成的,但是无论在何时,共用体中只存放了一个被选中的成员,而结构的所有成员都存在。

(2) 对于共用体的不同成员赋值,将会对其他成员重写,原来成员的值就不存在了。如果结构的不同成员进行赋值,则不会进行重写操作,相互之间不会存在任何影响。

共用体这种结构主要用在需要在相同存储区域存放不同类型数据的更高级的编程应用中。假如要定义一个名为x的变量,它可以用来存储单个字符、一个浮点数或是一个整数,那么首先要定义一个联合,可以名为mixed,代码如下所示。

```
union mixed
{
  char c;
  float f;
  int i;
};
```

声明共用体的方式和声明结构体的方式一样,但其关键字用的是union而不是结构声明中所用的struct。共用体和结构体的真正区别在于共用体必须涉及到内存的分配方式。例如,下面的代码声明了一个union mixed类型的变量,它并没有定义x包含3个不同成员c、f和i;而是定义x为包含有成员c,f,i其中之一。

```
union mixed x;
```

在上述代码中,变量x可以用来存储char型、float型或int型的数据,但不是同时存储这3个数据(也不是存储其中2个数据)。可以使用如下代码将一个字符存储到变量x中:

```
x.c = 'K';
```

要将一个浮点数存储到x中,可以使用下面的代码。

```
x.f = 786.3869;
```

最后需要将整数count除以2的结果存储到x中,可以使用下面的代码实现。

```
x.i = count / 2;
```

因为x的float、char和int成员共存于内存中的同一位置,所以每次只能有一个数值存入x。此外,必须确保从共用体获得的值与共用体中最后存入的类型一致。

在定义共用体时,并不要求一定要有共用体名称,而且在声明共用体的同时可以定义共用体变量。也可以声明共用体的指针,它们执行运算的语法和规则与结构的相同。最后可以用下面的代码初始化共用体变量的成员。

```
union mixed x = { '#' };
```

上述语句将x的第一个成员(即c)设置为字符#,也可以通过名称初始化特定成员,例如:

```
union mixed x = {.f=123.4;};
```

还可以将自动共用体变量初始化为同类型的另一个共用体变量。通过使用共用体,允许我们定义一个存储不同数据类型元素的数组。例如:

```
struct
{
  char *name;
  int type;
  union
  {
    int i;
    float f;
    char c;
  } data;
} table [kTableEntries];
```

在上述代码中,设置了一个包含kTableEntries元素的数组table。数组中的每个元素都包含一个结构,它包含一个名为name的字符指针、一个名为type的整数和一个名为data的共用体成员。数组中的每个data

成员可以存储一个int型、float型或char型数据。整数成员type也用来记录存储在成员data中的数据类型。例如，如果data中存储的是int型数据，可以将它赋值为INTEGER（假设已经适当地定义了）；如果存储的是float型数据，可以赋值为FLOATING，如果存储的是char型数据，则赋值为CHARACTER。通过这个信息可以知道如何应用特定数组元素中的特定data成员。

要将字符'#'存入table[5]，并且随后设置type字段以说明该位置存储的是字符，可以使用下面的代码实现。

```
table[5].data.c = '#';
table[5].type = CHARACTER;
```

这样当依次访问table中的元素时，通过编写合适的测试语句序列，可以确定每个元素中存储的data值类型。例如，下面的循环代码将在终端显示每个名称及table中相关的值。

```
enum symbolType { INTEGER, FLOATING, CHARACTER };
...
for ( j = 0; j < kTableEntries; ++j )
{
NSLog (@"%s ", table[j].name);

 switch ( table[j].type )
{
    case INTEGER:
        NSLog (@"%i", table[j].data.i);
        break;
    case FLOATING:
        NSLog (@"%g", table[j].data.f);
        break;
    case CHARACTER:
        NSLog (@"%c", table[j].data.c);
        break;
    default:
        NSLog (@"Unknown type (%i), element %i",
            table[j].type, j );
        break;
}
 }
```

注意——数组、结构体、字符串和共用体都不是对象

在本章前面的内容中，依次讲解了数组、结构、字符串和共用体的相关概念，以及如何在程序中操纵它们。虽然这些数据类型的功能强大，但是它们不是对象。这意味着不能给它们传递消息，也不能利用它们获得Foundation框架提供的内存分配策略之类的最大优势。这样做的目的是鼓励大家学习如何使用Foundation中将数组和字符串定义为对象的类，而不是使用该语言中内置的类。只应该在真正需要时才使用本章所定义的类型。

15.3 块

知识点讲解：光盘:视频\知识点\第15章\块.mp4

在Objective-C程序中，代码块本质上是和其他变量类似。不同的是，代码块存储的数据是一个函数体。使用代码块时，可以像调用其他标准函数一样传入参数，并得到返回值。本节将详细讲解Objective-C中块的基本知识和用法。

15.3.1 块的基本语法

在Objective-C程序中，脱字符（^）是块的语法标记。可以按照我们熟悉的参数语法所定义的返回值以及块的主体（也就是可以执行的代码）。图15-6演示了如何把块变量赋值给一个变量的语法。

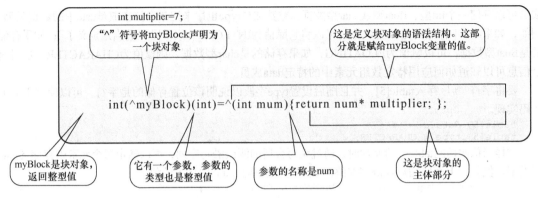

图15-6　把块变量赋值给一个变量

下面的实例演示了定义和调用有参数的块和无参数的块的过程。

实例15-22	定义并调用有参数的块和无参数的块
源码路径	光盘:\daima\第15章\15-22

实例文件main.m的具体实现代码如下所示。

```
#import <Foundation/Foundation.h>

int main(int argc , char * argv[])
{
    @autoreleasepool{
        // 定义不带参数、无返回值的块
        void (^printStr)(void) = ^(void)
        {
            NSLog(@"开始学习Objective-C的块");
        };
        // 使用printStr调用块
        printStr();
        // 定义带参数、有返回值的块
        double (^hypot)(double , double) =
        ^(double num1, double num2)
        {
            return sqrt(num1 * num1 + num2 * num2);
        };
        // 调用块，并输出块的返回值
        NSLog(@"%g" , hypot(3, 4));
        // 也可以先只定义块变量：定义带参数、无返回值的块
        void (^print)(NSString*);
        // 再将块赋给指定的块变量
        print = ^(NSString* info)
        {
            NSLog(@"info参数为：%@" , info);
        };
        // 调用块
        print(@"iOS 9开发指南");
    }
}
```

程序执行后的效果如图15-7所示。

```
开始学习Objective-C的块
5
info参数为：iOS 9开发指南
```

图15-7　实例15-22的执行效果

15.3.2　块和局部变量

在Objective-C程序中，块的一个强大的功能是可以修改同一作用域的变量，只需要在变量的前面加

上一个"_block"标识符即可。

下面的实例演示了访问局部变量的值的过程。

实例15-23	访问局部变量的值
源码路径	光盘:\daima\第15章\15-23

实例文件main.m的具体实现代码如下所示。
```
#import <Foundation/Foundation.h>

int main(int argc , char * argv[])
{
@autoreleasepool{
    int my = 20;   // 定义局部变量
    void (^printMy)(void) = ^(void)
    {
        // 尝试对局部变量赋值，程序将会报错
        // my = 30;
        NSLog(@"%d" , my);   // 访问局部变量的值是允许的
    };
    my = 45;   // 再次将my赋值为45
    printMy();   // 调用块
}
}
```

执行后会输出：
```
20
```
我们可以对上述实例进行如下修改，增加"_block"标识符，这样会成功修改局部变量"my"的值。
```
#import <Foundation/Foundation.h>

int main(int argc , char * argv[])
{
@autoreleasepool{
    // 定义__block修饰的局部变量
    __block int my = 20;
    void (^printMy)(void) = ^(void)
    {
        // 运行时访问、获取局部变量的值，此处输出45
        NSLog(@"%d" , my);
        // 尝试对__block局部变量赋值是允许的
        my = 30;   // ①
        // 此处输出30
        NSLog(@"%d" , my);
    };
    my = 45;   // 再次将my赋值为45
    printMy();   // 调用块
    // 由于块修改了__block局部变量的值，因此下面的代码输出30
    NSLog(@"块执行完后,my的值为:%d" , my);
}
}
```

15.3.3 用 typedef 定义块类型

在Objective-C程序中，可以使用typedef声明block，这样可以方便以后的使用。下面的实例，演示了用typedef定义块类型的过程。

实例15-24	用typedef定义块类型实例
源码路径	光盘:\daima\第15章\15-24

实例文件main.m的具体实现代码如下所示。
```
#import <Foundation/Foundation.h>

int main(int argc , char * argv[])
{
    @autoreleasepool{
        // 使用typedef定义块类型
        typedef void (^FKPrintBlock)(NSString*);
```

```
    // 使用FKPrintBlock定义块变量,并将指定块赋给该变量
    FKPrintBlock print = ^(NSString* info)
    {
        NSLog(@"%@" , info);
    };
    // 使用FKPrintBlock定义块变量,并将指定块赋给该变量
    FKPrintBlock loopPrint = ^(NSString* info)
    {
        for (int i = 0 ; i < 3 ; i ++)
        {
            NSLog(@"%@" , info);
        }
    };
    // 依次调用两个块
    print(@"Objective-C");
    loopPrint(@"iOS");
}
```

执行后的效果如图15-8所示。

```
Objective-C
iOS
iOS
iOS
```

图15-8 实例15-24的执行效果

当使用typedef定义块类型后,还可以用它声明函数的形参类型,此时要求在调用函数时必须传入块变量。

实例15-25	使用块类型的形参
源码路径	光盘:\daima\第15章\15-25

实例文件main.m的具体实现代码如下所示。
```
#import <Foundation/Foundation.h>
typedef void (^FKProcessBlock)(int);    // 定义一个块类型
// 使用FKProcessBlock定义最后一个参数类型为块
void processArray(int array[]
, unsigned int len, FKProcessBlock process)
{
 for(int i = 0 ; i < len; i ++)
 {
        process(array[i]);    // 将数组元素作为参数调用块
 }
}
int main(int argc , char * argv[])
{
 @autoreleasepool{
        int arr[] = {2, 4, 6};    // 定义一个数组
        // 传入块作为processArray()函数的参数
        processArray(arr , 3 , ^(int num)
        {
            NSLog(@"元素平方为:%d" , num * num);
        });
 }
}
```

程序执行后会输出:
元素平方为:4
元素平方为:16
元素平方为:36

第 16 章 文件操作

在任何一门高级编程语言中，都会涉及到文件操作的知识，例如在硬盘上创建文件、修改文件和删除文件。在移动设备中，也经常需要在存储设备上创建、修改或删除文件。本章将详细讲解在Objective-C程序和Foundation框架中实现文件操作的基本知识，为读者后面的学习打下基础。

16.1 Foundation 框架的文件操作

知识点讲解：光盘:视频\知识点\第16章\Foundation框架的文件操作.mp4

在Foundation框架中，可以利用文件系统对文件或目录实现基本操作。这些基本操作功能是由类NSFileManager实现的，在此类中提供了可以实现如下功能的方法。

- 创建一个新文件。
- 从现有文件中读取数据。
- 将数据写入文件中。
- 重新命名文件。
- 删除文件。
- 测试文件是否存在。
- 确定文件的大小及其他属性。
- 复制文件。
- 测试两个文件的内容是否相同。

上面大多数操作也适用于目录，例如可以创建目录、读取其中的内容或者删除目录。另一个重要特性是链接文件的能力，也就是同一个文件可以以不同的名字存在，这两个文件甚至可以位于不同的目录中。

用类NSFileHandle提供的方法，可以打开文件并对其执行多次读写操作。类NSFileHandle中的方法可以实现如下3个功能。

- 打开一个文件，执行读、写或更新（读写）操作。
- 在文件中查找指定的位置。
- 从文件中读取特定数目的字节，或将特定数目的字节写入文件中。

类NSFileHandle提供的方法也可以用于各种设备或套接字，但是本章只探讨普通文件相关功能。

16.2 用 NSFileManager 管理文件和目录

知识点讲解：光盘:视频\知识点\第16章\用NSFileManager管理文件和目录.mp4

在类NSFileManager结构中，文件和目录使用文件路径名唯一地标识。其中每个路径名是一个NSString对象，它既可以是相对路径名，也可以是绝对路径名。

- 相对路径名：相对于当前目录的路径名。例如文件名copy1.m意味着当前目录中的文件copy1.m，而斜线字符"/"用于隔开路径中的目录列表。文件名"ch16/copy1.m"也是相对路径，它标识存储在目录ch16中的文件copy1.m，而Ch16包含在当前目录中。
- 绝对路径名：也就是完整路径名，也被称为绝对路径名，以斜线"/"开始。斜线实际上就是一个目录，称为根目录。在笔者的Mac上，主目录的完整路径名为"/Users/aaa"。这个路径名指定了3个目录：/（根目录）、Users和aaa。

特殊的代字符"~"用于缩写用户的主目录。因此，"~ linda"表示用户linda的主目录的缩写，这个目录的路径可能是"/Users/linda"。路径名"~ /copy1.m"将引用存储在当前用户主目录中的文件copy1.m。还有Unix风格路径名中的其他特殊字符，例如"."表示当前目录的，".."表示父目录的文件，这些都应该在Foundation文件处理方法使用路径之前，从路径名中删除。另外在Foundation框架中，还可以使用一些实用的路径工具，具体内容将在本章后面的内容中进行讨论。

16.2.1 NSFileManager 基础

在Objective-C程序中，可以使用方法和函数来获取如下3类信息。
- 当前目录的路径名。
- 用户的主目录。
- 可以用来创建临时文件的目录。

应该尽可能地利用具备上述功能的函数和方法。在Foundation中有很多可以获取一系列特殊目录的函数，例如用户的Documents目录。

下面总结了一些基本的NSFileManager方法，这些方法用于处理文件。
- -(BOOL)contentsAtPath:path：从文件中读取数据。
- -(BOOL)createDirectoryAtPath:testDirectory withIntermediateDirectories:YES attributes:nil error:nil：根据指定的路径创建目录。
- -(BOOL)createFileAtPath:testPath contents:nil attributes:nil：根据指定的路径和内容创建文件。
- -(BOOL)writeToFile:testPath atomically:YES encoding:NSUTF8StringEncoding error:nil：向指定的文件写入指定的内容。
- -(BOOL)removeItemAtPath:testPath error:nil：删除一个文件。
- -(BOOL)moveItemAtPath: from toPath: to handler: handler：重命名或移动一个文件（to可能已经存在）。
- -(BOOL)copyItemAtPath:from toPath:to handler: handler：复制文件（to不能存在）。
- -(BOOL)contentsEqualAtPath:path1 andPath:path2：比较两个文件的内容。
- -(BOOL)fileExistsAtPath:path：测试文件是否存在。
- -(BOOL)isReadablefileAtPath:path：测试文件是否存在，且是否能执行读操作。
- -(BOOL)isWritablefileAtPath:path：测试文件是否存在，且是否能执行写操作。
- -(NSDictionary *)fileAttributesAtPath：path traverseLink:(BOOL)flag：获取文件的属性。
- -(BOOL)changeFileAttributes：attr atPath：path：更改文件的属性。

在上述各方法中，path、path1、path2、from和to都是NSString对象；attr是一个NSDictionary对象；handler是一个回调处理程序，它允许您使用自己的方式来处理错误。如果将handler指定为nil，就会采取默认的行为，如果该操作成功，那么BOOL类型的方法就会返回YES，失败就会返回NO。本章并不涉及编写自己的处理程序。上述每个文件方法都是对NSFileManager对象的调用，而NSFileManager对象是通过向类发送一条defaultManager消息创建的，例如：

```
NSFileManager    *fm;
    ...
 fm = [NSFileManager defaultManager];
```

假如想从当前目录删除名为todolist的文件，则需要先创建一个NSFileManager对象，然后调用方法removeFileAtPath实现。例如：

```
[fm removeFileAtPath: @"todolist" handler: nil];
```
可以通过如下代码测试返回结果，以确保成功地删除该文件。
```
if ([fm removeFileAtPath: @"todolist" handler: nil] == NO) {
 NSLog (@"Couldn't remove file todolist");
 return 1;
}
```

另外，属性字典还允许我们指定要创建文件的权限，以便获取或者更改现有文件的信息。对于创建文件操作来说，如果将该参数指定为nil，将会为该文件设置默认权限。方法fileAttributesAtPath:traverseLink:会返回一个包含指定文件属性的字典。符号链接（Symbolic Link）的参数traverseLink:有两个值，分别是yes或no。如果该文件是一个符号链接，则设置为yes，并且返回链接到的文件属性。如果设置为no，则返回链接本身的属性。

现有文件的属性字典会包括各种信息，例如文件的所有者、文件大小、文件的创建日期等。字典的每个属性都可以根据其键来提取，而所有键都定义在头文件<Foundation/NSFileManager.h>中。例如表示文件大小的键为NSFileSize。

下面的实例展示了一些基本的文件操作方法，其中假设当前目录中存在一个名为testfile的文件，文件的内容如下所示。
```
This is a test file with some data in it.
Here's another line of data.
And a third.
```

实例16-1	复制并移动文件
源码路径	光盘:\daima\第16章\16-1

实例文件main.m的具体实现代码如下所示。
```
#import <Foundation/NSString.h>
#import <Foundation/NSFileManager.h>
#import <Foundation/NSAutoreleasePool.h>
#import <Foundation/NSDictionary.h>

int main(int argc, const char * argv[]) {
    @autoreleasepool {
        NSString *fName = @"testfile";
        NSFileManager *fm;
        NSDictionary *attr;

        // 创建NSFileManager的实例
        fm = [NSFileManager defaultManager];

        // 确定文件存在
        if ([fm fileExistsAtPath: fName] == NO)
        {
            NSLog (@"The file does not exist");
            return 1;
        }

        // 开始复制
        if ([fm copyItemAtPath: fName toPath: @"newfile" error:NULL] == NO)
        {
            NSLog (@"File copy failed");
            return 2;
        }

        // 如果两个文件不一样
        if ([fm contentsEqualAtPath: fName andPath: @"newfile"] == NO)
        {
            NSLog (@"Files are not equal");
            return 3;
        }

        //重命名复制
        if ([fm moveItemAtPath: @"newfile" toPath: @"newfile2" error:NULL] == NO)
        {
```

```
            NSLog (@"File rename failed");
            return 4;
        }
        //获取第二个文件的大小
        if ((attr = [fm attributesOfItemAtPath: @"newfile2" error:NULL]) == nil)
        {
            NSLog (@" Couldn not get the file attributes");
            return 5;
        }
        NSLog (@"The size of newfile2 is %i bytes", [[attr objectForKey: NSFileSize] intValue]);

        //打印空格
        printf("\n");

        //Looking at all the attributes of a file which are return to attr
        for (NSString *key in attr)
            NSLog (@"%@: %@", key, [attr objectForKey: key]);

        //打印空格
        printf("\n");

        // 显示新创建文件的内容
        NSLog (@"%@", [NSString stringWithContentsOfFile: @"newfile2"]);

        //Printing SpacestringWithContentsOfFile
        printf("\n");

        NSLog (@"All operations were successful!");

        // Let's delete newfile2 so we can rerun the program
        if ([fm removeItemAtPath: @"newfile2" error:NULL] == NO)
        {
            NSLog (@"File removal failed");
            return 6;
        }
    }
    return 0;
}
```

在上述程序代码中，首先测试是否存在文件testfile。如果存在则复制testfile文件，然后比较原文件和复制文件是否相等。不能只为方法copyPath:toPath:和movePath:toPath:指定目标目录，就将文件移动或复制到这个目录中，必须明确地指定目标目录中的文件名。

上述代码中主要方法的具体说明如下。

- movePath:toPath::可以将文件从一个目录移到另一个目录中（也可以用来移动整个目录）。如果两个路径引用同一目录中的文件（如本例所示），其结果仅仅是重新命名这个文件。所以在实例16-1中，使用此方法将文件newfile重新命名为newfile2。在执行复制、重命名或移动操作时，目标文件不能是已存在的，否则操作将失败。
- fileAttributesAtPath:traverseLink::用于确定newfile2的大小，测试并确保返回了一个非nil目录，然后使用NSDictionary类中的方法objectForKey:，并用键NSFileSize从字典中获得文件的大小。最后，显示字典中表示文件大小的整数值。
- removeFileAtPath:handler::删除原始文件testfile。
- NSString的方法stringWithContentsOfFile::将文件newfile2的内容读入到一个字符串对象中，然后将这个对象作为参数传递给要显示的NSLog。

执行上述代码后会输出：

```
File size is 84 bytes
All operations were successful!

This is a test file with some data in it.
```

```
Here's another line of data.
And a third.
```

在Objective-C应用中,叫以使用Xcode工具创建testfile,方法是依次选择File→New File...命令,然后在出现窗口的左窗格中突出显示"Other"选项,然后选择右侧窗格中的Empty File,输入testfile作为文件名。创建时该文件所在的目录一定要与可执行文件所处的目录相同它为项目的Build/Debug文件夹。

在实例16-1中,需要测试对每个文件的操作是否成功。如果任何一个操作失败,就会使用NSLog来记录错误,并且程序将通过返回一个非0的退出状态而退出。根据约定,每个非0值都表示一次程序失败,并且根据不同的错误类型返回不同的值。如果正在编写命令行工具,这将是一项有用的技术,因为可以由另一个程序来测试返回值,如从一个shell脚本中测试。

16.2.2 访问文件属性和内容

下面的实例演示了使用NSFileManager访问文件属性和内容的方法。

实例16-2	使用NSFileManager访问文件属性和内容
源码路径	光盘:\daima\第16章\16-2

实例文件main.m的具体实现代码如下所示。

```objc
#import <Foundation/Foundation.h>

int main(int argc , char * argv[])
{
    @autoreleasepool{
        NSFileManager* fm = [NSFileManager defaultManager];
        // 将会输出代表真的1
        NSLog(@"NSFileManagerTest.m是否存在: %d",
            [fm fileExistsAtPath:@"NSFileManagerTest.m"]);
        BOOL isDir;
        NSLog(@"NSFileManagerTest.m是否存在: %d",
            [fm fileExistsAtPath:@"NSFileManagerTest.m"
                     isDirectory: &isDir]);
        // 将会输出代表假的0
        NSLog(@"NSFileManagerTest.m是否为目录: %d", isDir);
        // 将会输出代表真的1
        NSLog(@"NSFileManagerTest.m是否为可读文件: %d",
            [fm isReadableFileAtPath:@"NSFileManagerTest.m"]);
        // 将会输出代表真的1
        NSLog(@"NSFileManagerTest.m是否为可写文件: %d",
            [fm isWritableFileAtPath:@"NSFileManagerTest.m"]);
        // 将会输出代表假的0
        NSLog(@"NSFileManagerTest.m是否为可执行文件: %d",
            [fm isExecutableFileAtPath:@"NSFileManagerTest.m"]);
        // 将会输出代表真的1
        NSLog(@"NSFileManagerTest.m是否为可删除文件: %d",
            [fm isDeletableFileAtPath:@"NSFileManagerTest.m"]);
        // 获取NSFileManagerTest.m文件所在的路径组件
        NSArray* array = [fm componentsToDisplayForPath:
                          @"NSFileManagerTest.m"];
        NSLog(@"--NSFileManagerTest.m所在路径的完整路径组件为: --");
        for(NSObject* ele in array)
        {
            NSLog(@"%@ , " , ele);
        }
        // 获取文件的相关属性
        NSDictionary* attr = [fm attributesOfItemAtPath:@"NSFileManagerTest.m"
                                                  error:nil];
        // 获取文件属性的详情
        NSLog(@"NSFileManagerTest.m的创建时间为: %@", [attr fileCreationDate]);
        NSLog(@"NSFileManagerTest.m的属主账户为: %@", [attr fileOwnerAccountName]);
        NSLog(@"NSFileManagerTest.m的文件大小为: %lld", [attr fileSize]);
        // 直接获取文件内容
        NSData* data = [fm contentsAtPath:@"NSFileManagerTest.m"];
        // 直接将NSData的数据用UTF-8的格式转换字符串
        NSString* content = [[NSString alloc] initWithData:data
```

encoding:NSUTF8String
Encoding];
        NSLog(@"----------输出文件内容---------");
        NSLog(@"%@", content);
    }
}
```

上述代码执行后，会首先判断NSFileManagerTest.m文件是否存在，然后输出文件的内容。

### 16.2.3 使用 NSData 类

当在Objective-C程序中操作文件时，经常需要将数据读入一个临时存储区，这个临时存储区通常被称为缓冲区。缓冲区的功能是收集数据，以便随后将这些数据输出到文件中时。在Foundation框架中，类NSData提供了一种设置缓冲区的简单方式，并能够将文件的内容读入到缓冲区，或将缓冲区的内容写到一个文件。对于32位的应用程序来说，NSDATA缓冲区最多可存储2GB的数据。对于64位的应用程序来说，最多可存储8EG，即8000GB的数据。

在Objective-C程序中，既可以定义不可变缓冲区（使用NSData类），也可以定义可变的缓冲区（使用NSMutableData类）。本书后面将对这些内容进行详细讲解。

下面的实例演示了将文件内容读入到内存缓冲区的方法。

| 实例16-3 | 将文件内容读入到内存缓冲区 |
|---|---|
| 源码路径 | 光盘:\daima\第16章\16-3 |

实例文件main.m的具体实现代码如下所示。

```
#import <Foundation/NSObject.h>
#import <Foundation/NSString.h>
#import <Foundation/NSFileManager.h>
#import <Foundation/NSAutoreleasePool.h>
#import <Foundation/NSData.h>

int main(int argc, const char * argv[]) {
    @autoreleasepool {
        NSFileManager       *fm;
        NSData              *fileData;
        fm = [NSFileManager defaultManager];
        // 读取newfile2的数据
        fileData = [fm contentsAtPath: @"newfile2"];
        if (fileData == nil) {
            NSLog (@"File read failed!");
            return 1;
        }
        // 向newfile3写入数据
        if ([fm createFileAtPath: @"newfile3" contents: fileData
                     attributes: nil] == NO) {
            NSLog (@"Couldn't create the copy!");
            return 2;
        }
        NSLog (@"File copy was successful!");
    }
    return 0;
}
```

执行上述代码后会输出：
```
File copy was successful!
```

通过上述代码可以读取文件newfile2的内容，并将其写入一个名为newfile3的新文件中。从本质上看，它实现了文件的复制操作，尽管它采取的方式并不像方法copyPath:toPath:handler:那样直接。

❏ **NSData中的contentsAtPath:方法**：仅仅接受一个路径名，并将指定文件的内容读入该方法创建的存储区。如果读取成功，这个方法将返回存储区对象作为结果，否则将返回nil（例如该文件不存在或者不能读取）。

❏ **createFileAtPath:contents:attributes::** 创建一个具有特定属性的文件，如果attributes参数为nil，则采用默认的属性值。然后将指定的NSData对象内容写入这个文件中。在上述代码中，数据区包
```

含前面读取的文件内容。

下面的实例演示了使用NSData读取指定URL网页数据的过程。

实例16-4	使用NSData读取指定URL网页的数据
源码路径	光盘:\daima\第16章\16-4

实例文件main.m的具体实现代码如下所示。

```
#import <Foundation/Foundation.h>

int main(int argc , char * argv[])
{
    @autoreleasepool{
        // 使用NSData读取指定URL对应的数据
        NSData* data = [NSData dataWithContentsOfURL:
                        [NSURL URLWithString:@"http://www.topr.net"]];
        NSLog(@"%ld" , [data length]);
        // 定义一个长度为100的数组
        char buffer[100];
        // 将NSData指定范围的数据读入数组
        [data getBytes:buffer range: NSMakeRange(103, 100)];
        // 输出数组的内容
        NSLog(@"%s" , buffer);
        // 直接将NSData的数据用UTF-8的格式转换字符串
        NSString* content = [[NSString alloc] initWithData:data
                                        encoding:NSUTF8StringEncoding];
        NSLog(@"----------输出网页内容---------");
        NSLog(@"%@" , content);
    }
}
```

16.2.4 创建、删除、移动和复制文件

下面的实例演示了使用NSFileManager创建、删除、移动和复制文件的过程。

实例16-5	使用NSFileManager创建、删除、移动和复制文件
源码路径	光盘:\daima\第16章\16-5

实例文件main.m的具体实现代码如下所示。

```
#import <Foundation/Foundation.h>

int main(int argc , char * argv[])
{
    @autoreleasepool{
        NSFileManager* fm = [NSFileManager defaultManager];
        // 创建目录
        [fm createDirectoryAtPath:@"xyz/abc"
             // 该参数指定如果父目录不存在, 则创建父目录
         withIntermediateDirectories:YES
                          attributes:nil
                               error:nil];
        NSString* content = @"《iOS 9开发指南》是我正在学习的图书! ";
        // 创建一份文件
        [fm createFileAtPath:@"myInfo.txt"
                   contents:[content dataUsingEncoding:NSUTF8StringEncoding]
                 attributes:nil];
        // 复制一份新文件
        [fm copyItemAtPath:@"myInfo.txt"
                    toPath:@"copyInfo.txt"
                     error:nil];
    }
}
```

16.2.5 目录操作

表16-1总结了类NSFileManager提供的处理文件目录的方法。其中大多数方法和前面介绍的操作普通文件的方法相同。

表16-1 常见的NSFileManager目录方法

方 法	描 述
-(NSString *) currentDirectoryPath	获取当前目录
-(BOOL) changeCurrentDirectoryPath: path	更改当前目录
-(BOOL) copyItemAtPath: from toPath: to handler: handler	复制目录结构；to不能是已存在的目录
-(BOOL) createDirectoryAtPath: path attributes: attr	创建一个新目录
-(BOOL) fileExistsAtPath: path isDirectory: (BOOL *) flag	测试文件是不是目录（flag中存储结果YES或NO）
-(NSArray *)directoryContentsAtPath: path	列出目录内容
-(NSDirectoryEnumerator *) enumeratorAtPath: path	枚举目录的内容
-(BOOL) removeItemAtPath: path handler: handler	删除空目录
-(BOOL) moveItemAtPath: from toPath: to handler: handler	重命名或移动一个目录，to不能是已存在的目录

下面的实例展示了使用NSFileManager操作目录的基本方法。

实例16-6	使用NSFileManager操作目录的基本方法
源码路径	光盘:\daima\第16章\16-6

实例文件main.m的具体实现代码如下所示。

```
#import <Foundation/NSObject.h>
#import <Foundation/NSString.h>
#import <Foundation/NSFileManager.h>
#import <Foundation/NSAutoreleasePool.h>

int main(int argc, const char * argv[]) {
    @autoreleasepool {
        NSString            *dirName = @"testdir";
        NSString            *path;
        NSFileManager       *fm;
        fm = [NSFileManager defaultManager];
        // 获取当前路径
        path = [fm currentDirectoryPath];
        NSLog (@"Current directory path is %@", path);
        //创建一个新目录
        if ([fm createDirectoryAtPath: dirName withIntermediateDirectories:YES
                           attributes:nil
                                error:nil] == NO) {
            NSLog (@"Couldn't create directory!");
            return 1;
        }
        // 重命名目录
        if ([fm moveItemAtPath: dirName toPath: @"newdir" error:NULL] == NO) {
            NSLog (@"Directory rename failed!");
            return 2;
        }
        //更改目录到新的目录
        if ([fm changeCurrentDirectoryPath: @"newdir"] == NO) {
            NSLog (@"Change directory failed!");
            return 3;
        }

        //显示当前的工作目录

        path = [fm currentDirectoryPath];
        NSLog (@"Current directory path is %@", path);

        NSLog (@"All operations were successful!");
```

```
        }
        return 0;
}
```
在上述代码中,因为要获得信息,所以需要先获取当前的目录路径,然后在当前目录中创建一个名为testdir的新目录。接着使用方法movePath:toPath:handler:将新目录testdir重命名为newdir。此方法还能够将整个目录结构从文件系统的一个位置移动到另一个位置。在重命名新目录之后,使用方法changeCurrentDirectoryPath:将新目录设置为当前目录,然后显示当前目录路径,这样做的目的是验证是否修改成功。执行上述代码后会输出:

```
Current directory path is /Users/stevekochan/progs/16
Current directory path is /Users/stevekochan/progs/16/newdir
All operations were successful!
```

下面的实例演示了使用NSFileManager获取指定目录所包含内容的方法。

实例16-7	使用NSFileManager获取指定目录的内容
源码路径	光盘:\daima\第16章\16-7

实例文件main.m的具体实现代码如下所示。

```
#import <Foundation/Foundation.h>

int main(int argc , char * argv[])
{
@autoreleasepool{
    NSFileManager* fm = [NSFileManager defaultManager];
    // 获取指定目录中的所有文件和文件夹
    NSArray * array = [fm contentsOfDirectoryAtPath:@"."
        error:nil];
    for(NSString* item in array)
    {
        NSLog(@"%@" , item);
    }
    // 获取指定目录中所有文件和文件夹对应的枚举器
    NSDirectoryEnumerator* dirEnum =
        [fm enumeratorAtPath:@"."];
    NSString *file;
    // 枚举dirEnum中包含的每个文件
    while ((file = [dirEnum nextObject]))
    {
        // 如果该文件的文件名以.m结尾
        if ([[file pathExtension] isEqualToString: @"m"]) {
            // 直接获取文件内容
            NSData* data = [fm contentsAtPath:file];
            // 直接将NSData的数据用UTF-8的格式转换字符串
            NSString* content = [[NSString alloc] initWithData:data
                encoding:NSUTF8StringEncoding];
            NSLog(@"----------输出文件内容---------");
            NSLog(@"%@" , content);
        }
    }
    // 获取当前目录下的所有子目录
    // NSArray* subArr = [fm subpathsOfDirectoryAtPath:@"." error:nil];
    NSArray* subArr = [fm subpathsAtPath:@"."];
    for(NSString* item in subArr)
    {
        NSLog(@"%@" , item);
    }
}
}
```

执行后会输出:
```
16-7
16-7
```

16.2.6 枚举目录中的内容

在Objective-C程序中,有时候需要获得目录的内容列表,此时可以使用方法enumeratorAtPath:或方法 directoryContentsAtPath:实现枚举过程。

（1）使用 enumeratorAtPath:方法实现

如果使用此方法，一次可以枚举指定目录中的每个文件。在默认情况下，如果其中一个文件为目录，那么也会递归枚举它的内容。在这个过程中，通过向枚举对象发送一条 skipDescendants 消息，可以动态地阻止递归过程，从而不再枚举目录中的内容。

（2）使用 directoryContentsAtPath:方法实现

如果使用此方法，可以枚举指定目录的内容，并在一个数组中返回文件列表。如果在这个目录中包含的文件也是一个目录，那么这个方法并不递归枚举它里面的内容。

下面的实例演示了在程序中使用上述两个方法枚举目录内容的过程。

实例16-8	枚举指定目录的内容
源码路径	光盘:\daima\第16章\16-8

实例文件 main.m 的具体实现代码如下所示。

```
#import <Foundation/NSString.h>
#import <Foundation/NSFileManager.h>
#import <Foundation/NSAutoreleasePool.h>
#import <Foundation/NSArray.h>

int main(int argc, const char * argv[]) {
    @autoreleasepool {
        NSString             *path;
        NSFileManager        *fm;
        NSDirectoryEnumerator *dirEnum;
        NSArray              *dirArray;
        fm = [NSFileManager defaultManager];
        path = [fm currentDirectoryPath];
        dirEnum = [fm enumeratorAtPath: path];

        NSLog (@"Contents of %@:", path);

        while ((path = [dirEnum nextObject]) != nil)
            NSLog(@"%@" , path);
        dirArray = [fm directoryContentsAtPath:
                    [fm currentDirectoryPath]];
        NSLog (@"Contents using directoryContentsAtPath:");

        for ( path in dirArray )
            NSLog (@"%@", path);
    }
    return 0;
}
```

执行上述代码后会输出：

```
Contents
/Users/guanxijing/Library/Developer/Xcode/DerivedData/16-8-bdrqyjijvxojvzasknlwzwmo
vmxq/Build/Products/Debug:
16-8
Contents using directoryContentsAtPath:
16-8
```

请读者仔细看下面的代码：

```
dirEnum = [fm enumeratorAtPath: path];

 NSLog (@"Contents of %@:", path);

 while ((path = [dirEnum nextObject]) != nil)
     NSLog (@"%@", path);
```

在上述代码中，通过向文件管理器对象 fm 发送 enumeratorAtPath:消息开始目录的枚举过程。方法 enumeratorAtPath:返回了一个 NSDirectortyEnumerator 对象，此对象存储在 dirEnum 中。此时当每次向该对象发送 nextObject 消息时，都会返回所枚举目录中下一个文件的路径。当没有其他文件可以供枚举过程使用时，会返回 nil。

从实例16-8的输出中可以看出这两种枚举技术的不同之处。方法enumeratorAtPath:列出了newdir目录中的内容,而方法directoryContentsAtPath:则没有。如果newdir包含了目录,那么方法enumeratorAtPath:也会枚举其中的内容。

可以对上述实例16-8中的while循环部分进行如下更改,可以阻止任何子目录中的枚举。

```
while ((path = [dirEnum nextObject]) != nil) {
  NSLog (@"%@", path);
  [fm fileExistsAtPath: path isDirectory: &flag];

  if (flag == YES)
     [dirEnum skipDescendents];
}
```

这里的flag是一个BOOL变量,如果指定的路径是目录,则fileExistsAtPath:在flag中存储YES,否则存储NO。其实无须像在上述程序中那样进行快速枚举,只需使用以下NSLog调用可显示整个dirArray的内容。

```
NSLog (@"%@", dirArray);
```

16.2.7 查看目录的内容

下面的实例演示了使用NSFileManager查看目录中包含内容的方法。

实例16-9	使用NSFileManager查看目录中的内容
源码路径	光盘:\daima\第16章\16-9

实例文件main.m的具体实现代码如下所示。

```objc
#import <Foundation/Foundation.h>

int main(int argc , char * argv[])
{
 @autoreleasepool{
    NSFileManager* fm = [NSFileManager defaultManager];
    // 获取指定目录中的所有文件和文件夹
    NSArray * array = [fm contentsOfDirectoryAtPath:@"."
        error:nil];
    for(NSString* item in array)
    {
        NSLog(@"%@" , item);
    }
    // 获取指定目录中所有文件和文件夹对应的枚举器
    NSDirectoryEnumerator* dirEnum =
        [fm enumeratorAtPath:@"."];
    NSString *file;
    // 枚举dirEnum中包含的每个文件
    while ((file = [dirEnum nextObject]))
    {
        // 如果该文件的文件名以.m结尾
        if ([[file pathExtension] isEqualToString: @"m"]) {
            // 直接获取文件内容
            NSData* data = [fm contentsAtPath:file];
            // 直接将NSData的数据用UTF-8的格式转换字符串
            NSString* content = [[NSString alloc] initWithData:data
                encoding:NSUTF8StringEncoding];
            NSLog(@"---------输出文件内容---------");
            NSLog(@"%@" , content);
        }
    }
    // 获取当前目录下的所有子目录
    // NSArray* subArr = [fm subpathsOfDirectoryAtPath:@"." error:nil];
    NSArray* subArr = [fm subpathsAtPath:@"."];
    for(NSString* item in subArr)
    {
        NSLog(@"%@" , item);
    }
 }
}
```

执行后会输出：
```
16-9
16-9
```

16.3 路径操作类

知识点讲解：光盘:视频\知识点\第16章\路径操作类.mp4

在Foundation框架中，文件NSPathUtilities.h包含了NSString的函数和分类扩展，通过里面的函数和类可以操作路径名。建议读者尽可能地使用这些函数，以便使程序独立于文件系统结构以及特定文件和目录的位置。

NSPathUtilities中包含了如下所示的常用方法。

- +(NSString*)pathWithComponents:components：根据components中的元素构造有效路径。
- -(NSArray*)pathComponents：析构路径，获得组成此路径的各个部分。
- -(NSString*)lastPathComponent：提取路径的最后一个组成部分。
- -(NSString*)pathExtension：从路径的最后一个组成部分中提取其扩展名。
- -(NSString*)stringByAppendingPathComponent:path：将path添加到现有路径的末尾。
- -(NSString*)stringByDeletingLastPathComponent：删除路径的最后一个组成部分。
- -(NSString*)stringByDeletingPathExtension：从文件的最后一部分删除扩展名。
- -(NSString*)stringByExpandingTildeInPath：将路径中的代字符扩展成用户主目录（~）或指定用户的主目录（~user）。
- -(NSString*)stringByResolvingSymlinksInPath：尝试解析路径中的符号链接。
- -(NSString*)stringbyStandardizingPath：通过尝试解析~、..、.和符号链接来标准化路径。
- NSString *NSUserName(void)：返回当前用户的登录名。
- NSString *NSFullUserName(void)：返回当前用户的完整用户名。
- NSString *NSHomeDirectory(void)：返回当前用户主目录的路径。
- NSString *NSHomeDirectoryForUser(NSString *user)：返回用户user的主目录。
- NSString *NSTemporaryDirectory(void)：返回可用于创建临时文件的路径目录。

下面的实例演示了使用NSPathUtilities提供的函数和方法操作路径的过程。

实例16-10	使用NSPathUtilities提供的函数和方法操作路径
源码路径	光盘:\daima\第16章\16-10

实例文件main.m的具体实现代码如下所示。

```
#import <Foundation/NSString.h>
#import <Foundation/NSArray.h>
#import <Foundation/NSFileManager.h>
#import <Foundation/NSAutoreleasePool.h>
#import <Foundation/NSPathUtilities.h>

int main(int argc, const char * argv[]) {
    @autoreleasepool {
        NSString            *fName = @"path.m";
        NSFileManager       *fm;
        NSString            *path, *tempdir, *extension, *homedir, *fullpath;
        NSString            *upath = @"~stevekochan/progs/../16/./path.m";
        NSArray             *components;
        fm = [NSFileManager  defaultManager];
        //获得临时工作目录
        tempdir = NSTemporaryDirectory ();
        NSLog (@"Temporary Directory is %@", tempdir);
        // 提取根目录
        path = [fm currentDirectoryPath];
        NSLog (@"Base dir is %@", [path lastPathComponent]);
```

```
        //创建一个文件的完整路径
        fullpath = [path stringByAppendingPathComponent: fName];
        NSLog (@"fullpath to %@ is %@", fName, fullpath);
        //获取文件的扩展名
        extension =  [fullpath pathExtension];
        NSLog (@"extension for %@ is %@", fullpath, extension);
        // 使用者主目录
        homedir = NSHomeDirectory ();
        NSLog (@"Your home directory is %@", homedir);
        components = [homedir pathComponents];
        for ( path in components)
            NSLog (@"%@", path);
        //表示一个地址
        NSLog (@"%@ => %@", upath,[upath stringByStandardizingPath] );
    }
    return 0;
}
```

对于上述代码的具体说明如下。

- 函数NSTemporaryDirectory：返回系统中可以用来创建临时文件的目录路径名。如果在这个目录中创建临时文件，一定要在完成任务之后将它们删除。另外还要确保文件名是唯一的，特别是在应用程序的多个实例同时运行时。当多个用户登录到系统时，很容易发生运行同一个应用程序的情形。
- 方法lastPathComponent：从路径中提取最后一个文件名。当有一个绝对路径名，并且只想从中获取基本文件名时，此函数非常有用。
- 方法stringByAppendingPathComponent:：将文件名附加到路径的末尾。如果接收者的路径名不以斜线结束，那么该方法将在路径名中插入一个斜线，将路径名和附加的文件名分开。结合使用CurrentDirectory方法和stringByAppendingPathComponent:方法，可以在当前目录中创建文件的完整路径名。
- 方法PathExtension：给出了指定路径名的文件扩展名。在实例16-10中，文件path.m的扩展名为m，该方法可以返回这个扩展名。如果所给的文件没有扩展名，那么方法仅仅返回一个空字符串。
- 函数NSHomeDirectory：返回当前用户的主目录。如果使用NSHomeDirectoryForUser函数，可以提供用户名作为函数的参数，获得任何特定用户的主目录。
- 方法PathComponents：返回一个数组，这个数组包含指定路径的每个组成部分。实例16-10按顺序显示了返回数组的每一元素，并且在单独的输出行上显示每个路径组成部分。

执行上述代码后会输出：
```
Temporary Directory is /var/folders/rq/cd0j0rf13_571w54fsc2z27w0000gn/T/
Base dir is Debug
fullpath to path.m is /Users/guanxijing/Library/Developer/Xcode/DerivedData/16-10-
csxplctrrwbmumfitsntzvhkcviq/Build/Products/Debug/path.m
extension for /Users/guanxijing/Library/Developer/Xcode/DerivedData/16-10-csxplctrrw
bmumfitsntzvhkcviq/Build/Products/Debug/path.m is m
Your home directory is /Users/guanxijing
/
Users
guanxijing
~stevekochan/progs/../16/./path.m => ~stevekochan/16/path.m
```

在Objective-C应用中，有时在路径名中含有代字符"~"。方法FileManager的功能是用"~"缩写主目录的路径，并且也可以将"~user"指定为一个主目录。如果路径名包含代字符"~"，那么使用方法stringByStandardizingPath可以解析它们。此方法可以返回一个路径，并同时删除这些特殊字符，即将其标准化。如果路径名中出现代字符，可以使用方法stringByExpandingTildeInPath进行扩展。

下面的实例演示了NSPathUtilities.h为NSString类扩展方法的功能与用法。

实例16-11	获取当前文件的基本属性
源码路径	光盘:\daima\第16章\16-11

实例文件main.m的具体实现代码如下所示。

```objc
#import <Foundation/Foundation.h>

int main(int argc, char * argv[])
{
    @autoreleasepool{
        NSLog(@"当前用户名为：%@" , NSUserName());
        NSLog(@"当前用户的完整用户名为：%@", NSFullUserName());
        NSLog(@"当前用户的home目录为：%@", NSHomeDirectory());
        NSLog(@"root用户的home目录为：%@", NSHomeDirectoryForUser(@"root"));
        NSLog(@"系统临时目录为：%@", NSTemporaryDirectory());
        NSString* path = @"~root";
        // 将~root解析成root用户的home目录
        NSLog(@"解析~root的结果：%@", [path stringByExpandingTildeInPath]);
        NSString* path2 = @"/Users/mmm/pub";
        // 将会输出~/publish
        NSLog(@"替换成~的形式：%@" ,
            [path2 stringByAbbreviatingWithTildeInPath]);
        NSArray* array = [path2 pathComponents];
        // 遍历该路径中包含的各路径组件
        for(NSString* item in array)
        {
            NSLog(@"%@" , item);
        }
        // 在path2路径后追加一个路径
        NSString* path3 = [path2 stringByAppendingPathComponent:@"aa.m"];
        NSLog(@"path3为：%@" , path3);
        // 获取路径的最后部分
        NSString* last = [path3 lastPathComponent];
        NSLog(@"path3的最后一个路径组件为：%@", last);
        // 获取路径的最后部分的扩展名
        NSLog(@"path3的最后一个路径的扩展名为：%@", [path3 pathExtension]);
    }
}
```

执行后将会输出：

```
当前用户名为：guanxijing
当前用户的完整用户名为：管西京
当前用户的home目录为：/Users/guanxijing
root用户的home目录为：/var/root
系统临时目录为：/var/folders/rq/cd0j0rf13_571w54fsc2z27w0000gn/T/
解析~root的结果：/var/root
替换成~的形式：/Users/mmm/pub
/
Users
mmm
pub
path3为：/Users/mmm/pub/aa.m
path3的最后一个路径组件为：aa.m
path3的最后一个路径的扩展名为：m
```

16.3.1 常用的路径处理方法

表16-2总结了许多常用的路径处理方法。

表16-2 常用的路径处理方法

方　法	描　述
+(NSString *) pathWithComponents: components	根据components中的元素构造有效路径
-(NSArray *) pathComponents	路径解析，获得组成此路径的各个部分
-(NSString *) lastPathComponent	提取路径的最后一个组成部分
-(NSString *) pathExtension	从路径的最后一个组成部分中提取其扩展名
-(NSString *) stringByAppendingPathComponent: path	将path添加到现有路径的末尾
-(NSString *) stringByAppendingPathExtension: ext	将指定的扩展名添加到路径的最后一个组成部分

续表

方法	描述
-(NSString *) stringByDeletingLastPathComponent	删除路径的最后一个组成部分
-(NSString *) stringByDeletingPathExtension	从文件的最后一部分删除扩展名
-(NSString *) stringByExpandingTildeInPath	将路径中的代字符扩展成用户主目录（~）或指定用户的主目录（~user）
-(NSString *) stringByResolvingSymlinksInPath	尝试解析路径中的符号链接
-(NSString *) stringByStandardizingPath	通过尝试解析~、..（父目录符号）、.（当前目录符号）和符号链接来标准化路径

在表16-2中，components是一个NSArray对象，它包含路径中每一部分的字符串对象；path是一个字符串对象，它指定文件的路径；ext是表示路径扩展名的字符串对象（如，@"mp4"）。

表16-3展示了一些函数，通过这些函数可以获取用户、用户的主目录和存储临时文件的目录的信息。

表16-3 常用的路径处理函数

函数	描述
NSString *NSUserName (void)	返回当前用户的登录名
NSString *NSFullUserName (void)	返回当前用户的完整用户名
NSString *NSHomeDirectory (void)	返回当前用户主目录的路径
NSString *NSHomeDirectoryForUser (NSString *user)	返回用户user的主目录
NSString *NSTemporaryDirectory (void)	返回可用于创建临时文件的路径目录

16.3.2 复制文件

在Objective-C程序中，实现复制功能的命令如下所示。
```
copy from-file to-file
```
由此可见，这与NSFileManager中的方法copyItemAtPath不同，命令行工具允许to-file是目录名。

在下面的实例中，文件以名称from-file被复制到to-file目录中。同样，与方法copyItemAtPath:toPath:handler:不同的是，如果已经存在目录to-file，则允许重写其内容，就像标准Unix的复制命令cp那样。通过在函数main中使用参数argv和参数argc，可以从命令行中获得文件名。这两个参数分别包括了命令行上输入参数的个数（包括命令名），以及指向C风格字符串数组的指针。

实例16-12	复制指定目录中的文件
源码路径	光盘:\daima\第16章\16-12

实例文件main.m的具体实现代码如下所示。

```objc
#import <Foundation/NSString.h>
#import <Foundation/NSArray.h>
#import <Foundation/NSFileManager.h>
#import <Foundation/NSAutoreleasePool.h>
#import <Foundation/NSPathUtilities.h>
#import <Foundation/NSProcessInfo.h>

int main(int argc, const char * argv[]) {
    @autoreleasepool {
        NSFileManager       *fm;
        NSString            *source, *dest;
        BOOL                isDir;
        NSProcessInfo       *proc = [NSProcessInfo processInfo];
        NSArray             *args = [proc arguments];
        
        fm = [NSFileManager defaultManager];
        
        //检查2个命令行参数
```

```objc
        if ([args count] != 3) {
            NSLog (@"Usage: %@ src dest", [proc processName]);
            return 1;
        }

        source = [args objectAtIndex: 1];
        dest = [args objectAtIndex: 2];

        //确保源文件可以读取

        if ([fm   isReadableFileAtPath: source] == NO) {
            NSLog (@"Can't read %@", source);
            return 2;
        }
        //如果和目标文件是一个目录,添加源文件名的最后一部分附加到dest末尾
        [fm fileExistsAtPath: dest isDirectory: &isDir];
        if (isDir == YES)
            dest = [dest stringByAppendingPathComponent:
                        [source lastPathComponent]];
        //删除目标文件,如果它已经存在
        [fm removeItemAtPath: dest error:NULL];
        if ([fm copyItemAtPath: source toPath: dest error:NULL] == NO) {
            NSLog (@"Copy failed!");
            return 3;
        }
        NSLog (@"Copy of %@ to %@ succeeded!", source, dest);
    }
    return 0;
}
```

通过上述代码,演示了如何使用命令行工具实现简单的文件复制操作的方法。

- 类NSProcessInfo中的方法argments:返回一个字符串对象数组。数组的第一个元素是进程名称,其余的元素是在命令行输入的参数。程序会首先检查以确保在命令行输入这两个参数,这是通过测试数组args的大小实现的,这个数组是从方法arguments返回的。如果测试成功,那么程序将从数组args中提取源文件名和目标文件名,并将它们的值分别赋给source和test。然后测试源文件是否能够读取。如果不能则给出一条错误消息,并退出程序。

下面的代码可以检查dest指定的文件是否是目录,并将答案YES或NO存储到变量isDir中。

```objc
[fm fileExistsAtPath: dest isDirectory: &isDir];
```

如果dest是目录,假设想要将源文件名的最后一部分附加到dest目录名的末尾,此时可以使用路径工具方法stringByAppendingPathComponent:实现这个功能。如果Source的值是ch16/copy1.m,dest的值是/Users/stevekochan/progs,并且后者是个目录,那么dest的值将更改为/Users/stevekochan/progs/copy1.m。

- 方法copyPath:ToPath:handler::不允许重写文件,所以要避免错误,上述程序尝试用方法removeFileAtPath:handler:删除目标文件,如果目标文件不存在则会删除失败。当到达上述程序末尾时,可以假设程序的所有部分都运行良好,并为此生成一条消息。

执行上述代码后会输出:

```
$ ls -l         see what files we have
total 96
-rwxr-xr-x 1 stevekoc staff 19956 Jul 24 14:33 copy
-rw-r--r-- 1 stevekoc staff  1484 Jul 24 14:32 copy.m
-rw-r--r-- 1 stevekoc staff  1403 Jul 24 13:00 file1.m
drwxr-xr-x 2 stevekoc staff    68 Jul 24 14:40 newdir
-rw-r--r-- 1 stevekoc staff  1567 Jul 24 14:12 path1.m
-rw-r--r-- 1 stevekoc staff    84 Jul 24 13:22 testfile
$ copy           try with no args
Usage: copy src dest
$ copy foo copy2
Can't read foo
$ copy copy.m backup.m
Copy of copy.m to backup.m succeeded!
$ diff copy.m backup.m    compare the files
```

```
$ copy copy.m newdir    try copy into directory
Copy of copy.m to newdir/copy.m succeeeded!
$ ls -l nowdir
total 8
-rw-r--r-- 1 stevekoc staff 1484 Jul 24 14:44 copy.m$
```

16.3.3 使用 NSProcessInfo 获取进程信息

在类NSProcessInfo中包含了一些方法，可以使用它们设置或检索正在运行应用程序（即进程）的各种类型的信息。表16-4中总结了这些方法。

表16-4 NSProcessInfo类方法

方 法	说 明
+(NSProcessInfo *) processInfo	返回当前进程的信息
–(NSArray *) arguments	以NSString对象数字的形式返回当前进程的参数
–(NSDictionary *) environment	返回"变量/值"对词典，以描述当前的环境变量（如PATH和HOME）及其值
–(int) processIdentifier	返回进程标识符，它是操作系统赋予进程的唯一数字，用于识别每个正在运行的进程
–(NSString *) processName	返回当前正在执行的进程名称
–(NSString *)globallyUniqueString	每次调用这个方法时，都返回不同的单值字符串。可以用这个字符串生成单值临时文件名
–(NSString *) hostname	返回主机系统的名称
–(unsigned int) operatingSystem	返回表示操作系统的数字
–(NSString *) operatingSystemName	返回操作系统的名称
–(NSString *) operatingSystemVersionString	返回操作系统的当前版本
–(void) setProcessName:(NSString *) name	将当前进程名称设置为name。应该谨慎地使用这个方法，因为关于进程名称存在一些假设（比如用户默认的设置常常假设进程名称）

下面的实例演示了使用NSProcessInfo获取进程信息的过程。

实例16-13	使用NSProcessInfo获取进程信息
源码路径	光盘:\daima\第16章\16-13

实例文件main.m的具体实现代码如下所示。
```
#import <Foundation/Foundation.h>

int main(int argc, char * argv[])
{
    @autoreleasepool{
        // 获取当前进程对应的NSProcessInfo对象
        NSProcessInfo* proInfo = [NSProcessInfo processInfo];
        // 获取运行该程序所指定的参数
        NSArray* arr = [proInfo arguments];
        NSLog(@"运行程序的参数为:%@" , arr);
        NSLog(@"进程标识符为: %d" , [proInfo processIdentifier]);
        NSLog(@"进程的进程名为: %@" , [proInfo processName]);
        NSLog(@"进程所在系统的主机名为: %@" , [proInfo hostName]);
        NSOperatingSystemVersion version = [proInfo operatingSystemVersion];
        NSLog(@"进程所在系统的操作系统主版本为:%ld" , version.majorVersion);
        NSLog(@"进程所在系统的操作系统次版本为:%ld" , version.minorVersion);
        NSLog(@"进程所在系统的操作系统补丁版本为:%ld" , version.patchVersion);
        NSLog(@"进程所在系统的操作系统版本字符串为: %@" ,
            [proInfo operatingSystemVersionString]);
        NSLog(@"进程所在系统的物理内存为:%lld" , [proInfo physicalMemory]);
        NSLog(@"进程所在系统的处理器数量为:%ld" , [proInfo processorCount]);
```

```
            NSLog(@"进程所在系统激活的处理器数量为: %ld" ,
                  [proInfo activeProcessorCount]);
            NSLog(@"进程所在系统的运行时间为: %f" , [proInfo systemUptime]);
    }
}
```

执行后将会输出:
运行程序的参数为: (

"/Users/guanxijing/Library/Developer/Xcode/DerivedData/16-13-dnsqmgneimzlumcmshfjrn
iynpjk/Build/Products/Debug/16-13"
)
进程标识符为: 21902
进程的进程名为: 16-13
进程所在系统的主机名为: kansaikyoutekiMacBook-Pro.local
进程所在系统的操作系统主版本为: 10
进程所在系统的操作系统次版本为: 10
进程所在系统的操作系统补丁版本为: 0
进程所在系统的操作系统版本字符串为: Version 10.10 (Build 14A389)
进程所在系统的物理内存为: 6442450944
进程所在系统的处理器数量为: 4
进程所在系统激活的处理器数量为: 4
进程所在系统的运行时间为: 111740.224898

16.4 用 NSFileHandle 实现文件 I/O 操作

知识点讲解: 光盘:视频\知识点\第16章\用NSFileHandle实现文件I/O操作.mp4

在Objective-C程序中, 使用类NSFileHandle中的方法可以更加有效地使用文件。一般来说, 在处理文件时通常需要经历如下3个步骤。

(1) 打开文件, 并获取一个NSFileHandle对象, 以便在后面的I/O操作中引用该文件。
(2) 对打开的文件执行I/O操作。
(3) 关闭文件。

下面的实例演示来使用NSFileHandle读、写指定文件内容的过程。

实例16-14	使用NSFileHandle读写指定文件的内容
源码路径	光盘:\daima\第16章\16-14

实例文件main.m的具体实现代码如下所示。

```
#import <Foundation/Foundation.h>

int main(int argc , char * argv[])
{
    @autoreleasepool{
        // 打开一份文件准备读取
        NSFileHandle* fh = [NSFileHandle
                    fileHandleForReadingAtPath:@"NSFileHandleTest.m"];
        NSData* data;
        // 读取NSFileHandle中的256字节
        while( [(data = [fh readDataOfLength:512]) length] > 0 )
        {
            NSLog(@"%ld" , [data length]);
            // 直接将NSData的数据用UTF-8的格式转换字符串
            NSString* content = [[NSString alloc] initWithData:data
                encoding:NSUTF8StringEncoding];
            NSLog(@"---------输出读取的512个字节的内容---------");
            NSLog(@"%@" , content);
        }
        [fh closeFile];    // 关闭文件
        NSFileHandle* fh2 = [NSFileHandle
                    fileHandleForWritingAtPath:@"abc.txt"];
        // 打开一份文件准备写入
        if(!fh2)
        {
            // 创建一个NSFileManager对象
```

```
            NSFileManager* fm = [NSFileManager defaultManager];
            // 创建一个空文件
            [fm createFileAtPath:@"abc.txt"
                        contents:nil
                      attributes:nil];
            fh2 = [NSFileHandle
                    fileHandleForWritingAtPath:@"abc.txt"];
        }
        [fh2 seekToEndOfFile];   // 将文件指针移动到文件的结尾处
        NSString* myBook = @"iOS 9开发指南";
        // 将指定内容写入底层文件
        [fh2 writeData:[myBook
                        dataUsingEncoding:NSUTF8StringEncoding]];
        [fh2 closeFile];    // 关闭文件
    }
}
```

表16-5总结了一些常用的NSFileHandle方法。

表16-5 常用的NSFileHandle方法

方 法	描 述
+(NSFileHandle *)fileHandleForReadingAtPath: path	打开一个文件准备读取
+(NSFileHandle *)fileHandleForWritingAtPath: path	打开一个文件准备写入
+(NSFileHandle *)fileHandleForUpdatingAtPath: path	打开一个文件准备更新（读取和写入）
-(NSData *) availableData	从设备或者通道返回可用的数据
-(NSData *) readDataToEndOfFile	读取其余的数据直到文件的末尾（最多UINT_MAX字节）
-(NSData *) readDataOfLength: (unsigned int) bytes	从文件中读取指定数目bytes的内容
-(void) writeData: data	将data写入文件
-(unsigned long long) offsetInFile	获取当前文件的偏移量
-(void) seekToFileOffset: offset	设置当前文件的偏移量
-(unsigned long long) seekToEndOfFile	将当前文件的偏移量定位到文件的末尾
-(void) truncateFileAtOffset: offset	将文件的长度设置为offset字节（如果需要，可以填充内容）
-(void) closeFile	关闭文件

在表16-5中，data是一个NSData对象，path是一个NSString对象，offset是一个unsigned long类型变量。
表16-5中并未列出获取NSFileHandle以用于标准输入、标准输出、标准错误和空设备的方法，它们的格式为fileHandleWithDevice，其中Device可以是StandardInput、StandardOutput、StandardError或NullDevice。在此并没有列出用于后台（也就是异步）读取和写入的方法。

类FileHandle并没有提供创建文件的功能，必须使用方法FileManager来创建文件。因此方法fileHandleForWritingAtPath:和fileHandleForUpdatingAtPath:都假定文件已存在，否则返回nil。对于这两个方法，文件的偏移量都设为文件的开始，所以都是在文件的开始位置开始写入（或更新模式的读取）。如果在Unix系统下编程，应该注意打开用于读取的文件时并没有截断文件。如果想要这么做，需要自己完成这项操作。

下面的实例将一个文件的内容追加到另一个文件中。

实例16-15	将一个文件的内容追加到另一个文件中
源码路径	光盘:\daima\第16章\16-15

实例文件main.m的具体实现代码如下所示。
```
#import <Foundation/NSObject.h>
#import <Foundation/NSString.h>
#import <Foundation/NSFileHandle.h>
#import <Foundation/NSFileManager.h>
#import <Foundation/NSAutoreleasePool.h>
```

```
#import <Foundation/NSData.h>

int main(int argc, const char * argv[]) {
    @autoreleasepool {
        NSFileHandle           *inFile, *outFile;
        NSData                 *buffer;
        // 用可读方式打开fileAg
        inFile = [NSFileHandle fileHandleForReadingAtPath: @"fileA"];
        if (inFile == nil) {
            NSLog (@"Open of fileA for reading failed");
            return 1;
        }
        // 用可修改方式打开fileB
        outFile = [NSFileHandle fileHandleForWritingAtPath: @"fileB"];
        if (outFile == nil) {
            NSLog (@"Open of fileB for writing failed");
            return 2;
        }
        [outFile seekToEndOfFile];

        buffer = [inFile readDataToEndOfFile];
        [outFile writeData: buffer];
    }
    return 0;
}
```

通过上述代码，首先打开另一个用于写入的文件，然后定位到该文件的结尾，最后将第一个文件中的内容写入第二个文件中。

执行上述代码后会输出：

```
Contents of fileB
This is line 1 in the second file.
This is line 2 in the second file.
This is line 1 in the first file.
This is line 2 in the first file.
```

从上述输出结果可知，第一个文件的内容成功地附加到第二个文件的末尾。在搜索操作执行完毕之后，seekToEndOfFile会返回当前文件的偏移量，我们可以选择忽略这个值。如果需要，可以使用此信息来获得程序中文件的大小。

16.5 使用 NSURL 读取网络资源

知识点讲解：光盘:视频\知识点\第16章\使用NSURL读取网络资源.mp4

在Objective-C程序中，可以使用类NSURL来读取指定的网络资源。下面的实例演示了使用NSURL读取网页http://www.toppr.net/index.php内容的过程。

实例16-16	使用NSURL读取网页内容
源码路径	光盘:\daima\第16章\16-16

实例文件main.m的具体实现代码如下所示。

```
#import <Foundation/Foundation.h>

int main(int argc , char * argv[])
{
    @autoreleasepool{
        // 创建NSURL
        NSURL* url = [NSURL
                      URLWithString:@"http://www.toppr.net/index.php"];
        NSLog(@"url的scheme为: %@", [url scheme]);
        NSLog(@"url的host为: %@", [url host]);
        NSLog(@"url的port为: %@", [url port]);
        NSLog(@"url的path为: %@", [url path]);
        // 使用URL对应的资源来初始化NSString对象
        NSString* homePage = [NSString stringWithContentsOfURL:
                              url encoding: NSUTF8StringEncoding error:nil];
        // 输出NSString内容，即可看到页面源代码
```

```
        NSLog(@"%@" , homePage);
    }
}
```

执行后会输出：

```
url的scheme为: http
url的host为: www.toppr.net
url的port为: (null)
url的path为: /index.php
<!doctype html>
<html>
<head>
<meta charset="utf-8" />
<title>巅峰卓越　学以致用 - Powered by phpwind</title>
<meta name="generator" content="phpwind v8.5(20110425)" />
<meta name="description" content="android  ios c语言 C++  Java" />
<meta name="keywords" content="android  ios c语言 C++  Java" />
<!--[if IE 9 ]>
<meta name="msapplication-task" content="name=网站首页; action-uri=http://www.toppr.net; icon-uri=http://www.toppr.net/favicon.ico" />
<meta name="msapplication-task" content="name=个人中心; action-uri=http://www.toppr.net/u.php; icon-uri=http://www.toppr.net/images/ico/home.ico" />
<meta name="msapplication-task" content="name=我的帖子; action-uri=http://www.toppr.net/apps.php?q=article; icon-uri=http://www.toppr.net/images/ico/post.ico" />
<meta name="msapplication-task" content="name=消息中心; action-uri=http://www.toppr.net/message.php; icon-uri=http://www.toppr.net/images/ico/mail.ico" />
<meta name="msapplication-task" content="name=我的设置; action-uri=http://www.toppr.net/profile.php; icon-uri=http://www.toppr.net/images/ico/edit.ico" />
<![endif]-->
<link rel='archives' title='知识改变命运' href='http://www.toppr.net/simple/' />
<base id="headbase" href="http://www.toppr.net/" />
<link rel="stylesheet" href="images/pw_core.css?101128" />
<!--css-->
<style type="text/css">
/*Spacing*/
.pdD{padding:.3em .5em}
.pd5{padding:0 5px;}
.pd15{padding:0 15px;}
/*form*/
input.btn,input.bt{cursor:pointer;padding:.1em 1em;*padding:0 1em;font-size:9pt;line-height:130%; overflow:visible;}
input.btn{border:1px solid #ff5500;background:#ff8800;margin:0 3px;color:#fff;}
input.bt{border:1px solid #c2d8ee;background:#fff;margin:0 3px;color:#333;}
/*layout*/
html{background-color:#efeefa;overflow-y:scroll;}
body{font-size:12px;font-family:Arial; color:#333;line-height: 1.5;background:#efeefa url (images/wind8purple/top.jpg) center top repeat-x;min-height:500px;}
.wrap,#top{min-width:820px;margin:auto;}
/*全局链接*/
a{text-decoration:none;color:#333333;}
a:hover,.alink a,.link{text-decoration:underline;}
/*链接按钮*/
.bta{cursor:pointer;color:#333333;padding:0 5px;margin:0 3px;white-space:nowrap;border:1px solid #ebe6f5;line-height:22px;background:#ffffff;}
.bta:hover{border:1px solid #d5cce9;text-decoration:none;}
/*main color 数值自定义*/
.f_one,.t_one,.r_one{background:#ffffff;}
.f_two,.t_two,.r_two{background:#faf6ff;}
/*头部*/
#head,.main-wrap,#footer,#searchA,#navA,#navB,.top{width:960px;margin:0 auto;max-width:1200px;}
#search_wrap{background:#ddd;}
#top{height:23px;border-bottom:1px solid #fff;background:url(images/wind8purple/topbar.png) 0 bottom repeat-x;_background:#f7f7f7;line-height:23px;overflow:hidden;}
.top li{float:left;margin-right:10px;}
.top a{color:#666;}
/*导航*/
#navA{height:35px;background-color:#5d4599;}
.navA,.navAL,.navAR,.navA li,.navA li
```

```css
a,#td_mymenu{background:url(images/wind8purple/navA.png) 999em 999em no-repeat;}
.navAL,.navAR{width:5px;height:35px;}
.navAL{ background-position:0 -80px;_margin-right:-3px;}
.navAR{ background-position:0 -150px;_margin-left:-3px;}
.navA{ background-position:0 -115px;height:35px;overflow:hidden; background-repeat:repeat-x;}
.navA ul{font-size:14px;overflow:hidden;}
.navA li{float:left;margin-left:-1px;}
.navA li a{float:left;color:#ffffff;padding:0 15px;height:35px;line-height:35px; outline:none;font-weight:700; background-position:0 -35px;}
.navA li a:hover{text-decoration:none;color:#ffea00;}
.navA .current a,.navA .current:hover a,.navA .current a:hover{background-position:center top;display:inline;text-decoration:none;text-shadow:none;}
/*快捷导航*/
#td_mymenu{ background-position:-20px -150px;color:#fff;cursor:pointer;float:right; width:92px;height:23px;overflow:hidden;line-height:23px;padding-left:10px;margin:5px 2px 0 0;_display:inline}
#td_mymenu_old{color:#888;}
.navB,.navBbg{background:url(images/wind8purple/navB.png) right bottom repeat-x;}
.navB{margin-bottom:5px;}
.navBbg{padding:3px 0;background-position:left bottom;margin-right:4px;_position:relative;}
.navB ul{padding:4px 4px 4px 16px;}
.navB li:hover,.navB li:hover a{background:url(images/wind8purple/navBcur.png) no-repeat;}
.navB li:hover{ background-position:left 0;}
.navB li:hover a{ background-position:right 0;}
.navB li{float:left;height:23px;line-height:23px;margin:0 10px 0 0;}
.navB li a{display:block;padding:0 5px; font-size:14px;color:#666;}
.navB li a:hover{ text-decoration:none;color:#68b;}
/*搜索*/
#searchA{margin:2px auto 5px;height:41px;overflow:hidden;}
#searchA,.searchA_right{background:url(images/wind8purple/searchA.png) no-repeat;}
.searchA_right{ background-position:right 0;height:41px;width:5px;}
.searchA{padding:8px 0 0 55px;}
.searchA .ip{width:330px;float:left;border:1px solid #dddddd;background:#fff;height:20px;padding:4px 5px 0;overflow:hidden;}
.searchA .ip input{border:0;background:none;padding:0;font:14px/16px Arial;width:100%;float:left;margin:0;}
.s_select{float:left;border:1px solid #dddddd;border-left:0;margin-right:7px;background:#fff;width:49px;}
.s_select h6{display:block;padding:0 15px 0 10px;height:24px;line-height:24px;cursor:pointer;background:url(images/wind8purple/down.png) 35px center no-repeat;color:#666;}
.s_select ul{ position:absolute;border:1px solid #dddddd;background:#fff;line-height:22px;width:49px;margin:24px 0 0 -1px;display:none;}
```

16.6 使用 NSBundle 处理项目资源

知识点讲解：光盘:视频\知识点\第16章\使用NSBundle处理项目资源.mp4

在Objective-C程序中，NSBundle的主要作用是获取Resources文件夹中的资源。下面的实例演示了使用NSBundle处理项目资源的过程。

实例16-17	使用NSBundle处理项目资源
源码路径	光盘:\daima\第16章\16-17

实例文件main.m的具体实现代码如下所示。

```
#import "FKAppDelegate.h"

@implementation FKAppDelegate
// 当应用程序将要加载完成时激发该方法
- (void) applicationWillFinishLaunching: (NSNotification *) aNotification
{
// 创建NSWindow对象，并赋值给window
self.window = [[NSWindow alloc] initWithContentRect:
    NSMakeRect(300, 300, 320, 200)
```

16.6 使用NSBundle处理项目资源

```objc
        styleMask: (NSTitledWindowMask |NSMiniaturizableWindowMask
        | NSClosableWindowMask)
        backing: NSBackingStoreBuffered defer: NO];
    // 设置窗口标题
    self.window.title = @"NSBundle测试";
    // 创建NSTextField对象，并赋值给label变量
    NSTextField * label = [[NSTextField alloc] initWithFrame:
        NSMakeRect(60, 120, 200, 60)];
    // 为label设置属性
    label.selectable = YES;
    label.bezeled = YES;
    label.drawsBackground = YES;
    label.stringValue = @"iOS 9开发指南";
    // 创建NSButton对象，并赋值给button变量
    NSButton * button = [[NSButton alloc] initWithFrame:
        NSMakeRect(120, 40, 80, 30)];
    // 为button设置属性
    button.title = @"确定";
    button.bezelStyle = NSRoundedBezelStyle;
    button.bounds = NSMakeRect(120, 40, 80, 30);
    // 将label、button添加到窗口中
    [self.window.contentView addSubview: label];
    [self.window.contentView addSubview: button];
    // 使用NSBundle获取该应用自包含的指定资源文件的路径
    NSString* filePath = [[NSBundle mainBundle] pathForResource:@"bookinf"
        ofType:@"txt"];
    // 使用指定文件的内容来初始化NSString
    NSString* content = [NSString stringWithContentsOfFile:filePath
        encoding:NSUTF8StringEncoding error:nil];
    // 让label显示content字符串的内容
    label.stringValue = content;
}
// 当应用程序加载完成时激发该方法
- (void)applicationDidFinishLaunching:(NSNotification *)aNotification
{
    // 把该窗口显示到该应用程序的前台
    [self.window makeKeyAndOrderFront: self];
}
@end
```

执行后的效果如图16-1所示。

图16-1 实例16-17的执行效果

第 17 章 归档

在Objective-C程序中,归档是指用某种格式来保存一个或多个对象,其目的是便于以后还原这些对象的过程。在还原过程中需要将多个对象写入到文件中,便于以后读回这个对象。本章将详细讨论属性列表和带键值的编码这两种归档数据的方法。

17.1 使用 XML 属性列表进行归档

知识点讲解:光盘:视频\知识点\第17章\使用XML属性列表进行归档.mp4

在Mac OS X系统中,可以使用XML属性列表或plists存储多种数据,例如默认参数选择、应用程序设置和配置信息等类型的数据。在Objective-C应用程序中,了解如何创建和读回这些数据很有用。但是这些列表的归档用途是有限的,因为当为某个数据结构创建属性列表时,并没有保存特定的对象类,没有存储对同一对象的多个引用,也没有保持对象的可变性。

如果使用的对象是NSString、NSDictionary、NSArray、NSData或NSNumber,可以使用在这些类中实现的方法writeToFile:atomically:将数据写到文件中。在导出某个字典或数组的情况下,方法writeToFile:atomically:可以使用XML属性列表的格式导出数据。下面的实例17-1演示了如何将本书前面创建的字典作为属性列表写入文件中的过程。

实例17-1	将字典作为属性列表写入文件
源码路径	光盘:\daima\第17章\17-1

实例文件main.m的具体实现代码如下所示。

```
#import <Foundation/NSObject.h>
#import <Foundation/NSString.h>
#import <Foundation/NSDictionary.h>
#import <Foundation/NSAutoreleasePool.h>

int main(int argc, const char * argv[]) {
    @autoreleasepool {
        NSDictionary     *glossary = [NSDictionary dictionaryWithObjectsAndKeys:@"A class defined so other classes can inherit from it. ", @"abstract class", @"To implement all the methods defined in a protocol", @"adopt", @"Storing an object for later use", @"archiving",nil];

        if([glossary writeToFile: @"glossary" atomically: YES] == NO)
            NSLog(@"Save to file failed");
    }
    return 0;
}
```

在上述代码中,writeToFile:atomically:encoding:error:消息被发送给字典对象glossary,使字典以属性列表的形式写到文件glossary中。参数atomically被设置为YES,表示希望首先将字典写入临时备份文件中,如果成功,会把最终数据转移到名为glossary的指定文件中。由此可见,这是一种安全措施,通过这种措施可以保护文件在一些情况下免受破坏,例如能够避免系统在执行操作过程中的崩溃情况。在这种情况下,不会损害到原始的glossary文件。

如果查看实例17-1中创建的glossary文件,其内容可能如下所示。

```
<?xml version="1.0" encoding="UTF-8"?>
<!DOCTYPE plist PUBLIC "-//Apple Computer//DTD PLIST 1.0//EN"
        "http://www.apple.com/DTDs/PropertyList-1.0.dtd">
<plist version="1.0">
<dict>
  <key>abstract class</key>
  <string>A class defined so other classes can inherit from it.</string>
  <key>adopt</key>
  <string>To implement all the methods defined in a protocol</string>
  <key>archiving</key>
  <string>Storing an object for later use. </string>
</dict>
</plist>
```

从所创建的XML文件中可以看到，这是以一种键（<key>…</key>）值（<string>…</string>）对的形式将字典写入文件的。

当根据字典创建属性列表时，字典中的键必须全都是NSString对象。数组中的元素或字典中的值可以是NSString、NSArray、NSDictionary、NSData、NSDate或NSNumber对象。

在Objective-C应用程序中，读入和读回方法的具体说明如下。

- ❏ 方法dictionaryWithContentsOfFile:或arrayWithContentsOfFile::用于将文件中的XML属性列表读入程序。
- ❏ 方法dataWithContentsOfFile::用于读回数据。
- ❏ 方法stringWithContentsOfFile::用于读回字符串对象。

实例17-2读回了实例17-1中编写的术语表，然后输出其内容。

实例17-2	读取并输出指定文件的内容
源码路径	光盘:\daima\第17章\17-2

实例文件main.m的具体实现代码如下所示。

```
#import <Foundation/NSObject.h>
#import <Foundation/NSString.h>
#import <Foundation/NSDictionary.h>
#import <Foundation/NSEnumerator.h>
#import <Foundation/NSAutoreleasePool.h>

int main(int argc, const char * argv[]) {
    @autoreleasepool {
        NSDictionary *glossary;
        glossary = [NSDictionary dictionaryWithContentsOfFile: @"glossary"];
        for ( NSString *key in glossary )
            NSLog (@"%@: %@",  key, [glossary objectForKey: key]);
    }
    return 0;
}
```

执行上述代码后会输出：

```
archiving: Storing an object for later use.
abstract class: A class defined so other classes can inherit from it.
adopt: To implement all the methods defined in a protocol
```

在Objective-C应用程序中，属性列表不必从Objective-C程序中创建，属性列表可以来自任何。我们既可以使用简单的文本编辑器创建属性列表，也可以使用Mac OS X系统中/Developer/Applications/Utilities目录下的Property List Editor程序来创建属性列表。

17.2 使用 NSKeyedArchiver 归档

知识点讲解：光盘:视频\知识点\第17章\使用NSKeyedArchiver归档.mp4

在Objective-C应用程序中，可以将各种类型的对象存储到文件中，而且不仅仅是字符串、数组和字典类型。其实还有一种更灵活的方法，就是利用NSKeyedArchiver类创建带键（Keyed）的档案来完成。

下面的实例演示了使用NSKeyedArchiver归档NSDictionary对象的过程。

实例17-3	使用NSKeyedArchiver归档NSDictionary对象
源码路径	光盘:\daima\第17章\17-3

实例文件main.m的具体实现代码如下所示。

```objc
#import <Foundation/Foundation.h>

int main(int argc, char * argv[])
{
    @autoreleasepool{
        // 使用简化语法创建NSDictionary对象
        NSDictionary* dict = @{
                        @"Objective-C": [NSNumber numberWithInt:89],
                        @"Ruby": [NSNumber numberWithInt:69],
                        @"Python": [NSNumber numberWithInt:75],
                        @"Perl": [NSNumber numberWithInt:109] };
        // 对dict对象进行归档
        [NSKeyedArchiver archiveRootObject:dict
                                    toFile:@"myDict.archive"];
    }
}
```

下面的实例代码演示了获取NSDictionary中的键-值对的过程。

实例17-4	获取NSDictionary中的键-值对
源码路径	光盘:\daima\第17章\17-4

实例文件main.m的具体实现代码如下所示。

```objc
#import <Foundation/Foundation.h>

int main(int argc , char * argv[])
{
 @autoreleasepool{
    // 从myDict.archive文件中恢复对象
    NSDictionary* dict = [NSKeyedUnarchiver
        unarchiveObjectWithFile:@"myDict.archive"];
    // 下面代码只是获取NSDictionary中的key-value数据
    NSLog(@"Objective-C对应的value: %@" , dict[@"Objective-C"]);
    NSLog(@"Ruby对应的value: %@" , dict[@"Ruby"]);
    NSLog(@"Python对应的value: %@" , dict[@"Python"]);
    NSLog(@"Perl对应的value: %@" , dict[@"Perl"]);
 }
}
```

程序执行后输出:
```
Objective-C对应的value: 89
Ruby对应的value: 69
Python对应的value: 75
Perl对应的value: 109
```

Mac OX X从10.2版本开始支持带键的档案。在此之前的版本中，需要使用类NSArchiver创建连续的归档。连续的归档需要完全按照写入时的顺序读取归档中的数据。

在带键的档案中，每个归档字段都有一个名称。在归档某个对象时，会为它提供一个名称，也就是键，当从归档中检索该对象时，会根据这个键来检索它，这样可以按照任意顺序将对象写入归档并进行检索。如果向类中添加了新的实例变量或删除了实例变量，程序也可以进行处理。

注意

> 在iPhone SDK中没有提供NSArchiver。如果想在iPhone上使用归档功能，则必须使用NSKeyedArchiver。

要想使用带键的档案，需要先导入文件NSKeyedArchiver.h，具体格式如下。
```objc
#import <Foundation/NSKeyedArchiver.h>
```
下面的实例演示了使用类NSKeyedArchiver中的方法archiveRootObject:toFile:将glossary文件存储到磁盘上的过程。

17.2 使用NSKeyedArchiver归档

实例17-5	将glossary文件存储到磁盘
源码路径	光盘:\daima\第17章\17-5

实例文件main.m的具体实现代码如下所示。

```objc
#import <Foundation/NSObject.h>
#import <Foundation/NSString.h>
#import <Foundation/NSDictionary.h>
#import <Foundation/NSKeyedArchiver.h>
#import <Foundation/NSAutoreleasePool.h>

int main(int argc, const char * argv[]) {
    @autoreleasepool {
        NSDictionary *glossary =
        [NSDictionary dictionaryWithObjectsAndKeys:
         @"A class defined so other classes can inherit from it",
         @"abstract class",
         @"To implement all the methods defined in a protocol",
         @"adopt",
         @"Storing an object for later use",
         @"archiving",
         nil
         ];
        [NSKeyedArchiver archiveRootObject: glossary toFile: @"glossary.archive"];
    }
    return 0;
}
```

虽然上述代码不会在终端生成任何输出，但是下面的代码可以将字典glossary写入到文件glossary.archive中，可以为该文件指定任何路径名。

```objc
[NSKeyedArchiver archiveRootObject: glossary toFile: @"glossary.archive"];
```

通过上述代码,将文件写入到了当前目录下。接着就可以通过下面实例的代码,使用NSKeyedUnarchiver对象的方法unArchiveObjectWithFile:将创建的归档文件读入执行程序中。

实例17-6	将创建的归档文件读入执行程序中
源码路径	光盘:\daima\第17章\17-6

实例文件main.m的具体实现代码如下所示。

```objc
#import <Foundation/NSObject.h>
#import <Foundation/NSString.h>
#import <Foundation/NSDictionary.h>
#import <Foundation/NSEnumerator.h>
#import <Foundation/NSKeyedArchiver.h>
#import <Foundation/NSAutoreleasePool.h>

int main(int argc, const char * argv[]) {
    @autoreleasepool {
        NSDictionary *glossary;
        glossary = [NSKeyedUnarchiver unarchiveObjectWithFile:
                    @"glossary.archive"];
        for ( NSString *key in glossary )
            NSLog (@"%@: %@",   key, [glossary objectForKey: key]);
    }
    return 0;
}
```

执行上述代码后会输出：

```
abstract class: A class defined so other classes can inherit from it.
adopt: To implement all the methods defined in a protocol
archiving: Storing an object for later use.
```

通过下面的代码,可以打开并读取指定文件的内容。当然这是有前提的,该文件必须是前面归档操作的结果,可以为文件指定完整路径径名或相对路径名。

```objc
glossary = [NSKeyedUnarchiver unarchiveObjectWithFile: @"glossary.archive"];
```

在恢复glossary之后,可以简单地通过枚举其内容来验证恢复是否成功。

17.3 NSCoding 协议

知识点讲解：光盘:视频\知识点\第17章\NSCoding协议.mp4

在大多数情况下，通常需要对自定义对象进行归档处理。对自定义对象要进行归档时，需要实现NSCoding协议。NSCoding协议有两个方法，其中encodeWithCoder方法对对象的属性数据进行编码处理，initWithCoder方法用于解码归档数据来进行初始化对象。实现NSCoding协议后，就能通过NSKeyedArchiver进行归档。

下面的实例演示了借助NSCoding协议实现归档的过程。

实例17-7	借助NSCoding协议实现归档
源码路径	光盘:\daima\第17章\17-7

接口文件FKApple.h实现NSCoding协议，具体实现代码如下所示。

```
#import <Foundation/Foundation.h>

// 定义FKApple类，实现NSCoding协议
@interface FKApple : NSObject <NSCoding>
@property (nonatomic , copy) NSString* color;
@property (nonatomic , assign) double weight;
@property (nonatomic , assign) int size;
- (id) initWithColor: (NSString*) color
 weight: (double) weight size: (int) size;
@end
```

在接口实现文件FKApple.m中，让类FKApple实现了NSCoding协议中的两个方法：encodeWithCoder和initWithCoder。文件FKApple.m的具体实现代码如下所示。

```
#import "FKApple.h"

@implementation FKApple
- (id) initWithColor: (NSString*) color
 weight:(double) weight size:(int) size
{
  if(self = [super init])
  {
        self->_color = color;
        self->_weight = weight;
        self->_size = size;
  }
  return self;
}
// 重写父类的decription方法
- (NSString*) description
{
  // 返回一个字符串
  return [NSString stringWithFormat:
        @"<FKApple[_color=%@, _weight=%g, _size=%d]>"
        , self.color , self.weight , self.size];
}
- (void) encodeWithCoder: (NSCoder*) coder
{
// 调用NSCoder的方法归档该对象的每个成员变量
[coder encodeObject:_color forKey:@"color"];
[coder encodeDouble:_weight forKey:@"weight"];
[coder encodeInt:_size forKey:@"size"];
}
- (id) initWithCoder: (NSCoder*) coder
{
// 使用NSCoder依次恢复color、weight、size这3个键
// 所对应的值，并将恢复的值赋给当前对象的3个成员变量
_color = [coder decodeObjectForKey:@"color"];
_weight = [coder decodeDoubleForKey:@"weight"];
_size = [coder decodeIntForKey:@"size"];
return self;
}
@end
```

在测试文件main.m中归档了FKApple对象，具体实现代码如下所示。

```
#import <Foundation/Foundation.h>
#import "FKApple.h"

int main(int argc , char * argv[])
{
  @autoreleasepool{
        // 创建FKApple对象
        FKApple* apple = [[FKApple alloc]
            initWithColor:@"红色"
            weight:3.4
            size:20];
        // 对apple对象进行归档
        [NSKeyedArchiver archiveRootObject:apple
            toFile:@"apple.archive"];
  }
}
```

在文件huifu.m中恢复了FKApple对象，具体实现代码如下所示。

```
#import "FKApple.h"

int main(int argc , char * argv[])
{
     @autoreleasepool{
        // 从归档文件中恢复对象
        FKApple* apple = [NSKeyedUnarchiver
                          unarchiveObjectWithFile:@"apple.archive"];
        // 获取对象的属性
        NSLog(@"苹果的颜色为: %@" , apple.color);
        NSLog(@"苹果的重量为: %g" , apple.weight);
        NSLog(@"苹果的规格为: %d" , apple.size);
     }
}
```

执行后的效果如图17-1所示。

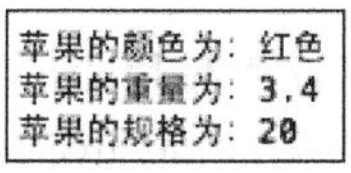

```
苹果的颜色为: 红色
苹果的重量为: 3.4
苹果的规格为: 20
```

图17-1　实例17-7的执行效果

17.4　编码方法和解码方法

知识点讲解：光盘:视频\知识点\第17章\编码方法和解码方法.mp4

可以使用本章前面描述的方式归档并恢复如下基本的Objective-C类对象。

❑ NSString。

❑ NSArray。

❑ NSDictionary。

❑ NSSet。

❑ NSDate。

❑ NSNumber。

❑ NSData。

除了上述对象之外，还包含了嵌套的对象，例如字符串和数组对象的数组。由此可见，不能直接使用这种方法归档AddressBook，因为Objective-C不知道如何归档AddressBook对象。如果在程序中通过如下代码尝试归档。

```
[NSKeyedArchiver archiveRootObject: myAddressBook toFile: @"addrbook.arch"];
```

则运行该程序时会得到如下消息。

```
*** -[AddressBook encodeWithCoder:]: selector not recognized
*** Uncaught exception: <NSInvalidArgumentException>
```

```
*** -[AddressBook encodeWithCoder:]: selector not recognized
archiveTest: received signal: Trace/BPT trap
```
从这些错误消息中可以看到，系统会在类AddressBook中查找一个名为encodeWithCoder:的方法，但事实上我们从未定义过这样的方法。

要想归档前面没有列出的对象，必须告知系统如何归档或编码我们的对象，并且告知如何解归档或解码它们。上述功能可以按照<NSCoding>协议实现，即在类定义中添加encodeWithCoder:方法和initWithCoder:方法的实现。

在Objective-C应用程序中，每次归档程序想要根据指定类编码对象时，都需要调用encodeWithCoder:方法，该方法告知归档程序如何进行归档。同理，当每次从指定的类解码对象时，就会调用initWithCoder:方法。

一般来说，编码方法应该指定如何归档想要保存对象中的每个实例变量。对于前面描述的基本Objective-C类，可以使用encodeObject:forKey:方法实现。对于整型和浮点型等基本的C数据类型，可以使用如表17-1中列出的某种方法实现。解码方法initWithCoder:的工作方式正好相反，它使用decodeObject:forKey:来解码基本的Objective-C类，使用表17-1中列出的解码方法来解码基本的数据类型。

表17-1　在带键的档案中编码和解码基本数据类型

编码方法	解码方法
encodeBool:forKey:	decodeBool:forKey:
encodeInt:forKey:	decodeInt:forKey:
encodeInt32:forKey:	decodeInt32:forKey:
encodeInt64: forKey:	decodeInt64:forKey:
encodeFloat:forKey:	decodeFloat:forKey:
encodeDouble:forKey:	decodeDouble:forKey:

17.5　使用 NSData 创建自定义文档

知识点讲解：光盘:视频\知识点\第17章\使用NSData创建自定义文档.mp4

在Objective-C应用程序中，有时需要使用方法archiveRootObject:ToFile:将对象直接写入文件。此时可以使用名为NSData的通用数据流对象类实现这个功能。

在Objective-C应用程序中，NSData对象可以保留一块内存空间以备以后存储数据，这些数据空间通常作为一些数据的临时存储空间，例如以后可能被写入到文件中的数据，或者保存从磁盘中读取的文件内容。创建可变数据空间的最简单方式是使用data方法，例如下面的代码。

```
dataArea = [NSMutableData data];
```

通过上述代码建了一个空缓冲区，其大小随程序执行的需要而扩展。

下面的实例演示了一次性归档多个对象的过程。

实例17-8	一次归档多个对象
源码路径	光盘:\daima\第17章\17-8

文件Test.m的功能是一次性归档多个对象，具体实现代码如下所示。

```
#import <Foundation/Foundation.h>
#import "FKApple.h"

int main(int argc , char * argv[])
{
 @autoreleasepool{
    // 直接使用多个键-值对的形式创建NSDictionary对象
        NSDictionary* dict = @{
            @"Objective-C": [NSNumber numberWithInt:89],
            @"Ruby": [NSNumber numberWithInt:69],
            @"Python": [NSNumber numberWithInt:75],
            @"Perl": [NSNumber numberWithInt:109]};
    // 创建一个NSSet对象
        NSSet* set = [NSSet setWithObjects:
            @"iOS 9开发指南",
```

```
            @"Swift开发指南",
            @"Objective-C开发指南", nil];
    // 创建FKApple对象
    FKApple* apple = [[FKApple alloc]
        initWithColor:@"红色"
        weight:3.4
        size:20];
    // 创建一个NSMutableData对象，用于保存归档数据
    NSMutableData* data = [NSMutableData data];
    // 用NSMutableData对象作为参数，创建NSKeyedArchiver对象
    NSKeyedArchiver* arch = [[NSKeyedArchiver alloc]
        initForWritingWithMutableData:data];
    // 重复调用encodeObject:forKey:方法归档所有需要归档的对象
    [arch encodeObject:dict forKey:@"myDict"];
    [arch encodeObject:set forKey:@"set"];
    [arch encodeObject:apple forKey:@"myApp"];
    // 结束归档
    [arch finishEncoding];
    // 程序将NSData缓存区保存的数据写入文件
    if([data writeToFile:@"multi.archive" atomically:YES] == NO)
    {
        NSLog(@"归档失败!");
    }
 }
}
```

文件main.m的功能是恢复归档对象，具体实现代码如下所示。

```
#import <Foundation/Foundation.h>
#import "FKApple.h"

int main(int argc , char * argv[])
{
 @autoreleasepool{
    // 创建一个NSData对象，用于读取指定文件中的归档数据
    NSData* data = [NSData
        dataWithContentsOfFile:@"multi.archive"];
    // 以NSData对象作为参数，创建NSKeyedUnarchiver对象
    NSKeyedUnarchiver* unarch = [[NSKeyedUnarchiver alloc]
        initForReadingWithData:data];
    // 重复调用decodeObjectForKey:方法恢复所有需要恢复的对象
    NSDictionary* dict = [unarch decodeObjectForKey:@"myDict"];
    NSSet* set = [unarch decodeObjectForKey:@"set"];
    FKApple* myApp = [unarch decodeObjectForKey:@"myApp"];
    // 结束恢复
    [unarch finishDecoding];
    // 下面代码仅仅只是验证恢复是否成功
    NSLog(@"%@" , dict);
    NSLog(@"%@" , set);
    NSLog(@"%@" , myApp);
 }
}
```

17.6 使用归档程序复制对象

在本书前面的实例中，曾经尝试过创建包含可变字符串元素的数组副本，并且了解了如何进行浅复制的方法。也就是说没有复制实际的字符串本身，只是复制了对它们的引用。其实可以使用Foundation的归档功能来创建对象的深复制。

下面的实例演示了使用NSKeyedArchiver和NSKeyedUnarchiver对象实现深复制的过程。

实例17-9	使用NSKeyedArchiver和NSKeyedUnarchiver实现深复制
源码路径	光盘:\daima\第17章\17-9

实例文件main.m 的具体实现代码如下所示。

```
#import <Foundation/Foundation.h>
#import "FKApple.h"
```

```
int main(int argc, char * argv[])
{
    @autoreleasepool{
        // 直接使用多个键-值对的形式创建NSDictionary对象
        NSDictionary* dict = @{
                        @"one": [[FKApple alloc]
                                initWithColor:@"红色"
                                weight:3.4
                                size:20],
                        @"two": [[FKApple alloc]
                                initWithColor:@"绿色"
                                weight:2.8
                                size:14]};
        // 归档对象,将归档对象的数据写入NSData中
        NSData* data = [NSKeyedArchiver
                        archivedDataWithRootObject:dict];
        // 从NSData对象中恢复对象,这样即可完成深复制
        NSDictionary* dictCopy = [NSKeyedUnarchiver
                                unarchiveObjectWithData:data];
        // 获取复制的NSDictionary对象中键为one对应的FKApple对象
        FKApple* app = dictCopy[@"one"];
        // 修改该FKApple对象的color
        app.color = @"紫色";
        // 获取原始的NSDictionary对象中键为one对应的FKApple对象
        FKApple* oneApp = dict[@"one"];
        // 访问该FKApple的颜色,程序将会发现该颜色没有任何改变
        NSLog(@"dict中key为one对应苹果的颜色为:%@",
            oneApp.color);
    }
}
```

执行后会输出:

ict中key为one对应苹果的颜色为:红色

17.7 归档总结

经过本章前面内容的介绍,Objective-C归档的基本知识已经介绍完毕了。本节将对归档的知识进行简单总结。

1. 对基本Objective-C类对象归档

(1)使用XML属性列表进行归档

例如:

```
NSDictionary *glossay;
//存
glossay = [NSDictionary dictionaryWithObjectsAndKeys:@"obj val 1",@"key1",@"obj val 2",@"key2",nil];
if ([glossay writeToFile:@"glossary" atomically:YES] == NO) {
    NSLog(@"Save to file failed!");
}
//取
glossay = [NSDictionary dictionaryWithContentsOfFile:@"glossary"];
NSLog(@"%@",[glossay valueForKey:@"key2"]);
```

(2)使用NSKeyedArchiver归档

例如:

```
NSDictionary *glossay;
glossay = [NSDictionary dictionaryWithObjectsAndKeys:@"obj val 1",@"key1",@"obj val 2",@"key2",nil];
//存
if ([NSKeyedArchiver archiveRootObject:glossay toFile:@"glossay.archiver"] == NO) {
    NSLog(@"write file fail!!");
}
//取
glossay = [NSKeyedUnarchiver unarchiveObjectWithFile:@"glossay.archiver"];
NSLog(@"%@",[glossay valueForKey:@"key2"]);
```

2. 对自定义的Class归档

对于自定义的Class，需要实现NSCoding协议，然后用NSKeyedArchiver进行归档，例如下面的代码。

```objc
//TestProperty.h
#import <Cocoa/Cocoa.h>
@interface TestProperty : NSObject <NSCopying,NSCoding>{
  NSString *name;
  NSString *password;
  NSMutableString *interest;
  NSInteger myInt;
}
@property (retain,nonatomic) NSString *name,*password;
@property (retain,nonatomic) NSMutableString *interest;
@property NSInteger myInt;
-(void) rename:(NSString *)newname;
@end
===================
//TestProperty.m
#import "TestProperty.h"
@implementation TestProperty
@synthesize name,password,interest;
@synthesize myInt;
-(void) rename:(NSString *)newname{
    // 这里可以直接写成下面的形式
    // self.name = newname;
    if (name != newname) {
     [name autorelease];
     name = newname;
     [name retain];
    }
}
-(void) dealloc{
    self.name = nil;
    self.password = nil;
    self.interest = nil;
    [super dealloc];
}
- (id)copyWithZone:(NSZone *)zone{
    TestProperty *newObj = [[[self class] allocWithZone:zone] init];
    newObj.name = name;
    newObj.password = password;
    newObj.myInt = myInt;
    //深复制
    NSMutableString *tmpStr = [interest mutableCopy];
    newObj.interest = tmpStr;
    [tmpStr release];
    //浅复制
    //newObj.interest = interest;
    return newObj;
}
- (void)encodeWithCoder:(NSCoder *)aCoder{
    //如果是子类，应该加上：
    //[super encodeWithCoder:aCoder];
    //注意这里如何处理对象的（其实是实现了NSCoding的类）！
    [aCoder encodeObject:name forKey: @"TestPropertyName"];
     [aCoder encodeObject:password forKey:@"TestPropertyPassword"];
      [aCoder encodeObject:interest forKey:@"TestPropertyInterest"];
    //注意这里如何处理基本类型！
    [aCoder encodeInt:myInt forKey:@"TestPropertyMyInt"];
}
- (id)initWithCoder:(NSCoder *)aDecoder{
    //如果是子类，应该加上：
    //self = [super initWithCoder:aDecoder];
    //解码对象
    name = [[aDecoder decodeObjectForKey:@"TestPropertyName"] retain];
    password = [[aDecoder decodeObjectForKey:@"TestPropertyPassword"] retain];
    interest = [[aDecoder decodeObjectForKey:@"TestPropertyInterest"] retain];
    //解码基本类型
    myInt = [aDecoder decodeIntForKey:@"TestPropertyMyInt"];
```

```
        return self;
}
@end
===============
//测试
//存
TestProperty *test = [[TestProperty alloc] init];
    test.name = @"pxl";
    test.password = @"pwd...";
    test.interest = [NSMutableString stringWithString:@"interest..."];
    test.myInt = 123;
        if([NSKeyedArchiver archiveRootObject:test toFile:@"testproerty.archive"] == NO){
            NSLog(@"write to file fail!!");
        }
//取
 TestProperty *test = [NSKeyedUnarchiver unarchiveObjectWithFile:@"testproerty.archive"];
NSLog(@"%@",test.name);
```

3. 使用NSData定义档案

接下来在上面已实现NSCoding协议的TestProperty类为基础，实现归档的完整代码。

```
//存
TestProperty *test = [[TestProperty alloc] init];
   test.name = @"pxl";
test.password = @"pwd...";
   test.interest = [NSMutableString stringWithString:@"interest..."];
    test.myInt = 123;
 NSMutableData *dataArea = [NSMutableData data];
   NSKeyedArchiver *archiver = [[NSKeyedArchiver alloc] initForWritingWithMutableData:dataArea];
   [archiver encodeObject:test forKey:@"testObj"];
   //这里还可以加其它的对象13   //......
   [archiver finishEncoding];
   if ([dataArea writeToFile:@"test.archiver" atomically:YES] == NO) {
       NSLog(@"write to file fail...");
   }
   [archiver release];
 [test release];
 ============
     //取
    NSData *dataArea = [NSData dataWithContentsOfFile:@"test.archiver"];
   if(!dataArea){
    NSLog(@"Can't read back archive file");
    return (1);
  }
  NSKeyedUnarchiver *unarchiver = [[NSKeyedUnarchiver alloc] initForReadingWithData:dataArea];
TestProperty *test = [unarchiver decodeObjectForKey:@"testObj"];
   [unarchiver finishDecoding];
   NSLog(@"%@",test.name);
   [unarchiver release];
```

另外也可以利用归档实现对象深复制，例如下面的代码。

```
   //先删除TestProperty类中实现的NSCopying协议代码
   TestProperty *test = [[TestProperty alloc] init];
   test.name = @"pxl";
   est.password = @"pwd...";
   test.interest = [NSMutableString stringWithString:@"interest..."];
   test.myInt = 123;
   //对test进行深复制10    NSData *data = [NSKeyedArchiver archivedDataWithRootObject:test];11
   TestProperty *test2 = [NSKeyedUnarchiver unarchiveObjectWithData:data];
   [test2.interest appendString:@"film"];
   NSLog(@"%@",test.interest);15   NSLog(@"%@",test2.interest);
```

这样会输出如下结果：

```
   2015-7-30 16:11:47.391 HelloWorld[4599:a0f] interest...
   2015-7-30 16:11:47.393 HelloWorld[4599:a0f] interest...film
```

Part 5

第五篇

核心组件

本篇内容

- 第 18 章　Xcode IB 界面开发
- 第 19 章　使用 Xcode 编写 MVC 程序
- 第 20 章　基础控件介绍
- 第 21 章　Web 视图控件、可滚动视图控件和翻页控件
- 第 22 章　提醒、操作表和表视图
- 第 23 章　活动指示器、进度条和检索控件
- 第 24 章　UIView 和视图控制器详解
- 第 25 章　UICollectionView 和 UIVisualEffectView 控件

第 18 章 Xcode IB 界面开发

IB是Interface Builder的缩写，是Mac OS X平台下用于设计和测试用户界面（GUI）的应用程序。为了生成GUI，IB并不是必需的。实际上Mac OS X下所有的用户界面元素都可以使用代码直接生成，但是IB能够使开发者简单快捷地开发出符合Mac OS X交互指南的GUI。通常只需要通过简单的拖曳操作来构建GUI就可以了。本章将详细讲解IB的基本知识，为读者后面的学习打下基础。

18.1 IB 基础

知识点讲解：光盘:视频\知识点\第18章\IB基础.mp4

使用IB可以快速地创建一个应用程序界面。它不仅是一个GUI绘制工具，而且还可以在不编写任何代码的情况下添加应用程序。这样不但可以减少bug，而且缩短了开发周期，并且让整个项目更容易维护。

IB向Objective-C开发者提供了包含一系列用户界面对象的工具箱，这些对象包括文本框、数据表格、滚动条和弹出式菜单等控件。IB的工具箱是可扩展的。也就是说，所有开发者都可以开发新的对象，并将其加入IB的工具箱中。

开发者只需要从工具箱中简单地向窗口或菜单中拖曳控件即可完成界面的设计。用连线将控件可以提供的"动作"（Action）和控件对象分别与应用程序代码中对象"方法"（Method）和对象"接口"（Outlet）连接起来，就完成了整个创建工作。与其他图形用户界面设计器，如Microsoft Visual Studio相比，这样的过程减小了MVC模式中控制器和视图两层的耦合，提高了代码质量。

在代码中，可以使用IBAction标记接受动作的方法，使用IBOutlet标记可以接受对象的接口。IB将应用程序界面保存为捆绑状态，其中包含了界面对象及其与应用程序的关系。这些对象被序列化为XML文件，扩展名为.nib。在运行应用程序时，对应的NIB对象调入内存，与其应用程序的二进制代码联系起来。与绝大多数其他的GUI设计系统不同，IB不是生成代码以在运行时产生界面（如Glade，Codegear的C++ Builder所做的），而是采用与代码无关的机制，通常称为freeze dried。从IB 3.0开始，加入了一种新的文件格式，其扩展名为.xib。这种格式与原有的格式功能相同，但是为单独文件而非捆绑，以便于版本控制系统的运作，以及类似diff的工具的处理。

当把IB集成到Xcode中后，和原来的版本相比主要如下4点不同。

（1）在导航区选择故事板文件后，会在编辑区显示xib文件的详细信息。由此可见，IB和Xcode整合在一起了，如图18-1所示。

（2）在工具栏选择View控制按钮，单击图18-2中最右边的按钮可以调出工具区，如图18-3所示。在工具区中的最上面有几个很重要的按钮，如图18-4所示。

在图18-4中，有如下4个比较常用的按钮。

- Identity：身份检查器，用于管理界面组件的实现类、恢复ID等标识属性。
- Attributes：属性检查器，用于管理界面组件的拉伸方式、背景颜色等外观属性。
- Size：大小检查器，用于管理界面组件的高、宽、X轴坐标、Y轴坐标等和位置相关的属性。
- Connections：连接检查器，用于管理界面组件与程序代码之间的关联性。

（3）隐藏导航区。为了专心设计我们的UI，可以在刚才提到的"View 控制按钮"中单击第一个，这样可以隐藏导航区，如图18-5所示。

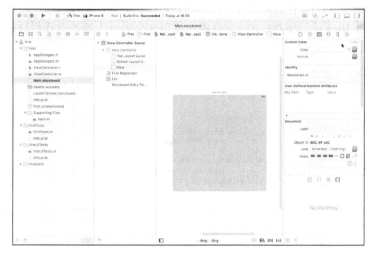

图18-1　显示xib文件

图18-2　View控制按钮

图18-3　工具区

图18-4　工具区中的按钮

图18-5　隐藏导航区

（4）关联方法与变量。这是一个所见即所得功能，涉及了View:Assistant View，是编辑区的一部分，如图18-6所示。此时只需将按钮（或者其他控件）拖到代码指定地方即可。在"拖"时需要按住"Ctrl"键。怎么让Assistant View显示要对应的.h文件呢？使用这个View上面的选择栏进行选择即可。

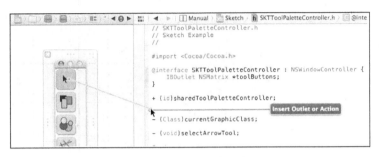

图18-6　关联方法与变量

18.2　和 IB 密切相关的库面板

知识点讲解：光盘:视频\知识点\第18章\和Interface Builder密切相关的库面板.mp4

当使用IB进行界面布局和设计时，需要借助于Xcode 7中的库面板实现UI设计和代码的关联操作。Xcode 7中的库面板界面如图18-7所示。

在库面板界面上方，各个按钮从左至右的具体说明如下所示。

- 文件库模板：管理文件模板，可以快速创建指定类型文件，可以直接将图标拖入项目中，如图18-8所示。

图18-7　Xcode 7中的库面板界面

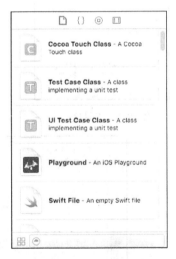

图18-8　文件库模板

- 代码片段库：管理各种代码片段，可以直接拖入源代码中，如图18-9所示。
- 对象库：界面组件，可以直接拖入故事板中，如图18-10所示。
- 媒体库：管理各种图片、音频和视频等多媒体资源。在默认情况下，在媒体库中不会显示任何东西，只有在项目中添加了图片、音频和视频等多媒体资源后才会看到显示列表。

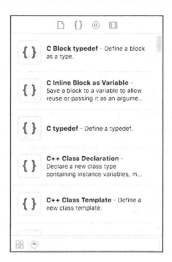
图18-9 代码片段库

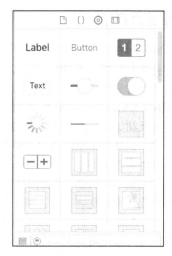
图18-10 对象库

18.3 IB 采用的方法

知识点讲解： 光盘:视频\知识点\第18章\IB采用的方法.mp4

通过使用Xcode和Cocoa工具集，可手工编写生成iOS界面的代码，实现实例化界面对象、指定它们出现在屏幕的什么位置、设置对象的属性并使其可见。例如，通过下面的代码可以在iOS设备屏幕设备的一角显示文本"Hello Xcode"。

```
- (BOOL)application:(UIApplication *)application
     didFinishLaunchingWithOptions:(NSDictionary *)launchOptions
{
    self.window = [[UIWindow alloc]
              initWithFrame:[[UIScreen mainScreen] bounds]];
    // Override point for customization after application launch.
    UILabel *myMessage;
    UILabel *myUnusedMessage;
    myMessage=[[UILabel alloc]
              initWithFrame:CGRectMake(30.0,50.0,300.0,50.0)];
    myMessage.font=[UIFont systemFontOfSize:48];
    myMessage.text=@"Hello Xcode";
    myMessage.textColor = [UIColor colorWithPatternImage:
                          [UIImage imageNamed:@"Background.png"]];
    [self.window addSubview:myMessage];
    self.window.backgroundColor = [UIColor whiteColor];
    [self.window makeKeyAndVisible];
    return YES;
}
```

如果要创建一个包含文本、按钮、图像以及多个其他控件的界面，需要编写很多事件。而IB不会自动生成界面代码，也不会将源代码直接关联到界面元素，而是生成实时的对象，并通过称为连接的简单关联将其连接到应用程序代码。需要修改应用程序功能的触发方式时，只需修改连接即可。要改变应用程序使用已创建对象的方式，只需连接或重新连接即可。

18.4 IB 中的故事板

知识点讲解： 光盘:视频\知识点\第18章\IB中的故事板.mp4

故事板（Storyboarding）是从iOS 5开始新加入IB的，其主要功能是在一个窗口中显示整个APP（应用程序）用到的所有或者部分的页面，并且可以定义各页面之间的跳转关系，大大增加了IB的便利性。

18.4.1 推出的背景

IB是Xcode开发环境自带的用户图形界面设计工具，通过它可以随心所欲地将控件或对象拖曳到视图中。这些控件被存储在一个XIB（发音为zib）或NIB文件中。其实XIB文件是一个XML格式的文件，可以通过编辑工具打开并改写这个XIB文件。当编译程序时，这些视图控件被编译成一个NIB文件。

通常，NIB是与ViewController相关联的，很多ViewController都有对应的NIB文件。NIB文件的作用是描述用户界面及初始化界面元素对象。其实，开发者在NIB中所描述的界面和初始化的对象都能够在代码中实现。之所以用IB来绘制页面，是为了减少用于设置界面属性的重复而枯燥的代码，让开发者能够集中在功能的实现上。

在Xcode 4.2之前，每创建一个视图会生成一个相应的XIB文件。当一个应用有多个视图时，视图之间的跳转管理将变得十分复杂。为了解决这个问题，便推出了Storyboard。

NIB文件无法描述从一个ViewController到另一个ViewController的跳转，这种跳转功能只能靠手写代码的形式来实现。相信很多人都会经常用到如下两个方法。

- -presentModalViewController:animated。
- -pushViewController:animated。

随着故事板的出现，这种方式已成为历史，取而代之的是Segue。Segue定义了从一个ViewController到另一个ViewController的跳转。我们在IB中，已经熟悉了如何连接界面元素对象和方法。在Stroyboard中，完全可以通过Segue将ViewController 连接起来，而不再需要手写代码。如果想自定义Segue，也只需写Segue的实现即可，而无须编写调用的代码，故事板会自动调用。在使用故事板机制时，必须严格遵守MVC原则。View与Controller需完全解耦，并且不同的Controller之间也要充分解耦。

在开发iOS 应用程序时，有如下两种创建视图的方法。

- 在IB中拖曳一个UIView控件：这种方式看似简单，但是会在View之间跳转，所以不便操控。
- 通过原生代码方式：需要编写的代码工作量巨大，哪怕仅仅创建几个Label，就得手写上百行代码，每个Label都得设置坐标。为解决以上问题，从iOS 5增加了故事板功能。

故事板是Xcode 4.2 自带的工具，主要用于iOS 5以后的版本。早期的IB所创建的View中，各个View之间是互相独立的，没有相互关联，当一个应用程序有多个View时，View之间的跳转很是复杂。为此Apple 为开发者带来了故事板，尤其是导航栏和标签栏的应用。故事板简化了各个视图之间的切换，并由此简化了管理视图控制器的开发过程，完全可以指定视图的切换顺序，而不用手工编写代码。

故事板能够包含一个程序的所有的ViewController 以及它们之间的连接。在开发应用程序时，可以将UI Flow作为故事板的输入，一个看似完整的UI在故事板中唾手可得。故事板可以根据需要包含任意数量的场景，并通过切换（Segue）将场景关联起来。然而故事板不仅可以创建视觉效果，还让我们能够创建对象，而无须手工分配或初始化它们。当应用程序在加载故事板文件中的场景时，其描述的对象将被实例化，可以通过代码访问它们。

18.4.2 故事板的文档大纲

为了更清楚地说明问题，我们打开一个演示工程来观察故事板文件的真实面目。双击光盘中本章工程中的文件Empty.storyboard，此时将打开Interface Builder，并在其中显示该故事板文件的骨架。该文件的内容将以可视化方式显示在IB编辑器区域，而在编辑器区域左边的文档大纲（Document Outline）区域，将以层次方式显示其中的场景，如图18-11所示。

本章的演示工程文件只包含了一个场景：View Controller Scene。本书中讲解的创建界面演示工程在大多数情况下都是从单场景故事板开始的，因为它们提供了丰富的空间，让您能够收集用户的输入并显示输出。我们将探索多场景故事板。

在View Controller Scene中有如下3个图标。

- First Responder（第一响应者）。
- View Controller（视图控制器）。
- View（视图）。

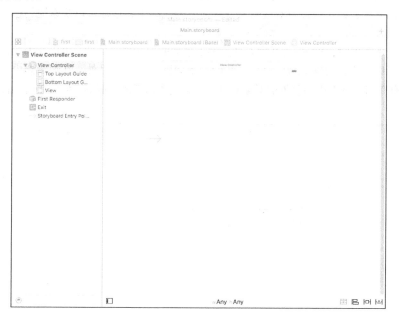

图18-11 故事板场景对象

前两个特殊图标用于表示应用程序中的非界面对象，在我们使用的所有故事板场景中都包含它们。
- First Responder：该图标表示用户当前正在与之交互的对象。当用户使用iOS应用程序时，可能有多个对象响应用户的手势或键击。第一响应者是当前与用户交互的对象。例如，当用户在文本框中输入时，该文本框将是第一响应者，直到用户移到其他文本框或控件。
- View Controller：该图标表示加载应用程序中的故事板场景并与之交互的对象。场景描述的其他所有对象几乎都是由它实例化的。
- View：该图标是一个UIView实例，表示将被视图控制器加载并显示在iOS设备屏幕中的布局。从本质上说，视图是一种层次结构，这意味着当您在界面中添加控件时，它们将包含在视图中。甚至可在视图中添加其他视图，以便将控件编组或创建可作为一个整体进行显示或隐藏的界面元素。

通过使用独特的视图控制器名称/标签，有利于为场景命名。IB自动将场景名设置为视图控制器的名称或标签（如果设置了标签），并加上后缀。例如，如果给视图控制器设置了标签Recipe Listing，那么场景名将变成Recipe Listing Scene。在本项目中包含一个名为View Controller的通用类，此类负责与场景交互。

在最简单的情况下，视图（UIView）是一个矩形区域，可以包含内容以及响应用户事件（触摸等）。事实上，我们加入到视图中的所有控件（按钮、文本框等）都是UIView的子类。对于这一点您不用担心。只是您在文档中可能遇到这样的情况，即将按钮和其他界面元素称为子视图，而将包含它们的视图称为父视图。

需要牢记的是，在屏幕上看到的任何东西几乎都可视为"视图"。当创建用户界面时，场景包含的对象将增加。有些用户界面由数十个不同的对象组成，这会导致场景拥挤，并且变得复杂。如果项目程序非常复杂，为了方便管理这些复杂的信息，可以采用折叠或展开文档大纲区域的视图层次结构的方式来解决。

18.4.3 文档大纲的区域对象

在故事板中，文档大纲区域显示了表示应用程序中对象的图标，这样可以展现给用户一个漂亮的列表，并且通过这些图标能够以可视化方式引用它们代表的对象。开发人员可以将这些图标拖曳到其他位置或从其他地方拖曳到这些图标，从而创建让应用程序能够工作的连接。假如我们希望一个屏幕控件（如按钮）能够触发代码中的操作，可以将该按钮拖曳到View Controller图标，将该GUI元素连接到希望它激活的方法，甚至可以将有些对象直接拖放到代码中，这样可以快速地创建一个与该对象交互的变量或方法。

当在IB中使用对象时，Xcode为开发人员提供了很大的灵活性。例如，可以在IB编辑器中直接与UI元素交互，也可以与文档大纲区域中表示这些UI元素的图标交互。另外，在编辑器中视图的下方有一个图标栏，所有在用户界面中不可见的对象（如第一响应者和视图控制器）都可在这里找到，如图18-12所示。

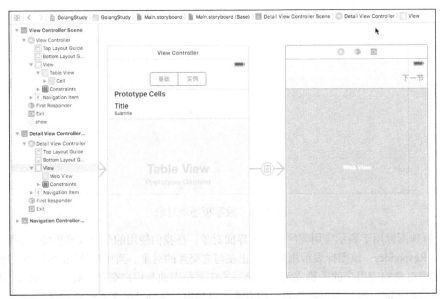

图18-12　在编辑器和文档大纲中和对象交互

18.5　创建界面

知识点讲解：光盘:视频\知识点\第18章\创建界面.mp4

本节将详细讲解如何使用IB创建界面的方法。在开始之前，需要先创建一个Empty.storyboard文件。

18.5.1　对象库

添加到视图中的任何控件都来自对象库（Object Library），从按钮到图像再到Web内容都是如此。可以依次选择Xcode菜单View→Utilities→Show Object Library（Control+Option+Command+3）来打开对象库。如果对象库以前不可见，此时将打开Xcode的Utility区域，并在右下角显示对象库。从对象库顶部的下拉列表中选择Objects，这样将列出所有的选项。

其实在Xcode中有多个库，对象库包含了将要添加到用户界面中的UI元素，但还有文件模板、代码片段和多媒体库。通过单击Library区域上方的图标可以显示这些库。如果发现在当前的库中没有显示期望的内容，可单击库上方的立方体图标或再次选择菜单View→Utilities→Show Object Library，如图18-13所示，这样可以确保处于对象库中。

选中对象库中的元素并将鼠标指向它时会出现一个弹出框，其中包含了如何在界面中使用该对象的描述，如图18-14所示。这样我们无须打开Xcode文档，就可以得知UI元素的真实功能。

图18-13　打开对象库命令

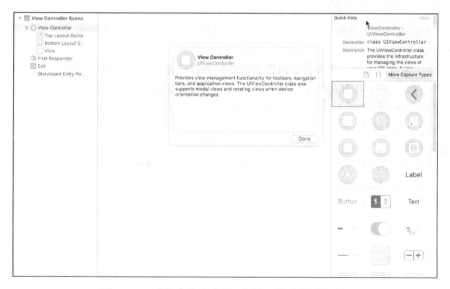

图18-14　对象库包含大量可添加到视图中的对象

另外，通过使用对象库顶部的视图按钮，可以在列表视图和图标视图之间进行切换。如果只想显示特定的UI元素，可以使用对象列表上方的下拉列表。如果知道对象的名称，但是在列表中找不到它，可以使用对象库底部的过滤文本框快速找到。

18.5.2　将对象加入到视图中

在添加对象时，只需在对象库中单击某一个对象，并将其拖放到视图中就可以将这个对象加入到视图中。例如，在对象库中找到标签对象（Label），并将其拖放到编辑器的视图中央。此时标签将出现在视图中，并显示Label信息。双击"Label"并输入文本"how are you"，这样显示的文本将更新，如图18-15所示。

可以继续尝试将其他对象（按钮、文本框等）从对象库中拖放到视图，原理和实现方法都是一样。在大多数情况下，对象的外观和行为都符合您的预期。要将对象从视图中删除，可以单击选择它，再按Delete键。另外还可以使用Edit菜单中的选项，在视图间复制并粘贴对象，可以在视图内多次复制对象。

图18-15　插入Label对象

18.5.3　使用IB布局工具

可以使用Apple为我们提供的调整布局的工具调整对象的位置，其中常用的工具有如下几种。

1．参考线

当在视图中拖曳对象时，将会自动出现蓝色的帮助我们布局的参考线。通过这些蓝色的虚线能够将对象与视图边缘、视图中其他对象的中心，以及标签和对象名中使用的字体的基线对齐。当间距接近Apple界面指南要求的值时，参考线将自动出现以指出这一点。也可以手工添加参考线，方法是执行菜单命令Editor→Add Horizontal Guide或Editor→Add Vertical Guide实现。

2．选取手柄

除了可以使用布局参考线外，大多数对象都有选取手柄，可以使用它们沿水平、垂直或这两个方向缩放对象。当选定对象后在其周围会出现小框，单击并拖曳它们可调整对象的大小，如图18-16所示。

图18-16　选取手柄

读者需要注意，在iOS中有一些对象会限制我们调整其大小，因为这样可以确保iOS应用程序界面的一致性。

3. 对齐

要快速对齐视图中的多个对象，可单击并拖曳出一个覆盖它们的选框，或按住Shift键并单击选择它们，然后从菜单Editor→Align中选择合适的对齐方式。例如，如果要将多个按钮拖放到视图中，并将它们在不同的位置垂直居中，此时可以选择这些按钮，再依次选择菜单Editor→Align→Align Horizontal Centers，如图18-17所示。图18-18显示了对齐后的效果。

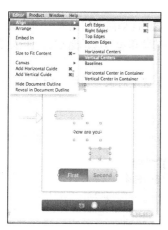
图18-17　垂直居中命令

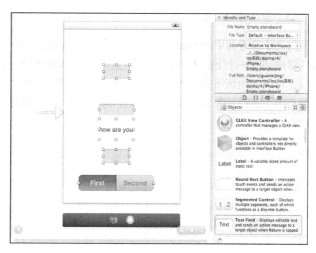
图18-18　垂直居中后的效果

另外，我们也可以微调对象在视图中的位置，方法是先选择一个对象，然后再使用箭头键以每次一个像素的方式向上、下、左或右调整其位置。

4. 大小检查器

为了控制界面布局，有时需要使用大小检查器（Size Inspector）工具。大小检查器为我们提供了和大小、位置和对齐方式相关的信息。要想打开大小检查器，需要先选择要调整的一个或多个对象，再单击Utility区域顶部的标尺图标，也可以依次选择菜单命令View→Utilities→Show Size Inspector或按Option+ Command+5快捷键，打开后的界面如图18-19所示。

使用大小检查器顶部的文本框可以查看对象的大小和位置，还可以通过修改文本框Height/Width和X/Y中的坐标调整对象的大小和位置。另外，通过单击网格中的黑点（它们用于指定读数对应的部分）可以查看对象特定部分的坐标，如图18-20所示。

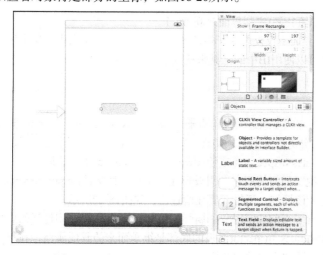
图18-19　打开Size Inspector后的界面效果

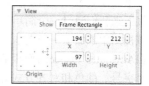
图18-20　单击黑点查看特定部分的坐标

注意

在Size&Position部分，有一个下拉列表，可通过它选择Frame Rectangle或Layout Rectangle。这两个设置的方法通常十分相似，但也有细微的差别，具体说明如下。

- 当选择Frame Rectangle时，将准确指出对象在屏幕上占据的区域。
- 当选择Layout Rectangle时，将考虑对象周围的间距。

使用大小检查器中的Autosizing可以设置当设备朝向发生变化时，控件如何调整其大小和位置。大小检查器底部有一个下拉列表，此列表包含了与菜单Editor→Align中的菜单项对应的选项。当选择多个对象后，可以使用该下拉列表指定对齐方式，如图18-21所示。

当在IB中选择一个对象后，如果按住Option键并移动鼠标，会显示选定对象与当前鼠标指向的对象之间的距离。

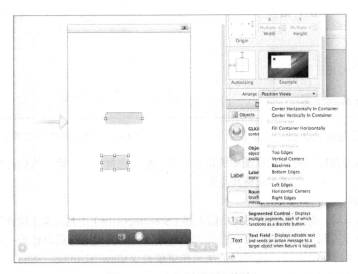

图18-21 对齐方式快捷菜单

18.6 定制界面外观

知识点讲解：光盘:视频\知识点\第18章\定制界面外观.mp4

在iOS应用中，其实最终用户看到的界面不仅仅取决于控件的大小和位置。对于很多对象来说，有数十个不同的属性需要调整，在调整时可以使用IB中的工具来达到事半功倍的效果。

18.6.1 属性检查器的使用

为了调整界面对象的外观，最常用的方式是通过属性检查器（Attributes Inspector）。要想打开属性检查器，可以通过单击Utility区域顶部的滑块图标的方式实现。如果当前Utility区域不可见，可以依次选择菜单命令View→Utility→Show Attributes Inspector（或使用Option+ Command+4快捷键）。

接下来我们通过一个简单的演示来说明如何使用它，假设存在一个空工程文件Empty.storyboard，并在该视图中添加了一个文本标签。选择该标签，再打开属性检查器，如图18-22所示。

在Attributes Inspector面板的顶部包含了当前选定对象的属性。例如，标签对象Label包括的属性有字体、字号、颜色和对齐方式等。在Attributes Inspector面板的底部是继承而来的其他属性，在很多情况下，我们不会修改这些属性，但背景和透明度属性很有用。

18.6 定制界面外观 407

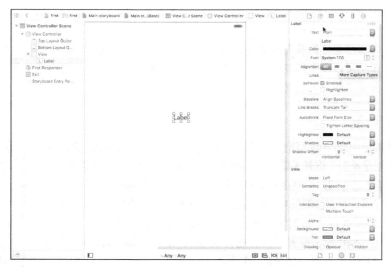

图18-22　打开属性检查器后的界面效果

18.6.2　设置辅助功能属性

在iOS应用中可以使用专业屏幕阅读器技术Voiceover，此技术集成了语音合成功能，可以帮助开发人员实现导航应用程序。在使用Voiceover后，当触摸界面元素时会听到有关其用途和用法的简短描述。虽然可以免费获得这种功能，但是通过在IB中配置辅助功能属性，提供其他协助。要想访问辅助功能设置，需要打开身份检查器（Identity Inspector）。单击Utility区域顶部的窗口图标，或者依次选择菜单命令View→Utility→Show Identity Inspector（或按Option+Command+3快捷键）打开身份检查器，如图18-23所示。

在身份检查器中，辅助功能选项位于一个独立的部分。在该区域，可以配置如下所示的4组属性，如图18-24所示。

- Accessibility（辅助功能）：如果选中它，对象将具有辅助功能。如果创建了只有看到才能使用的自定义控件，则应该禁用这个设置。
- Label（标签）：一两个简单的单词，用作对象的标签。例如，对于收集用户姓名的文本框，可使用your name。
- Hint（提示）：有关控件用法的简短描述。仅当标签本身没有提供足够的信息时才需要设置该属性。
- Traits（特征）：这组复选框用于描述对象的特征，包括其用途以及当前的状态。

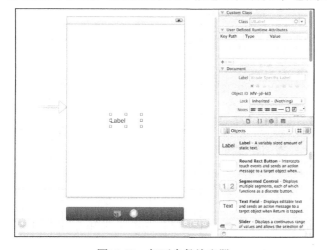

图18-23　打开身份检查器

图18-24　4组属性

> 注意
>
> 为了让应用程序能够供最大的用户群使用，应该尽可能利用辅助功能工具来开发项目。即使像在本章前面使用的文本标签这样的对象，也应配置其特征属性，以指出它们是静态文本，这可以让用户知道不能与之交互。

18.6.3 测试界面

开发人员能够使用Xcode编写绝大部分的界面代码。这意味着即使该应用程序还未编写好，在创建界面并将其关联到应用程序类后，依然可以在iOS模拟器中运行该应用程序。接下来介绍启用辅助功能检查器（Accessibility Inspector）的过程。

如果我们创建了一个支持辅助功能的界面，想在iOS模拟器中启用Accessibility Inspector（辅助功能检查器）。此时可启动模拟器，接着单击主屏幕按钮（Home）返回主屏幕。单击"Setting（设置）"，并选择General→Accessibility命令，然后使用开关启用辅助功能检查器，如图18-25所示。

通过使用辅助功能检查器，能够在模拟器工作空间中添加一个覆盖层，其功能是显示我们为界面元素配置的标签、提示和特征。使用该检查器左上角的"×"按钮，可以在关闭和开启状态之间切换。当处于关闭状态时，该检查器折叠成一个小条，而iOS模拟器的行为将恢复正常。在此单击此按钮可重新开启。要禁用辅助功能检查器，只需再次单击"Setting"并选择General→Accessibility命令即可。

图18-25 启用辅助功能检查器功能

18.7 iOS 9控件的属性

知识点讲解：光盘:视频\知识点\第18章\iOS 9控件的属性.mp4

在Xcode中，IB工具是一个功能强大的"所见即所得"开发工具。IB主界面提供了一个设计区域，该区域中可以放入设计的所有组件，一般要先放入一个容器组件，如UIView视图，然后在视图中放入其他组件。例如在故事板中拖入一个后，鼠标选中Label标签，然后同时按option+command+4快捷键打开属性检查器面板，如图18-26所示。

图18-26 属性检查器面板

有关iOS 9中各个控件属性的具体知识,将在本书后面进行详细将介绍。

18.8 实战演练——将界面的控件连接到代码

知识点讲解:光盘:视频\知识点\第18章\实战演练——将界面的控件连接到代码.mp4

经过本章前面内容的学习,读者已经掌握了创建界面的基本知识。但是如何才能使设计的界面起作用呢?本节将详细讲解将界面的控件连接到代码并让应用程序运行的方法。

实例18-1	将Xcode界面的控件连接到代码
源码路径	光盘:\daima\18\lianjie

18.8.1 打开项目

首先,我们将使用本章Projects文件夹中的项目lianjie。打开该文件夹,并双击文件lianjie.xcworkspace,在Xcode中打开该项目,如图18-27所示。

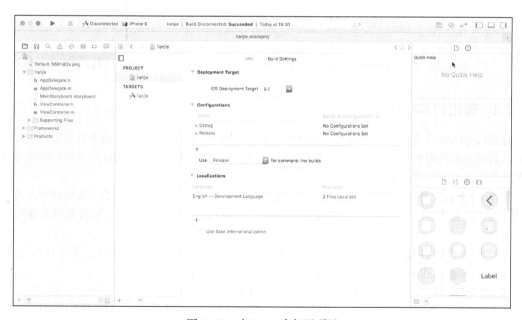

图18-27 在Xcode中打开项目

加载该项目后,展开项目代码编组,并单击文件MainStoryboard.storyboard,此故事板文件包含该应用程序将把它显示为界面的场景和视图,并且会在IB编辑器中显示场景,如图18-28所示。

由图18-28所示的效果可知,该界面包含了如下4个交互式元素。
- 按钮栏(分段控件)。
- 按钮。
- 输出标签。
- Web视图(集成的Web浏览器组件)。

这些控件将与应用程序代码交互,让用户选择花朵颜色并单击"获取花朵"按钮时,文本标签将显示选择的颜色,并从网站http://www.floraphotographs.com随机取回一朵这种颜色的花朵。假设我们期望的执行效果如图18-29所示。

但是到目前为止,还没有将界面连接到应用程序代码,因此执行后只是显示一张漂亮的图片。为了让应用程序能够正常运行,需要创建到应用程序代码中定义的输出口和操作的连接。

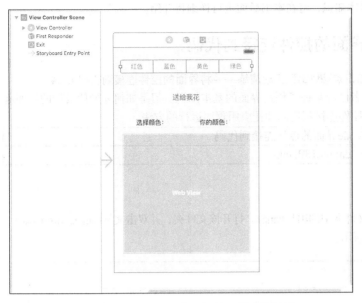

图18-28　显示应用程序的场景和相应的视图　　　　　　图18-29　执行效果

18.8.2　输出口和操作

输出口（Outlet）是一个可通过它引用对象的变量。假如在IB中创建了一个用于收集用户姓名的文本框，可能想在代码中为它创建一个名为userName的输出口。这样便可以使用该输出口和相应的属性获取或修改该文本框的内容。

操作（Action）是代码中的一个方法，在相应的事件发生时调用它。有些对象（如按钮和开关）可在用户与之交互（如触摸屏幕）时通过事件触发操作。通过在代码中定义操作，IB可使其能够被屏幕对象触发。

可以将IB中的界面元素与输出口或操作相连，这样就可以创建一个连接。为了让应用程序Disconnected能够成功运行，需要创建到如下所示输出口和操作的连接。

❑ ColorChoice：一个对应于按钮栏的输出口，用于访问用户选择的颜色。
❑ GetFlower：这是一个操作，它从网上获取一幅花朵图像并显示它，然后将标签更新为选择的颜色。
❑ ChoosedColor：对应于标签的输出口，将被getFlower更新时显示选定颜色的名称。
❑ FlowerView：对应于Web视图的输出口，将被getFlower更新时显示获取的花朵图像。

18.8.3　创建到输出口的连接

要想建立从界面元素到输出口的连接，可以先按住Control键，并同时从场景的View Controller图标（它出现在文档大纲区域和视图下方的图标栏中）拖曳到视图中对象的可视化表示或文档大纲区域中的相应图标。读者可以尝试对按钮栏（分段控件）进行这样的操作。在按住Control键的同时，单击文档大纲区域中的View Controller图标，并将其拖曳到屏幕上的按钮栏。拖曳时将出现一条线，这样让我们能够轻松地指向要连接的对象。

当松开鼠标时会出现一个下拉列表，在其中列出了可供选择的输出口，如图18-30所示。再次选择"选择颜色"。因为Interface Builder知道什么类型的对象可以连接到给定的输出口，所以只显示适合当前要创建的连接的输出口。对文本"你的颜色"的标签和Web视图重复上述过程，将它们分别连接到输出口chosenColor和flowerView。

18.8 实战演练——将界面的控件连接到代码

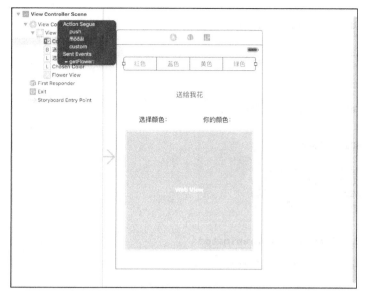

图18-30 输出口下拉列表

在这个工程中，其核心功能是通过文件 ViewController.m 实现的，其主要代码如下。

```
#import "ViewController.h"

@implementation ViewController

@synthesize colorChoice;
@synthesize chosenColor;
@synthesize flowerView;


-(IBAction)getFlower:(id)sender {
  NSString *outputHTML;
  NSString *color;
  NSString *colorVal;
  int colorNum;
  colorNum=colorChoice.selectedSegmentIndex;
  switch (colorNum) {
     case 0:
         color=@"Red";
         colorVal=@"red";
         break;
     case 1:
         color=@"Blue";
         colorVal=@"blue";
         break;
     case 2:
         color=@"Yellow";
         colorVal=@"yellow";
         break;
     case 3:
         color=@"Green";
         colorVal=@"green";
         break;
  }
  chosenColor.text=[[NSString alloc] initWithFormat:@"%@",color];
  outputHTML=[[NSString alloc] initWithFormat:@"<body style='margin: 0px; padding: 0px'><img height='1200' src='http://www.floraphotographs.com/showrandom.php?color= %@'></body>",colorVal];
  [flowerView loadHTMLString:outputHTML baseURL:nil];
}

- (void)didReceiveMemoryWarning
```

```
{
    [super didReceiveMemoryWarning];
}

#pragma mark - View lifecycle

- (void)viewDidLoad
{
    [super viewDidLoad];
}

- (void)viewDidUnload
{
   [self setFlowerView:nil];
   [self setChosenColor:nil];
   [self setColorChoice:nil];
   [super viewDidUnload];
}

- (void)viewWillAppear:(BOOL)animated
{
    [super viewWillAppear:animated];
}

- (void)viewDidAppear:(BOOL)animated
{
    [super viewDidAppear:animated];
}

- (void)viewWillDisappear:(BOOL)animated
{
    [super viewWillDisappear:animated];
}

- (void)viewDidDisappear:(BOOL)animated
{
    [super viewDidDisappear:animated];
}

-
(BOOL)shouldAutorotateToInterfaceOrientation:(UIInterfaceOrientation)interfaceOrien
-tation
{
     return (interfaceOrientation != UIInterfaceOrientationPortraitUpsideDown);
}

@end
```

18.8.4 创建到操作的连接

选择将调用操作的对象，并单击Utility区域顶部的箭头图标，打开连接检查器（Connections Inspector）。另外，也可以选择菜单命令View→Utilities→Show Connections Inspector（或按快捷键Option+Command+6）打开检查连接器。

连接检查器显示了当前对象（这里是按钮）支持的事件列表，如图18-31所示。每个事件旁边都有一个空心圆圈，要将事件连接到代码中的操作，可单击相应的圆圈并将其拖曳到文档大纲区域中的View Controller图标。

假如要将按钮"送给我花"连接到方法getFlower，可选择该按钮并打开连接检查器（Option+Command+6）。然后将Touch Up Inside事件旁边的圆圈拖曳到场景的View Controller图标，再松开鼠标。当系统询问时选择操作getFlower，如图18-32所示。

在建立连接后检查器会自动更新，以显示事件及其调用的操作。如果单击了其他对象，连接检查器将显示该对象到输出口和操作的连接。到此为止，已经将界面连接到了支持它的代码。单击Xcode工具栏中的Run按钮，在iOS模拟器或iOS设备中便可以生成并运行该应用程序，最终执行效果如图18-33所示。

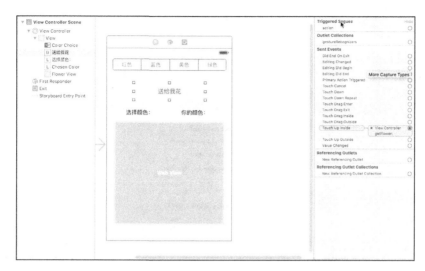

图18-31　使用连接检查器操作连接

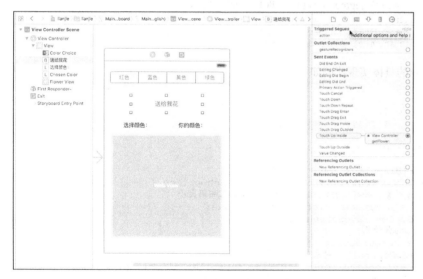

图18-32　选择希望界面元素触发的操作

图18-33　最终执行效果

18.9　实战演练——纯代码实现 UI 设计

知识点讲解：光盘:视频\知识点\第18章\实战演练——纯代码实现UI设计.mp4

本节将通过具体实例讲解另外一种实现UI界面设计的方法：纯代码方式。在下面的实例中，将不使用Xcode 7的故事版设计工具，而是用编写代码的方式实现界面布局。

实例18-2	用纯代码的方式实现界面布局
源码路径	光盘:\daima\18\CodeUI

具体实现步骤如下。

（1）使用Xcode 7创建一个iOS 9程序，在自动生成的工程文件中删除故事版文件，如图18-34所示。

第18章 Xcode IB界面开发

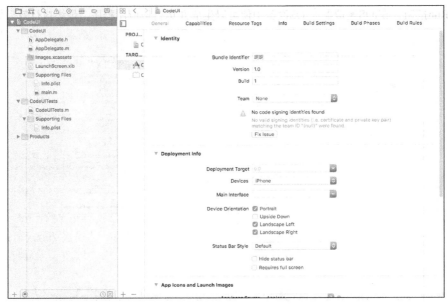

图18-34 删除故事版后的工程

(2) 开始编写代码, 文件AppDelegate.h的具体实现代码如下所示。

```
#import <UIKit/UIKit.h>
@interface AppDelegate : UIResponder <UIApplicationDelegate>
@property (strong, nonatomic) UIWindow *window;
@end
```

(3) 文件AppDelegate.m的具体实现代码如下所示。

```
#import "AppDelegate.h"

@interface AppDelegate ()
@property (nonatomic , strong) UILabel* show;
@end
@implementation AppDelegate

- (BOOL)application:(UIApplication *)application
didFinishLaunchingWithOptions:(NSDictionary *)launchOptions {
    // 创建UIWindow对象, 并将该UIWindow初始化为与屏幕相同大小
    self.window = [[UIWindow alloc] initWithFrame:
             [UIScreen mainScreen].bounds];
    // 设置UIWindow的背景色
    self.window.backgroundColor = [UIColor whiteColor];
    // 创建一个UIViewController对象
    UIViewController* controller = [[UIViewController alloc] init];
    // 让该程序的窗口加载并显示与viewController视图控制器关联的用户界面
    self.window.rootViewController = controller;
    // 创建一个UIView对象
    UIView* rootView = [[UIView alloc] initWithFrame:
             [UIScreen mainScreen].bounds];
    // 设置controller显示rootView控件
    controller.view = rootView;
    // 创建一个系统风格的按钮
    UIButton* button = [UIButton buttonWithType:UIButtonTypeSystem];
    // 设置按钮的大小
    button.frame = CGRectMake(120, 100, 80, 40);
    // 为按钮设置文本
    [button setTitle:@"确定" forState:UIControlStateNormal];
    // 将按钮添加到rootView控件中
    [rootView addSubview: button];
    // 创建一个UILabel对象
    self.show = [[UILabel alloc] initWithFrame:
         CGRectMake(60 , 40, 180 , 30)];
```

```objectivec
        // 将UILabel添加到rootView控件中
        [rootView addSubview: self.show];
        // 设置UILabel默认显示的文本
        self.show.text = @"初始文本";
        self.show.backgroundColor = [UIColor grayColor];
        // 为按钮的触碰事件绑定事件处理方法
        [button addTarget:self action:@selector(tappedHandler:)
              forControlEvents:UIControlEventTouchUpInside];
        // 将该UIWindow对象设为主窗口并显示出来
        [self.window makeKeyAndVisible];
        return YES;
}

- (void)applicationWillResignActive:(UIApplication *)application {
    // Sent when the application is about to move from active to inactive state. This can occur for certain types of temporary interruptions (such as an incoming phone call or SMS message) or when the user quits the application and it begins the transition to the background state.
    // Use this method to pause ongoing tasks, disable timers, and throttle down OpenGL ES frame rates. Games should use this method to pause the game.
}

- (void)applicationDidEnterBackground:(UIApplication *)application {
    // Use this method to release shared resources, save user data, invalidate timers, and store enough application state information to restore your application to its current state in case it is terminated later.
    // If your application supports background execution, this method is called instead of applicationWillTerminate: when the user quits.
}

- (void)applicationWillEnterForeground:(UIApplication *)application {
    // Called as part of the transition from the background to the inactive state; here you can undo many of the changes made on entering the background.
}

- (void)applicationDidBecomeActive:(UIApplication *)application {
    // Restart any tasks that were paused (or not yet started) while the application was inactive. If the application was previously in the background, optionally refresh the user interface.
}

- (void)applicationWillTerminate:(UIApplication *)application {
    // Called when the application is about to terminate. Save data if appropriate. See also applicationDidEnterBackground:.
}

- (void) tappedHandler: (UIButton*) sender
{
        self.show.text = @"开始学习iOS吧！";
}
@end
```

这样就用纯代码的方式实现了一个简单的iOS 9界面程序。

第 19 章 使用Xcode编写MVC程序

在本书前面的内容中，已经学习了面向对象编程语言Objective-C的基本知识，并且探索了Xcode和IB编辑器的基本用法。虽然我们已经使用了多个创建好的项目，但是还没有从头开始创建一个项目。本章将向读者详细讲解采用"模型—视图—控制器"（MVC）应用程序设计模式，从头到尾创建一个iOS应用程序的过程，为读者后面的学习打下基础。

19.1 MVC 模式基础

知识点讲解：光盘:视频\知识点\第19章\MVC模式基础.mp4

当我们开始编程时，会发现每一个功能都可以用多种编码方式来实现。但是究竟哪一种方式才是最佳选择呢？在开发iOS应用程序的过程中，通常使用的设计方法被称为"模型—视图—控制器"模式，这种模式被简称为MVC模式，通过这种模式可以帮助我们创建出简洁、高效的应用程序。

19.1.1 诞生背景

在创建与用户交互的应用程序时，首先必须考虑如下3点。
- 用户界面：必须提供让用户能够与之交互的元素，例如按钮和文本框等。
- 对用户输入进行处理并做出响应。
- 应用程序必须存储必要的信息以便正确地响应用户，这通常是以数据库方式存储的。

为了结合这几个方面，一种方法是将它们合并到一个类中：将显示界面的代码、实现逻辑的代码以及处理数据的代码混合在一起。这是一种非常直观的开发方法，但这种方式在多个方面束缚了开发人员。

当众多的代码混合在一起时，多个开发人员难以配合，因为功能单元之间没有明确的界线。不太可能在其他应用程序中重用界面、应用程序逻辑和数据，因为这3个方面的组合因项目而异，在其他地方不会有大的用处。总之，混合代码、逻辑和数据将导致混乱。而我们希望iOS应用程序与此相反，解决之道便是使用MVC设计模式。

19.1.2 分析结构

MVC最初用于桌面程序中，M是指数据模型，V是指用户界面，C则是控制器。使用MVC的目的是将M和V的实现代码分离，从而使同一个程序可以使用不同的表现形式。

MVC是Xerox PARC在20世纪80年代为编程语言Smalltalk–80发明的一种软件设计模式，至今已被广泛使用，特别是ColdFusion和PHP的开发者。

MVC是一个设计模式，它强制性地使应用程序的输入、处理和输出分开。使用MVC的应用程序被分成3个核心部件，分别是模型、视图、控制器，具体说明如下。

1. 视图

视图是用户看到并与之交互的界面。对于传统的Web应用程序来说，视图就是由HTML元素组成的界面。在现代的Web应用程序中，HTML依旧在视图中扮演着重要的角色，但一些新的技术已层出不穷，它们包括Adobe Flash和像XHTML、XML/XSL、WML等一些标识语言和Web Services。如何处理应用程序的界面变得越来越有挑战性。MVC一个明显的优点是它能为应用程序处理很多不同的视图。在视图中其实没有真正的处理发生，不管这些数据是联机存储的还是一个雇员列表，作为视图来讲，它只是作为一种输出数据并允许用户操纵的方式。

2．模型

模型表示企业数据和业务规则。在MVC的3个部件中，模型拥有最多的处理任务。例如，它可能用像EJB和ColdFusion Components这样的构件对象来处理数据库。模型返回的数据是中立的，就是说模型与数据格式无关，这样一个模型能为多个视图提供数据。由于应用于模型的代码只需写一次就可以被多个视图重用，所以减少了代码的重复性。

3．控制器

控制器用于接受用户的输入，并调用模型和视图去完成用户的需求。所以当单击Web页面中的超链接和发送HTML表单时，控制器本身不输出任何东西和做任何处理。它只是接收请求并决定调用哪个模型构件去处理请求，然后确定用哪个视图来显示模型处理返回的数据。

总之，MVC的处理过程是首先由控制器接收用户的请求，并决定应该调用哪个模型来进行处理，然后模型用业务逻辑来处理用户的请求并返回数据，最后控制器用相应的视图格式化模型返回的数据，并通过表示层呈现给用户。

19.1.3　MVC 的特点

MVC是所有面向对象程序设计语言都应该遵守的规范，MVC思想将一个应用分成3个基本部分：Model（模型）、View（视图）和Controller（控制器），这3个部分以最少的耦合协同工作，从而提高了应用的可扩展性及可维护性。

在经典的MVC模式中，事件由控制器处理，控制器根据事件的类型改变模型或视图。具体来说，每个模型对应一系列的视图列表，这种对应关系通常采用注册来完成，即把多个视图注册到同一个模型，当模型发生改变时，模型向所有注册过的视图发送通知，然后视图从对应的模型中获得信息，然后完成视图显示的更新。

MVC模式具有如下4个特点。

（1）多个视图可以对应一个模型。按MVC设计模式，一个模型对应多个视图，可以减少代码的复制及代码的维护量，一旦模型发生改变易于维护。

（2）模型返回的数据与显示逻辑分离。模型数据可以应用任何的显示技术，例如，使用JSP页面、Velocity模板或者直接产生Excel文档等。

（3）应用被分隔为3层，降低了各层之间的耦合，提供了应用的可扩展性。

（4）因为在控制层中把不同的模型和不同的视图组合在一起完成不同的请求，由此可见，控制层包含了用户请求权限的概念。

MVC更符合软件工程化管理的精神。不同的层各司其职，每一层的组件具有相同的特征，有利于通过工程化和工具化产生管理程序代码。

19.1.4　使用 MVC 实现程序设计的结构化

通过使用MVC模式，在应用程序的重要组件之间定义了明确的界线。MVC模式定义了应用程序的如下3个部分。

（1）模型提供底层数据和方法，它向应用程序的其他部分提供信息。模型没有定义应用程序的外观和工作方式。

（2）用户界面由一个或多个视图组成，而视图由不同的屏幕控件（按钮、文本框、开关等）组成，用户可与之交互。

（3）控制器通常与视图配对，负责接受用户输入并做出相应的反应。控制器可访问视图并使用模型提供的信息更新它，它还可使用用户在视图中的交互结果来更新模型。总之，它在MVC组件之间搭建了桥梁。

令开发者振奋的是，Xcode中的MVC模式是天然存在的，当我们新建项目并开始编码时，会自动被引领到MVC设计模式。由此可见，在Xcode开发环境中可以很容易地创建结构良好的应用程序。

19.2 Xcode 中的 MVC

知识点讲解：光盘:视频\知识点\第19章\Xcode中的MVC.mp4

本节将讲解Xcode中MVC模式的基本知识。

19.2.1 基本原理

MVC模式会将Xcode项目分为如下3个不同的模块，即模型、视图和控制器。

虽然在Xcode项目中，上述3个MVC元素之间会有大量交互，但是创建的代码和对象应该简单地定义为仅属于三者之一。当然，完全在代码内生成UI或者将所有数据模型方法存储在控制器类中非常简单，但是如果源代码没有良好的结构，会使模型、视图和控制器之间的分界线变得非常模糊。

另外，这些模式的分离还有一个很大的好处是可重用性！在iPad出现之前，应用程序的结构可能不是很重要，特别是不打算在其他项目中重用任何代码的时候尤其如此。过去我们只为一个规格的设备（iPhone 320×480的小屏幕）开发应用程序。但是现在需要将应用程序移植到iPad上，利用平板电脑的新特性和更大的屏幕尺寸。如果iPhone应用程序不遵循MVC设计模式，那么将Xcode项目移植到iPad上会立刻成为一项艰巨的任务，需要重新编写很多代码才能生成一个iPad增强版。

例如，假设根视图控制器类包含所有代码，这些代码不仅用于通过Core Data获取数据库记录，还会动态生成UINavigationController以及一个嵌套的UITableView用于显示这些记录。这些代码在iPhone上可能会良好运行，但是迁移到iPad上后可能想用UISplitViewController来显示这些数据库记录。但是此时需要手动去除所有UINavigationController代码，这样才能添加新的UISplitViewController功能。但是如果将数据类（模型）与界面元素（视图）和控制器对象（控制器）分开，那么将项目移植到iPad的过程会非常轻松。

19.2.2 MVC 的模板

Xcode提供了若干模板，这样可以在应用程序中实现MVC架构。

1. **基于视图的应用程序**（View-Based Application）

如果应用程序仅使用一个视图，建议使用这个模板。一个简单的视图控制器会管理应用程序的主视图，而界面设置则使用一个IB模板来定义。特别是那些未使用任何导航功能的简单应用程序应该使用这个模板。如果应用程序需要在多个视图之间切换，建议考虑使用基于导航的模板。

2. **基于导航的应用程序**（Navigation-Based Application）

基于导航的模板用在需要在多个视图之间进行切换的应用程序。如果在设计应用程序中，需要在某些画面上带一个"回退"按钮，此时就应该使用这个模板。导航控制器会完成所有关于建立导航按钮以及在视图"栈"之间切换的内部工作。这个模板提供了一个基本的导航控制器以及一个用来显示信息的根视图（基础层）控制器。

3. **工具应用程序**（Utility Application）

适合于微件（Widget）类型的应用程序，这种应用程序有一个主视图，并且可以将其"翻"过来，例如iPhone中的天气预报和股票程序等就是这类程序。这个模板还包括一个信息按钮，可以将视图翻转过来显示应用程序的反面，这部分常用来对设置或者显示的信息进行修改。

4. OpenGL ES应用程序（OpenGL ES application）

在创建3D游戏或者图形时可以使用这个模板，它会创建一个配置好的视图，专门用来显示GL场景。其中提供了一个计时器实例，可以令其演示动画。

5. 标签栏应用程序（Tab Bar Application）

这个模板提供了一种特殊的控制器，会沿着屏幕底部显示一个按钮栏。这个模板适用于像在iPod或者电话中使用的应用程序，它们都会在底部显示一行标签，提供一系列的快捷方式，从而方便使用应用程序的核心功能。

6. 基于窗口的应用程序（Window-based Application）

此模板提供了一个简单的、带有一个窗口的应用程序。这是一个应用程序所需的最小框架，可以用它作为开始来编写自己的程序。

19.3 在 Xcode 中实现 MVC

知识点讲解：光盘:视频\知识点\第19章\在Xcode中实现MVC.mp4

在本书前面的内容中，已经讲解了Xcode及其集成的IB编辑器的知识，还讲解了将故事板场景中的对象连接到应用程序中的代码的方法。本节将详细讲解将视图绑定到控制器的知识。

19.3.1 视图

在Xcode中，虽然可以使用编程的方式创建视图，但是在大多数情况下会使用IB可视化地设计视图。在视图中可以包含众多界面元素，在加载运行阶段，视图可以创建基本的交互对象。例如，当轻按文本框时会打开键盘。要想让视图中的对象能够与应用程序实现逻辑交互，必须定义相应的连接。界面元素连接的目标有两种：输出口和操作。输出口定义了代码和视图之间的一条路径，可以用于读写特定类型的信息，例如对应于开关的输出口让我们能够访问描述开关是开还是关的信息。而操作定义了应用程序中的一个方法，可以通过视图中的事件触发，运行此方法例如轻按按钮或在屏幕上轻扫。

如何将输出口和操作连接到代码呢？必须在实现视图逻辑的代码（即控制器）中定义输出口和操作。

19.3.2 视图控制器

控制器在Xcode中被称为视图控制器，其功能是负责处理与视图的交互工作，并为输出口和操作之间建立一个人为连接。为此需要在项目代码中使用两个特殊的编译指令：IBAction和IBOutlet。IBAction和IBOutlet是IB能够识别的标记，它们在Objective-C中没有其他用途。可以在视图控制器的接口文件中添加这些编译指令。我们不但可以手工添加，而且也可以用IB的一项特殊功能自动生成它们。

注意

视图控制器可包含应用程序逻辑，但这并不意味着所有代码都应包含在视图控制器中。虽然在本书中，大部分代码都放在视图控制器中，但当您创建应用程序时，可在合适的时候定义其他的类，以抽象应用程序逻辑。

1. 使用IBOutlet

IBOutlet对于编译器来说是一个标记，编译器会忽略这个关键字。IB则会根据IBOutlet来寻找可以在Builder里操作的成员变量。在此需要注意的是，任何一个被声明为IBOutlet并且在IB里被连接到一个UI组件的成员变量，会被额外记忆一次，例如：

```
IBOutlet UILabel *label;
```

这个label在被连接到一个UILabel。此时，这个label的retainCount为2。所以，只要使用了IBOutlet变量，一定需要在dealloc或者viewDidUnload中释放这个变量。

IBOutlet的功能是让代码能够与视图中的对象交互。假设在视图中添加了一个文本标签（UILabel），而我们想在视图控制器中创建一个实例"变量/属性"myLabel。此时可以显式地声明它们，也可使用编译指令@property隐式地声明实例变量，并添加相应的属性。

```
@property (strong, nonatomic) UILabel *myLabel;
```

这个应用程序提供了一个存储文本标签引用的地方，还提供了一个用于访问它的属性，但还需将其与界面中的标签关联起来。为此，可在属性声明中包含关键字IBOutlet。

```
@property (strong, nonatomic) IBOutlet UILabel *myLabel;
```

添加该关键字后，就可以在IB中以可视化方式将视图中的标签对象连接到变量/属性MyLabel，然后可以在代码中使用该属性与该标签对象交互：修改其文本、调用其方法等。这样，这行代码便声明了实例变量、属性和输出口。

2．使用编译指令property和synthesize简化访问

@property和@synthesize是Objective-C语言中的两个编译指令。实例变量存储的值或对象引用可在类的任何地方使用。如果需要创建并修改一个在所有类方法之间共享的字符串，就应声明一个实例变量来存储它。良好的编程惯例是，不直接操作实例变量。所以要使用实例变量，需要有相应的属性。

编译指令@property定义了一个与实例变量对应的属性，该属性通常与实例变量同名。虽然可以先声明一个实例变量，再定义对应的属性，但是也可以使用@property隐式地声明一个与属性对应的实例变量。例如，要声明一个名为myString的实例变量（类型为NSString）和相应的属性，可以编写如下所示的代码实现。

```
@property (strong, nonatomic) NSString *myString;
```

这与下面两行代码等效：

```
NSString *myString;
@property (strong, nonatomic) NSString *myString;
```

> **注意**
>
> Apple Xcode工具通常建议隐式地声明实例变量，所以建议大家也这样做。

这样同时创建了实例变量和属性，但是要想使用这个属性则必须先合成它。编译指令@synthesize创建获取函数和设置函数，让我们很容易访问和设置底层实例变量的值。对于接口文件（.h）中的每个编译指令@property，实现文件（.m）中都必须有对应的编译指令@synthesize。

```
@synthesize myString;
```

3．使用IBAction

IBAction用于指出在特定的事件发生时应调用代码中相应的方法。假如按了按钮或更新了文本框，则可能想要应用程序采取措施并做出合适的反应。编写实现事件驱动逻辑的方法时，可在头文件中使用IBAction声明它，这将向IB编辑器暴露该方法。在接口文件中声明方法（实际实现前）被称为创建方法的原型。

例如，方法doCalculation的原型可能类似于下面的格式。

```
-(IBAction)doCalculation: (id) sender;
```

注意到该原型包含一个sender参数，其类型为id。这是一种通用类型，当不知道（或不需要知道）要使用对象的类型时可以使用它。通过使用类型id，可以编写不与特定类相关联的代码，使其适用于不同的情形。创建将用于操作的方法（如doCalculation）时，可以通过参数sender确定调用了操作的对象并与之交互。如果要设计一个处理多种事件（如多个按钮中的任何一个按钮被按下）的方法，这将很方便。

19.4　数据模型

知识点讲解：光盘:视频\知识点\第19章\数据模型.mp4

Core Data抽象了应用程序和底层数据存储之间的交互。它还包含一个Xcode建模工具，该工具像IB那样可帮助我们设计应用程序。它不是让我们能够以可视化的方式创建界面，而是让我们以可视化方

式建立数据结构。Core Data是Cocoa中处理数据、绑定数据的关键特性，其重要性不言而喻，但也比较复杂。

图19-1所示为一张类关系图，其中可以看到有如下5个相关的模块。

（1）Managed Object Model。

Managed Object Model用于描述应用程序的数据模型，这个模型包含实体（Entity）、特性（Property），读取请求（Fetch Request）等。

（2）Managed Object Context。

Managed Object Context参与对数据对象进行各种操作的全过程，它会监测数据对象的变化，以提供对 undo/redo 的支持及更新绑定到数据的 UI。

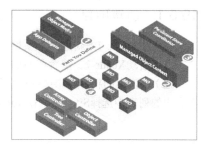

图19-1　类关系图

（3）Persistent Store Coordinator。

Persistent Store Coordinator 相当于数据文件管理器，处理底层的对数据文件的读取与写入，一般我们无须与它打交道。

（4）Managed Object Managed Object数据对象。

与Managed Object Context相关联。

（5）Controller图中绿色的Array Controller、Object Controller和Tree Controller。

一般都是通过按住ontrol键的同时拖曳将这些控件绑定到将Managed Object Context，这样就可以在nib 中以可视化地方式操作数据。

上述模块的运作流程如下。

（1）应用程序先创建或读取模型文件（后缀为xcdatamodeld）生成NSManagedObjectModel对象。Document应用程序是一般通过NSDocument（或其子类NSPersistentDocument）从模型文件（后缀为xcdatamodeld）读取。

（2）生成NSManagedObjectContext和NSPersistentStoreCoordinator对象，前者对用户透明地调用后者对数据文件进行读写。

（3）NSPersistentStoreCoordinator从数据文件（XML、SQLite、二进制文件等）中读取数据生成Managed Object，或保存Managed Object写入数据文件。

（4）NSManagedObjectContext参与到对数据进行各种操作的整个过程，它拥有Managed Object。我们通过它来监测 Managed Object。监测数据对象有两个作用：支持 undo/redo以及数据绑定。这个类是最常被用到的。

（5）Array Controller、Object Controller和Tree Controller等控制器一般与NSManagedObjectContext关联，因此可以通过它们在nib 中可视化地操作数据对象。

19.5　实战演练——使用 Single View Application 模板

知识点讲解：光盘:视频\知识点\第19章\实战演练——使用Single View Application模板.MP4

Apple在Xcode中提供了一种很有用的应用程序模板Single View Application（单视图应用程序），使用它可以快速地创建一个包含一个故事板、一个空视图和相关联视图控制器的项目。Single View Application模板是最简单的模板，本节将介绍如何使用它创建一个项目。本节的实例非常简单，先创建了一个用于获取用户输入的文本框（UITextField）和一个按钮，当用户在文本框中输入内容并按下按钮时，将更新屏幕标签（UILabel）以显示Hello和用户输入。虽然本实例程序比较简单，但是几乎包含了本章讨论的所有元素：视图、视图控制器、输出口和操作。

实例19-1	使用模板Single View Application
源码路径	光盘:\daima\19\hello

19.5.1 创建项目

首先在Xcode 7中新建一个项目,并将其命名为hello。

(1)启动Xcode 7,然后在左侧导航选择第一项Create a new Xcode project,如图19-2所示。

(2)在弹出的新界面中选择项目类型和模板。在New Project窗口的左侧,选择iOS中的Application,在右边的列表中选择Single View Application,再单击Next按钮,如图19-3所示。

图19-2 新建一个 Xcode项目

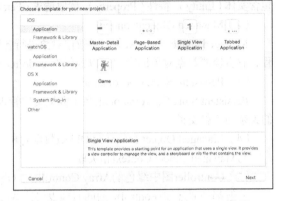

图19-3 选择Single View Application模板

1. 类文件

展开项目代码编组(名为HelloNoun),并查看其内容,会看到如下5个文件。

❑ AppDelegate.h。
❑ AppDelegate.m。
❑ ViewController.h。
❑ ViewController.m。
❑ MainStoryboard.storyboard。

其中,文件AppDelegate.h和AppDelegate.m组成了该项目将创建的UIApplication实例的委托,也就是说我们可以对这些文件进行编辑,以添加控制应用程序运行时如何工作的方法。我们可以修改委托,使得在启动时执行应用程序级设置、告诉应用程序进入后台时如何做以及应用程序被迫退出时该如何处理。就本章这个演示项目来说,我们不需要在应用程序委托中编写任何代码,但是需要记住它在整个应用程序生命周期中扮演的角色。

其中文件AppDelegate.h的代码如下。

```
#import <UIKit/UIKit.h>

@interface AppDelegate : UIResponder <UIApplicationDelegate>

@property (strong, nonatomic) UIWindow *window;

@end
```

文件AppDelegate.m的代码如下所示。

```
//
//  AppDelegate.m
//  hello

#import "AppDelegate.h"

@implementation AppDelegate

- (BOOL)application:(UIApplication *)application didFinishLaunchingWithOptions:
(NSDictionary *)launchOptions
{
```

```
    // Override point for customization after application launch.
    return YES;
}

- (void)applicationWillResignActive:(UIApplication *)application
{
    // Sent when the application is about to move from active to inactive state. This
can occur for certain types of temporary interruptions (such as an incoming phone call
or SMS message) or when the user quits the application and it begins the transition to
the background state.
    // Use this method to pause ongoing tasks, disable timers, and throttle down OpenGL
ES frame rates. Games should use this method to pause the game.
}

- (void)applicationDidEnterBackground:(UIApplication *)application
{
    // Use this method to release shared resources, save user data, invalidate timers,
and store enough application state information to restore your application to its current
state in case it is terminated later.
    // If your application supports background execution, this method is called instead
of applicationWillTerminate: when the user quits.
}

- (void)applicationWillEnterForeground:(UIApplication *)application
{
    // Called as part of the transition from the background to the inactive state; here
you can undo many of the changes made on entering the background.
}

- (void)applicationDidBecomeActive:(UIApplication *)application
{
    // Restart any tasks that were paused (or not yet started) while the application was
inactive. If the application was previously in the background, optionally refresh the
user interface.
}

- (void)applicationWillTerminate:(UIApplication *)application
{
    // Called when the application is about to terminate. Save data if appropriate. See
    // also applicationDidEnterBackground:.
}

@end
```

上述两个文件的代码都是自动生成的。

文件ViewController.h和ViewController.m实现了一个视图控制器（UIViewController），这个类包含控制视图的逻辑。一开始这些文件几乎是空的，只有一个基本结构，此时如果单击Xcode窗口顶部的Run按钮，应用程序将编译并运行，运行后一片空白，如图19-4所示。

> **注意**
>
> 如果在Xcode中新建项目时指定了类前缀，所有类文件名都将以您指定的内容开头。在以前的Xcode版本中，Apple将应用程序名作为类的前缀。要让应用程序有一定的功能，需要处理前面讨论过的两个地方：视图和视图控制器。

2. 故事板文件

除了类文件之外，该项目还包含了一个故事板文件，它用于存储界面设计。单击故事板文件MainStoryboardstoryboard，在IB编辑器中打开它，如图19-5所示。

在MainStoryboard.storyboard界面中包含了如下3个图标。

- First Responder（UIResponder实例）。
- View Controller（ViewController类）。
- 应用程序视图（UIView实例）。

第19章 使用 Xcode 编写 MVC 程序

图19-4 执行后为空白

图19-5 MainStoryboardstoryboard界面

视图控制器和第一响应者还出现在图标栏中,该图标栏位于编辑器中视图的下方。如果在该图标栏中没有看到图标,只需单击图标栏,它们就会显示出来。

当应用程序加载故事板文件时,其中的对象将被实例化,成为应用程序的一部分。就本项目来说,当它启动时会创建一个窗口并加载MainStoryboard.storyboard,实例化ViewController类及其视图,并将其加入到窗口中。

在文件HelloNoun-Info.plist中,通过属性Main storyboard file base name(主故事板文件名)指定了加载的文件是MainStoryboard.storyboard。展开文件夹Supporting Files,再单击plist文件可以显示其内容。也可以单击项目的顶级图标,确保选择了目标"hello",再查看选项卡Summary中的文本框Main Storyboard,如图19-6所示。

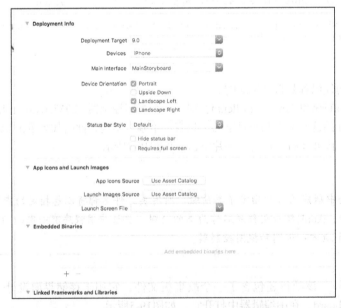

图19-6 指定应用程序启动时将加载的故事板

如果有多个场景,在IB编辑器中会使用很不明显的方式指定初始场景。在图19-5中,会发现编辑器中有一个灰色箭头,它指向视图的左边缘。这个箭头是可以拖动的,当有多个场景时可以拖动它,使其指向任何场景对应的视图。这就自动配置了项目,使其在应用程序启动时启动该场景的视图控制器和视图。

总之，对应用程序进行了配置，使其加载MainStoryboard.storyboard，而MainStoryboard.storyboard查找初始场景，并创建该场景的视图控制器类（文件ViewController.h和ViewController.m定义的ViewController）的实例。视图控制器加载其视图，而视图被自动添加到主窗口中。

19.5.2 规划变量和连接

要创建该应用程序，第一步是确定视图控制器需要的东西。为引用要使用的对象，必须与如下3个对象进行交互。
- 文本框（UITextField）。
- 标签（UILabel）。
- 按钮（UIButton）。

其中前两个对象分别是用户输入区域（文本框）和输出（标签），而第3个对象（按钮）触发代码中的操作，以便将标签的内容设置为文本框的内容。

1．修改视图控制器接口文件

基于上述信息，便可以编辑视图控制器类的接口文件（ViewController.h），在其中定义需要用来引用界面元素的实例变量以及用来操作它们的属性（和输出口）。我们将把用于收集用户输入的文本框（UITextField）命名为user@property，将提供输出的标签（URLabel）命名为userOutput。前面说过，通过使用编译指令@property可同时创建实例变量和属性，而通过添加关键字IBoutlet可以创建输出口，以便在界面和代码之间建立连接。

综上所述，可以添加如下两行代码。
```
@property (strong, nonatomic) IBOutlet UILabel *userOutput;
@property (strong, nonatomic) IBOutlet UITextField *userInput;
```
为了完成接口文件的编写工作，还需添加一个在按钮被按下时执行的操作。我们将该操作命名为setOutput。
```
- (IBAction)setOutput: (id)sender;
```
添加这些代码后，文件ViewController.h的代码如下所示。
```
#import <UIKit/UIKit.h>

@interface ViewController : UIViewController

@property (strong, nonatomic) IBOutlet UILabel *userOutput;
@property (strong, nonatomic) IBOutlet UITextField *userInput;

- (IBAction)setOutput:(id)sender;

@end
```
但是这并非我们需要完成的全部工作。为了支持我们在接口文件中所做的工作，还需对实现文件（ViewController.m）做一些修改。

2．修改视图控制器实现文件

对于接口文件中的每个编译指令@property来说，在实现文件中都必须有如下对应的编译指令@synthesize。
```
@synthesize userInput;
@synthesize userOutput;
```
将这些代码行加入到实现文件开头，位于编译指令@implementation后面，文件ViewController.m中对应的实现代码如下所示。
```
#import "ViewController.h"
@implementation ViewController
@synthesize userOutput;
@synthesize userInput;
```
在确保使用完视图后，应该使代码中定义的实例变量（即userInput和userOutput）不再指向对象，这样做的好处是这些文本框和标签占用的内存可以被重复使用。实现这种方式的方法非常简单，只需将这些实例变量对应的属性设置为nil即可。

```
[self setUserInput:nil];
[self setUserOutput:nil];
```

上述清理工作是在视图控制器的一个特殊方法中进行的，这个方法名为viewDidUnload，在视图成功地从屏幕上删除时被调用。为添加上述代码，需要在实现文件ViewController.h中找到这个方法，并添加代码行。同样，这里演示的是如果要手工准备输出口、操作、实例变量和属性时，需要完成的设置工作。

文件ViewController.m中对应清理工作的实现代码如下所示。

```
- (void)viewDidUnload
{
    self.userInput = nil;
    self.userOutput = nil;
    [self setUserOutput:nil];
    [self setUserInput:nil];
    [super viewDidUnload];
    // Release any retained subviews of the main view.
    // e.g. self.myOutlet = nil;
}
```

注意

如果浏览HelloNoun的代码文件，可能发现其中包含绿色的注释（以字符"//"开始的代码行）。为节省篇幅，通常在本书的程序清单中删除了这些注释。

3．一种简化的方法

虽然还没有输入任何代码，但还是希望能够掌握规划和设置Xcode项目的方法。所以还需要做如下工作。

- ❑ 确定所需的实例变量：哪些值和对象需要在类（通常是视图控制器）的整个生命周期内都存在。
- ❑ 确定所需的输出口和操作：哪些实例变量需要连接到界面中定义的对象？界面将触发哪些方法？
- ❑ 创建相应的属性：对于打算操作的每个实例变量，都应使用@property来定义实例变量和属性，并为该属性合成设置函数和获取函数。如果属性表示的是一个界面对象，还应在声明它时包含关键字IBOutlet。
- ❑ 清理：对于在类的生命周期内不再需要的实例变量，使用其对应的属性将其值设置为nil。对于视图控制器中，通常是在视图被卸载时（即方法viewDidUnload中）这样做。

当然也可以手工完成这些工作，但是在Xcode中使用IB编辑能够在建立连接时添加编译指令@property和@synthesize、创建输出口和操作、插入清理代码。

将视图与视图控制器关联起来的是前面介绍的代码，但可在创建界面的同时让Xcode自动为我们编写这些代码。创建界面前，仍然需要确定要创建的实例变量/属性、输出口和操作，而有时候还需添加一些额外的代码，但让Xcode自动生成代码可极大地加快初始开发阶段的进度。

19.5.3　设计界面

本节的演示程序"hello"的界面很简单，只需提供一个输出区域、一个用于输入的文本框以及一个将输出设置成与输入相同的按钮。可以按如下步骤创建该UI。

（1）在Xcode项目导航器中选择MainStoryboard.storyboard，并打开它。

（2）打开它的是IB编辑器。其中文档大纲区域显示了场景中的对象，而编辑器中显示了视图的可视化表示。

（3）执行菜单命令View→Utilities→Show Object Library（或按快捷键Control+Option+Command+3），在右边显示对象库。在对象库中，从下拉列表中选择了Objects，这样将显示可拖放到视图中的所有控件，此时的工作区类似于图19-7所示。

（4）在对象库中单击标签（UILabel）对象并将其拖曳到视图中，在视图中添加两个标签。

（5）第一个标签应包含静态文本Hello，双击该标签的默认文本Label，将其改为"你好"。选择第二个标签，它将用作输出区域。这里将该标签的文本改为"请输入信息"，将此作为默认值，直到用户提供新字符串为止。我们可能需要增大该文本标签以便显示这些内容，为此可单击并拖曳其手柄。

我们还要将这些标签居中对齐，此时可以通过单击选择视图中的标签，再按下快捷键Option+Command+4或单击Utility区域顶部的滑块图标，打开标签的属性检查器。

使用Alignment选项调整标签文本的对齐方式。另外还可能会使用其他属性来设置文本的显示样式，例如字号、阴影、颜色等。现在整个视图应该包含两个标签。

图19-7　初始界面

（6）如果对结果满意，便可以添加用户将与之交互的文本框和按钮。为了添加文本框，在对象库中找到文本框对象（UITextField），单击并将其拖曳到两个标签下方。使用手柄将其增大到与输出标签等宽。

（7）再次按快捷键Option+Command+4打开属性检查器，并将字号设置成与标签的字号相同。此时文本框并没有增大，这是因为默认iPhone文本框的高度是固定的。要修改文本框的高度，在属性检查器中单击包含方形边框的按钮Border Style，然后便可随意调整文本框的大小。

（8）在对象库中单击圆角矩形按钮（UIButton）并将其拖曳到视图中，将其放在文本框下方。双击该按钮给它添加一个标题，如Set Label，再调整按钮的大小，使其能够容纳该标题。也可以使用属性检查器增大文本的字号。

最终UI界面效果如图19-8所示，其中包含了4个对象，分别是两个标签、1个文本框和1个按钮。

图19-8　最终的UI界面

19.5.4　创建并连接输出口和操作

现在，在IB编辑器中需要做的工作就要完成了，最后一步是将视图连接到视图控制器。如果按前面介绍的方式手工定义了输出口和操作,则只需在对象图标之间拖曳即可。但即使就地创建输出口和操作,也只需执行拖放操作。

为此,需要从IB编辑器拖放到代码中需要添加输出口或操作的地方,即需要能够同时看到接口文件VeiwController.h和视图。在IB编辑器中还显示了刚设计的界面的情况下,单击工具栏Edit部分的Assistant Editor按钮,在界面右边自动打开文件ViewController.h,因为Xcode知道我们在视图中必须编辑该文件。

另外,如果我们开发使用的计算机是MacBook,或编辑的是iPad项目,屏幕空间将不够用。为了节省屏幕空间,单击工具栏中View部分最左边和最右边的按钮,隐藏Xcode窗口的导航区域和Utility区域。也可以单击IB编辑器左下角的展开箭头,将文档大纲区域隐藏起来。这样,界面将如图19-9所示。

图19-9 切换工作空间

1. 添加输出口

下面首先连接用于显示输出的标签。前面说过,想用一个名为userOutput的实例变量/属性表示它。

(1)按住Control键,并拖曳用于输出的标签(在这里,其标题为<请输入信息>)或文档大纲中表示它的图标。将其拖曳到包含文件ViewController.h的代码编辑器中,当鼠标位于@interface行下方时松开。当您拖曳时,Xcode将指出如果您此时松开鼠标将插入什么,如图19-10所示。

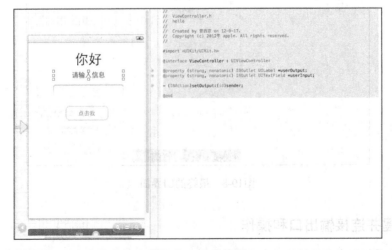

图19-10 生成代码

（2）当松开鼠标时会要求我们定义输出口。接下来首先确保从下拉列表Connection中选择了Outlet，从Storage下拉列表中选择了Strong，并从Type下拉列表中选择了UILabel。指定我们要使用的实例"变量/属性"名（userOutput），最后再单击Connect按钮，如图19-11所示。

图19-11　配置创建的输出口

（3）当单击Connect按钮时，Xcode将自动插入合适的编译指令@property和关键字IBOut:put（隐式地声明实例变量）、编译指令@synthesize（插入到文件ViewController.m中）以及清理代码（也是文件ViewController.m中）。更重要的是，还在刚创建的输出口和界面对象之间建立了连接。

（4）对文本框重复上述操作过程。将其拖曳至刚插入的@property代码行下方，将Type设置为UITextField，并将输出口命名为userInput。

2．添加操作

添加操作并在按钮和操作之间建立连接的方式与添加输出口相同。唯一的差别是在接口文件中，操作通常是在属性后面定义的，因此需要拖放到稍微不同的位置。

（1）按住Control键，并将视图中的按钮拖曳到接口文件（ViewController.h）中刚添加的两个@property编译指令下方。同样，当您拖曳时，Xcode将提供反馈，指出它将在哪里插入代码。拖曳到要插入操作代码的地方后，松开鼠标。

（2）与输出口一样，Xcode将要求您配置连接，如图19-12所示。这次，务必将连接类型设置为Action，否则Xcode将插入一个输出口。将Name（名称）设置为setOutput（前面选择的方法名）。务必从下拉列表Event中选择Touch Up Inside，以指定将触发该操作的事件。保留其他默认设置，并单击Connect按钮。

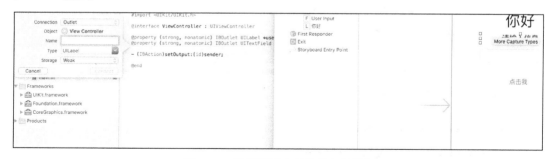

图19-12　配置要插入到代码中的操作

到此为止，我们成功添加了实例变量、属性、输出口，并将它们连接到了界面元素。最后我们还需要重新配置我们的工作区，确保项目导航器可见。

19.5.5 实现应用程序逻辑

创建好视图并建立到视图控制器的连接后，接下来的唯一任务便是实现逻辑。现在将注意力转向文件ViewController.m以及setOutput的实现上。setOutput方法将输出标签的内容设置为用户在文本框中输入的内容。如何获取并设置这些值呢？UILabel和UITextField都有包含其内容的text属性，通过读写该属性，只需一个简单的步骤便可将userOutput的内容设置为userInput的内容。

打开文件ViewController.m并滚动到末尾，会发现Xcode在创建操作连接代码时自动编写了空方法定义（这里是setOutput），我们只需填充内容即可。找到方法setOutput，其实现代码如下所示。

```
- (IBAction)setOutput:(id)sender {
    //   [[self userOutput]setText:[[self userInput] text]];
    self.userOutput.text=self.userInput.text;
}
```

通过这条赋值语句便完成了所有的工作。

接下来我们整理核心文件ViewController.m的实现代码。

```
#import "ViewController.h"

@implementation ViewController
@synthesize userOutput;
@synthesize userInput;

- (void)didReceiveMemoryWarning
{
    [super didReceiveMemoryWarning];
    // Release any cached data, images, etc that aren't in use.
}

#pragma mark - View lifecycle

- (void)viewDidLoad
{
    [super viewDidLoad];
    // Do any additional setup after loading the view, typically from a nib.
}

- (void)viewDidUnload
{
    self.userInput = nil;
    self.userOutput = nil;
    [self setUserOutput:nil];
    [self setUserInput:nil];
    [super viewDidUnload];
    // Release any retained subviews of the main view.
    // e.g. self.myOutlet = nil;
}

- (void)viewWillAppear:(BOOL)animated
{
    [super viewWillAppear:animated];
}

- (void)viewDidAppear:(BOOL)animated
{
    [super viewDidAppear:animated];
}

- (void)viewWillDisappear:(BOOL)animated
{
    [super viewWillDisappear:animated];
}

- (void)viewDidDisappear:(BOOL)animated
{
    [super viewDidDisappear:animated];
```

}

(BOOL)shouldAutorotateToInterfaceOrientation:(UIInterfaceOrientation)interfaceOrientation
{
    // Return YES for supported orientations
    return (interfaceOrientation != UIInterfaceOrientationPortraitUpsideDown);
}

- (IBAction)setOutput:(id)sender {
    //   [[self userOutput]setText:[[self userInput] text]];
    self.userOutput.text=self.userInput.text;
}

@end

上述代码几乎都是用Xcode自动实现的。

19.5.6 生成应用程序

现在可以生成并测试我们的演示程序了，执行后的效果如图19-13所示。在文本框中输入信息并单击"点击我"按钮后，会在上方显示我们输入的文本，如图19-14所示。

图19-13 执行效果

图19-14 显示输入的信息

第 20 章 基础控件介绍

组件是iOS界面应用程序的核心，iOS APP应用程序是通过组件的交互实现具体功能的。在本书前面几章中，已经创建了一个简单的应用程序，并讲解了应用程序基础框架和图形界面基础框架。本章将详细介绍iOS应用中的基本组件，向读者讲解使用可编辑的文本框、文本视图、按钮、标签、滑块、步进、图像、开关、分段、工具栏、日期选择器等基础控件的基本知识。

20.1 文本框

> 知识点讲解：光盘:视频\知识点\第20章\文本框.mp4

在iOS应用中，文本框（UITextField）和文本视图都是用于实现文本输入的，本节将首先详细讲解文本框的基本知识，为读者后面的学习打下基础。

20.1.1 实战演练——实现用户登录界面

实例20-1	实现用户登录界面
源码路径	光盘:\daima\20\UITextFieldTest

本实例的功能是实现一个会员用户登录效果，具体实现过程如下。

（1）启动Xcode 7，然后单击Creat a new Xcode project新建一个iOS工程，在左侧选择iOS下的Application，在右侧选择Single View Application。本项目工程的最终目录结构如图20-1所示。

（2）在故事板中插入文本框控件供用户输入用户名和密码，插入文本控件显示文本"用户名"和"密码"，在下方插入一个"登录"按钮，如图20-2所示。

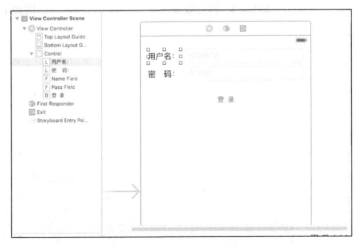

图20-1 项目工程的最终目录结构　　　　　　图20-2 故事板界面

（3）文件ViewController.h定义本项目的接口，其具体实现代码如下所示。

```
#import <UIKit/UIKit.h>
@interface ViewController : UIViewController
@property (strong, nonatomic) IBOutlet UITextField *nameField;
@property (strong, nonatomic) IBOutlet UITextField *passField;
- (IBAction)finishEdit:(id)sender;
- (IBAction)backTap:(id)sender;
@end
```

（4）文件ViewController.m的具体实现代码如下所示。

```
#import "ViewController.h"
@interface ViewController ()
@end
@implementation ViewController
- (void)viewDidLoad {
    [super viewDidLoad];
}
- (void)didReceiveMemoryWarning {
    [super didReceiveMemoryWarning];
}
- (IBAction)finishEdit:(id)sender {
    // sender放弃作为第一响应者
    [sender resignFirstResponder];
}
- (IBAction)backTap:(id)sender {
    //让passField控件放弃作为第一响应者
    [self.passField resignFirstResponder];
    //让nameField控件放弃作为第一响应者
    [self.nameField resignFirstResponder];
}
@end
```

执行后的效果如图20-3所示。

图20-3 实例20-1的执行效果

20.1.2 实战演练——限制输入文本的长度

实例20-2	限制输入文本的长度
源码路径	光盘:\daima\20\textInputLimit

本实例的功能是实现对iOS 9内置控件UITextField和UITextView输入长度的限制功能，可以在其他程序中直接使用。具体实现过程如下。

（1）启动Xcode 7，然后单击Creat a new Xcode project新建一个iOS工程，在左侧选择iOS下的Application，在右侧选择Single View Application。本项目工程的最终目录结构如图20-4所示，在故事板中插入了两个文本框控件供用户输入文本。

（2）文件ViewController.m是本项目中的测试文件，功能是调用文件LimitInput.m中的输入文本限制功能，限制故事板中两个textfield文本框的输入文本长度。在本例中，第一个文本框限制最多输入4个字符，第二个文本框限制最多输入6个字符。文件ViewController.m的具体实现代码如下所示。

```
#import "ViewController.h"
@interface ViewController ()
@end
@implementation ViewController
- (void)viewDidLoad
{
    [super viewDidLoad];
    // 调用限制功能，下面的第一个限制输入4个字符，第二个限制输入6个字符。
    [self.textfield setValue:@4 forKey:@"limit"];
    [self.textview setValue:@6 forKey:@"limit"];
}
- (void)didReceiveMemoryWarning
{
    [super didReceiveMemoryWarning];
}
@end
```

当需要使用本项目的输入长度限制功能时，需要将textInputLimit目录下的的'.h'文件和'.m'文件直接

拷贝到测试工程中,然后通过如下代码调用需要做输入长度限制的textField或textView对象方法即可:
```
[textObj setValue:@4 forKey:@"limit"];
```
在上述整个使用过程中,无须对UITextField和UITextView、Xib或故事板文件做任何修改,也不需要引用头文件。

本实例执行后的效果如图20-5所示。

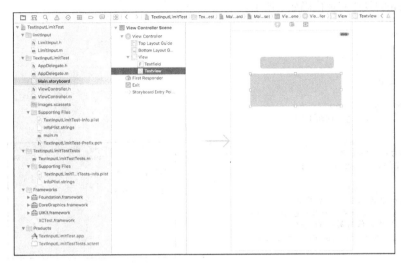

图20-4 本项目工程的最终目录结构　　　　图20-5 实例20-2的执行效果

20.2 文本视图

知识点讲解:光盘:视频\知识点\第20章\文本视图.mp4

文本视图(UITextView)与文本框类似,差别在于文本视图可显示一个可滚动和编辑的文本块,供用户阅读或修改。仅当需要的输入内容很多时,才应使用文本视图。

20.2.1 实战演练——拖动输入的文本

实例20-3	拖动输入的文本
源码路径	光盘:\daima\20\UITextViewTest

(1)启动Xcode 7,单击Creat a new Xcode project新建一个iOS工程,在左侧选择iOS下的Application,在右侧选择Single View Application。

(2)文件ViewController.h的具体实现代码如下所示。
```
#import <UIKit/UIKit.h>
@interface ViewController : UIViewController <UITextViewDelegate>
@property (strong, nonatomic) IBOutlet UITextView *textView;
@end
```

(3)在文件ViewController.m中创建导航项,并设置导航项的标题。文件ViewController.m的具体实现代码如下所示。
```
#import "ViewController.h"
@implementation ViewController{
    UIBarButtonItem* _done;
    UINavigationItem* _navItem;
}
- (void)viewDidLoad
{
    [super viewDidLoad];
    // 将该控制器本身设置为textView控件的委托对象
```

```objectivec
    self.textView.delegate = self;
    // 创建并添加导航条
    UINavigationBar* navBar = [[UINavigationBar alloc]
        initWithFrame:CGRectMake(0, 20
        , [UIScreen mainScreen].bounds.size.width, 44)];
    [self.view addSubview:navBar];
    // 创建导航项,并设置导航项的标题
    _navItem = [[UINavigationItem alloc]
        initWithTitle:@"导航条"];
    // 将导航项添加到导航条中
    navBar.items = @[_navItem];
    // 创建一个UIBarButtonItem对象,并赋给_done成员变量
    _done = [[UIBarButtonItem alloc] initWithBarButtonSystemItem:
        UIBarButtonSystemItemDone
        target:self action:@selector(finishEdit)];
}
- (void)textViewDidBeginEditing:(UITextView *)textView {
    // 为导航条设置右边的按钮
    _navItem.rightBarButtonItem = _done;
}
- (void)textViewDidEndEditing:(UITextView *)textView {
    // 取消导航条设置右边的按钮
    _navItem.rightBarButtonItem = nil;
}
- (void) finishEdit {
    // 让textView控件放弃作为第一响应者
    [self.textView resignFirstResponder];
}
@end
```
执行后的效果如图20-6所示。

图20-6 实例20-3的执行效果

20.2.2 实战演练——关闭虚拟键盘的输入动作

实例20-4	关闭虚拟键盘的输入动作
源码路径	光盘:\daima\20\UITextViewTest2

本实例的功能是关闭虚拟键盘的输入动作,单击虚拟键盘中的"完成"按钮后可以关闭弹出的虚拟键盘,具体实现过程如下。

(1)启动Xcode 7,单击Creat a new Xcode project新建一个iOS工程,在左侧选择iOS下的Application,在右侧选择Single View Application。

(2)文件ViewController.h的具体实现代码如下所示。
```objectivec
#import <UIKit/UIKit.h>
@interface ViewController : UIViewController
@property (strong, nonatomic) IBOutlet UITextView *textView;
@end
```
(3)文件ViewController.m的具体实现代码如下所示。
```objectivec
#import "ViewController.h"

@implementation ViewController
- (void)viewDidLoad
{
    [super viewDidLoad];
    // 创建一个UIToolBar工具条
    UIToolbar * topView = [[UIToolbar alloc]
        initWithFrame:CGRectMake(0, 0,
        [UIScreen mainScreen].bounds.size.width, 30)];
    // 设置工具条风格
    [topView setBarStyle:UIBarStyleDefault];
    // 为工具条创建第1个"按钮"
    UIBarButtonItem* myBn = [[UIBarButtonItem alloc]
        initWithTitle:@"无动作" style:UIBarButtonItemStylePlain
        target:self action:nil];
    // 为工具条创建第2个"按钮",该按钮只是一片可伸缩的空白区
```

```objc
        UIBarButtonItem* spaceBn = [[UIBarButtonItem alloc]
            initWithBarButtonSystemItem:UIBarButtonSystemItemFlexibleSpace
            target:self action:nil];
        // 为工具条创建第3个"按钮"，单击该按钮会激发editFinish方法
        UIBarButtonItem* doneBn = [[UIBarButtonItem alloc]
            initWithTitle:@"完成" style:UIBarButtonItemStyleDone
            target:self action:@selector(editFinish)];
        // 以3个按钮创建NSArray集合
        NSArray * buttonsArray = @[myBn, spaceBn, doneBn];
        // 为UIToolBar设置按钮
        topView.items = buttonsArray;
        // 为textView关联的虚拟键盘设置附件
        self.textView.inputAccessoryView = topView;
}
-(void) editFinish
{
        [self.textView resignFirstResponder];
}
@end
```

执行后的效果如图20-7所示。

20.3 标签

📀知识点讲解：光盘:视频\知识点\第20章\标签.mp4

在iOS应用中，使用标签（UILabel）可以在视图中显示字符串，这一功能是通过设置其text属性实现的。标签中可以控制文本的属性有很多，例如字体、字号、对齐方式以及颜色。通过标签可以在视图中显示静态文本，也可显示在代码中生成的动态输出。本节将详细讲解标签控件的基本用法。

图20-7 实例20-4的执行效果

20.3.1 实战演练——使用标签显示一段文本

实例20-5	在屏幕中用标签显示一段文本
源码路径	光盘:\daima\20\UILabelDemo

（1）新打开Xcode 7，建一个名为UILabelDemo的Single View Applicatiom项目，如图20-8所示。

（2）设置新建项目的工程名，然后将设备设置为"iPhone"，如图20-9所示。

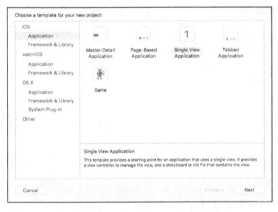

图20-8 新建Xcode项目

图20-9 设置设备

（3）设置一个界面，整个界面为空，效果如图20-10所示。

（4）编写文件 ViewController.m，在此创建了一个UILabel对象，并分别设置显示文本的字体、颜色、背景颜色和水平位置等。此文件中使用了自定义控件UILabelEx，此控件可以设置文本的垂直方向位置。

文件 ViewController.m的实现代码如下所示。

```
- (void)viewDidLoad
{
    [superviewDidLoad];
#if 0
//创建
- (void)viewDidLoad
{
    [superviewDidLoad];

#if 0
//创建UIlabel对象
UILabel* label = [[UILabel alloc]
initWithFrame:self.view.bounds];
    //设置显示文本
    label.text = @"This is a UILabel Demo,";
    //设置文本字体
    label.font = [UIFont fontWithName:@"Arial" size:35];
    //设置文本颜色
    label.textColor = [UIColor yellowColor];
    //设置文本水平显示位置
    label.textAlignment = UITextAlignmentCenter;
    //设置背景颜色
    label.backgroundColor = [UIColor blueColor];
    //设置单词折行方式
    label.lineBreakMode = UILineBreakModeWordWrap;
    //设置label是否可以显示多行,0则显示多行
    label.numberOfLines = 0;
    //根据内容大小,动态设置UILabel的高度
    CGSize size = [label.text sizeWithFont:label.font constrainedToSize:self.view.
bounds.size lineBreakMode:label.lineBreakMode];
    CGRect rect = label.frame;
    rect.size.height = size.height;
    label.frame = rect;
#endif
#if 1
//使用自定义控件UILabelEx,此控件可以设置文本的垂直方向位置
#if 1
    UILabelEx* label = [[UILabelEx alloc] initWithFrame:self.view.bounds];

    label.text = @"This is a UILabel Demo,";
    label.font = [UIFont fontWithName:@"Arial" size:35];
    label.textColor = [UIColor yellowColor];
    label.textAlignment = NSTextAlignmentCenter;
    label.backgroundColor = [UIColor blueColor];
    label.lineBreakMode = NSLineBreakByWordWrapping;
    label.numberOfLines = 0;
    label.verticalAlignment = VerticalAlignmentTop;

#endif
    //将label对象添加到view中,这样才可以显示
    [self.view addSubview:label];
    [label release];
}
```

图20-10　空界面

执行后的效果如图20-11所示。

图20-11　实例20-5的执行效果

20.3.2　实战演练——复制标签中的文本

实例20-6	复制标签中的文本
源码路径	光盘:\daima\20\UILabel-Copyable

本实例的功能是长按屏幕后可以复制UILabel中的文本内容,并将复制的内容显示在屏幕中。本实例支持界面生成器,允许长按手势,允许启用或禁止复制功能,具体实现过程如下。

(1)启动Xcode 7,单击Creat a new Xcode project新建一个iOS工程,在左侧选择iOS下的Application,

在右侧选择Single View Application。

（2）在故事板顶部插入选项卡来控制是否打开复制功能，在中间显示提示信息，在下方显示被复制的文本信息，如图20-12所示。

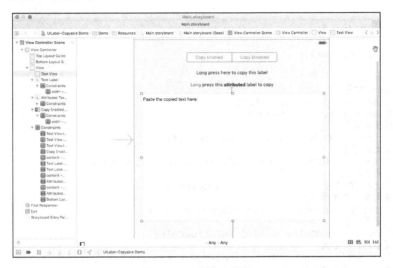

图20-12　故事板界面

（3）文件UILabel+Copyable.m的功能是实现具体的复制功能，通过函数copy复制文本框中的文本，通过函数longPressGestureRecognized识别长按屏幕手势，识别长按手势操作后开始复制文本。文件UILabel+Copyable.m的具体实现代码如下所示。

```objc
- (BOOL)canPerformAction:(SEL)action withSender:(id)sender
{
    BOOL retValue = NO;

    if (action == @selector(copy:))
    {
        retValue = self.copyingEnabled;
    }
    else
    {
        // 通过canPerformAction:withSender: 消息类响应链接
        retValue = [super canPerformAction:action withSender:sender];
    }
    return retValue;
}
//复制文本框中的文本
- (void)copy:(id)sender
{
    if(self.copyingEnabled)
    {
        // 复制文本框中的文本
        UIPasteboard *pasteboard = [UIPasteboard generalPasteboard];
        [pasteboard setString:self.text];
    }
}

#pragma mark - UI Actions
//长按手势检测
- (void) longPressGestureRecognized:(UIGestureRecognizer *) gestureRecognizer
{
    if (gestureRecognizer == self.longPressGestureRecognizer)
    {
        if (gestureRecognizer.state == UIGestureRecognizerStateBegan)
```

```objc
    {
        [self becomeFirstResponder];

        UIMenuController *copyMenu = [UIMenuController sharedMenuController];
        [copyMenu setTargetRect:self.bounds inView:self];
        copyMenu.arrowDirection = UIMenuControllerArrowDefault;
        [copyMenu setMenuVisible:YES animated:YES];
    }
  }
}

#pragma mark - Properties
- (BOOL)copyingEnabled
{
    return [objc_getAssociatedObject(self, @selector(copyingEnabled)) boolValue];
}
//启用复制功能
- (void)setCopyingEnabled:(BOOL)copyingEnabled
{
    if(self.copyingEnabled != copyingEnabled)
    {
        objc_setAssociatedObject(self, @selector(copyingEnabled), @(copyingEnabled),
OBJC_ASSOCIATION_RETAIN_NONATOMIC);

        [self setupGestureRecognizers];
    }
}
//识别长按屏幕手势
- (UILongPressGestureRecognizer *)longPressGestureRecognizer
{
    return objc_getAssociatedObject(self, @selector(longPressGestureRecognizer));
}
- (void)setLongPressGestureRecognizer:(UILongPressGestureRecognizer
*)longPressGestureRecognizer
{
    objc_setAssociatedObject(self, @selector(longPressGestureRecognizer),
longPressGestureRecognizer, OBJC_ASSOCIATION_RETAIN_NONATOMIC);
}

- (BOOL)shouldUseLongPressGestureRecognizer
{
    NSNumber *value = objc_getAssociatedObject(self,
@selector(shouldUseLongPressGestureRecognizer));
    if(value == nil) {
        // 设置默认值
        value = @YES;
        objc_setAssociatedObject(self,
@selector(shouldUseLongPressGestureRecognizer), value,
OBJC_ASSOCIATION_RETAIN_NONATOMIC);
    }

    return [value boolValue];
}
```

执行后的效果如图20-13所示。

图20-13 实例20-6的执行效果

20.4 按钮

知识点讲解：光盘:视频\知识点\第20章\按钮.mp4

在iOS应用中，最常见的与用户交互的方式是检测用户轻按按钮（UIButton）并对此作出响应。按钮在iOS中是一个视图元素，用于响应用户在界面中触发的事件。按钮通常用Touch Up Inside事件来体现，能够抓取用户用手指按下按钮并在该按钮上松开发生的事件。当检测到事件后，便可能触发相应视图控件中的操作（IBAction）。本节将详细讲解按钮控件的基本知识。

20.4.1 实战演练——自定义按钮的图案

实例20-7	自定义按钮的显示图案
源码路径	光盘:\daima\20\IconButton

本实例的功能是在屏幕中设置4个控制按钮和1个展示按钮，单击这4个控制按钮后，会分别在展示按钮的上、下、左、右4个位置显示图案。

（1）启动Xcode 7，在故事板上方插入一个展示按钮控件来展示效果，在下方插入4个按钮控件来控制展示按钮的样式，如图20-14所示。

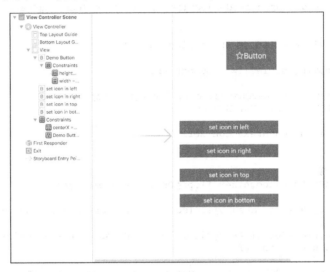

图20-14　故事板界面

（2）在文件UIButton+TQEasyIcon.h中定义了接口和功能函数，具体实现代码如下所示。

```
#import <UIKit/UIKit.h>
@interface UIButton (TQEasyIcon)
- (void)setIconInLeft;
- (void)setIconInRight;
- (void)setIconInTop;
- (void)setIconInBottom;
- (void)setIconInLeftWithSpacing:(CGFloat)Spacing;
- (void)setIconInRightWithSpacing:(CGFloat)Spacing;
- (void)setIconInTopWithSpacing:(CGFloat)Spacing;
- (void)setIconInBottomWithSpacing:(CGFloat)Spacing;
@end
```

（3）在文件UIButton+TQEasyIcon.m中分别实现屏幕下方4个操作按钮的单击事件功能，单击set icon in left按钮后，调用函数setIconInLeftWithSpacing将图标放在展示按钮的左侧；单击set icon in top按钮，后调用函数setIconInTopWithSpacing将图标放在展示按钮的顶部；单击set icon in right按钮后调用函数setIconInRightWithSpacing将图标放在展示按钮的右侧；单击set icon in bottom按钮后调用函数setIconInBottomWithSpacing将图标放在展示按钮的底部。文件UIButton+TQEasyIcon.m的具体实现代码如下所示。

```
- (void)setIconInRightWithSpacing:(CGFloat)Spacing
{
    CGFloat img_W = self.imageView.frame.size.width;
    CGFloat tit_W = self.titleLabel.frame.size.width;
    
    self.titleEdgeInsets = (UIEdgeInsets){
        .top    = 0,
```

```objc
        .left   = - (img_W + Spacing / 2),
        .bottom = 0,
        .right  =   (img_W + Spacing / 2),
    };
    
    self.imageEdgeInsets = (UIEdgeInsets){
        .top    = 0,
        .left   =   (tit_W + Spacing / 2),
        .bottom = 0,
        .right  = - (tit_W + Spacing / 2),
    };
}

- (void)setIconInTopWithSpacing:(CGFloat)Spacing
{
    CGFloat img_W = self.imageView.frame.size.width;
    CGFloat img_H = self.imageView.frame.size.height;
    CGFloat tit_W = self.titleLabel.frame.size.width;
    CGFloat tit_H = self.titleLabel.frame.size.height;
    
    self.titleEdgeInsets = (UIEdgeInsets){
        .top    =   (tit_H / 2 + Spacing / 2),
        .left   = - (img_W / 2),
        .bottom = - (tit_H / 2 + Spacing / 2),
        .right  =   (img_W / 2),
    };
    
    self.imageEdgeInsets = (UIEdgeInsets){
        .top    = - (img_H / 2 + Spacing / 2),
        .left   =   (tit_W / 2),
        .bottom =   (img_H / 2 + Spacing / 2),
        .right  = - (tit_W / 2),
    };
}

- (void)setIconInBottomWithSpacing:(CGFloat)Spacing
{
    CGFloat img_W = self.imageView.frame.size.width;
    CGFloat img_H = self.imageView.frame.size.height;
    CGFloat tit_W = self.titleLabel.frame.size.width;
    CGFloat tit_H = self.titleLabel.frame.size.height;
    
    self.titleEdgeInsets = (UIEdgeInsets){
        .top    = - (tit_H / 2 + Spacing / 2),
        .left   = - (img_W / 2),
        .bottom =   (tit_H / 2 + Spacing / 2),
        .right  =   (img_W / 2),
    };
    
    self.imageEdgeInsets = (UIEdgeInsets){
        .top    =   (img_H / 2 + Spacing / 2),
        .left   =   (tit_W / 2),
        .bottom = - (img_H / 2 + Spacing / 2),
        .right  = - (tit_W / 2),
    };
}

@end
```

（4）在文件ViewController.m中监听按钮单击事件，根据单击的按钮调用上面的功能操作函数来实现图标的位置操控。

执行项目，单击set icon in left按钮后的效果如图20-15所示，单击set icon in buttom按钮后的效果如图20-16所示。

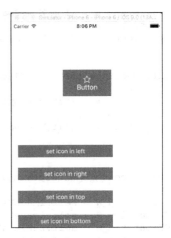

图20-15 单击set icon in left按钮后的效果　　图20-16 单击set icon in buttom按钮后的效果

20.4.2　实战演练——实现丰富多彩的控制按钮

实例20-8	实现丰富多彩的控制按钮
源码路径	光盘:\daima\20\UIButtonTest

（1）启动Xcode 7，本项目工程的最终目录结构如图20-17所示。

（2）在故事板中分别插入了7个不同样式的按钮，如图20-18所示。

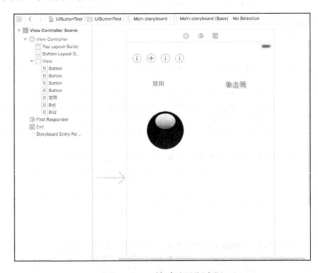

图20-17　本项目工程的最终目录结构　　　图20-18　故事板设计界面

（3）文件ViewController.m的功能是单击第5个按钮时会设置切换第6个和第7个按钮的"禁用/可用"状态。当单击第6个按钮时，此按钮的文本会变为红色，并且会高亮显示。当单击第7个按钮时，会自动切换显示红色图片，并且会高亮显示。当单击"禁用"按钮时会禁用第6个和第7个按钮。文件ViewController.m的具体实现代码如下所示。

```
#import "ViewController.h"
@implementation ViewController
- (void)viewDidLoad {
    [super viewDidLoad];
}
```

```
- (IBAction)disableHandler:(id)sender {
    // 切换bn1、bn2两个按钮的enabled状态
    // 如果这两个按钮处于启用状态,将它们设为禁用
    // 如果这两个按钮处于禁用状态,将它们设为启用
    self.bn1.enabled = !(self.bn1.enabled);
    self.bn2.enabled = !(self.bn2.enabled);
    // 切换事件源(第5个按钮)上的文本标题
    if([[sender titleForState:UIControlStateNormal] isEqualToString:@"禁用"])
    {
        [sender setTitle:@"启用" forState:UIControlStateNormal];
    }
    else
    {
        [sender setTitle:@"禁用" forState:UIControlStateNormal];
    }
}
@end
```

执行后的效果如图20-19所示。

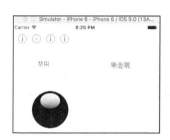

图20-19　实例20-8的执行效果

20.5　滑块控件

知识点讲解:光盘:视频\知识点\第10章\滑块控件.mp4

滑块(UISlider)是常用的界面组件,能够让用户以可视化方式设置指定范围内的值。假设我们想让用户提高或降低速度,让用户输入值的方式并不合理,可以提供一个如图20-20所示的滑块,让用户能够轻按并来回拖曳。在幕后将设置一个value属性,应用程序可使用它来设置速度。这不要求用户理解幕后的细节,也不需要用户执行除使用手指拖曳之外的其他操作。

图20-20　使用滑块收集特定范围内的值

20.5.1　实战演练——实现自动显示刻度的滑动条

实例20-9	实现了一个自动显示刻度记号的滑动条
源码路径	光盘:\daima\20\HUMSlider

本实例实现了一个自动显示刻度记号的滑动条,当滑动到某处时,该处的刻度会自动上升,在滑动条两边还能配置了动态刻度图像。

(1)启动Xcode 7,在故事板中插入3个滑动条控件,如图20-21所示。

(2)在文件ViewController.m中,调用Library目录中的样式文件HUMSlider.h/m到项目中即可使用。文件ViewController.m的具体实现代码如下所示。

图20-21 故事板界面

```
#import "ViewController.h"
#import "HUMSlider.h"
@interface ViewController()
@property (nonatomic, weak) IBOutlet HUMSlider *sliderFromNib;
@property (nonatomic, weak) IBOutlet HUMSlider *noImageSliderFromNib;
@property (weak, nonatomic) IBOutlet HUMSlider *sliderFromNibSideColors;
@property (nonatomic) HUMSlider *programmaticSlider;
@end

@implementation ViewController
- (void)viewDidLoad
{
    [super viewDidLoad];
    // 设置滑动条的最大值和最小值
    self.sliderFromNib.minimumValueImage = [self sadImage];
    self.sliderFromNib.maximumValueImage = [self happyImage];
    //设置每个滑动条的颜色.
    self.sliderFromNibSideColors.minimumValueImage = [self sadImage];
    self.sliderFromNibSideColors.maximumValueImage = [self happyImage];
    [self.sliderFromNibSideColors setSaturatedColor:[UIColor redColor]
                                            forSide:HUMSliderSideLeft];
    [self.sliderFromNibSideColors setSaturatedColor:[UIColor greenColor]
                                            forSide:HUMSliderSideRight];
    [self.sliderFromNibSideColors setDesaturatedColor:[UIColor lightGrayColor]
                                              forSide:HUMSliderSideLeft];
    [self.sliderFromNibSideColors setDesaturatedColor:[UIColor darkGrayColor]
                                              forSide:HUMSliderSideRight];

    //设置默认刻度值以外的颜色
    self.noImageSliderFromNib.tintColor = [UIColor redColor];
    [self setupSliderProgrammatically];
}
//实现滑块
- (void)setupSliderProgrammatically
{
    self.programmaticSlider = [[HUMSlider alloc] init];
    self.programmaticSlider.translatesAutoresizingMaskIntoConstraints = NO;
    [self.view addSubview:self.programmaticSlider];
```

```objc
    // 自动布局
    // 左右滑块尖
    [self.view addConstraint:[NSLayoutConstraint
constraintWithItem:self.programmaticSlider
attribute:NSLayoutAttributeLeft
relatedBy:NSLayoutRelationEqual
toItem:self.sliderFromNib
attribute:NSLayoutAttributeLeft
                    multiplier:1
                      constant:0]];

[self.view addConstraint:[NSLayoutConstraint
constraintWithItem:self.programmaticSlider
attribute:NSLayoutAttributeRight
relatedBy:NSLayoutRelationEqual
toItem:self.sliderFromNib
attribute:NSLayoutAttributeRight
                    multiplier:1
                      constant:0]];
    // 设置底部和顶部不同滑块的颜色.
[self.view addConstraint:[NSLayoutConstraint
constraintWithItem:self.programmaticSlider
attribute:NSLayoutAttributeTop
relatedBy:NSLayoutRelationEqual
toItem:self.sliderFromNibSideColors
attribute:NSLayoutAttributeBottom
                    multiplier:1
                      constant:0]];
    self.programmaticSlider.minimumValueImage = [self sadImage];
    self.programmaticSlider.maximumValueImage = [self happyImage];
    self.programmaticSlider.minimumValue = 0;
    self.programmaticSlider.maximumValue = 100;
    self.programmaticSlider.value = 25;

    // 自定义滑块跟踪
    [self.programmaticSlider setMinimumTrackImage:[self darkTrack]
forState:UIControlStateNormal];
    [self.programmaticSlider setMaximumTrackImage:[self darkTrack]
forState:UIControlStateNormal];
    [self.programmaticSlider setThumbImage:[self darkThumb]
forState:UIControlStateNormal];

    // 构建刻度影子
    self.programmaticSlider.pointAdjustmentForCustomThumb = 8;

    // 使用crazypants颜色
    self.programmaticSlider.saturatedColor = [UIColor blueColor];
    self.programmaticSlider.desaturatedColor = [[UIColor brownColor]
colorWithAlphaComponent:0.2f];
    self.programmaticSlider.tickColor = [UIColor orangeColor];

    // 设置动画持续时间
    self.programmaticSlider.tickAlphaAnimationDuration = 0.7;
    self.programmaticSlider.tickMovementAnimationDuration = 1.0;
    self.programmaticSlider.secondTickMovementAndimationDuration = 0.8;
    self.programmaticSlider.nextTickAnimationDelay = 0.1;
}
```

执行后的效果如图20-22所示, 滑动3个滑动条时都会自动弹出刻度。

图20-22 实例20-9的执行效果

20.5.2 实战演练——实现带刻度的滑动条

实例20-10	实现带刻度的滑动条
源码路径	光盘:\daima\20\UISliderEX

（1）启动Xcode 7，本项目工程的最终目录结构如图20-23所示。

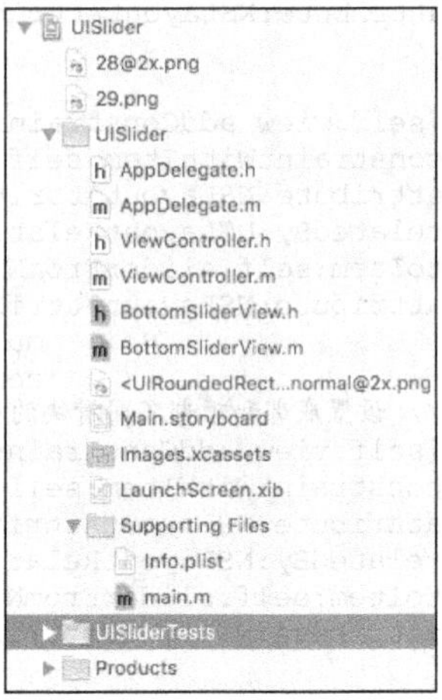

（2）文件BottomSliderView.m的功能是定义滑动条的样式，在滑动时在上方显示对应的刻度。定义函数initWithFrame，根据CGRect的尺寸初始化并返回一个新的视图对象。定义一个指定颜色和粗细的滑动条，并在滑动时显示对应的刻度值。文件BottomSliderView.m的具体实现代码如下所示。

```
#import "BottomSliderView.h"
@interface BottomSliderView ()
@property (nonatomic,strong)UISlider *slider;
@property (nonatomic,strong)UILabel *textLabel;
@end
@implementation BottomSliderView
//根据CGRect的尺寸初始化并返回一个新的视图对象
- (id)initWithFrame:(CGRect)frame
{
    self = [super initWithFrame:frame];
    if (self) {
        self.textLabel = [[UILabel alloc] initWithFrame:CGRectMake(15, 0, 40, 20)];
        self.textLabel.backgroundColor = [UIColor purpleColor];
        self.textLabel.textColor = [UIColor whiteColor];
        self.textLabel.font = [UIFont boldSystemFontOfSize:13];
        self.textLabel.textAlignment = NSTextAlignmentCenter;
        self.textLabel.adjustsFontSizeToFitWidth = YES;
        self.textLabel.alpha = 0;
        self.opaque = NO;
        [self addSubview:self.textLabel];
        self.slider = [[UISlider alloc]initWithFrame:CGRectMake(20, CGRectGetMaxY(self.textLabel.frame) + 5, frame.size.width - 20, 20)];
        self.slider.minimumValue = 1;
        self.slider.maximumValue = 20;
        self.slider.backgroundColor = [UIColor clearColor];
        [self.slider setMinimumTrackImage:[UIImage imageNamed:@""] forState:UIControlStateNormal];
        [self.slider setMaximumTrackImage:[UIImage imageNamed:@""] forState:UIControlStateNormal];
        [self.slider setMinimumTrackTintColor:[UIColor grayColor]];
        [self.slider setThumbImage:[UIImage imageNamed:@"<UIRoundedRectButton>normal"] forState:UIControlStateHighlighted];
        [self.slider setThumbImage:[UIImage imageNamed:@"<UIRoundedRectButton>normal"] forState:UIControlStateNormal];
        [self.slider addTarget:self action:@selector(sliderValueChanged:) forControlEvents:UIControlEventValueChanged];
        [self addSubview:self.slider];
    }
    return self;
}
//滑动条改变时改变标签的值
- (void)sliderValueChanged:(UISlider *)sender
{
    self.slider.value = sender.value;
    if (sender.value >= 1) {
        self.textLabel.alpha = 1;
        self.textLabel.text = [NSString stringWithFormat:@"%.f",sender.value];
        [self updatePopoverFrame];
    }
}
```

图20-23 本项目工程的最终目录结构

```
//更新弹出框
- (void)updatePopoverFrame
{
    CGFloat minimum = self.slider.minimumValue;
    CGFloat maximum = self.slider.maximumValue;
    CGFloat value = self.slider.value;
    
    if (minimum < 0.0) {
        value = self.slider.value - minimum;
        maximum = maximum - minimum;
        minimum = 0.0;
    }
    
    CGFloat x = 20;//self.frame.origin.x;
    CGFloat maxMin = (maximum + minimum) / 2.0;
    
    x += (((value - minimum) / (maximum - minimum)) * (self.frame.size.width - 20)) - (self.textLabel.frame.size.width / 2.0);
    if (value > maxMin) {
        value = (value - maxMin) + (minimum * 1.0);
        value = value / maxMin;
        value = value * 11.0;
        x = x - value;
    }
    else {
        value = (maxMin - value) + (minimum * 1.0);
        value = value / maxMin;
        value = value * 11.0;
        x = x + value;
    }
    CGRect popoverRect = self.textLabel.frame;
    popoverRect.origin.x = x;
    popoverRect.origin.y = 0;
    self.textLabel.frame = popoverRect;
}
@end
```

文件ViewController.m是一个测试文件，调用上面定义的滑动条样式BottomSliderView定义了一个新的滑动条对象slider。本实例执行后的效果如图20-24所示。

图20-24 实例20-10的执行效果

20.6 实战演练——设置指定样式的步进控件

知识点讲解：光盘:视频\知识点\第20章\设置指定样式的步进控件.mp4

步进控件是从iOS 5开始新增的一个控件,可用于替换传统输入值的文本框,如设置定时器或控制屏幕对象的速度。由于步进控件没有显示当前的值,必须在用户单击步进控件时在界面的某个地方指出相应的值发生了变化。步进控件支持的事件与滑块相同,这使得可轻松地对变化做出响应或随时读取内部属性value,如图20-25所示。

图20-25 步进控件的作用类似于滑块

实例20-11	设置指定样式的步进控件
源码路径	光盘:\daima\20\FMStepper

（1）打开Xcode 7，然后新建一个名为FMStepperDemo的工程。
（2）文件FMStepper.h的功能是设置样式对象接口，分别设置步进控件的颜色、最大/小值、当前值、按钮样式和文本字体。文件FMStepper.h的具体实现代码如下所示。

```
#import <UIKit/UIKit.h>
@interface FMStepper : UIControl
/**
 设置步进控件的颜色
```

```objc
    */
@property (strong, nonatomic) UIColor *tintColor;
/**
 设置最小值
    */
@property (assign, nonatomic) double minimumValue;
/**
 设置最大值
    */
@property (assign, nonatomic) double maximumValue;
/**
 设置步进值,即每次按下时的变化值
    */
@property (assign, nonatomic) double stepValue;
/**
 设置是否是连续步进,如果是,在用户交互的值发生改变时,立即发送值变化事件
 如果为否,用户交互结束时发送值变化事件。此属性的默认值是"是"
    */
@property (assign, nonatomic, getter=isContinuous) BOOL continuous;
/**
 设置是否超过允许的最大值和最小值
    */
@property (assign, nonatomic) BOOL wraps;
/**
 设置自动与非自动重复步进状态,如果是,用户按下时则步进反复地改变值。此属性的默认值为"是"。
    */
@property (assign, nonatomic) BOOL autorepeat;
/**
 自动重复的时间间隔,默认为0.35秒
    */
@property (assign, nonatomic) double autorepeatInterval;


/**
 辅助功能描述的标签(提示、值)    */
@property (copy, nonatomic) NSString *accessibilityTag;
/**
 设置步进条的当前值
    */
- (void)setValue:(double)value;
/**
 获取当前值
    */
- (double)value;
/**
 获取当前值
    */
- (NSNumber *)valueObject;
+ (FMStepper *)stepperWithFrame:(CGRect)frame min:(CGFloat)min max:(CGFloat)max step:(CGFloat)step value:(CGFloat)value;
/**
 设置显示文字的字体
    */
- (void)setFont:(NSString *)fontName size:(CGFloat)size;
/**
 设置步进按钮两个角的半径
    */
- (void)setCornerRadius:(CGFloat)cornerRadius;
@end
```

(3)文件FMStepper.m实现文件FMStepper.m中定义的功能接口函数,具体实现代码如下所示。

```objc
#import "FMStepper.h"
#import "FMStepperButton.h"
#import <QuartzCore/QuartzCore.h>
static CGFloat const kFMStepperDefaultAutorepeatInterval = 0.35f; /@interface FMStepper () <UITextFieldDelegate>
@property (strong, nonatomic) FMStepperButton *decreaseStepperButton; //左调频步进按钮
@property (strong, nonatomic) UITextField     *valueTextField;         // 中间文本
@property (strong, nonatomic) FMStepperButton *increaseStepperButton; //右调频步进按钮
```

```objc
// 当前值
@property (strong, nonatomic) NSNumber *currentValue;

// 文本字体
@property (strong, nonatomic) UIFont   *textFont;
@property (strong, nonatomic) NSNumber *valueDuringAction;
//设置当前步进值，进行必要的界面更新和动作触发
- (void)setCurrentValue:(NSNumber *)value;
@end
@implementation FMStepper
+ (FMStepper *)stepperWithFrame:(CGRect)frame min:(CGFloat)min max:(CGFloat)max step:(CGFloat)step value:(CGFloat)value
{
    FMStepper *stepper = [[FMStepper alloc] initWithFrame:frame];
    stepper.minimumValue = min;
    stepper.maximumValue = max;
    stepper.stepValue = step;
    stepper.currentValue = @(value);
    return stepper;
}
- (id)initWithCoder:(NSCoder *)aDecoder
{
    self = [super initWithCoder:aDecoder];
    if (self) {
      [self commonInit];
    }
    return self;
}
// 绘制控件时设置屏幕框架大小为79 × 27
- (id)initWithFrame:(CGRect)frame
{
   self = [super initWithFrame:frame];
   if (self) {
       [self commonInit];
   }
   return self;
}
- (void)commonInit
{
    self.minimumValue = 0;    // 开始分别设置最大、最小和进度值
    self.maximumValue = 100;
    self.stepValue = 1;
    self.continuous = YES;
    self.autorepeat = YES;
    self.wraps = NO;
    self.autorepeatInterval = kFMStepperDefaultAutorepeatInterval;
    [self setCurrentValue:@(self.stepValue)];
    // 界面元素
    self.backgroundColor = [UIColor clearColor];
    CGRect frame = self.frame;
    if (frame.size.width <= 0 && frame.size.height <= 0) {
      // UIStepper的边框匹配UISwitch对象 (79 x 27)
      frame = CGRectMake(frame.origin.x, frame.origin.x, 720.0f, 27.0f);
    }
    // 方形按钮
    CGFloat controlHeight = frame.size.height;
    CGFloat buttonWidth = frame.size.height;
    CGFloat fieldWidth = frame.size.width - (2 * buttonWidth);
    // 使用设置的字体样式写文字
    self.textFont = [UIFont systemFontOfSize:(0.95 * controlHeight)];
    // LHS降低步进按钮
    CGRect decreaseStepperFrame = CGRectMake(0.0f, 0.0f, buttonWidth, controlHeight);
    self.decreaseStepperButton = [[FMStepperButton alloc] initWithFrame:decreaseStepperFrame

style:FMStepperButtonStyleLeftMinus];
    self.decreaseStepperButton.autoresizingMask = UIViewAutoresizingNone;
```

```objc
        self.decreaseStepperButton.contentVerticalAlignment =
UIControlContentVerticalAlignmentCenter;
        [self.decreaseStepperButton addTarget:self
                            action:@selector(buttonPressed:)
                    forControlEvents:UIControlEventTouchUpInside];
        [self.decreaseStepperButton addTarget:self
                            action:@selector(longTouchDidBegin:)
                    forControlEvents:UIControlEventTouchDown |
UIControlEventTouchDragEnter];
        [self.decreaseStepperButton addTarget:self
                            action:@selector(longTouchDidEnd)
                    forControlEvents:UIControlEventTouchUpInside |
UIControlEventTouchUpOutside | UIControlEventTouchCancel |
UIControlEventTouchDragExit];
```

(4)文件FMStepperButton.h的功能是设置步进条中的按钮样式,具体实现代码如下所示。

```objc
#import <UIKit/UIKit.h>

/**
一种用于步进按钮的各种样式的枚举
 */
typedef NS_ENUM(NSInteger, FMStepperButtonStyle) {
    FMStepperButtonStyleLeftMinus,
    FMStepperButtonStyleRightPlus,
    FMStepperButtonStyleCount
};
@interface FMStepperButton : UIButton
/**
设置颜色
 */
@property (strong, nonatomic) UIColor *color;
/**
设置按钮双角的半径,默认值是所控制高度的20%.
 */
@property (nonatomic) CGFloat cornerRadius;
/**
初始化并返回一个新分配的步进与指定的帧矩形 */
- (id)initWithFrame:(CGRect)frame style:(FMStepperButtonStyle)style;
/**
设置标签名称时要使用的变量
 */
- (void)configureAccessibilityWithTag:(NSString *)tag;
@end
```

(5)文件FMStepperButton.m的功能是实现上面的功能函数,具体实现代码如下所示。

```objc
@implementation FMStepperButton
- (id)initWithFrame:(CGRect)frame style:(FMStepperButtonStyle)style
{
    self = [super initWithFrame:frame];
    if (self) {
        self.style = style;
        self.cornerRadius = 0.2f * frame.size.height; // Currently 20% of frame height
        self.color = [UIColor darkGrayColor]; // This also sets currentColor property
        self.backgroundColor = [UIColor clearColor];
    }
    return self;
}
- (void)configureAccessibilityWithTag:(NSString *)tag
{
    switch (self.style) {
        case FMStepperButtonStyleLeftMinus:
            self.accessibilityLabel = [NSString stringWithFormat:@"Decrement %@ button",
                    (tag && [tag length]) ? tag : @"stepper"];
            self.accessibilityHint = [NSString stringWithFormat:@"Decrement %@ value",
                    (tag && [tag length]) ? tag : @"stepper"];
            break;
        case FMStepperButtonStyleRightPlus:
            self.accessibilityLabel = [NSString stringWithFormat:@"Increment %@ button",
                    (tag && [tag length]) ? tag : @"stepper"];
```

```
            self.accessibilityHint = [NSString stringWithFormat:@"Increment %@ value",
                                     (tag && [tag length]) ? tag : @"stepper"];
        default:
            break;
    }
}
    //绘制贝塞尔路径按钮
UIBezierPath *roundedRectanglePath = [UIBezierPath bezierPathWithRoundedRect:rect

byRoundingCorners:cornerSettings

cornerRadii:cornerRadii];
    [self.currentColor setFill];
    [roundedRectanglePath fill];

    switch (self.style) {
      case FMStepperButtonStyleLeftMinus:
        [self drawMinusSymbol:rect];
        break;
      case FMStepperButtonStyleRightPlus:
        [self drawPlusSymbol:rect];
        break;
      default:
        NSLog(@"Unhandled case in switch of %@", NSStringFromSelector(_cmd));
        break;
    }

    UIGraphicsPopContext();
}
//假设按钮是正方形的
- (void)drawMinusSymbol:(CGRect)rect
{
    // CGRectMake(23, 44, 54, 12)
    CGFloat glyphHeight  = 0.12f * rect.size.height;
    CGFloat glyphWidth   = 0.50f * rect.size.width;
    CGFloat glyphOriginX = 0.50f * (rect.size.height - glyphWidth);
    CGFloat glyphOriginY = 0.50f * (rect.size.height - glyphHeight);
    CGRect  glyphFrame   = CGRectMake(glyphOriginX, glyphOriginY, glyphWidth,
glyphHeight);

    UIBezierPath *rectanglePath = [UIBezierPath bezierPathWithRect:glyphFrame];
    [[UIColor whiteColor] setFill];
    [rectanglePath fill];
}
```
执行后将在屏幕中显示3种指定样式的步控件，如图20-26所示。

图20-26　实例20-11的执行效果

20.7　图像视图控件

　　知识点讲解：光盘:视频\知识点\第10章\图像视图控件.mp4
　　在iOS应用中，图像视图（UIImageView）用于显示图像。可以将图像视图加入到应用程序中，并用于向用户呈现信息。UIImageView实例还可以创建简单的基于帧的动画,其中包括开始、停止和设置动画播放速度的控件。在使用Retina屏幕的设备中,图像视图可利用其高分辨率屏幕。令开发人员兴奋的是,我们无须编写任何特殊代码,无须检查设备类型,而只需将多幅图像加入到项目中,图像视图将在正确的时间加载正确的图像。

20.7.1 实战演练——实现图片浏览器

实例20-12	实现图片浏览器
源码路径	光盘:\daima\20\UIImageViewTest1

(1)启动Xcode 7,在故事板上方插入文本控件显示提示信息,并提供"下一张"链接,在下方插入图片控件来轮显指定的图像,如图20-27所示。

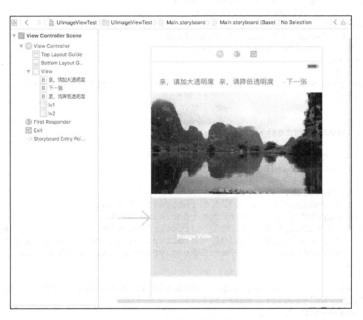

图20-27　故事板界面

(2)在文件ViewController.h中定义了接口和功能函数,具体实现代码如下所示。

```
#import <UIKit/UIKit.h>
@interface ViewController : UIViewController
@property (strong, nonatomic) IBOutlet UIImageView *iv1;
@property (strong, nonatomic) IBOutlet UIImageView *iv2;
- (IBAction)plus:(id)sender;
- (IBAction)minus:(id)sender;
- (IBAction)next:(id)sender;
@end
```

(3)在文件ViewController.m中定义了5幅素材图片,通过"userInteractionEnabled = YES"设置允许启动用户手势功能。然后通过_alpha调整图像的透明度,并调用函数next显示下一幅图像。文件ViewController.m的具体实现代码如下所示。

```
#import "ViewController.h"

@implementation ViewController{
    NSArray* _images;
    int _curImage;
    CGFloat _alpha;
}
- (void)viewDidLoad
{
```

```objc
    [super viewDidLoad];
    _curImage = 0;
    _alpha = 1.0;
    _images = @[@"lijiang.jpg", @"qiao.jpg", @"xiangbi.jpg"
        , @"shui.jpg", @"shuangta.jpg" ];
    // 启用iv1控件的用户交互，从而允许该控件响应用户手势
    self.iv1.userInteractionEnabled = YES;
    // 创建一个轻击的手势检测器
    UITapGestureRecognizer *singleTap = [[UITapGestureRecognizer alloc]
        initWithTarget:self action:@selector(tapped:)];
    [self.iv1 addGestureRecognizer:singleTap];         // 为UIImageView添加手势检测器
}
- (IBAction)plus:(id)sender {
    _alpha += 0.02;
    // 如果透明度已经大于或等于1.0，将透明度设置为1.0
    if(_alpha >= 1.0)
    {
        _alpha = 1.0;
    }
    self.iv1.alpha = _alpha;                           // 设置iv1控件的透明度
}
- (IBAction)minus:(id)sender {
    _alpha -= 0.02;
    // 如果透明度已经小于或等于0.0，将透明度设置为0.0
    if(_alpha <= 0.0)
    {
        _alpha = 0.0;
    }
    self.iv1.alpha = _alpha;                           // 设置iv1控件的透明度
}
- (IBAction)next:(id)sender {
    // 控制iv1的image显示_images数组中的下一张图片
    self.iv1.image = [UIImage imageNamed:
        _images[++_curImage % _images.count]];
}
- (void) tapped:(UIGestureRecognizer *)gestureRecognizer
{
    UIImage* srcImage = self.iv1.image;                // 获取正在显示的原始位图
    // 获取用户手指在iv1控件上的触碰点
    CGPoint pt = [gestureRecognizer locationInView: self.iv1];
    // 获取正在显示的原图对应的CGImageRef
    CGImageRef sourceImageRef = [srcImage CGImage];
    // 获取图片实际大小与第一个UIImageView的缩放比例
    CGFloat scale = srcImage.size.width / 320;
    // 将iv1控件上触碰点的左边换算成原始图片上的位置
    CGFloat x = pt.x * scale;
    CGFloat y = pt.y * scale;
    if(x + 120  > srcImage.size.width)
    {
        x = srcImage.size.width - 140;
    }
    if(y + 120  > srcImage.size.height)
    {
        y = srcImage.size.height - 140;
    }
    // 调用CGImageCreateWithImageInRect函数获取sourceImageRef中指定区域的图片
    CGImageRef newImageRef = CGImageCreateWithImageInRect(sourceImageRef
        , CGRectMake(x,  y, 140, 140));
    // 让iv2控件显示newImageRef对应的图片
    self.iv2.image = [UIImage imageWithCGImage:newImageRef];
}
@end
```

执行效果如图20-28所示。

454 第 20 章 基础控件介绍

图20-28 实例20-12的执行效果

20.7.2 实战演练——实现幻灯片播放器效果

实例20-13	实现幻灯片播放器效果
源码路径	光盘:\daima\20\UIImageViewTest2

（1）启动Xcode 7，在故事板中插入图片控件来显示幻灯片的图片素材，如图20-29所示。

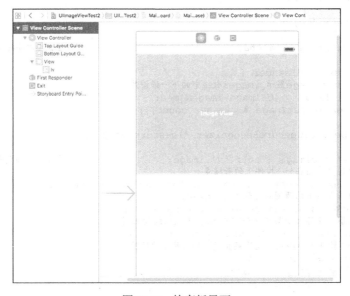

图20-29 故事板界面

（2）在文件ViewController.m中创建了一个NSArray集合，所有集合元素都是将要在幻灯片中显示的UIImage对象。

```
#import "ViewController.h"
@implementation ViewController
- (void)viewDidLoad
{
    [super viewDidLoad];
    // 创建一个NSArray集合，其中集合元素都是UIImage对象
    NSArray* images = @[[UIImage imageNamed:@"lijiang.jpg"],
        [UIImage imageNamed:@"qiao.jpg"],
        [UIImage imageNamed:@"xiangbi.jpg"],
        [UIImage imageNamed:@"shui.jpg"],
        [UIImage imageNamed:@"shuangta.jpg"]];
    // 设置iv控件需要动画显示的图片为images集合元素
    self.iv.animationImages = images;
    self.iv.animationDuration = 12;    // 设置动画持续时间
```

```
        self.iv.animationRepeatCount = 999999;    // 设置动画重复次数
        [self.iv startAnimating];    // 让iv控件开始播放动画
}
@end
```
执行后将以幻灯片的方式播放图片,效果如图20-30所示。

图20-30 实例20-13的执行效果

20.8 开关控件

知识点讲解:光盘:视频\知识点\第20章\开关控件.mp4

在大多数传统桌面应用程序中,通过复选框和单选按钮来实现开关功能。在iOS中,Apple放弃了这些界面元素,取而代之的是开关和分段控件。在iOS应用中,使用开关控件(UISwitch)来实现"开/关"UI元素,它类似于传统的物理开关,如图20-31所示。开关的可配置选项很少,应将其用于处理布尔值。

图20-31 开关控件

20.8.1 实战演练——改变开关控件的文本和颜色

我们知道,iOS中的Switch控件默认的文本为ON和OFF两种,不同的语言显示不同,颜色均为蓝色和亮灰色。如果想改变上面的ON和OFF文本,我们必须从UISwitch继承一个新类,然后在新的Switch类中修改替换原有的Views。下面的实例根据上述原理改变了开关控件的文本和颜色。

实例20-14	改变开关控件的文本和颜色
源码路径	光盘:\daima\20\kaiguan1

本实例的具体的实现代码如下所示。
```
#import <UIKit/UIKit.h>
//该方法是SDK文档中没有的,添加一个category
@interface UISwitch (extended)
- (void) setAlternateColors:(BOOL) boolean;
@end
//自定义Slider 类
@interface _UISwitchSlider : UIView
@end
 @interface UICustomSwitch : UISwitch {
}
- (void) setLeftLabelText:(NSString *)labelText
                    font:(UIFont*)labelFont
                    color: (UIColor *)labelColor;
- (void) setRightLabelText:(NSString *)labelText
                    font:(UIFont*)labelFont
                    color:(UIColor *)labelColor;
- (UILabel*) createLabelWithText:(NSString*)labelText
                    font:(UIFont*)labelFont
                    color:(UIColor*)labelColor;
@end
```

这样在上述代码中添加了一个名为extended的category，主要作用是声明UISwitch的 setAlternateColors消息，否则在使用的时候会出现找不到该消息的警告。其实setAlternateColors已经在UISwitch中实现，只是没有在头文件中公开而已，所以在此只是做一个声明。当调用setAlternateColors:YES时，UISwitch的状态为ON时会显示为橙色，否则为亮蓝色。对应文件UICustomSwitch.m的实现代码如下所示。

```objectivec
// 创建文本标签
- (UILabel*) createLabelWithText:(NSString*)labelText
                            font:(UIFont*)labelFont
                           color:(UIColor*)labelColor{
    CGRect rect = CGRectMake(-25.0f, -20.0f, 50.0f, 20.0f);
    UILabel *label = [[UILabel alloc] initWithFrame: rect];
    label.text = labelText;
    label.font = labelFont;
    label.textColor = labelColor;
    label.textAlignment = UITextAlignmentCenter;
    label.backgroundColor = [UIColor clearColor];
    return label;
}
// 重新设定左边的文本标签
- (void) setLeftLabelText:(NSString *)labelText
                     font:(UIFont*)labelFont
                    color:(UIColor *)labelColor
{
    @try {
        //
        [[self leftLabel] setText:labelText];
        [[self leftLabel] setFont:labelFont];
        [[self leftLabel] setTextColor:labelColor];
    } @catch (NSException *ex) {
        //
        UIImageView* leftImage = (UIImageView*)[self leftLabel];
        leftImage.image = nil;
        leftImage.frame = CGRectMake(0.0f, 0.0f, 0.0f, 0.0f);
        [leftImage addSubview: [[self createLabelWithText:labelText
                                                     font:labelFont
                                                    color:labelColor] autorelease]];
    }
}

// 重新设定右边的文本
- (void) setRightLabelText:(NSString *)labelText font:(UIFont*)labelFont
color:(UIColor *)labelColor {
    @try {
        //
        [[self rightLabel] setText:labelText];
        [[self rightLabel] setFont:labelFont];
        [[self rightLabel] setTextColor:labelColor];
    } @catch (NSException *ex) {
        //
        UIImageView* rightImage = (UIImageView*)[self rightLabel];
        rightImage.image = nil;
        rightImage.frame = CGRectMake(0.0f, 0.0f, 0.0f, 0.0f);
        [rightImage addSubview: [[self createLabelWithText:labelText
                                                      font:labelFont
                                                     color:labelColor] autorelease]];
    }
}
@end
```

由此可见，具体的实现过程就是替换原有的标签view以及slider。使用方法非常简单，只需设置左右文本以及颜色即可，例如：

```objectivec
switchCtl = [[UICustomSwitch alloc] initWithFrame:frame];
//[switchCtl setAlternateColors:YES];
    [switchCtl setLeftLabelText:@"Yes"
                           font:[UIFont boldSystemFontOfSize: 17.0f]
                          color:[UIColor whiteColor]];
    [switchCtl setRightLabelText:@"No"
```

```
                    font:[UIFont boldSystemFontOfSize: 17.0f]
                    color:[UIColor grayColor]];
```

这样，上面的代码将显示Yes、No两个选项，如图20-32所示。

图20-32　显示效果

20.8.2　实战演练——创建并使用开关控件

实例20-15	创建并使用开关控件
源码路径	光盘:\daima\20\UISwitchEX

（1）启动Xcode 7，本项目工程的最终目录结构如图20-33所示。

图20-33　最终目录结构

（2）文件ViewController.m的功能是在加载视图时插入开关控件，分别设置开启/关闭控件时的颜色和图片。文件ViewController.m的具体实现代码如下所示。

```
#import "ViewController.h"
@interface ViewController ()
@end
@implementation ViewController

- (void)viewDidLoad {
    [super viewDidLoad];
    self.navigationController.navigationBar.barTintColor = [UIColor orangeColor];
    self.navigationItem.title = @"UISwitch创建和使用";
    self.view.backgroundColor = [UIColor grayColor];
    UISwitch *mySwitch = [[UISwitch alloc] initWithFrame:CGRectMake(10, 100, 300, 50)];
    mySwitch.backgroundColor = [UIColor orangeColor];
    [self.view addSubview:mySwitch];
    //设置开启颜色和图片
    mySwitch.onTintColor = [UIColor yellowColor];
    mySwitch.onImage = [UIImage imageNamed:@""];
    //设置关闭颜色和图片
    mySwitch.tintColor = [UIColor redColor];
    mySwitch.offImage = [UIImage imageNamed:@""];
    //设置圆形按钮颜色
    mySwitch.thumbTintColor = [UIColor purpleColor];
    //代码设置开启/关闭状态（设置YES或NO），是否使用animated动画效果
    [mySwitch setOn:YES animated:YES];
    //获取UIswitch的开闭状态，默认为关闭
    if (mySwitch.isOn) {
        NSLog(@"开启状态");
    }else{
        NSLog(@"关闭状态");
    }
    //添加动作事件
    [mySwitch addTarget:self action:@selector(switchChange:) forControlEvents:UIControlEventValueChanged];
}
```

```
- (void)switchChange:(id)sender{
    UISwitch *mySwitch = (UISwitch *)sender;
    if (mySwitch.isOn) {
        NSLog(@"开关开启");
    }else{
        NSLog(@"开关关闭");
    }
}
@end
```
执行后的效果如图20-34所示。

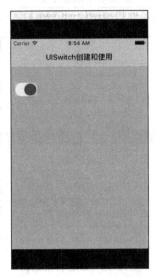

图20-34 实例20-15所示的执行效果

20.9 分段控件

知识点讲解：光盘:视频\知识点\第20章\分段控件.mp4

在iOS应用中，当用户输入的不仅仅是布尔值时，可使用分段控件（UISegmentedControl）实现需要的功能。分段控件提供一栏按钮（有时称为按钮栏），但只能激活其中一个按钮，如图20-35所示。

图20-35 分段控件

20.9.1 实战演练——分段控件的使用

实例20-16	分段控件的使用
源码路径	光盘:\daima\20\UISegmentedControlDemo

（1）打开Xcode 7，创建一个名为UISegmentedControlDemo的工程。
（2）文件 ViewController.h 的实现代码如下所示。
```
#import <UIKit/UIKit.h>

@interface ViewController : UIViewController{

}
@end
```
（3）文件 ViewController.m 的实现代码如下所示。
```
#pragma mark - View lifecycle
-(void)selected:(id)sender{
    UISegmentedControl* control = (UISegmentedControl*)sender;
    switch (control.selectedSegmentIndex) {
        case 0:
            break;
```

```
        case 1:
            break;
        case 2:
            break;
        default:
            break;
    }
}
- (void)viewDidLoad
{
    [super viewDidLoad];
    UISegmentedControl* mySegmentedControl = [[UISegmentedControl alloc]initWithItems:nil];
    mySegmentedControl.segmentedControlStyle = UISegmentedControlStyleBezeled;
    UIColor *myTint = [[ UIColor alloc]initWithRed:0.66 green:1.0 blue:0.77 alpha:1.0];
    mySegmentedControl.tintColor = myTint;
    mySegmentedControl.momentary = YES;

    [mySegmentedControl insertSegmentWithTitle:@"First" atIndex:0 animated:YES];
    [mySegmentedControl insertSegmentWithTitle:@"Second" atIndex:2 animated:YES];
    [mySegmentedControl insertSegmentWithImage:[UIImage imageNamed:@"pic"] atIndex:3 animated:YES];

    //[mySegmentedControl removeSegmentAtIndex:0 animated:YES];    //删除一个片段
    //[mySegmentedControl removeAllSegments];                      //删除所有片段

    [mySegmentedControl setTitle:@"ZERO" forSegmentAtIndex:0];     //设置标题
    NSString* myTitle = [mySegmentedControl titleForSegmentAtIndex:1];   //读取标题
    NSLog(@"myTitle:%@",myTitle);

    //[mySegmentedControl setImage:[UIImage imageNamed:@"pic"] forSegmentAtIndex:1];//设置
    UIImage* myImage = [mySegmentedControl imageForSegmentAtIndex:2]; //读取

    [mySegmentedControl setWidth:100 forSegmentAtIndex:0];         //设置Item的宽度

    [mySegmentedControl addTarget:self action:@selector(selected:) forControlEvents:UIControlEventValueChanged];

    //[self.view addSubview:mySegmentedControl];                   //添加到父视图

    self.navigationItem.titleView = mySegmentedControl;            //添加到导航栏

    //可能显示出来乱七八糟的，不过没关系，关键在于掌握原理。
    // 你可以尝试修改一下 让其显得美观
}
```

执行后的效果如图20-36所示。

图20-36　实例20-16的执行效果

20.9.2 实战演练——使用分段控件控制背景颜色

实例20-17	使用分段控件控制背景颜色
源码路径	光盘:\daima\20\UISegmentedControlTest1

（1）启动Xcode 7，在故事板中插入一个分段控件，设置前两个选项的值分别为"红"和"绿"，如图20-37所示。

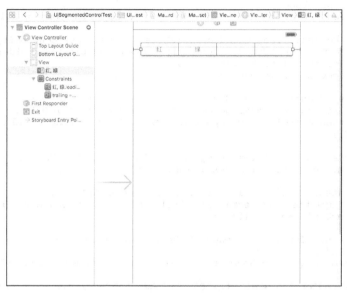

图20-37　故事板界面

（2）在文件ViewController.m中通过switch语句来判断用户选择的选项值，根据所选的值设置不同的背景颜色，各个值对应的颜色如下所示。

- 0：将应用背景设为红色。
- 1：将应用背景设为绿色。
- 2：将应用背景设为蓝色。
- 3：将应用背景设为紫色。

（3）文件ViewController.m的具体实现代码如下所示。

```
#import "ViewController.h"
@implementation ViewController
- (void)viewDidLoad
{
    [super viewDidLoad];
}
- (IBAction)segmentChanged:(id)sender {
    // 根据UISegmentedControl被选中的索引
    switch ([sender selectedSegmentIndex]) {
        case 0:     // 将应用背景设为红色
            self.view.backgroundColor = [UIColor redColor];
            break;
        case 1:     // 将应用背景设为绿色
            self.view.backgroundColor = [UIColor greenColor];
            break;
        case 2:     // 将应用背景设为蓝色
            self.view.backgroundColor = [UIColor blueColor];
            break;
        case 3:     // 将应用背景设为紫色
            self.view.backgroundColor = [UIColor purpleColor];
            break;
```

```
    }
}
@cnd
```
执行后的效果如图20-38所示，选择"绿"选项卡后的效果如图20-39所示。

图20-38　实例20-17的执行效果

图20-39　选择"绿"选项卡后的效果

20.10　工具栏

知识点讲解：光盘:视频\知识点\第20章\工具栏.mp4

在iOS应用中，工具栏（UIToolbar）是一个比较简单的UI元素之一。工具栏是一个实心条，通常位于屏幕顶部或底部。工具栏包含的按钮（UIBarButtonItem）对应于用户可在当前视图中执行的操作。这些按钮提供了一个选择器（Selector）操作，其工作原理几乎与Touch Up Inside事件相同。

20.10.1　实战演练——自定义工具栏控件的颜色和样式

实例20-18	自定义工具栏控件的颜色和样式
源码路径	光盘:\daima\20\ToolDrawer

本实例的功能是自定义工具栏控件的颜色和样式，在屏幕4个角加上工具栏。当用户单击三角按钮时，工具栏便会收起或者打开。

在文件ToolDrawerView.m中定义工具栏的外观样式，在屏幕中绘制了如下所示的效果。

❑ 工具栏角的圆弧。
❑ 弹出工具栏的白边样式。
❑ 标签按钮。
❑ Cheveron样式的图形按钮。
❑ 翻转按钮图像。
❑ 重置按钮标签。
❑ 闪烁按钮标签。
❑ 工具栏消失动画特效。

❏ 附加Item条目、图像和按钮选项。

文件ToolDrawerView.m的具体实现代码如下所示。

```objc
//定义工具栏角的圆弧
- (id)initInVerticalCorner:(ToolDrawerVerticalCorner)vCorner
andHorizontalCorner:(ToolDrawerHorizontalCorner)hCorner
moving:(ToolDrawerDirection)aDirection{
     // 设置50*50的大小
    if ((self = [super initWithFrame:CGRectMake(0.0, 0.0, 50.0, 50.0)])) {
        // 从关闭位置开始
        open = NO;
        // 在视图中添加文字按钮
        [self createTabButton];
        // 确定背景干净
        self.opaque = NO;
        // 获取弹出式工具栏角的方向
        self.verticalCorner = vCorner;
        self.horizontalCorner = hCorner;
        self.direction = aDirection;
        //设置工具栏淡出的时间段
        self.durationToFade = 15.0;
        //设置每项动画的持续时间
        self.perItemAnimationDuration = 0.3;
        // 重置计时
        [self resetFadeTimer];
    }
    return self;
}
//绘制弹出工具栏的白边
- (void)drawRect:(CGRect)rect {
    CGContextRef ctx = UIGraphicsGetCurrentContext();
    CGRect iRect = CGRectInset(rect, 0, 0);
    CGFloat tabRadius = 35.0;
    CGContextSetStrokeColorWithColor(ctx, [UIColor blackColor].CGColor);
    CGContextSetLineWidth(ctx, 1.0);
    CGContextBeginPath(ctx);
    CGContextMoveToPoint(ctx, iRect.origin.x, iRect.origin.y);
    CGContextAddLineToPoint(ctx, iRect.origin.x, iRect.size.height);
    CGContextAddLineToPoint(ctx, iRect.size.width - tabRadius, iRect.size.height);
    CGContextAddArcToPoint(ctx, iRect.size.width, iRect.size.height, iRect.size.width, iRect.size.height - tabRadius, tabRadius);
    CGContextAddLineToPoint(ctx, iRect.size.width, iRect.origin.y);
    CGContextAddLineToPoint(ctx, iRect.origin.x, iRect.origin.y);
    CGGradientRef myGradient;
    CGColorSpaceRef myColorspace;
    size_t num_locations = 2;
    CGFloat locations[2] = { 0.0, 1.0 };
    CGFloat components[8] = { 0.0, 0.0, 0.0, 0.65,   // 开始颜色
                  0.0, 0.0, 0.0, 0.95 };  // 结束颜色
    myColorspace = CGColorSpaceCreateDeviceRGB();
    myGradient = CGGradientCreateWithColorComponents (myColorspace, components,
                                                      locations, num_locations);
    CGPoint startPoint = CGPointMake(iRect.origin.x,iRect.origin.y),
             endPoint = CGPointMake(iRect.origin.x, iRect.origin.y + iRect.size.height);
    CGContextSaveGState(ctx);
    CGContextClip(ctx);
    CGContextClipToRect(ctx,iRect);
    CGContextDrawLinearGradient(ctx, myGradient, startPoint, endPoint, 0);
    CGContextRestoreGState(ctx);
    CGContextStrokePath(ctx);
}
#pragma mark
#pragma mark Tab button creation methods
//创建标签按钮
- (void)createTabButton{
    handleButtonImage = [self createTabButtonImageWithFillColor:[UIColor colorWithWhite:1.0 alpha:0.25]];
    handleButtonBlinkImage = [self createTabButtonImageWithFillColor:[UIColor whiteColor]];
```

```objc
    self.handleButton = [UIButton buttonWithType:UIButtonTypeCustom];
    self.handleButton.frame = CGRectMake(0.0, 0.0, 50.0, 50.0);
    self.handleButton.center = CGPointMake(25.0, 25.0);
    self.handleButton.autoresizingMask = UIViewAutoresizingFlexibleLeftMargin;
    [self.handleButton setImage:handleButtonImage forState:UIControlStateNormal];
    [self.handleButton addTarget:self action:@selector(updatePosition) forControlEvents:UIControlEventTouchDown];
    [self addSubview:self.handleButton];
}
// 创建cheveron样式的图形按钮
- (UIImage *)createTabButtonImageWithFillColor:(UIColor *)fillColor{
    UIGraphicsBeginImageContext(CGSizeMake(24.0, 24.0));
    CGContextRef ctx = UIGraphicsGetCurrentContext();
    CGContextSetStrokeColorWithColor(ctx, [UIColor colorWithRed:0 green:0 blue:0 alpha:0.6].CGColor);
    CGContextSetFillColorWithColor(ctx, fillColor.CGColor);
    CGContextSetLineWidth(ctx, 2.0);
    CGRect circle = CGRectMake(2.0, 2.0, 20.0, 20.0);
    // 绘制填充圆
    CGContextFillEllipseInRect(ctx, circle);
    // 轻击圆
    CGContextAddEllipseInRect(ctx, circle);
    CGContextStrokePath(ctx);
    // 轻击 Chevron
    CGFloat chevronOffset = 4.0;
    CGContextBeginPath(ctx);
    CGContextMoveToPoint(ctx, 20.0 - chevronOffset, 20.0 - chevronOffset);
    CGContextAddLineToPoint(ctx, 20.0 + chevronOffset, 20.0);
    CGContextAddLineToPoint(ctx, 20.0 - chevronOffset, 20.0 + chevronOffset);
    CGContextAddLineToPoint(ctx, 20.0 - chevronOffset, 12 - chevronOffset);
    CGContextSetFillColorWithColor(ctx, [UIColor whiteColor].CGColor);
    CGContextFillPath(ctx);
    CGContextStrokePath(ctx);
    UIImage *buttonImage = UIGraphicsGetImageFromCurrentImageContext();
    UIGraphicsEndImageContext();
    return buttonImage;
}
#pragma mark
#pragma mark Tab button blinking methods
//翻转按钮图像
- (void)flipTabButtonImage:(NSTimer*)theTimer{
    if (self.handleButton.imageView.image == handleButtonBlinkImage){
        self.handleButton.imageView.image = handleButtonImage;
    } else {
        self.handleButton.imageView.image = handleButtonBlinkImage;
    }
}
//重置按钮标签
- (void)resetTabButton{
    if (handleButtonBlinkTimer != nil){
        if ([handleButtonBlinkTimer isValid]){
            [handleButtonBlinkTimer invalidate];
        }
        
        handleButtonBlinkTimer = nil;
    }
    self.handleButton.imageView.image = handleButtonImage;
}
//闪烁按钮标签
- (void)blinkTabButton{
    handleButtonBlinkTimer = [NSTimer scheduledTimerWithTimeInterval:1.0
                                                              target:self
                                                            selector:@selector(flipTabButtonImage:)
                                                            userInfo:nil
                                                             repeats:YES];
}
#pragma mark
#pragma mark Toolbar fading methods
```

```objc
//工具栏消失动画特效
- (void)fadeAway:(NSTimer*)theTimer{
    toolDrawerFadeTimer = nil;
    if (self.alpha == 1.0){
        [UIView animateWithDuration:0.5
                    delay:0.0
                  options:UIViewAnimationOptionCurveLinear |
UIViewAnimationOptionAllowUserInteraction
               animations:^{ self.alpha = 0.5; }
               completion:nil];
    }
}
#pragma mark Toolbar Items methods
//附件Item选项
- (UIButton *)appendItem:(NSString *)imageName{
    // Load source image / mask from file
    UIImage *maskImage = [UIImage imageNamed:imageName];
    
    // Start a new image context
    UIGraphicsBeginImageContext(maskImage.size);
    CGContextRef ctx = UIGraphicsGetCurrentContext();
    CGContextTranslateCTM(ctx, 0.0, maskImage.size.height);
    CGContextScaleCTM(ctx, 1.0, -1.0);
    CGContextSetFillColorWithColor(ctx, [UIColor whiteColor].CGColor);
    CGContextClipToMask(ctx, CGRectMake(0.0, 0.0, maskImage.size.width,
maskImage.size.height), maskImage.CGImage);
    CGContextFillRect(ctx, CGRectMake(0.0, 0.0, maskImage.size.width,
maskImage.size.height));
    UIImage *finalImage = UIGraphicsGetImageFromCurrentImageContext();
    UIGraphicsEndImageContext();
    return [self appendImage:finalImage];
}
//附加图像
- (UIButton *)appendImage:(UIImage *)img{
    UIButton *button = [UIButton buttonWithType:UIButtonTypeCustom];
    [button setImage:img forState:UIControlStateNormal];
    
    [self appendButton:button];
    
    return button;
}
//附加按钮
- (void)appendButton:(UIButton *)button{
    int itemCount = self.subviews.count;
    CGRect bounds = self.bounds;
    bounds.size.width += 50.0;
    self.bounds = bounds;
    button.frame = CGRectMake(0.0, 0.0, 50.0, 50.0);
    button.center = CGPointMake(25.0 + (50.0 * (itemCount - 1)), 25.0);
    button.autoresizingMask = UIViewAutoresizingFlexibleRightMargin;
    button.transform = self.transform;
    [button addTarget:self action:@selector(resetFading)
forControlEvents:UIControlEventTouchDown];
    [self addSubview:button];
    if (self.superview != nil){
        [self computePositions];
    }
}
#pragma mark
//移动视图
- (void)didMoveToSuperview{
    CGRect r = self.superview.bounds;
    CGFloat w = r.size.width / 2.0;
    CGFloat h = r.size.height / 2.0;
    CGAffineTransform directionTransform;
    if (self.direction == kVertically){
        directionTransform = CGAffineTransformMakeScale(-1.0, 1.0);
        directionTransform = CGAffineTransformConcat(directionTransform,
CGAffineTransformMakeRotation(-(M_PI / 2.0)));
```

```
    } else {
        directionTransform = CGAffineTransformIdentity;
    }
    CGAffineTransform scaleTransform =
CGAffineTransformMakeScale(self.horizontalCorner, self.verticalCorner);
    self.transform = CGAffineTransformConcat(directionTransform, scaleTransform);
    for(UIView *subview in self.subviews){
        if (subview != handleButton){
            subview.transform = CGAffineTransformInvert(self.transform);
        }
    }
    CGAffineTransform screenTransform;
    screenTransform = CGAffineTransformMakeTranslation(-w, -h);
    screenTransform = CGAffineTransformConcat(screenTransform, scaleTransform);
    screenTransform = CGAffineTransformConcat(screenTransform,
CGAffineTransformMakeTranslation(w, h));
    positionTransform = CGAffineTransformConcat(directionTransform, screenTransform);
    [self computePositions];
}
```
执行后的效果如图20-40所示。

图20-40　实例20-18的执行效果

20.10.2　实战演练——自定义工具栏

实例20-19	自定义工具栏
源码路径	光盘:\daima\20\UIToolBarTest

（1）启动Xcode 7，本项目工程最终的目录结构和故事板界面如图20-41所示。
（2）文件ViewController.m的具体实现代码如下所示。

```
#import "ViewController.h"
@implementation ViewController
- (void)viewDidLoad
{
    [super viewDidLoad];
}
- (IBAction)tapped:(id)sender {
    // 使用UIAlertView显示用户单击了哪个按钮
    NSString* msg = [NSString stringWithFormat:@"您点击了【%@】按钮"
        , [sender title]];
    UIAlertView* alert = [[UIAlertView alloc] initWithTitle:@"提示"
        message:msg delegate:nil
        cancelButtonTitle:@"确定"
        otherButtonTitles: nil];
    [alert show];
}
@end
```

执行后的效果如图20-42所示。

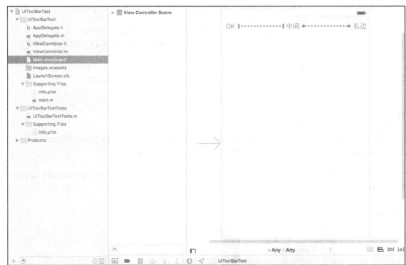

图20-41　最终目录结构和故事板界面

图20-42　实例20-19的执行效果

20.11　选择器视图

知识点讲解：光盘:视频\知识点\第20章\选择器视图.mp4

在选择器视图中只定义了整体行为和外观，选择器视图包含的组件数以及每个组件的内容都将由我们自己进行定义。图20-43所示的选择器视图包含两个组件，它们分别显示文本和图像。本节将详细讲解选择器视图（UIPickerView）的基本知识。

图20-43　选择器视图示例

20.11.1　实战演练——实现两个选择器视图控件间的数据依赖

实例20-20	实现两个选择器视图控件间的数据依赖
源码路径	光盘:\daima\20\pickerViewDemo

本实例的功能是实现两个选取器的关联操作，滚动第一个滚轮时第二个滚轮的内容随之发生变化，然后单击按钮触发一个动作。

（1）首先在工程中创建一个songInfo.plist文件，用于储存数据，如图20-44所示。添加的数据如图20-45所示。

20.11 选择器视图

图20-44 创建songInfo.plist文件

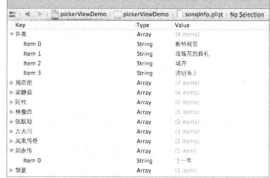

图20-45 添加的数据

（2）在ViewController设置一个选取器pickerView对象，两个数组存放选取器数据和一个字典，读取plist文件。具体代码如下所示。

```
#import <UIKit/UIKit.h>
@interface ViewController :
UIViewController<UIPickerViewDelegate,UIPickerViewDataSource>
{
//定义滑轮组件
    UIPickerView *pickerView;
//    储存第一个选取器的数据
    NSArray *singerData;
//    储存第二个选取器的数据
    NSArray *singData;
//    读取plist文件数据
    NSDictionary *pickerDictionary;
}
-(void) buttonPressed:(id)sender;
@end
```

（3）在ViewController.m文件的ViewDidLoad中完成初始化。首先有如下两个宏定义：

```
#define singerPickerView 0
#define singPickerView 1
```

上述代码分别表示两个选取器的索引序号值，将其放在#import "ViewController.h"后面。

```
- (void)viewDidLoad
{
    [super viewDidLoad];

    pickerView = [[UIPickerView alloc] initWithFrame:CGRectMake(0, 0, 320, 216)];
//    指定Delegate
    pickerView.delegate=self;
    pickerView.dataSource=self;
//    显示选中框
    pickerView.showsSelectionIndicator=YES;
    [self.view addSubview:pickerView];
//    获取mainBundle
    NSBundle *bundle = [NSBundle mainBundle];
//    获取songInfo.plist文件路径
    NSURL *songInfo = [bundle URLForResource:@"songInfo" withExtension:@"plist"];
//    把plist文件里的内容存入数组
    NSDictionary *dic = [NSDictionary dictionaryWithContentsOfURL:songInfo];
    pickerDictionary=dic;
//    将字典里面的内容取出放到数组中
    NSArray *components = [pickerDictionary allKeys];
//选取出第一个滚轮中的值
    NSArray *sorted = [components sortedArrayUsingSelector:@selector(compare:)];
    singerData = sorted;
//    根据第一个滚轮中的值，选取第二个滚轮中的值
    NSString *selectedState = [singerData objectAtIndex:0];
    NSArray *array = [pickerDictionary objectForKey:selectedState];
    singData=array;
```

```
//      添加按钮
    CGRect frame = CGRectMake(120, 250, 80, 40);
    UIButton *selectButton = [UIButton buttonWithType:UIButtonTypeRoundedRect];
    selectButton.frame=frame;
    [selectButton setTitle:@"SELECT" forState:UIControlStateNormal];

    [selectButton addTarget:self action:@selector(buttonPressed:)
forControlEvents:UIControlEventTouchUpInside];
    [self.view addSubview:selectButton];
}
```

这样整个实例接收完毕,执行后的效果如图20-46所示。

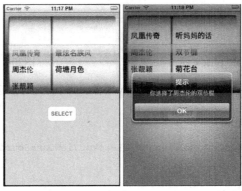

图20-46 实例20-20的执行效果

20.11.2 实战演练——实现单列选择器

实例20-21	实现单列选择器
源码路径	光盘:\daima\20\UIPickerViewTestEX4

(1)启动Xcode 7,本项目工程的最终目录结构和故事板界面如图20-47所示。

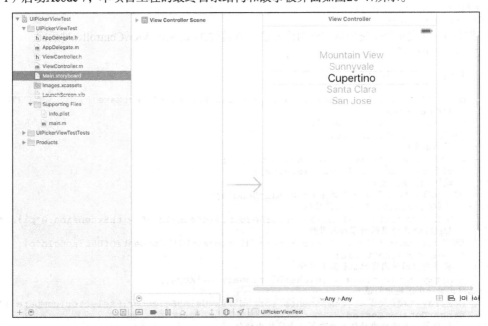

图20-47 本项目工程的最终目录结构和故事板界面

(2)文件ViewController.m的具体实现代码如下所示。

```objc
#import "ViewController.h"
@implementation ViewController{
    NSArray* _books;
}
- (void)viewDidLoad
{
    [super viewDidLoad];
    // 创建并初始化NSArray对象
    _books = @[@"AAAAA", @"BBBBB",
        @"CCCCC" , @"DDDDD"];
    // 为UIPickerView控件设置dataSource和delegate
    self.picker.dataSource = self;
    self.picker.delegate = self;
}
// UIPickerViewDataSource中定义的方法,该方法的返回值决定该控件包含多少列
- (NSInteger)numberOfComponentsInPickerView:(UIPickerView*)pickerView
{
    return 1;  // 返回1表明该控件只包含1列
}
// UIPickerViewDataSource中定义的方法,该方法的返回值决定该控件指定列包含多少个列表项
- (NSInteger)pickerView:(UIPickerView *)pickerView
    numberOfRowsInComponent:(NSInteger)component
{
    // 由于该控件只包含一列,因此无须理会列序号参数component
    // 该方法返回_books.count,表明_books包含多少个元素,该控件就包含多少列表项
    return _books.count;
}
// UIPickerViewDelegate中定义的方法,该方法返回的NSString将作为UIPickerView
// 中指定列和列表项的标题文本
- (NSString *)pickerView:(UIPickerView *)pickerView
    titleForRow:(NSInteger)row forComponent:(NSInteger)component
{
    // 由于该控件只包含一列,因此无须理会列序号参数component
    // 该方法根据row参数返回_books中的元素,row参数代表列表项的编号,
    // 因此该方法表示第几个列表项,就使用_books中的第几个元素
    return _books [row];
}
// 当用户选中UIPickerViewDataSource中指定列和列表项时激发该方法
- (void)pickerView:(UIPickerView *)pickerView didSelectRow:
(NSInteger)row inComponent:(NSInteger)component
{
    // 使用一个UIAlertView来显示用户选中的列表项
    UIAlertView* alert = [[UIAlertView alloc]
        initWithTitle:@"提示"
        message:[NSString stringWithFormat:@"你选中的图书是: %@", _books[row]]
        delegate:nil
        cancelButtonTitle:@"确定"
        otherButtonTitles:nil];
    [alert show];
}
@end
```

执行后的效果如图20-48所示。

图20-48　实例20-21的执行效果

20.12 日期选择控件

知识点讲解：光盘:视频\知识点\第20章\日期选择控件.mp4

选择器是iOS的一种独特功能，它们通过转轮界面提供一系列多值选项，这类似于自动贩卖机。选择器的每个组件显示数个可供用户选择的值。在桌面应用程序中，与选择器最接近的组件是下拉列表，图20-49显示了标准的日期选择器（UIDatePicker）。

当用户需要选择多个值（这些值通常相关）时应使用选择器。它们通常用于设置日期和时间，但是可以对其进行定制，以处理您能想到的任何选择方式。

图20-49 日期选择器

20.12.1 实战演练——使用日期选择器自动选择时间

实例20-22	使用日期选择器自动选择时间
源码路径	光盘:\daima\20\UIDatePickerEX

本实例的功能是在屏幕中显示一个日期选择器，选择日期后会弹出提醒框显示当前选择的时间。

（1）启动Xcode 7，本项目工程的最终目录结构和故事板界面如图20-50所示。

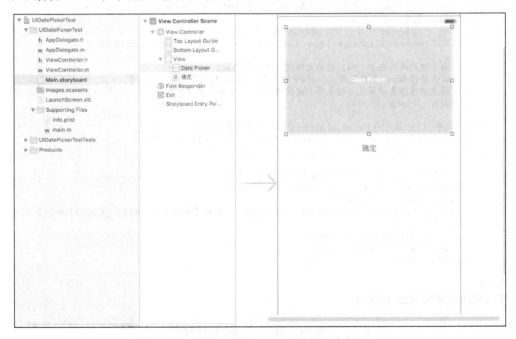

图20-50 本项目工程的最终目录结构和故事板界面

（2）文件ViewController.m的具体实现代码如下所示。

```
#import "ViewController.h"
@implementation ViewController
- (void)viewDidLoad
{
    [super viewDidLoad];
}
- (IBAction)tapped:(id)sender {
    // 获取用户通过UIDatePicker设置的日期和时间
    NSDate *selected = [self.datePicker date];
```

```
// 创建一个日期格式器
NSDateFormatter *dateFormatter = [[NSDateFormatter alloc] init];
// 为日期格式器设置格式字符串
[dateFormatter setDateFormat:@"yyyy年MM月dd日 HH:mm +0800"];
// 使用日期格式器格式化日期、时间
NSString *destDateString = [dateFormatter stringFromDate:selected];
NSString *message =  [NSString stringWithFormat:
    @"您选择的日期和时间是：%@", destDateString];
// 创建一个UIAlertView对象（警告框），并通过它显示用户选择的日期和时间
UIAlertView *alert = [[UIAlertView alloc]
    initWithTitle:@"日期和时间"
    message:message
    delegate:nil
    cancelButtonTitle:@"确定"
    otherButtonTitles:nil];
// 显示UIAlertView
[alert show];
}
@end
```

执行后的效果如图20-51所示，单击"确定"按钮后的效果如图20-52所示。

图20-51　实例20-22的执行效果

图20-52　显示当前选择的时间

20.12.2　实战演练——在屏幕中显示日期选择器

实例20-23	在屏幕中显示日期选择器
源码路径	光盘:\daima\20\UIDatePickerTest

（1）启动Xcode 7，本项目工程的最终目录结构如图20-53所示。

图20-53　最终目录结构

（2）文件ViewController.m的具体实现代码如下所示。

```objc
#import "ViewController.h"
@interface ViewController ()
@property (weak, nonatomic) IBOutlet UILabel *topLabel;
@property (weak, nonatomic) IBOutlet UIDatePicker *topDatePicker;
@end
@implementation ViewController

- (void)viewDidLoad {
    [super viewDidLoad];
    //设置日期数据
    self.topDatePicker.datePickerMode = UIDatePickerModeDateAndTime;
    self.topDatePicker.minuteInterval = 5;

}
- (void)didReceiveMemoryWarning {
    [super didReceiveMemoryWarning];
}
//设置日期格式
- (IBAction)didTapSelectForTopPicker:(id)sender {
    NSDateFormatter* formatter = [[NSDateFormatter alloc] init];
    formatter.dateFormat = @"dd MMM yyyy, HH:mm";
    self.topLabel.text = [formatter stringFromDate:self.topDatePicker.date];
}

- (NSDate*)clampDate:(NSDate *)dt toMinutes:(int)minutes {

    int referenceTimeInterval = (int)[dt timeIntervalSinceReferenceDate];
    int remainingSeconds = referenceTimeInterval % (minutes*60);
    int timeRoundedTo5Minutes = referenceTimeInterval - remainingSeconds;
    return [NSDate dateWithTimeIntervalSinceReferenceDate:(NSTimeInterval)timeRoundedTo5Minutes];
}
@end
```

运行程序后可看到执行后的效果。

第 21 章 Web 视图控件、可滚动视图控件和翻页控件

本书前面已经讲解了iOS应用中基本控件的用法。其实在iOS中还有很多其他控件，例如开关控件、分段控件、Web视图控件和可滚动视图控件等。本章将详细讲解Web视图控件、可滚动视图控件和翻页控件的基本用法，为读者后面学习打下基础。

21.1 Web 视图

知识点讲解：光盘:视频\知识点\第21章\Web视图.mp4

在iOS应用中，Web视图（UIWebView）为我们提供了更加高级的功能，这些高级功能打开了应用程序通往一系列全新可能性的大门。本节将详细讲解Web视图控件的基本知识。

21.1.1 实战演练——在 Web 视图控件中调用 JavaScript 脚本

实例21-1	在Web视图控件中调用JavaScript 脚本
源码路径	光盘:\daima\21\OCJavaScript

（1）启动Xcode 7，本项目工程的最终目录结构如图21-1所示。

图21-1 本项目工程的最终目录结构

（2）文件ZViewController.m的功能是将手机端的搜索网址设置为m.baidu.com，然后调用JavaScript。

```
- (void)viewDidLoad
{
    [super viewDidLoad];
    // Do any additional setup after loading the view, typically from a nib.
```

```objc
[super viewDidLoad];
_webview = [[UIWebView alloc] initWithFrame:CGRectMake(0, 0, 320, 460)];
_webview.backgroundColor = [UIColor clearColor];
_webview.scalesPageToFit =YES;
_webview.delegate =self;
[self.view addSubview:_webview];

//注意这里的url为手机端的网址 m.baidu.com，不要写成 www.baidu.com
//NSURL *url =[[NSURL alloc] initWithString:@"http://m.baidu.com/"];
NSURLRequest *request =  [[NSURLRequest alloc] initWithURL:url];
[_webview loadRequest:request];
[url release];
[request release];
}

-(void)webViewDidFinishLoad:(UIWebView *)webView
{
    //程序会一直调用该方法，所以判断若是第一次加载后就使用我们自己定义的JavaScript，此后不在调用
    //JavaScript,否则会出现网页抖动现象
    if (!isFirstLoadWeb) {
        isFirstLoadWeb = YES;
    }else
        return;
    //给webview添加一段自定义的JavaScript

    [webView stringByEvaluatingJavaScriptFromString:@"var script = document.createElement('script');"
     "script.type = 'text/javascript';"
     "script.text = \"function myFunction() { "

    //注意这里的Name为搜索引擎的Name,不同的搜索引擎使用不同的Name
    //<input type="text" name="word" maxlength="64" size="20" id="word"/> 百度手机端代码
     "var field = document.getElementsByName('word')[0];"

    //给变量取值，就是我们通常输入的搜索内容，这里为toppr.net
     "field.value='toppr.net';"

     "document.forms[0].submit();"
     "}\";"
     "document.getElementsByTagName('head')[0].appendChild(script);"];
    //开始调用自定义的JavaScript
    [webView stringByEvaluatingJavaScriptFromString:@"myFunction();"];
    //以上内容均参考自互联网，再次分享给互联网
}
```

执行后的效果如图21-2所示。

图21-2 实例21-1的执行效果

21.1.2 实战演练——实现一个迷你浏览器

实例21-2	实现一个迷你浏览器
源码路径	光盘:\daima\21\MyBrowser

本实例的功能是实现一个迷你浏览器,可以加载显示指定URL地址的网页信息。

(1)启动Xcode 7,本项目工程的最终目录结构如图21-3所示。

(2)在故事板上方插入一个文本框控件供用户输入URL网址,在下方插入一个WebView控件来显示网页信息,如图21-4所示。

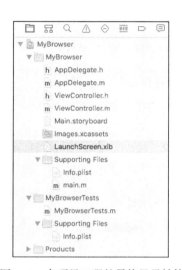

图21-3 本项目工程的最终目录结构

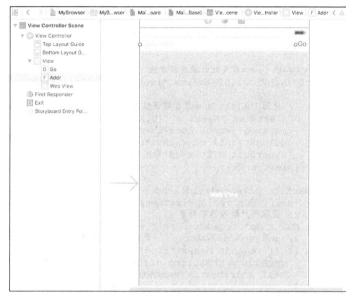

图21-4 故事板界面

(3)接口文件ViewController.h的具体实现代码如下所示。

```
#import <UIKit/UIKit.h>
@interface ViewController : UIViewController<UIWebViewDelegate>
@property (strong, nonatomic) IBOutlet UITextField *addr;
@property (strong, nonatomic) IBOutlet UIWebView *webView;
- (IBAction)goTapped:(id)sender;
@end
```

(4)文件ViewController.m的具体实现代码如下所示。

```
#import "ViewController.h"
@implementation ViewController{
    UIActivityIndicatorView* _activityIndicator;
}
- (void)viewDidLoad
{
    [super viewDidLoad];
    // 设置自动缩放网页以适应该控件
    self.webView.scalesPageToFit = YES;
    // 为UIWebView控件设置委托
    self.webView.delegate = self;
    // 创建一个UIActivityIndicatorView控件
    _activityIndicator = [[UIActivityIndicatorView alloc]
        initWithFrame : CGRectMake(0.0f, 0.0f, 32.0f, 32.0f)];
    // 使UIActivityIndicatorView显示在当前View的中央
    [_activityIndicator setCenter: self.view.center];
    _activityIndicator.activityIndicatorViewStyle
        = UIActivityIndicatorViewStyleWhiteLarge;
    [self.view addSubview : _activityIndicator];
    // 隐藏_activityIndicator控件
    _activityIndicator.hidden = YES;
```

```objc
}
// 当UIWebView开始加载时激发该方法
- (void)webViewDidStartLoad:(UIWebView *)webView
{
    // 显示_activityIndicator控件
    _activityIndicator.hidden = NO;
    // 启动_activityIndicator控件的转动
    [_activityIndicator startAnimating] ;
}
// 当UIWebView加载完成时激发该方法
- (void)webViewDidFinishLoad:(UIWebView *)webView
{
    // 停止_activityIndicator控件的转动
    [_activityIndicator stopAnimating];
    // 隐藏_activityIndicator控件
    _activityIndicator.hidden = YES;
}
// 当UIWebView加载失败时激发该方法
- (void)webView:(UIWebView *)webView didFailLoadWithError:(NSError *)error
{
    // 使用UIAlertView显示错误信息
    UIAlertView *alert = [[UIAlertView alloc] initWithTitle:@""
      message:[error localizedDescription]
      delegate:nil cancelButtonTitle:nil
      otherButtonTitles:@"确定", nil];
    [alert show];
}
- (IBAction)goTapped:(id)sender {
    [self.addr resignFirstResponder];
    // 获取用户输入的字符串
    NSString* reqAddr = self.addr.text;
    // 如果reqAddr不以http://开头，为该用户输入的网址添加http://前缀
    if (![reqAddr hasPrefix:@"http://"]) {
        reqAddr = [NSString stringWithFormat:@"http://%@" , reqAddr];
        self.addr.text = reqAddr;
    }
    NSURLRequest* request = [NSURLRequest requestWithURL:
      [NSURL URLWithString:reqAddr]];
    // 加载指定URL对应的网址
    [self.webView loadRequest:request];
}
@end
```

执行后输入URL网址单击"GO"按钮后的效果如图21-5所示。

图21-5 实例21-2的执行效果

21.2 可滚动的视图

知识点讲解：光盘:视频\知识点\第21章\可滚动的视图.mp4

我们知道，iPhone设备的界面空间有限，所以经常会出现不能完全显示信息的情形。在这个时候，滚动控件UIScrollView就可以发挥它的作用，使用后可在添加控件和界面元素时不受设备屏幕边界的限制。

顾名思义，可滚动的视图提供了滚动功能，可显示超过一屏的信息。但是在通过IB将可滚动视图加入项目中方面，Apple做得并不完美。我们可以添加可滚动视图，但要想让它实现滚动效果，必须在应用程序中编写一行代码。

21.2.1 实战演练——可滚动视图控件的使用

实例21-3	可滚动视图控件的使用
源码路径	光盘:\daima\21\gun

1．创建项目

本实例包含了一个可滚动视图（UIScrollView），并在IB编辑器中添加了超越屏幕限制的内容。首先使用模板Single View Application新建一个项目，并将其命名为"gun"。在这个项目中，将可滚动视图（UIScrollView）作为子视图加入到MainStoryboard.storyboard中现有的视图（UIView）中，如图21-6所示。

在这个项目中，只需设置可滚动视图对象的一个属性即可。为了访问该对象，需要创建一个与之关联的输出口，我们将把这个输出口命名为theScroller，如图21-7所示。

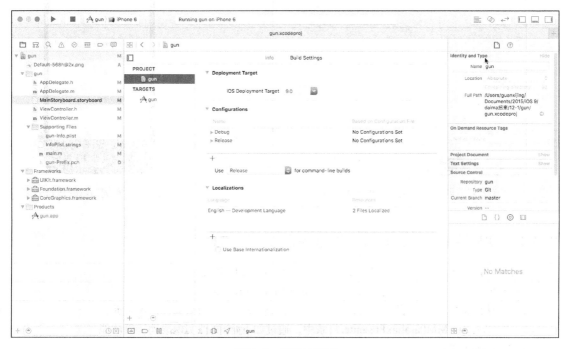

图21-6 创建的项目

2．具体代码

文件ViewController.m的具体实现代码如下所示。

```
#import "ViewController.h"
@implementation ViewController
@synthesize theScroller;
- (void)didReceiveMemoryWarning
{
    [super didReceiveMemoryWarning];
}
#pragma mark - View lifecycle
- (void)viewDidLoad
{
    self.theScroller.contentSize=CGSizeMake(280.0,600.0);
    [super viewDidLoad];
}
- (void)viewDidUnload
{
    [self setTheScroller:nil];
    [super viewDidUnload];
}
- (BOOL)shouldAutorotateToInterfaceOrientation:(UIInterfaceOrientation)interfaceOrientation
{
    return (interfaceOrientation != UIInterfaceOrientationPortraitUpsideDown);
}
@end
```

到此为止，整个实例介绍完毕。单击Xcode工具栏中的按钮Run，执行后的效果如图21-8所示。

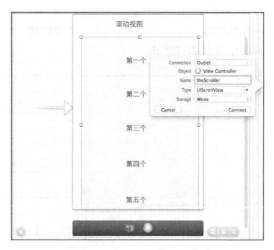

图21-7　创建到输出口theScroller的连接

图21-8　实例21-3的执行效果

21.2.2　实战演练——通过滚动屏幕的方式浏览信息

实例21-4	通过上下滚动屏幕的方式滚动浏览信息
源码路径	光盘:\daima\21\MMParallaxPresenter

（1）启动Xcode 7，本项目工程的最终目录结构和故事板界面效果如图21-9所示。

（2）在Classes的MMParallaxPresenter目录中，通过如下4个文件实现滚动特效功能。

❑ MMParallaxPage。

❑ MMParallaxPage.m。

❑ MMParallaxPresenter.h。

❑ MMParallaxPresenter.m。

图21-9　本项目工程的最终目录结构和故事板

（3）文件MainViewController.m的功能是调用在上面文件中定义的特效功能，分3章浏览MM。
```
@implementation MainViewController
- (void)viewDidLoad
{
    [super viewDidLoad];
    [self.mmParallaxPresenter setFrame:CGRectMake(0, 0, [[UIScreen mainScreen] 
bounds].size.width, [[UIScreen mainScreen] bounds].size.height)];
    PageViewController *pageThreeViewController = [[PageViewController alloc] 
initWithNibName:@"PageViewController" bundle:nil];
    MMParallaxPage *page1 = [[MMParallaxPage alloc] initWithScrollFrame:self.
mmParallaxPresenter.frame withHeaderHeight:150 andContentText: [self sampleText]];
    [page1.headerLabel setText:@"Section 1"];
    [page1.headerView addSubview:[[UIImageView alloc] initWithImage:[UIImage imageNamed:
@"stars.jpeg"]]];
    MMParallaxPage *page2 = [[MMParallaxPage alloc] initWithScrollFrame:self.
mmParallaxPresenter.frame withHeaderHeight:150 withContentText:[self sampleText] 
andContextImage:[UIImage imageNamed:@"icon.png"]];
    [page2.headerLabel setText:@"Section 2"];
    [page2.headerView addSubview:[[UIImageView alloc] initWithImage:[UIImage imageNamed:
@"mountains.jpg"]]];
    MMParallaxPage *page3 = [[MMParallaxPage alloc] initWithScrollFrame:self.
mmParallaxPresenter.frame withHeaderHeight:150 andContentView:pageThreeViewController.view];
    [page3.headerLabel setText:@"Section 3"];
    [page3 setTitleAlignment:MMParallaxPageTitleBottomLeftAlignment];
    [page3.headerView addSubview:[[UIImageView alloc] initWithImage:[UIImage imageNamed:
@"dock.jpg"]]];
    [self.mmParallaxPresenter addParallaxPageArray:@[page1, page2, page3]];
}
- (IBAction)resetPresenter:(id)sender
{
    [self.mmParallaxPresenter reset];
    MMParallaxPage *page1 = [[MMParallaxPage alloc] initWithScrollFrame:self.
mmParallaxPresenter.frame withHeaderHeight:150 andContentText:[self sampleText]];
    [page1.headerLabel setText:@"Section 4"];
    [page1.headerView addSubview:[[UIImageView alloc] initWithImage:[UIImage imageNamed:
@"forest.jpg"]]];
    MMParallaxPage *page2 = [[MMParallaxPage alloc] initWithScrollFrame:self.
mmParallaxPresenter.frame withHeaderHeight:150 withContentText:[self sampleText] 
andContextImage:[UIImage imageNamed:@"icon.png"]];
    [page2.headerLabel setText:@"Section 35"];
    [page2.headerView addSubview:[[UIImageView alloc] initWithImage:[UIImage imageNamed:
```

```
@"mountains.jpg"]]];
    [self.mmParallaxPresenter addParallaxPageArray:@[page1, page2]];
}
- (NSString *)sampleText
{
    return @"Lorem ipsum dolor sit amet, consectetur adipiscing elit, sed do eiusmod
tempor incididunt ut labore et dolore magna aliqua. Ut enim ad minim veniam, quis nostrud
exercitation ullamco laboris nisi ut aliquip ex ea commodo consequat. \n \n Duis aute
irure dolor in reprehenderit in voluptate velit esse cillum dolore eu fugiat nulla
pariatur. Excepteur sint occaecat cupidatat non proideLorem ipsum dolor sit amet,
consectetur adipiscing elit, sed do eiusmod tempor incididunt ut labore et dolore magna
aliqua. Ut enim ad minim veniam, quis nostrud exercitation ullamco laboris nisi ut aliquip
ex ea commodo consequat. \n \n Duis aute irure dolor in reprehenderit in voluptate velit
esse cillum dolore eu fugiat nulla pariatur. Excepteur sint ehenderit in voluptate velit
esse cillum dolore eu fugiat nulla pariatur. \n \n Lorem ipsum dolor sit amet, consectetur
adipiscing elit, sed do eiusmod tempor incididunt ut labore et dolore magna aliqua. Ut
enim ad minim veniam, quis nostrud exercitation ullamco laboris nisi ut aliquip ex ea
commodo consequat.";
}
@end
```

执行后的效果如图21-10所示。

图21-10 实例21-4的执行效果

21.3 翻页控件

知识点讲解：光盘:视频\知识点\第21章\翻页控件.mp4

在开发iOS应用程序的过程中，经常需要翻页功能来显示内容过多的界面，其目的和滚动控件类似。iOS应用程序中的翻页控件是PageControl，在本节的内容中，将详细讲解PageControl控件的基本知识。

21.3.1 翻页控件基础

UIPageControl控件在iOS应用程序中比较频繁，尤其在和UIScrollView配合来显示大量数据时，会使用它来控制UIScrollView的翻页。在滚动ScrollView时可通过PageControl中的小白点来观察当前页面的位置，也可通过单击PageControl中的小白点来滚动到指定的页面，如图21-11所示。

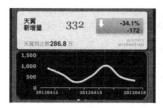 

图21-11　小白点

图21-11中所示的曲线图和表格便是由ScrollView加载两个控件（UIWebView 和 UITableView），实用其翻页属性实现的页面滚动。而PageControl担当配合角色，页面滚动小白点会跟着变化位置，而单击小白点ScrollView会滚动到指定的页面。

其实翻页控件是一种用来取代导航栏的可见指示器，方便手势直接翻页，最典型的应用便是iPhone的主屏幕，当图标过多会自动增加页面，在屏幕底部你会看到圆点，用来指是当前页面，并且会随着翻页自动更新。

21.3.2　实战演练——自定义翻页控件的的外观样式

实例21-5	自定义翻页控件的的外观样式
源码路径	光盘:\daima\21\MCPagerView

本实例的功能是自定义UIPageControl控件的的外观样式，使用自定义的图片来代替UIPageControl中的小点。

（1）启动Xcode 7，然后单击Creat a new Xcode project新建一个iOS工程，在左侧选择iOS下的Application，在右侧选择Single View Application。本项目工程的最终目录结构运行程序后可看到。

（2）在Assets目录中保存了素材图片，在文件MCPagerView.h中定义了自定义样式的接口和功能函数，具体实现代码如下所示。

```
#import <UIKit/UIKit.h>
#define MCPAGERVIEW_DID_UPDATE_NOTIFICATION @"MCPageViewDidUpdate"
@protocol MCPagerViewDelegate;
@interface MCPagerView : UIView
- (void)setImage:(UIImage *)normalImage highlightedImage:(UIImage *)highlightedImage forKey:(NSString *)key;
@property (nonatomic,assign) NSInteger page;
@property (nonatomic,readonly) NSInteger numberOfPages;
@property (nonatomic,copy) NSString *pattern;
@property (nonatomic,assign) id<MCPagerViewDelegate>delegate;
@end
@protocol MCPagerViewDelegate <NSObject>
@optional
- (BOOL)pageView:(MCPagerView *)pageView shouldUpdateToPage:(NSInteger)newPage;
- (void)pageView:(MCPagerView *)pageView didUpdateToPage:(NSInteger)newPage;
@end
```

（3）文件MCPagerView.m是文件MCPagerView.h的具体实现，设置使用自定义的图片来代替UIPageControl中的小点。文件MCPagerView.m的具体实现代码如下所示。

```
- (void)setPage:(NSInteger)page
{
    if ([_delegate respondsToSelector:@selector(pageView:shouldUpdateToPage:)]
    && ![_delegate pageView:self shouldUpdateToPage:page]) {
        return;
    }
    _page = page;
    [self setNeedsLayout];
    // 通知委托更新
    if ([_delegate respondsToSelector:@selector(pageView:didUpdateToPage:)]) {
        [_delegate pageView:self didUpdateToPage:page];
    }
    // 发送更新通知
```

```objc
    [[NSNotificationCenter defaultCenter]
postNotificationName:MCPAGERVIEW_DID_UPDATE_NOTIFICATION object:self];
}
//当前页数
- (NSInteger)numberOfPages
{
    return _pattern.length;
}
- (void)tapped:(UITapGestureRecognizer *)recognizer
{
    self.page = [_pageViews indexOfObject:recognizer.view];
}
//关键图像视图
- (UIImageView *)imageViewForKey:(NSString *)key
{
    NSDictionary *imageData = [_images objectForKey:key];
    UIImageView *imageView = [[UIImageView alloc] initWithImage:[imageData
objectForKey:@"normal"] highlightedImage:[imageData objectForKey:@"highlighted"]];
    imageView.userInteractionEnabled = YES;
    UITapGestureRecognizer *tgr = [[UITapGestureRecognizer alloc] initWithTarget:self
action:@selector(tapped:)];
    [imageView addGestureRecognizer:tgr];
    return imageView;
}
- (void)layoutSubviews
{
    [_pageViews enumerateObjectsUsingBlock:^(id obj, NSUInteger idx, BOOL *stop) {
        UIView *view = obj;
        [view removeFromSuperview];
    }];
    [_pageViews removeAllObjects];
    NSInteger pages = self.numberOfPages;
    CGFloat xOffset = 0;
    for (int i=0 ; i<pages; i++) {
        NSString *key = [_pattern substringWithRange:NSMakeRange(i, 1)];
        UIImageView *imageView = [self imageViewForKey:key];
        CGRect frame = imageView.frame;
        frame.origin.x = xOffset;
        imageView.frame = frame;
        imageView.highlighted = (i == self.page);
        [self addSubview:imageView];
        [_pageViews addObject:imageView];
        xOffset = xOffset + frame.size.width;
    }
}
//设置图像
- (void)setImage:(UIImage *)image highlightedImage:(UIImage *)highlightedImage
forKey:(NSString *)key
{
    NSDictionary *imageData = [NSDictionary dictionaryWithObjectsAndKeys:image,
@"normal", highlightedImage, @"highlighted", nil];
    [_images setObject:imageData forKey:key];
    [self setNeedsLayout];
}
@end
```

（4）文件ViewController.m的功能是调用上面的样式文件，在界面中显示自定义的翻页控件。运行后可看到执行后的效果。

第22章 提醒、操作表和表视图

提醒在PC设备和移动收集设备中比较常见，通常是以对话框的形式出现的。通过提醒功能，可以实现各种类型的用户通知效果。表视图让用户能够有条不紊地在大量信息中导航，这种UI元素相当于分类列表，类似于浏览iOS通信录时的情形。本章将介绍提醒、操作表和表视图的核心知识，为读者后面的学习打下基础。

22.1 提醒视图

> 知识点讲解：光盘:视频\知识点\第22章\提醒视图.mp4

iOS应用程序是以用户为中心的，这意味着它们通常不在后台执行功能或在没有界面的情况下运行。它们让用户能够处理数据、玩游戏、通信或执行众多其他的操作。当应用程序需要发出提醒、提供反馈或让用户做出决策时，它总是以提醒的方式进行。Cocoa Touch通过各种对象和方法来引起用户注意，包括UIAlertView和UIActionSheet。这些控件不同于本书前面介绍的其他对象，需要使用代码来创建它们。

22.1.1 实战演练——自定义提醒控件的外观

实例22-1	自定义提醒控件的外观
源码路径	光盘:\daima\22\WCAlertView

本实例的功能是自定义提醒控件的外观，包括背景图片、颜色等。

（1）启动Xcode 7，单击Creat a new Xcode project新建一个iOS工程，在左侧选择iOS下的Application，在右侧选择Single View Application。本项目工程的最终目录结构运行程序后可看到。

（2）文件WCAlertView.m用于自定义提醒框的样式，主要实现代码如下所示。

```
- (void)drawRect:(CGRect)rect
{
    [super drawRect:rect];
    if (self.style) {
        /*
         *  当前图形上下文
         */
        CGContextRef context = UIGraphicsGetCurrentContext();
        /*
         *  创建基础形状圆角的界限
         */
        CGRect activeBounds = self.bounds;
        CGFloat cornerRadius = self.cornerRadius;
        CGFloat inset = 5.5f;
        CGFloat originX = activeBounds.origin.x + inset;
        CGFloat originY = activeBounds.origin.y + inset;
        CGFloat width = activeBounds.size.width - (inset*2.0f);
        CGFloat height = activeBounds.size.height - ((inset+2.0)*2.0f);
        
        CGFloat buttonOffset = self.bounds.size.height - 50.5f;
        
        CGRect bPathFrame = CGRectMake(originX, originY, width, height);
```

```objc
CGPathRef path = [UIBezierPath bezierPathWithRoundedRect:bPathFrame cornerRadius:
cornerRadius].CGPath;
/*
 *  填充创建阴影
 */
CGContextAddPath(context, path);
CGContextSetFillColorWithColor(context, [UIColor colorWithRed:210.0f/255.0f
green:210.0f/255.0f blue:210.0f/255.0f alpha:1.0f].CGColor);
CGContextSetShadowWithColor(context, self.outerFrameShadowOffset,self.
outerFrameShadowBlur, self.outerFrameShadowColor.CGColor);
CGContextDrawPath(context, kCGPathFill);
/*
 *  剪辑状态
 */
CGContextSaveGState(context); //在 "path"中保存上下文状态
CGContextAddPath(context, path);
CGContextClip(context);
/*
 *  从 gradientLocations中绘制grafient
 */

CGColorSpaceRef colorSpace = CGColorSpaceCreateDeviceRGB();
size_t count = [self.gradientLocations count];

CGFloat *locations = malloc(count * sizeof(CGFloat));
[self.gradientLocations enumerateObjectsUsingBlock:^(id obj, NSUInteger idx,
BOOL *stop) {
    locations[idx] = [((NSNumber *)obj) floatValue];
}];

CGFloat *components = malloc([self.gradientColors count] * 4 * sizeof(CGFloat));

[self.gradientColors enumerateObjectsUsingBlock:^(id obj, NSUInteger idx, BOOL
*stop) {
    UIColor *color = (UIColor *)obj;

    NSInteger startIndex = (idx * 4);

    [color getRed:&components[startIndex]
            green:&components[startIndex+1]
             blue:&components[startIndex+2]
            alpha:&components[startIndex+3]];
}];

CGGradientRef gradient = CGGradientCreateWithColorComponents(colorSpace,
components, locations, count);

CGPoint startPoint = CGPointMake(activeBounds.size.width * 0.5f, 0.0f);
CGPoint endPoint = CGPointMake(activeBounds.size.width * 0.5f, activeBounds.
size.height);

CGContextDrawLinearGradient(context, gradient, startPoint, endPoint, 0);
CGColorSpaceRelease(colorSpace);
CGGradientRelease(gradient);
free(locations);
free(components);
/*
 *  构建背景
 */
if (self.hatchedLinesColor || self.hatchedBackgroundColor) {
    CGContextSaveGState(context); //Save Context State Before Clipping "hatchPath"
    CGRect hatchFrame = CGRectMake(0.0f, buttonOffset-15,
    activeBounds.size.width, (activeBounds.size.height - buttonOffset+1.0f)+15);
    CGContextClipToRect(context, hatchFrame);
    if (self.hatchedBackgroundColor) {
        CGFloat r,g,b,a;
        [self.hatchedBackgroundColor getRed:&r green:&g blue:&b alpha:&a];
```

```
            CGContextSetRGBFillColor(context, r*255,g*255, b*255, 255);
            CGContextFillRect(context, hatchFrame);
        }
        if (self.hatchedLinesColor) {
            CGFloat spacer = 4.0f;
            int rows = (activeBounds.size.width +
            activeBounds.size.height/spacer);
            CGFloat padding = 0.0f;
            CGMutablePathRef hatchPath = CGPathCreateMutable();
            for(int i=1; i<=rows; i++) {
                CGPathMoveToPoint(hatchPath, NULL, spacer * i, padding);
                CGPathAddLineToPoint(hatchPath, NULL, padding, spacer * i);
            }
            CGContextAddPath(context, hatchPath);
            CGPathRelease(hatchPath);
            CGContextSetLineWidth(context, 1.0f);
            CGContextSetLineCap(context, kCGLineCapButt);
            CGContextSetStrokeColorWithColor(context,
            self.hatchedLinesColor.CGColor);
            CGContextDrawPath(context, kCGPathStroke);
        }

        CGContextRestoreGState(context); //Restore Last Context State Before Clipping
"hatchPath"
    }

    /*
     * 绘制垂直线
     */
    if (self.verticalLineColor) {
        CGMutablePathRef linePath = CGPathCreateMutable();
        CGFloat linePathY = (buttonOffset - 1.0f) - 15;
        CGPathMoveToPoint(linePath, NULL, 0.0f, linePathY);
        CGPathAddLineToPoint(linePath, NULL, activeBounds.size.width, linePathY);
        CGContextAddPath(context, linePath);
        CGPathRelease(linePath);
        CGContextSetLineWidth(context, 1.0f);
        //在保存上下文之前绘制 "linePath" 阴影
        CGContextSaveGState(context);
        CGContextSetStrokeColorWithColor(context,
        self.verticalLineColor.CGColor);
        CGContextSetShadowWithColor(context, CGSizeMake(0.0f, 1.0f), 0.0f, [UIColor
        colorWithRed:255.0f/255.0f green:255.0f/255.0f blue:255.0f/255.0f
        alpha:0.2f].CGColor);
        CGContextDrawPath(context, kCGPathStroke);
        CGContextRestoreGState(context); //恢复状态后绘制"linePath" 阴影
    }

    /*
     * 设置内路径描边的颜色
     */

    if (self.innerFrameShadowColor || self.innerFrameStrokeColor) {
        CGContextAddPath(context, path);
        CGContextSetLineWidth(context, 3.0f);

        if (self.innerFrameStrokeColor) {
            CGContextSetStrokeColorWithColor(context,
            self.innerFrameStrokeColor.CGColor);
        }
        if (self.innerFrameShadowColor) {
            CGContextSetShadowWithColor(context, CGSizeMake(0.0f, 0.0f), 6.0f,
            self.innerFrameShadowColor.CGColor);
        }
```

```
            CGContextDrawPath(context, kCGPathStroke);
    }
@end
```
(3)文件WCViewController.m的功能是调用上面定义的样式,在屏幕中显示自定义的提醒框。运行程序后可看到执行后的效果。

22.1.2 实战演练——实现带输入框的提示框

实例22-2	实现带输入框的提示框
源码路径	光盘:\daima\22\WCAlertView

(1)启动Xcode 7,单击Creat a new Xcode project新建一个iOS工程,在左侧选择iOS下的Application,在右侧选择Single View Application。本项目工程的最终目录结构和故事板界面如图22-1所示。

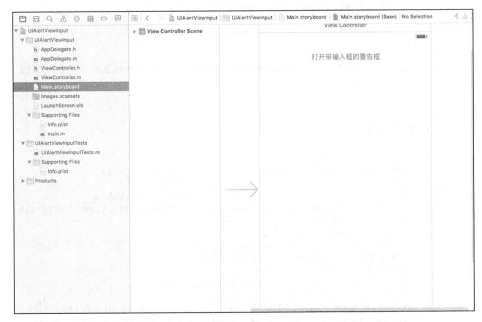

图22-1 本项目工程的最终目录结构和故事板

(2)文件ViewController.m的具体实现代码如下所示。
```
#import "ViewController.h"
@implementation ViewController
- (void)viewDidLoad
{
    [super viewDidLoad];
}
- (IBAction)tapped:(id)sender {
    UIAlertView *alert = [[UIAlertView alloc]
        initWithTitle:@"登录"
        message:@"请输入用户名和密码登录系统"
        delegate:self
        cancelButtonTitle:@"取消"
        otherButtonTitles:@"确定" , nil];
    // 设置该警告框显示输入用户名和密码的输入框
    alert.alertViewStyle = UIAlertViewStyleLoginAndPasswordInput;
    // 将第2个文本框设置为只关联到数字键盘
    [alert textFieldAtIndex:1].keyboardType = UIKeyboardTypeNumberPad;
    // 显示UIAlertView
    [alert show];
}
```

```
- (void) alertView:(UIAlertView *)alertView
       clickedButtonAtIndex:(NSInteger)buttonIndex
{
    // 如果用户单击了第一个按钮
    if (buttonIndex == 1) {
        // 获取UIAlertView中第1个输入框
        UITextField* nameField = [alertView textFieldAtIndex:0];
        // 获取UIAlertView中第2个输入框
        UITextField* passField = [alertView textFieldAtIndex:1];
        // 显示用户输入的用户名和密码
        NSString* msg = [NSString stringWithFormat:
           @"您输入的用户名为:%@,密码为:%@"
           , nameField.text, passField.text];
        UIAlertView *alert = [[UIAlertView alloc]initWithTitle:@"提示"
           message:msg
           delegate:nil
           cancelButtonTitle:@"确定"
           otherButtonTitles: nil];
        // 显示UIAlertView
        [alert show];
    }
}
// 当警告框将要显示出来时激发该方法
-(void) willPresentAlertView:(UIAlertView *)alertView
{
    // 遍历UIAlertView包含的全部子控件
    for( UIView * view in alertView.subviews )
    {
        // 如果该子控件是UILabel控件
        if( [view isKindOfClass:[UILabel class]] )
        {
          UILabel* label = (UILabel*) view;
          // 将UILabel的文字对齐方式设为左对齐
          label.textAlignment = NSTextAlignmentLeft;
        }
    }
}
@end
```

执行后单击"打开带输入框的警告框"后的效果如图22-2所示。

图22-2　实例22-2的执行效果

22.2 操作表

知识点讲解：光盘:视频\知识点\第22章\操作表.mp4

上一节介绍的提醒视图可以显示提醒消息，这样可以告知用户应用程序的状态或条件发生了变化。然而，有时候需要让用户根据操作结果做出决策。例如，如果应用程序提供了让用户能够与朋友共享信息的选项，可能需要让用户指定共享方法（如发送电子邮件、上传文件等），如图22-3所示。

图22-3 可以让用户在多个选项之间做出选择的操作表

这种界面元素被称为操作表。在iOS应用中，通过UIActionSheet类的实例实现操作表。操作表还可用于对可能破坏数据的操作进行确认。事实上，它们提供了一种亮红色按钮样式，让用户注意可能删除数据的操作。

22.2.1 实战演练——使用操作表控件定制按钮面板

实例22-3	使用操作表控件定制按钮面板
源码路径	光盘:\daima\22\UIActionSheetTest

（1）启动Xcode 7，本项目工程的最终目录结构和故事板界面如图22-4所示。

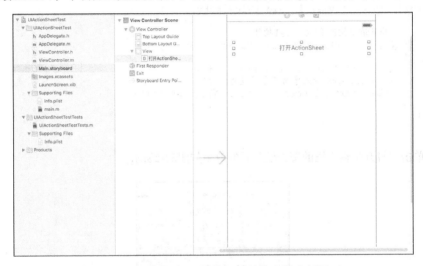

图22-4 本项目工程的最终目录结构和故事板界面

（2）文件ViewController.m的具体实现代码如下所示。

```
#import "ViewController.h"
@implementation ViewController
- (void)viewDidLoad
{
    [super viewDidLoad];
}
- (IBAction)tapped:(id)sender {
    // 创建一个UIActionSheet
    UIActionSheet* sheet = [[UIActionSheet alloc]
      initWithTitle:@"请确认是否删除"   // 指定标题
      delegate:self    // 指定该UIActionSheet的委托对象就是该控制器自身
      cancelButtonTitle:@"取消"    // 指定取消按钮的标题
      destructiveButtonTitle:@"确定"    // 指定销毁按钮的标题
      otherButtonTitles:@"按钮一", @"按钮二", nil];   // 为其他按钮指定标题
    // 设置UIActionSheet的风格
    sheet.actionSheetStyle = UIActionSheetStyleAutomatic;
    [sheet showInView:self.view];
```

```
}
- (void)actionSheet:(UIActionSheet *)actionSheet
    clickedButtonAtIndex:(NSInteger)buttonIndex
{
    // 使用UIAlertView来显示用户单击了第几个按钮
    UIAlertView* alert = [[UIAlertView alloc] initWithTitle:@"提示"
        message:[NSString stringWithFormat:@"您单击了第%ld个按钮" , buttonIndex]
        delegate:nil
        cancelButtonTitle:@"确定"
        otherButtonTitles: nil];
    [alert show];
}
@end
```

运行本项目，单击"打开ActionSheet"后的效果如图22-5所示。

图22-5 实例22-3的执行效果

22.2.2 实战演练——实现图片选择器

实例22-4	通过操作表控件实现图片选择器
源码路径	光盘:\daima\22\UIActionSheetTest

（1）启动Xcode 7，本项目工程的最终目录结构和故事板界面如图22-6所示。

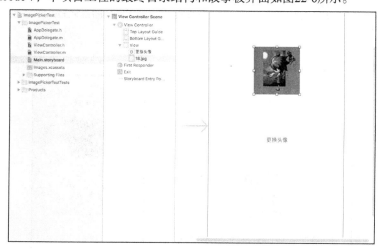

图22-6 本项目工程的最终目录结构和故事板界面

（2）文件ViewController.m的具体实现代码如下所示。

```
- (IBAction)changeAvata:(id)sender {
    //创建一个UIActionSheet，其中destructiveButton会显示为红色，可以用在一些重要的选项
```

```
        UIActionSheet *actionSheet = [[UIActionSheet alloc] initWithTitle:@"更换头像"
delegate:self cancelButtonTitle:@"取消" destructiveButtonTitle:nil otherButtonTitles:
@"拍照", @"从相册选择", nil];
        //actionSheet风格
            actionSheet.actionSheetStyle = UIActionSheetStyleDefault;//默认风格，灰色背景，白色文字
//          actionSheet.actionSheetStyle = UIActionSheetStyleAutomatic;
//          actionSheet.actionSheetStyle = UIActionSheetStyleBlackTranslucent;
//          actionSheet.actionSheetStyle = UIActionSheetStyleBlackOpaque;//纯黑背景，白色文字
        //如果想再添加button
//          [actionSheet addButtonWithTitle:@"其他方式"];
        //更改ActionSheet标题
//          actionSheet.title = @"选择照片";
        //获取按钮总数
        NSString *num = [NSString stringWithFormat:@"%ld", actionSheet.numberOfButtons];
        NSLog(@"%@", num);
        
        //获取某个索引按钮的标题
        NSString *btnTitle = [actionSheet buttonTitleAtIndex:1];
        NSLog(@"%@", btnTitle);
        [actionSheet showInView:self.view];
}
#pragma mark - UIActionSheetDelegate
//根据被点击的按钮做出反应，0对应destructiveButton，之后的button依次排序
- (void)actionSheet:(UIActionSheet *)actionSheet clickedButtonAtIndex:(NSInteger)
buttonIndex {
    if (buttonIndex == 1) {
        NSLog(@"拍照");
    }
    else if (buttonIndex == 2) {
        NSLog(@"相册");
    }
}
//取消ActionSheet时调用
- (void)actionSheetCancel:(UIActionSheet *)actionSheet {
}
//将要显示ActionSheet时调用
- (void)willPresentActionSheet:(UIActionSheet *)actionSheet {
}
//已经显示ActionSheet是调用
-(void)didPresentActionSheet:(UIActionSheet *)actionSheet {
}
//ActionSheet已经消失时调用
- (void)actionSheet:(UIActionSheet *)actionSheet didDismissWithButtonIndex:(NSInteger)
buttonIndex {
}
//ActionSheet即将消失时调用
- (void)actionSheet:(UIActionSheet *)actionSheet willDismissWithButtonIndex:(NSInteger)
buttonIndex {
}
@end
```

执行后的效果如图22-7所示。

图22-7　实例22-4的执行效果

22.3 使用表视图

> 知识点讲解：光盘:视频\知识点\第22章\表视图基础.mp4

与本书前面介绍的其他视图一样，表视图（UITable）也用于放置信息。使用表视图可以在屏幕上显示一个单元格列表，每个单元格都可以包含多项信息，但仍然是一个整体。并且可以将表视图划分成多个区（Section），以便从视觉上将信息分组。表视图控制器是一种只能显示表视图的标准视图控制器，可以在表视图占据整个视图时使用这种控制器。通过使用标准视图控制器可以根据需要在视图中创建任意尺寸的表，我们只需将表的委托和数据源输出口连接到视图控制器类即可。本节将首先讲解表视图的基本知识。

22.3.1 实战演练——拆分表视图

下面的实例中创建了一个表视图，它包含两个分区，这两个分区的标题分别为Red和Blue，且分别包含常见的红色和蓝色花朵的名称。除标题外，每个单元格还包含一幅花朵图像和一个展开箭头。用户触摸单元格时，将出现一个提醒视图，指出选定花朵的名称和颜色。

实例22-5	拆分表视图
源码路径	光盘:\daima\22\biaoge

实例文件 ViewController.m的具体实现代码如下所示：

```objc
#pragma mark - Table view data source
- (NSInteger)numberOfSectionsInTableView:(UITableView *)tableView
{
    return kSectionCount;
}
- (NSInteger)tableView:(UITableView *)tableView
   numberOfRowsInSection:(NSInteger)section
{
  switch (section) {
      case kRedSection:
          return [self.redFlowers count];
      case kBlueSection:
          return [self.blueFlowers count];
      default:
          return 0;
  }
}
- (NSString *)tableView:(UITableView *)tableView
titleForHeaderInSection:(NSInteger)section {
    switch (section) {
        case kRedSection:
            return @"红";
        case kBlueSection:
            return @"蓝";
        default:
            return @"Unknown";
    }
}
- (UITableViewCell *)tableView:(UITableView *)tableView
         cellForRowAtIndexPath:(NSIndexPath *)indexPath
{
   UITableViewCell *cell = [tableView
                    dequeueReusableCellWithIdentifier:@"flowerCell"];

    switch (indexPath.section) {
        case kRedSection:
            cell.textLabel.text=[self.redFlowers
                          objectAtIndex:indexPath.row];
            break;
        case kBlueSection:
```

```
                    cell.textLabel.text=[self.blueFlowers
                                    objectAtIndex:indexPath.row];
            break;
        default:
            cell.textLabel.text=@"Unknown";
    }

    UIImage *flowerImage;
    flowerImage=[UIImage imageNamed:
                    [NSString stringWithFormat:@"%@%@",
                     cell.textLabel.text,@".png"]];
    cell.imageView.image=flowerImage;

    return cell;
}
#pragma mark - Table view delegate
- (void)tableView:(UITableView *)tableView
            didSelectRowAtIndexPath:(NSIndexPath *)indexPath {
    UIAlertView *showSelection;
    NSString*flowerMessage;

    switch (indexPath.section) {
        case kRedSection:
            flowerMessage=[[NSString alloc]
                            initWithFormat:
                            @"你选择了红色 - %@",
                            [self.redFlowers objectAtIndex: indexPath.row]];
            break;
        case kBlueSection:
            flowerMessage=[[NSString alloc]
                            initWithFormat:
                            @"你选择了蓝色 - %@",
                            [self.blueFlowers objectAtIndex: indexPath.row]];
            break;
        default:
            flowerMessage=[[NSString alloc]
                            initWithFormat:
                            @"我不知道选什么!?"];
            break;
    }

    showSelection = [[UIAlertView alloc]
                        initWithTitle: @"已经选择了"
                        message:flowerMessage
                        delegate: nil
                        cancelButtonTitle: @"Ok"
                        otherButtonTitles: nil];
    [showSelection show];
}
@end
```

执行后的效果如图22-8所示。

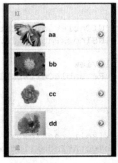

图22-8 实例22-5的执行效果

22.3.2 实战演练——实现图文样式联系人列表效果

实例22-6	实现图文样式联系人列表效果
源码路径	光盘:\daima\22\UITableViewControllerExample

（1）启动Xcode 7，本项目工程的最终目录结构如图22-9所示。
（2）在故事板中插入一个TableView控件来显示图文样式的联系人列表，如图22-10所示。

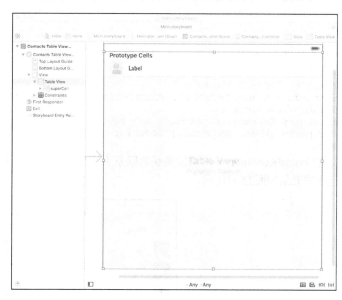

图22-9　本项目工程的最终目录结构　　　　图22-10　故事板界面

（3）本实例遵循了MVC编程模式，首先看Models目录下的文件ContactModel.h，这是接口文件，定义了系统中需要的属性对象，具体实现代码如下所示。

```
#import <Foundation/Foundation.h>
#define ContactNameKey @"name"
#define ContactJobKey @"job"
#define ContactThumbnailKey @"thumbnail"
@interface ContactModel : NSObject
@property (strong, nonatomic) NSString *name;
@property (strong, nonatomic) NSString *job;
@property (strong, nonatomic) NSString *workPhone;
@property (strong, nonatomic) NSString *homePhone;
@property (strong, nonatomic) NSString *email;
@property (strong, nonatomic) NSString *address;
@property (strong, nonatomic) NSURL *thumbnail;
@property (strong, nonatomic) NSURL *photo;
- (instancetype)initWithDictionary:(NSDictionary *)contactDictionary;
@end
```

文件ContactModel.m的具体实现代码如下所示。

```
#import "ContactModel.h"
@implementation ContactModel
- (instancetype)initWithDictionary:(NSDictionary *)contactDictionary {
    self = [super init];
    if(!self)
        return nil;
    self.name = [contactDictionary valueForKey:ContactNameKey];
    self.job = [contactDictionary valueForKey:ContactJobKey];
    self.thumbnail = [NSURL URLWithString:[contactDictionary valueForKey:ContactThumbnailKey]];
    return self;
}
@end
```

在Views目录下保存了视图文件，文件ContactTableViewCell.m实现了联系人信息的表格视图单元格，具体实现代码如下所示。

```
#import "ContactTableViewCell.h"
@implementation ContactTableViewCell
- (void)awakeFromNib {
}

- (void)setSelected:(BOOL)selected animated:(BOOL)animated {
    [super setSelected:selected animated:animated];
}
@end
```

在Controllers目录下，文件ContactsTableViewController.m实现了联系人表格视图控制器，具体实现代码如下所示。

```
#import <UIKit/UIKit.h>
@interface ContactsTableViewController : UIViewController <UITableViewDataSource, UITableViewDelegate>
@property (strong, nonatomic) NSArray *contacts;
@property (weak, nonatomic) IBOutlet UITableView *tableView;
@end
```

文件ContactRepository.m的功能是获取联系人信息库，然后将获取的信息显示在单元格列表中。程序执行后的效果如图22-11所示。

图22-11　实例22-6的执行效果

第23章 活动指示器、进度条和检索控件

在本章将介绍3个新的控件：活动指示器、进度条和检索条。在开发iOS应用程序的过程中，可以使用活动指示器实现一个轻型视图效果。通过使用进度条能够以动画的方式显示某个动作的进度，例如播放进度和下载进度。而检索控件可以实现一个搜索表单效果。本章将详细讲解这3个控件的基本知识，为读者后面学习打下基础。

23.1 活动指示器

知识点讲解：光盘:视频\知识点\第23章\活动指示器.mp4

在iOS应用中，可以使用控件活动指示器控件（UIActivityIndicatorView）实现一个活动指示器效果。本节将详细讲解活动指示器的基本知识和具体用法。

23.1.1 实战演练——实现不同外观的活动指示器

实例23-1	实现不同外观的活动指示器
源码路径	光盘:\daima\23\UIActivityIndicatorViewTest

（1）启动Xcode 7，本项目工程的最终目录结构和故事板界面如图23-1所示。

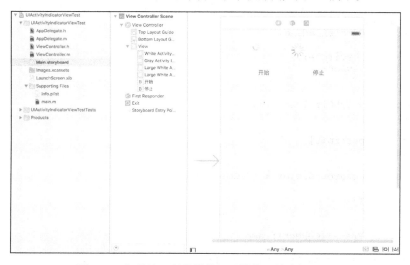

图23-1 本项目工程的最终目录结构和故事板界面

（2）文件ViewController.m的具体实现代码如下所示。

```
#import "ViewController.h"
@implementation ViewController
```

```
- (void)viewDidLoad
{
    [super viewDidLoad];
}
- (IBAction)start:(id)sender {
    // 控制4个进度环开始转动
    for(int i = 0 ; i < self.indicators.count ; i++)
    {
        [self.indicators[i] startAnimating];
    }
}
- (IBAction)stop:(id)sender {
    // 停止4个进度环的转动
    for(int i = 0 ; i < self.indicators.count ; i++)
    {
        [self.indicators[i] stopAnimating];
    }
}
@end
```

执行后的效果如图23-2所示，单击"停止"按钮后会停止转动效果。

图23-2　实例23-1的执行效果

23.1.2　实战演练——实现环形进度条效果

实例23-2	在屏幕中实现环形进度条效果
源码路径	光盘:\daima\23\CircleLoading

（1）启动Xcode 7，本项目工程的最终目录结构运行程序后可看到。

（2）文件JxbCircleLoading.m的功能是定义一个环形进度条样式，通过CGRectMake在屏幕中绘制一个圆环，然后通过函数start和stop分别实现圆环进度条效果。文件JxbCircleLoading.m的具体实现代码如下所示。

```
#import "JxbCircleLoading.h"
#define lineColor [UIColor colorWithRed:33/255.0 green:116/255.0 blue:160/255.0 alpha:1]
#define dotWidth  20
@interface JxbCircleLoading()
{
    UIView*     vCircle;
    UIView*     vDot;
}
@end
@implementation JxbCircleLoading
- (id)init
{
    self = [super init];
    if (self)
    {
        self.backgroundColor = [UIColor clearColor];
    }
    return self;
}

- (id)initWithFrame:(CGRect)frame
{
    self = [super initWithFrame:frame];
    if (self)
    {
        self.backgroundColor = [UIColor clearColor];
        [self initCircle];
    }
```

```
    return self;
}
- (void)setFrame:(CGRect)frame
{
    [super setFrame:frame];
    self.layer.cornerRadius = frame.size.width / 2;

    [self initCircle];
}
- (void)initCircle
{
    if (!vCircle)
    {
        vCircle = [[UIView alloc] init];
        vCircle.layer.borderColor = [lineColor CGColor];
        vCircle.layer.borderWidth = 3;
        vCircle.layer.masksToBounds = YES;
        [self addSubview:vCircle];
    }
    [vCircle setFrame:CGRectMake(5, 5, self.bounds.size.width - 10, self.bounds.size.height - 10)];
    vCircle.layer.cornerRadius = (self.bounds.size.width - 10) / 2;
    if (!vDot)
    {
        vDot = [[UIView alloc] init];
        vDot.backgroundColor = [UIColor whiteColor];
        vDot.layer.anchorPoint = CGPointMake(0.5, 1.0);
        [self addSubview:vDot];
    }
    CGFloat w = self.bounds.size.width / 6;
    [vDot setFrame:CGRectMake((self.bounds.size.width - w) / 2, 0, w, self.bounds.size.height - self.bounds.size.height / 2)];
}
//开始圆环动画
- (void)start
{
    if (![vDot.layer.animationKeys containsObject:@"rotationAnimation"])
    {
        CABasicAnimation *rotationAnimation = [CABasicAnimation animationWithKeyPath:@"transform.rotation.z"];
        rotationAnimation.toValue = [NSNumber numberWithFloat:M_PI * 2.0];
        rotationAnimation.duration = 2;
        rotationAnimation.cumulative = YES;
        rotationAnimation.repeatCount = HUGE_VALF;
        rotationAnimation.byValue = @(M_PI*2);
        [vDot.layer addAnimation:rotationAnimation forKey:@"rotationAnimation"];
    }
}
//停止动画
- (void)stop
{
    [vDot.layer removeAllAnimations];
}
@end
```

文件ViewController.m的功能是调用上面的样式，执行后的效果如图23-3所示。

图23-3 实例23-2的执行效果

23.2 进度条

知识点讲解：光盘:视频\知识点\第23章\进度条.mp4

在iOS应用中，通过进度条控件（UIProgressView）来显示进度效果，如音乐、视频的播放进度和文件的上传下载进度等。本节将详细讲解进度条控件的基本知识和具体用法。

23.2.1 实战演练——自定义外观样式的进度条

实例23-3	自定义外观样式的进度条
源码路径	光盘:\daima\23\KOAProgressBar

（1）启动Xcode 7，本项目工程的最终目录结构运行程序后可看到。

（2）文件KOAProgressBar.m的功能是定义进度条的外观样式，在屏幕中绘制指定颜色、阴影、背景和轨道样式的进度条。文件KOAProgressBar.m的具体实现代码如下所示。

```
//绘制背景
- (void)drawBackgroundWithRect:(CGRect)rect
{
    CGContextRef ctx = UIGraphicsGetCurrentContext();
    CGContextSaveGState(ctx);
    {
        // 绘制白色阴影
        [[UIColor colorWithRed:1.0f green:1.0f blue:1.0f alpha:0.2] set];
        UIBezierPath* shadow = [UIBezierPath bezierPathWithRoundedRect:CGRectMake(0.5, 0, rect.size.width - 1, rect.size.height - 1) cornerRadius:self.radius];
        [shadow stroke];
        // 绘制轨道
        [self.progressBarColorBackground set];
        UIBezierPath* roundedRect = [UIBezierPath bezierPathWithRoundedRect:CGRectMake(0, 0, rect.size.width, rect.size.height-1) cornerRadius:self.radius];
        [roundedRect fill];
        CGMutablePathRef glow = CGPathCreateMutable();
        CGPathMoveToPoint(glow, NULL, self.radius, 0);
        CGPathAddLineToPoint(glow, NULL, rect.size.width - self.radius, 0);
        CGContextAddPath(ctx, glow);
        CGContextDrawPath(ctx, kCGPathStroke);
        CGPathRelease(glow);
    }
    CGContextRestoreGState(ctx);
}
//绘制边界阴影
-(void)drawShadowInBounds:(CGRect)bounds {
    [self.shadowColor set];
    UIBezierPath *shadow = [UIBezierPath bezierPath];
    [shadow moveToPoint:CGPointMake(5.0, 2.0)];
    [shadow addLineToPoint:CGPointMake(bounds.size.width - 10.0, 3.0)];
    [shadow stroke];
}
//绘制条纹
-(UIBezierPath*)stripeWithOrigin:(CGPoint)origin bounds:(CGRect)frame {
    float height = frame.size.height;

    UIBezierPath *rect = [UIBezierPath bezierPath];

    [rect moveToPoint:origin];
    [rect addLineToPoint:CGPointMake(origin.x + self.stripeWidth, origin.y)];
    [rect addLineToPoint:CGPointMake(origin.x + self.stripeWidth - 8.0, origin.y + height)];
    [rect addLineToPoint:CGPointMake(origin.x - 8.0, origin.y + height)];
    [rect addLineToPoint:origin];

    return rect;
}
```

```objc
//绘制边界条纹
-(void)drawStripesInBounds:(CGRect)frame {
    koaGradient *gradient = [[koaGradient alloc]
initWithStartingColor:self.lighterStripeColor endingColor:self.darkerStripeColor];
    UIBezierPath* allStripes = [[UIBezierPath alloc] init];
    for (int i = 0; i <= frame.size.width/(2*self.stripeWidth)+(2*self.stripeWidth); i++) {
        UIBezierPath *stripe = [self stripeWithOrigin:CGPointMake(i*2*self.stripeWidth+self.progressOffset, self.inset) bounds:frame];
        [allStripes appendPath:stripe];
    }
     UIBezierPath *clipPath = [UIBezierPath bezierPathWithRoundedRect:frame cornerRadius:self.radius];
    [clipPath addClip];
    [gradient drawInBezierPath:allStripes angle:90];
}
//绘制进度条边界
-(void)drawProgressWithBounds:(CGRect)frame {
    UIBezierPath *bounds = [UIBezierPath bezierPathWithRoundedRect:frame cornerRadius:self.radius];
    koaGradient *gradient = [[koaGradient alloc]
initWithStartingColor:self.lighterProgressColor
endingColor:self.darkerProgressColor];
    [gradient drawInBezierPath:bounds angle:90];
}
// 绘制光泽
- (void)drawGlossWithRect:(CGRect)rect
{
    CGContextRef ctx = UIGraphicsGetCurrentContext();
    CGColorSpaceRef colorSpace = CGColorSpaceCreateDeviceRGB();
    CGContextSaveGState(ctx);
    {
        CGContextSetBlendMode(ctx, kCGBlendModeOverlay);
        CGContextBeginTransparencyLayerWithRect(ctx, CGRectMake(rect.origin.x, rect.origin.y + floorf(rect.size.height) / 2, rect.size.width, floorf(rect.size.height) / 2), NULL);
        {
            const CGFloat glossGradientComponents[] = {1.0f, 1.0f, 1.0f, 0.50f, 0.0f, 0.0f, 0.0f, 0.0f};
            const CGFloat glossGradientLocations[] = {1.0, 0.0};
            CGGradientRef glossGradient =
CGGradientCreateWithColorComponents(colorSpace, glossGradientComponents, glossGradientLocations, (kCGGradientDrawsBeforeStartLocation | kCGGradientDrawsAfterEndLocation));
            CGContextDrawLinearGradient(ctx, glossGradient, CGPointMake(0, 0), CGPointMake(0, rect.size.width), 0);
            CGGradientRelease(glossGradient);
        }
        CGContextEndTransparencyLayer(ctx);

        // 绘制光泽阴影
        CGContextSetBlendMode(ctx, kCGBlendModeSoftLight);
        CGContextBeginTransparencyLayer(ctx, NULL);
        {
            CGRect fillRect = CGRectMake(rect.origin.x, rect.origin.y + floorf(rect.size.height / 2), rect.size.width, floorf(rect.size.height / 2));
            const CGFloat glossDropShadowComponents[] = {0.0f, 0.0f, 0.0f, 0.56f, 0.0f, 0.0f, 0.0f, 0.0f};
            CGColorRef glossDropShadowColor = CGColorCreate(colorSpace, glossDropShadowComponents);
            CGContextSaveGState(ctx);
            {
                CGContextSetShadowWithColor(ctx, CGSizeMake(0, -1), 4, glossDropShadowColor);
                CGContextFillRect(ctx, fillRect);
                CGColorRelease(glossDropShadowColor);
            }
```

```objc
            CGContextRestoreGState(ctx);
            CGContextSetBlendMode(ctx, kCGBlendModeClear);
            CGContextFillRect(ctx, fillRect);
        }
        CGContextEndTransparencyLayer(ctx);
    }
    CGContextRestoreGState(ctx);
    UIBezierPath *progressBounds = [UIBezierPath bezierPathWithRoundedRect:rect
cornerRadius:self.radius];
    //绘制进度条的光泽
    CGContextSaveGState(ctx);
    {
        CGContextAddPath(ctx, [progressBounds CGPath]);
        const CGFloat progressBarGlowComponents[] = {1.0f, 1.0f, 1.0f, 0.12f};
        CGColorRef progressBarGlowColor = CGColorCreate(colorSpace, progressBarGlowComponents);
        
        CGContextSetBlendMode(ctx, kCGBlendModeOverlay);
        CGContextSetStrokeColorWithColor(ctx, progressBarGlowColor);
        CGContextSetLineWidth(ctx, 2.0f);
        CGContextStrokePath(ctx);
        CGColorRelease(progressBarGlowColor);
    }
    CGContextRestoreGState(ctx);
    
    CGColorSpaceRelease(colorSpace);
}

#pragma mark -
//设置最大值
- (void)setMaxValue:(float)mValue {
    if (mValue < _minValue) {
        _maxValue = _minValue + 1.0;
    } else {
        _maxValue = mValue;
    }
}
//设置最小值
- (void)setMinValue:(float)mValue {
    if (mValue > _maxValue) {
        _minValue = _maxValue - 1.0;
    } else {
        _minValue = mValue;
    }
}

#pragma mark Animation
//开始动画
-(void)startAnimation:(id)sender {
    self.hidden = NO;
    if (!self.animator) {
        self.animator = [NSTimer scheduledTimerWithTimeInterval:self.timerInterval
                                                         target:self
                                                       selector:@selector(activateAnimation:)
                                                       userInfo:nil
                                                        repeats:YES];
    }
}
//停止动画
-(void)stopAnimation:(id)sender {
    self.animator = nil;
}
//活动的动画
-(void)activateAnimation:(NSTimer*)timer {
    float progressValue = self.realProgress;
    progressValue += self.progressValue;
    [self setRealProgress:progressValue];
```

```
        [self setNeedsDisplay];
}

-(void)setAnimator:(NSTimer *)value {
    if (_animator != value) {
        [_animator invalidate];
        _animator = value;
    }
}

- (void)dealloc {
    [_animator invalidate];
}
//设置动画的持续时间
- (void)setAnimationDuration:(float)duration {
    float distance = self.maxValue - self.minValue;
    float steps = distance / self.progressValue;
    self.timerInterval = duration / steps;
}
@end
```
执行后可看到效果。

23.2.2 实战演练——实现多个具有动态条纹背景的进度条

实例23-4	实现多个具有动态条纹背景的进度条
源码路径	光盘:\daima\23\JGProgressView

（1）启动Xcode 7，本项目工程的最终目录结构运行程序后可看到。

（2）在文件JGProgressView.h中定义接口和属性对象，具体实现代码如下所示。
```
#import <UIKit/UIKit.h>
@interface JGProgressView : UIProgressView
//同时显示几个大小不确定的进度条
@property (nonatomic, assign) BOOL useSharedImages;
@property (nonatomic, assign, getter = isIndeterminate) BOOL indeterminate;
//默认动画速率是0.5
@property (nonatomic, assign) NSTimeInterval animationSpeed;
//动画向右显示
@property (nonatomic, assign) BOOL animateToRight;
//更新进度
- (void)beginUpdates;
- (void)endUpdates;
@end
```
（3）文件JGProgressView.m的功能是设置进度条的图像样式、动画样式和进度速率，具体实现代码如下所示。
```
#import "JGProgressView.h"
#import <QuartzCore/QuartzCore.h>
//共享对象
static NSMutableArray *_animationImages;
static UIImage *_masterImage;
static UIProgressViewStyle _currentStyle;
static BOOL _right;
#define kSignleElementWidth 28.0f
@interface UIImage (JGAddons)
- (UIImage *)attachImage:(UIImage *)image;
- (UIImage *)cropByX:(CGFloat)x;
@end
@implementation UIImage (JGAddons)
- (UIImage *)cropByX:(CGFloat)x {
    UIGraphicsBeginImageContextWithOptions(CGSizeMake(self.size.width-x, self.size.height), NO, 0.0);
    CGContextRef context = UIGraphicsGetCurrentContext();
    CGContextTranslateCTM(context, 0, self.size.height);
    CGContextScaleCTM(context, 1.0, -1.0);
    CGContextDrawImage(context, CGRectMake(0, 0, self.size.width, self.size.height),
```

```
        self.CGImage);
    CGImageRef image = CGBitmapContextCreateImage(context);
    UIImage *result = [UIImage imageWithCGImage:image scale:self.scale orientation:
UIImageOrientationUp];
    CGImageRelease(image);
    UIGraphicsEndImageContext();
    return result;
}
//附加图片
- (UIImage *)attachImage:(UIImage *)image {
    UIGraphicsBeginImageContextWithOptions(CGSizeMake(self.size.width+image.size.width,
self.size.height), NO, 0.0);
    CGContextRef context = UIGraphicsGetCurrentContext();
    CGContextTranslateCTM(context, 0, self.size.height);
    CGContextScaleCTM(context, 1.0, -1.0);
    CGContextDrawImage(context, CGRectMake(0, 0, self.size.width, self.size.height),
self.CGImage);
    CGContextDrawImage(context, CGRectMake(self.size.width, 0, image.size.width, self.
size.height), image.CGImage);
    UIImage *result = UIGraphicsGetImageFromCurrentImageContext();
    UIGraphicsEndImageContext();
    return result;
}
@end
@interface JGProgressView () {
    UIImageView *theImageView;
    UIView *host;
    CGFloat cachedProgress;
    
    NSMutableArray *images;
    UIProgressViewStyle currentStyle;
    UIImage *master;
    BOOL updating;
    BOOL absoluteAnimateRight;
}
@implementation JGProgressView
@synthesize indeterminate, animationSpeed, useSharedImages, animateToRight;
//设置进度条动画向右
- (void)setAnimateToRight:(BOOL)_animateToRight {
    animateToRight = _animateToRight;
    [self reloopForInterfaceChange];
}

- (void)beginUpdates {
    updating = YES;
}

- (void)endUpdates {
    updating = NO;
    [self reloopForInterfaceChange];
}

- (id)initWithCoder:(NSCoder *)aDecoder {
    self = [super initWithCoder:aDecoder];
    if (self) {
        [self setClipsToBounds:YES];
        self.animationSpeed = 0.5f;
    }
    return self;
}
//动画图像
- (NSMutableArray *)animationImages {
    return (self.useSharedImages ? _animationImages : images);
}
//设置动画图像
- (void)setAnimationImages:(NSMutableArray *)imgs {
    if (self.useSharedImages) {
        _animationImages = imgs;
    }
```

```objc
    else {
        images = imgs;
    }
}
//主图像
- (UIImage *)masterImage {
    return (self.useSharedImages ? _masterImage : master);
}
//设置主图像
- (void)setMasterImage:(UIImage *)img {
    if (self.useSharedImages) {
        _masterImage = img;
    }
    else {
        master = img;
    }
}
//当前样式
- (UIProgressViewStyle)currentStyle {
    return (self.useSharedImages ? _currentStyle : currentStyle);
}
//设置当前样式
- (void)setCurrentStyle:(UIProgressViewStyle)_style {
    if (self.useSharedImages) {
        _currentStyle = _style;
    }
    else {
        currentStyle = _style;
    }
}
//当前动画向右
- (BOOL)currentAnimateToRight {
    return (self.useSharedImages ? _right : absoluteAnimateRight);
}
//设置当前动画向右
- (void)setCurrentAnimateToRight:(BOOL)right {
    if (self.useSharedImages) {
        _right = right;
    }
    else {
        absoluteAnimateRight = right;
    }
}
//图像的当前样式
- (UIImage *)imageForCurrentStyle {
    if (self.progressViewStyle == UIProgressViewStyleDefault) {
        return [UIImage imageNamed:@"Indeterminate.png"];
    }
    else {
        return [UIImage imageNamed:@"IndeterminateBar.png"];
    }
}
//设置动画速度
- (void)setAnimationSpeed:(NSTimeInterval)_animationSpeed {
    if ([[UIScreen mainScreen] respondsToSelector:@selector(scale)]) {
        animationSpeed = _animationSpeed*[[UIScreen mainScreen] scale];
    }
    else {
        animationSpeed = _animationSpeed;
    }
    if (_animationSpeed >= 0.0f) {
        animationSpeed = _animationSpeed;
    }
    if (self.isIndeterminate) {
        [theImageView setAnimationDuration:self.animationSpeed];
    }
}
//设置进度条的样式
- (void)setProgressViewStyle:(UIProgressViewStyle)progressViewStyle {
```

```
    if (progressViewStyle == self.progressViewStyle) {
        return;
    }

    [super setProgressViewStyle:progressViewStyle];

    if (self.isIndeterminate) {
        [self reloopForInterfaceChange];
    }
}
```
（4）文件ViewController.m的功能是调用上面的样式，执行后可看到效果。

23.3 检索条

知识点讲解：光盘:视频\知识点\第23章\检索条.mp4

在iOS应用中，可以使用检索控件（UISearchBar）实现一个检索框效果。本节将详细讲解使用检索控件的基本知识和具体用法。

23.3.1 实战演练——使用检索控件快速搜索信息

实例23-5	使用检索控件快速搜索信息
源码路径	光盘:\daima\23\UISearchBarTest

（1）启动Xcode 7，本项目工程的最终目录结构和故事板界面如图23-4所示。

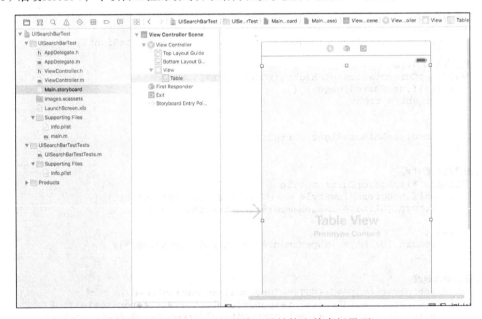

图23-4 本项目工程的最终目录结构和故事板界面

（2）文件ViewController.m的具体实现代码如下所示。
```
#import "ViewController.h"
@implementation ViewController{
    UISearchBar * _searchBar;
    // 保存原始表格数据的NSArray对象
    NSArray * _tableData;
    // 保存搜索结果数据的NSArray对象
    NSArray* _searchData;
    BOOL _isSearch;
}
```

```objc
- (void)viewDidLoad
{
    [super viewDidLoad];
    _isSearch = NO;
    // 初始化原始表格数据
    _tableData = @[@"Java教程",
            @"Java EE教程",
            @"Android教程",
            @"Ajax讲义",
            @"HTML5/CSS3/JavaScript教程",
            @"iOS讲义",
            @"Swift教程",
            @"Java EE应用实战",
            @"Java教程",
            @"Java基础教程",
            @"学习Java",
            @"Objective-C教程" ,
            @"Ruby教程",
            @"iOS开发教程"];
    // 将UITableView控件的delegate和dataSource设置为该控制器本身
    self.table.delegate = self;
    self.table.dataSource = self;
    // 创建UISearchBar控件
    _searchBar = [[UISearchBar alloc] initWithFrame:
        CGRectMake(0, 0 , self.table.bounds.size.width, 44)];
    _searchBar.placeholder = @"输入字符";
    _searchBar.showsCancelButton = YES;
    self.table.tableHeaderView = _searchBar;
    // 设置搜索条的delegate是该控制器本身
    _searchBar.delegate  = self;
}
- (NSInteger)tableView:(UITableView *)tableView
 numberOfRowsInSection:(NSInteger)section
{
    // 如果处于搜索状态
    if(_isSearch)
    {
        // 使用_searchData作为表格显示的数据
        return _searchData.count;
    }
    else
    {
        // 否则使用原始的_tableData作为表格显示的数据
        return _tableData.count;
    }
}

- (UITableViewCell*) tableView:(UITableView *)tableView
    cellForRowAtIndexPath: (NSIndexPath *)indexPath
{
    static NSString* cellId = @"cellId";
    // 从可重用的表格行队列中获取表格行
    UITableViewCell* cell = [tableView
      dequeueReusableCellWithIdentifier:cellId];
    // 如果表格行为nil
    if(!cell)
    {
        // 创建表格行
        cell = [[UITableViewCell alloc] initWithStyle:
          UITableViewCellStyleDefault reuseIdentifier:cellId];
    }
    // 获取当前正在处理的表格行的行号
    NSInteger rowNo = indexPath.row;
    // 如果处于搜索状态
    if(_isSearch) {
        // 使用_searchData作为表格显示的数据
        cell.textLabel.text = _searchData[rowNo];
    }
```

```objectivec
        else {
            // 否则使用原始的_tableData作为表格显示的数据
            cell.textLabel.text = _tableData[rowNo];
        }
        return cell;
}
// UISearchBarDelegate定义的方法，用户单击取消按钮时激发该方法
- (void)searchBarCancelButtonClicked:(UISearchBar *)searchBar
{
        // 取消搜索状态
        _isSearch = NO;
        [self.table reloadData];
}
// UISearchBarDelegate定义的方法，当搜索文本框内的文本改变时激发该方法
- (void)searchBar:(UISearchBar *)searchBar
     textDidChange:(NSString *)searchText
{
        // 调用filterBySubstring:方法执行搜索
        [self filterBySubstring:searchText];
}
// UISearchBarDelegate定义的方法，用户单击虚拟键盘上的Search按键时激发该方法
- (void)searchBarSearchButtonClicked:(UISearchBar *)searchBar
{
        // 调用filterBySubstring:方法执行搜索
        [self filterBySubstring:searchBar.text];
        // 放弃作为第一个响应者，关闭键盘
        [searchBar resignFirstResponder];
}
- (void) filterBySubstring:(NSString*) subStr
{
        // 设置为搜索状态
        _isSearch = YES;
        // 定义搜索谓词
        NSPredicate* pred = [NSPredicate predicateWithFormat:
           @"SELF CONTAINS[c] %@" , subStr];
        // 使用谓词过滤NSArray
        _searchData = [_tableData filteredArrayUsingPredicate:pred];
        // 让表格控件重新加载数据
        [self.table reloadData];
}
@end
```

执行后的效果如图23-5所示，输入关键字"Java"后的效果如图23-6所示。

图23-5　实例23-5的执行效果　　　　图23-6　输入关键字"Java"后的效果

23.3.2 实战演练——使用 UISearchDisplayController 实现搜索功能

实例23-6	使用UISearchDisplayController实现搜索功能
源码路径	光盘:\daima\23\UISearchDisplayController

(1) 启动Xcode 7, 本项目工程的最终目录结构和故事板界面如图23-7所示。

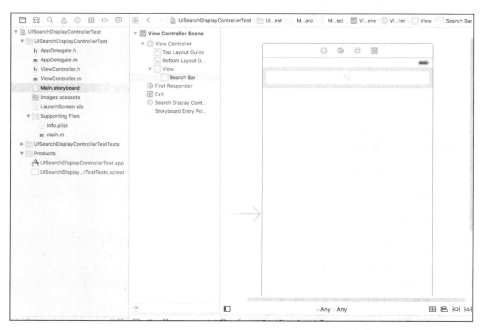

图23-7　本项目工程的最终目录结构和故事板界面

(2) 文件ViewController.m的具体实现代码如下所示。

```objectivec
#import "ViewController.h"
@implementation ViewController{
    // 定义一个NSArray保存表格显示的原始数据
    NSArray* _tableData;
    // 定义一个NSArray保存查询结果数据
    NSArray* _searchData;
    BOOL _isSearch;
}
- (void)viewDidLoad
{
    [super viewDidLoad];
    _isSearch = NO;
    // 初始化表格原始显示的数据
    _tableData = @[@"Java教程",
                   @"Java EE教程",
                   @"Android教程",
                   @"Ajax讲义",
                   @"HTML5/CSS3/JavaScript教程",
                   @"iOS讲义",
                   @"Swift教程",
                   @"Java EE应用实战",
                   @"Java教程",
                   @"Java基础教程",
                   @"学习Java",
                   @"Objective-C教程",
                   @"Ruby教程",
                   @"iOS开发教程"];
}

- (NSInteger)tableView:(UITableView *)tableView
```

```objc
        numberOfRowsInSection:(NSInteger)section
{
    // 如果处于搜索状态
    if(_isSearch)
    {
        // 使用_searchData作为表格显示的数据
        return _searchData.count;
    }
    else
    {
        // 否则使用原始的_tableData作为表格显示的数据
        return _tableData.count;
    }
}

- (UITableViewCell*) tableView:(UITableView *)tableView
    cellForRowAtIndexPath: (NSIndexPath *)indexPath
{
    static NSString* cellId = @"cellId";
    // 从可重用的表格行队列中获取表格行
    UITableViewCell* cell = [tableView
        dequeueReusableCellWithIdentifier:cellId];
    // 如果表格行为nil
    if(!cell)
    {
        // 创建表格行
        cell = [[UITableViewCell alloc] initWithStyle:
            UITableViewCellStyleDefault reuseIdentifier:cellId];
    }
    // 将单元格的边框设置为圆角
    cell.layer.cornerRadius = 12;
    cell.layer.masksToBounds = YES;
    // 获取当前正在处理的表格行的行号
    NSInteger rowNo = indexPath.row;
    // 如果处于搜索状态
    if(_isSearch)
    {
        // 使用searchData作为表格显示的数据
        cell.textLabel.text = _searchData[rowNo];
    }
    else{
        // 否则使用原始的tableData作为表格显示的数据
        cell.textLabel.text = _tableData[rowNo];
    }
    return cell;
}
// UISearchBarDelegate定义的方法，用户单击取消按钮时激发该方法
- (void)searchBarCancelButtonClicked:(UISearchBar *)searchBar
{
    _isSearch = NO;   // 取消搜索状态
}
// UISearchBarDelegate定义的方法，当搜索文本框内的文本改变时激发该方法
- (void)searchBar:(UISearchBar *)searchBar textDidChange:(NSString *)searchText
{
    // 调用filterBySubstring:方法执行搜索
    [self filterBySubstring:searchText];
}
// UISearchBarDelegate定义的方法，用户单击虚拟键盘上的Search按键时激发该方法
- (void)searchBarSearchButtonClicked:(UISearchBar *)searchBar
{
    // 调用filterBySubstring:方法执行搜索
    [self filterBySubstring:searchBar.text];
    // 放弃作为第一个响应者，关闭键盘
    [searchBar resignFirstResponder];
}
- (void) filterBySubstring:(NSString*) subStr
{
    _isSearch = YES;    // 设置为开始搜索
```

```
        // 定义搜索谓词
        NSPredicate* pred = [NSPredicate predicateWithFormat:
            @"SELF CONTAINS[c] %@" , subStr];
        // 使用谓词过滤NSArray
        _searchData = [_tableData filteredArrayUsingPredicate:pred];
}
@end
```

执行后的效果如图23-8所示，输入关键字"java"搜索后的效果如图23-9所示。

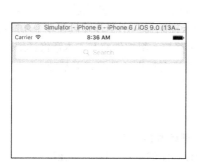

图23-8　实例23-6的执行效果　　　　图23-9　输入关键字"java"搜索后的效果

第 24 章 UIView和视图控制器详解

其实在iOS系统里看到的和触摸到的都是用UIView实现的，UIView在iOS开发里具有非常重要的作用。另外，在iOS应用程序中可以采用结构化程度更高的场景进行布局，其中有两种最流行的应用程序布局方式，分别是使用导航控制器和选项卡栏控制器。导航控制器让用户能够从一个屏幕切换到另一个屏幕，这样可以显示更多细节，例如Safari书签。选项卡控制器常用于开发包含多个功能屏幕的应用程序，其中每个选项卡都显示一个不同的场景，让用户能够与一组控件交互。本章将详细讲解在iOS系统中使用UIView和视图控制器的基本知识和具体用法，为读者后面的学习打下基础。

24.1 UIView 基础

知识点讲解：光盘:视频\知识点\第20章\UIView基础.mp4

UIView是MVC中非常重要的一层，是iOS系统下所有界面的基础。UIView在屏幕上定义了一个矩形区域和管理区域内容的接口。在运行时，一个视图对象控制该区域的渲染，同时也控制内容的交互。所以UIView具有3个基本的功能：画图和动画、管理内容的布局、控制事件。正是因为UIView具有这些功能，它才能担当起MVC中视图层的作用。视图和窗口展示了应用的用户界面，同时负责界面的交互。UIKit和其他系统框架提供了很多视图，使用时几乎不需要修改。当你需要展示的内容与标准视图允许的有很大的差别时，你也可以定义自己的视图。无论是使用系统的视图还是创建自己的视图，均需要理解类UIView和类UIWindow所提供的基本结构。这些类提供了复杂的方法来管理视图的布局和展示。理解这些方法的工作非常重要，使我们在应用发生改变时可以确认视图有合适的行为。

在iOS应用中，绝大部分可视化操作都是由视图对象（即UIView类的实例）进行的。一个视图对象定义了屏幕上的一个矩形区域，同时处理该区域的绘制和触屏事件。一个视图也可以作为其他视图的父视图，它决定着这些子视图的位置和大小。UIView类做了大量的工作去管理这些内部视图的关系，但是需要的时候也可以定制默认的行为。

本节详细介绍在iOS 9中使用UIView的基本知识。

24.1.1 UIView 的结构

在官方API中为UIView定义了各种函数接口，首先看视图最基本的功能，即显示和动画。其实UIView所有的绘图和动画接口都是可以用CALayer和CAAnimation实现的，也就是说苹果公司是不是把CoreAnimation的功能封装到了UIView中呢？但是每一个UIView都会包含一个CALayer，并且CALayer里面可以加入各种动画。再次， UIView管理布局的思想其实和CALayer也是非常接近的。最后，能实现控制事件的功能，是因为UIView继承了UIResponder。经过上面的分析很容易就可以分解出UIView的本质。UIView就相当于一块白墙，这块白墙只是负责把加入到里面的东西显示出来而已。

1. UIView中的CALayer

UIView的一些几何特性（如frame、bounds、center）都可以在CALayer中找到替代的属性，所以如果理解了CALayer的特点，那么UIView的图层中如何显示的都会一目了然。

CALayer就是图层,图层的功能是渲染图片和播放动画等。每当创建一个UIView的时候,系统会自动创建一个CALayer,但是这个CALayer对象不能改变,只能修改它的某些属性。所以通过修改CALayer,不仅可以修饰UIView的外观,还可以给UIView添加各种动画。CALayer属于CoreAnimation框架中的类,通过Core Animation Programming Guide就可以了解很多CALayer的特点,假如掌握了这些特点,自然也就能理解UIView是如何显示和渲染的。

UIView和NSView明显是MVC中的视图模型,Animation Layer更像是模型对象。它们封装了几何、时间和一些可视的属性,并且提供了可以显示的内容,但是实际的显示并不是Layer的职责。每一个层树的后台都有两个响应树:一个呈现树和一个渲染树。所以很显然Layer封装了模型数据,每当更改Layer中某些模型数据中数据的属性时,都会先做一个动画代替,之后由渲染树负责渲染图片。

既然Animation Layer封装了对象模型中的几何特性,那么如何取得这些几何特性?一个方式是根据Layer中定义的属性,如bounds、authorPoint、frame等。其次,Core Animation扩展了键值对协议,这样就允许开发者通过get和set方法,方便地得到Layer中的各种几何属性。例如,转换动画的各种几何特性,大都可以通过此方法设定:

```
[myLayer setValue:[NSNumber numberWithInt:0] forKeyPath:@"transform.rotation.x"];
```

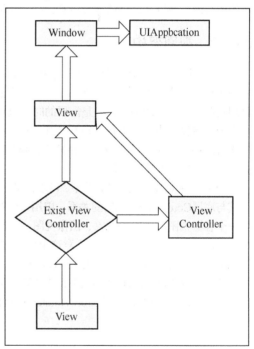

虽然CALayer跟UIView十分相似,也可以通过分析CALayer的特点理解UIView的特性,但是毕竟苹果公司不是用CALayer来代替UIView的,否则苹果公司也不会设计一个UIView类了。就像官方文档解释的一样,CALayer层树是Cocoa视图继承树的同等物,它具备UIView的很多共同点,但是Core Animation没有提供一个方法展示在窗口。它们必须宿主到UIView中,并且由UIView给它们提供响应的方法。所以UIReponder就是UIView的又一个大的特性。

2. UIView继承的UIResponder

UIResponder是所有事件响应的基石,事件(UIEvent)发给应用程序并告知用户的行动。在iOS中的事件有3种,分别是多点触摸事件、行动事件和远程控制事件。定义这3种事件的格式如下所示。

```
typedef enum {
    UIEventTypeTouches,
    UIEventTypeMotion,
    UIEventTypeRemoteControl,
} UIEventType;
```

UIReponder中的事件传递过程如图24-1所示。

首先是被单击视图的响应时间处理函数,如果没有响应函数会逐级向上传递,直到有响应处理函数,

图24-1　UIReponder中的事件传递过程

或者该消息被抛弃为止。关于UIView的触摸响应事件,这里有一个常常容易迷惑的方法是hitTest:WithEvent。通过发送PointInside:withEvent:消息给每一个子视图,这个方法能够遍历视图层树,这样可以决定哪个视图应该响应此事件。如果PointInside:withEvent:返回YES,然后子视图的继承树就会被遍历,否则视图的继承树就会被忽略。在hitTest方法中,要先调用PointInside:withEvent:,看是否要遍历子视图。如果不想让某个视图响应事件,只需要重载PointInside:withEvent:方法,让此方法返回NO即可。其实hitTest的主要用途是寻找哪个视图被触摸了。例如,下面的代码建立了一个MyView,在里面重载了hitTest方法和pointInside方法。

```
- (UIView*)hitTest:(CGPoint)point withEvent:(UIEvent *)event{
    [super hitTest:point withEvent:event];
    return self;
}
```

```
- (BOOL)pointInside:(CGPoint)point withEvent:(UIEvent *)event{
NSLog(@"view pointInside");
return YES;
}
```
接着可以在MyView中增加一个子视图MySecondView,也通过此视图重载这两个方法。
```
- (UIView*)hitTest:(CGPoint)point withEvent:(UIEvent *)event{
[super hitTest:point withEvent:event];
return self;
}
- (BOOL)pointInside:(CGPoint)point withEvent:(UIEvent *)event{
NSLog(@"second view pointInside");
return YES;
}
```
在上述代码中,必须包括"[super hitTest:point withEvent:event];",否则hitTest无法调用父类的方法,这样就没法使用PointInside:withEvent:进行判断,就没法进行子视图的遍历。当去掉这个语句时,触摸事件就不可能进到子视图中了,除非在方法中直接返回子视图的对象。这样在调试的过程中就会发现,每单击一个view都会先进入到这个view的父视图中的hitTest方法,然后调用super的hitTest方法之后就会查找pointInside是否返回YES。如果是,则把消息传递给子视图处理,子视图用同样的方法递归查找自己的子视图。所以从这里调试分析看,hitTest方法这种递归调用的方式就一目了然了。

24.1.2 视图架构

在iOS中,一个视图对象定义了屏幕上的一个矩形区域,同时处理该区域的绘制和触屏事件。一个视图也可以作为其他视图的父视图,它决定着这些子视图的位置和大小。UIView类做了大量的工作去管理这些内部视图的关系,但是需要的时候也可以定制默认的行为。视图view与Core Animation层联合起来处理着视图内容的解释和动画过渡。每个UIKit框架里的视图都被一个层对象支持,这通常是一个CALayer类的实例,它管理着后台的视图存储并处理视图相关的动画。当需要对视图的解释和动画行为有更多的控制权时可以使用层。

为了理解视图和层之间的关系,可以借助于一些例子。图24-2显示了ViewTransitions例程的视图层次及其与底层Core Animation层的关系。应用中的视图包括了Window(同时也是一个视图),通用的表现得像一个容器视图的UIView对象、图像视图、控制显示用的工具条和工具条按钮(它本身不是一个视图,但是在内部管理着一个视图)。注意这个应用包含了一个另外的图像视图,它是用来实现动画的。为了简化流程,同时因为这个视图通常是被隐藏的,所以没把它包含在图24-2中。每个视图都有一个相应的层对象,可以通过视图属性访问这个层对象。因为工具条按钮不是一个视图,所以不能直接访问它的层对象。在它们的层对象之后是Core Animation的解释对象,最后是用来管理屏幕上的位的硬件缓存。

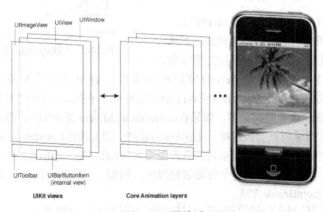

图24-2 层关系

要尽量少调用视图对象的绘制代码,当调用它时,其绘制结果会被Core Animation缓存起来,以后可以尽可能重用此绘制结果。重用已经解释过的内容避免了重新绘制，绘制通常需要更新视图，开销昂贵。

24.1.3 实战演练——给任意 UIView 视图的4条边框加上阴影

实例24-1	给任意UIView视图的4条边框加上阴影
源码路径	光盘:\daima\24\UIView-Shadow

本实例的功能是给任意UIView视图的4条边框加上阴影，自定义阴影的颜色、粗细程度、透明程度以及位置（上、下、左、右）。

（1）启动Xcode 7，单击Creat a new Xcode project新建一个iOS工程，在左侧选择iOS下的Application，在右侧选择Single View Application。本项目工程的最终目录结构如图24-3所示。

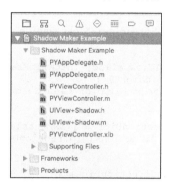

图24-3　本项目工程的最终目录结构

（2）在文件UIView+Shadow.h中定义了接口和功能函数，具体实现代码如下所示。
```
#import <UIKit/UIKit.h>
#import <QuartzCore/QuartzCore.h>
@interface UIView (Shadow)
- (void) makeInsetShadow;
- (void) makeInsetShadowWithRadius:(float)radius Alpha:(float)alpha;
- (void) makeInsetShadowWithRadius:(float)radius Color:(UIColor *)color Directions:(NSArray *)directions;
@end
```

（3）文件UIView+Shadow.m的功能是定义上、下、左、右4个方向的阴影样式，在左边UIView的四周加上黑色半透明阴影，在右边UIView的上下边框各加上绿色不透明阴影。文件UIView+Shadow.m的具体实现代码如下所示。
```
#import "UIView+Shadow.h"
#define kShadowViewTag 2132
#define kValidDirections [NSArray arrayWithObjects: @"top", @"bottom", @"left", @"right",nil]
@implementation UIView (Shadow)
- (void) makeInsetShadow
{
    NSArray *shadowDirections = [NSArray arrayWithObjects:@"top", @"bottom", @"left" , @"right" , nil];
    UIColor *color = [UIColor colorWithRed:(0.0) green:(0.0) blue:(0.0) alpha:0.5];
    UIView *shadowView = [self createShadowViewWithRadius:3 Color:color Directions:shadowDirections];
    shadowView.tag = kShadowViewTag;
    [self addSubview:shadowView];
}
//设置阴影半径
- (void) makeInsetShadowWithRadius:(float)radius Alpha:(float)alpha
{
    NSArray *shadowDirections = [NSArray arrayWithObjects:@"top", @"bottom", @"left" , @"right" , nil];
    UIColor *color = [UIColor colorWithRed:(0.0) green:(0.0) blue:(0.0) alpha:alpha];
```

```objc
    UIView *shadowView = [self createShadowViewWithRadius:radius Color:color Directions:shadowDirections];
    shadowView.tag = kShadowViewTag;

    [self addSubview:shadowView];
}

- (void) makeInsetShadowWithRadius:(float)radius Color:(UIColor *)color Directions:(NSArray *)directions
{
    UIView *shadowView = [self createShadowViewWithRadius:radius Color:color Directions:directions];
    shadowView.tag = kShadowViewTag;

    [self addSubview:shadowView];
}
//创建阴影视图
- (UIView *) createShadowViewWithRadius:(float)radius Color:(UIColor *)color Directions:(NSArray *)directions
{
    UIView *shadowView = [[UIView alloc] initWithFrame:CGRectMake(0, 0, self.bounds.size.width, self.bounds.size.height)];
    shadowView.backgroundColor = [UIColor clearColor];

    //忽略重复方向
    NSMutableDictionary *directionDict = [[NSMutableDictionary alloc] init];
    for (NSString *direction in directions) [directionDict setObject:@"1" forKey:direction];

    for (NSString *direction in directionDict) {
        //忽略重复方向
        if ([kValidDirections containsObject:direction])
        {
            CAGradientLayer *shadow = [CAGradientLayer layer];

            if ([direction isEqualToString:@"top"]) {
                [shadow setStartPoint:CGPointMake(0.5, 0.0)];
                [shadow setEndPoint:CGPointMake(0.5, 1.0)];
                shadow.frame = CGRectMake(0, 0, self.bounds.size.width, radius);
            }
            else if ([direction isEqualToString:@"bottom"])
            {
                [shadow setStartPoint:CGPointMake(0.5, 1.0)];
                [shadow setEndPoint:CGPointMake(0.5, 0.0)];
                shadow.frame = CGRectMake(0, self.bounds.size.height - radius, self.bounds.size.width, radius);
            } else if ([direction isEqualToString:@"left"])
            {
                shadow.frame = CGRectMake(0, 0, radius, self.bounds.size.height);
                [shadow setStartPoint:CGPointMake(0.0, 0.5)];
                [shadow setEndPoint:CGPointMake(1.0, 0.5)];
            } else if ([direction isEqualToString:@"right"])
            {
                shadow.frame = CGRectMake(self.bounds.size.width - radius, 0, radius, self.bounds.size.height);
                [shadow setStartPoint:CGPointMake(1.0, 0.5)];
                [shadow setEndPoint:CGPointMake(0.0, 0.5)];
            }

            shadow.colors = [NSArray arrayWithObjects:(id)[color CGColor], (id)[[UIColor clearColor] CGColor], nil];
            [shadowView.layer insertSublayer:shadow atIndex:0];
        }
    }

    return shadowView;
}
@end
```

（4）文件PYViewController.m的功能是调用上面的样式显示阴影效果。执行后在左边UIView的四周加上了黑色半透明阴影，在右边UIView的上下边框各加上了绿色不透明阴影，最终效果如图24-4所示。

图24-4 实例24-2的执行效果

24.2 实战演练——使用导航控制器手动旋转屏幕

知识点讲解：光盘:视频\知识点\第24章\实战演练——使用导航控制器手动旋转屏幕.mp4

在本书前面的内容中，其实已经多次用到了导航控制器（UIViewController）。UIViewController的主要功能是控制画面的切换，其中的view属性（UIView类型）管理整个画面的外观。在开发iOS应用程序时，其实不使用UIViewController也能编写出iOS应用程序，但是这样整个代码看起来将非常凌乱。如果能够将不同外观的画面进行整体的切换显然更合理，UIViewController正是用于实现这种画面切换方式的。

实例24-2	实现手动旋转屏幕的效果
源码路径	光盘:\daima\24\TestLandscape

本实例的功能是实现在竖屏的NavigationController中Push（推送）一个横屏的UIViewController，实现手动旋转屏幕的效果。

（1）启动Xcode 7，本项目工程的最终目录结构和故事板界面如图24-5所示。

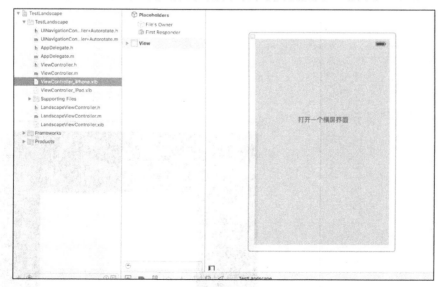

图24-5 本项目工程的最终目录结构和故事板界面

（2）文件UINavigationController+Autorotate.m的功能是实现屏幕旋转功能，具体实现代码如下所示。

```
#import "UINavigationController+Autorotate.h"
@implementation UINavigationController (Autorotate)
//返回最上层子Controller的shouldAutorotate
//子类要实现屏幕旋转，需重写该方法
- (BOOL)shouldAutorotate{
return self.topViewController.shouldAutorotate;
}
//返回最上层子Controller的supportedInterfaceOrientations
- (NSUInteger)supportedInterfaceOrientations{
return self.topViewController.supportedInterfaceOrientations;
}
@end
```

（3）文件AppDelegate.m的功能是使程序兼容iPhone和iPad设备，具体实现代码如下所示。

```
#import "AppDelegate.h"
#import "ViewController.h"
@implementation AppDelegate
- (void)dealloc
{
    [_window release];
    [_viewController release];
    [super dealloc];
}
- (BOOL)application:(UIApplication *)application
didFinishLaunchingWithOptions:(NSDictionary *)launchOptions
{
    self.window = [[[UIWindow alloc] initWithFrame:[[UIScreen mainScreen] bounds]] autorelease];
    if ([[UIDevice currentDevice] userInterfaceIdiom] == UIUserInterfaceIdiomPhone) {
        self.viewController = [[ViewController alloc] initWithNibName:@"ViewController_iPhone" bundle:nil] autorelease];
    } else {
        self.viewController = [[ViewController alloc] initWithNibName:@"ViewController_iPad" bundle:nil] autorelease];
    }
    self.window.rootViewController = [[UINavigationController alloc]initWithRootViewController:self.viewController];
    [self.window makeKeyAndVisible];
    return YES;
}
```

执行后的效果如图24-6所示，旋转至横屏界面后的效果如图24-7所示。

图24-6　实例24-2的执行效果

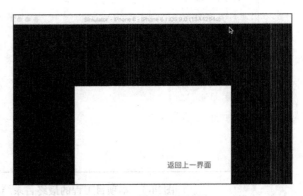

图24-7　横屏界面效果

24.3 使用 UINavigationController

知识点讲解：光盘:视频\知识点\第24章\使用UINavigationController.mp4

在iOS应用中，导航控制器（UINavigationController）可以管理一系列显示层次型信息的场景。也就是说，第一个场景显示有关特定主题的高级视图，第二个场景用于进一步描述，第三个场景再进一步描述，依此类推。例如，iPhone应用程序"通信录"显示一个联系人编组列表。触摸编组将打开其中的联系人列表，而触摸联系人将显示其详细信息。另外，用户可以随时返回到上一级，甚至直接回到起点（根）。

24.3.1 UINavigationController 详解

UINavigationController是iOS编程中比较常用的一种容器View Controller，很多系统的控件（如UIImagePickerViewController）以及很多有名的APP中（如QQ、系统相册等）都有用到。

1. navigationItem

navigationItem是UIViewController的一个属性，此属性是为UINavigationController服务的。navigationItem在navigation Bar中代表一个viewController，就是每一个加到navigationController的viewController都会有一个对应的navigationItem，该对象由viewController以懒加载的方式创建，在后面就可以在对象中对navigationItem进行配置。可以设置leftBarButtonItem、rightBarButtonItem、backBarButtonItem、title以及prompt等属性。其中前3个都是一个UIBarButtonItem对象，最后两个属性是一个NSString类型描述，注意添加该描述以后NaviigationBar的高度会增加30，总的高度会变成74（不管当前方向是Portrait还是Landscape，此模式下navgationbar都使用高度44加上prompt30的方式进行显示）。当然如果觉得只是设置文字的title不够爽，你还可以通过titleview属性指定一个定制的titleview，这样你就可以随心所欲了，当然注意指定的titleview的frame大小，不要显示出界。

请读者看下面的代码：

```
// set rightItem
UIBarButtonItem *rightItem = [[UIBarButtonItem alloc] initWithTitle:@"Root" style:
UIBarButtonItemStyleBordered target:self action:@selector(popToRootVC)];
childOne.navigationItem.rightBarButtonItem = rightItem;
[rightItem release];
// when you design a prompt for navigationbar, the hiehgt of navigationbar will becaome
74, ignore the orientation
childOne.navigationItem.prompt = @"Hello, im the prompt";
```

上述代码设置了navigationItem的rightBarButtonItem，并且同时设置了prompt信息。

2. titleTextAttributes

titleTextAttributes是UINavigationBar的一个属性，通过此属性可以设置title部分的字体，此属性定义如下所示。

```
@property(nonatomic,copy) NSDictionary *titleTextAttributes
__OSX_AVAILABLE_STARTING(__MAC_NA,__IPHONE_5_0) UI_APPEARANCE_SELECTOR;
```

对于titleTextAttributes来说，其dictionary的key定义以及其对应的value类型如下：

```
//    Keys for Text Attributes Dictionaries
//    NSString *const UITextAttributeFont;                      value: UIFont
//    NSString *const UITextAttributeTextColor;                 value: UIColor
//    NSString *const UITextAttributeTextShadowColor;           value: UIColor
//    NSString *const UITextAttributeTextShadowOffset;          value: NSValue wrapping a
UIOffset struct.
```

通过上述代码可以将title的字体颜色设置为黄色。

3. wantsFullScreenLayout

wantsFullScreenLayout是viewController的一个属性，这个属性默认值是NO。假设将其设置为YES，如果statusbar、navigationbar、toolbar是半透明，viewController的View就会缩放延伸到它们下面。但注意一点，tabBar不在范围内，即无论该属性是否为YES，View都不会覆盖到tabBar的下方。

4. navigationBar中的stack

此属性是UINavigationController的灵魂之一，它维护了一个和UINavigationController中viewControllers对应的navigationItem的stack，该stack用于负责navigationbar的刷新。注意：navigationbar中navigationItem的stack和对应的NavigationController中viewController的stack是一一对应的关系，如果两个stack不同步就会抛出异常。

5. navigationBar的刷新

通过前面的介绍，我们知道navigationBar中包含了这几个重要组成部分：leftBarButtonItem、rightBarButtonItem、backBarButtonItem和title。当一个视图控件添加到navigationController以后，navigationBar的显示遵循以下原则。

（1）Left side of the navigationBar。
- 如果当前的viewController设置了leftBarButtonItem，则显示当前VC自带的leftBarButtonItem。
- 如果当前的viewController没有设置leftBarButtonItem，且当前VC不是rootVC的时候，则显示前一层VC的backBarButtonItem。如果前一层的VC没有显示指定的backBarButtonItem，系统将会根据前一层VC的title属性自动生成一个back按钮，并显示出来。
- 如果当前的viewController没有设置leftBarButtonItem，且当前VC已是rootVC时，左边将不显示任何东西。

在此需要注意，从iOS 5.0开始便新增加了一个属性leftItemsSupplementBackButton，通过指定该属性为YES，可以让leftBarButtonItem和backBarButtonItem同时显示，其中leftBarButtonItem显示在backBarButtonItem的右边。

（2）title部分。
- 如果当前应用通过.navigationItem.titleView指定了自定义的titleView，系统将会显示指定的titleView，此处要注意自定义titleView的高度不要超过navigationBar的高度，否则会显示出界。
- 如果当前VC没有指定titleView，系统则会根据当前VC的title或者当前VC的navigationItem.title创建一个UILabel并显示。如果指定了navigationItem.title，则优先显示navigationItem.title的内容。

（3）Right side of the navigationBar。
- 如果指定了rightBarButtonItem，则显示指定的内容。
- 如果没有指定rightBarButtonItem的话，则不显示任何东西。

6. Toolbar

navigationController自带了一个工具栏，通过设置self.navigationController.toolbarHidden = NO来显示工具栏，工具栏中的内容可以通过viewController的toolbarItems来设置，显示的顺序和设置的NSArray中存放的顺序一致，其中每一个数据都一个UIBarButtonItem对象，可以使用系统提供的很多常用风格的对象，也可以根据需求进行自定义。

7. UINavigationControllerDelegate

这个代理非常简单，就是当一个viewController要显示的时候进行通知，让用户有机会进行设置，它包含如下两个函数。

```
setting of the view controller stack.
- (void)navigationController:(UINavigationController *)navigationController willShow
ViewController:(UIViewController *)viewController animated:(BOOL)animated;
- (void)navigationController:(UINavigationController *)navigationController didShow
ViewController:(UIViewController *)viewController animated:(BOOL)animated;
```

当需要对某些将要显示的viewController进行修改，可实现该代理。

24.3.2 实战演练——实现界面导航条功能

实例24-3	实现界面导航条功能
源码路径	光盘:\daima\24\UINavigationBarTest

（1）启动Xcode 7，本项目工程的最终目录结构和故事板界面如图24-8所示。

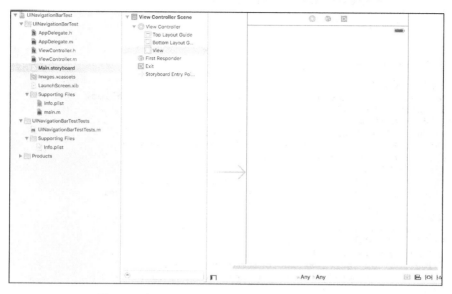

图24-8　本项目工程的最终目录结构和故事板界面

（2）文件ViewController.m的具体实现代码如下所示。
```
#import "ViewController.h"
@implementation ViewController{
  // 记录当前是添加第几个UINavigationItem的计数器
  NSInteger _count;
  UINavigationBar * _navigationBar;
}
- (void)viewDidLoad
{
  [super viewDidLoad];
  _count = 1;
  // 创建一个导航栏
  _navigationBar = [[UINavigationBar alloc]
      initWithFrame:CGRectMake(0, 20, self.view.bounds.size.width, 44)];
  // 把导航栏添加到视图中
  [self.view addSubview:_navigationBar];
  // 调用push方法添加一个UINavigationItem
  [self push];
}
-(void)push
{
  // 把导航项集合添加到导航栏中，设置动画打开
  [_navigationBar pushNavigationItem:
    [self makeNavItem] animated:YES];
  _count++;
}
-(void)pop
{
  // 如果还有超过两个UINavigationItem
  if(_count > 2)
  {
    _count--;
    // 弹出最顶层的UINavigationItem
    [_navigationBar popNavigationItemAnimated:YES];
  }
  else
  {
    // 使用UIAlertView提示用户
    UIAlertView* alert = [[UIAlertView alloc]
      initWithTitle:@"提示"
```

```
      message:@"只剩下最后一个导航项，再出栈就没有了"
      delegate:nil cancelButtonTitle:@"OK"
      otherButtonTitles: nil];
    [alert show];
  }
}
- (UINavigationItem*) makeNavItem
{
    // 创建一个导航项
    UINavigationItem *navigationItem = [[UINavigationItem alloc]
      initWithTitle:nil];
    // 创建一个左边按钮
    UIBarButtonItem *leftButton = [[UIBarButtonItem alloc]
      initWithBarButtonSystemItem:UIBarButtonSystemItemAdd
      target:self action:@selector(push)];
    // 创建一个右边按钮
    UIBarButtonItem *rightButton = [[UIBarButtonItem alloc]
      initWithBarButtonSystemItem:UIBarButtonSystemItemCancel
      target:self action:@selector(pop)];
    //设置导航栏内容
    navigationItem.title = [NSString stringWithFormat:
      @"第【%ld】个导航项" , _count];
    //把左右两个按钮添加到导航项集合中
    [navigationItem setLeftBarButtonItem:leftButton];
    [navigationItem setRightBarButtonItem:rightButton];
    return navigationItem;
}
@end
```

执行后的效果如图24-9所示。

图24-9　实例24-3的执行效果

（3）编辑视图页面EditViewController.m的具体实现代码如下所示。

```
#import "EditViewController.h"
#import "AppDelegate.h"
@implementation EditViewController
- (void)viewWillAppear:(BOOL)animated
{
  self.navigationItem.title = @"编辑图书";
  self.nameField.text = self.name;
  self.detailField.text = self.detail;
  // 设置默认不允许编辑
  self.nameField.enabled = NO;
  self.detailField.editable = NO;
  // 设置边框
  self.detailField.layer.borderWidth = 1.5;
  self.detailField.layer.borderColor = [[UIColor grayColor] CGColor];
  // 设置圆角
  self.detailField.layer.cornerRadius = 4.0f;
  self.detailField.layer.masksToBounds = YES;
  // 创建一个UIBarButtonItem对象，作为界面导航项右边的按钮
  UIBarButtonItem* rightBn = [[UIBarButtonItem alloc]
    initWithTitle:@"编辑" style:UIBarButtonItemStylePlain
    target:self action:@selector(beginEdit:)];
  self.navigationItem.rightBarButtonItem = rightBn;
}

- (void) beginEdit:(id)   sender
{
  // 如果该按钮的文本为"编辑"
  if([[sender title] isEqualToString:@"编辑"])
  {
```

```
    // 设置nameField和detailField, 允许编辑
    self.nameField.enabled = YES;
    self.detailField.editable = YES;
    // 设置按钮文本为"完成"
    self.navigationItem.rightBarButtonItem.title = @"完成";
  }
  else
  {
    // 放弃作为第一响应者
    [self.nameField resignFirstResponder];
    [self.detailField resignFirstResponder];
    // 获取应用程序委托对象
    AppDelegate* appDelegate = [UIApplication
      sharedApplication].delegate;
    // 使用用户在第一个文本框中输入的内容替换viewController
    // 的books集合中指定位置的元素
    [appDelegate.viewController.books replaceObjectAtIndex:
      self.rowNo withObject:self.nameField.text];
    // 使用用户在第一个文本框中输入的内容替换viewController
    // 的details集合中指定位置的元素
    [appDelegate.viewController.details replaceObjectAtIndex:
      self.rowNo withObject:self.detailField.text];
    // 设置nameField、detailField不允许编辑
    self.nameField.enabled = NO;
    self.detailField.editable = NO;
    // 设置按钮文本为"编辑"
    self.navigationItem.rightBarButtonItem.title = @"编辑";
  }
}
- (IBAction)finish:(id)sender {
  [sender resignFirstResponder];   // 放弃作为第一响应者
}
@end
```

编辑视图的执行效果如图24-10所示。

图24-10　编辑视图界面的执行效果

24.4　选项卡栏控制器

📀 知识点讲解：光盘:视频\知识点\第24章\选项卡栏控制器.mp4

选项卡栏控制器（UITabBarController）与导航控制器一样，也被广泛用于各种iOS应用程序。顾名思义，选项卡栏控制器在屏幕底部显示一系列"选项卡"，这些选项卡表示为图标和文本，用户触摸它们将在场景间切换。和UINavigationController类似，UITabBarController也可以用来控制多个页面导航，用户可以在多个视图控制器之间移动，并可以定制屏幕底部的选项卡栏。

24.4.1　实战演练——使用动态单元格定制表格行

实例24-4	使用动态单元格定制表格行
源码路径	光盘:\daima\24\DynaCell

（1）启动Xcode 7，本项目工程的最终目录结构和故事板界面如图24-11所示。

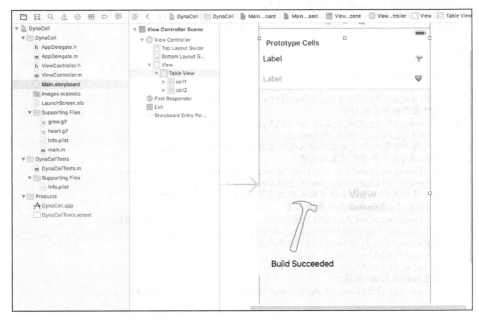

图24-11　本项目工程的最终目录结构和故事板界面

（2）文件ViewController.m的具体实现代码如下所示。

```
#import "ViewController.h"
@implementation ViewController{
NSArray* _books;
}
- (void)viewDidLoad
{
[super viewDidLoad];
self.tableView.dataSource = self;
_books = @[@"Android", @"iOS", @"Ajax",
@"Swift"];
}
- (NSInteger)tableView:(UITableView *)tableView
numberOfRowsInSection:(NSInteger)section
{
return _books.count;
}
- (UITableViewCell *)tableView:(UITableView *)tableView
cellForRowAtIndexPath:(NSIndexPath *)indexPath
{
NSInteger rowNo = indexPath.row;   // 获取行号
// 根据行号的奇偶性使用不同的标识符
NSString* identifier = rowNo % 2 == 0 ? @"cell1" : @"cell2";
// 根据identifier获取表格行（identifier要么是cell1，要么是cell2）
UITableViewCell *cell = [tableView dequeueReusableCellWithIdentifier:
identifier forIndexPath:indexPath];
// 获取cell内包含的Tag为1的UILabel
UILabel* label = (UILabel*)[cell viewWithTag:1];
label.text = _books[rowNo];
return cell;
}
@end
```

执行后的效果如图24-12所示。

图24-12 实例24-4的执行效果

24.4.2 实战演练——使用Segue实现过渡效果

实例24-5	使用Segue实现过渡效果
源码路径	光盘:\daima\24\SegueTest

（1）启动Xcode 7，本项目工程的最终目录结构如图24-13所示。
（2）在故事板中创建两个视图界面，一个是编辑界面，一个是完成界面，如图24-14所示。

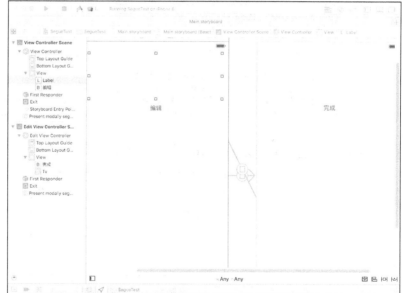

图24-13 本项目工程的
最终目录结构

图24-14 故事板界面

（3）主视图界面文件ViewController.m的具体实现代码如下所示。
```
#import "ViewController.h"
@implementation ViewController
- (void)viewDidLoad
{
    [super viewDidLoad];
    self.view.backgroundColor = [UIColor grayColor];
    if (!self.content) {
        self.content = @"今朝酒醒何处,\n杨柳岸晓风残月！";
    }
    self.label.text = self.content;
}
- (void)prepareForSegue:(UIStoryboardSegue *)segue sender:(id)sender
{
    // 获取segue将要跳转到的目标视图控制器
    id destController = segue.destinationViewController;
    // 使用KVC方式将label内的文本设为destController的editContent属性值
    [destController setValue:self.label.text forKey:@"editContent"];
```

```
}
@end
```
主视图界面的执行效果如图24-15所示。

图24-15　主视图界面的执行效果

（4）编辑视图界面文件EditViewController.m的具体实现代码如下所示。
```
#import "EditViewController.h"
@implementation EditViewController
- (void)viewDidLoad
{
    [super viewDidLoad];
    self.tv.text = self.editContent;
}
- (void)prepareForSegue:(UIStoryboardSegue *)segue sender:(id)sender
{
    // 获取segue将要跳转到的目标视图控制器
    id destController = segue.destinationViewController;
    // 使用KVC方式将tv内的编辑完成的文本设为destController的content属性值
    [destController setValue:self.tv.text forKey:@"content"];
}
@end
```
编辑视图界面的执行效果如图24-16所示。

图24-16　执行效果

第 25 章 UICollectionView和UIVisualEffectView控件

UICollectionView是从iOS 6开始提供的控件，是一种新的数据展示方式，可以把它理解成多列的UITableView，当然这只是UICollectionView的最简单的形式。UIVisualEffectView是从iOS 8开始提供的控件，功能是创建毛玻璃（Blur）效果，也就是实现模糊效果。本章将详细讲解在iOS系统中使用UICollectionView和UIVisualEffectView控件的基本知识，为读者后面学习打下基础。

25.1 UICollectionView 控件详解

知识点讲解：光盘:视频\知识点\第25章\UICollectionView控件详解.mp4

如果读者用过iBooks，应该会对书架布局有一定的印象，一个虚拟书架上放着下载的和购买的各类图书，整齐排列，效果如图25-1所示。

其实书架布局样式就是一个UICollectionView的表现形式。iPad的iOS 6系统中内置的原生时钟应用中的各个时钟也是UICollectionView最简单的一个布局表现，如图25-2所示。

图25-1　iBooks书架布局

图25-2　iOS 6内置的时钟应用

25.1.1　UICollectionView 的构成

在iOS应用中，最简单的UICollectionView就是一个GridView，可以采用多列的方式展示数据。标准的UICollectionView包含如下3个部分，它们都是UIView的子类。

❑ Cells：用于展示内容的主体，对于不同的cell可以指定不同尺寸和不同的内容。

- Supplementary Views：用于追加视图，如果读者对UITableView比较熟悉，可以理解为将每个Section的Header或者Footer用来标记每个Section的View。
- Decoration Views：用于装饰视图，这部分是每个Section的背景，例如iBooks中的书架就是这部分实现的。

不管一个UICollectionView的布局如何变化，上述3个部件都是存在的，它们和iBooks书架效果图的对应关系如图25-3所示。

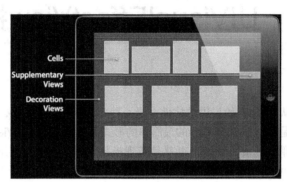

图25-3　3个部分和iBooks书架的对应关系

25.1.2 实现简单的 UICollectionView

UITableView是iOS开发中的一个非常重要的类，相信读者现在应该对这个类非常熟悉了。实现UICollectionView和实现UITableView基本没有什么区别，它们同样都是datasource和delegate设计模式的。其中datasource用于为view提供数据源，告诉view要显示些什么东西以及如何显示它们。Delegate用于提供一些样式的小细节以及与用户交互的响应。因此在本节下面的内容中，会通过对比UICollectionView和UITableView的方式进行说明。

1. UICollectionViewDataSource

UICollectionViewDataSource是一个代理，主要用于向Collection View提供数据。UICollectionViewDataSource的主要功能如下。

- Section数目。
- Section里面有多少item。
- 提供Cell和supplementary view设置。

在UICollectionViewDataSource中通过如下3个方法实现上述功能。

- numberOfSectionsInCollection：section的数量。
- collectionView:numberOfItemsInSection：某个section里有多少个item。
- collectionView:cellForItemAtIndexPath：对于某个位置应该显示什么样的cell。

实现以上3个委托方法基本上就可以保证CollectionView工作正常了。当然还提供了Supplementary View的方法collectionView:viewForSupplementaryElementOfKind:atIndexPath:。

对于Decoration Views来说，提供的方法并不在UICollectionViewDataSource中，而是直接在类UICollectionViewLayout中，这是因为它仅仅是与视图相关的，而与数据无关。

2. 重用

为了得到高效的View，必须对cell进行重用，这样避免了不断生成和销毁对象的操作，这与在UITableView中的情况是一致的。但是需要注意的是，在UICollectionView中不仅可以重用cell，而且Supplementary View和Decoration View也是可以被重用的。在iOS中，Apple对UITableView的重用做了简化，以往要写类似下面这样的代码。

```
UITableViewCell *cell = [tableView dequeueReusableCellWithIdentifier:@"MY_CELL_ID"];
if (!cell) //如果没有可重用的cell,那么生成一个
{
    cell = [[UITableViewCell alloc] init];
}
//配置cell
return cell;
```

如果在TableView向数据源请求数据之前,使用-registerNib:forCellReuseIdentifier:方法为@"MY_CELL_ID"注册过nib,就可以省下每次判断并初始化cell的代码,要是在重用队列里没有可用的cell,runtime将自动帮我们生成并初始化一个可用的cell。

这个特性很受欢迎,因此在UICollectionView中Apple继承使用了这个特性,并且把其进行了一些扩展。可以使用如下所示的方法进行注册。

- -registerClass:forCellWithReuseIdentifier:。
- -registerClass:forSupplementaryViewOfKind:withReuseIdentifier:。
- -registerNib:forCellWithReuseIdentifier:。
- -registerNib:forSupplementaryViewOfKind:withReuseIdentifier:。

UICollectionView和UITableView相比主要有如下两个变化。

- 加入了对某个类的注册,这样即使不用提供nib而是用代码生成的视图也可以被接受为cell了。
- 不仅只是cell,Supplementary View也可以用注册的方法绑定初始化了。

在对UICollectionView的重用ID注册后,就可以像UITableView那样简单地写cell配置了。例如:

```
-(UICollectionView*)collectionView:(UICollectionView*)cv
cellForItemAtIndexPath:(NSIndexPath*)indexPath{
    MyCell*cell=[cvdequeueReusableCellWithReuseIdentifier:@"MY_CELL_ID"];
    //配置cell的内容
    cell.imageView.image=...
    returncell;
}
```

3. UICollectionViewDelegate

UICollectionViewDelegate用于处理和数据无关视图的外形和用户交互等操作,具体来说主要负责如下3项工作。

- cell高亮效果显示。
- cell的选中状态。
- 支持长按后的菜单。

在UICollectionView用户交互中,每个cell现在有独立的高亮事件和选中事件的委托,用户点击cell的时候,现在会按照以下流程向委托进行询问。

- collectionView:shouldHighlightItemAtIndexPath:是否应该高亮?
- collectionView:didHighlightItemAtIndexPath:如果1回答为是,那么高亮。
- collectionView:shouldSelectItemAtIndexPath:无论1结果如何,都询问是否可以被选中?
- -collectionView:didUnhighlightItemAtIndexPath:如果1回答为是,那么现在取消高亮显示效果。
- -collectionView:didSelectItemAtIndexPath:如果3回答为是,那么选中cell。

4. cell

相对于UITableViewCell来说,UICollectionViewCell比较简单。首先UICollectionViewCell不存在各式各样默认的样式,这主要是由于展示对象的性质决定的,因为UICollectionView所用来展示的对象比UITableView灵活,大部分情况下更偏向于图像而非文字,因此需求将会千奇百怪。因此SDK提供的默认的UICollectionViewCell结构上相对比较简单,由下至上的具体说明如下所示。

- 首先是cell本身作为容器view。
- 其次是一个大小自动适应整个cell的backgroundView,用作cell平时的背景。
- 然后是selectedBackgroundView,是cell被选中时的背景。

❏ 最后是contentView，自定义内容应被加在其上。

在UICollectionView控件中，被选中的cell是自动变化的，所有cell中的子视图，也包括contentView中的子视图，当cell被选中时，会自动去查找视图是否有被选中状态下的改变。例如，在contentView里加了一个normal和selected，分别指定了不同图片的imageView，那么选中这个cell的同时这张图片也会从normal变成selected，而不需要添加额外的任何代码。

5. UICollectionViewLayout

UICollectionViewLayout是整个UICollectionView控件的精髓，这也是UICollectionView和UITableView最大的不同。UICollectionViewLayout可以说是UICollectionView的大脑和中枢，它负责组织将各个cell、Supplementary View和Decoration Views，为它们设定各自的属性，包括位置、尺寸、透明度、层级关系、形状等。

Layout决定了UICollectionView是如何显示在界面上的。在展示之前，一般需要生成合适的UICollectionViewLayout子类对象，并将其赋予CollectionView的collectionViewLayout属性。

Apple为开发者提供了一个最简单可能也是最常用的默认layout对象：UICollectionViewFlowLayout。FlowLayout简单说是一个直线对齐的布局，最常见的GridView形式即为一种Flow Layout配置。UICollectionViewLayout布局的具体思路如下所示。

（1）首先设置一个重要的属性itemSize，它定义了每一个元素的大小。通过设定itemSize可以全局地改变所有cell的尺寸，如果想要对某个cell制定尺寸，可以使用-collectionView:layout:sizeForItemAtIndexPath:方法。

（2）设置间隔。

间隔可以指定元素之间的间隔和每一行之间的间隔，和size类似，既有全局属性，也可以对每一个元素和每一个section做出设定。

❏ @property (CGSize) minimumInteritemSpacing。
❏ @property (CGSize) minimumLineSpacing。
❏ -collectionView:layout:minimumInteritemSpacingForSectionAtIndex:。
❏ -collectionView:layout:minimumLineSpacingForSectionAtIndex:。

（3）设置滚动方向。

由属性scrollDirection确定滚动视图的方向，将影响Flow Layout的基本方向和由header及footer确定的section之间的宽度。

❏ UICollectionViewScrollDirectionVertical。
❏ UICollectionViewScrollDirectionHorizontal。

（4）设置header和footer尺寸。

在设置header和footer的尺寸时分为全局和部分。此时需要注意根据滚动方向不同，header和footer的高和宽中只有一个会起作用。垂直滚动时section间宽度为该尺寸的高，而水平滚动时为宽度起作用。

❏ @property (CGSize) headerReferenceSize。
❏ @property (CGSize) footerReferenceSize。
❏ -collectionView:layout:referenceSizeForHeaderInSection:。
❏ -collectionView:layout:referenceSizeForFooterInSection:。

（5）设置缩进。

❏ @property UIEdgeInsets sectionInset。
❏ -collectionView:layout:insetForSectionAtIndex:。

综上所述，一个UICollectionView的实现包括两个必要部分：UICollectionViewDataSource和UICollectionViewLayout，另外还有一个交互部分：UICollectionViewDelegate。而Apple给出的UICollection

ViewFlowLayout已经是一个很强大的布局方案了。

25.1.3 自定义 UICollectionViewLayout

在UICollectionView控件中，UICollectionViewLayout的功能是为UICollectionView提供布局信息，不仅包括cell的布局信息，也包括追加视图和装饰视图的布局信息。实现一个自定义布局的常规做法是继承UICollectionViewLayout类，然后重载如下方法。

（1）-(CGSize)collectionViewContentSize：返回collectionView的内容的尺寸。

（2）-(NSArray *)layoutAttributesForElementsInRect:(CGRect)rect：返回rect中所有元素的布局属性，返回的是包含UICollectionViewLayoutAttributes的NSArray。

UICollectionViewLayoutAttributes可以是cell、追加视图或装饰视图的信息，通过不同的UICollectionViewLayoutAttributes初始化方法可以得到如下不同类型的UICollectionViewLayoutAttributes。

- layoutAttributesForCellWithIndexPath:。
- layoutAttributesForSupplementaryViewOfKind:withIndexPath:。
- layoutAttributesForDecorationViewOfKind:withIndexPath:。

（3）-(UICollectionViewLayoutAttributes)layoutAttributesForItemAtIndexPath:(NSIndexPath)indexPath：返回对应于indexPath位置的cell的布局属性。

（4）-(UICollectionViewLayoutAttributes)layoutAttributesForSupplementaryViewOfKind:(NSString)kind atIndexPath:(NSIndexPath *)indexPath：返回对应于indexPath位置的追加视图的布局属性，如果没有追加视图可不重载。

（5）-(UICollectionViewLayoutAttributes *)layoutAttributesForDecorationViewOfKind:(NSString)decorationViewKind atIndexPath:(NSIndexPath)indexPath：返回对应于indexPath位置的装饰视图的布局属性，如果没有装饰视图可不重载。

（6）-(BOOL)shouldInvalidateLayoutForBoundsChange:(CGRect)newBounds：当边界发生改变时，是否应该刷新布局。如果YES则在边界变化（一般是scroll到其他地方）时重新计算需要的布局信息。

另外需要了解的是，在初始化一个UICollectionViewLayout实例后，会有一系列准备方法被自动调用，以保证layout实例的正确。

首先，调用-(void)prepareLayout，默认下该方法什么没做，但是在自己的子类实现中，一般在该方法中设定一些必要的布局结构和初始需要的参数等。

然后，调用-(CGSize) collectionViewContentSize，以确定collection应该占据的尺寸。注意这里的尺寸不是指可视部分的尺寸，而应该是所有内容所占的尺寸。collectionView的本质是一个scrollView，因此需要这个尺寸来配置滚动行为。

接下来调用-(NSArray *)layoutAttributesForElementsInRect:(CGRect)rect。初始布局的外观由该方法返回的UICollectionViewLayoutAttributes来决定。

另外，在需要更新布局时，需要给当前布局发送-invalidateLayout，该消息会立即返回，并且预约在下一个循环的时候刷新当前布局，这一点和UIView的setNeedsLayout方法十分类似。在-invalidateLayout后下一个collectionView的刷新循环中，又会从prepareLayout开始，依次再调用-collectionViewContentSize和-layoutAttributesForElementsInRect生成更新后的布局。

25.1.4 实战演练——使用 UICollectionView 控件实现网格效果

实例25-1	使用UICollectionView控件实现网格效果
源码路径	光盘:\daima\25\UICollectionViewTest

（1）启动Xcode 7，然后单击Creat a new Xcode project新建一个iOS工程，在左侧选择iOS下的Application，在右侧选择Single View Application。本项目工程的最终目录结构和故事板界面如图25-4所示。

第 25 章 UICollectionView 和 UIVisualEffectView 控件

图25-4　本项目工程的最终目录结构和故事板界面

（2）主视图文件ViewController.m的具体实现代码如下所示。

```
#import "ViewController.h"
#import "DetailViewController.h"
@implementation ViewController{
    NSArray* _books;
    NSArray* _covers;
}
- (void)viewDidLoad
{
    [super viewDidLoad];
    // 创建并初始化NSArray对象
    _books = @[@"Ajax",
               @"Android",
               @"HTML5/CSS3/JavaScript" ,
               @"Java",
               @"Java程序员",
               @"Java EE",
               @"Java EE",
               @"Swift"];
    // 创建并初始化NSArray对象
    _covers = [NSArray arrayWithObjects:@"ajax.png",
               @"android.png",
               @"html.png" ,
               @"java.png",
               @"java2.png",
               @"javaee.png",
               @"javaee2.png",
               @"swift.png", nil];
    // 为当前导航项设置标题
    self.navigationItem.title = @"图书列表";
    // 为UICollectionView设置dataSource和delegate
    self.grid.dataSource = self;
    self.grid.delegate = self;
    // 创建UICollectionViewFlowLayout布局对象
    UICollectionViewFlowLayout *flowLayout =
    [[UICollectionViewFlowLayout alloc] init];
    // 设置UICollectionView中各单元格的大小
    flowLayout.itemSize = CGSizeMake(120, 160);
    // 设置该UICollectionView只支持水平滚动
    flowLayout.scrollDirection = UICollectionViewScrollDirectionVertical;
    // 设置各分区上、下、左、右空白的大小
    flowLayout.sectionInset = UIEdgeInsetsMake(0, 0, 0, 0);
    // 设置两行单元格之间的行距
    flowLayout.minimumLineSpacing = 5;
```

```
        // 设置两个单元格之间的间距
        flowLayout.minimumInteritemSpacing = 0;
        // 为UICollectionview设置布局对象
        self.grid.collectionViewLayout = flowLayout;
}
// 该方法的返回值决定各单元格的控件
- (UICollectionViewCell *)collectionView:(UICollectionView *)
    collectionView cellForItemAtIndexPath:(NSIndexPath *)indexPath
{
        // 为单元格定义一个静态字符串作为标识符
        static NSString* cellId = @"bookCell";        // ①
        // 从可重用单元格的队列中取出一个单元格
        UICollectionViewCell* cell = [collectionView
            dequeueReusableCellWithReuseIdentifier:cellId
            forIndexPath:indexPath];
        // 设置圆角
        cell.layer.cornerRadius = 8;
        cell.layer.masksToBounds = YES;
        NSInteger rowNo = indexPath.row;
        // 通过tag属性获取单元格内的UIImageView控件
        UIImageView* iv = (UIImageView*)[cell viewWithTag:1];
        // 为单元格内的图片控件设置图片
        iv.image = [UIImage imageNamed:_covers[rowNo]];
        // 通过tag属性获取单元格内的UILabel控件
        UILabel* label = (UILabel*)[cell viewWithTag:2];
        // 为单元格内的UILabel控件设置文本
        label.text = _books[rowNo];
        return cell;
}
// 该方法的返回值决定UICollectionView包含多少个单元格
- (NSInteger)collectionView:(UICollectionView *)collectionView
    numberOfItemsInSection:(NSInteger)section
{
        return _books.count;
}
// 当用户单击单元格跳转到下一个视图控制器时激发该方法
- (void)prepareForSegue:(UIStoryboardSegue *)segue sender:(id)sender
{
        // 获取激发该跳转的单元格
        UICollectionViewCell* cell = (UICollectionViewCell*)sender;
        // 获取该单元格所在的NSIndexPath
        NSIndexPath* indexPath = [self.grid indexPathForCell:cell];
        NSInteger rowNo = indexPath.row;
        // 获取跳转的目标视图控制器: DetailViewController控制器
        DetailViewController *detailController = segue.destinationViewController;
        // 将选中单元格内的数据传给DetailViewController控制器对象
        detailController.imageName = _covers[rowNo];
        detailController.bookNo = rowNo;
}
@end
```

（3）详情界面视图接口文件DetailViewController.h的具体实现代码如下所示。

```
#import <UIKit/UIKit.h>
@interface DetailViewController : UIViewController
@property (strong, nonatomic) IBOutlet UIImageView *bookCover;
@property (strong, nonatomic) IBOutlet UITextView *bookDetail;
// 用于接受上一个控制器传入参数的属性
@property (strong, nonatomic) NSString* imageName;
@property (nonatomic, assign) NSInteger bookNo;
@end
```

（4）详情界面视图文件DetailViewController.m的具体实现代码如下所示。

```
#import "DetailViewController.h"
@implementation DetailViewController{
    NSArray* _bookDetails;
}
- (void)viewDidLoad
{
        [super viewDidLoad];
```

```
    _bookDetails = @[
      @"前端开发知识",
      @"Andrioid销量排行榜榜首。",
      @"介绍HTML 5、CSS3、JavaScript知识",
      @"Java图书,值得仔细阅读的图书",
      @"重点图书",
      @"Java3大框架整合开发",
      @"EJB 3",
      @"图书"];
}
- (void)viewWillAppear:(BOOL)animated
{
    // 设置bookCover控件显示的图片
    self.bookCover.image = [UIImage imageNamed:self.imageName];
    // 设置bookDetail显示的内容
    self.bookDetail.text = _bookDetails[self.bookNo];
}
@end
```

主视图界面的执行效果如图25-5所示,详情视图界面的执行效果如图25-6所示。

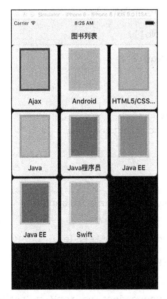

图25-5 主视图界面的执行效果

图25-6 详情视图界面的执行效果

25.2 UIVisualEffectView 控件详解

知识点讲解:光盘:视频\知识点\第25章\UIVisualEffectView控件详解.mp4

从iOS 7系统开始,苹果改变了App的UI风格和动画效果,例如导航栏出现在屏幕上的效果。尤其是苹果在iOS 7中使用了全新的雾玻璃效果(模糊特效)。不仅仅是导航栏,通知中心和控制中心也采用了这个特殊的视觉效果。但是苹果并没有在SDK中放入这个特效,程序员不得不使用自己的方法模拟这个效果,一直到iOS 8的出现。在iOS 8中,SDK中终于正式加入了这个特性,不但让程序员易于上手,而且性能表现也很优秀,苹果将之称为VisualEffects。在iOS系统中,通过控件UIVisualEffectView可以创建毛玻璃效果,也就是实现模糊效果。

25.2.1 UIVisualEffectView 基础

Visual Effects是一整套视觉特效,包括UIBlurEffect和UIVibrancyEffect。这两者都是UIVisualEffect的子类,前者允许在应用程序中动态地创建实时的雾玻璃效果,而后者则允许在雾玻璃上"写字"。

要想创建一个特殊效果（如Blur效果），可以创建一个UIVisualEffectView视图对象，这个对象提供了一种简单的方式来实现复杂的视觉效果。可以把这个对象看作是效果的一个容器，实际的效果会影响到该视图对象底下的内容，或者添加到该视图对象的contentView中的内容。

下面举个例子来看看如果使用UIVisualEffectView。
```
let bgView: UIImageView = UIImageView(image: UIImage(named: "visual"))
bgView.frame = self.view.bounds
self.view.addSubview(bgView)
let blurEffect: UIBlurEffect = UIBlurEffect(style: .Light)
let blurView: UIVisualEffectView = UIVisualEffectView(effect: blurEffect)
blurView.frame = CGRectMake(50.0, 50.0, self.view.frame.width - 100.0, 200.0)
self.view.addSubview(blurView)
```
上述代码的功能是在当前视图控制器上添加了一个UIImageView作为背景图。然后在视图的一小部分中使用了毛玻璃效果。由此可见，UIVisualEffectView是非常简单的。需要注意是的，不应该直接将子视图添加到UIVisualEffectView视图中，而是应该添加到UIVisualEffectView对象的contentView中。

另外，尽量避免将UIVisualEffectView对象的alpha值设置为小于1.0的值，因为创建半透明的视图会导致系统在离屏渲染时去对UIVisualEffectView对象及所有的相关的子视图做混合操作。这不但消耗CPU/GPU，也可能会导致许多效果显示不正确或者根本不显示。

初始化一个UIVisualEffectView对象的方法是UIVisualEffectView(effect: blurEffect)，其定义如下。
```
init(effect effect: UIVisualEffect)
```
这个方法的参数是一个UIVisualEffect对象。查看官方文档可以看到，在UIKit中定义了几个专门用来创建视觉特效的类，它们分别是UIVisualEffect、UIBlurEffect和UIVibrancyEffect。它们的继承层次如下所示。
```
NSObject
| -- UIVisualEffect
     | -- UIBlurEffect
     | -- UIVibrancyEffect
```
UIVisualEffect是一个继承自NSObject的创建视觉效果的基类，然而这个类除了继承自NSObject的属性和方法外，没有提供任何新的属性和方法。其主要目的是用于初始化UIVisualEffectView，在这个初始化方法中可以传入UIBlurEffect或者UIVibrancyEffect对象。

一个UIBlurEffect对象用于将毛玻璃效果应用于UIVisualEffectView视图下面的内容，如上面的示例所示。不过，这个对象的效果并不影响UIVisualEffectView对象contentView中的内容。

UIBlurEffect主要定义了3种效果，这些效果由枚举UIBlurEffectStyle来确定，该枚举的定义如下。
```
enum UIBlurEffectStyle : Int {
    case ExtraLight
    case Light
    case Dark
}
```
其主要功能是根据色调来确定特效视图与底部视图的混合。

与UIBlurEffect不同的是，UIVibrancyEffect主要用于放大和调整UIVisualEffectView视图下面内容的颜色，同时让UIVisualEffectView的contentView中的内容看起来更加生动。通常UIVibrancyEffect对象是与UIBlurEffect一起使用，主要用于处理在UIBlurEffect特效上的一些显示效果。接上面的代码，看看在模糊视图上添加一些新特效的方法，例如：
```
let vibrancyView: UIVisualEffectView = UIVisualEffectView(effect:
UIVibrancyEffect(forBlurEffect: blurEffect))
vibrancyView.setTranslatesAutoresizingMaskIntoConstraints(false)
blurView.contentView.addSubview(vibrancyView)
var label: UILabel = UILabel()
label.setTranslatesAutoresizingMaskIntoConstraints(false)
label.text = "Vibrancy Effect"
label.font = UIFont(name: "HelveticaNeue-Bold", size: 30)
label.textAlignment = .Center
label.textColor = UIColor.whiteColor()
vibrancyView.contentView.addSubview(label)
```

特效vibrancy取决于颜色值，所有添加到contentView的子视图都必须实现tintColorDidChange方法并更新自己。需要注意的是，我们使用UIVibrancyEffect(forBlurEffect:)方法创建UIVibrancyEffect时，参数blurEffect必须是我们想加效果的那个blurEffect，否则可能不是我们想要的效果。

另外，UIVibrancyEffect还提供了一个类方法notificationCenterVibrancyEffect，其声明如下。

```
class func notificationCenterVibrancyEffect() -> UIVibrancyEffect!
```

这个方法创建一个用于通知中心的Today扩展的vibrancy特效。

25.2.2 使用VisualEffectView控件实现模糊特效

在Xcode 7中，使用VisualEffectView控件实现模糊特效的过程如下。

（1）启动Xcode 7，然后单击Creat a new Xcode project新建一个iOS工程，在左侧选择iOS下的Application，在右侧选择Single View Application。打开Main.storyboard，来到右边的Object Library面板，在搜索栏中输入"visual"，这将迅速定位到两个Visual Effect View控件，如图25-7所示。

（2）拖一个Visual Effect View with Blur到View上。在Document Outline窗口中，调整Visual Effect View with Blur的位置，使它位于2个按钮之下，如图25-8所示。

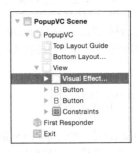

图25-7　Object Library中的Visual EffectView　　　图25-8　将Visual Effect View插入到最底层

（3）调整Visual Effect View的自动布局，使它占据整个View大小，如图25-9所示。

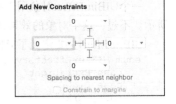

（4）在属性面板，设置Visual EffectView的Blur Style属性为Light。Blur Style可以有3个值：Extra Light、Light、Dark，分别有3种不同的模糊效果：很亮、亮、暗色。如果看不到丝毫模糊效果（是否添加Visual Effect View都一样），则可能要将view设置为背景透明。

图25-9　设置Visual Effect View的约束

25.2.3 使用VisualEffectView实现Vibrancy效果

Vibrancy效果是一种专门应用在模糊效果上的特殊效果。它会在模糊效果的基础上留下一些特殊的空洞，使得这些地方上的内容看起来更加生动。可以想象一下雾玻璃效果，它就好像是冬天的时候，你在玻璃上哈气。原本透明的玻璃哈上气后，会结上一层水汽，看起来就像是"雾玻璃"一样。如果你伸手在这层水汽上写字，则会在雾气上留下明显的字迹，这就是Vibrancy效果。

在iOS应用中，可以使用Visual Effect View来实现Vibrancy效果。Vibrancy效果使用Object Library中的"Visual Effect Views with Blur and Vibrancy"来实现。从名称上看，"Visual Effect Views with Blur and Vibrancy"包括了两个Visual Effect View：一个Blur Visual Effect View和一个Vibrancy Visual Effect View。事实上也是这样的，Vibrancy效果并不能单独应用，它必须应用到Blur效果之上。我们可以这样理解：Vibrancy效果是一种"雾玻璃写字"的效果，因此只能先有了"雾玻璃"的情况下才能写字。

打开Main.storyboard，先删除里面的Visual Effect View。然后从Object Library中拖一个Visual Effect Views with Blur and Vibrancy到PopupVC中，同样需要在Document Outline窗口中将它调整至View中的最

下面一层，如图25-10所示。

此时Visual Effect Views with Blur and Vibrancy包含了两个Visual Effect View。第二层Visual Effect View位于第一层Visual Effect View的View中。方便起见，不妨把第一层Visual Effect View称作Blur层，把第二层Visual Effect View称作Vibrancy层。

将Blur层将作为"雾玻璃"使用，将它的自动布局设置为占据整个View的同时将Blur Style设置为Light，如图25-11所示。

同时，将Blur层下面的View的背景设置为透明。

第二层用于实现Vibrancy。同样，将它的自动布局设置为占据整个View，同时将它的Blur Style设置为Light，Vibrancy为启用，如图25-12所示。

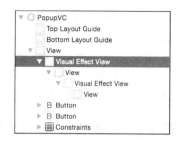

图25-10 插入Visual Effect Views with Blur and Vibrancy

图25-11 设置雾玻璃效果

图25-12 设置Vibrancy效果

同时，将Vibrancy层的View的背景设置为透明。

接下来我们要在Vibrancy层的View上写字。

拖一个UILabel到Vibrancy层的View上，设置Label的Text为"Vibrancy"，并设置自动布局约束，如图25-13所示。

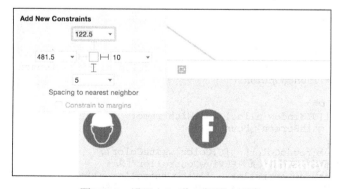

图25-13 设置Label位于视图右下角

注意　Label必须位于Vibrancy层的View之中。也就是说，把Vibrancy层放到Blur层的View中，再把UILabel（要写的字）放到Vibrancy层的View中。

运行程序，我们可以在UILabel上看出Vibrancy最终的效果如图25-14所示。

看到Vibrancy效果了吗？现在，透过单词Vibrancy隐隐约约看到了背景图片的内容。这就是"雾玻璃写字"的效果。实际上，不仅仅能在文字上显示Vibrancy效果。图片也可以应用Vibrancy效果，当然它必须是透明图片。

图25-14　Vibrancy效果

25.2.4　实战演练——在屏幕中实现模糊效果

实例25-2	使用UIVisualEffectView控件在屏幕中实现模糊效果
源码路径	光盘:\daima\25\DelegateFlowLayoutTest

（1）启动Xcode 7，然后单击Creat a new Xcode project新建一个iOS工程，在左侧选择iOS下的Application，在右侧选择Single View Application。本项目工程的最终目录结构和故事板界面如图25-15所示。

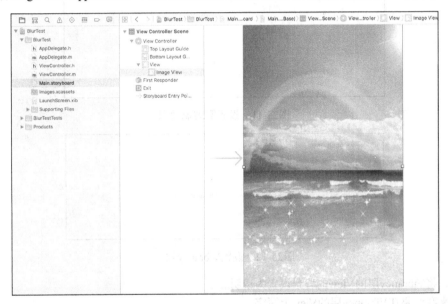

图25-15　本项目工程的最终目录结构和故事板界面

（2）监听接口文件AppDelegate.m的具体实现代码如下所示。
```
#import "AppDelegate.h"
#import "ViewController.h"
@interface AppDelegate ()
@end
@implementation AppDelegate
- (BOOL)application:(UIApplication *)application didFinishLaunchingWithOptions:
(NSDictionary *)launchOptions
{
// 创建应用程序窗口
self.window = [[UIWindow alloc] initWithFrame:
    [[UIScreen mainScreen] bounds]];
// 设置窗口背景色
self.window.backgroundColor = [UIColor whiteColor];
// 将该window显示的根控制器设置为FKViewController对象
self.window.rootViewController = [[ViewController alloc]
initWithStyle:UITableViewStyleGrouped];  // 使用分组风格
[self.window makeKeyAndVisible];
return YES;
}
```

（3）视图界面控制器文件ViewController.m的具体实现代码如下所示。
```
#import "ViewController.h"
```

```objc
@implementation ViewController{
NSMutableArray* _list;
}
- (void)viewDidLoad
{
[super viewDidLoad];
// 初始化NSMutableArray集合
_list = [[NSMutableArray alloc] initWithObjects:@"AA",
@"BB",
@"CC",
@"DD",
@"EE",
@"FF" , nil];
// 设置refreshControl属性,该属性值应该是UIRefreshControl控件
self.refreshControl = [[UIRefreshControl alloc] init];
// 设置UIRefreshControl控件的颜色
self.refreshControl.tintColor = [UIColor grayColor];
// 设置该控件的提示标题
self.refreshControl.attributedTitle = [[NSAttributedString alloc]
initWithString:@"下拉刷新"];
// 为UIRefreshControl控件的刷新事件设置事件处理方法
[self.refreshControl addTarget:self action:@selector(refreshData)
forControlEvents:UIControlEventValueChanged];
}
// 该方法返回该表格的各部分包含多少行
- (NSInteger) tableView:(UITableView *)tableView numberOfRowsInSection:
(NSInteger)section
{
return [_list count];
}
// 该方法的返回值将作为指定表格行的UI控件
- (UITableViewCell*) tableView:(UITableView *)tableView
cellForRowAtIndexPath:(NSIndexPath *)indexPath
{
static NSString *myId = @"moveCell";
// 获取可重用的单元格
UITableViewCell *cell = [tableView
dequeueReusableCellWithIdentifier:myId];
// 如果单元格为nil
if(cell == nil)
{
// 创建UITableViewCell对象
cell = [[UITableViewCell alloc] initWithStyle:
UITableViewCellStyleDefault reuseIdentifier:myId];
}
NSInteger rowNo = [indexPath row];
// 设置textLabel显示的文本
cell.textLabel.text = _list [rowNo];
return cell;
}
// 刷新数据的方法
- (void) refreshData
{
// 使用延迟2秒来模拟远程获取数据
[self performSelector:@selector(handleData) withObject:nil
afterDelay:2];
}
- (void) handleData
{
NSString* randStr = [NSString stringWithFormat:@"%d"
, arc4random() % 10000];                    // 获取一个随机数字符串
[_list addObject:randStr];                  // 将随机数字符串添加到_list集合中
self.refreshControl.attributedTitle = [[NSAttributedString alloc]
initWithString:@"正在刷新..."];
[self.refreshControl endRefreshing];   // 停止刷新
[self.tableView reloadData];           // 控制表格重新加载数据
}
@end
```

执行后可看到效果。

Part 6

第六篇

典型应用

本篇内容

- 第 26 章　图形、图像、图层和动画
- 第 27 章　多媒体应用
- 第 28 章　定位处理
- 第 29 章　触摸、手势识别和 Force Touch
- 第 30 章　Touch ID 详解
- 第 31 章　游戏开发

第 26 章 图形、图像、图层和动画

本书前面已经向大家详细讲解了iOS中的常用控件。本章开始将带领大家更上一层楼，将详细讲解iOS中的典型应用。本章首先详细讲解iOS应用中的图形、图像、图层和动画的基本知识，为读者后面的学习打下基础。

26.1 图形处理

> 知识点讲解：光盘:视频\知识点\第26章\图形处理.mp4

本节首先讲解在iOS中处理图形的基本知识，包括iOS的绘图机制，然后通过具体实例讲解绘图机制的使用方法。

26.1.1 实战演练——在屏幕中绘制三角形

在本实例的功能是在屏幕中绘制一个三角形。当触摸屏幕中的3点后，会在这3点绘制一个三角形。在具体实现时，定义三角形的3个CGPoint点对象firstPoint、secondPoint和thirdPoint，然后使用drawRect方法将这3个点连接起来。

实例26-1	在屏幕中绘制三角形
源码路径	光盘:\daima\28\ThreePointTest

（1）编写文件ViewController.h，此文件的功能是布局视图界面中的元素，本实例比较简单，只用到了UIViewController，具体代码如下所示。

```
#import <UIKit/UIKit.h>
@interface ViewController : UIViewController
@end
```

（2）文件ViewController.m是文件ViewController.h的实现，具体代码如下所示。

```
#import "ViewController.h"
#import "TestView.h"
@implementation ViewController
- (void)didReceiveMemoryWarning
{
    [super didReceiveMemoryWarning];
    // 释放任何没有使用的缓存中的数据和图像
}
#pragma mark - View lifecycle
- (void)viewDidLoad
{
    [super viewDidLoad];
    // 加载视图
    TestView *view = [[TestView alloc]initWithFrame:self.view.frame];
    self.view = view;
    [view release];
}
```

（3）编写头文件 TestView.h，此文件定义了三角形的3个CGPoint点对象firstPoint、secondPoint和thirdPoint。具体代码如下所示。

```objc
#import <UIKit/UIKit.h>
@interface TestView : UIView
{
    CGPoint firstPoint;
    CGPoint secondPoint;
    CGPoint thirdPoint;
    NSMutableArray *pointArray;
}
@end
```

(4) 文件TestView.m是文件TestView.h的实现，具体代码如下所示。

```objc
#import "TestView.h"
@implementation TestView
- (id)initWithFrame:(CGRect)frame
{
    self = [super initWithFrame:frame];
    if (self) {
        // 初始化代码
        self.backgroundColor = [UIColor whiteColor];
        pointArray = [[NSMutableArray alloc]initWithCapacity:3];
        UILabel *label = [[UILabel alloc]initWithFrame:CGRectMake(0, 0, 320, 40)];
        label.text = @"任意单击屏幕内的三点以确定一个三角形";
        [self addSubview:label];
        [label release];
    }
    return self;
}
//如果执行了自定义绘制，则只覆盖drawrect:
//空的实现产生的不利影响会表现在动画方面
- (void)drawRect:(CGRect)rect
{
    // 绘制代码
    CGContextRef context = UIGraphicsGetCurrentContext();
    CGContextSetRGBStrokeColor(context, 0.5, 0.5, 0.5, 1.0);
    // 绘制更加明显的线条
    CGContextSetLineWidth(context, 2.0);
    // 画一条连接起来的线条
    CGPoint addLines[] =
    {
        firstPoint,secondPoint,thirdPoint,firstPoint,
    };
    CGContextAddLines(context, addLines, sizeof(addLines)/sizeof(addLines[0]));
    CGContextStrokePath(context);
}
- (void)touchesBegan:(NSSet *)touches withEvent:(UIEvent *)event
{
}
- (void)touchesMoved:(NSSet *)touches withEvent:(UIEvent *)event
{
}
- (void)touchesEnded:(NSSet *)touches withEvent:(UIEvent *)event
{
    UITouch * touch = [touches anyObject];
    CGPoint point = [touch locationInView:self];
    [pointArray addObject:[NSValue valueWithCGPoint:point]];
    if (pointArray.count > 3) {
        [pointArray removeObjectAtIndex:0];
    }
    if (pointArray.count==3) {
        firstPoint = [[pointArray objectAtIndex:0]CGPointValue];
        secondPoint = [[pointArray objectAtIndex:1]CGPointValue];
        thirdPoint = [[pointArray objectAtIndex:2]CGPointValue];
    }
    NSLog(@"%@",[NSString stringWithFormat:@"1:%f/%f\n2:%f/%f\n3:%f/%f",firstPoint.x,firstPoint.y,secondPoint.x,secondPoint.y,thirdPoint.x,thirdPoint.y]);
    [self setNeedsDisplay];
}
-(void)dealloc{
```

```
    [pointArray release];
    [super dealloc];
}
@end
```

执行后的效果如图26-1所示。

图26-1　实例26-1的执行效果

26.1.2　实战演练——绘制几何图形

实例26-2	使用Quartz 2D绘制几何图形
源码路径	光盘:\daima\28\GeometryShape

（1）启动Xcode 7，单击Creat a new Xcode project新建一个iOS工程，在左侧选择iOS下的Application，在右侧选择Single View Application。本项目工程的最终目录结构运行程序后可看到。

（2）定义类GeometryView，它继承于类UIView，功能是重写方法drawRect来绘图，文件GeometryView.m的具体实现代码如下所示。

```
#import "GeometryView.h"
@implementation GeometryView
// 重写该方法进行绘图
- (void)drawRect:(CGRect)rect
{
    CGContextRef ctx = UIGraphicsGetCurrentContext();    // 获取绘图上下文
    CGContextSetLineWidth(ctx, 16);                      // 设置线宽
    CGContextSetRGBStrokeColor(ctx, 0 , 1, 0 , 1);
    // ----------下面绘制3个线段测试端点形状----------
    // 定义4个点，绘制线段
    const CGPoint points1[] =  {CGPointMake(10 , 40), CGPointMake(100 , 40)
        ,CGPointMake(100 , 40) , CGPointMake(20 , 70)};
    CGContextStrokeLineSegments(ctx ,points1 , 4);       // 绘制线段（默认不绘制端点）
    CGContextSetLineCap(ctx, kCGLineCapSquare);          // 设置线段的端点形状：方形端点
    const CGPoint points2[] =  {CGPointMake(130 , 40), CGPointMake(230 , 40)
        ,CGPointMake(230 , 40) , CGPointMake(140 , 70)}; // 定义4个点，绘制线段
    CGContextStrokeLineSegments(ctx ,points2 , 4);       // 绘制线段
    CGContextSetLineCap(ctx, kCGLineCapRound);           // 设置线段的端点形状：圆形端点
    const CGPoint points3[] =  {CGPointMake(250 , 40), CGPointMake(350 , 40)
        ,CGPointMake(350 , 40) , CGPointMake(260 , 70)}; // 定义4个点，绘制线段
    CGContextStrokeLineSegments(ctx ,points3 , 4);       // 绘制线段
    // ----------下面绘制3个线段测试点线模式----------
    CGContextSetLineCap(ctx, kCGLineCapButt);            // 设置线段的端点形状
    CGContextSetLineWidth(ctx, 10);                      // 设置线宽
    CGFloat patterns1[] = {6 , 10};
    // 设置点线模式：实线宽6，间距宽10
    CGContextSetLineDash(ctx, 0 , patterns1 , 1);
    // 定义两个点，绘制线段
    const CGPoint points4[] = {CGPointMake(40 , 85), CGPointMake(280 , 85)};
    CGContextStrokeLineSegments(ctx ,points4 , 2);       // 绘制线段
    // 设置点线模式：实线宽6，间距宽10，但第1个实线宽为3
```

```
    CGContextSetLineDash(ctx , 3 , patterns1 , 1);
    // 定义两个点,绘制线段
    const CGPoint points5[] = {CGPointMake(40 , 105), CGPointMake(280 , 105)};
    CGContextStrokeLineSegments(ctx ,points5 , 2);          // 绘制线段
    CGFloat patterns2[] = {5,1,4,1,3,1,2,1,1,1,1,2,1,3,1,4,1,5};
    CGContextSetLineDash(ctx , 0 , patterns2 , 18);         // 设置点线模式
    const CGPoint points6[] = {CGPointMake(40 , 125), CGPointMake(280 , 125)};
    CGContextStrokeLineSegments(ctx ,points6 , 2);          // 绘制线段
    // ---------下面填充矩形---------
    // 设置线条颜色
    CGContextSetStrokeColorWithColor(ctx, [UIColor blueColor].CGColor);
    CGContextSetLineWidth(ctx, 14);                         // 设置线条宽度
    // 设置填充颜色
    CGContextSetFillColorWithColor(ctx, [UIColor redColor].CGColor);
    CGContextFillRect(ctx , CGRectMake(30 , 140 , 120 , 60));   // 填充一个矩形
    // 设置填充颜色
    CGContextSetFillColorWithColor(ctx, [UIColor yellowColor].CGColor);
    CGContextFillRect(ctx, CGRectMake(80 , 180 , 120 , 60));    // 填充一个矩形
    // ---------下面绘制矩形边框---------
    CGContextSetLineDash(ctx, 0, 0, 0);                     // 取消设置点线模式
    // 绘制一个矩形边框
    CGContextStrokeRect(ctx , CGRectMake(30 , 250 , 120 , 60));
    // 设置线条颜色
    CGContextSetStrokeColorWithColor(ctx, [UIColor purpleColor].CGColor);
    CGContextSetLineJoin(ctx, kCGLineJoinRound);            // 设置线条连接点的形状
    // 绘制一个矩形边框
    CGContextStrokeRect(ctx , CGRectMake(80 , 280 , 120 , 60));
    CGContextSetRGBStrokeColor(ctx, 1.0, 0, 1.0 , 1.0);// 设置线条颜色
    CGContextSetLineJoin(ctx, kCGLineJoinBevel);            // 设置线条连接点的形状
    // 绘制一个矩形边框
    CGContextStrokeRect(ctx , CGRectMake(130 , 310 , 120 , 60));
    CGContextSetRGBStrokeColor(ctx, 0, 1 , 1 , 1);          // 设置线条颜色
    // ---------下面绘制和填充一个椭圆---------
    // 绘制一个椭圆
    CGContextStrokeEllipseInRect(ctx , CGRectMake(30 , 400 , 120 , 60));
    CGContextSetRGBFillColor(ctx, 1, 0 , 1 , 1);            // 设置填充颜色
    // 填充一个椭圆
    CGContextFillEllipseInRect(ctx , CGRectMake(180 , 400 , 120 , 60));
}
@end
```

执行后的效果如图26-2所示。

图26-2 实例26-2的执行效果

26.2 图像处理

知识点讲解: 光盘:视频\知识点\第26章\图像处理.mp4

在iOS应用中,可以使用UIImageView来处理图像,在本书前面的内容中已经讲解了使用

UIImageView处理图像的基本知识。其实除了UIImageView外，还可以使用Core Graphics实现对图像的绘制处理。

26.2.1 实战演练——在屏幕中绘制图像

实例26-3	利用CoreGraphics绘制小黄人图像
源码路径	光盘:\daima\28\-CoreGraphics

（1）启动Xcode 7，单击Creat a new Xcode project新建一个iOS工程，在左侧选择iOS下的Application，在右侧选择Single View Application。本项目工程的最终目录结构运行程序后可看到。

（2）编写视图文件ViewController.m，在加载时通过动画样式显示屏幕中的图像，具体实现代码如下所示。

```objc
#import "ViewController.h"
#import "Circle.h"
@interface ViewController ()
{
    Circle *circle;
}
@end

@implementation ViewController
- (void)viewDidLoad {
    [super viewDidLoad];
}
-(void)touchesBegan:(NSSet *)touches withEvent:(UIEvent *)event
{
    /* 开始动画 */
    [UIView beginAnimations:@"clockwiseAnimation" context:NULL];
    /* 将动画的长度设置为5秒 */
    [UIView setAnimationDuration:3];
    [UIView setAnimationRepeatCount:100];
    [UIView setAnimationDelegate:self];
    [UIView setAnimationRepeatAutoreverses:NO];
    //停止动画时候调用clockwiseRotationStopped方法
//    [UIView setAnimationDidStopSelector:@selector(clockwiseRotationStopped:finished:context:)];
    //顺时针旋转90度
    circle.transform = CGAffineTransformMakeRotation( M_PI*1.75);
    /* Commit the animation */
    [UIView commitAnimations];

}
- (void)didReceiveMemoryWarning {
    [super didReceiveMemoryWarning];
    // Dispose of any resources that can be recreated.
}

@end
```

（3）编写文件HumanView.m，功能是创建并实现小黄人对象，在屏幕中分别绘制小黄人身体的各个部分。执行后的效果如图26-3所示。

图26-3　实例26-3的执行效果

26.2.2 实战演练——实现对图片的旋转和缩放

实例26-4	扩展UIImage实现对图片的旋转和缩放
源码路径	光盘:\daima\28\CGImageTest

（1）启动Xcode 7，单击Creat a new Xcode project新建一个iOS工程，在左侧选择iOS下的Application，在右侧选择Single View Application。本项目工程的最终目录结构如图26-4所示。

（2）文件NSObject+UIImage_Bitmap.h的具体实现代码如下所示。

```
#import <UIKit/UIKit.h>

@interface UIImage (Bitmap)
// 对指定的UI控件进行截图
+ (UIImage*)captureView:(UIView *)targetView;
+ (UIImage*)captureScreen;
// 定义一个方法用于"挖取"图片的指定区域
- (UIImage *)imageAtRect:(CGRect)rect;
// 保持图片纵横比缩放，最短边必须匹配targetSize的大小
// 可能有一条边的长度会超过targetSize指定的大小
- (UIImage *)imageByScalingAspectToMinSize:(CGSize)targetSize;
// 保持图片纵横比缩放，最长边匹配targetSize的大小即可
// 可能有一条边的长度会小于targetSize指定的大小
- (UIImage *)imageByScalingAspectToMaxSize:(CGSize)targetSize;
// 不保持图片纵横比缩放
- (UIImage *)imageByScalingToSize:(CGSize)targetSize;
// 对图片按弧度执行旋转
- (UIImage *)imageRotatedByRadians:(CGFloat)radians;
// 对图片按角度执行旋转
- (UIImage *)imageRotatedByDegrees:(CGFloat)degrees;
- (void) saveToDocuments:(NSString*)fileName;
@end
```

执行效果如图26-5所示。

图26-4 本项目工程的最终目录结构

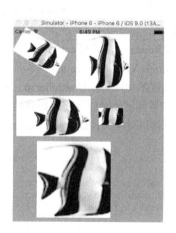

图26-5 实例26-4的执行效果

26.3 图层

知识点讲解：光盘:视频\知识点\第26章\图层.mp4

UIView与图层（CALayer）相关，UIView实际上不是将其自身绘制到屏幕，而是将自身绘制到图层，然后图层在屏幕上显示出来。iOS系统不会频繁地重画视图，而是将绘图缓存起来，这个缓存版本的绘图在需要时就被使用，缓存版本的绘图实际上就是图层。

26.3.1 视图和图层

CALayer不是UIKit的一部分,它是Quanz Core框架的一部分,该框架默认情况下不会链接到工程模板。因此,如果要使用CALayer,应该导入<QuartzCore/QuartzCore.h>,并且必须将QuartzCore框架链接到项目中。

UIView实例有CALayer实例伴随,通过视图的图层(layer)属性即可访问。图层没有对应的视图属性,但是视图是图层的委托。在默认情况下,当UIView被实例化时,它的图层是CALayer的一个实例。如果想为UIView添加子类并且想要子类的图层是CALayer子类的实例,那么,需要实现UIView子类的layerClass类方法。

由于每个视图有个图层,它们两者紧密联系。图层在屏幕上显示并且描绘所有界面。视图是图层的委托,并且当视图绘制时,它是通过让图层绘制来实现的。视图的属性通常仅仅为了便于访问图层绘图属性。例如,当你设置视图背景色时,实际上是在设置图层的背景色,并且如果你直接设置图层背景色,视图的背景色自动匹配。类似地,视图框架实际上就是图层框架。

视图在图层中绘制,并且图层缓存绘制的视图,以后可以修改图层来改变视图的外观,无须要求视图重新绘制。这是图形系统高效的一方面。它解释了前面遇到的现象:当视图边界尺寸改变时,图形系统仅仅伸展或重定位保存的图层图像。

图层可以有子图层,并且一个图层最多只有一个超图层,形成一个图层树。这与前面提到过的视图树类似。实际上,视图和它的图层关系非常紧密,它们的层次结构几乎是一样的。对于一个视图和它的图层,图层的超图层就是超视图的图层;图层有子图层,即该视图的子视图的图层。确切地说,由于图层完成视图的具体绘图,也可以说视图层次结构实际上就是图层层次结构。图层层次结构可以超出视图层次结构,一个视图只有一个图层,但一个图层可以拥有不属于任何视图的子图层。

26.3.2 实战演练——实现图片、文字及其翻转效果

实例26-5	利用CALayer实现UIView图片、文字及其翻转效果
源码路径	光盘:\daima\28\CA_LayerPractise

(1)启动Xcode 7,单击Creat a new Xcode project新建一个iOS工程,在左侧选择iOS下的Application,在右侧选择Single View Application。本项目工程的最终目录结构运行程序后可看到。

(2)编写视图文件ViewController.m,利用函数setImage设置一幅指定的图片,并监听用户对屏幕的操作动作,监听到滑动动作时将实现翻转操作。

(3)编写接口对象文件DelegateView.m,通过函数drawLayer在屏幕中绘制一幅图像,具体实现代码如下所示。

```
- (void)drawLayer:(CALayer *)layer inContext:(CGContextRef)ctx
{
    UIGraphicsPushContext(ctx);
    [[UIColor whiteColor] set];
    UIRectFill(layer.bounds);

    UIFont *font = [UIFont preferredFontForTextStyle:UIFontTextStyleHeadline];
    UIColor *color = [UIColor blackColor];

    NSMutableParagraphStyle *style = [NSMutableParagraphStyle new];
    [style setAlignment:NSTextAlignmentCenter];
    NSDictionary *attibs  = @{NSFontAttributeName : font,
NSForegroundColorAttributeName : color, NSParagraphStyleAttributeName : style};
    NSAttributedString *text = [[NSAttributedString alloc] initWithString:@"Flipped to this view" attributes:attibs];

    [text drawInRect:CGRectInset([layer bounds], 10, 100)];
    UIGraphicsPopContext();
}
```

执行后的效果如图26-6所示。

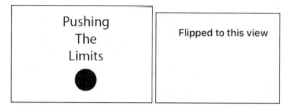

图26-6　实例26-5的执行效果

26.4　实现动画

知识点讲解：光盘:视频\知识点\第26章\实现动画.mp4

动画就是随着时间的推移而改变界面上的显示。例如，视图的背景颜色从红逐步变为绿，而视图的不透明属性可以从不透明逐步变成透明。一个动画涉及很多内容，包括定时、屏幕刷新、线程化等。在iOS上，不需要自己完成一个动画，而只需描述动画的各个步骤，让系统执行这些步骤，从而获得动画的效果。

26.4.1　实战演练——使用动画样式显示电量使用情况

实例26-6	使用动画的样式显示电量的使用情况
源码路径	光盘:\daima\28\BatteryGaugeDemo

（1）启动Xcode 7，单击Creat a new Xcode project新建一个iOS工程，在左侧选择iOS下的Application，在右侧选择Single View Application。本项目工程的最终目录结构运行程序后可看到。

（2）编写视图文件ViewController.m，其功能监听用户单击屏幕事件，获取提醒框中输入的数字，在屏幕中以动画的方式绘制电量。文件ViewController.m的具体实现代码如下所示。

```
- (void)viewDidLoad {
    [super viewDidLoad];
    //绘制电池电量计1的接口界面
    self.view.backgroundColor = [UIColor colorWithRed:48/255.0f green:108/255.0f blue:115/255.0f alpha:1.0f];
    //绘制电池电量计2的接口界面
    CAShapeLayer *markLayer1 = [CAShapeLayer layer];
    [markLayer1 setPath:[[UIBezierPath bezierPathWithArcCenter:CGPointMake(BatteryGauge1PosX, BatteryGauge1PosY) radius:BatteryGauge1Width/2-17 startAngle:DEGREES_TO_RADIANS(180) endAngle:DEGREES_TO_RADIANS(198) clockwise:YES] CGPath]];
    [markLayer1 setStrokeColor:[[UIColor redColor] CGColor]];
    [markLayer1 setLineWidth:45];
    [markLayer1 setFillColor:[[UIColor clearColor] CGColor]];
    [[self.view layer] addSublayer:markLayer1];
    ………………
    [[self.view layer] addSublayer:circleLayer2];
        //初始化电池电量值为0
    _BatteryLifeNumber = 0;
    //绘制电池电量
    _BatteryLifeLabel = [[UILabel alloc] initWithFrame:CGRectMake(BatteryGauge1PosX-6, BatteryGauge1PosY-15, 300, 30)];
    _BatteryLifeLabel.text = [NSString stringWithFormat:@"%d", _BatteryLifeNumber];
    _BatteryLifeLabel.textColor = [UIColor whiteColor];
    _BatteryLifeLabel.font = [UIFont fontWithName:@"Helvetica" size:24.0];
    [self.view addSubview:_BatteryLifeLabel];
    //绘制第二个电量计的接口
    CAShapeLayer *battery2Layer = [CAShapeLayer layer];
    battery2Layer.frame = CGRectMake(BatteryGauge2PosX, BatteryGauge2PosY, 0, 0);
    UIBezierPath *linePath2 = [UIBezierPath bezierPath];
    [linePath2 moveToPoint: CGPointMake(0, 0)];
    [linePath2 addLineToPoint:CGPointMake(BatteryGauge2Width, 0)];
```

```objc
    [linePath2 addLineToPoint:CGPointMake(BatteryGauge2Width,
BatteryGauge2Width/3)];
    [linePath2 addLineToPoint:CGPointMake(0, BatteryGauge2Width/3)];
    [linePath2 addLineToPoint:CGPointMake(0, 0)];
    [linePath2 moveToPoint: CGPointMake(BatteryGauge2Width, BatteryGauge2Width/8)];
    [linePath2 addLineToPoint:CGPointMake(BatteryGauge2Width+5,
BatteryGauge2Width/8)];
    [linePath2 addLineToPoint:CGPointMake(BatteryGauge2Width+5,
BatteryGauge2Width/5)];
    [linePath2 addLineToPoint:CGPointMake(BatteryGauge2Width,
BatteryGauge2Width/5)];
    battery2Layer.path = linePath2.CGPath;
    battery2Layer.fillColor = nil;
    battery2Layer.lineWidth = 1;
    battery2Layer.opacity = 4;
    battery2Layer.strokeColor = [[UIColor whiteColor] CGColor];
    [[self.view layer] addSublayer:battery2Layer];
    //绘制第二个电量计的值
    _BatteryLifeMark = [[UIView alloc] initWithFrame:CGRectMake(BatteryGauge2PosX+2,
BatteryGauge2PosY+2, 0, BatteryGauge2Width/3-4)];
    _BatteryLifeMark.backgroundColor = [UIColor greenColor];
    [self.view addSubview:_BatteryLifeMark];
}
//设置为白色状态栏
-(UIStatusBarStyle)preferredStatusBarStyle
{
    return UIStatusBarStyleLightContent;
}

//设置电池寿命按钮事件
- (IBAction)Button:(UIButton *)sender {
    //弹出一个警告窗口
    UIAlertView *alert = [[UIAlertView alloc] initWithTitle:@"Set Battery Life"
                                                    message:@"Please Enter a number between 0 to 100"
                                                   delegate:self
                                          cancelButtonTitle:@"Cancel"
                                          otherButtonTitles:@"Set"
                                                          , nil];
    alert.alertViewStyle = UIAlertViewStylePlainTextInput;
    [[alert textFieldAtIndex:0] setKeyboardType:UIKeyboardTypeNumberPad];
    [[alert textFieldAtIndex:0] becomeFirstResponder];
    
    [alert show];
}
//处理提示框中的数据
- (void) alertView:(UIAlertView *)alertView
clickedButtonAtIndex:(NSInteger)buttonIndex{
    
    switch (buttonIndex) {
        case 0:
            //cancel按钮
            break;
        case 1:
            //set按钮
            if([[[alertView textFieldAtIndex:0] text] isEqual:@""]){
                break;
            }
            int intNumber = [[[alertView textFieldAtIndex:0] text] intValue];
            //输入值不能大于100
            if(intNumber>100){
                UIAlertView * alert =[[UIAlertView alloc ] initWithTitle:@"Invalid Number"
                                  message:@"Battery life value must be between 0 to 100."
                                                     delegate:self
                                            cancelButtonTitle:@"OK"
                                            otherButtonTitles: nil];
                [alert show];
```

```objc
            break;
        }
        //如果输入值在0至100之间,将值传递至NewBatteryLifeNumber变量
        _NewBatteryLifeNumber = intNumber;
        break;
    }
}

//提示框动画特效
- (void)alertView:(UIAlertView *)alertView
didDismissWithButtonIndex:(NSInteger)buttonIndex;{
    _CurrentBatteryLifeNumber = _BatteryLifeNumber;
    self.UITimer = [NSTimer scheduledTimerWithTimeInterval:0.1 target:self selector:@selector(BatteryLifeNumberChange) userInfo:nil repeats: YES];
    [self BatteryLifeArrowChange];
    [self BatteryLifeMarkChange];
    _BatteryLifeNumber = _NewBatteryLifeNumber;
}
- (void)BatteryLifeNumberChange{
    if(_CurrentBatteryLifeNumber<_NewBatteryLifeNumber){
        _CurrentBatteryLifeNumber++;
        _BatteryLifeLabel.text = [NSString stringWithFormat:@"%d", _CurrentBatteryLifeNumber];
    }
    else if(_CurrentBatteryLifeNumber>_NewBatteryLifeNumber){
        _CurrentBatteryLifeNumber--;
        _BatteryLifeLabel.text = [NSString stringWithFormat:@"%d", _CurrentBatteryLifeNumber];
    }
    else{
        [_UITimer invalidate];
    }
}

- (void)BatteryLifeArrowChange{
    //计算箭头变化的角度
    int angle = _NewBatteryLifeNumber*1.8;
    int angle2 = (_NewBatteryLifeNumber-_BatteryLifeNumber)*1.8;
    //计算动画的时间
    int time = fabs((_NewBatteryLifeNumber-_BatteryLifeNumber)*0.1);
    
    //旋转箭头
    _arrowLayer.transform = CATransform3DRotate(_arrowLayer.transform, DEGREES_TO_RADIANS(angle2), 0, 0, 1);
    CABasicAnimation *animation = [CABasicAnimation animation];
    animation.keyPath = @"transform.rotation";
    animation.duration = time;
    animation.fromValue = @(DEGREES_TO_RADIANS(_BatteryLifeNumber*1.8));
    animation.toValue = @(DEGREES_TO_RADIANS(angle));
    [self.arrowLayer addAnimation:animation forKey:@"rotateAnimation"];
}
//处理电量刻度变化
- (void)BatteryLifeMarkChange{
    //计算刻度变化的长度
    int length = _NewBatteryLifeNumber*(BatteryGauge2Width-4)/100;
    //计算动画的时间
    int time = fabs((_NewBatteryLifeNumber-_BatteryLifeNumber)*0.1);
    
    [UIView animateWithDuration:time animations:^{
        _BatteryLifeMark.frame = CGRectMake(BatteryGauge2PosX+2, BatteryGauge2PosY+2, length, BatteryGauge2Width/3-4);
    }completion:nil];
}

- (void)didReceiveMemoryWarning {
    [super didReceiveMemoryWarning];
}
@end
```

执行后单击"Set Bettery Life"后会弹出提醒框,效果如图26-7所示。在提醒框中设置一个100以内的数值,按下"Set"按钮后会在屏幕中显示动画样式的电量值,如图26-8所示。

图26-7 弹出提醒框

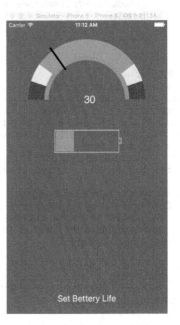

图26-8 动画样式的电量值

26.4.2 实战演练——使用属性动画

实例26-7	使用属性动画
源码路径	光盘:\daima\28\CAPropertyAnimationTest

(1)启动Xcode 7,单击Creat a new Xcode project新建一个iOS工程,在左侧选择iOS下的Application,在右侧选择Single View Application。本项目工程的最终目录结构运行程序后可看到。

(2)文件ViewController.m的具体实现代码如下所示。

```
#import "ViewController.h"
@implementation ViewController{
    CALayer * _imageLayer;
}
- (void)viewDidLoad
{
    [super viewDidLoad];
    // 创建一个CALayer对象
    _imageLayer = [CALayer layer];
    // 设置该CALayer的边框、大小、位置等属性
    _imageLayer.cornerRadius = 6;
    _imageLayer.borderWidth = 1;
    _imageLayer.borderColor = [UIColor blackColor].CGColor;
    _imageLayer.masksToBounds = YES;
    _imageLayer.frame = CGRectMake(30, 30, 100, 135);
    // 设置该_imageLayer显示的图片
    _imageLayer.contents = (id)[[UIImage imageNamed:@"android"] CGImage];
    [self.view.layer addSublayer:_imageLayer];
    NSArray* bnTitleArray = @[@"位移", @"旋转", @"缩放", @"动画组"];
    // 获取屏幕的内部高度
    CGFloat totalHeight = [UIScreen mainScreen].bounds.size.height;
    NSMutableArray* bnArray = [[NSMutableArray alloc] init];
    for(int i = 0 ; i < 4 ; i++)    // 采用循环创建4个按钮
    {
        UIButton* bn = [UIButton buttonWithType:UIButtonTypeRoundedRect];
```

```objc
            bn.frame = CGRectMake(20 + i * 90, totalHeight - 45 - 20 , 70 , 35);
            [bn setTitle:bnTitleArray[i]
                forState:UIControlStateNormal];
            [bnArray addObject:bn];
            [self.view addSubview:bn];
        }
        // 为4个按钮绑定不同的事件处理方法
        [bnArray[0] addTarget:self action:@selector(move:)
                  forControlEvents:UIControlEventTouchUpInside];
        [bnArray[1] addTarget:self action:@selector(rotate:)
                  forControlEvents:UIControlEventTouchUpInside];
        [bnArray[2] addTarget:self action:@selector(scale:)
                  forControlEvents:UIControlEventTouchUpInside];
        [bnArray[3] addTarget:self action:@selector(group:)
                  forControlEvents:UIControlEventTouchUpInside];
}
-(void) move:(id)sender
{
        CGPoint fromPoint = _imageLayer.position;
        CGPoint toPoint = CGPointMake(fromPoint.x + 80 , fromPoint.y);
        // 创建不断改变CALayer的position属性的属性动画
        CABasicAnimation* anim = [CABasicAnimation
                    animationWithKeyPath:@"position"];
        anim.fromValue = [NSValue valueWithCGPoint:fromPoint];  // 设置动画开始的属性值
        anim.toValue = [NSValue valueWithCGPoint:toPoint];      // 设置动画结束的属性值
        anim.duration = 0.5;
        _imageLayer.position = toPoint;
        anim.removedOnCompletion = YES;
        [_imageLayer addAnimation:anim forKey:nil];             // 为_imageLayer添加动画
}
-(void) rotate:(id)sender
{
        // 创建不断改变CALayer的transform属性的属性动画
        CABasicAnimation* anim = [CABasicAnimation animationWithKeyPath:@"transform"];
        CATransform3D fromValue = _imageLayer.transform;
        // 设置动画开始的属性值
        anim.fromValue = [NSValue valueWithCATransform3D:fromValue];
        // 绕X轴旋转180度
        CATransform3D toValue = CATransform3DRotate(fromValue, M_PI , 1 , 0 , 0);
        // 绕Y轴旋转180度
        //CATransform3D toValue = CATransform3DRotate(fromValue, M_PI , 0 , 1 , 0);
        // 绕Z轴旋转180度
        //CATransform3D toValue = CATransform3DRotate(fromValue, M_PI , 0 , 0 , 1);
        anim.toValue = [NSValue valueWithCATransform3D:toValue]; // 设置动画结束的属性值
        anim.duration = 0.5;
        _imageLayer.transform = toValue;
        anim.removedOnCompletion = YES;
        [_imageLayer addAnimation:anim forKey:nil];             // 为_imageLayer添加动画
}
-(void) scale:(id)sender
{
        // 创建不断改变CALayer的transform属性的属性动画
        CAKeyframeAnimation* anim = [CAKeyframeAnimation
                    animationWithKeyPath:@"transform"];
        // 设置CAKeyframeAnimation控制transform属性依次经过的属性值
        anim.values = [NSArray arrayWithObjects:
                [NSValue valueWithCATransform3D: _imageLayer.transform],
                [NSValue valueWithCATransform3D:CATransform3DScale
                (_imageLayer.transform , 0.2, 0.2, 1)],
                [NSValue valueWithCATransform3D:CATransform3DScale
                (_imageLayer.transform, 2, 2 , 1)],
                [NSValue valueWithCATransform3D:_imageLayer.transform], nil];
        anim.duration = 5;
        anim.removedOnCompletion = YES;
        [_imageLayer addAnimation:anim forKey:nil];             // 为_imageLayer添加动画
}
-(void) group:(id)sender
{
```

```objc
        CGPoint fromPoint = _imageLayer.position;
        CGPoint toPoint = CGPointMake(280 , fromPoint.y + 300);
        // 创建不断改变CALayer的position属性的属性动画
        CABasicAnimation* moveAnim = [CABasicAnimation
                                      animationWithKeyPath:@"position"];
        // 设置动画开始的属性值
        moveAnim.fromValue = [NSValue valueWithCGPoint:fromPoint];
        moveAnim.toValue = [NSValue valueWithCGPoint:toPoint];   // 设置动画结束的属性值
        moveAnim.removedOnCompletion = YES;
        // 创建不断改变CALayer的transform属性的属性动画
        CABasicAnimation* transformAnim = [CABasicAnimation
                                           animationWithKeyPath:@"transform"];
        CATransform3D fromValue = _imageLayer.transform;
        // 设置动画开始的属性值
        transformAnim.fromValue = [NSValue valueWithCATransform3D: fromValue];
        CATransform3D scaleValue = CATransform3DScale(fromValue,
                                                      0.5, 0.5, 1);
        // 创建在X、Y两个方向上缩放为0.5的变换矩阵
        CATransform3D rotateValue = CATransform3DRotate(fromValue,
                                                        M_PI , 0, 0, 1);   // 绕Z轴旋转180°的变换矩阵
        // 计算两个变换矩阵的和
        CATransform3D toValue = CATransform3DConcat(scaleValue, rotateValue);
        // 设置动画技术的属性值
        transformAnim.toValue = [NSValue valueWithCATransform3D:toValue];
        transformAnim.cumulative = YES;                  // 动画效果累加
        transformAnim.repeatCount = 2;                   // 动画重复执行两次，旋转360°
        transformAnim.duration = 3;
        // 位移、缩放、旋转组合起来执行
        CAAnimationGroup *animGroup = [CAAnimationGroup animation];
        animGroup.animations = [NSArray arrayWithObjects:moveAnim, transformAnim , nil];
        animGroup.duration = 6;
        [_imageLayer addAnimation:animGroup forKey:nil];    // 为_imageLayer添加动画
}
@end
```

执行后会分别实现位移变化、图片旋转、图片缩放和动画等效果。

第 27 章　多媒体应用

作为一款智能设备的操作系统，iOS提供了功能强大的多媒体功能，例如视频播放、音频播放等。通过这些多媒体应用，能够吸引了广大用户的眼球。在iOS系统中，这些多媒体功能是通过专用的框架实现的，通过这些多媒体框架可以实现如下功能。

- 播放本地或远程（流式）文件中的视频。
- 在iOS设备中录制和播放视频。
- 在应用程序中访问内置的音乐库。
- 显示和访问内置照片库或相机中的图像。
- 使用Core Image过滤器轻松地操纵图像。
- 检索并显示有关当前播放的多媒体内容的信息。

Apple提供了很多Cocoa类，通过这些类可以将多媒体（视频、照片、录音等）加入到应用程序中。本章将详细讲解在iOS应用程序中添加多种多媒体功能的方法，为读者后面的学习打下基础。

27.1　访问声音服务

> 知识点讲解：光盘:视频\知识点\第27章\访问声音服务.mp4

在当前的设备中，声音几乎在每个计算机系统中都扮演了重要角色，而不管其平台和用途如何。它们告知用户发生了错误或完成了操作。声音在用户没有紧盯屏幕时仍可提供有关应用程序在做什么的反馈。而在移动设备中，振动的应用比较常见。当设备能够振动时，即使用户不能看到或听到，设备也能够与用户交流。对iPhone来说，振动意味着即使它在口袋里或附近的桌子上，应用程序也可将事件告知用户。这是不是最好的消息？可通过简单代码处理声音和振动，这让您能够在应用程序中轻松地实现它们。

27.1.1　声音服务基础

为了支持声音播放和振动功能，iOS系统中的系统声音服务（System Sound Services）为我们提供了一个接口，用于播放不超过30秒的声音。虽然它支持的文件格式有限，目前只支持CAF、AIF和使用PCM或IMA/ADPCM数据的WAV文件，并且这些函数没有提供操纵声音和控制音量的功能，但是为开发人员提供了很大的方便。

iOS使用 System Sound Services 支持如下3种不同的通知。

- 声音：立刻播放一个简单的声音文件。如果手机被设置为静音，用户什么也听不到。
- 提醒：也播放一个声音文件，但如果手机被设置为静音和振动，将通过振动提醒用户。
- 振动：振动手机，而不考虑其他设置。

要在项目中使用系统声音服务，必须添加框架AudioToolbox以及要播放的声音文件。另外还需要在实现声音服务的类中导入该框架的接口文件。

```
#import <AudioToolbox/AudioToolbox.h>
```

第27章 多媒体应用

不同于本书讨论的其他大部分开发功能,系统声音服务并非通过类实现的。相反地,我们将使用传统的C语言函数调用来触发播放操作。

要想播放音频,需要使用的两个函数是AudioServicesCreateSystemSoundID和AudioServicesPlaySystemSound。还需要声明一个类型为SystemSoundID的变量,它表示要使用的声音文件。

27.1.2 实战演练——播放声音文件

实例27-1	播放声音文件
源码路径	光盘:\daima\27\MediaPlayer

(1)打开Xcode,设置创建项目的工程名,然后设置设备为"iPad",如图27-1所示。
(2)设置一个UI界面,在里面插入了两个按钮,效果如图27-2所示。

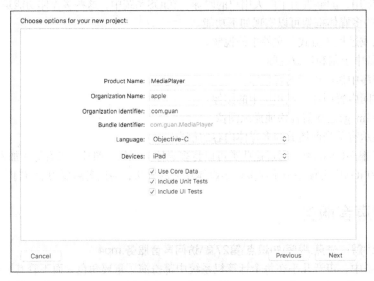

图27-1 设置设备

图27-2 UI界面

（3）准备两个声音素材文件Music.mp3和Sound12.aif，如图27-3所示。

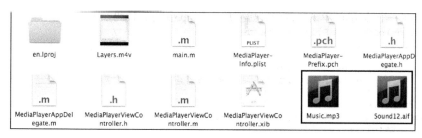

图27-3 素材音频文件

（4）声音文件必须放到设备的本地文件夹中。通过方法AudioServicesCreateSystemSoundID注册这个声音文件，AudioServicesCreateSystemSoundID需要声音文件url的CFURLRef对象，看下面的注册代码。

```
#import <AudioToolbox/AudioToolbox.h>
@interface MediaPlayerViewController : UIViewController{
IBOutlet UIButton *audioButton;
SystemSoundID shortSound;}- (id)init{
self = [super initWithNibName:@"MediaPlayerViewController" bundle:nil];
if (self) {
NSString *soundPath = [[NSBundle mainBundle] pathForResource:@"Sound12"
                                              ofType:@"aif"];
if (soundPath) {
  NSURL *soundURL = [NSURL fileURLWithPath:soundPath];
OSStatus err = AudioServicesCreateSystemSoundID((CFURLRef)soundURL,
                                   &shortSound);
    if (err != kAudioServicesNoError)
      NSLog(@"Could not load %@, error code: %d", soundURL, err);
   }
 }
return self;
}
```

这样就可以使用下面代码播放声音了。

```
- (IBAction)playShortSound:(id)sender{
    AudioServicesPlaySystemSound(shortSound);
}
```

（5）使用下面代码可以添加一个震动的效果。

```
- (IBAction)playShortSound:(id)sender{
AudioServicesPlaySystemSound(shortSound);
AudioServicesPlaySystemSound(kSystemSoundID_Vibrate);}
```

（6）对于压缩过的Audio文件或者超过30秒的音频文件，可以使用AVAudioPlayer类。这个类定义在AVFoundation framework中。下面我们使用这个类播放一个mp3的音频文件。首先要引入AVFoundation framework，然后在MediaPlayerViewController.h中添加下面代码。

```
#import <AVFoundation/AVFoundation.h>
@interface MediaPlayerViewController : UIViewController <AVAudioPlayerDelegate>{
    IBOutlet UIButton *audioButton;
    SystemSoundID shortSound;
    AVAudioPlayer *audioPlayer;
```

（7）AVAudioPlayer类也需要知道音频文件的路径，使用下面代码创建一个AVAudioPlayer实例。

```
- (id)init{
    self = [super initWithNibName:@"MediaPlayerViewController" bundle:nil];
    if (self) {
            NSString *musicPath = [[NSBundle mainBundle]  pathForResource:@"Music"
        ofType:@"mp3"];
      if (musicPath) {
            NSURL *musicURL = [NSURL fileURLWithPath:musicPath];
            audioPlayer = [[AVAudioPlayer alloc]  initWithContentsOfURL:musicURL
                error:nil];
            [audioPlayer setDelegate:self];
    }
```

```
        NSString *soundPath = [[NSBundle mainBundle] pathForResource:@"Sound12"
    ofType:@"aif"];
```

（8）可以在一个button的单击事件中开始播放这个mp3文件，代码如下。

```
- (IBAction)playAudioFile:(id)sender{
    if ([audioPlayer isPlaying]) {
            [audioPlayer stop];
            [sender setTitle:@"Play Audio File"
            forState:UIControlStateNormal];
    } else {
    [audioPlayer play];
    [sender setTitle:@"Stop Audio File"
    forState:UIControlStateNormal];
    }
}
```

运行程序就可以播放音乐了。

（9）这个类对应的AVAudioPlayerDelegate有两个委托方法。一个是audioPlayerDidFinishPlaying: successfully:，当音频播放完成之后触发。当播放完成之后，可以将播放按钮的文本重新设置成Play Audio File。

```
- (void)audioPlayerDidFinishPlaying:(AVAudioPlayer *)player successfully:(BOOL)flag{
            [audioButton setTitle:@"Play Audio File"
            forState:UIControlStateNormal];
    }
```

另一个是audioPlayerEndInterruption:，当程序被应用外部打断之后，重新回到应用程序的时候触发。当回到此应用程序的时候，继续播放音乐。

```
- (void)audioPlayerEndInterruption:(AVAudioPlayer *)player{    [audioPlayer play];}
MediaPlayer framework
```

这样执行后即可播放指定的音频，效果如图27-4所示。

除此之外，iOS SDK中还可以使用MPMoviePlayerController来播放电影文件。但是在iOS设备上播放电影文件有严格的格式要求，只能播放下面两个格式的电影文件。

❏ H.264 (Baseline Profile Level 3.0)。

❏ MPEG-4 Part 2 video (Simple Profile)。

幸运的是我们可以先使用iTunes将文件转换成上面两个格式。MPMoviePlayerController还可以播放互联网上的视频文件。但是建议先将视频文件下载到本地，然后播放。如果不这样做，iOS可能会拒绝播放很大的视频文件。

图27-4　实例27-1的执行效果

这个类定义在MediaPlayer framework中。在应用程序中，先添加这个引用，然后修改MediaPlayerViewController.h文件。

```
#import <MediaPlayer/MediaPlayer.h>
@interface MediaPlayerViewController : UIViewController <AVAudioPlayerDelegate>
{
    MPMoviePlayerController *moviePlayer;
```

下面我们使用这个类来播放一个.m4v格式的视频文件。与前面的类似，需要一个url路径即可。

```
- (id)init{
 self = [super initWithNibName:@"MediaPlayerViewController" bundle:nil];
    if (self) {            NSString *moviePath = [[NSBundle mainBundle]
    pathForResource:@"Layers"
    ofType:@"m4v"
 ];
    if (moviePath) {
        NSURL *movieURL = [NSURL fileURLWithPath:moviePath];
        moviePlayer = [[MPMoviePlayerController alloc]
        initWithContentURL:movieURL];
    }
```

MPMoviePlayerController有一个视图来展示播放器控件，我们在viewDidLoad方法中将这个播放器展示出来。

```
- (void)viewDidLoad{
[[self view] addSubview:[moviePlayer view]];
        float halfHeight = [[self view] bounds].size.height / 2.0;
```

```
        float width = [[self view] bounds].size.width;
        [[moviePlayer view] setFrame:CGRectMake(0, halfHeight, width, halfHeight)];
    }
```
还有一个MPMoviePlayerViewController类，用于全屏播放视频文件，用法和MPMoviePlayer Controller一样。
```
MPMoviePlayerViewController *playerViewController =
    [[MPMoviePlayerViewController alloc] initWithContentURL:movieURL];
[viewController presentMoviePlayerViewControllerAnimated:playerViewController];
```
当我们在听音乐的时候，可以使用iPhone做其他的事情，这个时候需要播放器在后台也能运行，我们只需要在应用程序中做个简单的设置就行了。

（10）在Info property list中加一个 Required background modes节点，它是一个数组，将第一项设置成设置App plays audio。

（11）在播放mp3的代码中加入下面代码。
```
    if (musicPath) {
    NSURL *musicURL = [NSURL fileURLWithPath:musicPath];
    [[AVAudioSession sharedInstance]
              setCategory:AVAudioSessionCategoryPlayback error:nil];
    audioPlayer = [[AVAudioPlayer alloc] initWithContentsOfURL:musicURL
                                    error:nil];
        [audioPlayer setDelegate:self];
```
此时运行后可以看到播放视频的效果，如图27-5所示。

图27-5 视频播放效果

27.2 提醒和振动

知识点讲解：光盘:视频\知识点\第27章\提醒和振动.mp4

提醒音和系统声音之间的差别在于，如果手机处于静音状态，提醒音将自动触发振动。提醒音的设置和用法与系统声音相同。如果要播放提醒音，只需使用函数AudioServicesPlayAlertSound即可实现，而不是使用AudioServicesPlaySystemSound。实现振动的方法更加容易，只要在支持振动的设备（当前为iPhone）中调用AudioServicesPlaySystemSound即可，并将常量kSystemSoundID_Vibrate传递给它，例如下面的代码。
```
AudioServicesPlaySystemSound( kSystemSoundID_Vibrate);
```
如果试图振动不支持振动的设备（如iPad2），则不会成功。这些实现振动代码将留在应用程序中，而不会有任何害处，不管目标设备是什么。

27.2.1 播放提醒音

iOS SDK中提供了很多方便的方法来播放多媒体。在播放提醒音时，可以使用AudioToolbox framework框架，通过此框架可以将比较短的声音注册到 system sound 服务上。被注册到system sound服务上的声音称之为system sounds。它必须满足下面4个条件。

（1）播放的时间不能超过30秒。
（2）数据必须是PCM或者IMA4流格式。
（3）必须被打包成下面3个格式之一。
- Core Audio Format（.caf）。
- Waveform audio（.wav）。
- Audio Interchange File（.aiff）。

（4）声音文件必须放到设备的本地文件夹下面。通过AudioServicesCreateSystemSoundID方法注册这个声音文件。

27.2.2 实战演练——使用 iOS 的提醒功能

本节的演示实例将实现一个沙箱效果，在里面可以实现提醒视图、多个按钮的提醒视图、文本框的提醒视图、操作表和声音提示及振动提示效果。本实例只包含一些按钮和一个输出区域；其中按钮用于触发操作，以便演示各种提醒用户的方法，而输出区域用于指出用户的响应。生成提醒视图、操作表、声音和振动的工作都是通过代码完成的，因此越早完成项目框架的设置，就能越早实现逻辑。

实例27-2	使用iOS的提醒功能
源码路径	光盘:\daima\27\lianhe

1．创建项目

（1）打开Xcode，创建一个名为"lianhe"的Single View Applicatiom项目，如图27-6所示。

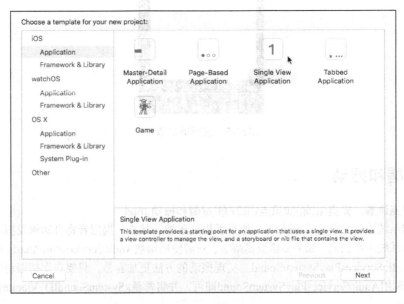

图27-6　新建Xcode项目

（2）设置新建项目的工程名，然后将设备设置为"iPhone"，如图27-7所示。
（3）在Sounds中准备两个声音素材文件：Music.mp3和Sound12.aif，如图27-8所示。

27.2 提醒和振动 559

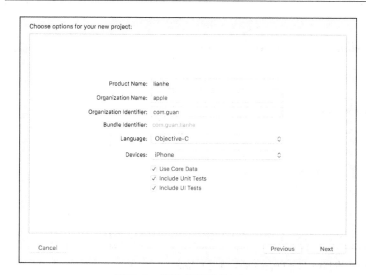

图27-7 将设备设置为iPhone　　　　　　图27-8 素材音频文件

（4）本实例需要多个项目默认没有的资源，其中最重要的是要使用系统声音服务播放的声音以及播放这些声音所需的框架。在Xcode中打开项目"lianhe"的情况下，切换到Finder并找到本章项目文件夹中的Sounds文件夹。将该文件夹拖放到Xcode项目文件夹，并在Xcode提示时指定复制文件并创建编组。该文件夹将出现在项目编组中，如图27-9所示。

图27-9 将声音文件加入到项目中

（5）要想使用任何声音播放函数，都必须将框架AudioToolbox加入到项目中。所以选择项目GettingAttention的顶级编组，并在编辑器区域选择选项卡Summary。在选项卡Summary中向下滚动，找到Linked Frameworks and Libraries部分，如图27-10所示。

（6）单击列表下方的"+"按钮，在出现的列表中选择AudioToolbox.framework，再单击Add按钮将框架AudioToolbox加入到项目中，如图27-11所示。

在添加该框架后，建议将其拖放到项目的Frameworks编组，因为这样可以让整个项目显得更加整洁有序，如图27-12所示。

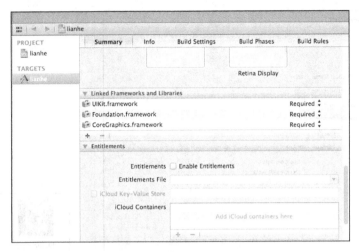

图27-10 找到Linked Frameworks and Libraries

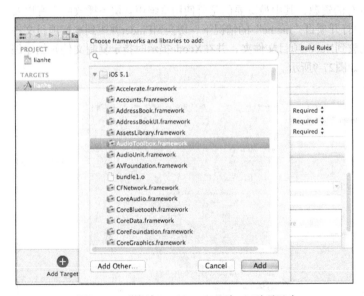

图27-11 将框架AudioToolbox加入到项目中

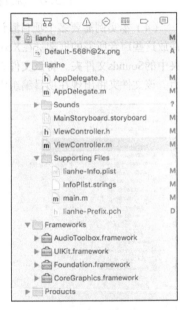

图27-12 重新分组

（7）在给应用程序GettingAttention设计界面和编写代码前，需要确定需要哪些输出口和操作，以便能够进行我们想要的各种测试。本实例只需要一个输出口，它对应于一个标签（UILabel），而该标签提供有关用户做了什么的反馈。我们将把这个输出口命名为userOutput。

除了输出口外总共还需要7个操作，它们都是由用户界面中的各个按钮触发的，这些操作分别是doAlert、doMultiButtonAlert、doAlertInput、doActionSheet、doSound、doAlertSound和doVibration。

2．设计界面

在IB中打开文件MainStoryboard.storyboard，然后在空视图中添加7个按钮和一个文本标签。首先添加一个按钮，方法是执行菜单命令View→Utilitise→Show Object Library打开对象库，将一个按钮（IUButton）拖曳到视图中。再通过拖曳添加6个按钮，也可复制并粘贴第一个按钮。然后修改按钮的标题，使其对应于将使用的通知类型。具体地说，按从上到下的顺序将按钮的标题分别设置为以下内容。

❑ 提醒我。
❑ 有按钮的。

❑ 有输入框的。
❑ 操作表。
❑ 播放声音。
❑ 播放提醒声音。
❑ 振动。

从对象库中拖曳一个标签（UILabel）到视图底部，删除其中的默认文本，并将文本设置为居中，现在界面如图27-13所示。

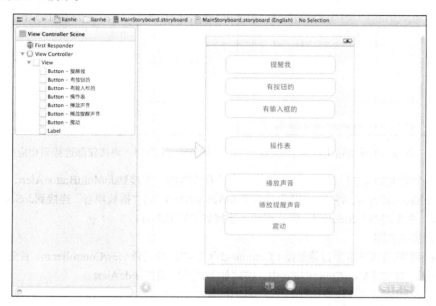

图27-13　创建的UI界面

3．创建并连接输出口和操作

设计好UI界面后，接下来需在界面对象和代码之间建立连接。我们需要建立用户输出标签（UILabel）：userOutput。需要创建的操作如下。

❑ 提醒我（UIButton）：doAlert。
❑ 有按钮的（UIButton）：doMultiButtonAlert。
❑ 有输入框的（UIButton）：doAlertInput。
❑ 操作表（UIButton）：doActionSheet。
❑ 播放声音（UIButton）：doSound。
❑ 播放提醒声音（UIButton）：doAlertSound。
❑ 振动（UIButton）：doVibration。

在选择了文件MainStoryboard.storyboard的情况下，单击Assistant Editor按钮，再隐藏项目导航器和文档大纲（选择菜单Editor→Hide Document Outline），以腾出更多的空间，方便建立连接。文件ViewController.h应显示在界面的右边。

（1）添加输出口。

按住Control键，从唯一一个标签拖曳到文件ViewController.h中编译指令@interface的下方。在Xcode提示时，选择新建一个名为userOutput的输出口，如图27-14所示。

（2）添加操作。

按住Control键，从按钮"提醒我"拖曳到文件ViewController.h中编译指令@property下方，并连接到一个名为doAlert的新操作，如图27-15所示。

图27-14　将标签连接到输出口userOutput

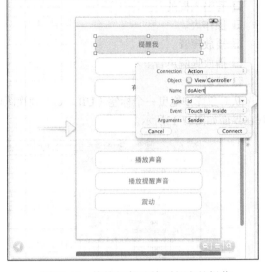
图27-15　将按钮都连接到相应的操作

对其他6个按钮重复进行上述相同的操作：将"有按钮的"连接到doMultiButtonAlert，将"有输入框的"连接到doAlertInput，将"操作表"连接到doActionSheet，将"播放声音"连接到doSound，将"播放提醒声音"连接到doAlertSound，将"震动"连接到doVibration。

4．实现提醒视图

切换到标准编辑器显示项目导航器（Command+1），再打开文件ViewController.m，首先实现一个简单的提醒视图。在文件ViewController.m中，按照如下代码实现方法doAlert。

```
- (IBAction)doAlert:(id)sender {
    UIAlertView *alertDialog;
    alertDialog = [[UIAlertView alloc]
                   initWithTitle: @"Alert Button Selected"
                   message:@"I need your attention NOW!"
                   delegate: nil
                   cancelButtonTitle: @"Ok"
                   otherButtonTitles: nil];
    [alertDialog show];
}
```

上述代码的具体实现流程是：首先声明并实例化了一个UIAlertView实例，再将其存储到变量alertDialog中。初始化这个提醒视图时，设置了标题（Alert Button Selected）、消息（I need your attention NOW!）和取消按钮"Ok"。在此没有添加其他的按钮，没有指定委托，因此不会响应该提醒视图。在初始化alertDialog后，将它显示到屏幕上。

现在可以运行该项目并测试第一个按钮"提醒我"了，执行效果如图27-16所示。

提醒视图对象并不是只能使用一次。如果要重复使用提醒，可在视图加载时创建一个提醒实例，并在需要时显示它，但别忘了在不再需要时将其释放。

（1）创建包含多个按钮的提醒视图。

只有一个按钮的提醒视图很容易实现，因为不需要实现其他逻辑。用户轻按按钮后，提醒视图将关闭，而程序将恢复到正常执行。然而，如果添加了其他按钮，应用程序必须能够确定用户按下了哪个按钮，并采取相应的措施。

除了创建的只包含一个按钮的提醒视图外，还有其他两种配置，它们之间的差别在于提醒视图显示的按钮数。创建包含多个按钮提醒的方法非常简单，只需利用初始化方法的otherButtonTitles参数即可实现，不将其设置为nil，而是提供一个以nil结尾的字符串列表，这些字符串将用作新增按钮的标题。当只有两个按钮时，取消按钮总是位于左边。当有更多按钮时，它将位于最下面。

在前面创建方法存根doMultiButtonAlert中，复制前面编写的doAlert方法，并将其修改为如下所示的代码。

```
- (IBAction)doMultiButtonAlert:(id)sender {
    UIAlertView *alertDialog;
    alertDialog = [[UIAlertView alloc]
            initWithTitle: @"Alert Button Selected"
            message:@"I need your attention NOW!"
            delegate: self
            cancelButtonTitle: @"Ok"
            otherButtonTitles: @"Maybe Later", @"Never", nil];
    [alertDialog show];
}
```

在上述代码中，使用参数otherButtonTitles在提醒视图中添加了按钮Maybe Later和Never。按下按钮"有按钮的"，将显示图27-17所示的提醒视图。

图27-16　执行效果

图27-17　包含3个按钮的提醒

（2）响应用户单击提醒视图中的按钮。

要想响应提醒视图，处理响应的类必须实现AlertViewDelegate协议。在此让应用程序的视图控制类承担这种角色，但在大型项目中可能会让一个独立的类承担这种角色。具体如何选择完全取决于我们。

为了确定用户按下了多按钮提醒视图中的哪个按钮，ViewController遵守协议UIAlertView Delegate，并实现方法alertView:clickedButtonAtIndex:。

```
@interfaCe ViewCOntrOller  :UIViewController <UIAlertViewDelegate>
```

接下来，更新doMultiButtonAlert中初始化提醒视图的代码，将委托指定为实现了协议UIAlertViewDelegate的对象。由于它就是创建提醒视图的对象(视图控制器)，因此可以使用self来指定。

```
alertDialog= [[UIAlertView alloc]
    initWithTitle: @"Alert Button Selected"
    message:@"I need your attention NOW!"
    delegate:    self
    cancelButtonTitle: @"Ok"
    otherButtonTitles:  @"Maybe Later", @"Never",  nil];
```

接下来需要编写方法alertView:clickedButtonAtIndex，它将用户按下按钮的索引数作为参数，这让我们能够采取相应的措施。我们利用UIAlertView的实例方法buttonTitleAtIndex获取按钮的标题，而不使用数字索引值。

在文件ViewController.m中添加如下代码，这样当用户按下按钮时会显示一条消息。这是一个全新的方法，在文件ViewController.m中没有包含其存根。

```
- (void)alertView:(UIAlertView *)alertView
clickedButtonAtIndex:(NSInteger)buttonIndex {
    NSString *buttonTitle=[alertView buttonTitleAtIndex:buttonIndex];
    if ([buttonTitle isEqualToString:@"Maybe Later"]) {
        self.userOutput.text=@"Clicked 'Maybe Later'";
    } else if ([buttonTitle isEqualToString:@"Never"]) {
```

```
            self.userOutput.text=@"Clicked 'Never'";
        } else {
            self.userOutput.text=@"Clicked 'Ok'";
        }
}
```

在上述代码中,首先将buttonTitle设置为被按下的按钮的标题。然后将buttonTitle同我们创建提醒视图时初始化的按钮名称进行比较,如果找到匹配的名称,则相应地更新视图中的标签userOutput。

(3)在提醒对话框中添加文本框。

虽然可以在提醒视图中使用按钮来获取用户输入,但是有些应用程序在提醒框中包含文本框。例如,App Store提醒您输入iTune密码,然后下载新的应用程序。要想在提醒视图中添加文本框,可以将提醒视图的属性alertViewStyle设置为UIAlertViewSecureTextInput或UIAlertViewStylePlain TextInput,这将会添加一个密码文本框或一个普通文本框。第3种选择是将该属性设置为UIAlertView StyleLoginAnd PasswordInput,这将在提醒视图中包含一个普通文本框和一个密码文本框。

下面以方法doAlert为基础来实现doAlertInput,让提醒视图提示用户输入电子邮件地址,显示一个普通文本框和一个OK按钮,并将ViewControler作为委托。下面的演示代码显示了该方法的具体实现。

```
- (IBAction)doAlertInput:(id)sender {
    UIAlertView *alertDialog;
    alertDialog = [[UIAlertView alloc]
                    initWithTitle: @"Email Address"
                    message:@"Please enter your email address:"
                    delegate: self
                    cancelButtonTitle: @"OK"
                    otherButtonTitles: nil];
    alertDialog.alertViewStyle=UIAlertViewStylePlainTextInput;
    [alertDialog show];
}
```

此处只需设置属性alertViewStyle就可以在提醒视图中包含文本框。运行该应用程序,并触摸按钮"有输入框的"就会看到如图27-18所示的提醒视图。

(4)访问提醒视图的文本框。

要想访问用户通过提醒视图提供的输入,可以使用方法alerView:clickedButtonAtIndex实现。前面已经在doMultiButtonAlert中使用过这个方法来处理提醒视图,此时我们应该知道调用的是哪种提醒,并做出相应的反应。鉴于在方法alertView:clickedButton AtIndex中可以访问提醒视图本身,因此可检查提醒视图的标题,如果它与包含文本框的提醒视图的标题(Email Address)相同,则将userOutput设置为用户在文本框中输入的文本。此功能很容易实现,只需对传递给alertView:clickedButtonAtIndex的提醒视图对象的title属性进行简单的字符串比较即可。修改方法alertView:clickedButtonAtIndex,在最后添加如下所示的代码。

图27-18 包含一个输入框的提醒视图

```
    if ([alertView.title
         isEqualToString: @"Email Address"]) {
        self.userOutput.text=[[alertView textFieldAtIndex:0] text];
    }
```

这样对传入的alertView对象的title属性与字符串EmailAddress进行比较。如果它们相同,我们就知道该方法是由包含文本框的提醒视图触发的。使用方法textFieldAtIndex获取文本框。由于只有一个文本框,因此使用了索引零。然后,向该文本框对象发送消息text,以获取用户在该文本框中输入的字符串。最后,将标签userOutput的text属性设置为该字符串。

完成上述修改后运行该应用程序。现在,用户关闭包含文本框的提醒视图时,该委托方法将被调用,从而将userOutput标签设置为用户输入的文本。

5. 实现操作表

实现多种类型的提醒视图后，再实现操作表将毫无困难。实际上，在设置和处理方面，操作表比提醒视图更简单，因为操作表只做一件事情：显示一系列按钮。为了创建我们的第一个操作表，将实现在文件ViewController.m中创建的方法存根doActionSheet。该方法将在用户按下按钮Lights、Camera、Action Sheet时触发。它显示标题Available Actions、名为Cancel的取消按钮以及名为Destroy的破坏性按钮，还有其他两个按钮，分别名为Negotiate和Compromise，并且使用ViewController作为委托。

将下面的代码加入到方法doActionSheet中。

```
- (IBAction)doActionSheet:(id)sender {
    UIActionSheet *actionSheet;
    actionSheet=[[UIActionSheet alloc] initWithTitle:@"Available Actions"
                              delegate:self
                     cancelButtonTitle:@"Cancel"
                destructiveButtonTitle:@"Destroy"
                     otherButtonTitles:@"Negotiate",@"Compromise",
nil];
    actionSheet.actionSheetStyle=UIActionSheetStyleBlackTranslucent;
    [actionSheet showFromRect:[(UIButton *)sender frame]
                       inView:self.view animated:YES];
    // [actionSheet showInView:self.view];
}
```

在上述代码中，首先声明并实例化了一个名为actionSheet的UIActionSheet实例，这与创建提醒视图类似，此初始化方法几乎完成了所有的设置工作。第8行将操作表的样式设置为UIActionSheetStyleBlackTranslucent，最后在当前视图控制器的视图（selfview）中显示操作表。

运行该应用程序并触摸"操作表"按钮，结果如图27-19所示。

为了让应用程序能够检测并响应用户单击操作表按钮，ViewController类必须遵守UIAction SheetDelegate协议，并实现方法actionSheet:clickedButtonAtIndex。

在接口文件ViewController.h中按照下面的样式修改@interface行，这样做的目的是让这个类遵守必要的协议。

图27-19 操作表

```
@interface ViewController:UIViewController <UIAlertViewDelegate,
UIActionSheetDelegate>
```

此时，ViewController类现在遵守了两种协议：UIAlertViewDelegate和UIActionSheetDelegate。类可根据需要遵守任意数量的协议。

为了捕获单击事件，需要实现方法actionSheet:clickedButtonAtIndex，这个方法将用户单击的操作表按钮的索引作为参数。在文件ViewController.m中添加如下所示的代码。

```
- (void)actionSheet:(UIActionSheet *)actionSheet
clickedButtonAtIndex:(NSInteger)buttonIndex {
    NSString *buttonTitle=[actionSheet buttonTitleAtIndex:buttonIndex];
    if ([buttonTitle isEqualToString:@"Destroy"]) {
        self.userOutput.text=@"Clicked 'Destroy'";
    } else if ([buttonTitle isEqualToString:@"Negotiate"]) {
        self.userOutput.text=@"Clicked 'Negotiate'";
    } else if ([buttonTitle isEqualToString:@"Compromise"]) {
        self.userOutput.text=@"Clicked 'Compromise'";
    } else {
        self.userOutput.text=@"Clicked 'Cancel'";
    }
}
```

在上述代码中，使用buttonTitleAtIndex根据提供的索引获取用户单击按钮的标题，其他的代码与前面处理提醒视图时使用的相同：第4～12行根据用户单击的按钮更新输出消息，以指出用户单击了哪个按钮。

6. 实现提醒音和振动

要想在项目中使用系统声音服务，需要使用框架AudioToolbox和要播放的声音素材。在前面的步骤中，已经将这些资源加入到项目中，但应用程序还不知道如何访问声音函数。为让应用程序知道该框架，需要在接口文件ViewController.h中导入该框架的接口文件。为此，在现有的编译指令#import下方添加如下代码行。

```
#import <AudioToolbox/AudioToolbox.h>
```

（1）播放系统声音。

首先要实现的是用于播放系统声音的方法doSound。其中系统声音比较短，如果设备处于静音状态，它们不会导致振动。前面设置项目时添加了文件夹Sounds，其中包含文件soundeffect.wav，我们将使用它来实现系统声音播放。

在实现文件lliewController.m中，方法doSound的实现代码如下所示。

```
- (IBAction)doSound:(id)sender {
    SystemSoundID soundID;
    NSString *soundFile = [[NSBundle mainBundle]
                        pathForResource:@"soundeffect" ofType:@"wav"];
    AudioServicesCreateSystemSoundID((__bridge CFURLRef)
                                    [NSURL fileURLWithPath:soundFile]
                                    , &soundID);
    AudioServicesPlaySystemSound(soundID);
}
```

上述代码的实现流程如下所示。

- 声明变量soundID，它将指向声音文件。
- 声明字符串 soundFile，并将其设置为声音文件soundeffect.wav的路径。
- 使用函数 AudioServicesCreateSystemSouIldID 创建了一个 SystemSoundID（表示文件soundeffect.wav)，供实际播放声音的函数使用。
- 使用函数AudioServicesPlaySystemSound播放声音。

运行并测试该应用程序，如果按"播放声音"按钮将播放文件soundeffect.wav。

（2）播放提醒音并振动。

提醒音和系统声音之间的差别在于，如果手机处于静音状态，提醒音将自动触发振动。提醒音的设置和用法与系统声音相同，要实现ViewController.m中的方法存根doAlert Sound，只需复制方法doSound的代码，再替换为声音文件alertsound.wav，并使用函数AudioServicesPlayAlertSound实现，而不是AudioServicesPlaySystemSound函数。

```
AudioServicesPlayAlertSound (soundID);
```

当实现这个方法后，运行并测试该应用程序。按"播放提醒声音"按钮将播放指定的声音，如果iPhone处于静音状态，用户按下该按钮将导致手机振动。

（3）振动。

我们能够以播放声音和提醒音的系统声音服务实现振动效果。这里需要使用常量kSystemSoundID Vibrate，当在调用AudioServicesPlaySystemSound时使用这个常量来代替SystemSoundID，此时设备将会振动。实现方法doVibration的具体代码如下所示。

```
- (IBAction)doVibration:(id)sender {
    AudioServicesPlaySystemSound(kSystemSoundID_Vibrate);
}
```

到此为止，已经实现7种引起用户注意的方式，我们可在任何应用程序中使用这些技术，以确保用户知道发生的变化并在需要时做出响应。

27.3 Media Player 框架

知识点讲解：光盘:视频\知识点\第27章\Media Player框架.mp4

Media Player框架用于播放本地和远程资源中的视频和音频。在应用程序中可使用它打开模态iPod界面、选择歌曲以及控制播放。这个框架让我们能够与设备提供的所有内置多媒体功能集成。iOS的

MediaPlayer框架不仅支持MOV、MP4和3GP格式,而且还支持其他视频格式。该框架还提供控件播放、设置回放点、播放视频及文件停止功能,同时对播放各种视频格式的iPhone屏幕窗口进行尺寸调整和旋转。

27.3.1 Media Player 框架中的类

用户可以利用iOS中的通知来处理已完成的视频,还可以利用bada中IPlayerEventListener接口的虚拟函数来处理。在bada中,用户可以利用上述Osp::Media::Player类来播放视频。Osp::Media命名空间支持H264、H.263、MPEG和VC-1视频格式。与音频播放不同,在播放视频时,应显示屏幕。为显示屏幕,借助Osp::Ui::Controls::OverlayRegion类来使用OverlayRegion。OverlayRegion还可用于照相机预览。

在Media Player框架中,通常使用其中如下所示的5个类。

- MPMoviePlayerController:能够播放多媒体,无论它位于文件系统中还是远程URL处,播放控制器均可以提供一个GUI,用于浏览视频、暂停、快进、倒带或发送到AirPlay。
- MPMediaPickerController:向用户提供用于选择要播放多媒体的界面。我们可以筛选媒体选择器显示的文件,也可让用户从多媒体库中选择任何文件。
- MPMediaItem:单个多媒体项,如一首歌曲。
- MPMediaItemCollection:表示一个将播放的多媒体项集。MPMediaPickerController实例提供一个MPMediaItemCollection实例,可在下一个类(音乐播放器控制器中)直接使用它。
- MPMusicPlayerController:处理多媒体项和多媒体项集的播放。不同于电影播放控制器,音乐播放器在幕后工作,让我们能够在应用程序的任何地方播放音乐,而不管屏幕上当前显示的是什么。

要使用任何多媒体播放器功能,都必须导入框架Media Player,并在要使用它的类中导入相应的接口文件。

```
#import <MediaPlayer/MediaPlayer.h>
```

这就为应用程序使用各种多媒体播放功能做好了准备。

27.3.2 实战演练——使用 Media Player 播放视频

实例27-3	使用Media Player播放视频
源码路径	光盘:\daima\27\mediaPlayer1

(1)启动Xcode 7,单击Creat a new Xcode project新建一个iOS工程,在左侧选择iOS下的Application,在右侧选择Single View Application。本项目工程的最终目录结构如图27-20所示。

图27-20 本项目工程的最终目录结构

（2）在故事板上方插入一个文本控件作为播放链接，在下方插入一个ImageView控件显示视频，如图27-21所示。

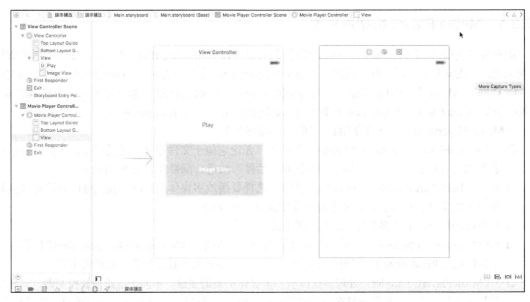

图27-21 故事板界面

（3）编写视图文件ViewController.m，监听用户单击屏幕中的"Play"链接，单击后将播放指定的视频文件：promo_full.mp4。文件ViewController.m的具体实现代码如下所示。

```
#import "ViewController.h"
#import "YCMoviePlayerController.h"
@interface ViewController () <YCMoviePlayerControllerDelegate>
@property (nonatomic,weak) IBOutlet UIImageView *imageView;
- (IBAction)playClicked;
@property (nonatomic,strong) YCMoviePlayerController *mvc;
@end
@implementation ViewController
- (void)viewDidLoad {
    [super viewDidLoad];
}
- (IBAction)playClicked {
    [self presentViewController:self.mvc animated:YES completion:nil];
}

- (YCMoviePlayerController *)mvc {
    if (!_mvc) {
        _mvc = [[YCMoviePlayerController alloc] init];
        NSURL *url = [[NSBundle mainBundle] URLForResource:@"promo_full.mp4" withExtension:nil];
        _mvc.movieURL =  url;
        _mvc.delegate = self;
    }
    return _mvc;
}
#pragma mark - YCMoviePlayerControllerDelegate 代理方法
- (void)moviePlayerDidFinishPlay {
    // dismissViewControllerAnimated:将当前视图控制器的模态(modal)窗口关闭
    [self dismissViewControllerAnimated:YES completion:nil];
}

- (void)moviePlayerDidCaptureWithImage:(UIImage *)image {
    self.imageView.image = image;
}
@end
```

（4）编写文件YCMoviePlayerController.m，功能是定义视频播放操作的各个功能函数，具体实现代码如下所示。

```
#import "YCMoviePlayerController.h"
#import "MediaPlayer/MediaPlayer.h"
@interface YCMoviePlayerController ()
@property (nonatomic,strong) MPMoviePlayerController *moviePlayer;
@end
@implementation YCMoviePlayerController
- (void)viewDidLoad {
    [super viewDidLoad];
    [self.moviePlayer play];
// 返回上一级目录的思路：通知、代理
    [self addNotification];
}
- (void)viewDidAppear:(BOOL)animated {
    self.moviePlayer.fullscreen = YES;
}
#pragma mark - 添加通知
- (void)addNotification {
    // 1.添加播放状态的监听
    [[NSNotificationCenter defaultCenter] addObserver:self selector:@selector(stateChanged) name:MPMoviePlayerPlaybackStateDidChangeNotification object:nil];
    // 2.添加完成的监听
    [[NSNotificationCenter defaultCenter] addObserver:self selector:@selector(finished) name:MPMoviePlayerPlaybackDidFinishNotification object:nil];
    // 3.全屏
    [[NSNotificationCenter defaultCenter] addObserver:self selector:@selector(finished) name:MPMoviePlayerDidExitFullscreenNotification object:nil];
    // 4.截屏完成通知
    [[NSNotificationCenter defaultCenter] addObserver:self selector:@selector(captureFinished:) name:MPMoviePlayerThumbnailImageRequestDidFinishNotification object:nil];
// 数组中有多少时间，就通知几次
// MPMovieTimeOptionExat      精确的
// MPMovieTimeOptionNearesKeyFrame    大概精确的
    [self.moviePlayer requestThumbnailImagesAtTimes:@[@(1.0f), @(2.0f)] timeOption:MPMovieTimeOptionNearestKeyFrame];
}
/**
 *  截屏完成
 */
- (void)captureFinished:(NSNotification *)notification {
    if ([self.delegate respondsToSelector:@selector(moviePlayerDidCaptureWithImage:)]) {
        [self.delegate moviePlayerDidCaptureWithImage:notification.userInfo[MPMoviePlayerThumbnailImageKey]];
    }
    NSLog(@"%@", notification);
}
- (void)finished {
    // 1.删除通知监听
    [[NSNotificationCenter defaultCenter] removeObserver:self];
    // 2.返回上级窗体
    [self.delegate moviePlayerDidFinishPlay];
}
- (void)stateChanged {
    /**
            MPMoviePlaybackStateStopped,         停止
            MPMoviePlaybackStatePlaying,         播放
            MPMoviePlaybackStatePaused,          暂停
            MPMoviePlaybackStateInterrupted,     中断
            MPMoviePlaybackStateSeekingForward,  下一个
```

```
             MPMoviePlaybackStateSeekingBackward 上一个
     */
    switch (self.moviePlayer.playbackState) {
        case MPMoviePlaybackStatePlaying:
            NSLog(@"开始播放");
            break;
        case MPMoviePlaybackStatePaused:
            NSLog(@"暂停");
            break;
        case MPMoviePlaybackStateInterrupted:
            NSLog(@"中断");
            break;
        case MPMoviePlaybackStateStopped:
            NSLog(@"停止");
            break;
        default:
            break;
    }
}
- (MPMoviePlayerController *)moviePlayer {
    if (!_moviePlayer) {
        // 负责控制媒体播放的控制器
        _moviePlayer = [[MPMoviePlayerController alloc] initWithContentURL:self.movieURL];
        _moviePlayer.view.frame = self.view.bounds;
        _moviePlayer.view.autoresizingMask = UIViewAutoresizingFlexibleWidth | UIViewAutoresizingFlexibleHeight;
        [self.view addSubview:_moviePlayer.view];
    }
    return _moviePlayer;
}
@end
```

执行效果如图27-22所示。点击"Play"后会播放视频,如图27-23所示。

图27-22 执行效果

图27-23 播放视频

27.4 AV Foundation 框架

知识点讲解:光盘:视频\知识点\第27章\AV Foundation框架.mp4

虽然使用Media Player框架可以满足所有普通多媒体播放需求,但是Apple推荐使用AV Foundation

框架来实现大部分系统声音服务不支持的、超过30秒的音频播放功能。另外，AV Foundation框架还提供了录音功能，让您能够在应用程序中直接录制声音文件。整个编程过程非常简单，只需4条语句就可以实现录音工作。在本节的内容中，将详细讲解AV Foundation框架的基本知识。

27.4.1 准备工作

要在应用程序中添加音频播放和录音功能，需要添加如下所示的两个新类。

（1）AVAudioRecorder：以各种不同的格式将声音录制到内存或设备本地文件中。录音过程可在应用程序执行其他功能时持续进行。

（2）AVAudioPlayer：播放任意长度的音频。使用这个类可实现游戏配乐和其他复杂的音频应用程序。您可全面控制播放过程，包括同时播放多个音频。

要使用AV Foundation框架，必须将其加入到项目中，再导入如下两个（而不是一个）接口文件。
```
#import <AVFoundation/AVFoundation.h>
#import <CoreAudio/CoreAudioTypes.h>
```
在文件CoreAudioTypes.h中定义了多种音频类型，因为希望能够通过名称引用它们，所以必须先导入这个文件。

27.4.2 实战演练——使用 AV Foundation 框架播放视频

实例27-4	使用AV Foundation框架播放视频
源码路径	光盘:\daima\27\PBJVideoPlayer

（1）启动Xcode 7，然后单击Creat a new Xcode project新建一个iOS工程，在左侧选择iOS下的Application，在右侧选择Single View Application。本项目工程的最终目录结构如图27-24所示。

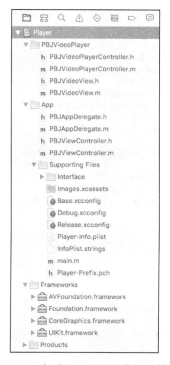

图27-24　本项目工程的最终目录结构

（2）首先看PBJVideoPlayer目录下的文件PBJVideoPlayerController.h，它为播放流媒体视频提供接口。

（3）文件PBJVideoPlayerController.m是接口文件PBJVideoPlayerController.h的具体实现，分别实现

了自定义的用户界面和交互界面，无尺寸限制处理和设备方向变化支持。

```objc
// KVO 上下文
static NSString * const PBJVideoPlayerObserverContext = @"PBJVideoPlayerObserverContext";
static NSString * const PBJVideoPlayerItemObserverContext = @"PBJVideoPlayerItemObserverContext";
static NSString * const PBJVideoPlayerLayerObserverContext = @"PBJVideoPlayerLayerObserverContext";
// KVO播放键
static NSString * const PBJVideoPlayerControllerTracksKey = @"tracks";
static NSString * const PBJVideoPlayerControllerPlayableKey = @"playable";
static NSString * const PBJVideoPlayerControllerDurationKey = @"duration";
static NSString * const PBJVideoPlayerControllerRateKey = @"rate";
// KVO 播放选项键
static NSString * const PBJVideoPlayerControllerStatusKey = @"status";
static NSString * const PBJVideoPlayerControllerEmptyBufferKey = @"playbackBufferEmpty";
static NSString * const PBJVideoPlayerControllerPlayerKeepUpKey = @"playbackLikelyToKeepUp";

// KVO 播放层键
static NSString * const PBJVideoPlayerControllerReadyForDisplay = @"readyForDisplay";
@interface PBJVideoPlayerController () <
    UIGestureRecognizerDelegate>
{
    AVAsset *_asset;
    AVPlayer *_player;
    AVPlayerItem *_playerItem;
    NSString *_videoPath;
    PBJVideoView *_videoView;
    PBJVideoPlayerPlaybackState _playbackState;
    PBJVideoPlayerBufferingState _bufferingState;

    struct {
        unsigned int playbackLoops:1;
        unsigned int playbackFreezesAtEnd:1;
    } __block _flags;
}

@end
@implementation PBJVideoPlayerController
@synthesize delegate = _delegate;
@synthesize videoPath = _videoPath;
@synthesize playbackState = _playbackState;
@synthesize bufferingState = _bufferingState;
@synthesize videoFillMode = _videoFillMode;
#pragma mark - getters/setters
//设置视频填充模式
- (void)setVideoFillMode:(NSString *)videoFillMode
{
        if (_videoFillMode != videoFillMode) {
          _videoFillMode = videoFillMode;
          _videoView.videoFillMode = _videoFillMode;
        }
}

- (NSString *)videoPath
{
    return _videoPath;
}
//设置视频路径
- (void)setVideoPath:(NSString *)videoPath
{
    if (!videoPath || [videoPath length] == 0)
        return;

    NSURL *videoURL = [NSURL URLWithString:videoPath];
    if (!videoURL || ![videoURL scheme]) {
        videoURL = [NSURL fileURLWithPath:videoPath];
    }
    _videoPath = [videoPath copy];
```

```objc
    AVURLAsset *asset = [AVURLAsset URLAssetWithURL:videoURL options:nil];
    [self _setAsset:asset];
}

- (BOOL)playbackLoops
{
    return _flags.playbackLoops;
}

- (void)setPlaybackLoops:(BOOL)playbackLoops
{
    _flags.playbackLoops = (unsigned int)playbackLoops;
    if (!_player)
        return;

    if (!_flags.playbackLoops) {
        _player.actionAtItemEnd = AVPlayerActionAtItemEndPause;
    } else {
        _player.actionAtItemEnd = AVPlayerActionAtItemEndNone;
    }
}

- (BOOL)playbackFreezesAtEnd
{
    return _flags.playbackFreezesAtEnd;
}

- (void)setPlaybackFreezesAtEnd:(BOOL)playbackFreezesAtEnd
{
    _flags.playbackFreezesAtEnd = (unsigned int)playbackFreezesAtEnd;
}

- (NSTimeInterval)maxDuration {
    NSTimeInterval maxDuration = -1;

    if (CMTIME_IS_NUMERIC(_playerItem.duration)) {
        maxDuration = CMTimeGetSeconds(_playerItem.duration);
    }

    return maxDuration;
}
- (void)_setAsset:(AVAsset *)asset
{
    if (_asset == asset)
        return;
    if (_playbackState == PBJVideoPlayerPlaybackStatePlaying) {
        [self pause];
    }
    _bufferingState = PBJVideoPlayerBufferingStateUnknown;
    if ([_delegate respondsToSelector:@selector(videoPlayerBufferringStateDidChange:)]){
        [_delegate videoPlayerBufferringStateDidChange:self];
    }
    _asset = asset;
    if (!_asset) {
        [self _setPlayerItem:nil];
    }
    NSArray *keys = @[PBJVideoPlayerControllerTracksKey, PBJVideoPlayerControllerPlayableKey, PBJVideoPlayerControllerDurationKey];

    [_asset loadValuesAsynchronouslyForKeys:keys completionHandler:^{
        [self _enqueueBlockOnMainQueue:^{

            // check the keys
            for (NSString *key in keys) {
                NSError *error = nil;
                AVKeyValueStatus keyStatus = [asset statusOfValueForKey:key error:&error];
```

```
                if (keyStatus == AVKeyValueStatusFailed) {
                    _playbackState = PBJVideoPlayerPlaybackStateFailed;
                    [_delegate videoPlayerPlaybackStateDidChange:self];
                    return;
                }
            }
            // 检查是否可播放
            if (!_asset.playable) {
                _playbackState = PBJVideoPlayerPlaybackStateFailed;
                [_delegate videoPlayerPlaybackStateDidChange:self];
                return;
            }
            AVPlayerItem *playerItem = [AVPlayerItem playerItemWithAsset:_asset];
            [self _setPlayerItem:playerItem];
        }];
    }];
}
```

执行效果如图27-25所示。

图27-25　实例27-4的执行效果

27.5　图像选择器

　　知识点讲解：光盘:视频\知识点\第27章\图像选择器.mp4

　　图像选择器（UIImagePickerController）的工作原理与MPMediaPickerController类似，但不是显示一个可用于选择歌曲的视图，而显示用户的照片库。用户选择照片后，图像选择器会返回一个相应的UIImage对象。与MPMediaPickerController一样，图像选择器也以模态方式出现在应用程序中。因为这两个对象都实现了自己的视图和视图控制器，所以几乎只需调用presentModalViewController就能显示它们。本节将详细讲解图像选择器的基本知识。

27.5.1　使用图像选择器

　　要显示图像选择器，可以分配并初始化一个UIImagePickerController实例，然后再设置属性sourceType，以指定用户可从哪些地方选择图像。此属性有如下3个值。

- ❑ UIImagePickerControllerSourceTypeCamera：使用设备的相机拍摄一张照片。
- ❑ UIImagePickerControllerSourceTypePhotoLibrary：从设备的照片库中选择一张图片。
- ❑ UIImagePickerControllerSourceTypeSavedPhotosAlbum：从设备的相机胶卷选择一张图片。

接下来应设置图像选择器的属性delegate，功能是设置为在用户选择（拍摄）照片或按Cancel按钮后做出响应的对象。最后，使用presentModalViewController:animated显示图像选择器。例如，下面的代码配置并显示了一个将相机作为图像源的图像选择器。

```
UIImagePickerController *imagePicker;
imagePicker=[[UIImagePickerController alloc] init];
imagePicker.sourceType=UIImagePickerControllerSourceTypeCamera;
imagePicker.delegate=self;
[[UIApplication sharedApplication]setstatusBarHidden:YES];
[self presentModalViewController:imagePicker animated:YES];
```

在上述代码中，方法setStatusBarHidden的功能是隐藏了应用程序的状态栏，因为照片库和相机界面需要以全屏模式显示。语句[UIApplication sharedApplication]获取应用程序对象，再调用其方法setStatusBarHidden隐藏状态栏。

如果要判断设备是否装备了特定类型的相机，可以使用UIImagePickerController的方法isCameraDeviceAvailable，它返回一个布尔值。

```
[UIImagePickerController isCameraDeviceAvailable:<camera type>]
```

其中camera type（相机类型）为UIImagePickerControllerCamera DeviceRear或UIImagePickerControllerCameraDeviceFront。

27.5.2 实战演练——获取图片并缩放

实例27-5	获取相机Camera中的图片并缩放
源码路径	光盘:\daima\27\uploadImage

（1）启动Xcode 7，然后单击Creat a new Xcode project新建一个iOS工程。在故事板中插入文本控件显示"选择图片"文本，插入一个ImageView控件显示图片。本项目工程的最终目录结构和故事板界面如图27-26所示。

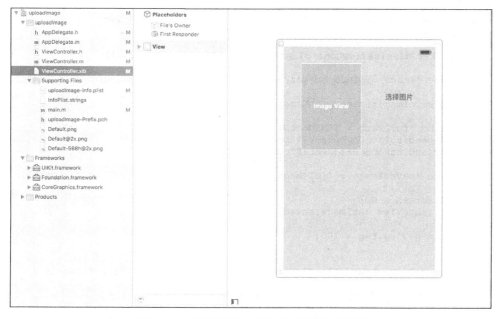

图27-26　本项目工程的最终目录结构和故事板

（2）编写视图接口文件ViewController.h，具体实现代码如下所示。

```
#import <UIKit/UIKit.h>
@interface ViewController :
UIViewController<UIActionSheetDelegate,UIImagePickerControllerDelegate,UINavigation
ControllerDelegate>
```

```
- (IBAction)chooseImage:(id)sender;
@property (retain, nonatomic) IBOutlet UIImageView *imageView;
@end
```

（3）文件ViewController.m是文件ViewController.h的具体实现，功能是从相机Camera或相册中获取照片，然后保存在沙盒中并显示在应用程序内，单击图片后调用操作函数实现放大预览和缩小功能，并且带动画效果。文件ViewController.m的具体实现代码如下所示。

```
#import "ViewController.h"
@interface ViewController ()
{
    BOOL isFullScreen;
}
@end
@implementation ViewController
- (void)viewDidLoad
{
    [super viewDidLoad];
}
- (void)didReceiveMemoryWarning
{
    [super didReceiveMemoryWarning];
}
#pragma mark - 保存图片至沙盒
- (void) saveImage:(UIImage *)currentImage withName:(NSString *)imageName
{
    NSData *imageData = UIImageJPEGRepresentation(currentImage, 0.5);
    // 获取沙盒目录
    NSString *fullPath = [[NSHomeDirectory() stringByAppendingPathComponent:@"Documents"] stringByAppendingPathComponent:imageName];
    // 将图片写入文件
    [imageData writeToFile:fullPath atomically:NO];
}

#pragma mark - image picker delegte
- (void)imagePickerController:(UIImagePickerController *)picker didFinishPickingMediaWithInfo:(NSDictionary *)info
{
    [picker dismissViewControllerAnimated:YES completion:^{}];

    UIImage *image = [info objectForKey:UIImagePickerControllerOriginalImage];

    [self saveImage:image withName:@"currentImage.png"];

    NSString *fullPath = [[NSHomeDirectory() stringByAppendingPathComponent:@"Documents"] stringByAppendingPathComponent:@"currentImage.png"];

    UIImage *savedImage = [[UIImage alloc] initWithContentsOfFile:fullPath];

    isFullScreen = NO;
    [self.imageView setImage:savedImage];

    self.imageView.tag = 100;

}
- (void)imagePickerControllerDidCancel:(UIImagePickerController *)picker
{
    [self dismissViewControllerAnimated:YES completion:^{}];
}
-(void)touchesBegan:(NSSet *)touches withEvent:(UIEvent *)event
{

    isFullScreen = !isFullScreen;
    UITouch *touch = [touches anyObject];

    CGPoint touchPoint = [touch locationInView:self.view];
```

```objc
        CGPoint imagePoint = self.imageView.frame.origin;
        //touchPoint.x , touchPoint.y 就是触点的坐标

        // 触点在imageView内,单击imageView时放大,再次单击时缩小
        if(imagePoint.x <= touchPoint.x && imagePoint.x +self.imageView.frame.size.width >=touchPoint.x && imagePoint.y <=  touchPoint.y && imagePoint.y+self.imageView.frame.size.height >= touchPoint.y)
        {
            // 设置图片放大动画
            [UIView beginAnimations:nil context:nil];
            // 动画时间
            [UIView setAnimationDuration:1];

            if (isFullScreen) {
                // 放大尺寸

                self.imageView.frame = CGRectMake(0, 0, 320, 480);
            }
            else {
                // 缩小尺寸
                self.imageView.frame = CGRectMake(50, 65, 90, 115);
            }

            // commit动画
            [UIView commitAnimations];

        }

}

#pragma mark - actionsheet delegate
-(void) actionSheet:(UIActionSheet *)actionSheet clickedButtonAtIndex:(NSInteger)buttonIndex
{
    if (actionSheet.tag == 255) {

        NSUInteger sourceType = 0;

        // 判断是否支持相机
        if([UIImagePickerController isSourceTypeAvailable:UIImagePickerControllerSourceTypeCamera]) {

            switch (buttonIndex) {
                case 0:
                    // 取消
                    return;
                case 1:
                    // 相机
                    sourceType = UIImagePickerControllerSourceTypeCamera;
                    break;

                case 2:
                    // 相册
                    sourceType = UIImagePickerControllerSourceTypePhotoLibrary;
                    break;
            }
        }
        else {
            if (buttonIndex == 0) {

                return;
            } else {
                sourceType = UIImagePickerControllerSourceTypeSavedPhotosAlbum;
            }
        }
        // 跳转到相机或相册页面
        UIImagePickerController *imagePickerController = [[UIImagePickerController alloc] init];
```

```
            imagePickerController.delegate = self;

            imagePickerController.allowsEditing = YES;

            imagePickerController.sourceType = sourceType;

            [self presentViewController:imagePickerController animated:YES completion:^{}];

            [imagePickerController release];
        }
    }
- (IBAction)chooseImage:(id)sender {

    UIActionSheet *sheet;

    // 判断是否支持相机
    if([UIImagePickerController isSourceTypeAvailable:UIImagePickerControllerSourceTypeCamera])
        {
            sheet = [[UIActionSheet alloc] initWithTitle:@"选择" delegate:self cancelButtonTitle:nil destructiveButtonTitle:@"取消" otherButtonTitles:@"拍照",@"从相册选择", nil];
        }
    else {

        sheet = [[UIActionSheet alloc] initWithTitle:@"选择" delegate:self cancelButtonTitle:nil destructiveButtonTitle:@"取消" otherButtonTitles:@"从相册选择", nil];
    }

    sheet.tag = 255;

    [sheet showInView:self.view];

}
- (void)dealloc {
    [_imageView release];
    [super dealloc];
}
@end
```

执行效果如图27-27所示。单击"选择图片"后弹出提示框，如图27-28所示。

图27-27　实例27-5的执行效果

图27-28　弹出提示框

选择"从相册选择"选项后弹出本设备的相册，如图27-29所示。选择相册中的一幅图片后会放大显示这幅图片，如图27-30所示。

图27-29　相册中的图片　　　　　　　　　图27-30　放大显示

然后按下"Choose"后会将选中的这幅图片放置在图27-30所示的屏幕中，如图27-31所示。

图27-31　显示被选中的图片

第 28 章 定位处理

随着当代科学技术的发展，移动导航和定位处理技术已经成为了人们生活中的一部分，大大方便了人们的生活。利用iOS设备中的GPS功能，可以精确地获取位置数据和指南针信息。本章将分别讲解iOS位置检测硬件、如何读取并显示位置信息和使用指南针确定方向的知识，介绍使用Core Location和磁性指南针的基本流程。

28.1　Core Location 框架

知识点讲解：光盘:视频\知识点\第28章\Core Location框架.mp4

Core Location是iOS SDK中一个提供设备位置的框架，通过这个框架可以实现定位处理。本节将简要介绍Core Location框架的基本知识。

28.1.1　Core Location 基础

根据设备的当前状态（在服务区、在大楼内等），可以使用如下3种技术之一。

（1）使用GPS定位系统，可以精确地定位你当前所在的地理位置，但由于GPS接收机需要对准天空才能工作，因此在室内环境基本无用。

（2）找到自己所在位置的有效方法是使用手机基站，当手机开机时会与周围的基站保持联系，如果你知道这些基站的身份，就可以使用各种数据库（包含基站的身份和它们的确切地理位置）计算出手机的物理位置。基站不需要卫星，因此与GPS不同，它对室内环境一样管用。但它没有GPS那样精确，它的精度取决于基站的密度，它在基站密集区域的准确度最高。

（3）依赖WiFi，当使用这种方法时，将设备连接到WiFi网络，通过检查服务提供商的数据确定位置，它既不依赖卫星，也不依赖基站，因此这个方法对于可以连接到WiFi网络的区域有效，但它的精确度也是这3个方法中最差的。

在这些技术中，GPS最为精准，如果有GPS硬件，Core Location将优先使用它。如果设备没有GPS硬件（如WiFiiPad）或使用GPS获取当前位置时失败，Core Location将退而求其次，选择使用基站或WiFi。

想得到定点的信息，需要涉及如下几个类。

❑ CLLocationManager。
❑ CLLocation。
❑ CLLocationManagerdelegate协议。
❑ CLLocationCoodinate2D。
❑ CLLocationDegrees。

28.1.2　使用流程

下面开始讲解基本的使用流程。

（1）先实例化一个CLLocationManager，同时设置委托及精确度等。

28.1 Core Location 框架

```
CCLocationManager *manager = [[CLLocationManageralloc] init];//初始化定位器
[manager setDelegate: self];                                //设置代理
[manager setDesiredAccuracy. kCLLocationAccuracyBest];      //设置精确度
```

其中desiredAccuracy属性表示精确度，其值如表28-1所示。

表28-1 desiredAccuracy属性的值

desiredAccuracy属性值	描 述
kCLLocationAccuracyBest	精确度最佳
kCLLocationAccuracynearestTenMeters	精确度10m以内
kCLLocationAccuracyHundredMeters	精确度100m以内
kCLLocationAccuracyKilometer	精确度1000m以内
kCLLocationAccuracyThreeKilometers	精确度3000m以内

NOTE 的精确度越高，用点越多，就要根据实际情况而定。

```
manager.distanceFilter = 250;//表示在地图上每隔250m才更新一次定位信息。
[manager startUpdateLocation];//用于启动定位器，如果不用的时候就必须调用stopUpdateLocation
//关闭定位功能
```

（2）在CCLocation对象中包含着定点的相关信息数据，其属性主要包括coordinate、altitude、horizontalAccuracy、verticalAccuracy、timestamp等，具体如下所示。

- coordinate：用来存储地理位置的latitude和longitude，分别表示纬度和经度，都是float类型。例如：
```
float latitude = location.coordinat.latitude;
```
- location：是CCLocation的实例。这里使用了上面提到的CLLocationDegrees，它其实是一个double类型，在core Location框架中用来储存CLLocationCoordinate2D实例coordinate的latitude和longitude。
```
typedef double CLLocationDegrees;
typedefstruct
  {CLLocationDegrees latitude;
CLLocationDegrees longitude}  CLLocationCoordinate2D;
```
- altitude：表示位置的海拔高度，这个值是极不准确的。
- horizontalAccuracy：表示水平准确度，是以coordinate为圆心的半径，返回的值越小，证明准确度越好，如果是负数，则表示core location定位失败。
- verticalAccuracy：表示垂直准确度，它的返回值与altitude相关，所以不准确。
- Timestamp：用于返回定位时的时间，为NSDate类型。

（3）CLLocationMangerDelegate协议。

我们只需实现两个方法就可以了，例如：
```
- (void)locationManager:(CLLocationManager *)manager
didUpdateToLocation:(CLLocation *)newLocation
fromLocation:(CLLocation *)oldLocation ;
- (void)locationManager:(CLLocationManager *)manager
didFailWithError:(NSError *)error;
```
上面第一个是定位时调用，后者定位出错时调用。

（4）现在可以实现定位了。假设新建一个view-based application模板的工程，项目名称为coreLocation。在controller的头文件和源文件中的代码如下。其中，.h文件的代码如下所示。

```
#import <UIKit/UIKit.h>
#import <CoreLocation/CoreLocation.h>
@interface CoreLocationViewController :UIViewController
<CLLocationManagerDelegate>{
CLLocationManager *locManager;
}
@property (nonatomic, retain) CLLocationManager *locManager;
@end
```

.m文件的代码如下所示。
```
#import "CoreLocationViewController.h"
@implementation CoreLocationViewController
@synthesize locManager;
// Implement viewDidLoad to do additional setup after loading the view, typically from
```

a nib.
```objc
- (void)viewDidLoad {
locManager = [[CLLocationManageralloc] init];
locManager.delegate = self;
locManager.desiredAccuracy = kCLLocationAccuracyBest;
[locManagerstartUpdatingLocation];
    [superviewDidLoad];
}
- (void)didReceiveMemoryWarning {
// Releases the view if it doesn't have a superview.
    [superdidReceiveMemoryWarning];

// Release any cached data, images, etc that aren't in use.
}
- (void)viewDidUnload {
// Release any retained subviews of the main view.
// e.g. self.myOutlet = nil;
}
- (void)dealloc {
[locManagerstopUpdatingLocation];
[locManager release];
[textView release];
    [superdealloc];
}
#pragma mark -
#pragma mark CoreLocation Delegate Methods

- (void)locationManager:(CLLocationManager *)manager
didUpdateToLocation:(CLLocation *)newLocation
fromLocation:(CLLocation *)oldLocation {
CLLocationCoordinate2D locat = [newLocation coordinate];
floatlattitude = locat.latitude;
float longitude = locat.longitude;
float horizon = newLocation.horizontalAccuracy;
float vertical = newLocation.verticalAccuracy;
NSString *strShow = [[NSStringalloc] initWithFormat:
@"currentpos: 经度=%f 纬度=%f 水平准确度=%f 垂直准确度=%f ",
lattitude, longitude, horizon, vertical];
UIAlertView *show = [[UIAlertViewalloc] initWithTitle:@"coreLoacation"
message:strShowdelegate:nilcancelButtonTitle:@"i got it"
otherButtonTitles:nil];
[show show];
[show release];
}
- (void)locationManager:(CLLocationManager *)manager
didFailWithError:(NSError *)error{

NSString *errorMessage;
if ([error code] == kCLErrorDenied){
errorMessage = @"你的访问被拒绝";}
if ([error code] == kCLErrorLocationUnknown) {
errorMessage = @"无法定位到你的位置!";}
UIAlertView *alert = [[UIAlertViewalloc]
initWithTitle:nilmessage:errorMessage
delegate:selfcancelButtonTitle:@"确定"   otherButtonTitles:nil];
[alert show];
[alert release];
}
@end
```
通过上述流程，就实现了简单的定位处理。

28.2 获取位置

知识点讲解：光盘:视频\知识点\第28章\获取位置.mp4

Core Location的大多数功能都是由位置管理器提供的，位置管理器是CLLocationManager类的一个实例。我们使用位置管理器来指定位置更新的频率和精度，并设定什么情况下开始和停止接收这些更新。要想使用位置管理器,必须首先将框架Core Location加入到项目中,再导入其如下接口文件。
```
#import<CoreLocation/CoreLocation.h>
```
接下来需要分配并初始化一个位置管理器实例、指定将接收位置更新的委托并启动更新,代码如下所示。
```
CLLocationManager *locManager= [[CLLocationManageralloc]  init ];
locManager.delegate=self;
[locManagerstartUpdatingLocation];
```
应用程序接收完更新(通常一个更新就够了)后,使用位置管理器的stopUpdatingLocation方法停止接收更新。

28.2.1 位置管理器委托

位置管理器委托协议定义了用于接收位置更新的方法。对于被指定为委托以接收位置更新的类,必须遵守协议CLLocationManagerDelegate。该委托有如下两个与位置相关的方法。

❑ locationManager:didUpdateToLocation:fromLocation。

❑ locationManager:didFailWithError。

方法locationManager:didUpdateToLocation:fromLocation的参数为位置管理器对象和两个CLLocation对象,其中一个表示新位置,另一个表示以前的位置。CLLocation实例有一个coordinate属性,该属性是一个包含longitude和latitude的结构体,而longitude和latitude的类型为CLLocationDegrees。CLLocation Degrees是类型为double的浮点数的别名。不同的地理位置定位方法的精度也不同,而同一种方法的精度随计算时可用的点数(卫星、蜂窝基站和WiFi热点)而异。CLLocation通过属性horizontalAccuracy指出了测量精度。

位置精度通过一个圆表示,实际位置可能位于这个圆内的任何地方。这个圆是由属性coordmate和horizontalAccuracy表示的,其中前者表示圆心,而后者表示半径。属性horizontalAccuracy的值越大,它定义的圆就越大,因此位置精度越低。如果属性horizontalAccuracy的值为负,则表明coordinate的值无效,应忽略它。

除经度和纬度外,CLLocation还以米为单位提供了海拔高度(altitude属性)。该属性是一个CLLocationDistance实例,而CLLocationDistance也是double型浮点数的别名。正数表示在海平面之上,而负数表示在海平面之下。还有另一种精度,即verticalAccuracy,它表示海拔高度的精度。verticalAccuracy为正表示海拔高度的误差为相应的米数;为负表示altitude的值无效。

例如,在下面的代码中,演示了位置管理器委托方法locationManager:didUpdateToLocation:fromLocation的一种实现,它能够显示经度、纬度和海拔高度。
```
1: - (void)locationManager:(CLLocationManager *)manager
2:didUpdateToLocation: (CLLocation *)newLocation
3:fromLocation: (CLLocation *)oldLocation{
4:
5:NSString *coordinateDesc=@"Not Available";
6:NSStringaltitudeDesc=@"Not Available";
7:
8:if (newLocation.horizontalAccuracy>=0){
9:coordinateDesc=[NSStringstringWithFormat:@"%f,%f+/,%f meters",
10:    newLocation.coordinate.latitude,
11:    newLocation.coordinate.longitude,
12:    newLocation.horizontalAccuracy];
13:    }
14:
15:    if (newLocation.verticalAccuracy>=0){
16:    altitudeDesc=[NSStringstringWithFormat:@"%f+/-%f meters",
17:    newLocation.altitude, newLocation.verticalAccuracy1;
18:    }
19:
20:    NSLog(@"Latitude/Longitude:%@ Altitude:%@",coordinateDesc,
21:    altitudeDesc);
22: }
```
在上述演示代码中,需要注意的重要语句是对测量精度的访问(第8行和第15行),还有对经度、纬度和海拔的访问（第10行、第11行和第17行），这些都是属性。第20行的函数NSLog提供了一种输出信息（通常是调试信息）的方便方式，而无需设计视图。上述代码的执行结果类如下所示。

```
Latitude/Longitude: 35.904392, -79.055735 +1- 76.356886 meters Altitude: -
28.000000 +1- 113.175757 meters
```

另外，CLLocation还有一个speed属性，该属性是通过比较当前位置和前一个位置，通过它们之间的时间差异和距离计算得到的。鉴于Core Location更新的频率，speed属性的值不是非常精确，除非移动速度变化很小。

28.2.2 获取航向

通过位置管理器中的headingAvailable属性，能够指出设备是否装备了磁性指南针。如果该属性的值为YES，便可以使用Core Location来获取航向（heading）信息。接收航向更新与接收位置更新极其相似，要开始接收航向更新，可以指定位置管理器委托，设置属性headingFilter以指定要以什么样的频率（以航向变化的度数度量）接收更新，并对位置管理器调用方法startUpdatingHeading，例如：

```
locManager.delegate=self;
locManager.headingFilter=10
[locManagerstartUpdatingHeading];
```

其实并没有准确的北方，地理学意义上的北方是固定的，即北极；而磁北与北极相差数百英里且每天都在移动。磁性指南针总是指向磁北，但对于有些电子指南针（如iPhone和iPad中的指南针），可通过编程使其指向地理学意义的北方。通常，当我们同时使用地图和指南针时，地理学意义的北方更有用。请务必理解地理学意义的北方和磁北之间的差别，并知道应在应用程序中使用哪个。如果使用相对于地理学意义的北方的航向（属性trueHeading），请同时向位置管理器请求位置更新和航向更新，否则trueHeading将不正确。

位置管理器委托协议定义了用于接收航向更新的方法，该协议有如下两个与航向相关的方法。

（1）locationManager:didUpdateHeading：其参数是一个CLHeading对象。

（2）locationManager:ShouldDisplayHeadingCalibration：通过一组属性来提供航向读数，即magneticHeading和trueHeading，这些值的单位为度，类型为CLLocationDirection，也就是说双精度浮点数。具体说明如下。

❑ 如果航向为0.0，则前进方向为北。
❑ 如果航向为90.0，则前进方向为东。
❑ 如果航向为180.0，则前进方向为南。
❑ 如果航向为270.0，则前进方向为西。

另外，CLHeading对象还包含属性headingAccuracy(精度)、timestamp(读数的测量时间)和description（描述）。例如下面的代码是实现方法locationManager:didUpdateHeading的一个示例。

```
 1: - (void)locationManager:(CLLocationManager *)manager
 2:didUpdateHeading: (CLHeading *)newHeading{
 3:
 4:NSString *headingDesc=@"Not Available";
 5:
 6:if (newHeading.headingAccuracy>=0)  {
 7:CLLocationDirectiontrueHeading=newHeading.trueHeading,
 8:CLLocationDirectionmagneticHeading=newHeading.magneticHeading,
 9:
10:    headingDesc=[NSStringstringWithFormat:
11:    @"%f degrees (true),%f degrees (magnetic)",
12:    trueHeading,magneticHeading];
13:
14:    NSLog (headingDesc);
15:    }
16:  }
```

这与处理位置更新的实现类似。第6行通过检查数据是否有效，如果有效，则从传入的CLHeading对象的属性trueHeading和magneticHeading获取真正的航向和磁性航向。输出结果如下所示。

```
180.9564392 degrees (true), 182.684822 degrees (magnetic)
```
另一个委托方法locationManager:ShouldDisplayHeadingCalibration只包含一行代码：返回YES或NO，以指定位置管理器是否向用户显示校准提示。该提示让用户远离任何干扰，并将设备旋转360度。指南针总是自我校准，因此这种提示仅在指南针读数剧烈波动时才有帮助。如果校准提示会令用户讨厌或分散用户的注意力（如用户正在输入数据或玩游戏时），应将该方法实现为返回NO。

> **注意**
> iOS模拟器将报告航向数据可用，并且只提供一次航向更新。

28.3 地图功能

📀 知识点讲解：光盘:视频\知识点\第28章\地图功能.mp4

iOS的Google Maps可以向用户提供了一个地图应用程序，它响应速度快，使用起来很有趣。通过使用Map Kit，您的应用程序也能提供这样的用户体验。本节将简要介绍在iOS中使用地图的基本知识。

28.3.1 Map Kit 基础

通过使用Map Kit，可以将地图嵌入到视图中，并提供显示该地图所需的所有图块（图像）。它在需要时处理滚动、缩放和图块加载。Map Kit还能执行反向地理编码（Reverse Geocoding），即根据坐标获取位置信息（国家、州、城市、地址）。

> **注意**
> Map Kit图块（map tile）来自Google Maps/Google Earth API，虽然我们不能直接调用该API，但Map Kit会进行这些调用，因此使用Map Kit的地图数据时，应用程序必须遵守Google Maps/Google Earth API服务条款。

开发人员无须编写任何代码就可使用Map Kit，只需将Map Kit框架加入到项目中，并使用Interface Builder将一个MKMapView实例加入到视图中。添加地图视图后，便可以在Attributes Inspector中设置多个属性，这样可以进一步定制它。

可以在地图、卫星和混合模式之间选择，可以指定让用户的当前位置在地图上居中，还可以控制用户是否可与地图交互，例如通过轻扫和张合来滚动和缩放地图。如果要以编程方式控制地图对象（MKMapView），可以使用各种方法，例如移动地图和调整其大小。使用这些功能之前，必须先导入框架Map Kit的接口文件。

```
#import <MapKit/MapKit.h>
```
当需要操纵地图时，在大多数情况下都需要添加框架Core Location并导入其接口文件。
```
#import<CoreLocation/CoreLocation.h>
```
为了管理地图的视图，需要定义一个地图区域，再调用方法setRegion:animated。区域（region）是一个MKCoordinateRegion结构体（而不是对象），它包含成员center和span。其中center是一个CLLocationCoordinate2D结构体，这种结构体来自框架Core Location，包含成员latitude和longitude；而span指定从中心出发向东西南北延伸多少度。一个纬度相当于69英里；在赤道上，一个经度也相当于69英里。通过将区域的跨度（span）设置为较小的值，如0.2，可将地图的覆盖范围缩小到绕中心点几英里。例如，如果要定义一个区域，其中心的经度和纬度都为60.0，并且每个方向的跨越范围为0.2度，可编写如下代码。
```
MKCoordinateRegionmapRegion;
mapRegion.center.latitude=60.0;
mapRegion.center.longitude=60.0;
mapRegion. span .latitudeDelta=0.2;
mapRegion.span.longitudeDelta=0.2;
```
要在名为map的地图对象中显示该区域，可以使用如下代码实现：

```
[mapsetRegion:mapRegionanimated:YES];
```
另一种常见的地图操作是添加标注,通过标注可以让我们能够在地图上突出重要的点。

28.3.2 为地图添加标注

在应用程序中可以给地图添加标注,就像Google Maps一样。要想使用标注功能,通常需要实现一个MKAnnotationView子类,它描述了标注的外观以及应显示的信息。对于加入到地图中的每个标注,都需要一个描述其位置的地点标识对象(MKPlaceMark)。为了理解如何结合使用这些对象,接下来看一个简单的示例,其功能是在地图视图map中添加标注,要实现此功能,必须分配并初始化一个MKPlacemark对象。为初始化这种对象,需要一个地址和一个CLLocationCoordinate2D结构体。该结构体包含了经度和纬度,指定了要将地点标识放在什么地方。在初始化地点标识后,使用MKMapView的方法addAnnotation将其加入地图视图中。例如,可以通过下面的代码添加了一段简单的标注。

```
1: CLLocationCoordinate2D myCoordinate;
2: myCoordinate.latitude=28.0;
3: myCoordinate.longitude=28.0;
4:
5: MKPlacemark *myMarker;
6: myMarker=   [[MKPlacemarkalloc]
7:initWithCoordinate:myCoordinate
8:addressDictionary:fullAddress];
9:   [map addAnnotation:myMarker];
```

在上述代码中,第1~3行声明并初始化了一个CLLocationCoordinate2D结构体(myCoordinate),它包含的经度和纬度都是28.0。第5~8行声明和分配了一个MKPlacemark (myMarker),并使用myCoordinate和fullAddress初始化它。fullAddress要么是从地址簿条目中获取的,要么是根据ABPerson参考文档中的Address属性的定义手工创建的。这里假定从地址簿条目中获取了它。第9行将标注加入到地图中。

要想删除地图视图中的标注,只需将addAnnotation替换为removeAnnotation即可,而参数完全相同,无须修改。当我们添加标注时,iOS会自动完成其他工作。Apple提供了一个MKAnnotationView子类MKPinAnnotationView。当对地图视图对象调用addAnnotation时,iOS会自动创建一个MKPinAnnotationView实例。要想进一步定制标注,还必须实现地图视图的委托方法mapView:viewForAnnotation。

例如,在下面的代码中,方法mapView:viewForAnnotation分配并配置了一个自定义的MKPinAnnotationView实例。

```
1: - (MKAnnotationView *)mapView: (MKMapView *)mapView
2:viewForAnnotation:(id <MKAnnotation>annotation{
3:
4:MKPinAnnotationView *pinDrop=[[MKPinAnnotationViewalloc]
5:initWithAnnotation:annotation reuseIdentifier:@"myspot"];
6:pinDrop.animatesDrop=YES;
7:pinDrop.canShowCallout=YES;
8:pinDrop.pinColor=MKPinAnnotationColorPurple;
9: returnpinDrop;
10:   }
```

在上述代码中,第4行声明和分配一个MKPinAnnotationView实例,并使用iOS传递给方法mapView:viewForAnnotation的参数annotation和一个重用标识符字符串初始化它。这个重用标识符是一个独特的字符串,让您能够在其他地方重用标注视图。就这里而言,可以使用任何字符串。第6~8行通过3个属性对新的图钉标注视图pinDrop进行了配置。animatesDrop是一个布尔属性,当其值为TRUE时,图钉将以动画方式出现在地图上;通过将属性canShowCallout设置为YES,当用户触摸图钉时将在注解中显示其他信息;最后,pinColor设置图钉图标的颜色。正确配置新的图钉标注视图后,第9行将其返回给地图视图。

如果在应用程序中使用上述方法,它将创建一个带注解的紫色图钉效果,该图钉以动画方式加入到地图中。但是可以在应用程序中创建全新的标注视图,它们不一定非得是图钉。在此使用了Apple提供的MKPinAnnotationView,并对其属性做了调整;这样显示的图钉将与根本没有实现这个方法时稍有不同。

> **注意**
> 从iOS 6开始,Apple产品不再使用Google地图产品,而是使用自己的地图系统。

28.4 实战演练——定位当前的位置信息

知识点讲解:光盘:视频\知识点\第28章\定位当前的位置信息.mp4

实例	定位当前的位置信息
源码路径	光盘:\daima\28\MMLocationManager

(1)启动Xcode 7,本项目工程的最终目录结构如图28-1所示。

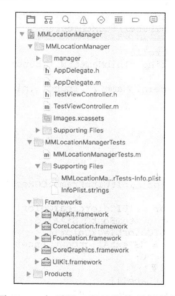

图28-1 本项目工程的最终目录结构

(2)编写文件MMLocationManager.h定义定位接口,具体实现代码如下所示。

```
/**
 *  获取坐标
 *  @paramlocaiontBlocklocaiontBlock description
 */
- (void) getLocationCoordinate:(LocationBlock) locaiontBlock ;
/**
 *  获取坐标和地址
 *  @paramlocaiontBlocklocaiontBlock description
 *  @paramaddressBlockaddressBlock description */
- (void) getLocationCoordinate:(LocationBlock)
locaiontBlockwithAddress:(NSStringBlock) addressBlock;

/**
 *  获取地址
 *  @paramaddressBlockaddressBlock description
 */
- (void) getAddress:(NSStringBlock)addressBlock;
/**
 *  获取城市
 *
 *  @paramcityBlockcityBlock description
 */
- (void) getCity:(NSStringBlock)cityBlock;

/**
```

```
 *  获取城市和定位失败
 *
 *  @paramcityBlockcityBlock description
 *  @paramerrorBlockerrorBlock description
 */
- (void)getCity:(NSStringBlock)cityBlock error:(LocationErrorBlock) errorBlock;
@end
```

（3）在文件MMLocationManager.m中使用MapView实现定位功能，获取当前位置的坐标和地址信息，可以精确地获取街道信息。

（4）编写视图控制器文件TestViewController.m，在屏幕设置4个按钮分别获取当前所在的城市、坐标、地址或获取所有信息。文件TestViewController.m的具体实现代码如下所示。

```
#define IS_IOS7 ([[[UIDevicecurrentDevice] systemVersion] floatValue] >= 7)
#import "TestViewController.h"
#import "MMLocationManager.h"
@interface TestViewController ()
@property(nonatomic,strong)UILabel *textLabel;
@end
@implementation TestViewController
- (id)initWithNibName:(NSString *)nibNameOrNil bundle:(NSBundle *)nibBundleOrNil
{
self = [super initWithNibName:nibNameOrNilbundle:nibBundleOrNil];
if (self) {
    }
return self;
}
- (void)viewDidLoad
{
    [superviewDidLoad];
    _textLabel = [[UILabelalloc] initWithFrame:CGRectMake(0, IS_IOS7 ? 30 : 10, 320, 60)];
    _textLabel.backgroundColor = [UIColorclearColor];
    _textLabel.font = [UIFont systemFontOfSize:15];
    _textLabel.textColor = [UIColorblackColor];
    _textLabel.textAlignment = NSTextAlignmentCenter;
    _textLabel.numberOfLines = 0;
    _textLabel.text = @"测试位置";
    [self.viewaddSubview:_textLabel];
UIButton *latBtn = [UIButtonbuttonWithType:UIButtonTypeRoundedRect];
latBtn.frame = CGRectMake(100,IS_IOS7 ? 100 : 80, 120, 30);
    [latBtnsetTitle:@"获取坐标" forState:UIControlStateNormal];
    [latBtnsetTitleColor:[UIColorblackColor] forState:UIControlStateNormal];
    [latBtn addTarget:self action:@selector(getLat) forControlEvents:UIControlEventTouchUpInside];
    [self.viewaddSubview:latBtn];

UIButton *cityBtn = [UIButtonbuttonWithType:UIButtonTypeRoundedRect];
cityBtn.frame = CGRectMake(100,IS_IOS7 ? 150 : 130, 120, 30);
    [cityBtnsetTitle:@"获取城市" forState:UIControlStateNormal];
    [cityBtnsetTitleColor:[UIColorblackColor] forState:UIControlStateNormal];
    [cityBtn addTarget:self action:@selector(getCity) forControlEvents:UIControlEventTouchUpInside];
    [self.viewaddSubview:cityBtn];

UIButton *addressBtn = [UIButtonbuttonWithType:UIButtonTypeRoundedRect];
addressBtn.frame = CGRectMake(100,IS_IOS7 ? 200 : 180, 120, 30);
    [addressBtnsetTitle:@"获取地址" forState:UIControlStateNormal];
    [addressBtnsetTitleColor:[UIColorblackColor] forState:UIControlStateNormal];
    [addressBtn addTarget:self action:@selector(getAddress) forControlEvents:UIControlEventTouchUpInside];
    [self.viewaddSubview:addressBtn];

UIButton *allBtn = [UIButtonbuttonWithType:UIButtonTypeRoundedRect];
allBtn.frame = CGRectMake(100,IS_IOS7 ? 250 : 230, 120, 30);
    [allBtnsetTitle:@"获取所有信息" forState:UIControlStateNormal];
    [allBtnsetTitleColor:[UIColorblackColor] forState:UIControlStateNormal];
    [allBtn addTarget:self action:@selector(getAllInfo) forControlEvents:UIControl
```

```
EventTouchUpInside];
    [self.viewaddSubview:allBtn];
}
-(void)getLat
{
    __block __weak TestViewController *wself = self;
    [[MMLocationManagershareLocation] getLocationCoordinate:^(CLLocationCoordinate2D locationCorrrdinate) {
        [wselfsetLabelText:[NSStringstringWithFormat:@"%f %f",locationCorrrdinate.latitude,locationCorrrdinate.longitude]];
    }];
}
-(void)getCity
{
    __block __weak TestViewController *wself = self;
    [[MMLocationManagershareLocation] getCity:^(NSString *cityString) {
        [wselfsetLabelText:cityString];
    }];
}

-(void)getAddress
{
    __block __weak TestViewController *wself = self;
    [[MMLocationManagershareLocation] getAddress:^(NSString *addressString) {
        [wselfsetLabelText:addressString];
    }];
}
-(void)getAllInfo
{
    __block NSString *string;
    __block __weak TestViewController *wself = self;
    [[MMLocationManagershareLocation] getLocationCoordinate:^(CLLocationCoordinate2D locationCorrrdinate) {
string = [NSStringstringWithFormat:@"%f %f",locationCorrrdinate.latitude,locationCorrrdinate.longitude];
    } withAddress:^(NSString *addressString) {
string = [NSStringstringWithFormat:@"%@\n%@",string,addressString];
        [wselfsetLabelText:string];
    }];
}
-(void)setLabelText:(NSString *)text
{
NSLog(@"text %@",text);
    _textLabel.text = text;
}
- (void)didReceiveMemoryWarning
{
    [superdidReceiveMemoryWarning];
}
@end
```

执行效果如图28-2所示。

图28-2 实例的执行效果

第 29 章 触摸、手势识别和Force Touch

iOS系统在推出之时,最吸引用户的便是多点触摸功能,通过对屏幕的触摸实现了良好的用户体验。通过使用多点触摸技术,让用户能够使用大量的自然手势来完成原本只能通过菜单、按钮和文本来完成的操作。另外,iOS系统还提供了高级手势识别功能,我们可以在应用程序中轻松实现它们。本章将详细讲解iOS多点触摸和手势识别的基本知识。

29.1 多点触摸和手势识别基础

知识点讲解:光盘:视频\知识点\第29章\多点触摸和手势识别基础.mp4

iPad和iPhone无键盘的设计是为屏幕争取到更多的显示空间。用户不再是隔着键盘发出指令。在触摸屏上的典型操作有:轻按(tap)某个图标来启动一个应用程序,向上或向下(也可以左右)拖移来滚动屏幕,将手指合拢或张开(pinch)来进行放大和缩小等。在邮件应用中,如果你决定删除收件箱中的某个邮件,那么你只需轻扫(swipe)要删除的邮件的标题,邮件应用程序会弹出一个删除按钮,然后你轻击这个删除按钮,这样就删除了邮件。UIView能够响应多种触摸操作。例如,UIScrollView就能响应手指合拢或张开来进行放大和缩小。在程序代码中,我们可以监听某一个具体的触摸操作,并作出响应。

为了简化编程工作,对于我们在应用程序可能实现的所有常见手势,需要创建一个UIGestureRecognizer类的对象或者它的子类的对象。Apple创建了如下所示的"手势识别器"类。

- 轻按(UITapGestureRecognizer):用一个或多个手指在屏幕上轻按。
- 按住(UILongPressGestureRecognizer):用一个或多个手指在屏幕上按住。
- 长时间按住(UILongPressGestureRecogrlizer):用一个或多个手指在屏幕上按住指定时间。
- 张合(UIPinchGestureRecognizer):张合手指以缩放对象。
- 旋转(UIRotationGestureRecognizer):沿圆形滑动两个手指。
- 轻扫(UISwipeGestureRecognizer):用一个或多个手指沿特定方向轻扫。
- 平移(UIPanGestureRecognizer):触摸并拖曳。
- 摇动:摇动iOS设备。

在以前的iOS版本中,开发人员必须读取并识别低级触摸事件,以判断是否发生了张合:屏幕上是否有两个触摸点?它们是否相互接近?在iOS 4和更晚的版本中,可指定要使用的识别器类型,并将其加入到视图(UIView)中,然后就能自动收到触发的多点触摸事件。您甚至可获悉手势的值,如张合手势的速度和缩放比例(Scale)。下面来看看如何使用代码实现这些功能。

上述的每个类都能准确地检测到某一个动作。在创建了上述的对象之后,可以使用 addGestureRecognizer方法把它传递给视图。当用户在这个视图上进行相应操作时,上述对象中的某一个方法就被调用。本章将阐述如何编写代码来响应上述触摸操作。

29.2 触摸处理

知识点讲解:光盘:视频\知识点\第29章\触摸处理.mp4

触摸就是用户把手指放到屏幕上。系统和硬件一起工作,知道手指什么时候触碰屏幕以及在屏幕中的触碰位置。UIView是UIResponder的子类，触摸发生在UIView上。用户看到的和触摸到的是视图（用户也许能看到图层，但图层不是一个UIResponder，它不参与触摸动作的响应）。触摸是一个UITouch对象，该对象被放在UIEvent中，然后系统将UIEvent发送到应用程序上。最后，应用程序将UIEvent传递给一个适当的UIView。你通常不需要关心UIEvent和UITouch。大多数系统视图会处理这些低级别的触摸，并且通知高级别的代码。例如，当UIButton发送一个动作消息报告一个Touch Up Inside事件时，它已经汇总了一系列复杂的触摸动作（用户将手指放到按钮上，也许还移来移去，最后手指抬起来了）。UITableView报告用户选择了一个表单元；当滚动UIScrollView时，它报告滚动事件。还有，有些界面视图只是自己响应触摸动作，而不通知你的代码。例如，当拖动UIWebView时，它仅滚动而已。

然而，知道怎样直接响应触摸是有用的，这样可以实现自己的可触摸视图，并且充分理解Cocoa的视图在做些什么。

29.2.1 触摸事件和视图

假设在一个屏幕上用户没有触摸。现在，用户用一个或更多手指接触屏幕。从这一刻开始到屏幕上没有手指触摸为止，所有触摸以及手指移动一起组成Apple所谓的多点触控序列。在一个多点触控序列期间，系统向应用程序报告每个手指的改变，从而应用程序知道用户在做什么。每个报告是一个UIEvent。事实上，在一个多点触控序列上的报告是相同的UIEvent实例。每一次手指发生改变时，系统就发布这个报告。每一个UIEvent包含一个或更多个的UITouch对象。每个UITouch对象对应一个手指。一旦某个UITouch实例表示一个触摸屏幕的手指，那么，在一个多点触控序列上，这个UITouch实例就被一直用来表示该手指（直到该手指离开屏幕）。

在一个多点触控序列期间，系统只有在手指触摸形态改变时才需要报告。对于一个给定的UITouch对象（即一个具体的手指），只有4件事情会发生。它们被称为触摸阶段，可以通过一个UITouch实例的phase（阶段）属性来描述这4件事情。

- UITouchPhaseBegan：手指首次触摸屏幕，该UITouch实例刚刚被构造。这是第一阶段，并且只有一次。
- UITouchPhaseMoved：手指在屏幕上移动。
- UITouchPhaseStationary：手指停留在屏幕上不动。为什么要报告这个？一旦一个UITouch实例被创建，它必须在每一次UIEvent中出现。因此，如果由于其他某事发生（例如，另一个手指触摸屏幕）而发出UIEvent，我们必须报告该手指在干什么，即使它没有做任何事情。
- UITouchPhaseEnded：手指离开屏幕。和UITouchPhaseBegan一样，该阶段只有一次。该UITouch实例将被销毁，并且不再出现在多点触控序列的UIEvents中。
- UITouchPhaseCancelled：系统已经摒弃了该多点触控序列，可能是由于某事打断了它。那么，什么事情可能打断一个多点触控序列？这有很多可能性。也许用户在当中单击了Home按钮或者屏幕锁按钮。在iPhone上，可能是一个电话进来了。所以，如果你自己正在处理触摸操作，那么就不能忽略这个取消动作；当触摸序列被打断时，你可能需要完成一些操作。

当UITouch首次出现时（UITouchPhaseBegan），应用程序定位与此相关的UIView。该视图被设置为触摸的View（视图）属性值。从那一刻起，该UITouch一直与该视图关联。一个UIEvent就被分发到UITouch的所有视图上。

1. 接收触摸

作为一个UIResponder的UIView，它继承与4个UITouch阶段对应的4种方法（各个阶段需要UIEvent）。通过调用这4种方法中的一个或多个方法，一个UIEvent被发送给一个视图。

- touchesBegan:withEvent：一个手指触摸屏幕，创建一个UITouch。
- touchesMoved:withEvent：手指移动了。
- touchesEnded:withEvent：手指已经离开了屏幕。

- touchesCancelled:withEvent：取消一个触摸操作。

上述方法包括如下所示的参数。

- 相关的触摸。这些是事件的触摸，它们存放在一个NSSet中。如果你知道这个集合中只有一个触摸，或者在集合中的任何一个触摸都可以，那么，可以用anyObject来获得这个触摸。
- 事件。这是一个UIEvent实例，它把所有触摸放在一个NSSet中，可以通过allTouches消息来获得它们。这意味着所有事件的触摸，包括但并不局限于在第一个参数中的那些触摸。它们可能是在不同阶段的触摸，或者用于其他视图的触摸。可以调用touchesForView:或touchesForWindow:来获得一个指定视图或窗口所对应的触摸的集合。

UITouch中还有如下所示的有用的方法和属性。

- locationInView:和previousLocationInView:。在一个给定视图的坐标系上，该触摸的当前或之前的位置。你感兴趣的视图通常是self或者self.superview，如果是nil，则得到相对于窗口的位置。仅当是UITouchPhaseMoved阶段时，你才会感兴趣之前的位置。
- timestamp。最近触摸的时间。当它被创建（UITouchPhaseBegan）时，有一个创建时间，当每次移动（UITouchPhaseMoved）时，也有一个时间。
- tapCount。连续多个轻击的次数。如果在相同位置上连续两次轻击，那么，第二个被描述为第一个的重复，它们是不同的触摸对象，但第二个将被分配一个tapCount，比前一个大1。默认值为1。因此，如果一个触摸的tapCount是3，那么这是在相同位置上的第三次轻击（连续轻击3次）。
- View。与该触摸相关联的视图。它一些UIEvent属性，其中type主要是UIEventTypeTouches，timestamp是事件发生的时间。

2．多点触摸

iOS多点触摸的实现代码如下。

```
-(void)touchesBegan:(NSSet *)touches withEvent:(UIEvent *)event{
    NSUInteger numTouches = [touches count];
}
```

上述方法传递一个NSSet实例与一个UIEvent实例，可以通过获取touches参数中的对象来确定当前有多少个手指触摸，touches中的每个对象都是一个UITouch事件，表示一个手指正在触摸屏幕。倘若该触摸是一系列轻击的一部分，则还可以通过询问UITouch对象来查询相关的属性。

同鼠标操作一样，iOS也可以有单击、双击甚至更多类似的操作。有了这些操作，在这个有限大小的屏幕上，可以完成更多的功能。正如上文所述，可以通过访问它的touches属性来查询。

```
-(void)touchesBegan:(NSSet *)touches withEvent:(UIEvent *)event{
    NSUInteger numTaps = [[touches anyObject] tapCount];
}
```

3．iOS的触摸事件处理

iPhone/iPad无键盘的设计是为屏幕争取更多的显示空间，大屏幕在观看图片、文字、视频等方面为用户带来了更好的用户体验。而触摸屏幕是iOS设备接受用户输入的主要方式，包括单击、双击、拨动以及多点触摸等，这些操作都会产生触摸事件。

在Cocoa中，代表触摸对象的类是UITouch。当用户触摸屏幕后，会产生相应的事件，所有相关的UITouch对象都被包装在事件中，被程序交由特定的对象来处理。UITouch对象直接包括触摸的详细信息。

在UITouch类中包含如下5个属性。

（1）window：触摸产生时所处的窗口。由于窗口可能发生变化，当前所在的窗口不一定是最开始的窗口。

（2）view：触摸产生时所处的视图。由于视图可能发生变化，当前视图也不一定是最初的视图。

（3）tapCount：轻击（Tap）操作和鼠标的单击操作类似，tapCount表示短时间内轻击屏幕的次数。因此可以根据tapCount判断单击、双击或更多的轻击。

（4）timestamp：时间戳记录了触摸事件产生或变化时的时间，单位是秒。

（5）phase：触摸事件在屏幕上有一个周期，即触摸开始、触摸点移动、触摸结束，还有中途取消。而通过phase可以查看当前触摸事件在一个周期中所处的状态。phase是UITouchPhase类型的，这是一个枚举配型，包含如下5种。

- UITouchPhaseBegan：触摸开始。
- UITouchPhaseMoved：接触点移动。
- UITouchPhaseStationary：接触点无移动。
- UITouchPhaseEnded：触摸结束。
- UITouchPhaseCancelled：触摸取消。

在UITouch类中包含如下所示的成员函数。

（1）- (CGPoint)locationInView:(UIView *)view：返回一个CGPoint类型的值，表示触摸在view这个视图上的位置，这里返回的位置是针对view的坐标系的。如果调用时传入的view参数为空，返回的是触摸点在整个窗口的位置。

（2）- (CGPoint)previousLocationInView:(UIView *)view：该方法记录了前一个坐标值，函数返回也是一个CGPoint类型的值。

当手指接触到屏幕，不管是单点触摸还是多点触摸，事件都会开始，直到用户所有的手指都离开屏幕。期间所有的UITouch对象都被包含在UIEvent事件对象中，由程序分发给处理者。事件记录了这个周期中所有触摸对象状态的变化。

只要屏幕被触摸，系统就会把若干个触摸的信息封装到UIEvent对象中发送给程序，由管理程序UIApplication对象将事件分发。一般来说，事件将被发给主窗口，然后传给第一响应者对象（FirstResponder）处理。

关于响应者的概念，接下来通过以下几点进行详细说明。

（1）响应者对象（Response object）。

响应者对象就是可以响应事件并对事件做出处理的对象。在iOS中，存在UIResponder类，它定义了响应者对象的所有方法。UIApplication、UIView等类都继承了UIResponder类，UIWindow和UIKit中的控件因为继承了UIView，所以也间接继承了UIResponder类，这些类的实例都可以当作响应者。

（2）第一响应者（First responder）。

当前接受触摸的响应者对象被称为第一响应者，即表示当前该对象正在与用户交互，它是响应者链的开端。

（3）响应者链（Responder chain）。

响应者链表示一系列的响应者对象。事件被交由第一响应者对象处理，如果第一响应者不处理，事件被沿着响应者链向上传递，交给下一个响应者。一般来说，第一响应者是个视图对象或者其子类对象，当其被触摸后事件被交由它处理，如果它不处理，事件就会被传递给它的视图控制器对象（如果存在），然后是它的父视图（superview）对象（如果存在），以此类推，直到顶层视图。接下来会沿着顶层视图（top view）到窗口（UIWindow对象）再到程序（UIApplication对象）。如果整个过程都没有响应这个事件，该事件就被丢弃。一般情况下，在响应者链中只要有对象处理事件，事件就停止传递。但有时候可以在视图的响应方法中根据一些条件判断来决定是否需要继续传递事件。

（4）管理事件分发。

视图对触摸事件是否需要作出回应可以通过设置视图的userInteractionEnabled属性。默认状态为YES，如果设置为NO，可以阻止视图接收和分发触摸事件。除此之外，当视图被隐藏（setHidden：YES）或者透明（alpha值为0）也不会接收事件。不过这个属性只对视图有效，如果想要整个程序都不响应事件，可以调用UIApplication的beginIngnoringInteractionEvents方法来完全停止事件接收和分发。通过endIngnoringInteractionEvents方法来恢复让程序接收和分发事件。

如果要让视图接收多点触摸，需要将它的multipleTouchEnabled属性设置为YES，默认状态下这个属性值为NO,即视图默认不接收多点触摸。

在接下来的内容中将学习如何处理用户的触摸事件。首先触摸的对象是视图,而视图类UIView继承了UIRespnder类,但是要对事件作出处理,还需要重写UIResponder类中定义的事件处理函数。根据不同的触摸状态,程序会调用相应的处理函数,这主要包括如下几个函数。

(1) -(void)touchesBegan:(NSSet *)touches withEvent:(UIEvent *)event。

(2) -(void)touchesMoved:(NSSet *)touches withEvent:(UIEvent *)event。

(3) -(void)touchesEnded:(NSSet *)touches withEvent:(UIEvent *)event。

(4) -(void)touchesCancelled:(NSSet *)touches withEvent:(UIEvent *)event。

当手指接触屏幕时,就会调用touchesBegan:withEvent方法;当手指在屏幕上移动,就会调用touchesMoved:withEvent方法;当手指离开屏幕时,就会调用touchesEnded:withEvent方法;当触摸被取消(比如触摸过程中被来电打断),就会调用touchesCancelled:withEvent方法。而这几个方法被调用时,正好对应了UITouch类中phase属性的4个枚举值。

对于上面的4个事件方法,在开发过程中并不要求全部实现,可以根据需要重写特定的方法。对于这4个方法,都有两个相同的参数:NSSet类型的touches和UIEvent类型的event。其中touches表示触摸产生的所有UITouch对象,而event表示特定的事件。因为UIEvent包含了整个触摸过程中所有的触摸对象,因此可以调用allTouches方法获取该事件内所有的触摸对象,也可以调用touchesForView:或touchesForWindows:取出特定视图或者窗口上的触摸对象。在这几个事件中,都可以拿到触摸对象,然后根据其位置、状态和时间属性做逻辑处理。例如:

```
<span style="font-size:13px;">-(void)touchesEnded:(NSSet *)touches withEvent:(UIEvent *)event
{
    UITouch *touch = [touches anyObject];
if(touch.tapCount == 2)
    {
        self.view.backgroundColor = [UIColor redColor];
    }
}</span>
```

通过上述代码,说明在触摸手指离开后会根据tapCount单击的次数来设置当前视图的背景色。不管是一个手指还是多个手指,轻击操作都会使每个触摸对象的tapCount加1,由于上面的例子不需要知道具体触摸对象的位置或时间等,因此可以直接调用touches的anyObject方法来获取任意一个触摸对象,然后判断其tapCount的值。

检测tapCount可以放在touchesBegan中,也可以放在touchesEnded中,不过一般后者更准确,因为touchesEnded可以保证所有的手指都已经离开屏幕,这样就不会把轻击动作和按下拖动等动作混淆。

轻击操作很容易引起歧义,比如当用户点了一次之后,并不知道用户是想单击还是只是双击的一部分,或者点了两次之后并不知道用户是想双击还是继续单击。为了解决这个问题,一般可以使用"延迟调用"函数。

```
<span style="font-size:13px;">-(void)touchesEnded:(NSSet *)touches withEvent:(UIEvent *)event
{
    UITouch *touch = [touches anyObject];
if(touch.tapCount == 1)
    {
        [self performSelector:@selector(setBackground:) withObject:[UIColor blueColor] afterDelay:2];
        self.view.backgroundColor = [UIColor redColor];
    }
}</span>
```

上述代码表示在第一次轻击之后,没有直接更改视图的背景属性,而是通过performSelector:withObject:afterDelay:方法设置两秒后更改。

```
<span style="font-size:13px;">-(void)touchesEnded:(NSSet *)touches withEvent:(UIEvent *)event
{
```

```
    UITouch *touch =  [touches anyObject];
if(touch.tapCount == 2)
    {
        [NSObject cancelPreviousPerformRequestsWithTarget:self
selector:@selector(setBackground:) object:[UIColor redColor]];
        self.view.backgroundColor = [UIColor redColor];
    }
}</span>
```

双击操作就是两次单击的组合,因此在第一次单击的时候,设置背景色的方法已经启动,在检测到双击的时候先要把先前对应的方法取消掉,可以通过调用NSObject类的cancelPreviousPerformRequestWithTarget:selector:object方法取消指定对象的方法调用,然后调用双击对应的方法设置背景色为红色。

接下来举一个例子创建可以拖动的视图,这个主要通过触摸对象的位置坐标来实现。因此调用触摸对象的locationInView:方法即可。

```
<span style="font-size:13px;">CGPoint originalLocation;
-(void)touchesBegan:(NSSet *)touches withEvent:(UIEvent *)event
{
    UITouch *touch = [touches anyObject];
originalLocation = [touch locationInView:self.view];
}

-(void)touchesMoved:(NSSet *)touches withEvent:(UIEvent *)event
{
    UITouch *touch = [touches anyObject];
    CGPoint currentLocation = [touch locationInView:self.view];
    CGRect frame = self.view.frame;
    frame.origin.x += currentLocation.x-originalLocation.x;
    frame.origin.y += currentLocation.y-originalLocation.y;
    self.view.frame = frame;
}</span>
```

在上述代码中,先在touchesBegan中通过[touch locationInView:self.view]获取手指触摸在当前视图上的位置,用CGPoint变量记录,然后在手指移动事件touchesMoved方法中获取触摸对象当前位置,并通过与原始位置的差值计算出移动偏移量,再设置当前视图的位置。

4. 触摸和响应链

一个UIView是一个响应器,并且参与到响应链中。如果一个触摸被发送给UIView(它是命中测试视图),并且该视图没有实现相关的触摸方法,那么,沿着响应链寻找那个实现了触摸方法的响应器(对象)。如果该对象被找到了,则触摸被发送给该对象。这里有一个问题:如果touchesBegan:withEvent:在一个超视图上而不是子视图上实现,那么在子视图上的触摸将导致超视图的touchesBegan:withEvent:被调用。它的第一个参数包含一个触摸,该触摸的View属性值是那个子视图。但是,大多数UIView触摸方法都假定第一个参数(触摸)的View属性值是self。还有,如果touchesBegan:withEvent:同时在超视图和子视图上实现,那么,在子视图上调用super,相同的参数传递给超视图的touchesBegan:withEvent:,超视图的touchesBegan:withEvent:第一个参数包含一个触摸,该触摸的View属性值还是子视图。

上述问题的解决方法如下。

- ❑ 如果整个响应链都是自己的UIView子类或UIViewController子类,那么在一个类中实现所有的触摸方法,并且不要调用super。
- ❑ 如果创建了一个系统的UIView的子类,并且重载它的触摸处理,那么不必重载每个触摸事件,但需要调用super(触发系统的触摸处理)。
- ❑ 不要直接调用一个触摸方法(除了调用super)。

29.2.2 iOS 中的手势操作

在iOS应用中,最常见的触摸操作是通过UIButton按钮实现的,这也是最简单的一种方式。iOS中包含如下所示的操作手势。

- ❑ 单击(Tap):单击是最常用的手势,用于按下或选择一个控件或条目(类似于普通的鼠标单击)。

- 拖动（Drag）：用于实现一些页面的滚动，以及对控件的移动功能。
- 滑动（Flick）：用于实现页面的快速滚动和翻页的功能。
- 横扫（Swipe）：用于激活列表项的快捷操作菜单。
- 双击（Double Tap）：双击放大并居中显示图片，或恢复原大小（如果当前已经放大）。同时，双击能够激活文字编辑菜单。
- 放大（Pinch open）：放大手势可以实现打开订阅源，打开文章的详情等功能。在照片查看的时候，放大手势也可实现放大图片的功能。
- 缩小（Pinch close）：缩小手势，可以实现与放大手势相反且对应的功能，如关闭订阅源退出到首页，关闭文章退出至索引页等。在照片查看的时候，缩小手势也可实现缩小图片的功能。
- 长按（Touch &Hold）：如果针对文字长按，将出现放大镜辅助功能。松开后，则出现编辑菜单。长按图片，将出现编辑菜单。
- 摇晃（Shake）：摇晃手势，将出现撤销与重做菜单，主要是针对用户文本输入的。

29.2.3 实战演练——触摸的方式移动视图

实例29-1	使用触摸的方式移动当前视图
源码路径	光盘:\daima\29\UITouch

（1）启动Xcode 7，然后单击Creat a new Xcode project新建一个iOS工程，在左侧选择iOS下的Application，在右侧选择Single View Application。本项目工程的最终目录结构如图29-1所示。

图29-1 本项目工程的最终目录结构

（2）视图控制器文件ViewController.m的功能是通过函数touchesMoved监听用户触摸屏幕的手势，根据触摸的位置移动当前视图到指定的位置。文件ViewController.m的具体实现代码如下所示。

```
#import "ViewController.h"
@interface ViewController ()
@end
@implementation ViewController
- (void)viewDidLoad {
    [super viewDidLoad];
}
- (void)didReceiveMemoryWarning {
[super didReceiveMemoryWarning];
}
- (void)touchesMoved:(NSSet *)touches withEvent:(UIEvent *)event{
    // 获取触摸的手指
    UITouch *touch = [touches anyObject]; // 获取集合中的对象
    // 获取开始时的触摸点
```

```
    CGPoint previousPoint = [touch previousLocationInView:self.view];
    // 获取当前的触摸点
    CGPoint latePoint = [touch locationInView:self.view];
    // 获取当前点的位移量
    CGFloat dx = latePoint.x - previousPoint.x;
    CGFloat dy = latePoint.y - previousPoint.y;
    // 获取当前视图的center
    CGPoint center = self.view.center;
    // 根据位移量修改center的值
    center.x += dx;
    center.y += dy;
    // 把新的center赋给当前视图
    self.view.center = center;
}
@end
```

执行后，能够通过触摸的方式移动当前的白色视图，如图29-2所示。

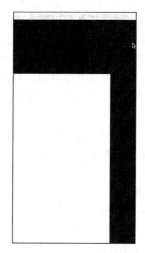

图29-2 实例29-1的执行效果

29.3 手势处理

知识点讲解：光盘:视频\知识点\第29章\手势处理.mp4

不管你是单击、双击、轻扫或者使用更复杂的操作，你都在操作触摸屏。iPad和iPhone屏幕还可以同时检测出多个触摸，并跟踪这些触摸。例如，通过两个手指的捏合控制图片的放大和缩小。所有这些功能都拉近了用户与界面的距离，这也使我们之前的习惯随之改变。

手势处理基础

手势是指从用一个或多个手指开始触摸屏幕，直到手指离开屏幕为止所发生的全部事件。无论触摸多长时间，只要仍在屏幕上，就仍然处于某个手势中。触摸（touch）是指手指放到屏幕上。手势中的触摸数量等于同时位于屏幕上的手指数量（一般情况下，2～3个手指就够用）。轻击是指用一个手指触摸屏幕，然后立即离开屏幕（不是来回移动）。系统跟踪轻击的数量，从而获得用户轻击的次数。在调整图片大小时，我们可以进行放大或缩小（将手指合拢或张开来进行放大和缩小）。

在Cocoa中，代表触摸对象的类是UITouch。当用户触摸屏幕，产生相应的事件。我们在处理触摸事件时，还需要关注触摸产生时所在的窗口和视图。UITouch类中包含有LocationInView、previousLocationInView等方法。

❑ LocationInView：返回一个CGPoint类型的值，表示触摸（手指）在视图上的位置。

- previousLocationInView：和上面方法一样，但除了当前坐标，还能记录前一个坐标值。
- CGRect：一个结构体，它包含了一个矩形的位置（CGPoint）和尺寸（CGSize）。
- CGPoint：一个结构体，它包含了一个点的二维坐标（CGFloatX，CGFloatY）。
- CGSize：包含长和宽（width、height）。
- CGFloat：所有浮点值的基本类型。

1. 手势识别器类

一个手势识别器是UIGestureRecognizer的子类。UIView的手势识别器有addGestureRecognizer与removeGestureRecognizer方法和一个gestureRecognizers属性。

UIGestureRecognizer不是一个响应器（UIResponder），因此它不参与响应链。当一个新触摸发送给一个视图时，它同样被发送到视图的手势识别器和超视图的手势识别器，直到视图层次结构中的根视图。UITouch的gestureRecognizers列出了当前负责处理该触摸的手势识别器。UIEvent的touchesForGestureRecognizer列出了当前被特定手势识别器处理的所有触摸。当触摸事件发生了，其中一个手势识别器确认了这是它自己的手势时，它发出一条（例如用户轻击视图）或多条消息（例如用户拖动视图），其中区别是离散手势的还是连续的手势。手势识别器发送什么消息，对什么对象发送，这是通过手势识别器上的"目标—操作"调度表来设置的。手势识别器在这一点上非常类似UIControl（不同的是控制可能报告几种不同的控制事件，然而每个手势识别器只报告一种手势类型，不同手势由不同的手势识别器报告）。

UIGestureRecognizer是一个抽象类，定义了所有手势的基本行为，它有如下6个子类处理具体的手势。

（1）UITapGestureRecognizer：任意手指任意次数的单击。
- numberOfTapsRequired：单击次数。
- numberOfTouchesRequired：手指个数。

（2）UIPinchGestureRecognizer：两个手指捏合动作。
- scale：手指捏合，大于1表示两个手指之间的距离变大，小于1表示两个手指之间的距离变小。
- velocity：手指捏合动作的速率（加速度）。

（3）UIPanGestureRecognizer：摇动或者拖曳。
- minimumNumberOfTouches：最少手指个数。
- maximumNumberOfTouches：最多手指个数。

（4）UISwipeGestureRecognizer：手指在屏幕上滑动操作手势。
- numberOfTouchesRequired：滑动手指的个数。
- direction：手指滑动的方向，取值有Up、Down、Left和Right。

（5）UIRotationGestureRecognizer：手指在屏幕上旋转操作。
- rotation：旋转方向，小于0为逆时针旋转，大于0为顺时针旋转。
- velocity：旋转速率。

（6）UILongPressGestureRecognizer：长按手势。
- numberOfTapsRequired：需要长按时的单击次数。
- numberOfTouchesRequired：需要长按的手指的个数。
- minimumPressDuration：需要长按的时间，最小为0.5s。
- allowableMovement：手指按住允许移动的距离。

2. 多手势识别器

当多手势识别器参与时，如果一个视图被触摸，那么不仅仅是它自身的手势识别器参与进来，同时，任何在视图层次结构中更高位置的视图的手势识别器也将参与进来。可以把一个视图想象成被一群手势识别器围绕（它自带的以及超视图的等）。在现实中，一个触摸的确有一群手势识别器。那就是为什么UITouch有一个gestureRecognizers属性，该属性名以复数形式表达。

一旦一个手势识别器成功识别它的手势，任何其他的关联该触摸的手势识别器被强制设置为Failed状态。识别这个手势的第一个手势识别器从那时起便拥有了手势和那些触摸，系统通过这个方式来消除冲突。如果还将UITapGestureRecognizer添加给一个双击手势，这将发生什么？双击不能阻止单击发生。所以对于双击来说，单击动作和双击动作都被调用，这不是我们所希望的，我们没必要使用前面所讲的延时操作。可以构建一个手势识别器与另一个手势识别器的依赖关系，告诉第一个手势识别器暂停判断，一直到第二个已经确定这是否是它的手势。这通过向第一个手势识别器发送requireGestureRecognizerToFail:消息来实现。该消息不是"强迫该识别器识别失败"；它表示"在第二个识别器失败之前你不能成功"。

3．给手势识别器添加子类

为了创建一个手势识别器的子类，需要做如下所示的两个工作。

（1）在实现文件的开始，导入UIKiU UIGestureRecognizerSubclass.h>。该文件包含一个UIGestureRecognizer的category，这样就能够设置手势识别器的状态了。这个文件还包含你可能需要重载的方法的声明。

（2）重载触摸方法（就好像手势识别器是一个UIResponder）。调用super来执行父类的方法，使得手势识别器设置它的状态。

例如，给UIPanGestureRecognizer创建一个子类，从而在水平或垂直方向上移动一个视图。我们创建两个UIPanGestureRecognizer的子类：一个只允许水平移动，并且另两个只允许垂直移动。它们是互斥的。下面我们只列出水平方向拖动的手势识别器的代码（垂直识别器的代码类似）。我们只维护一个实例变量，该实例变量用来记录用户的初始移动是否是水平的。我们可以重载touchesBegan:withEvent:来设置实例变量为第一个触摸的位置。然后重载touchesMoved:withEvent:方法。

4．手势识别器委托

一个手势识别器可以有一个委托，该委托可以执行如下两种任务。

（1）阻止一个手势识别器的操作。在手势识别器发出Possible状态之前，gestureRecognizerShouldBegin被发送给委托；返回NO来强制手势识别器转变为Failed状态。在一个触摸被发送给手势识别器的touchesBegan:...方法之前，gestureRecognizer:shouldReceiveTouch被发送给委托；返回NO来阻止该触摸被发送给手势识别器。

（2）调解同时手势识别。当一个手势识别器正要宣告它识别出了自己的手势时，如果该宣告将强制另一个手势识别器失败，那么，系统将gestureRecognizer:shouldRecognizeSimultaneouslyWithGestureRecognizer:发送给手势识别器的委托，并且也发送给被强制设为失败的手势识别器的委托。返回YES就可以阻止失败，从而允许两个手势识别器同时操作。例如，一个视图能够同时响应两手指的按压以及两手指拖动，一个是放大或者缩小，另一个是改变视图的中心（从而拖动视图）。

5．手势识别器和视图

当一个触摸首次出现并且被发送给手势识别器时，它同样被发送给它的命中测试视图，触摸方法同时被调用。如果一个视图的所有手势识别器不能识别出它们的手势，那么视图的触摸处理就继续。如果手势识别器识别出它的手势，视图就接到touchesCancelled:withEvent:消息，视图也不再接收后续的触摸。如果一个手势识别器不处理一个触摸（如使用ignoreTouch:forEvent:方法），那么当手势识别器识别出了它的手势后，touchesCancelled:withEvent:也不会发送给它的视图。

在默认情况下，手势识别器推迟发送一个触摸给视图。UIGestureRecognizer的delaysTouchesEnded属性的默认值为YES。这就意味着：当一个触摸到达UITouchPhaseEnded，并且该手势识别器的touchesEnded:withEvent:被调用时，如果触摸的状态还是Possible（即手势识别器允许触摸发送给视图），那么手势识别器不立即发送触摸给视图，而是等到它识别了手势之后。如果它识别了该手势，视图就接到touchesCancelled:withEvent:。如果它不能识别，则调用视图的touchesEnded:withEvent:方法。我们来看一个双击的例子。当第一个轻击结束后，手势识别器无法声明失败或成功，因此它必须推迟发送该触摸给视图(手势识别器获得更高优先权来处理触摸)。如果有第二个轻击,手势识别器应该成功识别双击手势并且发送touchesCancelled:withEvent:给视图(如果已经给视图发送touchesEnded:withEvent:消息,则系统就不能发送touchesCancelled:withEvent:给视图)。

当触摸延迟了一会然后被交付给视图,交付的是原始事件和初始时间戳。由于延时,这个时间戳也许和现在的时间不同了。苹果建议使用初始时间戳,而不是当前时钟的时间。

6. 识别

如果多个手势识别器来识别(Recognition)一个触摸,那么谁获得这个触摸呢?这里有一个挑选的算法:一个处在视图层次结构中偏底层的手势识别器(更靠近命中测试视图)比较高层的手势识别器先获得,并且一个新加到视图上的手势识别器比老的手势识别器更优先。

我们也可以修改上面的挑选算法。通过手势识别器的requireGestureRecognizerToFail:方法,我们指定:只有当其他手势识别器失败了,该手势识别器才被允许识别触摸。另外,可以让gestureRecognizerShouldBegin:委托方法返回NO,从而将成功识别变为失败识别。

还有一些其他途径。例如允许同时识别(一个手势识别器成功了,但有些手势识别器并没有被强制变为失败)。canPreventGestureRecognizer:或canBePreventedByGestureRecognizer:方法就可以实现类似功能。如果委托方法gestureRecognizer:shouldRecognizeSimultaneouslyWithGestureRecognizer:返回YES,那么允许手势识别器在不强迫其他识别器失败的情况下还能成功。

7. 添加手势识别器

要想在视图中添加手势识别器,可以采用如下两种方式之一。

❑ 使用代码。

❑ 使用IB编辑器以可视化方式添加。

虽然使用编辑器添加手势识别器更容易,但仍需了解幕后发生的情况。例如下面的代码实现了轻按手势识别器功能。

```
1:UITapGestureRecognizer *tapRecognizer;
2:tapRecognizer=[[UITapGestureRecognizer alloc]
3:initWithTarget:self
4:action:@selector(foundTap:)];
5:tapRecognizer.numberOfTapsRequired=1;
6:tapRecognizer.numberOfTouchesRequired=1;
7:[self.tapView addGestureRecognizer:tapRecognizer];
```

通过上述代码实现了一个轻按手势识别器,能够监控使用一个手指在视图tapView中轻按的操作,如果检查到这样的手势,则调用方法 foundTap。

第1行声明了一个 UITapGestureRecognizer对象——tapRecognizer。在第2行给tapRecognizer分配了内存,并使用initWithTarget:action进行了初始化处理。其中参数action用于指定轻按手势发生时将调用的方法。这里使用@selector(foundTap:)告诉识别器,我们要使用方法fountTap来处理轻按手势。指定的目标(self)是foundTap所属的对象,这里是实现上述代码的对象,它可能是视图控制器。

第5~6行设置了如下两个轻按手势识别器的两个属性。

❑ NumberOfTapsRequired:需要轻按对象多少次才能识别出轻按手势。

❑ NumberOfTouchesRequired:需要有多少个手指在屏幕上才能识别出轻按手势。

最后,第7行使用UIView的方法addGestureRecognizer将tapRecognizer加入到视图tapView中。执行上述代码后,该识别器就处于活动状态,便可以使用了。因此在视图控制器的方法viewDidLoad中实现该识别器是不错的选择。

响应轻按事件的方法很简单,只需实现方法foundTap即可。这个方法的存根类如下所示:

```
- (void)faundTap: (UITapGestureRecognizer *)recognizer{
}
```

我们可以设置在检测到手势后的具体动作,例如可以对手势做出简单的响应、使用提供给方法的参数获取有关手势发生位置的详细信息等。在大多数情况下,这些设置工作几乎都可以在IB中完成。

8. 使用复杂的触摸和手势UIXXGestureRecognizer

在Apple中有各种手势识别器的类,下面将使用几个手势识别器,实现轻按、轻扫、张合、旋转。每个手势都将有一个标签的反馈,包括3个UIView,分别响应轻按、轻扫、张合,一个UIImageView响应张合。下面是使用SingleView模板实现的ViewController.h的代码。

```
#import <UIKit/UIKit.h>
@interface ViewController : UIViewController{
    UIView *tap;
    UIView *swipe;
    UIView *pinch;
    UIView *rotateView;

    UILabel *outputLabel;
    UIImageView *imageView;
}
@property(strong,nonatomic) IBOutlet UIView *tap;            //单击视图
@property(strong,nonatomic) IBOutlet UIView *swipe;          //轻扫视图
@property(strong,nonatomic) IBOutlet UIView *pinch;          //张合视图
@property(strong,nonatomic) IBOutlet UIView *rotateView;     //旋转
@property(strong,nonatomic) IBOutlet UILabel *outputLabel;   //响应事件Label
@property(strong,nonatomic) IBOutlet UIImageView *imageView; //图片View
@end
```

从Xcode 4.2起,可以通过单击的方式来添加并配置手势识别器,图29-3中列出了和触摸有关的控件。

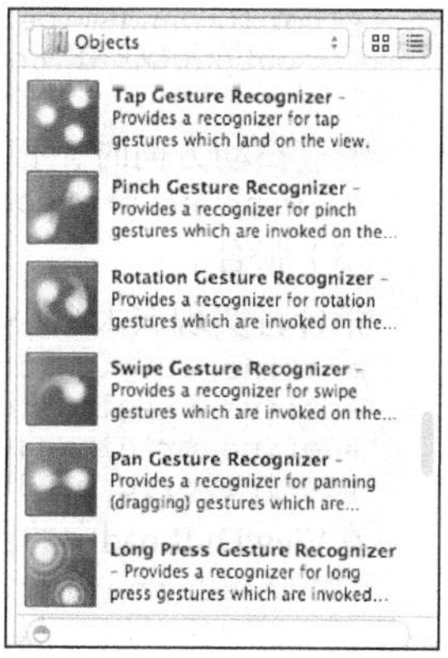

图29-3 可以使用Interface Builder添加手势识别器

必须要在页面拖入相应控件并连线,在此不赘述。虽然可以省略ViewController中包含对象的部分,但是还是建议写上。

(1)单击事件。

```
- (void)viewDidLoad
{
    [super viewDidLoad];

    UITapGestureRecognizer *tapRecognizer;   //创建一个轻按手势识别器
    tapRecognizer=[[UITapGestureRecognizer alloc]initWithTarget:self
action:@selector(foundTap:)];
                             //初始化识别器,并使用函数指针(方法指针)触发同时实现方法
    tapRecognizer.numberOfTapsRequired=1;     //轻按对象次数(1)触发此行为
    tapRecognizer.numberOfTouchesRequired=1;  //要求响应的手指数
    [tap addGestureRecognizer:tapRecognizer]; //相应的对象添加控制器
}
-(void)foundTap:(UITapGestureRecognizer *)recognizer{
    outputLabel.text=@"已轻按";
}
```

仔细观察实现的方法,均是按照以下步骤:新建一个控制器实例、实例初始化、将其添加到类对象、实现函数指针中的方法(@selector())。

如果想获得轻按或轻扫手势坐标,可以添加如下代码。

```
CGPoint location=[recognizer locationInView:<the view>
```

<the view>即为手势识别器的视图名;location有两个参数:x和y。

(2)轻扫。

接下来,按照上述步骤实现轻扫。

```
UISwipeGestureRecognizer *swipeRecognizer;     //创建一个轻扫识别器
swipeRecognizer=[[UISwipeGestureRecognizer alloc]initWithTarget:self
action:@selector(foundSwipe:)];
                        //对象初始化并有函数指针
    swipeRecognizer.direction=
UISwipeGestureRecognizerDirectionRight|UISwipeGestureRecognizerDirectionLeft;
                                       //手势相应向左或向右滑动
    swipeRecognizer.numberOfTouchesRequired=1;  //扫动对象次数
    [swipe addGestureRecognizer:swipeRecognizer]; //向对象添加控制器
```

下面是函数指针指向的方法。

```
-(void)foundSwipe:(UITapGestureRecognizer *)recognizer{
    outputLabel.text=@"已扫动";
}
```

响应扫动方向时，有4个方向可供选择。

```
UISwipeGestureRecognizerDirectionRight/Left/Up/Down;
```

（3）张合。

张合将实现放大缩小ImageView，首先在.h文件中#import的下方定义几个参数。

```
#define originWidth 330.0
#define originHeight 310.0
#define originX 40.0
#define originY 350.0
```

在ViewDidLoad中的代码如下所示。

```
UIPinchGestureRecognizer *pinchReconizer;        //新建一个张合识别器对象
pinchReconizer=[[UIPinchGestureRecognizer alloc]initWithTarget:self
action:@selector(foundPinch)];
                            //初始化对象
    [pinch addGestureRecognizer:pinchReconizer]; //添加控制器
```

下面是函数指针的方法。

```
-(void)foundPinch:(UIPinchGestureRecognizer *)recognizer{ //注意此处的类
    NSString *feedback;
    double scale;
    scale=recognizer.scale;                    //识别器的刻度尺
    imageView.transform=CGAffineTransformMakeRotation(0.0); //视图旋转角度：不旋转
    feedback=[[NSString alloc]initWithFormat:@"缩放:
Scale:%1.2f,Velocity:%1.2f",recognizer.scale,recognizer.velocity];
    outputLabel.text=feedback;
    imageView.frame=CGRectMake(originX, originY, originWidth*scale,
originHeight*scale);
                    //图片顶点不变，图片宽*尺度=放大后的宽度
}
```

（4）旋转。

首先Cocoa类使用弧度为单位，角度和弧度的转换关系是：角度=弧度*180/π，所以viewDidLoad的代码如下所示。

```
UIRotationGestureRecognizer *rotationRecognizer;//新建旋转手势控制器对象
rotationRecognizer=[[UIRotationGestureRecognizer alloc]initWithTarget:self
action:@selector(foundRotation:)];
                            //初始化对象
    [rotateView addGestureRecognizer:rotationRecognizer]; //添加控制器
```

下面是函数指针指向的方法。

```
-(void)foundRotation:(UIRotationGestureRecognizer *)recognizer{
    NSString *feedback;
    double rotation;
    rotation=recognizer.rotation;              //返回一个控制器角度
    feedback=[[NSString alloc] initWithFormat:@"旋转, Radians: %1.2f,Velocity:%1.2f",
        recognizer.rotation,recognizer.velocity];
    outputLabel.text=feedback;
    imageView.transform=CGAffineTransformMakeRotation(rotation);
            //视图旋转角度为rotation，即手势的旋转角度
}
```

29.4　Force Touch 技术

知识点讲解：光盘:视频\知识点\第29章\Force Touch技术.mp4

Force Touch是Apple用于Apple Watch、全新MacBook以及全新MacBook Pro的一项触摸传感技术。通过Force Touch，设备可以感知轻压以及重压的力度，并调出对应的不同功能。Apple公司声称，Force Touch 是研发Multi-Touch以来，最重要的全新感应功能。本节将详细讲解Force Touch技术的基本知识。

29.4.1　Force Touch 介绍

Force Touch技术的推出，让Apple Watch如此小的操作空间也能够实现更多的互动。例如，一个轻

触的作用可能和平时的简单点击一样，而当你在浏览Safari时，一个加重力度的点击可能会为你弹出一个显示Wikipedia（维基）入口的窗口。

MacBook和全新MacBook Pro通过全面改造触控板的工作方式得到了现在的Force Touch触控板，Apple抛弃了传统的"跳板（Diving Board）"结构设计，取而代之的则是拥有4个传感器的Force Sensors。这些Force Sensors让用户可以在Force Touch触控板的任意地方点击，且操作效果毫无差异。以往触控板的"跳板"设计，用户很难在触控板的顶部（即靠近键盘的地方）操作，只能转移到底部。而现在拥有全新设计的触控板，让触感更轻松便捷。

除了以上所说的Force Touch技术，还有一个亮点的就是Tapic Engine。Tapic Engine可以更精细地感知用户的触摸动作，并会根据触摸的力度给出相应的振动反馈，让用户知道自己的行为是成功的。正如TechCrunch的Matthew Panzarino所说的，这种感觉就好像Force Touch触控板自己在点击，其实它本身并没有移动。而Force Sensors和Tapic Engine的绑定也算是Apple Watch中的主要新功能。

Force Touch已经应用到了全新13英寸的MacBook上，著名的拆解网站iFixit已经对新MacBook Pro进行了拆解，你可以更加清晰地观察Force Touch触控板是如何运作的。

进一步挖掘触摸板后，iFixit发现金属支架中似乎安装了变形测量器，这个测量器让触控板可以感觉到施加在触控板表面的力的大小。

相比上一代，新的MacBook的内部基本没什么变化，只是对逻辑板组件进行了一些小的布局调整。当iFixit观察到Force Touch触控板为与之相关的硬件提供一个感知时，软件在整个用户体验中也扮演着重要角色。使用全新互动方式Force Click，在不同应用中，不同水平的点击可以执行不同的功能。

MacRumors论坛成员TylerWatt12指出，QuickTime用户通过逐步增加力度又获得了大概10个点击水平。其实这种操作还是有一点复杂的，用户很难习惯，可能需要花点时间去摸索Force Touch的敏感性，继而通过设置找到最适合自己的操作方式。从另一方面来看，这也是个喜闻乐见的新功能，由于Force Touch这种新输入功能，OS X会变得更智能。

29.4.2 Force Touch API 介绍

在全新的Force Touch中，提供了如下所示的API。
- Pressure sensitivity（压力感应）。例如，可以通过对压力的感应，在绘图过程中使线条变粗或改变画刷的风格。
- Accelerators（加速器）。通过感应对触控板的压力敏感性为用户更多的控制。例如，可以随着压力的增加来快进播放多媒体。
- Drag and drop（拖拽）：可以感应用户手势的拖拽过程，根据拖拽距离执行对应的操作。
- Force click（点击力度）：应用程序可以感应对按钮、控制区域或在屏幕上进行的点击操作，根据点击的压力力度分别提供对应的功能，这样能够提供极强的用户体验。

要了解更多Force Touch API的基本语法，读者可以参考苹果公司的开发中心https://developer.apple.com/osx/force-touch/，如图29-4所示。

图29-4　官方Force Touch开发中心

29.4.3 实战演练——使用 Force Touch

实例29-2	使用CoreMotion 和 Tap Gestures实现Force Touch
源码路径	光盘:\daima\29\HGForceTouchView

(1) 打开Xcode 7, 新建一个名为ForceTouch Demo的工程, 工程的最终目录结构如图29-5所示。

图29-5 工程的目录结构

(2) 视图接口文件ViewController.h的具体实现代码如下所示。

```
#import <UIKit/UIKit.h>
#import "HGForceTouchView.h"
@interface ViewController : UIViewController <HGForceTouchViewDelegate>
@property (nonatomic, retain) IBOutlet HGForceTouchView *forceTouchView;
@end
```

文件ViewController.m的功能是在屏幕中设置UILabel对象label, 通过label文本显示对Force Touch的使用。具体实现代码如下所示。

```
#import "ViewController.h"
@interface ViewController ()
@end
@implementation ViewController
- (void)viewDidLoad {
    [super viewDidLoad];
    [self.forceTouchView setForceTouchDelegate:self];
}
- (void)viewDidForceTouched:(HGForceTouchView*)forceTouchView {
for (UIView *views in self.forceTouchView.subviews) {
        [views removeFromSuperview];
    }
    UILabel *label = [[UILabel alloc] initWithFrame:CGRectMake(0, 0, self.view.frame.size.width, 44)];
    [label setText:@"FORCE TOUCHED!"];
    [label setTextAlignment:NSTextAlignmentCenter];
    [label setCenter:CGPointMake(self.view.frame.size.width/2, self.view.frame.size.height/2)];
    [self.forceTouchView addSubview:label];
    [self performSelector:@selector(removeFrom) withObject:nil afterDelay:1];
}
- (void)removeFrom {
for (UIView *views in self.forceTouchView.subviews) {
        [views removeFromSuperview];
    }
}
- (void)didReceiveMemoryWarning {
    [super didReceiveMemoryWarning];
}
@end
```

(3) ForceTouch接触面接口文件ForceTouchSurface.h的具体实现代码如下所示。

```objc
#import <UIKit/UIKit.h>
#import <CoreMotion/CoreMotion.h>
@class HCForccTouchView,
@protocol HGForceTouchViewDelegate <NSObject>
- (void)viewDidForceTouched:(HGForceTouchView*)forceTouchView;
@end
@interface HGForceTouchView : UIScrollView
{
    BOOL countPressing;
    NSTimer *mainTimer;
}
@property (strong, nonatomic) CMMotionManager *motionManager;
@property(nonatomic, assign) id<HGForceTouchViewDelegate> forceTouchDelegate;
@property UITouch *touchPosition;
@property CGFloat lastX, lastY, lastZ, timePressing;
@end
```

（4）文件ForceTouchSurface.m的功能是在函数start中通过motionManager监听对屏幕的触摸位置坐标，通过函数outputAccelertionData输出加速度的数据，通过函数touchesBegan实现触摸开始时的操作事件，通过函数touchesEnded实现触摸结束时的操作事件。具体实现代码如下所示。

```objc
#import "HGForceTouchView.h"
#import <AudioToolbox/AudioServices.h>
@implementation HGForceTouchView
#pragma mark - Initializer
- (instancetype)init {
return [self initWithFrame:CGRectZero];
}
- (instancetype)initWithFrame:(CGRect)frame {
self = [super initWithFrame:frame];

if (self == nil) {
self = [[HGForceTouchView alloc] initWithFrame:frame];
    }
    [self start];
return self;
}
- (void)awakeFromNib {
    [self start];
}
- (void)start {
    self.motionManager = [[CMMotionManager alloc] init];
    self.motionManager.accelerometerUpdateInterval = .1;
    self.lastX = 0;
    self.lastY = 0;
    self.lastZ = 0;
    self.timePressing = 0;
countPressing = FALSE;
    [self.motionManager startAccelerometerUpdatesToQueue:[NSOperationQueue currentQueue]
withHandler:^(CMAccelerometerData  *accelerometerData, NSError *error) {
                                   [self outputAccelertionData: accelerometerData.
acceleration];
if(error){

NSLog(@"%@", error);
                               }
                           }];
}

-(void)outputAccelertionData:(CMAcceleration)acceleration
{
if (self.lastX == 0.00 && self.lastY == 0.00 && self.lastZ == 0.00) {
        self.lastX = acceleration.x;
        self.lastY = acceleration.y;
        self.lastZ = acceleration.z;
    }

if (countPressing) {
countPressing = FALSE;
```

```
        if (((-self.lastZ) + acceleration.z) >= 0.05 || ((-self.lastZ) + acceleration.z) <= -0.05)
        {
        AudioServicesPlayAlertSound(kSystemSoundID_Vibrate);
                [self.forceTouchDelegate viewDidForceTouched:self];
            }
        }

        self.lastX = acceleration.x;
        self.lastY = acceleration.y;
        self.lastZ = acceleration.z;

}

#pragma mark - HGScrollViewSlide delegate callers
- (void)countTime {
countPressing = TRUE;
    self.timePressing += 0.01;
}

- (void)touchesBegan:(NSSet *)touches withEvent:(UIEvent *)event {
mainTimer = [NSTimer scheduledTimerWithTimeInterval:0.01 target:self selector:@selector
(countTime) userInfo:nil repeats:TRUE];
    [mainTimer fire];

}

- (void)touchesEnded:(NSSet *)touches withEvent:(UIEvent *)event {
    self.timePressing = 0.00f;
    [mainTimer invalidate];
countPressing = FALSE;
}

- (void)touchesCancelled:(NSSet *)touches withEvent:(UIEvent *)event {
    self.timePressing = 0.00f;
    [mainTimer invalidate];
countPressing = FALSE;
}
@end
```

本项目需要在真机中测试运行结果,在模拟器中的执行效果如图29-6所示。

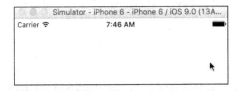

图29-6 在模拟器中的执行效果

第 30 章　Touch ID详解

苹果公司在iPhone 5S手机中推出了指纹识别功能,这一功能提高了手机设备的安全性,方便了用户对设备的管理操作,提高了对个人隐私的保护。iPhone 5S的指纹识别功能是通过Touch ID实现的,从iOS 8系统开始,苹果开发一些Touch ID的API,这样开发人员可以在自己的应用程序中调用指纹识别功能。本章将详细讲解在iOS系统中使用Touch ID技术的基本知识。

30.1　初步认识 Touch ID

知识点讲解: 光盘:视频\知识点\第30章\初步认识Touch ID.mp4

在iPhone 5S设备中有一项Touch ID功能,也就是指纹识别密码。要使用iPhone 5S的指纹识别功能,首先需要开启该功能,并且录入自己的指纹信息。Touch ID设置可以在iPhone 5S激活的时候设置,也可以在后期设置,具体设置流程如下所示。

(1)首先进入iPhone 5S手机的iOS设置,如图30-1所示。
(2)选择"通用"设置,如图30-2所示。
(3)此时可以看到"Touch ID和密码"设置选项,单击进入,如图30-3所示。

图30-1　进入"设置"　　　　图30-2　"通用"设置　　　　图30-3　"Touch ID和密码"设置

(4)进入Touch ID和密码设置后,首先需要输入一次密码,这个密码就是我们激活的时候,设置的一个4位数字密码(也就是解锁密码),如图30-4所示。
(5)密码输入正确后即可进入iOS指纹识别密码设置界面,之后再选择进入Touch ID设置,如图30-5所示。
(6)进入Touch ID设置之后再选择"添加指纹",如图30-6所示。
接下来只需按照提示添加指纹即可,如图30-7所示。
在此需要注意的的是,由于日常都是使用拇指放置在Home键上操作,所以通常会将拇指上的指纹扫描录入到iPhone 5S中,并且一般都首先用左手的拇指。接下来以录入左手拇指指纹为例进行介绍。

第 30 章 Touch ID 详解

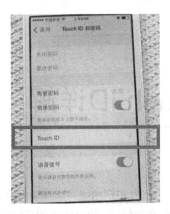
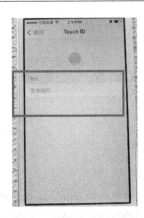

图30-4　输入密码　　　　图30-5　选择Touch ID设置　　　　图30-6　选择"添加指纹"

（7）进入指纹录入界面后，当屏幕上显示请放置手指的时候，就将拇指轻轻放置在Home键上即可，如图30-8所示。

（8）同样，当屏幕上显示请抬起手指的时候，就将拇指移开Home键即可，如图30-9所示。

图30-7　按照提示添加指纹　　　图30-8　将拇指放置在Home键　　　图30-9　将拇指移开Home键

（9）如此重复操作几次，就可以成功录入指纹信息，之后单击底部的继续即可，如图30-10所示。

到此为止，就完成了一个左手拇指的指纹录入了。以后我们解锁iPhone 5S时就无须输入解锁密码，直接将大拇指放置在Home键上就可以自动解锁了。如果想要多录入几个手指指纹，或者需要录入自己朋友或者亲人的指纹，单击下方的继续"添加指纹"即可，接下来的步骤，与上面一样，如图30-11所示。

图30-10　Touch ID指纹识别设置完成　　　　图30-11　添加指纹

30.2 开发 Touch ID 应用程序

> 知识点讲解：光盘:视频\知识点\第30章\开发Touch ID应用程序.mp4

令广大开发者兴奋的是，从iOS 8系统开始开放了Touch ID的验证接口功能，在应用程序中可以判断输入的Touch ID是否是设备持有者的Touch ID。虽然还是无法获取到关于Touch ID的任何信息，但是，毕竟可以在应用程序中调用Touch ID的验证功能了。本节将详细讲解开发Touch ID应用程序的基本知识。

30.2.1 Touch ID 的官方资料

通过iOS中本地验证框架的验证接口，可以调用并使用Touch ID的认证机制。例如，可以通过如下所示的代码调用并进行Touch ID验证。

```
LAContext *myContext = [[LAContextalloc] init];
NSError *authError = nil;
NSString *myLocalizedReasonString = <#String explaining why app needs authentication#>;
if ([myContext canEvaluatePolicy:LAPolicyDeviceOwnerAuthenticationWithBiometrics
error:&authError]) {
    [myContextevaluatePolicy:LAPolicyDeviceOwnerAuthenticationWithBiometrics
    localizedReason:myLocalizedReasonString
    reply:^(BOOL succes, NSError *error) {
    if (success) {
        // User authenticated successfully, take appropriate action
    } else {
        // User did not authenticate successfully, look at error and take appropriate action
    }
    }];
    } else {
    // Could not evaluate policy; look at authError and present an appropriate message to user
    }
```

在调用Touch ID功能之前，需要先在自己的应用程序中导入SDK库LocalAuthentication.framework，并引入关键模块LAContext。

由此可见，苹果并没有对Touch ID完全开放，只是开放了如下所示的两个接口。

（1）canEvaluatePolicy:error：判断是否能够认证Touch ID。

（2）evaluatePolicy:localizedReason:reply：认证Touch ID。

30.2.2 实战演练——Touch ID 认证综合应用

下面将通过一个具体实例详细讲解在iOS应用程序中调用Touch ID认证功能的过程。

实例	Touch ID认证综合应用
源码路径	光盘:\daima\34\KeychainTouchID

（1）打开Xcode 7，创建一个名为"TouchIDDemo"的工程，并导入LocalAuthentication.framework框架，工程的最终目录结构如图30-12所示。

（2）在Xcode 6的Main.storyboard面板中设计UI界面，在第一个界面列表显示系统的验证选项，在第二个界面中设置密钥，在第三个界面中设置指纹验证，如图30-13所示。

（3）系统的公用文件是AAPLTest.h和AAPLTest.m，其功能是定义变量，具体实现代码如下所示。

```
@interface AAPLTest :NSObject
- (instancetype)initWithName:(NSString *)name details:(NSString *)details
selector:(SEL)method;
@property (nonatomic) NSString *name;
@property (nonatomic) NSString *details;
@property (nonatomic) SEL method;

@end
```

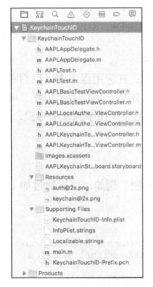

图30-12　工程的目录结构

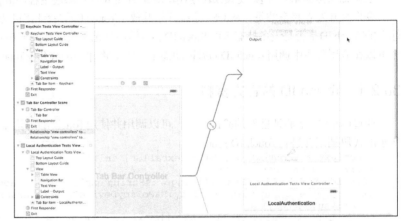

图30-13　Main.storyboard故事板

（4）文件AAPLBasicTestViewController.m的功能是通过UITableViewCell控件列表显示SELECT_TEST等和Touch ID操作相关的列表项。文件AAPLBasicTestViewController.m的具体实现代码如下所示。

```
#import "AAPLBasicTestViewController.h"
#import "AAPLTest.h"
@interface AAPLBasicTestViewController ()
@end
@implementation AAPLBasicTestViewController

- (instancetype)initWithNibName:(NSString *)nibNameOrNil bundle:(NSBundle *)nibBundleOrNil
{
self = [super initWithNibName:nibNameOrNilbundle:nibBundleOrNil];
return self;
}
- (void)viewDidLoad
{
    [superviewDidLoad];
}
#pragma mark - UITableViewDataSource

- (NSInteger)numberOfSectionsInTableView:(UITableView *)aTableView
{
return 1;
}
- (NSInteger)tableView:(UITableView
*)tableViewnumberOfRowsInSection:(NSInteger)section
{
return [self.tests count];
}
- (NSString *)tableView:(UITableView
*)aTableViewtitleForHeaderInSection:(NSInteger)section
{
returnNSLocalizedString(@"SELECT_TEST", nil);
}
- (AAPLTest*)testForIndexPath:(NSIndexPath *)indexPath
{
if (indexPath.section> 0 || indexPath.row>= self.tests.count) {
return nil;
    }

return [self.testsobjectAtIndex:indexPath.row];
```

```objc
}
- (void)tableView:(UITableView *)tableViewdidSelectRowAtIndexPath:(NSIndexPath *)indexPath
{
AAPLTest *test = [self testForIndexPath:indexPath];

    // invoke the selector with the selected test
    [selfperformSelector:test.methodwithObject:nil afterDelay:0.0f];
    [tableViewdeselectRowAtIndexPath:indexPathanimated:YES ];
}
- (UITableViewCell *)tableView:(UITableView
*)tableViewcellForRowAtIndexPath:(NSIndexPath *)indexPath
{
staticNSString *cellIdentifier = @"TestCell";

UITableViewCell *cell = [tableView
dequeueReusableCellWithIdentifier:cellIdentifier];
if (cell == nil) {
cell = [[UITableViewCellalloc] initWithStyle:UITableViewCellStyleSubtitle
reuseIdentifier:cellIdentifier];
    }

AAPLTest *test = [self testForIndexPath:indexPath];
cell.textLabel.text = test.name;
cell.detailTextLabel.text = test.details;

return cell;
}

- (void)printResult:(UITextView*)textView message:(NSString*)msg
{
dispatch_async(dispatch_get_main_queue(), ^{
        //update the result in the main queue because we may be calling from asynchronous block
textView.text = [textView.textstringByAppendingString:[NSString
stringWithFormat:@"%@\n",msg]];
        [textViewscrollRangeToVisible:NSMakeRange([textView.text length], 0)];
    });
}
@end
```

（5）文件AAPLKeychainTestsViewController.m的功能是实现密钥验证功能，分别提供了Touch ID功能的远程服务器的密钥验证功能、SEC密钥复制匹配状态、密钥更新、SEC密钥状态更新、删除密钥。文件AAPLKeychainTestsViewController.m的具体实现代码如下所示。

```objc
#import "AAPLKeychainTestsViewController.h"
@import Security;
@interface AAPLKeychainTestsViewController ()
@end
@implementation AAPLKeychainTestsViewController
- (void)viewDidLoad
{
    [superviewDidLoad];

    // prepare the actions whchca be tested in this class
self.tests = @[
            [[AAPLTestalloc] initWithName:NSLocalizedString(@"ADD_ITEM", nil)
details:@"Using SecItemAdd()" selector:@selector(addItemAsync)],
            [[AAPLTestalloc] initWithName:NSLocalizedString(@"QUERY_FOR_ITEM", nil)
details:@"Using SecItemCopyMatching()" selector:@selector(copyMatchingAsync)],
            [[AAPLTestalloc] initWithName:NSLocalizedString(@"UPDATE_ITEM", nil)
details:@"Using SecItemUpdate()" selector:@selector(updateItemAsync)],
            [[AAPLTestalloc] initWithName:NSLocalizedString(@"DELETE_ITEM", nil)
details:@"Using SecItemDelete()" selector:@selector(deleteItemAsync)]

              ];

}

- (void)viewWillAppear:(BOOL)animated
```

```objc
{
    [superviewWillAppear:animated];
    [self.textViewscrollRangeToVisible:NSMakeRange([_textView.text length], 0)];
}

-(void)viewDidLayoutSubviews
{
    // 只需要设置适当大小的基于内容的外观
    CGFloat height = MIN(self.view.bounds.size.height,
    self.tableView.contentSize.height);
    self.dynamicViewHeight.constant = height;
    [self.viewlayoutIfNeeded];
}


#pragma mark - Tests

- (void)copyMatchingAsync
{
NSDictionary *query = @{
                        (__bridge id)kSecClass: (__bridge id)kSecClassGenericPassword,
                        (__bridge id)kSecAttrService: @"SampleService",
                        (__bridge id)kSecReturnData: @YES,
                        (__bridge id)kSecUseOperationPrompt:
NSLocalizedString(@"AUTHENTICATE_TO_ACCESS_SERVICE_PASSWORD", nil)
                        };

dispatch_async(dispatch_get_global_queue( DISPATCH_QUEUE_PRIORITY_DEFAULT, 0), ^(void){
CFTypeRefdataTypeRef = NULL;

OSStatus status = SecItemCopyMatching((__bridge CFDictionaryRef)(query),
&dataTypeRef);
NSData *resultData = (__bridge NSData *)dataTypeRef;
NSString * result = [[NSStringalloc] initWithData:resultData
encoding:NSUTF8StringEncoding];

NSString *msg = [NSStringstringWithFormat:NSLocalizedString(@"SEC_ITEM_
    COPY_MATCHING_STATUS", nil), [self keychainErrorToString:status]];
if (resultData)
msg = [msgstringByAppendingString:[NSString
stringWithFormat:NSLocalizedString(@"RESULT", nil), result]];
    [selfprintResult:self.textViewmessage:msg];
    });
}
//更新SEC密钥
- (void)updateItemAsync
{
NSDictionary *query = @{
                        (__bridge id)kSecClass: (__bridge id)kSecClassGenericPassword,
                        (__bridge id)kSecAttrService: @"SampleService",
                        (__bridge id)kSecUseOperationPrompt: @"更新密码进行身份验证"
                        };

NSDictionary *changes = @{
                          (__bridge id)kSecValueData: [@"UPDATED_SECRET_PASSWORD_TEXT"
dataUsingEncoding:NSUTF8StringEncoding]
                          };

dispatch_async(dispatch_get_global_queue( DISPATCH_QUEUE_PRIORITY_DEFAULT, 0), ^(void){
OSStatus status = SecItemUpdate((__bridge CFDictionaryRef)query, (__bridge CFDictionaryRef)
changes);
NSString *msg = [NSStringstringWithFormat:NSLocalizedString(@"SEC_ITEM_UPDATE_STATUS",
nil), [self keychainErrorToString:status]];
    [superprintResult:self.textViewmessage:msg];
    });
}
//添加新的密钥
- (void)addItemAsync
```

```objc
{
CFErrorRef error = NULL;
SecAccessControlRef sacObject;

    // 如果不用kSecAttrAccessibleWhenUnlocked，则删除密钥无效
sacObject = SecAccessControlCreateWithFlags(kCFAllocatorDefault,
kSecAttrAccessibleWhenPasscodeSetThisDeviceOnly,
kSecAccessControlUserPresence, &error);
if(sacObject == NULL || error != NULL)
    {
NSLog(@"can't create sacObject: %@", error);
self.textView.text = [_textView.textstringByAppendingString:[NSString stringWithFormat:
NSLocalizedString(@"SEC_ITEM_ADD_CAN_CREATE_OBJECT", nil), error]];
return;
    }

    // 如果想要操作的密钥认证失败，则弹出kSecUseNoAuthenticationUI界面
NSDictionary *attributes = @{
                             (__bridge id)kSecClass: (__bridge id)kSecClassGenericPassword,
                             (__bridge id)kSecAttrService: @"SampleService",
                             (__bridge id)kSecValueData: [@"SECRET_PASSWORD_TEXT"
dataUsingEncoding:NSUTF8StringEncoding],
                             (__bridge id)kSecUseNoAuthenticationUI: @YES,
                             (__bridge id)kSecAttrAccessControl: (__bridge id)sacObject
                             };

dispatch_async(dispatch_get_global_queue( DISPATCH_QUEUE_PRIORITY_DEFAULT, 0), ^(void){
OSStatus status =  SecItemAdd((__bridge CFDictionaryRef)attributes, nil);

NSString *msg = [NSStringstringWithFormat:NSLocalizedString(@"SEC_ITEM_ADD_STATUS",
nil), [self keychainErrorToString:status]];
    [selfprintResult:self.textViewmessage:msg];
    });
}
//删除密钥
- (void)deleteItemAsync
{
NSDictionary *query = @{
                        (__bridge id)kSecClass: (__bridge id)kSecClassGenericPassword,
                        (__bridge id)kSecAttrService: @"SampleService"
                        };

    dispatch_async(dispatch_get_global_queue(DISPATCH_QUEUE_PRIORITY_DEFAULT, 0), ^(void){
OSStatus status = SecItemDelete((__bridge CFDictionaryRef)(query));

NSString *msg = [NSStringstringWithFormat:NSLocalizedString(@"SEC_ITEM_
    DELETE_STATUS", nil), [self keychainErrorToString:status]];
    [superprintResult:self.textViewmessage:msg];
    });
}


//下面是异常处理
#pragma mark - Tools

- (NSString *)keychainErrorToString: (NSInteger)error
{

NSString *msg = [NSStringstringWithFormat:@"%ld",(long)error];

switch (error) {
caseerrSecSuccess:
msg = NSLocalizedString(@"SUCCESS", nil);
break;
caseerrSecDuplicateItem:
msg = NSLocalizedString(@"ERROR_ITEM_ALREADY_EXISTS", nil);
break;
caseerrSecItemNotFound :
msg = NSLocalizedString(@"ERROR_ITEM_NOT_FOUND", nil);
```

```
        break;
        case -26276: // this error will be replaced by errSecAuthFailed
        msg = NSLocalizedString(@"ERROR_ITEM_AUTHENTICATION_FAILED", nil);

        default:
        break;
        }

    returnmsg;
    }
    @end
```

（6）文件AAPLLocalAuthenticationTestsViewController.m的功能是在项目中展示并调用Local Authentication指纹验证功能，显示authentication UI验证界面，获取指纹成功后，将实现指纹验证功能。文件AAPLLocalAuthenticationTestsViewController.m的具体实现代码如下所示。

```
#import "AAPLLocalAuthenticationTestsViewController.h"
@import LocalAuthentication;
@interface AAPLLocalAuthenticationTestsViewController ()

@end
@implementation AAPLLocalAuthenticationTestsViewController
- (void)viewDidLoad
{
    [superviewDidLoad];

    // prepare the actions whchca be tested in this class
    self.tests = @[
                    [[AAPLTestalloc] initWithName:NSLocalizedString(@"TOUCH_ID_ PREFLIGHT", nil)
    details:@"Using canEvaluatePolicy:" selector:@selector(canEvaluatePolicy)],
                    [[AAPLTestalloc] initWithName:NSLocalizedString(@"TOUCH_ID", nil)
    details:@"Using evaluatePolicy:" selector:@selector(evaluatePolicy)]
                ];
}

- (void)viewWillAppear:(BOOL)animated
{
    [superviewWillAppear:animated];
    [self.textViewscrollRangeToVisible:NSMakeRange([_textView.text length], 0)];
}

-(void)viewDidLayoutSubviews
{
    // 只需要设置适当大小的基于内容的表观
CGFloat height = MIN(self.view.bounds.size.height,
self.tableView.contentSize.height);
self.dynamicViewHeight.constant = height;
    [self.viewlayoutIfNeeded];
}

#pragma mark - Tests

- (void)canEvaluatePolicy
{
LAContext *context = [[LAContextalloc] init];
    __block NSString *msg;
NSError *error;
    BOOL success;

    // 演示如何使用可用和可注册的Touch ID
success = [context canEvaluatePolicy:
LAPolicyDeviceOwnerAuthenticationWithBiometrics error:&error];
if (success) {
msg =[NSStringstringWithFormat:NSLocalizedString(@"TOUCH_ID_IS_AVAILABLE", nil)];
    } else {
msg =[NSStringstringWithFormat:NSLocalizedString(@"TOUCH_ID_IS_NOT_AVAILABLE", nil)];
    }
    [superprintResult:self.textViewmessage:msg];
```

```
}
 (void)evaluatePolicy
{
LAContext *context = [[LAContextalloc] init];
    __block  NSString *msg;

    // 显示authentication UI验证界面
     [contextevaluatePolicy:LAPolicyDeviceOwnerAuthenticationWithBiometrics
localizedReason:NSLocalizedString(@"UNLOCK_ACCESS_TO_LOCKED_FATURE", nil) reply:
^(BOOL success, NSError *authenticationError) {
if (success) {
msg =[NSStringstringWithFormat:NSLocalizedString(@"EVALUATE_POLICY_SUCCESS", nil)];
     } else {
msg = [NSStringstringWithFormat:NSLocalizedString(@"EVALUATE_POLICY_WITH_ERROR", nil),
authenticationError. localizedDescription];
    }
    [selfprintResult:self.textViewmessage:msg];
  }];

}

@end
```

到此为止，整个实例介绍完毕，执行后的效果如图30-14所示。

图30-14　实例的执行效果

注意

要想验证调试本章中的实例代码，必须在iPhone 5S以上真机中进行测试。

第 31 章 游戏开发

根据专业统计机构的数据显示，在苹果商店提供的众多应用产品中，游戏数量排名第一。无论是iPhone还是iPad，iOS游戏为玩家提供了良好的用户体验。本章将详细讲解使用Sprite Kit框架开发一个游戏项目的方法。希望读者仔细品味每一段代码，为自己在以后的开发应用工作打好基础。

31.1 Sprite Kit框架基础

> 知识点讲解：光盘:视频\知识点\第31章\Sprite Kit框架基础.mp4

Sprite Kit是一个从iOS 7系统开始提供的一个2D游戏框架，在发布时被内置于iOS 7 SDK中。Sprite Kit中的对象被称为"材质精灵"（简称为Sprite），它支持很酷的特效（如视频、滤镜、遮罩等），并且内置了物理引擎库。本节将详细讲解Sprite Kit的基本知识。

31.1.1 Sprite Kit 的优点和缺点

在iOS平台中，通过Sprite Kit制作2D游戏的主要优点如下。

（1）内置于iOS，因此不需要再额外下载类库，也不会产生外部依赖。它是苹果官方编写的，所以可以确信它会被良好地支持和持续更新。

（2）为纹理贴图集和粒子提供了内置的工具。

（3）可以让你做一些用其他框架很难甚至不可能做到的事情，比如把视频当作Sprites来使用或者实现很炫的图片效果和遮罩。

在iOS平台中，通过Sprite Kit制作2D游戏的主要缺点如下。

（1）如果使用了Sprite Kit，那么游戏就会被限制在iOS系统上。这样可能永远也不会知道自己的游戏是否会在Android平台上变成热门。

（2）因为Sprite Kit刚起步，所以现阶段可能没有像其他框架那么多的实用特性，比如Cocos2D 的某些细节功能。

（3）不能直接编写OpenGL代码。

31.1.2 Sprite Kit、Cocos2D、Cocos2D-X 和 Unity 的选择

在iOS平台中，主流的二维游戏开发框架有Sprite Kit、Cocos2D、Cocos2D-X和Unity。读者在开发游戏项目时，可以根据如下原则来选择游戏框架。

（1）如果是一个新手或只专注于iOS平台，那么建议选择Sprite Kit。因为Sprite Kit是iOS内置框架，简单易学。

（2）如果需要编写自己的OpenGL代码，则建议使用Cocos2D或者尝试其他的引擎，因为Sprite Kit当前并不支持OpenGL。

（3）如果想要制作跨平台的游戏，请选择Cocos2D-X或者Unity。Cocos2D-X的好处是几乎面面俱到，为2D游戏而构建，几乎可以用它做任何你想做的事情。Unity的好处是可以带来更大的灵活性，例如，

可以为游戏添加一些3D元素，尽管你在用它制作2D游戏时不得不经历一些小麻烦。

31.2 实战演练——开发一个 Sprite Kit 游戏程序

知识点讲解：光盘:视频\知识点\第31章\开发一个Sprite Kit游戏程序.mp4

本节将通过一个具体实例的实现过程，详细讲解开发一个Sprite Kit游戏项目的过程。本实例用到了UIImageView控件、Label控件和Toolbar控件。

实例31-1	开发一个Sprite Kit游戏
源码路径	光盘:\daima\35\SpriteKitSimpleGame

（1）打开Xcode 7，单击Create a new Xcode Project创建一个工程文件，如图31-1所示。

（2）在弹出的界面中，在左侧栏目中选择iOS下的Application选项，在右侧选择Game，然后单击Next按钮，如图31-2所示。

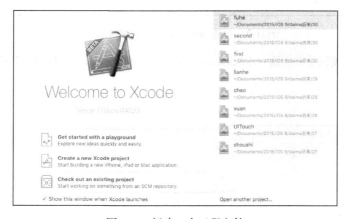

图31-1　新建一个工程文件

图31-2　创建一个Game工程

（3）在弹出的界面中设置各个选项值，在Language选项中设置编程语言为Objective-C，设置Game Technology选项为SpriteKit，然后单击Next按钮，如图31-3所示。

（4）在弹出的界面中设置当前工程的保存路径，如图31-4所示。

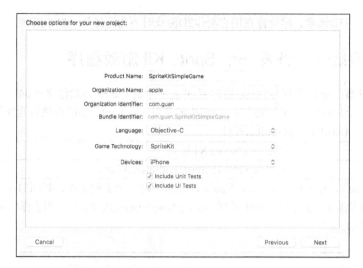

图31-3 设置编程语言为"Objective-C"

(5)单击Create按钮后将创建一个Sprite Kit工程,工程的最终目录结构如图31-5所示。

图31-4 设置保存路径　　　　　　　　　　图31-5 工程的目录结构

就像Cocos2D一样,Sprite Kit被组织在Scene(场景)之上。Scene是一种类似于"层级"或者"屏幕"的概念。举个例子,可以同时创建两个Scene,一个位于游戏的主显示区域,另一个可以用作游戏地图展示放在其他区域,两者是并列的关系。

在自动生成的工程目录中会发现,Sprite Kit的模板已经默认创建了一个Scene——MyScene。打开文件MyScene.m后会看到它包含了一些代码,这些代码实现了如下两个功能。

❑ 把一个Label放到屏幕上。
❑ 在屏幕上随意点按时添加旋转的飞船。

(6)在项目导航栏中单击SpriteKitSimpleGame项目,选中对应的target。然后在Deployment Info区域内取消Orientation中Portrait(竖屏)的勾选,这样就只有Landscape Left 和 Landscape Right 是被选中的,如图31-6所示。

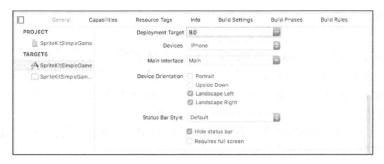

图31-6　切换成竖屏方向运行

（7）修改文件MyScene.m的内容，修改后的代码如下所示。
```
#import "MyScene.h"
// 1
@interface MyScene ()
@property (nonatomic) SKSpriteNode * player;
@end
@implementation MyScene
-(id)initWithSize:(CGSize)size {
    if (self = [super initWithSize:size]) {

        // 2
        NSLog(@"Size: %@", NSStringFromCGSize(size));

        // 3
        self.backgroundColor = [SKColor colorWithRed:1.0 green:1.0 blue:1.0 alpha:1.0];

        // 4
        self.player = [SKSpriteNode spriteNodeWithImageNamed:@"player"];
        self.player.position = CGPointMake(100, 100);
        [self addChild:self.player];

    }
    return self;
}
@end
```
对上述代码的具体说明如下所示。

- 创建一个当前类的private（私有访问权限）声明，为player声明一个私有的变量（即忍者），这就是即将要添加到Scene上的sprite对象。
- 在控制台输出当前Scene的大小，这样做的原因稍后会看到。
- 设置当前Scene的背景颜色，在Sprite Kit中只需要设置当前Scene的backgoundColor属性即可。这里设置成白色的。
- 添加一个Sprite到Scene上面也很简单，在此只需要调用方法spriteNodeWithImageNamed把对应图片素材的名字作为参数传入即可。然后设置这个Sprite的位置，调用方法addChild把它添加到当前Scene上。把Sprite的位置设置成(100,100)，这一位置在屏幕左下角的右上方一点。

（8）打开文件ViewController.m，原来viewDidLoad方法的代码如下所示：
```
- (void)viewDidLoad
{
    [super viewDidLoad];
    // Configure the view.
    SKView * skView = (SKView *)self.view;
    skView.showsFPS = YES;
    skView.showsNodeCount = YES;

    // Create and configure the scene.
    SKScene * scene = [MyScene sceneWithSize:skView.bounds.size];
    scene.scaleMode = SKSceneScaleModeAspectFill;
```

```
    // Present the scene.
    [skView presentScene:scene];
}
```

通过上述代码，从skView的bounds属性获取了Size，创建了相应大小的Scene。但是，当viewDidLoad方法被调用时，skView还没有被加到View的层级结构上，因而它不能响应方向以及布局的改变。所以，skView的bounds属性此时还不是它横屏后的正确值，而是默认竖屏所对应的值。由此可见，此时不是初始化Scene的好时机。

所以，需要后移上述初始化方法的运行时机，通过如下所示的方法来替换viewDidLoad。

```
- (void)viewWillLayoutSubviews
{
    [super viewWillLayoutSubviews];
    // Configure the view.
    SKView * skView = (SKView *)self.view;
    if (!skView.scene) {
        skView.showsFPS = YES;
        skView.showsNodeCount = YES;

        // Create and configure the scene.
        SKScene * scene = [MyScene sceneWithSize:skView.bounds.size];
        scene.scaleMode = SKSceneScaleModeAspectFill;

        // Present the scene.
        [skView presentScene:scene];
    }
}
```

此时运行后会在屏幕中显示一个忍者，如图31-7所示。

（9）接下来需要把一些怪物添加到Scene上，与现有的忍者形成战斗场景。为了使游戏更有意思，怪兽应该是移动的，否则游戏就毫无挑战性可言了！在屏幕的右侧一点创建怪兽，然后为它们设置Action使它们能够向左移动。首先在文件MyScene.m中添加如下所示的方法。

图31-7　显示一个忍者

```
- (void)addMonster {
    // 创建怪物Sprite
    SKSpriteNode * monster = [SKSpriteNode spriteNodeWithImageNamed:@"monster"];

    // 决定怪物在竖直方向上的出现位置
    int minY = monster.size.height / 2;
    int maxY = self.frame.size.height - monster.size.height / 2;
    int rangeY = maxY - minY;
    int actualY = (arc4random() % rangeY) + minY;

    // Create the monster slightly off-screen along the right edge,
    // and along a random position along the Y axis as calculated above
    monster.position = CGPointMake(self.frame.size.width + monster.size.width/2, actualY);
    [self addChild:monster];

    // 设置怪物的速度
    int minDuration = 2.0;
    int maxDuration = 4.0;
    int rangeDuration = maxDuration - minDuration;
    int actualDuration = (arc4random() % rangeDuration) + minDuration;

    // Create the actions
    SKAction * actionMove = [SKAction moveTo:CGPointMake(-monster.size.width/2, actualY) duration:actualDuration];
    SKAction * actionMoveDone = [SKAction removeFromParent];
    [monster runAction:[SKAction sequence:@[actionMove, actionMoveDone]]];
}
```

在上述代码中，首先做一些简单的计算来创建怪物对象，为它们设置合适的位置，并且用和忍者Sprite（player）一样的方式把它们添加到Scene上，并在相应的位置出现。接下来添加Action，Sprite Kit

提供了一些超级实用的内置Action，比如移动、旋转、淡出、动画等。这里要在怪物身上添加如下所示的3种Aciton。

- moveTo:duration：这个Action用来让怪物对象从屏幕左侧直接移动到右侧。值得注意的是，可以自己定义移动持续的时间。在这里怪物的移动速度会随机分布在2到4秒之间。
- removeFromParent：Sprite Kit有一个方便的Action能让一个节点从它的父母节点上移除。当怪物不再可见时，可以用这个Action来把它从Scene上移除。移除操作很重要，因为如果不这样做，就会面对无穷无尽的怪物而最终它们会耗尽iOS设备的所有资源。
- Sequence：Sequence（系列）Action允许把很多Action连到一起按顺序运行，同一时间仅会执行一个Action。用这种方法，可以先运行moveTo: 这个Action让怪物先移动，当移动结束时继续运行removeFromParent: 这个Action把怪物从Scene上移除。

然后调用addMonster方法来创建怪物，为了让游戏再有趣一点，设置让怪物们持续不断地涌现出来。Sprite Kit不能像Cocos2D一样设置一个每几秒运行一次的回调方法。它也不能传递一个增量时间参数给update方法。然而可以用一小段代码来模仿类似的定时刷新方法。首先把这些属性添加到MyScene.m的私有声明中。

```
@property (nonatomic) NSTimeInterval lastSpawnTimeInterval;
@property (nonatomic) NSTimeInterval lastUpdateTimeInterval;
```

使用属性lastSpawnTimeInterval来记录上一次生成怪物的时间，使用属性lastUpdateTimeInterval来记录上一次更新的时间。

（10）编写一个每帧都会调用的方法，这个方法的参数是上次更新后的时间增量。由于它不会被默认调用，所以，需要在下一步编写另一个方法来调用它。

```
- (void)updateWithTimeSinceLastUpdate:(CFTimeInterval)timeSinceLast {
    self.lastSpawnTimeInterval += timeSinceLast;
    if (self.lastSpawnTimeInterval &gt; 1) {
        self.lastSpawnTimeInterval = 0;
        [self addMonster];
    }
}
```

在这里只是简单地把上次更新后的时间增量加给lastSpawnTimeInterval，一旦它的值大于一秒，就要生成一个怪物然后重置时间。

（11）添加如下方法来调用上面的updateWithTimeSinceLastUpdate方法。

```
- (void)update:(NSTimeInterval)currentTime {
    // 获取时间增量
    // 如果我们运行的每秒帧数低于60，依然希望一切和每秒60帧移动的位移相同
    CFTimeInterval timeSinceLast = currentTime - self.lastUpdateTimeInterval;
    self.lastUpdateTimeInterval = currentTime;
    if (timeSinceLast &gt; 1) { // 如果上次更新后得时间增量大于1秒
        timeSinceLast = 1.0 / 60.0;
        self.lastUpdateTimeInterval = currentTime;
    }
    [self updateWithTimeSinceLastUpdate:timeSinceLast];
}
```

update: Sprite Kit会在每帧自动调用这个方法。

到此为止，所有的代码实际上源自苹果的Adventure范例。系统会传入当前的时间，我们可以据此来计算出上次更新后的时间增量。此处需要注意的是，这里做了一些必要的检查，如果出现意外致使更新的时间间隔变得超过1秒，这里会把间隔重置为1/60秒来避免发生奇怪的情况。

如果此时编译运行，会看到怪物们在屏幕上移动着，如图31-8所示。

（12）接下来开始为这些忍者精灵添加一些动作，例如

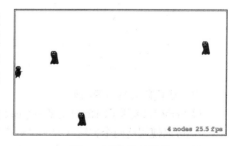

图31-8　移动的怪物

攻击动作。攻击的实现方式有很多种，但在这个游戏里攻击会在玩家单击屏幕时触发，忍者会朝着点按的方向发射一个子弹。本项目使用moveTo:action动作来实现子弹的前期运行动画，为了实现它需要一些数学运算。这是因为moveTo:需要传入子弹运行轨迹的终点，由于用户点按触发的位置仅代表了子弹射出的方向，显然不能直接将其当作运行终点。这样就算子弹超过了触摸点，也应该让子弹保持移动，直到子弹超出屏幕为止。

子弹向量运算方法的标准实现代码如下所示。

```
static inline CGPoint rwAdd(CGPoint a, CGPoint b) {
    return CGPointMake(a.x + b.x, a.y + b.y);
}
static inline CGPoint rwSub(CGPoint a, CGPoint b) {
    return CGPointMake(a.x - b.x, a.y - b.y);
}
static inline CGPoint rwMult(CGPoint a, float b) {
    return CGPointMake(a.x * b, a.y * b);
}
static inline float rwLength(CGPoint a) {
    return sqrtf(a.x * a.x + a.y * a.y);
}
// 让向量的长度（模）等于1
static inline CGPoint rwNormalize(CGPoint a) {
    float length = rwLength(a);
    return CGPointMake(a.x / length, a.y / length);
}
```

（13）添加一个如下所示的新方法。

```
-(void)touchesEnded:(NSSet *)touches withEvent:(UIEvent *)event {

    // 1 - 选择其中的一个touch对象
    UITouch * touch = [touches anyObject];
    CGPoint location = [touch locationInNode:self];

    // 2 - 初始化子弹的位置
    SKSpriteNode * projectile = [SKSpriteNode spriteNodeWithImageNamed:@"projectile"];
    projectile.position = self.player.position;

    // 3- 计算子弹移动的偏移量
    CGPoint offset = rwSub(location, projectile.position);

    // 4 - 如果子弹是向后射的,那就不做任何操作直接返回
    if (offset.x <= 0) return;

    // 5 - 好了,把子弹添加上,我们已经检查了两次位置了
    [self addChild:projectile];
    // 6 - 获取子弹射出的方向
    CGPoint direction = rwNormalize(offset);

    // 7 - 让子弹射得足够远来确保它到达屏幕边缘
    CGPoint shootAmount = rwMult(direction, 1000);

    // 8 - 把子弹的位移加到它现在的位置上
    CGPoint realDest = rwAdd(shootAmount, projectile.position);

    // 9 - 创建子弹发射的动作
    float velocity = 480.0/1.0;
    float realMoveDuration = self.size.width / velocity;
    SKAction * actionMove = [SKAction moveTo:realDest duration:realMoveDuration];
    SKAction * actionMoveDone = [SKAction removeFromParent];
    [projectile runAction:[SKAction sequence:@[actionMove, actionMoveDone]]];
}
```

对上述代码的具体说明如下。

- ❏ Sprite Kit包括了UITouch类的一个category扩展，它有两个方法locationInNode和previousLocationInNode。可以使用这两个方法获取一次触摸操作相对于某个SKNode对象的坐标体系的坐标。
- ❏ 然后创建一个子弹，并且把它放在忍者发射它的地方。此时还没有把它添加到Scene上，原因是

31.2 实战演练——开发一个 Sprite Kit 游戏程序

还需要做一些合理性检查工作，本游戏项目不允许玩家向后发射子弹。
- 把触摸的坐标和子弹当前的位置相减来获得相应的向量。
- 如果在x轴的偏移量小于零，则表示玩家在尝试向后发射子弹。这是游戏里不允许的，不做任何操作直接返回。
- 如果没有向后发射，那么就把子弹添加到Scene上。
- 调用rwNormalize方法把偏移量转换成单位向量（即长度为1），这会使得在同一个方向上生成一个固定长度的向量更容易，因为1乘以它本身的长度还是等于它本身的长度。
- 把想要发射的方向上的单位向量乘以1000，然后赋值给shootAmount。
- 为了知道子弹从哪里飞出屏幕，需要把上一步计算好的shootAmount与当前的子弹位置相加。
- 最后创建moveTo和removeFromParent这两个Action。

（14）接下来把Sprite Kit的物理引擎引入到游戏中，目的是监测怪物和子弹的碰撞。在之前需要做如下所示的准备工作。
- 创建物理体系（Physics World）：一个物理体系是用来进行物理计算的模拟空间，它是被默认创建在Scene上的，可以配置一些它的属性，比如重力。
- 为每个Sprite创建物理上的外形：在Sprite Kit中，可以为每个Sprite关联一个物理形状来实现碰撞监测功能，并且可以直接设置相关的属性值。这个"形状"就叫做"物理外形"（Physics Body）。注意物理外形可以不必与Sprite自身的形状（即显示图像）一致。相对于Sprite自身形状来说，通常物理外形更简单，只需要差不多就可以，并不要精确到每个像素点，而这已经足够适用大多数游戏了。
- 为碰撞的两种sprite（即子弹和怪物）分别设置对应的种类（category）。这个种类是你需要设置的物理外形的一个属性，它是一个"位掩码"（bitmask），用来区分不同的物理对象组。在这个游戏中，将会有两个种类：一个是子弹的，另一个是怪物的。当这两种Sprite的物理外形发生碰撞时，可以根据category很简单地区分出它们是子弹还是怪物，然后针对不同的Sprite来做不同的处理。
- 设置一个关联的代理：可以为物理体系设置一个与之相关联的代理，当两个物体发生碰撞时来接收通知。这里将要添加一些有关于对象种类判断的代码，用来判断到底是子弹还是怪物，然后会为它们增加碰撞的声音等效果。

开始实现碰撞监测和物理特性，首先添加两个常量，将它们添加到文件MyScene.m中。
```
static const uint32_t projectileCategory = 0x1 << 0;
static const uint32_t monsterCategory = 0x1 << 1;
```
此处设置了两个种类，一个是子弹的，一个是怪物的。

然后在initWithSize方法中把忍者加到Scene的代码后面，再加入如下所示的两行代码。
```
self.physicsWorld.gravity = CGVectorMake(0,0);
self.physicsWorld.contactDelegate = self;
```
这样设置了一个没有重力的物理体系，为了收到两个物体碰撞的消息需要把当前的Scene设为它的代理。

在方法addMonster中创建完怪物后，添加如下所示的代码。
```
monster.physicsBody = [SKPhysicsBody bodyWithRectangleOfSize:monster.size]; // 1
monster.physicsBody.dynamic = YES; // 2
monster.physicsBody.categoryBitMask = monsterCategory; // 3
monster.physicsBody.contactTestBitMask = projectileCategory; // 4
monster.physicsBody.collisionBitMask = 0; // 5
```
对上述代码的具体说明如下。
- 为怪物Sprite创建物理外形。此处这个外形被定义成和怪物Sprite大小一致的矩形，与怪物自身大致相匹配。
- 将怪物物理外形的dynamic（动态）属性置为YES。这表示怪物的移动不会被物理引擎所控制。可以在这里不受影响而继续使用之前的代码（指之前怪物的移动Action）。

- 把怪物物理外形的种类掩码设为刚定义的 monsterCategory。
- 当发生碰撞时,当前怪物对象会通知它contactTestBitMask属性所代表的category。这里应该把子弹的种类掩码projectileCategory赋给它。
- 属性collisionBitMask 表示哪些种类的对象与当前怪物对象相碰撞时,物理引擎要让其有所反应(比如回弹效果)。

(15)添加如下所示的代码到touchesEnded:withEvent方法里,在设置子弹位置的代码之后添加。

```
projectile.physicsBody=[SKPhysicsBody bodyWithCircleOfRadius:projectile.size.width/2];
projectile.physicsBody.dynamic = YES;
projectile.physicsBody.categoryBitMask = projectileCategory;
projectile.physicsBody.contactTestBitMask = monsterCategory;
projectile.physicsBody.collisionBitMask = 0;
projectile.physicsBody.usesPreciseCollisionDetection = YES;
```

(16)添加一个在子弹和怪物发生碰撞后会被调用的方法。这个方法不会被自动调用,将要在后面的步骤中调用它。

```
- (void)projectile:(SKSpriteNode *)projectile didCollideWithMonster:(SKSpriteNode *)monster {
    NSLog(@"Hit");
    [projectile removeFromParent];
    [monster removeFromParent];
}
```

上述代码是为了在子弹和怪物发生碰撞时把它们从当前的Scene上移除。

(17)开始实现接触后代理方法,将下面的代码添加到文件中。

```
- (void)didBeginContact:(SKPhysicsContact *)contact
{
    // 1
    SKPhysicsBody *firstBody, *secondBody;

    if (contact.bodyA.categoryBitMask < contact.bodyB.categoryBitMask)
    {
        firstBody = contact.bodyA;
        secondBody = contact.bodyB;
    }
    else
    {
        firstBody = contact.bodyB;
        secondBody = contact.bodyA;
    }

    // 2
    if ((firstBody.categoryBitMask & projectileCategory) != 0 &&
        (secondBody.categoryBitMask & monsterCategory) != 0)
    {
        [self projectile:(SKSpriteNode *) firstBody.node didCollideWithMonster:
            (SKSpriteNode *) secondBody.node];
    }
}
```

因为将当前的Scene设为了物理体系发生碰撞后的代理(contactDelegate),所以以上述方法会在两个物理外形发生碰撞时被调用(调用的条件还有要正确地设置它们的contactTestBitMasks属性)。上述方法分成如下所示的两个部分。

- 方法的前一部分传给发生碰撞的两个物理外形(子弹和怪物),但是不能保证它们会按特定的顺序传给你。所以有一部分代码是用来把它们按各自的种类掩码进行排序的。这样稍后才能针对对象种类做操作。这部分的代码来源于苹果官方Adventure例子。
- 方法的后一部分是用来检查这两个外形是否一个是子弹,另一个是怪物,如果是就调用刚刚写的方法(只把它们从Scene上移除的方法)。

(18)使用如下代码替换文件GameOverLayer.m中的原有代码。

```
#import "GameOverScene.h"
#import "MyScene.h"
@implementation GameOverScene
```

```
-(id)initWithSize:(CGSize)size won:(BOOL)won {
    if (self = [super initWithSize:size]) {

        // 1
        self.backgroundColor = [SKColor colorWithRed:1.0 green:1.0 blue:1.0 alpha:1.0];

        // 2
        NSString * message;
        if (won) {
            message = @"You Won!";
        } else {
            message = @"You Lose :[";
        }

        // 3
        SKLabelNode *label = [SKLabelNode labelNodeWithFontNamed:@"Chalkduster"];
        label.text = message;
        label.fontSize = 40;
        label.fontColor = [SKColor blackColor];
        label.position = CGPointMake(self.size.width/2, self.size.height/2);
        [self addChild:label];

        // 4
        [self runAction:
            [SKAction sequence:@[
                [SKAction waitForDuration:3.0],
                [SKAction runBlock:^{
                    // 5
                    SKTransition*reveal=[SKTransition flipHorizontalWithDuration:0.5];
                    SKScene * myScene = [[MyScene alloc] initWithSize:self.size];
                    [self.view presentScene:myScene transition: reveal];
                }]
            ]]
        ];

    }
    return self;
}
@end
```

对上述代码的具体说明如下。

- 将背景颜色设置为白色，与主要的Scene（MyScene）相同。
- 根据传入的输赢参数，设置弹出的消息字符串"You Won"或者"You Lose"。
- 在Sprite Kit中如何把文本标签显示到屏幕上时，只需要选择字体然后设置一些参数即可。
- 创建并且运行一个系列类型动作，它包含两个子动作。第一个Action仅仅是等待3秒钟，然后会执行runBlock中的第二个Action来做一些马上会执行的操作。

上述代码实现了在Sprite Kit下实现转场（从现有场景转到新的场景）的方法。首先可以从多种转场特效动画中挑选一个自己喜欢的用来展示，这里选了一个0.5秒的翻转特效。然后创建即将要被显示的Scene，使用self.view的presentScene:transition: 方法进行转场即可。

（19）把新的Scene引入到MyScene.m文件中，具体代码如下所示。
```
#import "GameOverScene.h"
```
然后在addMonster方法中用下面的Action替换最后一行的Action。
```
SKAction * loseAction = [SKAction runBlock:^{
    SKTransition *reveal = [SKTransition flipHorizontalWithDuration:0.5];
    SKScene * gameOverScene = [[GameOverScene alloc] initWithSize:self.size won:NO];
    [self.view presentScene:gameOverScene transition: reveal];
}];
[monster runAction:[SKAction sequence:@[actionMove, loseAction, actionMoveDone]]];
```
通过上述代码创建了一个新的"失败Action"，用来展示游戏结束的场景，当怪物移动到屏幕边缘时游戏就结束运行。

到此为止，整个实例介绍完毕，执行后的效果如图31-9所示。

图31-9　实例的执行效果

Part 7 第七篇

综合实战

本篇内容

- 第 32 章 房屋出租管理系统的开发

第 32 章 房屋出租管理系统的开发

现代物业管理是一门包含管理科学与多元化专业服务的艺术，它竭力向物业的使用者和持有者提供有效的服务，并维持安全、舒适、便捷的环境，提高物业资产的使用价值与投资价值。物业管理贯穿物业资源、客户资源、财务收费、设备设施、环境秩序、综合服务等重大环节，合理流畅的业务流程和海量的业务数据构成有机整体，保持并提升这一状态即成为物业管理者的核心竞争力，先进的物业管理信息化工具是实现这一目标的有力武器。本章将详细讲解开发一个iOS版物业管理系统的具体流程。

32.1 系统功能介绍

本系统是为市面中主流中介连锁机构而打造的，集房屋不动产买卖管理功能于一身。本系统具有如下所示的功能。

（1）会员注册。为了保证系统能够为使用者提供更好的服务，需要确保只有系统会员才能够使用本系统，新用户可以通过注册模块成为系统合法用户。

（2）用户登录。使用者注册成为合法会员后，可以通过登录表单登录系统，系统会验证登录数据的合法性。

（3）系统主界面。用户成功登录系统后，会首先进入系统主界面，在主界面中可以显示当前用户的租房信息和房源信息。

（4）添加租客信息。向系统中添加新的房客信息，包括求租信息和购买信息，也需要添加联系人的姓名和电话等资料。

（5）添加房源信息。向系统中添加新的房源信息，包括加联系人的姓名和电话等资料。

（6）房源信息界面。在屏幕中列表显示系统中存储的房源信息。

（7）房客信息界面。在屏幕中列表显示系统中存储的房客信息。

32.2 具体实现

本系统工程的最终目录结构如图32-1所示。

接下来将简要介绍目录结构中主要文件的具体实现过程。

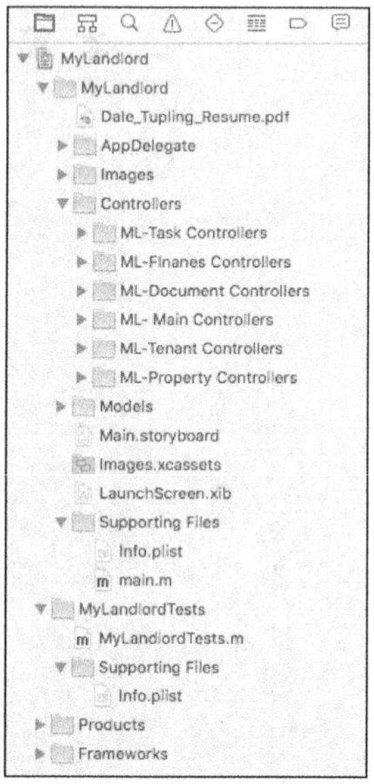

图32-1 本系统工程的最终目录结构

32.2.1 实现接口文件

系统接口声明在AppDelegate目录，文件AppDelegate.h的具体实现代码如下所示。

```
#define ApplicationDelegate ((AppDelegate *)[UIApplication sharedApplication].delegate)
@interface AppDelegate : UIResponder <UIApplicationDelegate>
@property (strong, nonatomic) UIWindow *window;
@property(nonatomic)NSUInteger totalProperties;
@property(nonatomic)BOOL dataNeedsUpdated;
@property (readonly, strong, nonatomic) NSManagedObjectContext *managedObjectContext;
@property (readonly, strong, nonatomic) NSManagedObjectModel *managedObjectModel;
```

```
@property (readonly, strong, nonatomic) NSPersistentStoreCoordinator
*persistentStoreCoordinator;
@property (strong, nonatomic) NSManagedObjectContext *backgroundManagedObjectContext;
//数据库 Item 数组
@property (nonatomic, retain) NSArray *propertyDataArray;
@property (nonatomic, retain) NSMutableArray *propertyArray;
@property (nonatomic, retain) NSArray *tenantDataArray;
@property (nonatomic, retain) NSMutableArray *tenantsArray;
@property (nonatomic, retain) NSMutableArray *financesArray;
@property(strong, nonatomic) NSUserDefaults *storedData;
@property(strong, nonatomic) Reachability *networkStatus;
- (void)saveContext;
//载入数据方法
- (void)loadProperties;
- (void)loadTenants;
- (void)loadFinances;
@end
```

文件AppDelegate.m的具体实现代码如下所示。

```
@implementation AppDelegate
@synthesize managedObjectContext = _managedObjectContext;
@synthesize managedObjectModel = _managedObjectModel;
@synthesize persistentStoreCoordinator = _persistentStoreCoordinator;
- (BOOL)application:(UIApplication *)application didFinishLaunchingWithOptions:
(NSDictionary *)launchOptions {
    [Parse setApplicationId:@"JaDJYpRJTZR9QV7OooDivH9uSR1TNYL8mH7AcUbe" clientKey:
@"MyEtePxKqaKi2mXL9SALjECDTVL9WN3uqbQ4OWKd"];
    [PFAnalytics trackAppOpenedWithLaunchOptions:launchOptions];
    [[UITabBar appearance] setTintColor:[UIColor colorWithRed:0.098 green:0.204 blue:
0.255 alpha:1]
    [[UINavigationBar appearance] setTintColor:[UIColor colorWithRed:0.09 green:0.18
blue:0.2 alpha:1]];
    [[UINavigationBar appearance] setBarTintColor:[UIColor colorWithRed:0.96 green:0.98
blue:0.99 alpha:1]];
    self.networkStatus = [Reachability reachabilityForInternetConnection];
    [self loadProperties];
    [self loadTenants];
    return YES;
}
-(BOOL)isConnected
{
    Reachability *connected = [Reachability reachabilityWithHostName:@"www.parse.com"];
    NetworkStatus status = [connected currentReachabilityStatus];
    return status;
}
-(void)loadProperties
{
    NSLog(@"Attempting to Load Data from DB");
    [self deletedAllObjects:@"Properties"];
    PFQuery *results = [PFQuery queryWithClassName:@"Properties"];
    [results orderByAscending:@"propName"];
    [results findObjectsInBackgroundWithBlock:^(NSArray *objects, NSError *error) {
        if(!error)
        {
            for(int i = 0; i <objects.count; i++){
                NSManagedObjectContext *context = [self managedObjectContext];
                Properties *propInfo = [NSEntityDescription insertNewObjectForEntityForName:
@"Properties" inManagedObjectContext:context];
                propInfo.propertyId = [objects[i] valueForKey:@"objectId"];
                propInfo.propName = [objects[i] valueForKey:@"propName"];
                propInfo.propAddress = [objects[i] valueForKey:@"propAddress"];
                propInfo.propCity = [objects[i] valueForKey:@"propCity"];
                propInfo.propState = [objects[i] valueForKey:@"propState"];
                propInfo.propZip = [objects[i] valueForKey:@"propZip"];
                propInfo.unitCount = [objects[i] valueForKey:@"unitCount"];
                NSError * error;
                if(![context save:&error])
                {
                    NSLog(@"Failed to save: %@", [error localizedDescription]);
```

```objc
            }
            NSFetchRequest *fetchRequest = [[NSFetchRequest alloc] init];
            NSEntityDescription *entity = [NSEntityDescription entityForName:
            @"Properties" inManagedObjectContext:context];
            [fetchRequest setEntity:entity];
            self.propertyDataArray = [context executeFetchRequest:fetchRequest
            error:&error];
            self.propertyArray = [[NSMutableArray alloc] initWithArray:self.Property
            DataArray];
        }
        NSLog(@"PROPERTY ARRAY COUNT %lu:", (unsigned long)self.propertyArray.count);
    }else{
        
        NSLog(@"Error: %@ %@", error, [error userInfo]);
    }
}];
}

-(void)loadTenants
{
    NSLog(@"Attempting to Load Data from DB");
    [self deletedAllObjects:@"Tenants"];
    PFQuery *results = [PFQuery queryWithClassName:@"Tenants"];
    //[tenants whereKey:@"createdBy" equalTo:[PFUser currentUser]];
    [results orderByAscending:@"pFirstName"];
    
    [results findObjectsInBackgroundWithBlock:^(NSArray *objects, NSError *error) {
        if(!error)
        {
            for(int i = 0; i <objects.count; i++){
                NSManagedObjectContext *context = [ApplicationDelegate managedObjectContext];
                
                Tenants *tenantInfo = [NSEntityDescription insertNewObjectForEntityForName:
                @"Tenants" inManagedObjectContext:context];
                
                tenantInfo.tenantId = [objects[i] valueForKey:@"objectId"];
                
                tenantInfo.pFirstName = [objects[i] valueForKey:@"pFirstName"];
                tenantInfo.pLastName = [objects[i] valueForKey:@"pLastName"];
                tenantInfo.pEmail = [objects[i] valueForKey:@"pEmail"];
                tenantInfo.pPhoneNumber = [objects[i] valueForKey:@"pPhoneNumber"];
                
                tenantInfo.leaseEnd = [objects[i] valueForKey:@"leaseEnd"];
                tenantInfo.leaseStart = [objects[i] valueForKey:@"leaseStart"];
                tenantInfo.rentAmount = [objects[i] valueForKey:@"rentTotal"];
                tenantInfo.secondTenant = [objects[i] valueForKey:@"secondTenant"];
                tenantInfo.dueDay = [objects[i] valueForKey:@"dueDay"];
                tenantInfo.propertyId = [objects[i] valueForKey:@"assignedPropId"];
                
                if ([objects[i] valueForKey:@"sFirstName"] != nil) {
                    
                    tenantInfo.sFirstName = [objects[i] valueForKey:@"sFirstName"];
                    tenantInfo.sLastName = [objects[i] valueForKey:@"sLastName"];
                    tenantInfo.sEmail = [objects[i] valueForKey:@"sEmail"];
                    tenantInfo.sPhoneNumber = [objects[i] valueForKey:@"sPhoneNumber"];
                    
                }
                
                NSError * error;
                if(![context save:&error])
                {
                    NSLog(@"Failed to save: %@", [error localizedDescription]);
                }
                
                //Create new Fetch Request
                NSFetchRequest *fetchRequest = [[NSFetchRequest alloc] init];
                
                //Request Entity EventInfo
                NSEntityDescription *entity = [NSEntityDescription entityForName:@"Tenants"
```

```
                    inManagedObjectContext:context];
            
            //Set fetchRequest entity to EventInfo Description
            [fetchRequest setEntity:entity];
            
            //Set events array to data in core data
            self.tenantDataArray = [context executeFetchRequest:fetchRequest error:
            &error];
            
            self.tenantsArray = [[NSMutableArray alloc] initWithArray:self.tenantDataArray];
            
        }
        
        NSLog(@"Tenant Array Count: %lu", (unsigned long)[self.tenantsArray count]);
        
    }else{
        
        NSLog(@"Error: %@ %@", error, [error userInfo]);
    }
    
}];
}
```

32.2.2 实现系统主界面

本系统主界面的执行效果如图32-2所示，在故事板中对应的设计界面如图32-3所示。

图32-2　系统主界面　　　　　　图32-3　故事板设计界面

本系统主界面的实现代码在ML-Main Controllers目录中，主界面接口文件MLHomeViewController.h 的具体实现代码如下所示。

```
#import <UIKit/UIKit.h>
#import <Parse/Parse.h>
#import <ParseUI/ParseUI.h>
@interface MLHomeViewController : UIViewController <PFLogInViewControllerDelegate,
PFSignUpViewControllerDelegate>
{
    IBOutlet UIImageView *profileImg;
}
@property(nonatomic, strong) NSManagedObjectContext *managedObjectContext;
```

```objc
@property(nonatomic, strong) IBOutlet UIImageView *profileImg;
@property(nonatomic, strong) IBOutlet UIButton *addProp;
@property(nonatomic, strong) IBOutlet UIButton *addTenant;
@property(nonatomic, retain) IBOutlet UILabel *propCount;
@property(nonatomic, retain) IBOutlet UILabel *toDoCount;
-(IBAction)logOut:(id)sender;
@end
```

文件MLHomeViewController.m的具体实现代码如下所示。

```objc
@implementation MLHomeViewController

- (void)viewDidAppear:(BOOL)animated {
    
    [super viewDidAppear:YES];
    
    [self.view setNeedsDisplay];
    UIImageView *image=[[UIImageView alloc]initWithFrame:CGRectMake(0,0,70,45)] ;
    [image setImage:[UIImage imageNamed:@"MyLandlord.png"]];
    image.contentMode = UIViewContentModeScaleAspectFit;
    self.navigationItem.titleView = image;
    
    
    self.propCount.text = [NSString stringWithFormat:@"%lu",(unsigned long) [Application
Delegate.propertyArray count]];
    
    if ([PFUser currentUser]) {
    }else{
        
        [self requireLogin];
    }
    self.profileImg.layer.cornerRadius = self.profileImg.frame.size.width / 2;
    self.profileImg.clipsToBounds = YES;
    self.profileImg.layer.borderWidth = 1.0f;
    self.profileImg.layer.borderColor = [[UIColor colorWithRed:0.941 green:0.941
blue:0.941 alpha:1] CGColor];
    self.addProp.layer.cornerRadius = 5;
    self.addTenant.layer.cornerRadius = 5;
    
}

-(void)viewWillAppear:(BOOL)animated
{
    
    self.propCount.text = [NSString stringWithFormat:@"%lu",(unsigned long)
[ApplicationDelegate.propertyArray count]];
    
}

- (void)didReceiveMemoryWarning {
    [super didReceiveMemoryWarning];
}
#pragma mark REQUIRE LOGIN
-(void)requireLogin
{
    MLLoginViewController *login = [[MLLoginViewController alloc] init];
    [login setDelegate:self];
    PFSignUpViewController *signUpView = [[PFSignUpViewController alloc] init];
    [signUpView setDelegate:self];
    
    [login setSignUpController:signUpView];
    [self presentViewController:login animated:YES completion:nil];
}
#pragma SIGNUP
- (void)signUpViewController:(PFSignUpViewController *)signUpController
didSignUpUser:(PFUser *)user
{
    [[[UIAlertView alloc] initWithTitle:@"User Created" message:@"Your user account has
been created!"delegate:nil cancelButtonTitle:@"OK" otherButtonTitles:nil] show];
```

```objc
    [self dismissViewControllerAnimated:YES completion:nil];
}

#pragma mark LOGIN
- (BOOL)logInViewController:(PFLogInViewController *)logInController shouldBegin
LogInWithUsername:(NSString *)username password:(NSString *)password {
    if (username && password && username.length && password.length) {
        return YES;

    } else if(username.length < 1 && password.length < 1) {
        [[[UIAlertView alloc] initWithTitle:@"Missing Information" message:@"You did not enter a user name or password!"delegate:nil cancelButtonTitle:@"OK" otherButtonTitles:nil] show];

    }else if(username.length < 1) {
        [[[UIAlertView alloc] initWithTitle:@"Missing Username" message:@"You did not enter a username!" delegate:nil cancelButtonTitle:@"OK" otherButtonTitles:nil] show];

    } else if(password.length < 1) {
        [[[UIAlertView alloc] initWithTitle:@"Missing Password" message:@"You did not enter a password!" delegate:nil cancelButtonTitle:@"OK" otherButtonTitles:nil] show];
    } else if(username.length < 1 && password.length < 1) {
        [[[UIAlertView alloc] initWithTitle:@"Missing Information" message:@"You did not enter a user name or password!" delegate:nil cancelButtonTitle:@"OK" otherButtonTitles:nil] show];
    }
    return NO;
}

#pragma mark LOGIN SUCCESS
- (void)logInViewController:(PFLogInViewController *)logInController didLogInUser:(PFUser *)user
{
    NSLog(@"%@ Logged In",[[PFUser currentUser] username]);

    [ApplicationDelegate loadProperties];
    [ApplicationDelegate loadTenants];

    self.propCount.text = [NSString stringWithFormat:@"%lu", (unsigned long)[ApplicationDelegate.propertyArray count]];

    [self dismissViewControllerAnimated:YES completion:nil];
}
#pragma mark LOGOUT
-(IBAction)logOut:(id)sender
{
    logOutAlert = [[UIAlertView alloc] initWithTitle:@"Logout User" message:@"Are you sure you want to logout?" delegate:self cancelButtonTitle:@"Cancel" otherButtonTitles:@"Yes", nil];
    [logOutAlert show];
}

- (void)alertView:(UIAlertView *)alertView clickedButtonAtIndex:(NSInteger)buttonIndex{
    if (alertView == logOutAlert) {
        if (buttonIndex == 1){

            [PFUser logOut];
            [self requireLogin];

        }
    }

}
@end
```

32.2.3 实现用户登录界面

本系统用户登录界面的执行效果如图32-4所示。

第32章 房屋出租管理系统的开发

图32-4 用户登录界面

文件MLLoginViewController.m的具体实现代码如下所示。
```
#import "MLLoginViewController.h"
#import <ParseUI/ParseUI.h>
#import <QuartzCore/QuartzCore.h>

@interface MLLoginViewController ()
{
    UIImage *img;
}
@end
@implementation MLLoginViewController
- (void)viewDidLoad {
    [super viewDidLoad];
    img = [UIImage imageNamed:@"MyLandlord"];
    self.logInView.logo = [[UIImageView alloc] initWithImage:img];
}

-(void)viewDidLayoutSubviews
{
    [super viewDidLayoutSubviews];

    [self.logInView.logo setFrame:CGRectMake(self.logInView.logo.frame.origin.x, self.logInView.logo.frame.origin.y-20,img.size.width, img.size.height)];
    [self.logInView.logo setContentMode:UIViewContentModeScaleAspectFit];
}
- (void)didReceiveMemoryWarning {
    [super didReceiveMemoryWarning];
}
@end
```
因为本书的篇幅有限，所以只在书中讲解了部分内容，本项目的完整源码和详细讲解视频请读者参考本书附带光盘。

读书笔记

读书笔记